Intrinsische Hybridverbunde für Leichtbautragstrukturen

Jürgen Fleischer
Hrsg.

Intrinsische Hybridverbunde für Leichtbautragstrukturen

Grundlagen der Fertigung, Charakterisierung und Auslegung

Springer Vieweg

Hrsg.
Jürgen Fleischer
wbk - Inst.f.Produktionstechnik
Universität Karlsruhe TH
Karlsruhe, Deutschland

ISBN 978-3-662-62832-4 ISBN 978-3-662-62833-1 (eBook)
https://doi.org/10.1007/978-3-662-62833-1

Die Deutsche Nationalbibliothek verzeichnet diese Publikation in der Deutschen Nationalbibliografie; detaillierte bibliografische Daten sind im Internet über http://dnb.d-nb.de abrufbar.

Springer Vieweg

Springer Vieweg ist ein Imprint der eingetragenen Gesellschaft Springer-Verlag GmbH, DE und ist ein Teil von Springer Nature.
Die Anschrift der Gesellschaft ist: Heidelberger Platz 3, 14197 Berlin, Germany

Vorwort

Intelligenter Leichtbau bedeutet bei einem Produkt, das richtige Material mit den richtigen Eigenschaften an der richtigen Stelle einzusetzen. Multimaterialdesigns erfordern in der Regel aber eine aufwendige Verbindungstechnik die ihrerseits wieder gewichtstreibend ist. So wurden im SPP1712 „Intrinsische Hybridverbunde“ der Deutschen Forschungsgemeinschaft DFG in den Jahren 2015–2020 die wissenschaftlichen Grundlagen für eine intrinsische Hybridisierung von Verbundbauteilen, die neben der Polymerphase auch Metalle und Endlosfasern z. B. aus Glas bzw. Carbon enthalten, erarbeitet. In einer engen Zusammenarbeit zwischen Werkstoffwissenschaftlern, Produktentwicklern und Produktionstechnikern der auf diesem Gebiet führenden Institute wurden in interdisziplinären Projekten die grundlegenden Untersuchungen für flächige, wellenförmige und Profilbauweisen durchgeführt und mit einer jeweils neu zu entwickelten Produktionstechnik auch prototypisch realisiert. Die Ergebnisse des Forschungsprogramms werden in diesem Buch dokumentiert und es war dabei das Ziel, auch dem in der industriellen Praxis sich befindenden Ingenieur einen guten Überblick über die Möglichkeiten intrinsischer, d. h. im Ur- oder Umformprozess erzeugter, Hybridverbunde zu geben.

Die enge Zusammenarbeit über die vergangenen Jahre hat die beteiligten Wissenschaftler zu einem guten Team zusammengeschweißt, dies wäre nicht möglich gewesen ohne den Willen gemeinsam erfolgreich zu sein und ohne ein gutes Programmmanagement. Hierfür bin ich meinen Mitarbeitern Dr.-Ing. Simon-Frederik Koch, Paul Ruhland, M.Sc. und Jonas Nieschlag, M.Sc. zu großem Dank verpflichtet. Ebenso bedanke ich bei meinen Kollegen und allen Teilnehmern am SPP1712 für die intensive Arbeit an diesem Buch. Nicht zuletzt gilt mein Dank der DFG für die Bereitstellung der Mittel und insbesondere Herrn Dr.-Ing. Ferdinand Hollmannn, der das Programm von der Initiierung bis zum erfolgreichen Abschluss begleitet hat.

Karlsruhe, Deutschland
im September 2020

Jürgen Fleischer

Inhaltsverzeichnis

Abkürzungsverzeichnis

Abkürzungen	Begriffe
2,5D	Zwei-einhalb-dimensional
2D	Zweidimensional
3D	Dreidimensional
AFM	Atomic Force Microscopy
AFP	Automated Fibre Placement
AHU	Außenhochdruck-Umformung
AIP	Automated Insert Placement
ATL	Automated Tape Laying
CAD	Computer-Aided-Design
CAE	Computer-Aided-Engineering
CARALL	Kohlenstofffaserverstärktes Aluminium
CF	Kohlenstofffaser
C-Faser	Kohlenstofffaser
CFK	Kohlenstofffaserverstärkter Kunststoff
CLT	Klassische Laminattheorie
CoP	Cloud of Points
CSM	Composite Sphere Model
CSM	Chlorsulfoniertes Polyethylen
CT	Computertomografie
CT	Computertomografie
CTE	Thermischer Ausdehnungskoeffizient
CZM	Kohäsivzonen-Modell
DCB	Double-Cantilever Beam
DFT	Diskrete Fourier-Transformation
DIC	Digitale Bildkorrelation
DMA	Dynamisch-mechanische Analyse
DMS	Dehnungsmesstreifen
DMTA	Dynamisch-mechanische thermische Analyse
DoE	Design of Experiments

DSC	Differential-Scanning-Calorimetry
EEM	Embedded-Element-Methode
EIS	Elektrochemische Impedanzspektroskopie
EK	Edelkorund
EMUS	Elektromagnetisch induzierter Ultraschall
ENF	End-Notched Flexure
Fb	Faserbruch
FBG	Faser-Bragg-Gitter
FE	Finite Elemente
FEM	Finite-Element-Methode
FIB	Focused Ion Beam
FML	Faser-Metall-Laminate
FVK	Faser-Verbund-Kunststoff
GFK	Glasfaserverstärkter Kunststoff
GLARE	Glasfaserverstärktes Aluminium
ICP-OES	Optische Emissionsspektroskopie
IHU	Innenhochdruck-Umformung
ILSS	Interlaminare Scherfestigkeits-Tests
IR	Infrarot
KE	Krafteinleitung
KF	Klebefilm
kN	Kilo Newton
KOS	Koordinatensystem
KTL	Kathodische Tauchlackierung
LE	Lasteinleitungselement
LFT	Langfaserverstärkte Thermoplaste
LLS	Laser-Lichtschnittsensor
LT	Lock-In-Thermografie
Max.	Maximum
MFH	Mean-Field-Homogenisierungsmethoden
Mio.	Millionen
ML	Metalllage
MLI	Multilayer-Insert
Mod	Modifizierter Aushärtezyklus
MPa	Mega Pascal
NR	Naturkautschuk (natural rubber)
ORMOSIL	Organisch-modifiziertes Silikat
PA6	Polyamid 6
PCB	Printed Circuit Board
PEI	Polyetherimide
PES	Polyethersulfon
PFG	Polymerfeuchtegehalt

PKW	Personenkraftwagen
PLC-Effekt	Portevin-Le-Chatelier-Effekt
PPAGF30	Polyphthalamide mit 30 % Glasfaseranteil
PPR	Parallelplatten-Rheometer
PPT	Puls-Phasen-Thermografie
PT	Puls-Thermografie
PTFE	Polytetrafluorethylen
Ra	Mittenrauhwert
RD	Parallel zur Walzrichtung
REM	Rasterelektronenmikroskopie
RMS	Root-Mean-Square
ROI	Region of Interiest
RSM	Response Surface Model
RTM	Resin-Transfer-Molding
RVE	Repräsentatives Volumen Element
SBI	Schlauchblas-Integral-(Verfahren)
SBR	Styrol-Butadien-Kautschuk (Styrene Butadiene Rubber)
SEA	Spezifisches Energieabsorptionsvermögen
SHPB	Split-Hopkinson Pressure Bar
SLJ	Single Lap Joints (Scherzugproben)
TCP	Tool Center Point
TD	Quer zur Walzrichtung
TER	Thermoplastische, endlosfaserverstärkte Rohre
TPU	Thermoplastisches Polyurethan
TSL	Traction-Separation-Law
TTS	Time-Temperature-Superposition
UD-Schicht	Unidirektional faserverstärkte Schicht
VARTM	Vacuum-Assisted-Resin-Transfer-Moulding-Prozess
VDA	Verband der Automobilindustrie
ZDT	Zug/Druck-Torsionsprüfung
Zfb	Zwischenfaserbruch
ZfP	Zerstörungsfreie Prüfung

Autoren

Dr.-Ing. Alexander Bernath

Dipl.-Ing. Daniel Barfuß

Dr.-Ing. Mathias Bobbert

Dr. rer. nat. Marcus Böhme

M.Sc. Lucas Bretz

Dr.-Ing. Sven Coutandin

Dr.-Ing. Christian Dammann

Prof. Dr.-Ing. Berend Denkena

M.Sc. Axel Dittes

Prof. Dr.-Ing. Welf-G. Drossel

Prof. Dr.-Ing. Jürgen Fleischer

Dr.-Ing. Mina Gießmann

Dipl.-Ing. Lukas Groß

M.Sc. Raik Grützner

Prof. Dr.-Ing. habil. Maik Gude

M.Sc. Fabian Günther

Dr.-Ing. Benjamin Häfner

Prof. Dr.-Ing. Frank Henning

Prof. Dr.-Ing. Hans-Georg Herrmann

M.Sc. Alexander Herwig

Dipl.-Ing. Franz Hirsch

Prof. Dr.-Ing. Peter Horst

Prof. Dr.-Ing. Christian Hühne

Prof. Dr.-Ing. habil. Jörn Ihlemann

M.Sc. Hendrik Jost

Prof. Dr.-Ing. habil. Markus Kästner

Dr.-Ing. Robert Kießling

M.Sc. Vanessa Kretzschmar

Prof. Dr.-Ing. habil. Thomas Lampke

Prof. Dr.-Ing. Gisela Lanza

M.Sc. Peter Lenz

Prof. Dr.-Ing. habil. Rolf Mahnken

Prof. Dr.-Ing. Dieter Meiners

Prof. Dr.-Ing. Gerson Meschut

Dipl.-Ing. Michael Müller

Dr.-Ing. Roland Müller

M.Sc. Markus Muth

Dipl.-Chem. Matthias Nier

M.Sc. Jonas Nieschlag

M.Sc. Markus Pohl

Dipl.-Ing. Robert Prussak

Dipl.-Ing. Matthias Riemer

M.Sc. Sven Roth

M.Sc. Paul Ruhland

M.Sc. Sascha Sander

Prof. Dr.-Ing. habil. Mirko Schaper

Dr. rer. nat. Ingolf Scharf

Dr.-Ing. Carsten Schmidt

M.Sc. Mario Scholze

Dr.-Ing. Michael Schwarz

M.Sc. Stephan-Daniel Schwöbel

Dipl.-Ing. Jonathan Serna Gonzalez

M.Sc. Julian Seuffert

Dipl.-Ing. Semen Sharafiev

Prof. Dr.-Ing. Michael Sinapius

Dr. -Ing. Daniel Stefaniak

Prof. Dr.-Ing. Markus Stommel

Dr.-Ing. Jannik Summa

Prof. Dr. rer. nat. Thomas Tröster

Prof. Dr.-Ing. habil. Martin F. -X. Wagner

M.Sc. Zheng Wang

Prof. Dr.-Ing. habil. Kay Weidenmann

M.Sc. Jannik Weykenat

M.Sc. Veit Würfel

Dr.-Ing. Carolin Zinn

1 Einführung in intrinsische Hybridverbunde

Jürgen Fleischer, Sven Coutandin und Jonas Nieschlag

Die Auslegung von Leichtbautragstrukturen wird, je nach Anwendungsfall, durch eine Vielzahl von Anforderungen bestimmt. Unterschiedliche Materialien besitzen hierbei spezifische Eigenschaften, die für bestimmte Anforderungen optimal geeignet sind, jedoch bei anderen Anforderungsprofilen Nachteile mit sich bringen. Faserverbundkunststoffe (FVK) bieten im Vergleich zu metallischen Werkstoffen ausgezeichnete massebezogene Steifigkeiten sowie Festigkeiten in Faserrichtung und eignen sich somit besonders für den Einsatz in Leichtbautragstrukturen. Sind dagegen isotrope Eigenschaften, hohe Bruchdehnungen oder Temperaturbeständigkeit gefragt, so ist der Einsatz von metallischen Werkstoffen zu bevorzugen. Daraus geht hervor, dass eine vollständige Substitution eines Werkstoffes für die konsequente Nutzung des Leichtbaupotenzials nicht immer zielführend ist. Die optimale Gesamtstruktur besteht aus einer Werkstoffkombination, dem sogenannten Multi-Material-Design.

Die Hybridisierung von Strukturkomponenten aus FVK und Metall kann grundsätzlich nach zwei unterschiedlichen Methoden erfolgen. Zum einen können zwei Bauteile aus FVK und Metall durch nachgeschaltete Fügeprozesse, wie beispielsweise Nieten, Schrauben oder Kleben, gefügt werden. Nachteil dieses Ansatzes ist neben dem Aufwand für den Fügeprozess die zusätzliche Masse, durch die das Leichtbaupotenzial nicht vollkommen ausgeschöpft werden kann. Zudem müssen beim Schrauben und Nieten die lasttragenden Fasern getrennt werden, sodass ein optimaler Kraftfluss in der Laminatstruktur an diesen Stellen behindert ist und es zu einer Spannungskonzentration um das Bohrloch kommt. Darüber hinaus weisen FVK geringe Festigkeiten gegen Lochleibung auf. Eine alternative Möglichkeit ist die Herstellung des Hybridverbunds in einem einstufigen Prozess, wobei die Verbindung der verschiedenen Materialien im Ur- oder Umformprozess ohne nachfol-

J. Fleischer (✉) · S. Coutandin · J. Nieschlag
Karlsruher Institut für Technologie, Karlsruhe, Deutschland
E-Mail: Juergen.fleischer@kit.edu; Sven.Coutandin@kit.edu; Jonas.Nieschlag@kit.edu

J. Fleischer (Hrsg.), *Intrinsische Hybridverbunde für Leichtbautragstrukturen*,
https://doi.org/10.1007/978-3-662-62833-1_1

genden Fügeprozess erfolgt. Das entstehende Bauteil dieses einstufigen Prozesses wird als intrinsisches Hybrid bezeichnet. Im Rahmen des Schwerpunktprogrammes 1712 der Deutschen Forschungsgemeinschaft hat sich die folgende Definition etabliert:

„Ein intrinsisches Hybrid ist ein integrales Bauteil, bei dem die Verbindung der verschiedenen Materialien im Ur- bzw. Umformprozess der metallischen oder endlosfaserverstärkten Komponente erfolgt. Somit ist kein nachgeschalteter Fügeprozess notwendig."

Das intrinsische Hybrid wird direkt in der Werkzeugform erzeugt (siehe Abb. 1). Über Fibre-Placement-Ansätze können intrinsische Hybride aber auch außerhalb von Werkzeugformen realisiert werden, wobei hierbei die Solidifikation der Matrix dem Fügevorgang entspricht.

Industriell etablierte Anwendungsbereiche von Hybridstrukturen sind vor allem die punktförmige Krafteinleitung von metallischen Komponenten in flächige Laminate. Hierbei wird oft auf die verbreiteten Fügeverfahren Bolzen und Nieten zurückgegriffen. Um den schon angesprochenen Nachteilen der Faserschädigung, der Spannungskonzentration und der geringen Festigkeit gegen Lochleibung zu begegnen, können Titanfolien zwischen die Schichten eingebracht werden [14]. Mittels der Titanverstärkungen lassen sich die Festigkeiten von Nietverbindungen signifikant steigern. Zur Verbesserung der Festigkeit von Bolzenverbindungen eignet sich das Einkleben von Metallhülsen in das Laminat [23]. Eine weitere Möglichkeit zum Einbringen punktförmiger Lasten in ein Laminat ist die

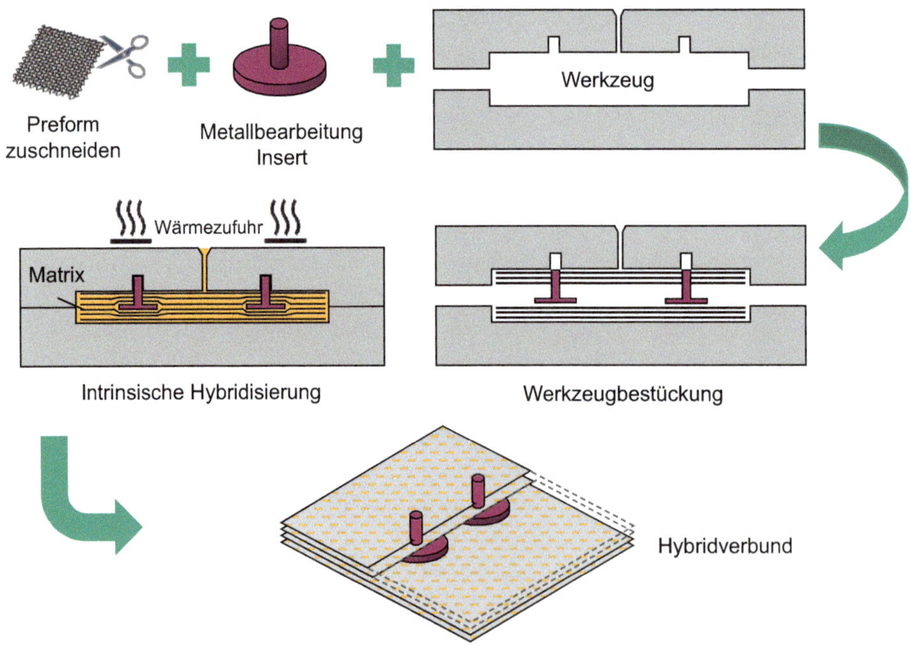

Abb. 1 Intrinsische Hybridisierung am Beispiel der RTM Prozesskette mit Insertintegration

Verwendung von On- oder Inserts. Der Unterschied hierbei ist, dass Onserts stoffschlüssig auf die Laminatoberfläche geklebt werden, wohingegen Inserts intrinsisch in den Laminataufbau, zwischen die Schichten integriert werden. Experimentelle Untersuchungen zeigen eine erhöhte Auszugsfestigkeit von Inserts im Vergleich zu Onserts [19].

Bei flächigen Verbindungen zwischen FVK und Metall wird vor allem das Kleben eingesetzt. Klebeverbindungen zwischen FVK und Metallen werden unterteilt in Verbindungen, die durch einen zusätzlichen Stoff hergestellt werden und solche, die intrinsisch, alleine durch das Aushärten der Matrix („co-cured bonding") zustande kommen [29]. Das Kleben mittels eines Zusatzstoffes ist bereits seit vielen Jahren Kern wissenschaftlicher Untersuchungen [18, 21]. Das Kleben durch Aushärten der Matrix ist dagegen bisher nur wenig untersucht. Eine Form ist das Prepregpressen zur Herstellung von metallischen Blechen mit duroplastischen, vorimprägnierten FVK-Halbzeugen [26], welches auch zur Fertigung von Faser-Metall-Laminaten (FML) wie beispielsweise GLARE® eingesetzt werden kann. Auch Kombinationen des Klebens mit anderen Verbindungsarten, wie beispielsweise dem Bolzen, sind zur Erhöhung der Verbindungsfestigkeit möglich [25]. Darüber hinaus können Hybridverbunde auch auf Basis von Faser-Thermoplast-Verbunden durch formschlüssiges Fügen mittels Umformen intrinsisch hergestellt oder durch nachgeschaltete Schweißprozesse erzeugt werden. Ein alternatives Lösungskonzept zur Einleitung flächiger Lasten in FVK stellen kleine metallische Bolzen dar, welche die negativen Effekte eines großen Bolzens „verschmieren" [35]. Hierbei werden keine Bohrungen benötigt. Ein Beispiel ist das Konzept der Firma Teufelberger mit der T-IGEL®-Technologie, das jedoch aufgrund der Erzeugung der Pins auf dem metallischen Grundkörper einen nicht unbedeutenden Mehraufwand in der Produktionskette mit sich bringt. Zudem können Kräfte auch durch Klemmverbindungen in flächige FVK-Strukturen eingeleitet werden [34]. Bei dieser kraftschlüssigen Lösung kann durch eine Strukturierung der metallischen Lasteinleitungselemente eine Erhöhung der übertragbaren Kräfte erzielt werden [13].

Ein weiterer Anwendungsbereich von Hybridverbunden sind hohle Antriebswellen und Zug-Druck-Stangen aus FVK mit metallischen Lasteinleitungselementen oder Funktionselementen. Hierbei können die Lasteinleitungselemente entweder nachträglich eingeklebt oder durch einen Pressverband mit der FVK-Struktur gefügt werden [15]. Eine andere Möglichkeit besteht in der Verwendung von formschlüssigen Schlaufenanschlüssen. Darüber hinaus lassen sich rohrförmige Lasteinleitungselemente auch durch Bolz-, Niet- oder Pinverbindungen fügen. Weitere Ansätze sind die Verwendung von Profil-Hohlwellen oder die Erzeugung von Wellenkonturverbindungen mit einer angepassten Faserorientierung [20].

Für Bauteile mit Crashanforderungen im Sinne eines guten Impaktverhaltens bietet es sich an, metallische Elemente form- und stoffschlüssig mit in das Laminat zu integrieren. Durch Einbringen eines metallischen Ringgeflechts in die Laminatstruktur lässt sich beispielsweise bei Charpy-Schlagzähigkeitsversuchen eine Erhöhung der ungekerbten Schlagzähigkeit um bis zu 63 % beobachten [6].

1.1 Verfahren zur Herstellung intrinsischer FVK-Metall Hybridverbunde

Es gibt verschiedene Fertigungsverfahren, die für die Herstellung von endlosfaserverstärkten, intrinsischen Hybridverbunden besonders geeignet sind. Aufgrund der intrinsischen Hybridisierung in einem Fertigungsschritt entstehen oft zusätzliche Anforderungen an den Prozess. Bei den meisten Möglichkeiten zur Herstellung eines intrinsischen Hybridverbunds muss auf ein Werkzeug zurückgegriffen werden. Klassische werkzeuggebundene Verfahren, die sich für eine form- oder stoffschlüssige, intrinsische Hybridisierung eignen und zum Schließen der Werkzeugform eine Presse benötigen, sind das Resin-Transfer-Molding-Verfahren (RTM), das Nasspressen, das Prepregpressen [31] oder das Thermoformen [17]. Neben den üblichen Anforderungen an die Werkzeugformen muss besonders auf die Positionierung der metallischen Komponenten innerhalb der Werkzeuge geachtet werden. Ein Verschieben der metallischen Elemente durch Injektion bei hohen Drücken sollte durch die Wahl einer geeigneten Werkzeuggeometrie mit entsprechend geringen Toleranzen vermieden werden. Darüber hinaus dürfen metallische Funktionselemente wie Gewinde oder Schweißflächen nicht mit Matrix benetzt werden, um spätere Fügevorgänge nicht zu beeinflussen [2, 32]. Bei der Integration der metallischen Komponenten muss zudem darauf geachtet werden, dass die Bauteilgeometrie weiterhin tränkbar bleibt und Fasern nicht durch Auswaschvorgänge (sog. „Fibrewashing") an ungewollte Stellen in der Werkzeuggeometrie verschoben werden.

Zur Herstellung hybrider Hohlstrukturen eignen sich das Schlauchblas- und das Schleuderverfahren. Beim Schlauchblasverfahren wird ein Schlauch mit Druck beaufschlagt, sodass die noch nicht ausgehärtete FVK-Struktur gegen ein Außenwerkzeug gedrückt wird und in dieser Position aushärten kann. Dabei wird mitunter auch das metallische Lasteinleitungselement selbst als Außenwerkzeug verwendet [3]. Beim Schleudern werden trockene Faserhalbzeuge in ein Außenwerkzeug eingelegt und unter Rotation mittels der Zentrifugalkraft mit Matrix benetzt. Metallische Lasteinleitungselemente können so direkt im Prozess mit an die FVK-Struktur angebunden werden [3, 16].

Auch mit dem Tape-Legeverfahren lassen sich Hybridverbunde erzeugen. Hierfür müssen zwischen die einzelnen Tapelagen metallische Elemente eingebracht werden. Durch einen anschließenden Konsolidierungsprozess im Autoklaven sind die metallischen Strukturen dann neben der formschlüssigen Anbindung auch stoffschlüssig mit dem Laminat verbunden.

1.2 Fertigungseffekte und Herausforderungen bei der intrinsischen Hybridisierung

Ein Aspekt, der bei der intrinsischen Fertigung beachtet werden muss ist das mögliche Auftreten von Eigenspannungen im hybriden Bauteil. Diese können bei Temperaturänderungen aus den unterschiedlichen thermischen Ausdehnungskoeffizienten der beiden

Werkstoffe resultieren. Auch ein Entstehen dieser Eigenspannungen während des Herstellungsprozesses ist möglich [12]. Darüber hinaus besitzen FVK anisotrope Ausdehnungskoeffizienten, die stark von der Faserorientierung und den verwendeten Materialien abhängig sind.

Werden bei der intrinsischen Hybridisierung metallische Elemente zusammen mit den textilen Halbzeugen in die Werkzeugform eingelegt, so kann es zu einer lokalen Veränderung der Permeabilität kommen, die eine Infiltration des Textils erschwert. Wie auch bei reinen FVK Anwendungen sollte zudem die Volumenschwindung der Matrix während der Vernetzung (bei duromeren Harzsystemen) bzw. während der Abkühlung (bei thermoplastischen Harzsystemen) beachtet werden. Die Schwindung ist vom eingesetzten Matrixsystem abhängig und kann bis zu 10 % betragen [28].

Durch den gleichzeitigen Einsatz von metallischen Werkstoffen und kohlenstofffaserverstärktem Kunststoff (CFK) bei intrinsischen Hybridverbunden kann es aufgrund der Differenzen im chemischen Potenzial zum Auftreten von galvanischer Korrosion kommen. Mögliche Abhilfemaßnahmen zur Verhinderung dieser sind die Integration einer Schicht aus glasfaserverstärktem Kunststoff (GFK) oder die Oberflächenbehandlung der metallischen Komponente mit einer Sol-Gel-Schicht [36].

Darüber hinaus sind die Spannungszustände von Hybridverbunden aufgrund der Kombination der Materialien komplexer als bei monolithischen Werkstoffen. Schädigungsmechanismen, die bei hybriden Bauteilen auftreten, lassen sich unterteilen in das Versagen der metallischen Komponente, einer Schädigung im Laminat oder dem Versagen der kohäsiven Grenzschicht zwischen Metall und FVK. Die Schädigung im Laminat wiederrum kann nach dem Versagenskriterium nach Puck in Faserbruch-, Zwischenfaserbruch und Delamination unterschieden werden [30]. Das Versagen der Grenzschicht kann adhäsiv oder kohäsiv auftreten.

1.3 Bauteilprüfung und Materialcharakterisierung

Im Rahmen der Prüfung und der Charakterisierung für intrinsische Hybridverbunde müssen einige Methoden spezifisch angepasst werden. Wie bei allen anderen textilen Herstellungsverfahren, muss auch bei der intrinsischen Hybridisierung zu Prozessbeginn die korrekte Ablage des Textils bzw. der metallischen Lasteinleitungselemente überprüft werden, bevor die Matrix injiziert wird. Dabei können Bildverarbeitungssysteme zur Lageerkennung textiler Halbzeuge dienen [33]. Während der Infiltration lässt sich der Verlauf der Matrixfront mit der Lockin-Thermografie [9] überwachen. Die anschließende Qualitätsprüfung der FVK erfolgt meist mit Ultraschall oder Computertomografie, um Delamination oder Porositäten zu identifizieren. Defekte mit einer Ausdehnung parallel zur Fortpflanzungsrichtung des Schalls können dabei im Allgemeinen nicht analysiert werden. Als Alternative zur etablierten Ultraschallprüfung bietet sich wiederum die Lockin-Thermografie an, mit der es möglich ist, Bauteile schnell und großflächig zu untersuchen [27]. Das Prüfverfahren ist in der Lage, Risse in Aluminiumschichten und Schädigungen in CFK-Schichten zu detektieren. Weiterhin können mit faseroptischen Fiber-Bragg-Sensoren Aussagen zum Aushärtezustand, der Temperatur und den Eigenspannungen getroffen werden. Da diese Sensoren innerhalb des Bauteils verbleiben, können sie im weiteren Lebenszyklus auch zur Schadensdetektion bzw. für das Structural Health Monitoring verwendet werden [24].

Zu den am intensivsten untersuchten intrinsischen Hybridverbunden gehören die in der Luftfahrttechnik genutzten Verbunde GLARE® und ARALL®. Die Charakterisierung dieser entspricht im Wesentlichen jener bei klassischen Verbundwerkstoffen [1]. Die Leistungsfähigkeit eines Hybridverbundes ist stark von der Anbindung der Verbundpartner untereinander abhängig. Stoffschlüssige Anbindungen können in Anlehnung an Zugschältests, interlaminare Scherfestigkeits-Tests (ILSS) oder Biegeversuche durch eine Schäl- oder Scherbelastung auf die Grenzfläche zwischen Einleger und umgebendem Verbundwerkstoff getestet werden. Weiterhin existieren dynamische Impakt-Prüfungen für PUR-Sandwichverbunde zur Abbildung eines Schotterfluges [11].

Somit lässt sich festhalten, dass eine große Bandbreite an Untersuchungsstrategien für FVK und Fügeverbindungen existiert, die dem Anwendungsfall entsprechend auf intrinsische Hybridverbunde angepasst werden müssen.

1.4 Numerische Simulation von Hybridverbunden

Bei der numerischen Simulation von Hybridverbunden wird zwischen Drapier-, Tränkungs- und Struktursimulationen unterschieden (siehe Abb. 2). Textile verändern während der Drapierung ihren Faserwinkel. Die Verschiebung der Fasern kann durch geometrische und mechanische Ansätze modelliert werden [4, 5, 10]. Ziel hierbei ist es eine möglichst faltenfreie Preform zu erzeugen, um mechanische Fehlstellen im späteren Bauteil zu vermeiden. Darüber hinaus beeinflusst das Einbringen von metallischen Lasteinleitungselementen in eine FVK-Struktur den Verlauf der Harzausbreitung. Eine numerische Vorhersage ist daher für die Erlangung eines robusten Herstellprozesses und für die Vermeidung von Trockenstellen von besonderer Bedeutung. Dies kann mithilfe von Tränkungs- bzw. Formfüllsimulationen basierend auf dem Gesetz von Darcy berechnet werden. Letzteres beschreibt die Durchströmung eines porösen Mediums in Abhängigkeit von der Permeabilität des Faserhalbzeugs, dem Druckgradienten und der materialspezifischen Viskosität der Matrix, welche wiederum von der Temperaturzufuhr und der Vernetzungsreaktion beeinflusst wird. Neben Modellen für die Viskosität [8] wird mit kinetischen Modellen der

Abb. 2 Numerische Simulationen bei Hybridverbunden

Aushärtegrad der Matrix berechnet [22]. Für die präzise Berechnung müssen verschiedene Parameter bspw. mittels dynamischer Differenzkalorimetrie (DSC) ermittelt werden.

Mit Finite-Element-Struktursimulationen lassen sich die klassischen Versagensmechanismen für FVK Faserbruch und Zwischenfaserbruch bestimmen [34]. Von besonderem Interesse bei Hybridverbunden ist aber die Verbindung zwischen FVK und Metall. Diese kann mit Hilfe von Kohäsivzonenmodellen abgebildet werden. Die wesentlichen Parameter hierfür sind die Interface-Steifigkeit, kritische Spannungen zur Beschreibung der Grenzflächenfestigkeit sowie Separationsenergien [7]. Neben dem Versagen zwischen Metall und FVK können mit den Kohäsivzonenmodellen auch Delaminationen zwischen den einzelnen Laminatschichten abgebildet werden. Von besonderem Interesse bei Struktursimulationen ist außerdem der prozess-induzierte Bauteilverzug durch Eigenspannungen aufgrund von chemischer Schwindung und thermischer Dehnung. Dieses Phänomen wird durch die Anisotropie des FVK sowie durch die unterschiedlichen thermischen Ausdehnungskoeffizienten in einem Hybrid-Verbund verursacht. Speziell an der Grenzfläche zwischen FVK und Metalleinlegern ergeben sich hieraus Vorbelastungen, welche ein vorzeitiges Grenzschichtversagen verursachen können.

1.5 Fazit

Es lässt sich festhalten, dass aufgrund der intrinsischen Hybridisierung neue Gestaltungsmöglichkeiten entstehen und produktionstechnische Vorteile durch die Kombination der Materialien im Ur- oder Umformprozess erzielt werden. Dadurch bedarf es angepasster Fertigungs- und Prüfverfahren sowie neuer Simulationsstrategien für intrinsische Hybridverbunde. Ferner müssen Antworten auf die Herausforderungen wie die Korrosionsproblematik, die unterschiedlichen Ausdehnungskoeffizienten, die erschwerte Infiltration und die komplexen Spannungszustände gefunden werden. Zu diesen Aspekten wurde innerhalb des Schwerpunktprogramms 1712 ausgiebig Forschungsarbeit geleistet. Die entsprechenden Ergebnisse und Lösungswege der einzelnen Teilprojekte und der übergeordneten Arbeitskreise werden in diesem Buch ausführlich dargestellt.

Literatur

1. Bagnoli F, Bernabei M, Figueroa-Gordon D et al (2009) The response of aluminium/GLARE hybrid materials to impact and to in-plane fatigue. Mater Sci Eng: A 523:118–124
2. Ballier F, Schwennen J, Berkmann J et al (2015) The hybrid RTM process chain: automated insertion of load introducing elements during subpreform assembling. In: Applied mechanics and materials. Trans Tech Publications, Zurich, S 312–319
3. Barfuss D, Grützner R, Hirsch F et al (2018) Multi-scale structuring for thermoplastic-metal contour joints of hollow profiles. Prod Eng 12:229–238
4. Bergsma OK (1995) Three dimensional simulation of fabric draping: development and application. In: Proceedings of the Ninth International Conference on Composite Materials. Whistler, S 12–16

5. Borouchaki H, Cherouat A (2003) Geometrical draping of composite fabrics. Comptes Rendus Mecanique 331:437–442
6. Burger U (2010) Impactverhalten von hybriden Verbundwerkstoffen mit metallischem Ringgeflecht. Doctoral Thesis, Technische Universität Berlin Institut für Luft- und Raumfahrt
7. Camanho PP, Matthews FL (2000) Bonded metallic inserts for bolted joints in composite laminates. Proc Institut Mech Eng, Part L: J Mater Des Appl 214:33–40
8. Castro JM, Macosko CW (1982) Studies of mold filling and curing in the reaction injection molding process. AICHE J 28:250–260
9. Chatzigeorgiou L, Feiler M, Aoki R (2003) Machbarkeitsstudie zum Prozessmonitoring von Vakuuminfusionsverfahren mittels Lockin Thermografie. Thermografie-Kolloquium, Stuttgart
10. Coutandin S, Brandt D, Heinemann P et al (2018) Influence of punch sequence and prediction of wrinkling in textile forming with a multi-punch tool. Prod Eng Res Devel 12:779–788
11. Dietrich S, Kuppinger J, Elsner P et al (2010) Small mass impact testing of sandwich structures. Mater Test 52:765–770
12. Djokic D, Johnston A, Rogers A et al (2002) Residual stress development during the composite patch bonding process: measurement and modeling. Compos Part A: Appl Sci Manuf 33:277–288
13. Elter A (2015) Hochbelastbare, reibkraftschlüssige Krafteinleitungen für Faser-Kunststoff-Verbunde auf Basis strukturierter Oberflächen: Grundlagen, Untersuchungen, Anwendungen und Auslegungsempfehlungen. Shaker, Aachen
14. Fink A, Camanho PP, Andrés JM et al (2010) Hybrid CFRP/titanium bolted joints. Performance assessment and application to a spacecraft payload adaptor. Compos Sci Technol 70:305–317. https://doi.org/10.1016/j.compscitech.2009.11.002
15. Fischer T, Schürmann H (Hrsg) (2005) Der Pressverband als Krafteinleitungs-Element in Faser-Kunststoff-Verbund-Wellen. In: 11. Nationales Symposium SAMPE Deutschland eV. Darmstadt
16. Fleischer J, Koch S-F, Coutandin S (2015) Manufacturing of polygon fiber reinforced plastic profiles by rotational molding and intrinsic hybridization. Prod Eng 9:317–328
17. Fleischer J, Teti R, Lanza G et al (2018) Composite materials parts manufacturing. CIRP Ann 67:603–626
18. Galantucci LM, Gravina A, Chita G et al (1996) Surface treatment for adhesive-bonded joints by excimer laser. Compos Part A: Appl Sci Manuf 27:1041–1049
19. Hopmann C, Fecher ML, Linnemann L et al (2013) Vergleich der Eigenschaften von Onserts und Inserts für eine Großserienfertigung von FVK-Strukturbauteilen. Kunststofftechnik 9:178–206
20. Hufenbach W, Kroll L, Gude M et al (2006) Beanspruchungsgerechte Krafteinleitungen für Luftfahrt-Hydraulikaktuatoren in Faserverbund-Leichtbauweise. Konstruktion 58:71–74
21. Ikegami K, Takeshita T, Matsuo K et al (1990) Strength of adhesively bonded scarf joints between glass fibre-reinforced plastics and metals. Int J Adhes Adhes 10:199–206
22. Kamal SS (1973) Kinetics and thermal characterization of thermoset cure. Polym Eng Sci 13:59–64
23. Kradinov V, Madenci E, Ambur DR (2005) Bolted lap joints of laminates with varying thickness and metallic inserts. Compos Struct 68:75–85
24. Kuang KSC, Cantwell WJ, Zhang L et al (2005) Damage monitoring in aluminum-foam sandwich structures based on thermoplastic fibre-metal laminates using fibre Bragg gratings. Compos Sci Technol 65:1800–1807
25. Kweon J-H, Jung J-W, Kim T-H et al (2006) Failure of carbon composite-to-aluminum joints with combined mechanical fastening and adhesive bonding. Compos Struct 75:192–198
26. Lauter C, Frantz M, Tröster T (2011) Großserientaugliche herstellung von hybridwerkstoffen durch prepregpressen. Lightweight Design 4:48–54
27. Mayr G, Plank B, Sekelja J et al (2011) Active thermography as a quantitative method for non-destructive evaluation of porous carbon fiber reinforced polymers. NDT & E Int 44:537–543

28. Neitzel M, Mitschang P, Beresheim G (Hrsg) (2004) Handbuch Verbundwerkstoffe. Werkstoffe, Verarbeitung, Anwendung. Hanser, München
29. Park SW, Kim HS (2006) Optimum design of the co-cured double lap joint composed of aluminum and carbon epoxy composite. Compos Struct 75:289–297
30. Puck A (1996) Festigkeitsanalyse von Faser-Matrix-Laminaten: Modelle für die Praxis. Hanser, München
31. Roth S, Stoll M, Weidenmann KA et al (2019) A new process route for the manufacturing of highly formed fiber-metal-laminates with elastomer interlayers (FMEL). Int J Adv Manuf Technol 104:1293–1301. https://doi.org/10.1007/s00170-019-04103-4
32. Roth S, Warnck M, Coutandin S et al (2019) Herstellung punktschweißbarer CFK-Metall-Bauteile im RTM-Prozess. Lightweight Design 12:18–23
33. Schmitt R, Pfeifer T, Mersmann C et al (2008) A method for the automated positioning and alignment of fibre-reinforced plastic structures based on machine vision. CIRP Annals 57:501–504
34. Schürmann H (2007) Konstruieren mit Faser-Kunststoff-Verbunden, 2., bearb. u. erw. Aufl. VDI-Buch. Springer, Berlin/Heidelberg
35. Ucsnik S, Scheerer M, Zaremba S et al (2010) Experimental investigation of a novel hybrid metal–composite joining technology. Compos Part A: Appl Sci Manuf 41:369–374
36. Wang W-X, Takao Y, Matsubara T Galvanic corrosion-resistant carbon fiber metal laminates. In: Proceedings of the 16th international conference on composite materials. Kyoto, S 8–13

Schalenförmige Hybridverbunde und Inserts

2

Frank Henning, Alexander Bernath, Lucas Bretz, Berend Denkena, Jürgen Fleischer, Lukas Groß, Fabian Günther, Benjamin Häfner, Hans-Georg Herrmann, Alexander Herwig, Peter Horst, Hendrik Jost, Vanessa Kretzschmar, Gisela Lanza, Dieter Meiners, Markus Muth, Markus Pohl, Sven Roth, Carsten Schmidt, Michael Schwarz, Jonathan Serna Gonzalez, Julian Seuffert, Markus Stommel, Jannik Summa, Kay Weidenmann und Jannik Weykenat

2.1 Einleitung

Schalenförmige Bauteile zeichnen sich durch ein sehr großes Verhältnis von Breite oder Länge zur Wanddicke aus. Prinzipbedingt besitzen sie eine geringe Biegesteifigkeit und werden deshalb in der Regel in Kombination mit Formleichtbau eingesetzt, z. B. in Form

F. Henning (✉) · A. Bernath · J. Fleischer · B. Häfner · G. Lanza · M. Muth · S. Roth · J. Seuffert · L. Bretz
Karlsruher Institut für Technologie, Karlsruhe, Deutschland
E-Mail: Frank.henning@kit.edu; Alexander.bernath@kit.edu; Juergen.fleischer@kit.edu; Benjamin.Haefner@kit.edu; Gisela.lanza@kit.edu; Markus.muth@kit.edu; Sven.roth@kit.edu; Julian.Seuffert@kit.edu; Lucas.Bretz@kit.edu

B. Denkena
Universität Hannover, Garbsen, Deutschland
E-Mail: Denkena@ifw.uni-Hannover.de

L. Groß · C. Schmidt · J. Weykenat
Universität Hannover, Stade, Deutschland
E-Mail: Schmidt_c@ifw.uni-hannover.de; Weykenat@ifw.uni-hannover.de; Gross@ifw.uni-hannover.de

F. Günther · V. Kretzschmar · M. Pohl
TU Dortmund, Dortmund, Deutschland
E-Mail: Fabian.guenther@tu-dortmund.de; Vanessa.kretzschmar@tu-dortmund.de; Markus.pohl@tu-dortmund.de

J. Fleischer (Hrsg.), *Intrinsische Hybridverbunde für Leichtbautragstrukturen*, https://doi.org/10.1007/978-3-662-62833-1_2

von dünnwandigen Hohlstrukturen in Rumpf- und Flügelstrukturen von Luftfahrzeugen. Auf diese Weise werden u. A. hohe Biegewiderstände und Schubsteifigkeiten bei gleichzeitig geringem Gewicht erreicht. Durch die geringe Wandstärke kommt der Einleitung von Lasten in derartige Leichtbau-Strukturen eine besondere Bedeutung zu. Hierfür werden häufig spezielle Lasteinleitungselemente in die Struktur eingebracht (Insert), welche dann als Anbindungspunkte für die Verbindung mit weiteren Bauteilen verwendet werden können. Diese können entweder punktförmig gestaltet, oder aber auch großflächig ausfallen und damit Teil der lasttragenden Struktur sein.

2.1.1 Krafteinleitung in schalenförmige Strukturen

Im Allgemeinen können unterschiedlichste Mechanismen zur Einleitung von Kräften in dünnwandige Strukturen verwendet werden, wie z. B. Schlaufenanschlüsse oder Bolzen-, Kleb-, Press- und Klemmverbindungen. Oftmals entstehen zudem Synergien durch Kombination mehrerer Fügetechnologien. Im Hinblick auf die Wirtschaftlichkeit ist bei der Auswahl der Fügetechnik der Fertigungsaufwand zu berücksichtigen. Schlaufenverbindungen gehen mit einem hohen Fertigungsaufwand einher, erzielen allerdings hohe Festigkeiten unter verschiedenen Belastungszuständen [1]. Klebeverbindungen dünnwandiger Verbundbauteile bieten bei ausreichender Dimensionierung der Klebeflächen gute Eigenschaften, sind allerdings gegenüber Schälbeanspruchungen anfällig. Niet- und Schraubverbindungen werden vorrangig für flächige und dickwandige Bauteilverbunde verwendet. Nachteilig ist die dafür notwendige Schädigung der Verbundbauteile durch Unterbrechung kraftleitender Fasern, sowie das Risiko für Lochleibung [2]. Als Alternative bieten sich Fügeverbindungen an, die auf einem gegenseitigen Überlappen von Metall

H.-G. Herrmann · H. Jost · M. Schwarz · J. Summa
Universität Saarbrücken, Saarbrücken, Deutschland
E-Mail: Hans-georg.herrmann@izfp.fraunhofer.de; Hendrik.jost@izfp-extern.fraunhofer.de; Michael.schwarz@izfp-extern.fraunhofer.de; Jannik.summa@izfp-extern.fraunhofer.de

A. Herwig · P. Horst
TU Braunschweig, Braunschweig, Deutschland
E-Mail: Al.herwig@tu-braunschweig.de; P.horst@tu-braunschweig.de

D. Meiners · J. Serna Gonzalez
TU Clausthal, Clausthal, Deutschland
E-Mail: Dieter.Meiners@tu-clausthal.de; Jonathan.Serna@tu-clausthal.de

M. Stommel
TU Dresden, Dresden, Deutschland
E-Mail: Markus.stommel@tu-dortmund.de

K. Weidenmann
Universität Augsburg, Augsburg, Deutschland
E-Mail: Kay.weidenmann@mrm.uni-augsburg.de

und FVK basieren [3, 4]. Wird diese Fügung nicht extrinsisch durch Kleben hergestellt, sondern intrinsisch während der Herstellung des FVK-Werkstoffs, kann die Fügefläche mit großem Gestaltungsspielraum, bspw. durch das Aufbringen von Pins, optimal auf die zu erwartenden Beanspruchungen abgestimmt werden.

Werden formschlüssige Verbindungen wie z. B. Bolzen- oder Nietverbindungen verwendet, findet eine Lastübertragung durch Druckkräfte auf der Stirnseite des Fügeteils statt. Die übertragbare Kraft ist proportional zur Laminatdicke und dem Durchmesser des Bolzens. Im Versagensfall tritt je nach Lagenaufbau und verwendetem Halbzeug ein Versagen durch Lochleibung, Flankenzugbruch, Scherbruch oder Spaltbruch auf [2] (siehe Abb. 2.1). Die schlechten Materialkennwerte von faserverstärkten Kunststoffen senkrecht zur Faserorientierung begünstigen insbesondere das Auftreten von Lochleibungsversagen. Dieser Problematik kann durch den Einsatz von Hülsen und Metalllagen entgegnet werden, wie u. A. in Camanho et al. [5] für Schlaufenverbindungen gezeigt. Durch die Metalllagen wird eine lokale Erhöhung der Druckfestigkeit erreicht und somit eine Verbesserung der Lochleibungseigenschaften. Eine Hülse wiederum ermöglicht eine gleichmäßigere Verteilung der Last innerhalb der Kontaktfläche zwischen Bolzen und Laminat.

Eine weitere Möglichkeit zur Krafteinleitung in dünnwandige Strukturen besteht in der Verwendung von Stehbolzen in Verbindung mit einer in das Laminat eingebetteten Fußplatte. Diese ermöglichen eine Montage auch bei begrenzter Zugänglichkeit und haben zudem den Vorteil, dass die gegenüberliegende Bauteiloberfläche geschlossen und glatt bleibt. Bei der Einleitung von Kräften parallel zur Laminatebene unterliegen derartige Konzepte allerdings einer zusätzlichen Belastung durch ein lokal aufgeprägtes Moment. Wie in Abb. 2.2 gezeigt, kann dies zu Faserbruch an der Außenkante der Fußplatte führen. Daher sollte der Hebelarm bzw. die Länge des Stehbolzens so gering wie möglich gewählt werden.

Die Auswahl einer sinnvollen und geeigneten Technologie zur Einleitung von Kräften in dünnwandige Composite-Strukturen sollte immer auch unter Berücksichtigung der auftretenden Lasten und der zu erfüllenden Randbedingungen erfolgen. Diese hängen wiederum stark vom jeweiligen Anwendungsgebiet ab. Beispielsweise werden im

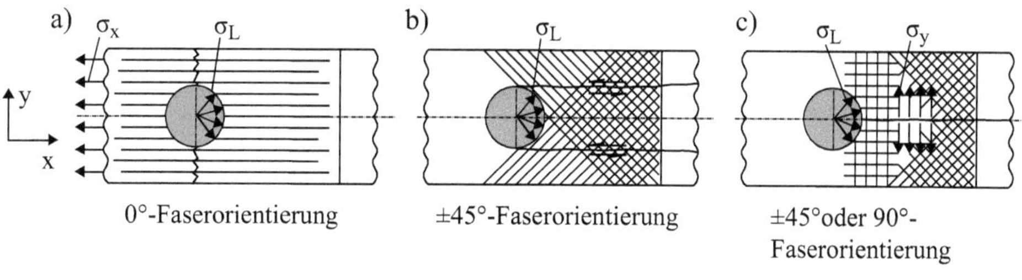

Abb. 2.1 Überlagerung aller auf einzelne Versagensfälle angepassten Faserorientierungen (**a**) 0° Faserorientierung für Lochleibungsfestigkeiten und gegen Flankenzugbruch (**b**) +–45°-Faserorientierung gegen Scherbruch (**c**) +–45° oder 90°-Faserorientierung gegen Spaltbruch; adapted by permission from Springer Nature: Springer – Konstruieren mit Faser-Kunststoff-Verbunden by Helmut Schürmann ©2007 [2]

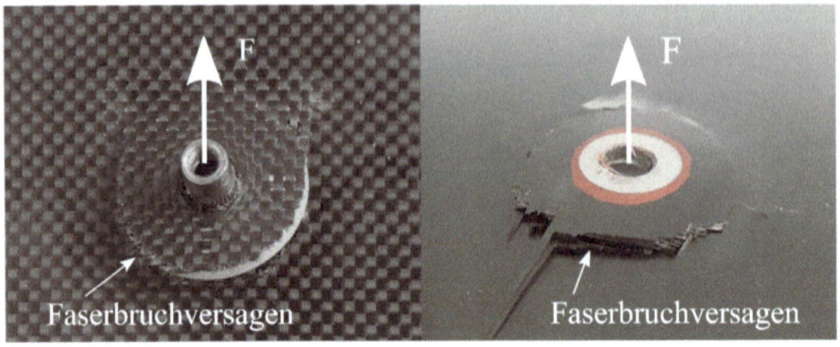

Abb. 2.2: Faserbruch unter Belastung mit Momentenanteil

Bereich der Luftfahrt zusätzliche Anforderungen an Anbindungsmechanismen gestellt, die sich aus der Anwendung des „Schadenstoleranz"-Konzepts ergeben. Dieses erlaubt eine geringfügige Schädigung und ermöglicht dadurch eine zusätzliche Massenreduzierung [6]. Die Schadenstoleranzkriterien schränken u. A. die erlaubte Schädigungsgröße als auch deren Wachstumsgeschwindigkeit ein, die innerhalb eines Wartungsintervalls vertretbar sind. Hierfür wird eine gute Inspizier- und Bewertbarkeit vorausgesetzt, die derzeit nur für lösbare und formschlüssige Verbindungen möglich ist. Dies ist mit reinen Klebeverbindungen nicht sinnvoll realisierbar [7]. Aus diesem Grund werden strukturrelevante Verbindungen in der Luftfahrt in der Regel durch formschlüssige und/oder lösbare Verbindungselemente realisiert. Der Einsatz von strukturrelevanten Klebungen findet nur in Verbindung mit zusätzlichen formschlüssigen Elementen, wie z. B. Nieten statt. Dies ermöglicht eine Bewertung und Kontrolle der Fügeverbindung, geht allerdings mit einer potenziellen Schwächung der Fügepartner aufgrund der Notwendigkeit von Bohrungen einher.

Beruht der Zusammenhalt des intrinsischen Verbundes auf einem Stoffschluss zwischen Metall und CFK, fungiert das Matrixmaterial in der Regel gleichzeitig als Klebstoff. Wie bei Klebeprozessen üblich, muss zur Gewährleistung einer guten Adhäsion auf die Oberflächeneigenschaften des Metalleinlegers geachtet werden. Diese muss mindestens staub- und fettfrei sein. Eine höhere Leistungsfähigkeit der Klebung kann durch eine weitere Oberflächenvorbehandlung wie Sandstrahlen, Beizen, Beschichten oder durch plasmabasierte Verfahren erreicht werden. Ein guter Stoffschluss ist demnach meist mit zusätzlichen Prozessschritten und höheren Kosten verbunden.

2.1.2 Störeinfluss von Metalleinlegern

Die intrinsische Hybridisierung durch Kombination verschiedener Werkstoffe in einem Bauteil geht naturgemäß mit der Schaffung neuer Grenzflächen einher. Einige Besonderheiten von Grenzflächen, wie die elektrochemische Kontaktkorrosion, Unterschiede in den mechanischen Eigenschaften oder schlechte Haftung müssen bei der Bauteilkonstruktion und bei der Entwicklung der dazugehörigen Herstellungsprozesse berücksichtigt werden. Im häufigen Fall der intrinsischen Hybridisierung von kohlenstofffaserverstärktem Kunststoff (CFK) durch einen Metalleinleger kann es zum direkten Kontakt zwischen Kohlenstofffasern und Metall kommen. Dies wird durch Poren in der Matrix, mangelhafte Benetzung der Grenzfläche, Fertigungsfehler oder durch Betriebslasten verursachte Risse weiter begünstigt. Dringt in den Verbund ein Elektrolyt, z. B. salzhaltiges Wasser, ein, wird die Kohlenstofffaser, die sich elektrochemisch wie Graphit verhält, als edleres Material zur Kathode und es kommt zum Abtrag des in der Regel unedleren Metalls [8].

Weiterhin ist bei der Konstruktion von hybriden Bauteilen auf die mechanischen Eigenschaften der verwendeten Werkstoffe zu achten. Die teilweise hohen Unterschiede in der Steifigkeit führen zu Spannungsüberhöhungen. Diese begünstigen in ähnlicher Weise wie Kerben das Risswachstum in einer Komponente, womit das Versagen des Bauteils eingeleitet wird. Diesem Umstand kann zu einem gewissen Grad mittels Optimierung der geometrischen Gestalt der Fügepartner entgegengewirkt werden. Ähnliches gilt für den Fall, dass die thermo-mechanischen Eigenschaften der verwendeten Werkstoffe große Unterschiede aufweisen, bspw. bei Verbindungen zwischen Metall und Kunststoff. Hier kommt es aufgrund der z. T. deutlichen Unterschiede in den thermischen Ausdehnungskoeffizienten zu thermisch induzierten Eigenspannungen. Diese können z. B. im Fall einer Klebeverbindung eine Vorbelastung der Grenzfläche darstellen, die deren Tragfähigkeit zusätzlich beeinträchtigt.

Des Weiteren verursacht das Einbetten von Metalleinlegern sowie das Einbringen von Stehbolzen Faserverschiebungen. Das Einschneiden oder Stanzen von Halbzeugen zur Einbringung von Lasteinleitungselementen sollte möglichst vermieden werden, da hierdurch der Faserverlauf lokal unterbrochen wird. Dies ist insbesondere bei punktuellen Krafteinleitungselementen möglich. Größere Inserts wiederrum können oftmals nur durch gezieltes Einschneiden der Faserhalbzeuge in die Preform eingebracht werden. Dies kann zu einer signifikanten Reduktion der Festigkeit führen [9]. Die angesprochenen Faserverschiebungen wirken sich ähnlich wie die Ondulation innerhalb eines Gewebe-Halbzeugs auf die Festigkeit des Laminats aus. An den Stellen, an denen Lasteinleitungselemente in das faserverstärkte Bauteil eingebracht werden sollen, müssen die Fasern am Einleger vorbeigeführt werden, wodurch sich eine örtlich beschränkte Ondulation und Reduzierung der Festigkeit ergibt [10, 11].

Prozessseitig ergeben sich durch eine Integration von Metalleinlegern ebenfalls potenzielle Störeffekte. Beispielsweise ist eine intrinsische Hybridisierung mittels Harzinjektionsverfahren, wie z. B. Resin-Transfer-Molding (RTM), prinzipiell möglich, allerdings kann der Formfüllverlauf durch ein eingebettetes Lasteinleitungselement beeinflusst werden [12]. Dies kann zu einem erhöhten Risiko für Trockenstellen durch Racetracking an umlaufenden Kanten führen, wenn dies nicht durch eine entsprechende Anpassung der Geometrie, bzw. der Anströmung des Inserts, vermieden wird [12, 13].

2.2 Multilayer-Inserts – Intrinsische Hybridverbunde zur Krafteinleitung in dünnwandige Hochleistungs-CFK-Strukturen

Berend Denkena, Lukas Groß, Alexander Herwig, Peter Horst, Dieter Meiners, Carsten Schmidt, Jonathan Serna Gonzalez und Jannik Weykenat

2.2.1 Motivation

Leichtbaustrukturen bestehen häufig aus einer dünnwandigen, flächigen Komponente, die durch weitere Komponenten versteift wird. Strukturen werden in diesem Zusammenhang als dünnwandig bezeichnet, wenn die Dicke mehr als eine Größenordnung kleiner als ihre flächige Ausdehnung ist. Im Fall von Faserverbundkomponenten, die in der Luft- und Raumfahrt eingesetzt werden, kann dieses Verhältnis deutlich größer werden. Für mechanische Berechnungen führt die Annahme der Dünnwandigkeit auch für Faserverbundwerkstoffe zu einer Vernachlässigung von Normal- und Schubspannungen in Dickenrichtung, die senkrecht zur Mittelebene verlaufen [2]. Auch in der konstruktiven Auslegung von dünnwandigen Strukturen wird die flächige der lokalen, punktförmigen Krafteinleitung vorgezogen. Somit ergibt sich die Schublast als Hauptbelastungsfall für die betrachteten, lokalen Faser-Metall-Hybride. Die Rumpfstruktur eines Flugzeugs ist ein typisches Beispiel einer solchen, dünnwandigen Struktur: Die zur Versteifung eingesetzten Stringer und Spante bilden einen steifen Rahmen, der hauptsächlich Normalkräfte überträgt, wohingegen die Schublasten von der dünnwandigen Haut aufgenommen werden. Die Anbindung der Versteifungen auf der Haut erfolgt in der Regel flächig durch Kleb- oder Nietverbindungen. Die Gesamtstruktur versagt global durch ein Beulen der Versteifungsstruktur oder lokal in der Verbindung zwischen Versteifung und Haut. Die Haut versagt typischerweise durch Schubbeulen [14].

Derzeitig verwendete Verbindungsmethoden, wie z. B. das Nieten, realisieren eine punktuelle Lasteinleitung. Aufgrund der Anisotropie der Fasern ist dies insbesondere für CFK-Bauteile problematisch, da die Kräfte in der Kontaktfläche zum Großteil senkrecht zur Faser eingeleitet werden und somit bereits unter geringer Last zu Lochleibungseffekten führen. Eine flächige Lasteinleitung durch eine Klebung bietet hier große Vorteile. Nachteilig ist die Wartbarkeit, die eine Zugänglichkeit und Inspizierbarkeit zur Bewertung des Zustands der Klebung voraussetzt. Aus diesem Grund werden Verbindungen, insbesondere in der Luftfahrt, weiterhin formschlüssig und damit wartbar ausgeführt [6].

Die Herstellung flächiger Faserverbundstrukturen für die Luftfahrt erfolgt häufig im automatisierten Tapelegeverfahren (ATL – Automated Tape Laying). Airbus, beispielsweise, setzt dieses Verfahren für den Aufbau der Flügelschalen und Seitenleitwerke ein. Verwendet werden CFK-Prepregrollen mit einer Breite von 300 mm, um einen schnellen Aufbau der flächigen Bauteile zu realisieren. Für eine endkonturnahe Ablage, die mit einer

Reduzierung des Materialverschnitt einhergeht, ist außerdem das Verfahren Automated Fibre Placement (AFP) im Einsatz. Statt eines einzelnen breiten Tapes werden im AFP-Verfahren mehrere schmale CFK-Slit-Tapes abgelegt, wodurch komplexere Geometrien mit einer erhöhter Konturgenauigkeit faltenfrei abgelegt werden können. Die Aushärtung der Bauteile erfolgt anschließend mittels Autoklav-Prozess bei einer, für die Luftfahrt gängigen, Aushärtetemperatur von 180 °C, die für eine Aushärtung von Matrixsystemen mit hoher Glasübergangstemperatur T_g nötig ist. Um eine Porenbildung durch Ausgasung zu vermeiden, erfolgt die Fertigung im Autoklaven zudem bei 10 bar Überdruck und 1 bar Vakuum. Die beschriebenen Prozessverfahren werden in der Konzeptionierung der hybriden Lasteinleitung berücksichtigt.

Das untersuchte Lasteinleitungselement, das Multilayer-Insert (MLI), verwendet ein Konzept, das die Vorteile einer stoffschlüssigen Verbindung nutzt, ohne die Vorteile einer formschlüssigen Verbindung zu verlieren. Das in Abb. 2.3a gezeigte Konzept ist durch den AFP-Prozess motiviert, kann allerdings auch auf Infusions- und Injektionsverfahren übertragen werden. Innerhalb des Ablageprozesses werden Aussparungen im Faserverbundmaterial erzeugt, in die gleichgroße Metalleinleger platziert werden. Es entsteht das in Abb. 2.3b als Schnittansicht dargestellte Hybridlaminat, das im Zentrum einen rein metallischen Bereich besitzt. Der abgestufte Bereich der Metalleinleger wird als Anbindungsfläche genutzt. Durch den lagenweisen Aufbau entsteht eine formschlüssige Verbindung mit einer sehr großen Anbindungsfläche zwischen Metall und Faserverbund. Die Anbindung zwischen den Metalleinlegern und der angrenzenden Faserverbundschicht kann durch einen zusätzlich einzubringenden Klebefilm unterstützt werden. Wenn die Lagenstärke des Faserverbunds der Summe der Lagenstärken von Klebefilm und Metalleinleger entspricht, wird zudem eine Aufdickung und eine damit verbundene nachteilige Faserumlenkung vermieden.

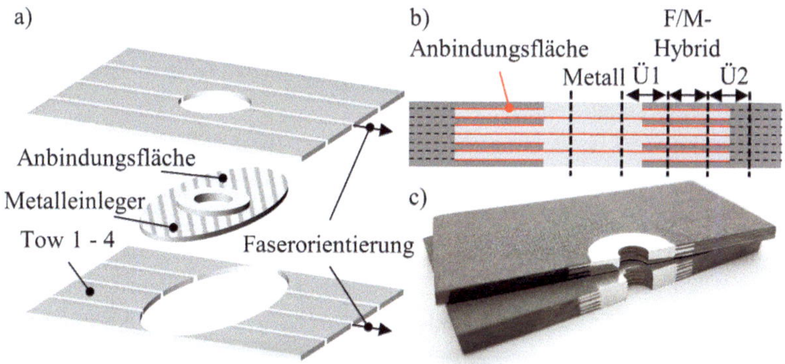

Abb. 2.3 (**a**) Darstellung des Multilayer-Insert-Konzepts (MLI) translated by permission from Springer Nature: Production Engineering [15] ©2018 (**b**) Schnittdarstellung des Hybridbereichs mit Unterteilung in die Betrachtungszonen: Metall-, Hybrid- und Übergangsbereich. (**c**) Querschliff eines MLI mit zentralem Loch.

2.2.2 Zielsetzung und Vorgehensweise

Die Betrachtung des Hybridbereichs unter mechanischen Gesichtspunkten erfolgt sowohl mit dem Ziel, eine Aussage über die einleitbaren Kräfte zu treffen, als auch den Einfluss des lokalen Hybridbereichs auf die Tragfähigkeit der Gesamtstruktur zu bestimmen. Aus diesen Betrachtungen werden mechanische Anforderungen abgeleitet, die materialseitig u. a. die Anbindungsfläche und die aufzubringende Beschichtung sowie produktionsseitig die Positionierungsgenauigkeit, Form und Größe der Metalleinleger und Aussparungen betreffen. Eine detaillierte FE-Betrachtung des gesamten Hybridbereichs ist hierfür zumeist nicht zielführend, da das große Verhältnis von Fläche zu Materialdicke zu einer sehr hohen Elementanzahl innerhalb der Modelle führt. Daher werden, wenn möglich, Ausschnitte und vereinfachte lokale Ersatzmodelle betrachtet.

Für die weitere Betrachtung wurde zunächst der Hybridbereich in die drei, in Abb. 2.3b dargestellten, Bereiche Metall-, Hybrid- und Übergangsbereich unterteilt, wobei jeweils zwischen Metall/Hybrid und Hybrid/FVK ein Übergangsbereich vorkommt. Da sich die Bereiche sowohl in den verwendeten Beschreibungsmethoden, als auch in dem zu erwartenden Schädigungsverhalten unterscheiden, wurden für die jeweiligen Teilbereiche Detailmodelle zur Betrachtung unterschiedlicher Fragestellungen erstellt. Wird die Anbindung der Metalllagen durch einen Klebefilm realisiert, kann auch der Metallbereich als lagenweise aufgebauter Klebstoff-Metallhybrid betrachtet werden, der durch eine Kombination von Ausknicken und Lochleibung der Metalleinleger versagt. Wird als Anbindungsmethode des Lasteinleitungselements ein Schweißprozess gewählt, kann im Zentrum von einem isotropen Werkstoff ausgegangen werden, was, abgesehen von den thermischen Lasten, die Beschreibung des Versagensverhaltens (Lochleibung) durch Handbuchmethoden ermöglicht. Die Übergangsbereiche können als Klebung betrachtet werden, wobei insbesondere die, im Verhältnis zur Klebeschicht, außergewöhnlich dünnen Fügepartner und Interaktionen der Vielzahl an Klebungen berücksichtigt werden müssen. Als Hauptversagensarten liegen in diesem Bereich Delaminationen und Faserbrüche vor. Der Metall-Hybrid-Bereich wird hauptsächlich unter dem Gesichtspunkt der thermischen Differenzdehnung betrachtet, die vorwiegend an den Materialübergängen, den Übergangsbereichen, zu einer erhöhten Belastung führt.

Im Bereich der werkstofftechnischen Betrachtung wird auf die Interaktion zwischen Metall (Aluminium oder rostfreier Stahl) und CFK eingegangen. Hierbei werden drei Hauptherausforderungen definiert: Haftung, Korrosion und thermische Eigenspannungen. Eine optimale Lasteinleitung in das Laminat sollte möglichst über Schub geschehen. Aus diesem Grund sollte für eine optimale Kraftübertragung dementsprechend eine ausreichende Haftung vorhanden sein. Das Ziel ist es, die Haftung zwischen Metall und CFK so weit zu steigern, dass im Fall eines Versagens die Metalleinleger im Metallbereich versagen, im besten Fall durch Lochleibung ohne Laminatschädigung. Bei der Verbindung von Kohlenstofffasern und Metallen kommt es aufgrund der hohen Potenzialdifferenzen zu einer ausgeprägten Korrosionsneigung, wobei die Potenzialdifferenz zwischen Kohlenstoff und Aluminium mit 0,9 V weit höher ist als jene zu rostfreiem Stahl. In Bezug auf eine langfristige Erhaltung der mechanischen Eigenschaften, gerade im Hinblick auf Umwelteinflüsse, ist es erforderlich, über ausreichenden Korrosionsschutz zu verfügen. Weiterhin entstehen in der Grenzschicht zwischen CFK und Metall hohe thermische Eigenspannungen, welche die Leistungsfähigkeit der Verbindung verschlechtern. Die thermischen Eigenspannungen ergeben sich durch unterschiedliche Wärmeausdehnungskoeffizienten der Materialpartner. Im Rahmen der Untersuchung gilt es, eine Vorgehensweise zu finden, um den drei Hauptherausforderungen zu begegnen. Zu diesem Zweck werden unterschiedliche Oberflächenbehandlungsmethoden und Beschichtungen untersucht. Des Weiteren hat sich gezeigt, dass die Charakterisierung von Hybriden mit gängigen Normen nur unzureichend durchführbar ist. Für eine materialgerechtere Charakterisierung des untersuchten Hybrids sind Prüfmethoden entwickelt und erforscht worden.

Die produktionstechnische Zielsetzung sieht die intrinsische Integration der Inserts im AFP-Prozess vor, ohne den eigentlichen Herstellungsprozess einzuschränken. Dazu ist eine, dem typischen Legeprozess angepasste, Ablagegeschwindigkeit anzustreben. Durch die Möglichkeiten der Verwendung von komplexen Insertgeometrien, wie dem, in Abb. 2.3a gezeigten, Insert mit ovaler Kontur, sind außerdem Anpassungen in den möglichen Lückengeometrien in der Towablage nötig, um einen möglichst endkonturnahen Ausschnitt für das Insert zu berücksichtigen. Abb. 2.4 zeigt die Reduzierung der nicht bedeckten Fläche durch tangential zur Insertgeometrie verlaufende Schnitte. Durch den endkonturnahen Zuschnitt wird eine kraftflussgerechte und belastungsoptimierte Integration der Inserts ermöglicht.

Der konventionelle AFP-Prozess muss neben den beschriebenen Verbesserungen außerdem um eine Möglichkeit zur genauen Ablage der metallischen Inserts in die vorgesehene Aussparung erweitert werden. Dazu ist eine Erfassung der Schnittkanten der Aussparung und eine Ablageeinheit mit hoher Ablagegenauigkeit erforderlich. Die Insertintegration ist dabei sowohl für ebene, als auch für Bauteilgeometrien mit höherer Formkomplexität zu berücksichtigen. Die Prozesse werden außerdem auf die gesteigerte Komplexität der möglichen Insertgeometrien und Bauteile angepasst. Weiterhin wird der erzeugte Hybridbereich auf seine Eignung zur Anwendung konventioneller Fügemethoden aus dem klassischen Metallbau untersucht. Diese werden aufgrund ihrer thermischen und mechanischen Belastung des Hybridbereichs hinsichtlich ihrer Eignung beurteilt.

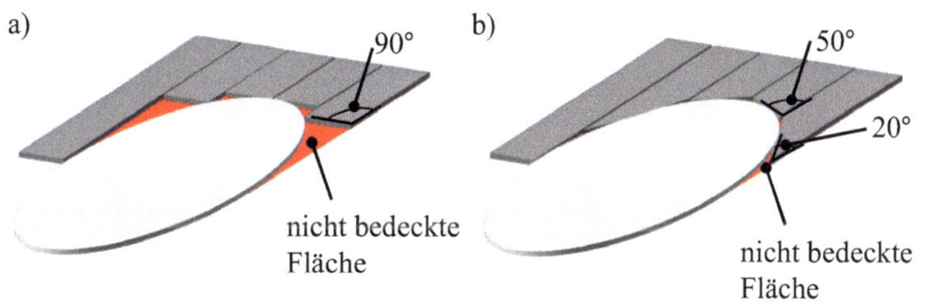

Abb. 2.4 Reduzierung der nicht bedeckten Fläche: orthogonal zur Faserrichtung durchgeführten Schnitte (**a**) tangential zur Insertgeometrie verlaufender Schnitte (**b**)

Untersucht werden mechanische und geschweißte Verbindungen. Basierend auf den Detailbetrachtungen werden abschließend Designempfehlungen für den MLI abgeleitet, die sowohl die mechanischen, als auch die Produktionseinschränkungen berücksichtigen.

2.2.3 Vorstellung des Inhalts

Mechanische Betrachtung des Hybridbereichs

Aufgrund der Lastumlagerung und der Delaminationsgefahr im Übergang Ü2, zwischen dem Hybrid- und Faserverbundbereich, siehe Abb. 2.3b, wurde dieser Bereich als besonders kritisch bewertet. Die Harzansammlung an der Stirnseite ist im Vergleich zum umliegenden Material sehr weich und kann nur einen sehr geringen Anteil der Last übertragen. Daher kann sie vereinfacht als Lagenunterbrechung betrachtet werden. Die Lasten dieser unterbrochenen Lagen werden durch Schubkräfte in die angrenzenden Lagen übertragen. Der Lastfall und die resultierende Lastumlagerung ist vergleichbar mit einem Riss in einer 90°-Lage, die von 0°-Lagen umgeben ist. Das in diesem Fall beobachtete Verhalten ist die Entstehung von Horizontalrissen, bzw. einer Delamination der Grenzfläche zwischen der 0°- und 90°-Lage, ausgehend vom Vertikalriss. Abb. 2.5 zeigt die für die Untersuchung der Delamination vorgenommene Modellvereinfachung. Das Modell repräsentiert den Auslauf einer Metalllage, die von einem zweilagigen Kreuzlaminat umgeben ist. Die Metalllage wird entweder von einer 0°-, oder einer 90°-Lage fortgesetzt. Im Rahmen der Untersuchung wurde das J-Integral für verschiedene Risskombinationen als Näherung der Energiefreisetzungsrate berechnet. Wenn der Metalleinleger steifer als die angrenzenden FVK-Schichten ist, lässt der höhere Betrag der Energiefreisetzungsrate darauf schließen, dass die Grenzfläche der Metalleinleger stärker als die interlaminare Grenzfläche belastet ist. Der konstant abfallende Verlauf der Energiefreisetzungsrate deutet zudem darauf hin, dass sich ein entstandener Riss ohne stabilen Haltepunkt fortsetzt. Aus Sicht der MLI-

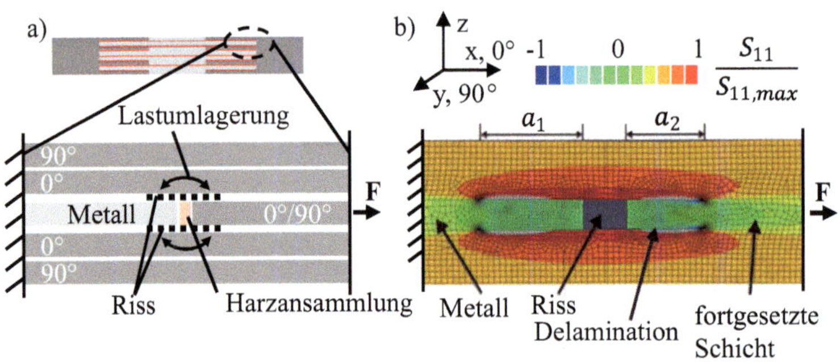

Abb. 2.5 (**a**) Modellvereinfachung des Übergangsbereichs Ü2 zwischen den Hybrid- und FVK-Bereichen zur Bewertung der Grenzschichtbelastung anhand der Energiefreisetzungsrate für verschiedene Anrisslängen a_1 und a_2 [16] (**b**) Beispielhafte Darstellung der Schubspannungsverteilung im FE-Model

Auslegung kann somit eine Erhöhung der ertragbaren Last durch eine Verbesserung der mechanischen Eigenschaften des Übergangs zwischen dem Metalleinleger und der FVK-Lage erreicht werden, wobei eine initiale Rissentstehung vermieden werden muss.

Grundflächengestaltung

Neben der Topologie der Abstufung zur Erzeugung der Grenzfläche zum FVK wurde der Einfluss der Grundfläche der Metalleinleger untersucht [15], da diese einen entscheidenden Einfluss auf die Dehnungsverteilung im Bereich des lokalen Metallhybrids besitzt, die sich unter einer Belastung der Gesamtstruktur ergibt. Der Einfluss wurde anhand von auf Zug belasteten Flachproben mit einem zentralen Hybridbereich untersucht, vgl. Abb. 2.6a. Die untersuchten Geometrien stellen Abstufungen zwischen der, durch einfache gerade Schnitte leicht herstellbaren, Rechteckform und der mechanisch als vorteilhaft angesehenen Ellipse dar, siehe Abb. 2.6b. „Das 10-Eck ist der Kompromiss aus beiden und stellt eine Diskretisierung der Ellipse dar, wobei der Stützpunktabstand der tow-Breite von ¼“ bzw. 6,35 mm entspricht.

Abb. 2.7 zeigt die durch digitale Bildkorrelation ermittelte Dehnungsverteilung im Bereich der Hybridbereiche. Die Dehnungsüberhöhungen im Bereich des Materialübergangs Ü1 in Lage 1 (Decklage) sind deutlich erkennbar. In diesem Bereich befindet sich ein Spalt, der mit Matrixmaterial bzw. Klebstoff gefüllt ist, siehe Abb. 2.8. Die Spaltbreite wird durch die Stärke des Klebefilms, die Genauigkeit in der Erzeugung des Ausschnitts und die Positionierung des Einlegers bestimmt. Aufgrund der hohen Dehngrenze des Matrixmaterials, bzw. des Epoxidharz-basierten Klebstoffs mit einer Dehngrenze von ca. 3 %, ist dieser Bereich nicht versagenskritisch. Auch im Bereich des Materialübergangs Ü2 von Lage 2 ist eine Dehnungsüberhöhung in der Decklage zu erkennen, die durch die beschriebene (Schub-)Lastumlagerung hervorgerufen wird.

Eine detaillierte Untersuchung des Dehnungsfelds entlang von Schnittlinien im Zentrum der Materialübergänge ist in Abb. 2.9 für 10-eckige Metalleinleger dargestellt. Als

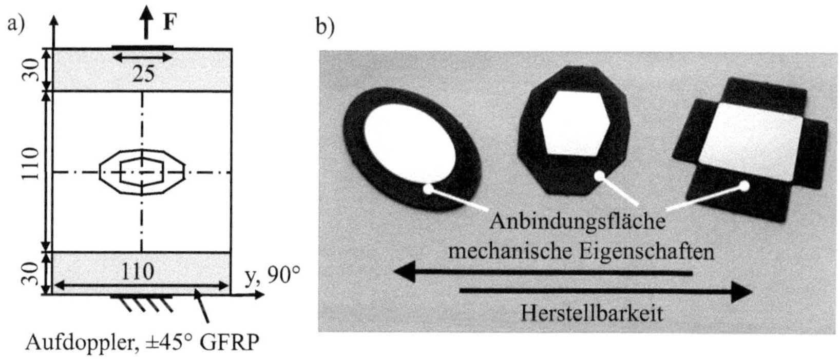

Abb. 2.6 Untersuchung des Grundflächeneinflusses auf den lokalen Störeinfluss eines Hybridbereichs (**a**) Versuchsaufbau (**b**) elliptischer, 10-Eckiger und rechteckiger Metalleinleger translated by permission from Springer Nature: Production Engineering [15]

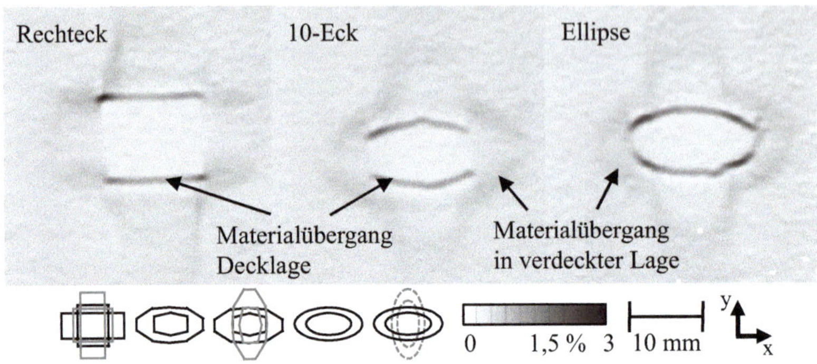

Abb. 2.7 Schematische Darstellung der einzelnen und gestapelten Metalleinleger sowie der, durch die unterschiedlich geformten Grundflächen der Metalleinleger beeinflussten, Dehnungsverteilung in einer Struktur unter einseitiger Zugbelastung in y-Richtung [15]

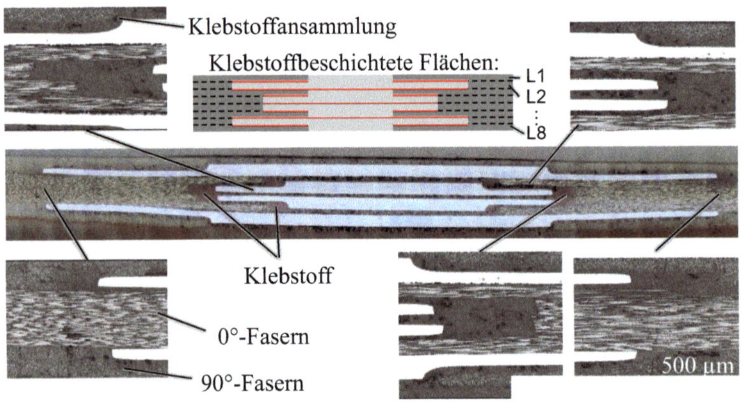

Abb. 2.8 Vergleich der Modellierung des Hybridbereichs mit tatsächlicher Geometrie im Probenquerschliff

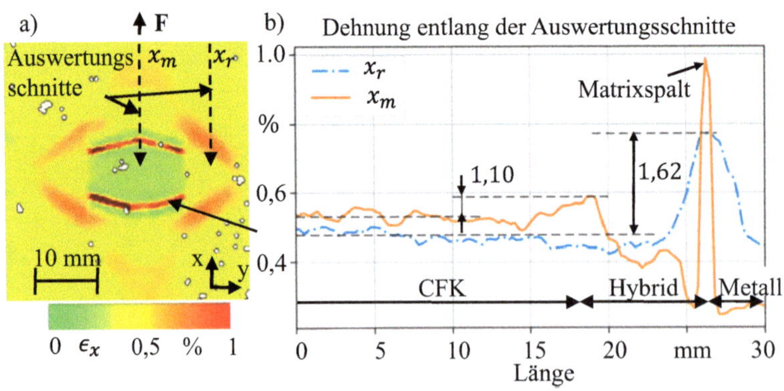

Abb. 2.9 (**a**) Dehnungsfeld auf der Oberfläche der Decklage des Hybridbereichs und Positionierung der Auswertungsschnitte. (**b**) Dehnung entlang der Auswertungsschnitte

Parameter zur Bewertung wurde der Faktor der Dehnungsüberhöhung im Vergleich zum ungestörten Laminat gewählt. Neben der Dehnungsüberhöhung im Matrixspalt ist ein Überhöhungsfaktor von 1,10 im zentralen Materialübergang x_m zu erkennen, der sich deutlich von dem Erhöhungsfaktor von 1,62 im außenliegenden Materialübergang x_r unterscheidet.

Um dieses Verhalten und die Einflussgrößen detaillierter zu untersuchen, wurde eine Modellvereinfachung durch die Annahme einer doppelten Überlappungsfügung für innenliegende Lagen und einer einfachen Überlappungsfügung für außenliegende Lagen vorgenommen. Zusätzlich wurde eine Unterscheidung des Hybridbereichs zwischen einer fortgesetzten (C) und einer unterbrochenen (D) Decklage getroffen. Zur experimentellen Validierung wurden die in Abb. 2.10 skizzierten, dreilagigen Zug-Probekörper hergestellt, wobei die mittige Lage durch ein angewinkeltes Blech derselben Stärke fortgesetzte wurde. Im Falle einer fortgesetzten Decklage (C) konnte gezeigt werden, dass die Dehnungsüberhöhung konstant entlang des Materialübergangs und unabhängig vom Übergangswinkel ϕ ist. Eine weitere Untersuchung dieses Bereichs kann somit durch ein 2D-Modell vorgenommen werden. Im Gegensatz dazu zeigt Abb. 2.11 den Dehnungsverlauf für eine unterbrochene Decklage (D). Es ergibt sich ein, von der Klebelänge $l_{Klebstoff}$ (in Zugrichtung) abhängiger Dehnungsverlauf, der für steigende Winkel abnimmt [17]. Anhand des nicht linearen Dehnungsverlaufs kann zudem abgeschätzt werden, ab welcher Länge der hyperbolische Anteil innerhalb der Spannungsverteilung der Klebung vernachlässigt werden kann, siehe Abb. 2.11c. Im Falle der dargestellten Probe liegt dieser Wert bei $x > 7{,}1$ mm.

Betrachtung und Funktionalisierung der Grenzschicht

Zur optimalen Gestaltung der Grenzschicht zwischen CFK und Metall in Hinblick auf eine materialgerechte Lasteinleitung unter Berücksichtigung von Korrosionsschutz und

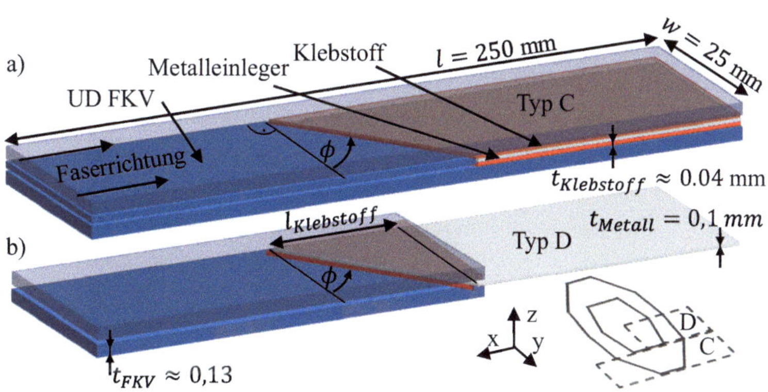

Abb. 2.10 Unterteilung des Hybridbereichs in verschiedene Zonen zur Untersuchung der Grenzflächenbelastung: Vereinfachung als einfache (**a**) und doppelte (**b**) Überlappungsfügung

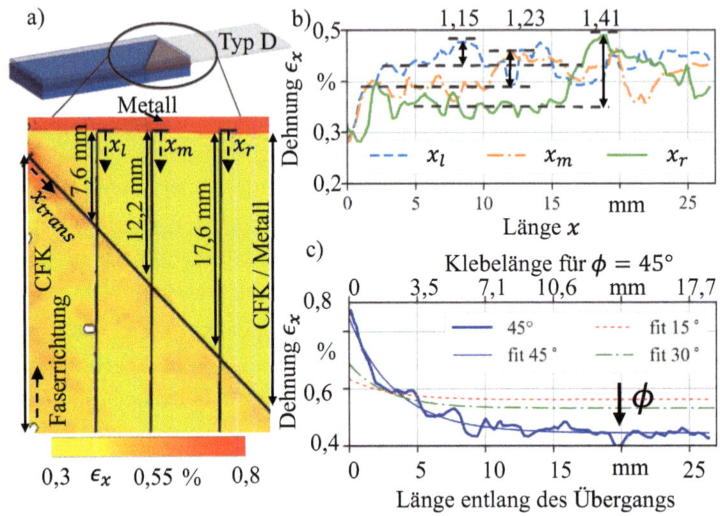

Abb. 2.11 Dehnungsverlauf in einer Probe mit doppelter Überlappungsfügung gemessen mittels digitaler Bildkorrelation. (**a**) Dehnung der Decklage und Kennzeichnung der Linien (**b**) Dehnung entlang der Auswertungslinien in Lastrichtung (**c**) Dehnungsverlauf entlang des Materialübergangs

thermischen Eigenspannungen, bzw. Dehnungsbehinderungen, wurden unterschiedliche Oberflächenbehandlungsmethoden und -beschichtungen untersucht. Zuerst fokussierte sich die Untersuchung auf geeignete Oberflächenbehandlungsmethoden [18]. Hierbei hat sich herausgestellt, dass aus der Oberflächenbehandlung durch das SACO-Verfahren (Sandstrahl-Coating) die besten Haftungseigenschaften resultieren. Das Strahlgut des SACO-Verfahrens verfügt über ein Silikat, das durch die hohe Aufprallenergie beim Strahlen auf die Oberfläche aufgetragen wird. Das Problem hierbei ist, dass das Silikat nicht homogen aufgetragen wird und stellenweise keine Beschichtung erfolgt, wodurch kein ganzheitlicher Korrosionsschutz gewährleistet werden kann. Zudem entstehen aufgrund der unterschiedlichen Wärmeausdehnungskoeffizienten und der hohen Aushärtungstemperatur von 180 °C hohe thermische Eigenspannungen, die zum vorzeitigen Versagen der Grenzschicht führen können. Für eine Reduktion dieser thermischen Eigenspannungen wurden verschiedene Zwischenschichten untersucht. Die Zwischenschicht soll als Haftvermittler, Isolationsschicht und durch ihr größeres Dehnungsvermögen als Ausgleichsschicht zwischen CFK und Metall fungieren. Für den Einsatz als Zwischenschichtmaterial wurden Epoxid basierende Klebefilme, Thermoplast- und thermoplastische Elastomer-Folien untersucht. Als Anforderung zur Auswahl der Zwischenschicht wurde definiert, dass sowohl eine gute Haftung zu rostfreiem Stahl, als auch zu Epoxidharz herrschen muss, und dass die Stärke nach Aushärtung 100 µm unterschreitet. Basierend auf vorangegangenen Untersuchungen im Rahmen des Duroplastschweißens, wurden u. a. Thermoplaste (PEI, PA6, PES), welche semi-interpenetrierende Netzwerke zu Duroplasten bilden, ausgewählt. Diese Thermoplaste können bei Erwärmung oberhalb ihrer Erweichungstemperatur gute Haftungseigenschaften zu Duroplasten ausbilden, jedoch ist die Anhaftung an rostfreiem Stahl ohne weitere Vorbehandlung nicht ausreichend. Weiterhin konnte durch eine nachträgliche Temperaturnachbehandlung unterhalb von 180 °C keine Reduktion der thermischen Eigenspannungen erzielt werden. Bessere Ergebnisse konnten durch den Einsatz von Klebefilmen auf Epoxidbasis erzielt werden. Der ausgewählte Klebefilm wurde gemäß den Herstellerangaben für das Kleben von Metallen formuliert. Der Klebefilm lässt sich gemeinsam mit dem eingesetzten Prepreg bei 180 °C aushärten, obwohl eine Aushärtung aufgrund der Glasübergangstemperatur (T_g) von 117 °C bei 120 °C ausreichend ist. In Bezug auf eine Reduktion von thermischen Eigenspannungen wurde der Aushärtungszyklus um eine dreißig minütige Haltephase bei 120 °C ergänzt (siehe Abb. 2.12a).

Der Klebefilm reagiert während dieser Zeit bei 120 °C zu 98 % aus, so dass die Anhaftung zur Metalllage ebenfalls in der Haltephase realisiert wird. DSC-Messungen haben gezeigt, dass die Matrix des Prepregs während der Haltephase nicht reagiert, erst oberhalb von 143 °C ist eine Exothermie sichtbar (siehe Abb. 2.13). Nach der Haltephase findet die Vernetzung der Prepreg-Matrix bei 180 °C statt, wobei die Verbindung zwischen Matrix und Klebefilm entsteht. Der stufige Aufbau der Verbindung der drei Komponenten führt zu einer Reduktion von thermischen Eigenspannungen durch Ausgleich von Relativbewegungen beim Aufheiz- und Abkühlprozess entlang der weichen Zwischenschicht. Asymmetrische Proben aus zwei (CFK-Metall) bzw. drei (CFK-Klebefilm-Metall) Lagen zeigen anhand ihrer Krümmung das Ausmaß der vorhandenen thermischen Eigenspannungen. Hierbei lässt sich im ersten Schritt ableiten, dass der Einsatz des Klebefilms in dem normalen Aushärtezyklus bereits zu einer Reduktion der thermischen Eigenspannungen von ca. 20 % führt. Die zusätzliche Haltephase führt zu einer weiteren Reduktion von schätzungsweise 30 % auf insgesamt 50 % (siehe Abb. 2.12b). Der Vergleich der Krümmungsradien asymmetrischer Proben dient als erste Abschätzung.

Ermittlung thermischer Eigenspannungen

Für eine genauere Quantifizierung thermischer Eigenspannungen wurden verschiedene an die gängige Bohrlochmethode angelehnten Messprinzipien betrachtet. Zum einen wurden Proben mit einem Kreuzlaminat und zwei außenliegenden Metalllagen mit Hilfe der digitalen Bildkorrelation untersucht. Dazu wurde nach Auftrag eines stochastischen Musters

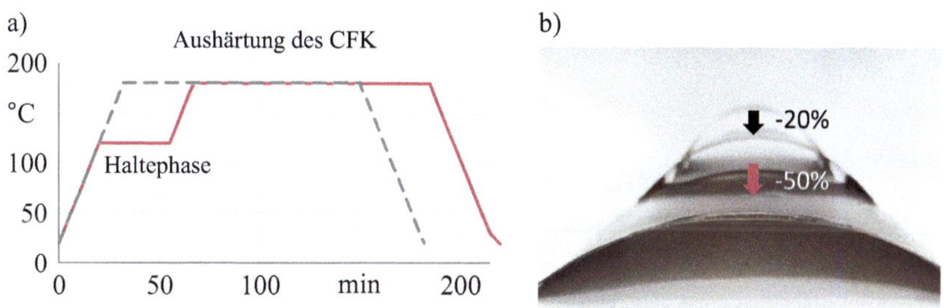

Abb. 2.12 Aushärtezyklus mit Haltephase (**a**) zur Reduktion thermischer Eigenspannungen (**b**)

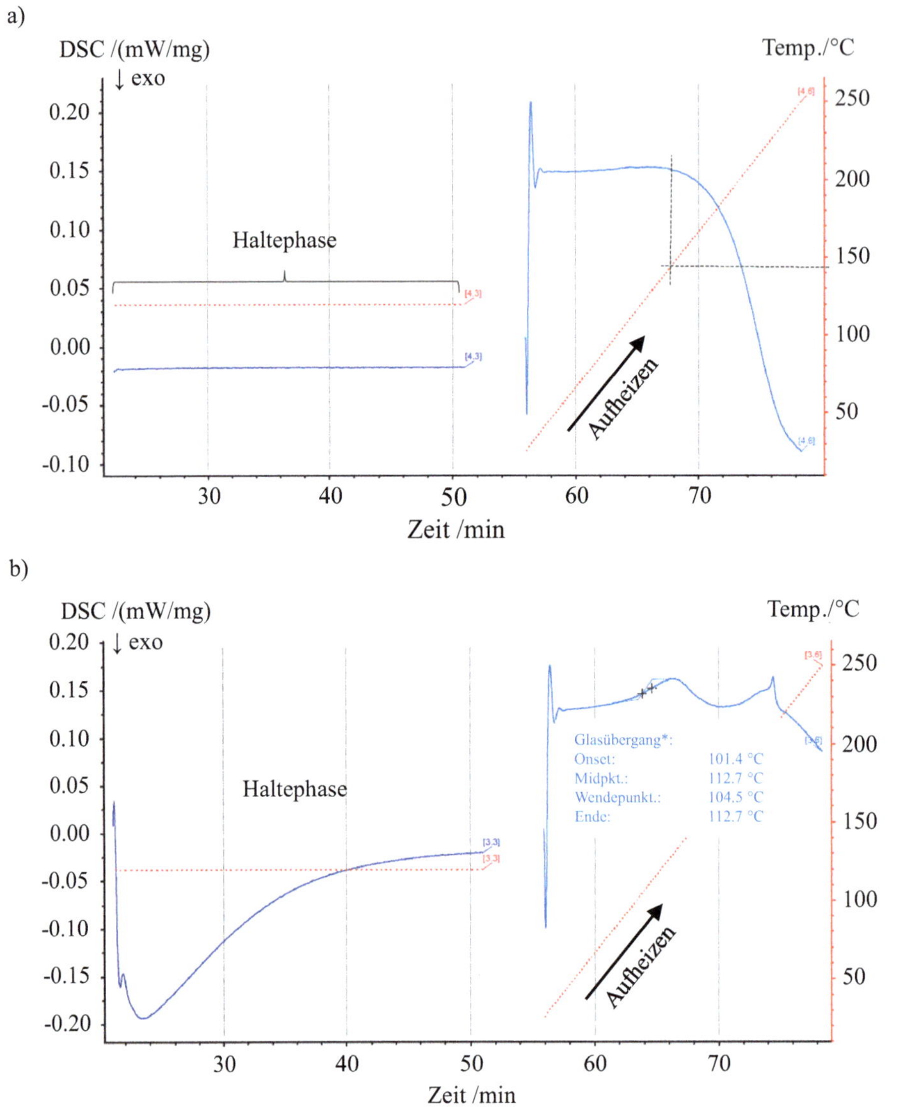

Abb. 2.13 Auswirkung der Haltephase des modifizierten Aushärtezyklus auf die Matrix (**a**) und Klebefilm (**b**)

ein Loch im Mikrobohrprozess erzeugt. Durch lokales Entfernen des Volumens wird eine Umverteilung der verbleibenden thermischen Eigenspannungen bewirkt, die zu einer Verzerrung der Oberfläche im Bereich des Lochs und somit des Musters führt (Abb. 2.14a). Störend erwies sich der während des Bohrens entstehende Span und Staub, die das vorgegebene Muster im Randbereich des Lochs veränderten und damit die Messung beeinträchtigten. Ein Absaugen oder Wegblasen der Späne führte zu keiner Verbesserung. Auch in weiteren Versuchen mit erhöhter Schnittgeschwindigkeit und einer Messung mittels

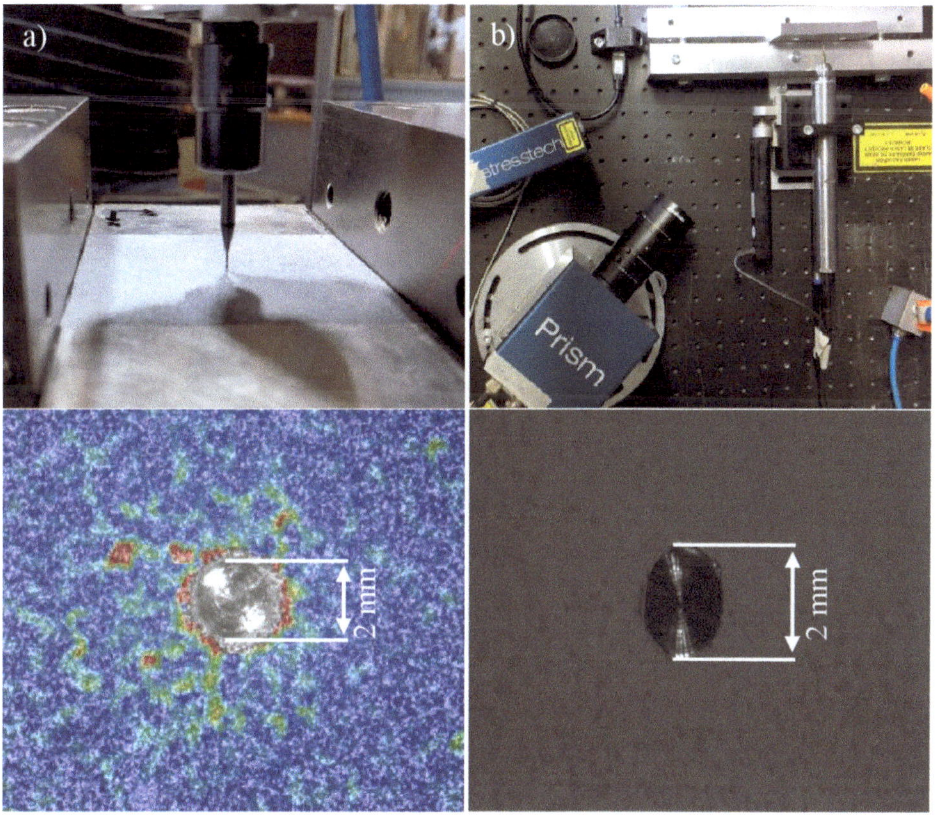

Abb. 2.14 Bohrlochmethode mittels DIC (**a**) und Lasertriangulation (**b**)

Lasertriangulation in einem definierten Messbereich auf der Probeoberfläche um das Loch herum konnte kein zufriedenstellendes Ergebnis erreicht werden (siehe Abb. 2.14b).

Die proprietäre Auswertungssoftware dient zur Ermittlung von Eigenspannungen in homogenen Werkstoffen, wodurch die Software die ausgelösten Dehnungen in dem von uns betrachteten Mehrschichtverbund falsch berechnet. Eine Korrektur der berechneten Eigenspannungen kann aufgrund unzureichender Ausgabedaten, ohne eine zeitintensive Zusammenarbeit mit dem Hersteller nicht durchgeführt werden.

Aufgrund der oben genannten Problematik der flächigen optischen Dehnungsmessung, wurde alternativ die Messung der Längendifferenzen innerhalb eines definierten Lochmusters verwendet. Hierbei werden kreuzförmig angeordnete Mikrolöcher mit einem Durchmesser von 100 µm und einer Tiefe von 30 µm im Ätzverfahren erzeugt (siehe Abb. 2.15). Das Nennmaß von 1500 µm zwischen den Löchern sowohl in horizontaler als auch in vertikaler Richtung wurde so gewählt, dass bei der gewählten Vergrößerung der gesamte Messbereich in einem Bild erfasst werden kann, um einen zusätzlichen Längenfehler beim Zusammensetzen mehrerer Bilder zu vermeiden. Wie in Abb. 2.15 dargestellt, werden die geätzten Metalllagen, analog zum Vorgehen in den Untersuchungen der

Abb. 2.15 Probenaufbau für die Ermittlung gehinderten Dehnungen der Metalllage

a)

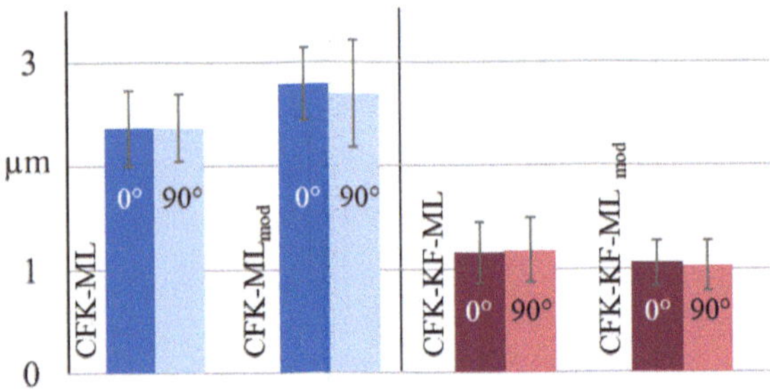

b)

ΔT (K)	160
α	1,70E-05
L (µm)	1500
Wärmedehnung (µm)	4,08

Abb. 2.16 Dehnungsbehinderungen nach den untersuchten Aushärtezyklen mit (CFK-KF-ML, CFK-KF-ML$_{mod}$) und ohne Klebefilm (CFK-ML, CFK-ML$_{mod}$) (**a**) und Versuchsparameter (**b**)

Bohrlochmethode, auf die untere und obere Seite des Kreuzlaminates platziert. Die Abstände innerhalb des Lochmusters auf der unteren und oberen Metalllage werden vor der Aushärtung mit dem Oberflächenprofilometer bestimmt. Die Mittelpunkte der Mikrolöcher werden anhand der detektierten Lochkanten ermittelt. Im nächsten Schritt werden anhand der Mittelpunktkoordinaten die Abstände zwischen den Mikrolöchern in horizontaler und vertikaler Richtung ermittelt. Anschließend werden die Hybridproben ausgehärtet. Nach der Aushärtung werden die Abstände zwischen den Mikrolöchern nach beschriebener Prozedur erneut ermittelt.

Die Ergebnisse in Abb. 2.16 zeigen, dass die Metalllage in dem Hybridlaminat ohne Klebefilm eine mittlere bleibende Dehnung von 2,3 µm bzw. 2,8 µm im Fall des modifizierten Aushärtezyklus aufweisen. Entgegen den Erwartungen zeigt sich, dass die Haltephase bei 120 °C einen negativen Einfluss auf die bleibenden Dehnungen aufweist. Eine mögliche Erklärung hierfür ist, dass durch die Verweildauer bei 120 °C von 30 Minuten, die flüssige Matrix mit einer Viskosität von ca. 1000 mPas in einem größeren Maße nach außen gedrückt wird. Die Matrixschicht, die zwischen den Fasern und der Metalllage entsteht, ist dadurch dünner, als jene ohne Haltphase, wobei der Übergangsbereich von CFK zum Metall faserdominanter ist und infolgedessen höhere thermische Eigenspannungen zu erwarten sind. Dieser Effekt bedarf jedoch einer genaueren Betrachtung um die erläuterte Vermutung zu bestätigen bzw. zu widerlegen. Die Hybridproben mit dem Klebefilm (CFK-KF-ML, CFK-KF-ML$_{mod}$) zeigen eine deutlich geringere bleibende Dehnung im

Bereich von 1,15 µm bzw. 1,05 µm durch den modifizierten Aushärtezyklus. Anders als in Abb. 2.12b fällt der Effekt der Haltephase deutlich geringer aus, jedoch zeigen die Hybridproben (CFK KF ML) bereits eine Reduzierung der bleibenden Dehnung um 50 % von 2,3 µm auf 1,15 µm. Die Betrachtung zwischen 0° und 90° zeigt keine aussagekräftige Unterscheidung. Die Werte sind auf dem gleichen Niveau innerhalb der Standardabweichung. Für eine genauere Aussage können andere „Lochmuster" untersucht werden, die eine feinere Unterscheidung erlauben.

Charakterisierung der Grenzschicht

Neben der Betrachtung thermischer Eigenspannungen ist die Bewertung der Haftungseigenschaften der Grenzschicht erforderlich. Gerade in Bezug auf die interlaminare Scherfestigkeit hat sich herausgestellt, dass gängige Normen, die ursprünglich für reine Laminate entwickelt wurden, für Hybride nur bedingt geeignet sind. In dem Fall der DIN 65148 hat sich gezeigt, dass die Charakterisierung einer definierten Grenzschicht, in dem betrachteten Fall zwischen CFK und Metall, nur qualitativ möglich ist. Die Proben gemäß DIN 65148 verfügen über zwei Nuten, die in einem Fräsvorgang eingebracht werden. Die Tiefe der Nuten entscheidet, in welcher Lage die Probe versagt. Bei einem reinen Laminat sind alle Grenzschichten zwischen allen Lagen gleich. Anders ist es bei dem betrachteten Hybrid. In diesem Fall geht es ausschließlich um die Betrachtung der Grenzschicht zwischen einer Metalllage und einer CFK-Lage, die durch den genormten Probenaufbau erschwert ist. Die Proben versagen nicht wie erforderlich in der Grenzschicht zwischen CFK und Metall, sondern in benachbarten Lagen.

Für eine gezielte Charakterisierung der hybriden Grenzschicht wurde zunächst eine geeignete Probengeometrie in Anlehnung an der DIN 65148 konzipiert (siehe Abb. 2.17). Die Probe verfügt über zwei Anrisse in der zu betrachtenden Grenzschicht. Die Anrisse

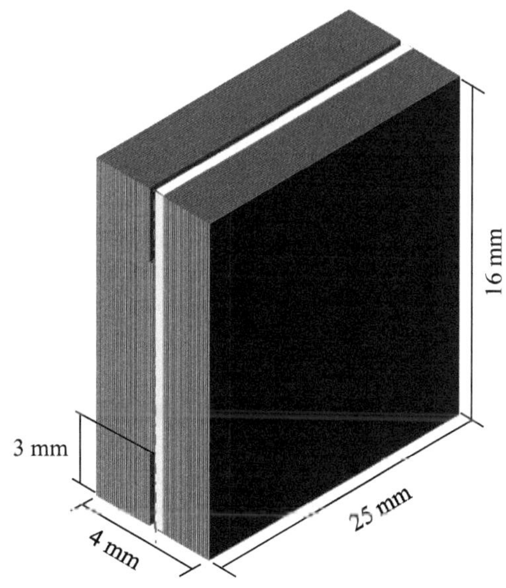

Abb. 2.17 Geometrie der Scherproben für die Ermittlung der interlaminaren Scherfestigkeit

Abb. 2.18 Scherwerkzeug zur Ermittlung der interlaminaren Scherfestigkeit

dienen dazu, Spannungsüberhöhungen entlang der Anrisse bis zum Auswertungsbereich zu reduzieren und als „Sollbruchstelle", um das Versagen in der Grenzschicht zu provozieren.

Zudem wurde ein Scherwerkzeug entwickelt, das eine gezielte Positionierung der zu betrachtenden Grenzschicht in der Scherebene ermöglicht. Weiterhin lassen sich die Proben mittels eines beweglichen Schlittens seitlich fixieren um seitliches Abgleiten der Proben während der Prüfung zu vermeiden (Abb. 2.18). Mittels Drehmomentgriffen lassen sich die Proben mit einer definierten Kraft einspannen.

In Abb. 2.19 sind die Dehnungsverläufe der hybriden Proben während eines Scherversuchs dargestellt. Zum Vergleich ist in Abb. 2.19a der Dehnungsverlauf einer Referenzprobe (CFK) aus reinem CFK gezeigt dargestellt. Die Anrisslänge auf beiden Seiten beträgt ca. 3 mm, in diesem Bereich, jeweils links und rechts zeichnet sich eine deutliche Dehnungsüberhöhung ab. In der Probenmitte stellt sich ein gleichmäßigerer Dehnungsverlauf ein. Der Dehnungsverlauf mit Klebefilm (CFK-KF-ML) in Abb. 2.19c deutet auf eine deutlich weichere und dickere Grenzschicht hin. Hierbei stellen sich Dehnungen im Bereich von 1 % bis zu 3 % ein. Die Proben (CFK, CFK-ML) ohne Klebefilm zeigen während der Prüfung im Auswertungsbereich Dehnungen von <1 %. Die geringeren Dehnungen sind darauf zurückzuführen, dass die Grenzschicht deutlich dünner ausfällt und die Steifigkeit höher ist.

Die Ergebnisse der Versuche zur Ermittlung der resultierenden interlaminaren Scherfestigkeit (ILS) mit der entwickelten Testvorrichtung sind in Abb. 2.20a dargestellt. Zur Vergleichbarkeit wurden für jede Materialpaarung (CFK, CFK-ML, CFK-KF-ML) jeweils der ursprüngliche Aushärtezyklus und der modifizierte Aushärtezyklus (mod.) eingesetzt (siehe Abb. 2.12). Die Haltephase zeigt bei den Referenzproben (CFK, CFK_{mod}) keinen erkennbaren Einfluss. Bei den Hybridproben ohne Klebefilm (CFK-ML, $CFK\text{-}ML_{mod}$) zeigt sich, dass die Haltephase bei 120 °C einen negativen Einfluss auf die interlaminaren Scherfestigkeiten aufweist. Wie in Bezug auf Abb. 2.16 erläutert, ist es anzunehmen, dass durch die Haltephase der Übergangsbereich von CFK zum Metall faserdominanter ist und

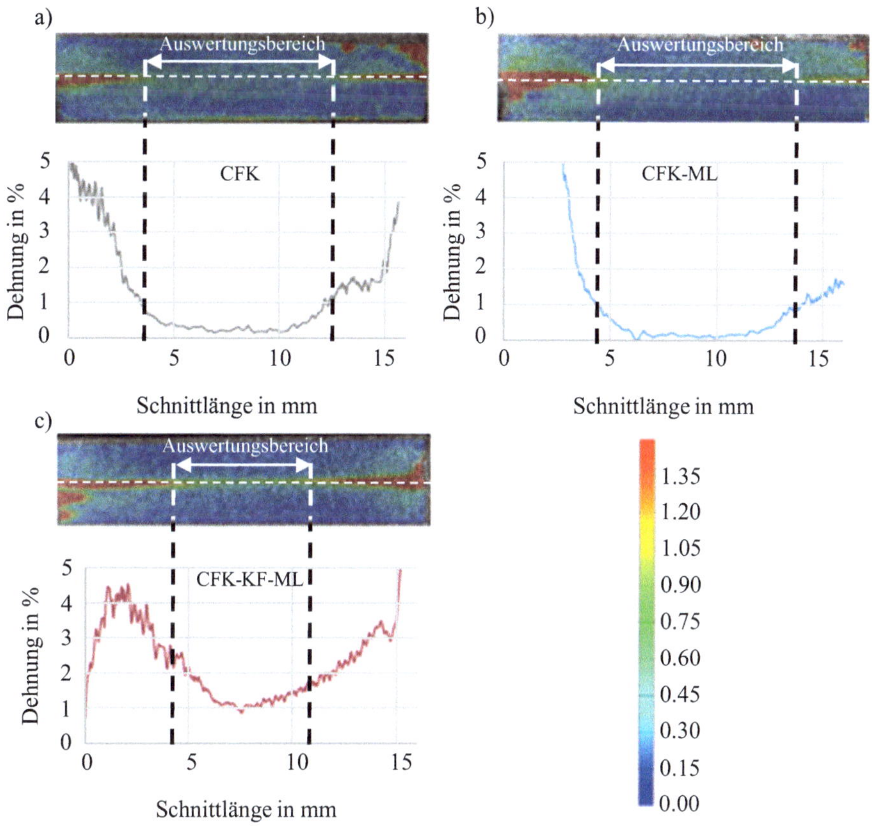

Abb. 2.19 Rissentwicklung bei der Ermittlung der resultierenden interlaminaren Scherfestigkeit für (**a**) CFK, (**b**) CFK und einer Metalllage und (**c**) CFK, Klebefilm und einer Metalllage

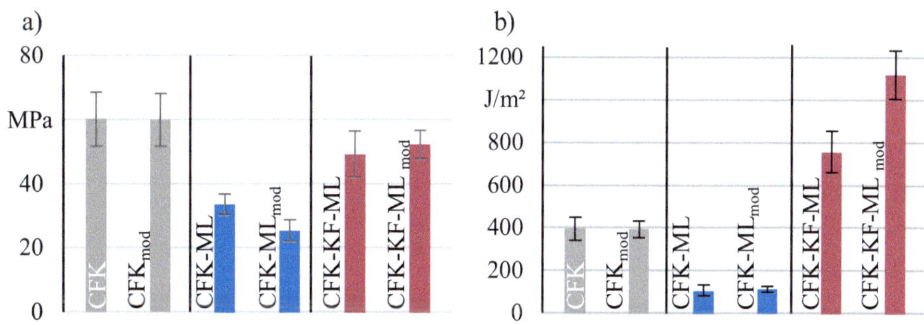

Abb. 2.20 Interlaminare Scherfestigkeit (**a**) und Energiefreisetzungsrate (**b**)

infolgedessen höhere thermische Eigenspannungen entstehen. Die höheren thermischen Eigenspannungen führen zu einer Verschlechterung der resultierenden interlaminaren Scherfestigkeit. Die Hybridproben mit dem Klebefilm (CFK-KF-ML, CFK-KF-ML_{mod}) zeigen erwartungsgemäß eine Steigerung der resultierenden interlaminaren Scherfestigkeit um 47 % bzw. 56 % für die Proben aus dem modifizierten Aushärtezyklus. Im direkten Vergleich der Proben mit dem Klebefilm verfügen die Proben aus dem modifizierten Aushärtezyklus über eine 3 MPa höhere interlaminare Scherfestigkeit. Die Differenz von 3 MPa bzw. 6 % liegt im Rahmen der Standardabweichung. Daraus lässt sich ableiten, dass die Reduktion thermischer Eigenspannungen bei der interlaminaren Scherfestigkeit nur zu einem geringen Effekt führt.

Die Untersuchungen zur Ermittlung der Energiefreisetzungsrate gemäß ASTM D 5528-01 zeigen eine vergleichbare Tendenz wie die Scherversuche (Abb. 2.20b). Die Referenzproben (CFK, CFK_{mod}) aus reinem CFK erreichen für beide betrachteten Aushärtezyklen die gleichen Werte im Bereich von 400 J/m^2. Der Einfluss der Haltephase bei dem modifizierten Aushärtezyklus zeigt keinen Einfluss. Die Hybridproben (CFK-ML, CFK-ML_{mod}) zeigen bei der Energiefreisetzungsrate Werte im Bereich von 100 J/m^2 und liegen damit weit unter den Referenzwerten. Anders als bei den Scherversuchen zeichnet sich kein Einfluss der Haltephase des Aushärtungszyklus ab. Hingegen ist der Effekt der Haltephase bei den Hybridproben mit dem Klebefilm deutlich. Im direkten Vergleich erreichen die Hybridproben (CFK-KF-ML_{mod}) mit Energiefreisetzungsraten im Bereich von 1100 J/m^2 eine Steigerung um 47 % gegenüber 750 J/m^2 bei CFK-KF-ML.

Zusammengefasst führt der Einsatz eines zusätzlichen epoxidbasierten Klebefilms und einem durch eine zusätzliche Haltestufe erweiterten Aushärtezyklus zu reduzierten thermischen Eigenspannungen und verbesserten Haftungseigenschaften.

Mechanische Charakterisierung des Multilayer-Inserts (MLI)

Um den Einfluss des Klebefilms und des modifizierten Autoklavzyklus auf die mechanischen Eigenschaften eines MLI zu ermitteln, wurden Proben mit und ohne Klebefilm gefertigt und in einem In-Plane-Schubversuch (Abb. 2.21a) geprüft. Die Referenz bildet ein reines CFK-Kreuzlaminat. Weiterhin wurden ein 1 mm dickes 1,4310-Blech und ein weiteres „Multilayer-Blech" gefertigt. Letzteres wurde aus einzelnen, 100 µm dicken, 1,4310-Folien zusammengesetzt um den gleichen Aufbau wie das Lasteinleitungselement (MLI) nachzubilden. Hinzu wurden drei Varianten eines CFK-Laminates mit einem entsprechenden MLI aufgebaut. Bei der ersten Variante handelt es sich um ein MLI ohne Klebefilm. Die zweite Variante (MLI-KF) verfügt zusätzlich über den Klebefilm und wird mit dem herkömmlichen Aushärtezyklus hergestellt. Die dritte Variante (MLI-KF_{mod}) verfügt ebenfalls über den Klebefilm, wird jedoch mit dem modifizierten Aushärtezyklus hergestellt. Alle Proben verfügen über eine Bohrung mit 8 mm Durchmesser und einer H7-Passung. Die Proben werden mittels einer Passschraube in eine Einspanngabel eingeschraubt. Die Zentrierung der Proben erfolgt über Distanzhülsen, die je nach Endmaß der Probe angepasst werden (siehe Abb. 2.21a). Alle Proben wurden mit einem Drehmoment

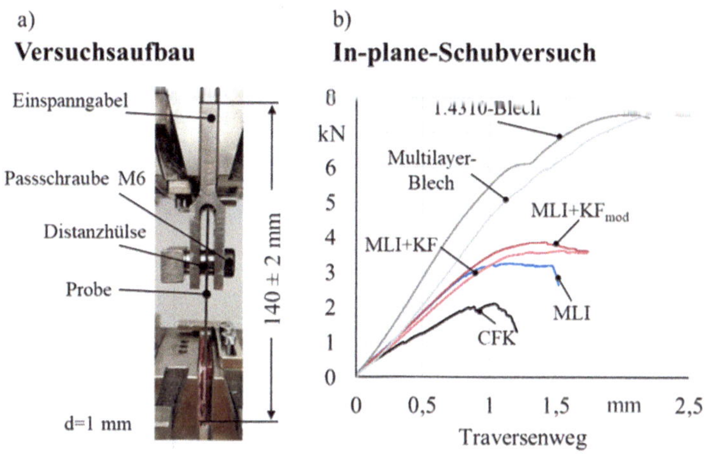

Abb. 2.21 Einfluss des Klebefilms und der Modifikation des Aushärtezyklus auf die mechanischen Eigenschaften (**b**) eines MLI anhand eines In-Plane-Schubversuchs (**a**)

von 12 Nm verschraubt, was bei dem gezeigten Versuchsaufbau einer Flächenpressung von 150 N/mm^2 entspricht.

Abb. 2.21b zeigt die Kraft-Dehnungskurven der einzelnen Varianten. Bei der CFK-Probe kommt es bereits im Bereich von 1 KN zu Setzerscheinungen, zu erkennen an dem ersten Abknicken der Kurve. Bei 2 KN treten die ersten Schädigungen auf und schließlich versagen die Proben durch Lochleibung, was in Abb. 2.22 zu sehen ist. Die Proben mit dem MLI ohne Klebefilm zeigen im Bereich von 3 KN ein Abflachen der Kurve und bei 3,3 KN einen starken Abfall als Folge von Laminatschädigung. In diesem Fall versagt die Grenzschicht zwischen CFK und Metall, sodass die Metalleinleger in das Laminat getrieben werden und infolgedessen eine Schädigung des Laminats initiiert wird. Einen anderen Verlauf zeigen die beiden Varianten des MLI mit dem Klebefilm. Beide Kurven weisen ein Abflachen oberhalb von 3,3 kN bei MLI+KF bzw. 3,6 kN bei MLI+KF$_{mod}$ auf. Der Verlauf beider Kurven deutet auf eine plastische Verformung, in diesem Fall Lochleibung, im metallischen Bereich hin. Auch hier zeigt sich zudem der Einfluss der Haltephase während des modifizierten Aushärtezyklus. Zum einem lassen sich aufgrund einer verbesserten Haftung durch den Klebefilm deutlich höhere Kräfte übertragen und zum anderen lässt sich durch die Modifizierung des Aushärtezyklus die Leistungsfähigkeit des MLI weiter steigern. Im Vergleich zu den CFK- und MLI-Proben versagt sowohl das 1,4310-Blech, als auch das Multilayer-Blech erst oberhalb von 7 kN.

Bei der Betrachtung des Versagensverhaltens in Abb. 2.22 tritt beim Multilayer-Blech zuerst Lochleibung auf. Im zweiten Schritt wird aufgrund der Verschiebung eine Stauchung initiiert. Mit Überschreitung der Dehngrenze tritt am Ende der Prüfung Flankenbruch auf. Gleiches Versagensverhalten tritt bei MLI+KF und MLI+KF$_{mod}$ auf, jedoch entsteht in diesen Fällen aufgrund der Verschiebung des Metallbereichs durch Lochleibung eine Laminatschädigung. Zum Vergleich tritt bei dem 1,4310-Blech ebenfalls Lochleibung

Abb. 2.22 Gegenüberstellung des Versagensverhalten zwischen CFK, Metall und MLI nach dem In-Plane-Schubversuch

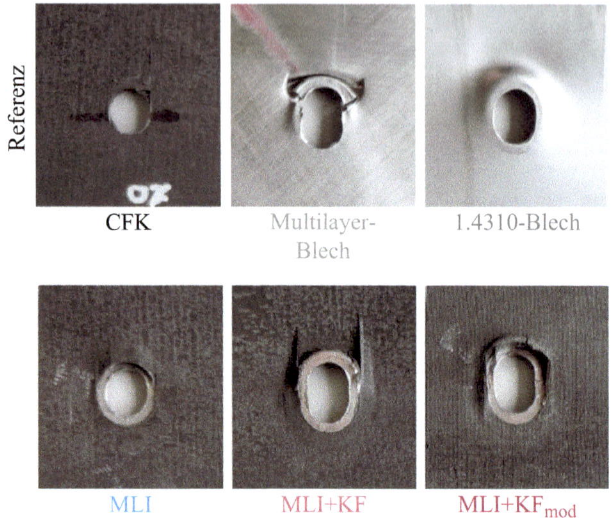

auf, die ähnlich wie bei dem Multilayer-Blech zu einer Stauchung des Materials führt. Sie zeigt jedoch keine Rissentwicklung im Flankenbereich. Zusammenfassend lässt sich ableiten, dass die Einbringung einer Zwischenschicht und eine Anpassung des Aushärtezyklus zu dem gewünschten Effekt der Haftungssteigerung und Reduzierung thermischer Eigenspannungen führen kann.

Erweiterung des AFP-Prozesses zur Insertintegration

Aufgrund der, in Abschn. 2.2.1 beschriebenen, Vorteile des AFP-Verfahrens hinsichtlich Produktivität und Prozesssicherheit für die Luftfahrtindustrie, wurde die automatisierte Ablage der metallischen Inserts innerhalb des AFP-Prozesses, auf Grundlage des, in [19] beschriebenen Legekopfes, um ein Modul für die automatisierte Ablage der Inserts (Automated Insert Placement – AIP) und ein Modul zur in-line Qualitätskontrolle erweitert. Das AIP-Modul wurde relativ zur Legerichtung hinter den Andruckrollen platziert, sodass die Ablage der Metalleinleger zeitlich nach der Ablage der Tows erfolgt. Die gesamte Prozesskette des erweiterten AFP Prozesses ist in Abb. 2.23 gezeigt.

Der Prozess sieht vor, dass während der Faserablage eine Aussparung mit definierter Länge im Laminat vorgesehen wird, in der das Insert platziert werden kann. Die Aussparungslängen sind dabei für alle vier parallel gelegten Tows unabhängig voneinander steuerbar. Die Kanten der generierten Aussparung werden von einem Laserlichtschnittsensor detektiert, der zwischen Andruckrollen und AIP-Einheit positioniert ist. Die Positionsdaten werden im Anschluss verwendet, um die Insertablage in der CFK-Lücke vorzunehmen. Die Ablage mit dem AIP-Modul erfolgt ohne eine Verzögerung der Legegeschwindigkeit. Außerdem wird durch das AIP-Modul eine Andruckkraft auf das Insert ausgeübt, sodass eine hinreichende Anhaftung des Inserts am darunter befindlichen Laminat erreicht

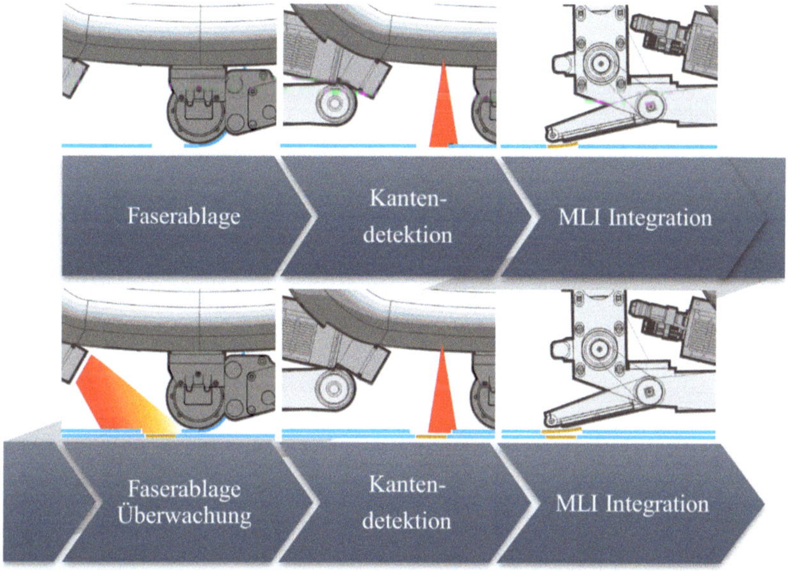

Abb. 2.23 Prozesskette zur automatisierten Insertablage

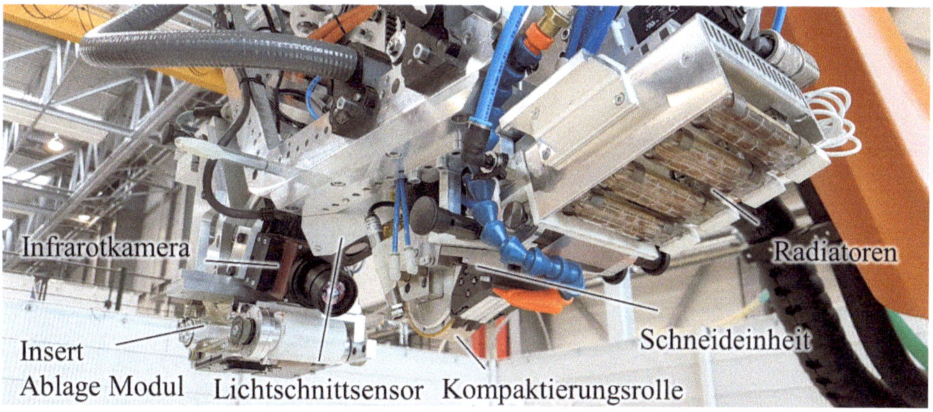

Abb. 2.24 AFP- Legekopf zur intrinsischen Insertintegration in CFK Laminaten

wird. Abb. 2.24 zeigt den gesamten, zur intrinsischen Insertintegration benötigten, Aufbau am Legekopf [20].

In der nächsten Lage wiederholt sich der Prozess zur Erzeugung der Aussparung und die Insertablage, sodass mit jeder weiteren Lage die Dicke des Krafteinleitungselements zunimmt. Zusätzlich erfolgt eine Beurteilung der Qualität der Ablage durch eine Infrarotkamera hinsichtlich Position und Orientierung des Inserts. Die Kamera erfasst dazu die Oberflächentemperatur des Laminats, die durch ebenfalls im Legekopf integrierten Radiatoren (siehe Abb. 2.24) eingebracht wurde.

Charakteristik der im Legekopf verbauten Schneideinheit

Die im Legekopf verbaute Schneideinheit ist pneumatisch aktuiert und ermöglicht für Legegeschwindigkeiten von bis zu 1 m/s einen rechtwinkligen Zuschnitt der Tows, wodurch der Towzuschnitt für die Insertintegration keine Verzögerung im eigentlichen Laminataufbau mit sich bringt. Die Schnittzeit für das Durchtrennen eines Tows beträgt etwa 1,3 ms, wie der Charakteristik in Abb. 2.25 zu entnehmen ist.

Modul zur Insertintegration

Abb. 2.26 zeigt eines der insgesamt zwei im Legekopf integrierten AIP-Module. Es werden zwei Module integriert, um die unterschiedlichen Insertorientierungen in 0°- und 90°-Richtung abzubilden. Die Inserts befinden sich auf einem Trägerfilm und sind in einem Magazin bevorratet. Der Trägerfilm wird vor der Ablage über den Schlitten mit dem

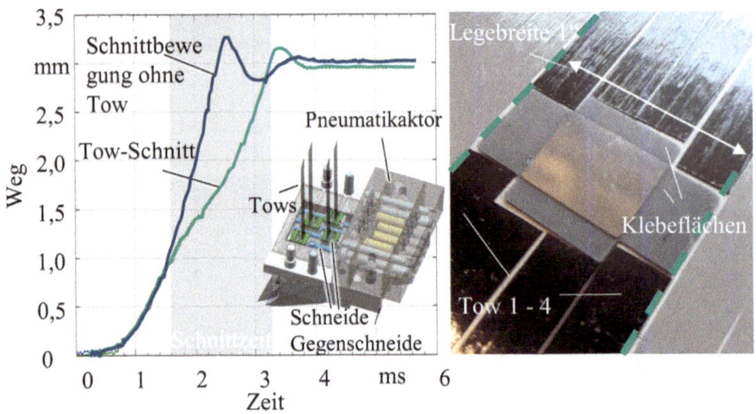

Abb. 2.25 Schnittgeschwindigkeiten und verbautes Schneidkonzept sowie resultierende Aussparung mit platziertem Insert

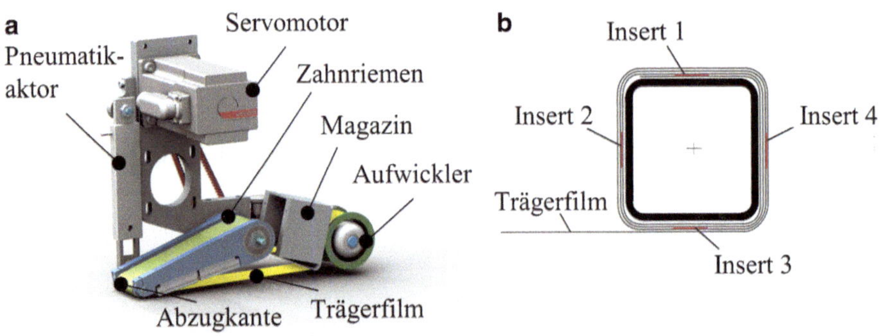

Abb. 2.26 AIP-Modul (**a**) und Verteilung der Inserts auf dem Trägerfilm während der Bevorratung im Magazin (**b**)

Aufwickler hinter dem Magazin verbunden. Der Servomotor fördert die Inserts zum Kontaktpunkt und wickelt den überflüssigen Trägerfilm nach der Ablage auf.

Eine Hysteresebremse verhindert das ungewollte Abwickeln. Das Insert wird vor der eigentlichen Ablage bis zu einem bestimmten Punkt vorgefördert, sodass eine definierte Restförderlänge zwischen Insert und Kontaktpunkt vorliegt. Die Insertposition an dem Vorförderpunkt wird dabei über einen induktiven Näherungssensor abgefragt. Durch den Pneumatikaktor wird der Förderriemen während der Ablage nach unten bewegt, um Kontakt mit dem Werkzeug, bzw. dem bereits abgelegten Material herzustellen. Der, auf dem Insert befindliche, Klebefilm sorgt für eine ausreichende Anhaftung auf dem Trägerfilm und hilft zudem dabei, nach Ablage des Inserts auf dem Werkzeug bzw. dem Laminat eine hinreichende Haftung herzustellen, die ein Verrutschen des Inserts verhindert. Die Abzugskante sorgt bei der Ablage dafür, dass das Insert vom Trägerfilm gelöst wird. Ein Insert auf dem Trägerfilm, der Näherungssensor und die Abzugskante sind in Abb. 2.27 zu sehen.

Die Genauigkeit der Insertablage zeigt ein geschwindigkeitsabhängiges Verhalten, das direkt proportional mit der Legegeschwindigkeit zunimmt (Abb. 2.28). Aufgrund des linearen Zusammenhangs lässt sich dieser Fehler in der Steuerung des AIP Moduls durch ein geschwindigkeitsabhängiges Kompensationsmodell korrigieren. Die Standardabweichung nimmt ab einer Legegeschwindigkeit von 0,6 m/s deutlich zu, sodass die positionsgenaue Ablage der Inserts ab dieser Geschwindigkeit nicht mehr prozesssicher realisiert werden kann. Daher liegt die aktuelle Höchstgeschwindigkeit zur Insertintegration mit dem vorgestellten System bei 0,6 m/s.

In-Line Qualitätskontrolle

Zur Bestimmung der Sollposition wird außerdem die, in der Towablage berücksichtigte, Aussparung im Laminat mit Hilfe eines Laserlichtschnittsensors gemessen. Zur Bestimmung der Aussparungskontur wird der Sensor unter einem Anstellwinkel quer zur Lege-

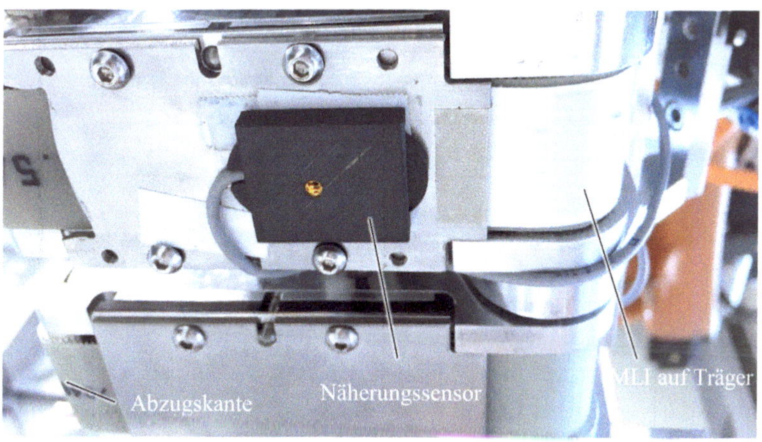

Abb. 2.27 Insertablage mit dem AIP-Modul

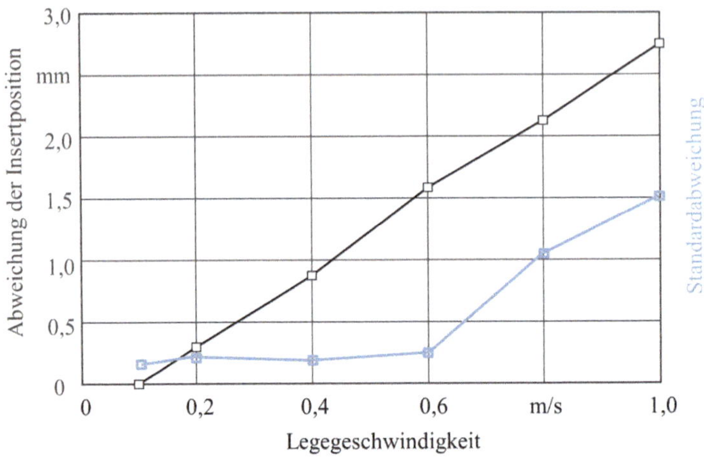

Abb. 2.28 Abweichung der Insert-Soll-Position nach der Ablage in Abhängigkeit der Legegeschwindigkeit

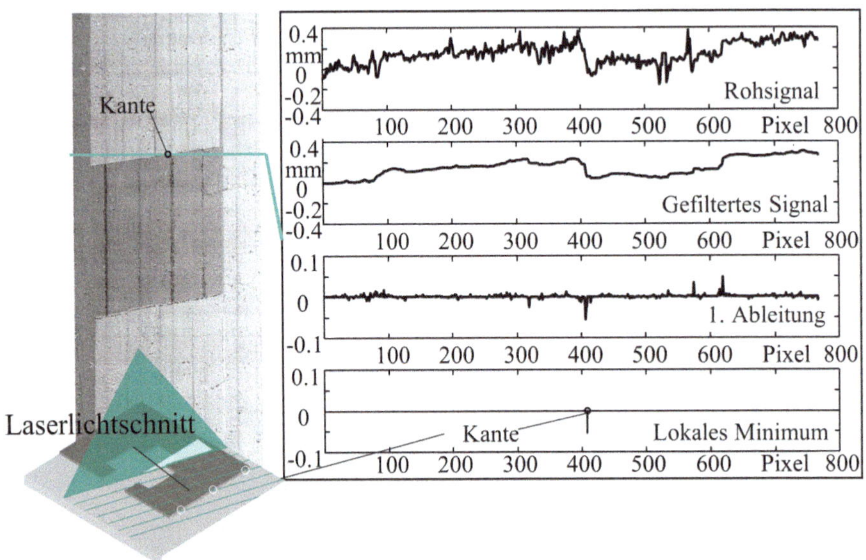

Abb. 2.29 Bestimmung der Kanten der Aussparung mittels der Laserlichtschnittmethode

richtung von 30° betrieben. Ohne diese Schrägstellung wäre eine Schnittkante nur durch eine Höhendifferenz zwischen zwei benachbarten Profilen sichtbar und die Messauflösung würde dem Abstand zwischen zwei Messprofilen entsprechen und wäre damit abhängig von der Messfrequenz und der Legegeschwindigkeit. Die Schrägstellung bewirkt, dass die Schnittkante innerhalb eines Messprofils als Stufe sichtbar wird, sodass die Erfassung der Position der Schnittkante mit der Auflösung des Lichtschnittsensors erfolgen kann, wie in der schematischen Darstellung in Abb. 2.29 deutlich wird. Die Messwerte des Lichtschnittsensors werden gefiltert sowie einfach differenziert um daraufhin mittels einer Schwellwertanalyse die Kantenposition zu detektieren. Die Position der Towkanten wird anschließend in der Steuerung des AIP Moduls zur Einpassung des Inserts und zur Berechnung von dessen Sollposition verwendet. Eine Verringerung des Einflusses auftretender Lücken wird dadurch reduziert und die erreichbare Festigkeit insgesamt verbessert. Die genaue Vermessung der Ist-Positionen der Schnittkanten hat dazu geführt, dass prozessbedingte Einflussfaktoren im Legesystem identifiziert und angepasst werden konnten, was zu einer Erhöhung der Wiederholgenauigkeit geführt hat. So konnte im Laufe der Projektlaufzeit die Standardabweichung in der Wiederholgenauigkeit der Faserablage von mehreren Millimetern auf etwa 0,1 ± 0,3 mm bei bis zu 0,6 m/s reduziert werden.

Während der Ablage der nachfolgenden Laminatlagen wird die Insertregion durch eine Infrarotkamera gefilmt. Durch die Verwendung wurde eine In-line Überwachung der Hybridlaminatqualität realisiert. Die Kamera misst dabei die Oberflächentemperatur. Die Oberfläche wurde zuvor durch im Legekopf verbaute Radiatoren erhitzt. Durch die unterschiedlichen Wärmekapazitäten von CFK und Metall lassen sich die Insert- und Towbereiche unterscheiden. Sichtbar werden im thermografischen Bild die Insert- und Towpositionen, die mit der Sollposition abgeglichen werden. Weiterhin sind Stellen ungenügender Anhaftungen zur darunterliegenden Lage der Inserts und Tows zu erkennen. Beispielhafte Aufnahmen sowie eine Auswertung der Insertposition sind in Abb. 2.30 zu sehen. Dabei ließ sich eine durchschnittliche Positionsabweichung der Aufnahmen nach Durchführung einer modellbasierten Korrektur mit 0,25 ± 1,16 mm bei 0,55 m/s erreichen.

Integration metallischer Inserts in komplex geformte Strukturen

In Simulationen und durch Verifizierungsversuche konnte gezeigt werden, dass die verwendeten Inserts auch in gekrümmten Strukturen eingesetzt werden können. Die mechanischen Grenzen der Insertverformung können unter Verwendung klassischer Ansätze aus der Blechbiegung [21] bestimmt werden. Für die verwendeten 0,2 mm dicken Inserts ergibt sich der minimale Biegeradius zu $r_{min} = s * c$, wobei der c-Wert für Stahl im Bereich von 0,1–0,3 liegt und s die Materialdicke beschreibt. Es ergeben sich minimale Krümmungsradien im Bereich 0,05 mm, wodurch im AFP-Prozess nicht mit einem plastischen Versagen der Inserts zu rechnen ist. Aufgrund des verwendeten Andruckrollenkonzepts des Systems ergeben sich maximal abbildbare Radien von ca. 30 mm, die durch den maximalen Rollenhub der Kompaktierungsrollen quer zur Legerichtung begrenzt sind.

Die Simulationsstudie berücksichtigt daher minimale Krümmungsradien von 25 mm. Einem möglichen elastischen Ablösen der Inserts von der formgebenden Oberfläche und dem bereits abgelegten Laminat durch Rückfederungseffekte wird durch die Klebrigkeit des Prepregs (Tack) und dem verwendeten Klebstofffilament gegengewirkt. Diese Effekte sind ebenfalls in der Simulation implementiert. Für die minimalen Krümmungsradien von 25 mm zeigen die Simulationen eine ausreichende Anhaftung der Inserts für einfach- und doppelt-gekrümmte Strukturen mit konkaver, konvexer und gemischt ausgerichteter Krümmung. Das Ergebnis der Simulation des doppelt konkav und des doppelt konvex gekrümmten Falls ist beispielhaft in Abb. 2.31 gezeigt.

Auf der in Abb. 2.31 gezeigten Oberfläche einer Versteifungsstruktur konnte während der Durchführung von Verifizierungsversuchen der Simulationsergebnisse eine erfolgreiche MLI-Ablage für einfach und doppelt gekrümmte Bauteilbereiche gezeigt werden. Die Insertablage erfolgte dabei entlang der in Abb. 2.31 gezeigten Ablegepositionen 1–9 im einfach gekrümmten Bereich und im ebenfalls gezeigten Punkt der maximalen Mischkrümmung. Die verifizierten minimalen Krümmungsradien betragen für den Fall einer einfachen Krümmung 99 mm im konvexen Fall (Position 8) und 110 mm im konkaven Fall (Position 1). Im Fall der doppelt gekrümmten Insertposition wurde die Insertablage bei

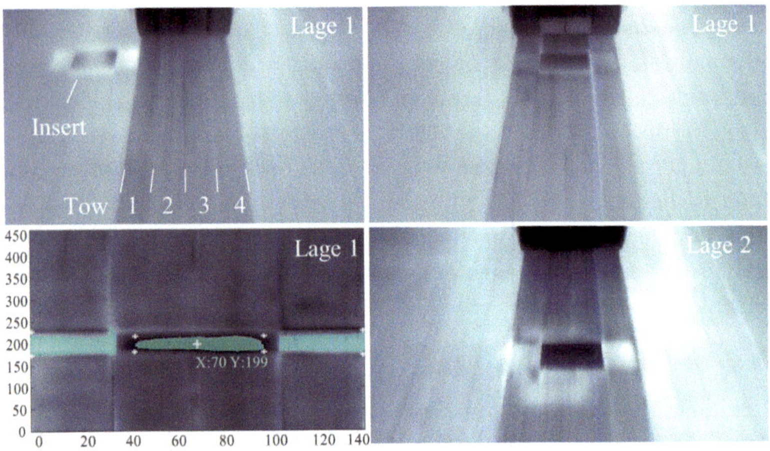

Abb. 2.30 Infrarotaufnahmen der Insertumgebung während der Ablage über mehrere Laminatlagen, sowie transformierter und segmentierter Bahnausschnitt mit Position des Inserts

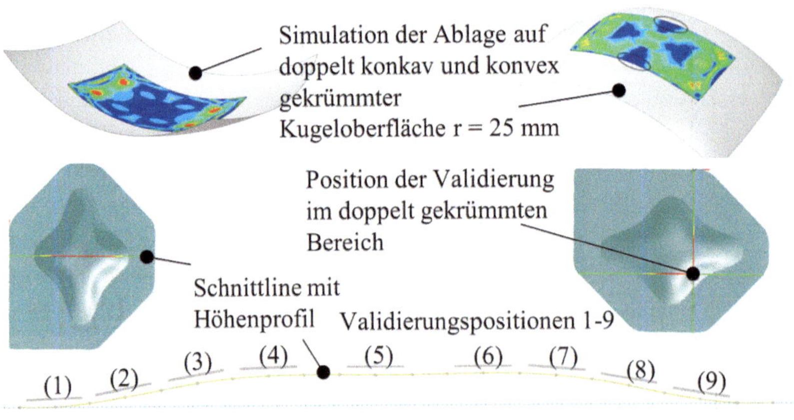

Abb. 2.31 Simulation und Verifizierung der Inserthaftung auf Oberflächen mit hoher Formkomplexität am Beispiel einer doppelt gekrümmten Versteifungsstruktur

minimalen Krümmungsradien von 100 mm (konkav, in Legerichtung) und 168 mm (konvex, quer zur Legerichtung) erfolgreich verifiziert.

In Stempelabzugsversuchen im Rheometer wurden außerdem die optimalen Prozessparameter für eine bestmögliche Anhaftung der abgelegten Inserts bestimmt. Die Versuche zeigen eine optimierte Anhaftung für maximierte Andruckkräfte, langsame Legegeschwindigkeiten und eine Oberflächentemperatur des Laminats von ca. 40,5 °C (Abb. 2.32). Die Grafen zeigen dabei die erzielten Mittelwerte und die Bereiche der Standardabweichung. Die Beurteilung der erzielten Anhaftung erfolgt über die zum Lösen der Verbindung benötigte Arbeit.

Die verwendete Ablegeeinheit (Abb. 2.26) zeigt geometrische Einschränkungen für die Ablage von Inserts auf komplex geformten Oberflächen. Durch die pneumatische Absenkung entsteht ein linienförmiger Oberflächenkontakt, der eine Einschränkung für minimale Krümmungsradien quer zur Legerichtung darstellt. Außerdem schränkt die Position der AIP-Einheit im Nachlauf der Legerichtung die Ablage auf gekrümmten Oberflächen in Legerichtung ein. Daher wurde ein weiteres Konzept (siehe Abb. 2.33) zur Insertablage entwickelt, das eine deutliche Reduzierung des benötigten Bauraums berücksichtigt. Das neue Konzept befindet sich in der Erprobung und ist für die Insertintegration in stark gekrümmten Bauteilen in Kleinserien vorgesehen, während die AIP-Einheit weiterhin für schnelle Legezeiten und die Integration in schwach gekrümmte Strukturen verwendet wird. Die Inserts befinden sich in kleiner Anzahl innerhalb eines pneumatischen Kanals. Die Förderung der Inserts erfolgt nach dem Prinzip der pneumatischen Förderung durch einen Luftstrom, der die Inserts durch den Förderkanal zum Kontaktpunkt beschleunigt. Am Ende des Förderkanals erfolgt eine weitere Führung des Inserts durch ein Federblech zur Überbrückung des Abstands zu Kompaktierungsrolle. Durch die zweilagige Insertgeometrie werden die Inserts immer dann in die Towlücke eingesetzt, wenn die äußeren Tows durchlaufen und nur die inneren Tows für die Lücke der zweiten Lage geschnitten werden. Die Mitnahme erfolgt durch die Herstellung des Kontakts zwischen Insertfläche mit Klebefilm und Prepreg-Tow, das über einen ausreichenden Tack verfügen muss.

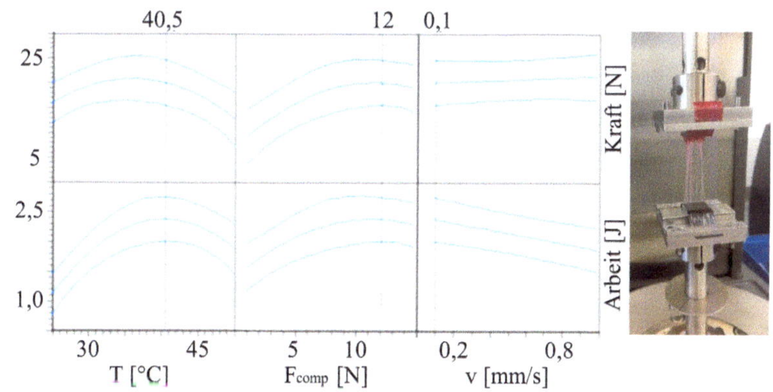

Abb. 2.32 Bestimmung der optimalen AFP-Prozessparameter für die Insertablage

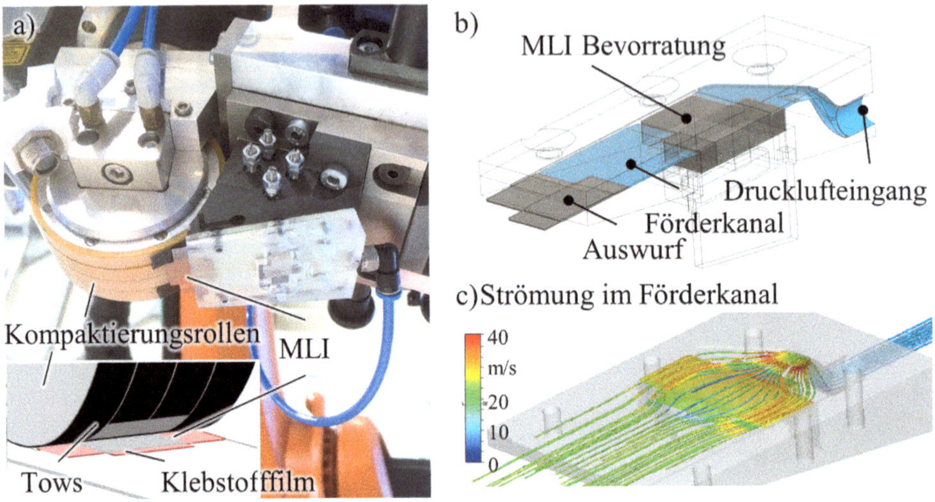

Abb. 2.33 Konzept zur Ablage der Inserts auf komplexen Oberflächen

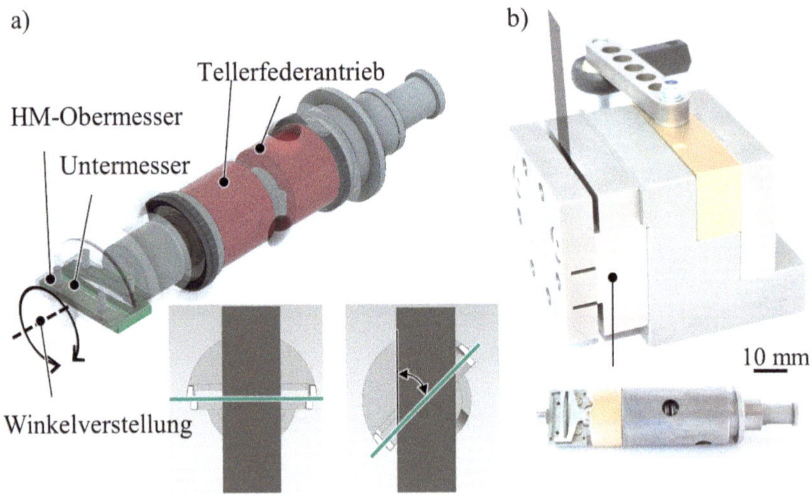

Abb. 2.34 Schneidkonzepte zur Durchführung von 90°-Schnitten und solchen mit variablem Schnittwinkel (**a**) – realisiert für ein Tow (**b**)

Towzuschnitt für Inserts mit komplexer Kantengeometrie

Für den in Abschn. 2.2.2 geforderten winkligen Towzuschnitt wurde das in Abb. 2.34b gezeigte Schneidkonzept erarbeitet. Der Antrieb der Schneiden wurde dabei federaktuiert ausgeführt. Dadurch konnte die benötigte Schnittzeit von 1,3 ms (vgl. Abb. 2.25) auf 0,2 ms reduziert werden. Zur Erprobung wurde das Konzept zunächst für den Zuschnitt eines Tows umgesetzt. Während der Konstruktion wurde der, im Legekopf verfügbare, Bauraum für die Schneideinheit allerdings berücksichtigt, sodass eine Integration der

Schneideinheit mit Möglichkeit für variable Schnittwinkel im Bereich von −45° bis +45° für alle vier Tows in den Legekopf möglich ist. Untersuchungen zur Lebensdauer des bisherigen pneumatisch aktuierten Schneidsystems zeigen, für die Verwendung von Ober- und Untermesser, eine erwartbare Lebensdauer von ca. 18.000 Schnitten, bevor die Schnittzeiten, aufgrund von Verschleißerscheinungen, ansteigen. Prozesssichere Schnitte konnten dabei bis zu einer Schnittzahl von 25.000 Schnitten durchgeführt werden. Im Anschluss konnten charakteristische Verschleißmerkmale wie Ausbrüche und Kantenverrundungen an den Schneiden festgestellt werden.

Die Steuerung des Schnittwinkels erfolgt durch eine Rotation der Schnittzylinderposition, wie in Abb. 2.34 zu sehen ist. Der Ablauf der Schnittbewegung ist in Abb. 2.35 dargestellt. Der Hub des Schneidzylinders beträgt 3 mm und erfolgt durch Entriegeln des, mittels Federn vorgespannten, Zylinders. Die Vorspannung wird über einen pneumatischen Aktor und den Vorspannungshebel erzeugt. Nachdem die Feder komprimiert ist, wird der Schneidzylinder mit einem Piezoaktor geklemmt. Für den Schnitt wird die Klemmung aufgehoben und der Schneidzylinder führt, durch die Federpakete aktuiert, die Schnittbewegung aus. Im Anschluss folgen die Vorspannung des gegenüberliegenden Federpakets und die erneute Klemmung. Durch erneutes Auflösen der Klemmung erfolgt der entgegengesetzte Schnitt.

Verwendung des hybriden Laminatbereichs als Anbindungspunkt

Für die Nutzung des MLI als Anbindungspunkt wurden unterschiedliche Fügeverfahren aus dem konventionellen Metallbau für ihre Eignung zur Herstellung eines Fügepunktes untersucht. Besonders geeignet zeigte sich dabei das Widerstandselementschweißen. Zur Herstellung des Fügepunktes wird das Widerstandselement in den vollmetallischen Bereich des MLI eingestanzt und anschließend mit einem metallischen Fügepartner verschweißt. Über dieses Verfahren ist die punktförmige Anbindung von Laminaten an hochfeste Stahlstrukturen möglich. Die Lastübertragung erfolgt dabei durch einen Formschluss

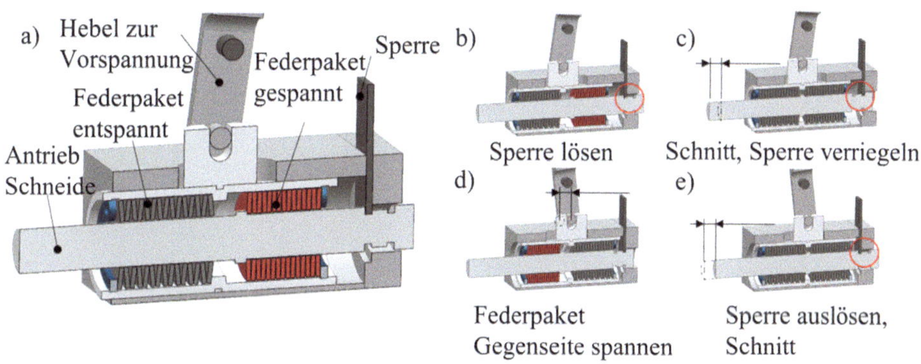

Abb. 2.35 Ablauf der Schnittbewegung für die Schneideinheit für variable Winkel

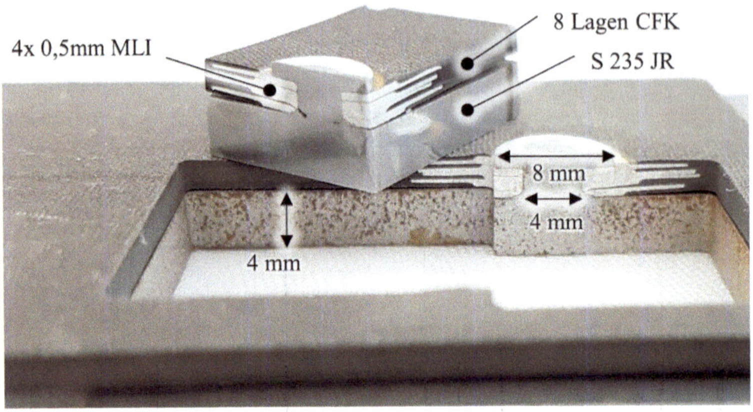

Abb. 2.36 Querschnitt eines geschweißten Fügepunktes unter Nutzung des MLI-Konzeptes in einem 2 mm dicken (0°/90°)-Kreuzlaminat mit symmetrischem Lagenaufbau

zwischen Widerstandselement und Laminat, sowie einen Stoffschluss zwischen Widerstandselement und Fügepartner. Der Querschnitt einer solchen Verbindung ist in Abb. 2.36 zu sehen.

Für eine mit Inserts aus der Aluminiumlegierung AlMgSi1 ausgeführten Variante des Fügepunktes konnte in Scherzugversuchen an Single-Lap-Joint Proben eine gesteigerte übertragbare Last im Vergleich zu einer aus reinem CFK bestehenden Probe gezeigt werden. Eine weitere Laststeigerung konnte unter Verwendung von Stahlinserts (1,4310) erzielt werden. Die Ergebnisse der beschriebenen Variante sind zusammen mit den erzielten Lasten der reinen CFK- Proben in Abb. 2.37 zu sehen.

Es ist erkennbar, dass die übertragbaren Lasten durch die Verwendung von Laminaten mit Multilayer-Inserts ohne weitere Anpassungen des Verfahrens um 67 % gesteigert werden können. Gleichzeitig steigt die Steifigkeit der Probekörper um 69 %. Die Probekörper mit Stahlinsert und ohne Inserts versagen aufgrund von Laminatversagen. Das Versagen der Proben mit Aluminiuminserts erfolgt durch Lochleibung im metallischen Bereich. Das volle Potenzial des MLI-Konzeptes wird durch die Ausführung als Single-Lap-Joint durch die Biegekopplung nicht erreicht. In Versuchen mit Probengeometrien ohne Biegekopplung konnten für geschraubte Bolzenverbindungen übertragbare Lasten von über 20 kN nachgewiesen werden. Die Belastung von widerstandsgeschweißten Probekörpern auf Kopfauszug zeigte übertragbare Lasten von 2,5 kN.

2.2.4 Zusammenfassung und Ausblick

Das Projektziel der Entwicklung eines Lasteinleitungselements für automatisiert gefertigte, dünnwandige Faserverbundstrukturen wurde erreicht. Die dargestellte Lösung der lokalen Hybridisierung durch Metalleinleger konnte sowohl die einleitbare Last erhöhen,

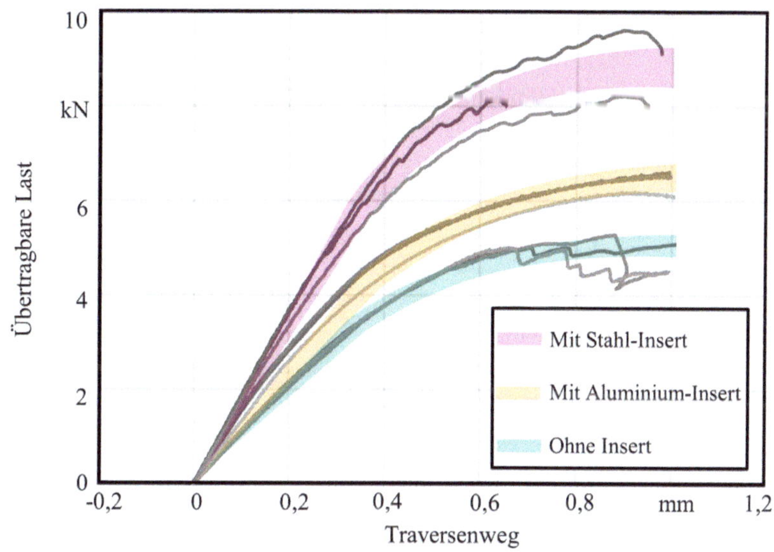

Abb. 2.37 Übertragbare Lasten des geschweißten Fügepunktes mit Stahl-MLI und Aluminium-MLI im Vergleich mit einem Fügepunkt ohne Insert (jeweils drei Versuchsreihen)

als auch das Schädigungsverhalten positiv beeinflussen. Zudem wurden sowohl die Form der Grundfläche, als auch die Oberflächentopologie an materialseitige, mechanische und produktionstechnische Aspekte angepasst, so dass eine Integration in bestehende AFP-Prozesse möglich ist.

Die Anhaftung der Werkstoffe innerhalb des Hybriden wurde materialwissenschaftlich untersucht. Für die durchgeführte Charakterisierung wurden vorhandene Prüfmethoden angepasst, um diese auch für Metall-Hybridmaterialien verwenden zu können. Der letztlich zur Verbindung der Metall- und Faserverbundlagen verwendete Klebefilm stellt neben der Anhaftung eine elektrische Isolierung der Fasern und des Metalls zur Vermeidung von Kontaktkorrosion dar. Durch die geringere Aushärtungstemperatur des Klebers im Vergleich zum Epoxidmatrixmaterial konnte durch die Einführung einer Haltestufe innerhalb des Aufheizvorgangs des Autoklavzyklus eine Reduzierung der thermischen Eigenspannungen erreicht werden. Die Reduzierung ergibt sich aus der inhärenten Problematik von Hybriden bei Verwendung von Materialien mit unterschiedlicher Wärmeausdehnung. Der Aufbau des Hybridbereichs durch Metalleinleger stellt im Vergleich zu konventionellen Insert-Lösungen eine deutlich größere Anbindungsfläche zur Verfügung und ermöglicht eine verteilte Lasteinleitung in alle Lagen des Verbunds. In Verbindung mit der guten Anhaftung zwischen Metall und Faserverbund ergibt sich die Lochleibung innerhalb des zentralen metallischen Bereichs als Hauptversagensform. Ein Versagen des umliegenden Faserverbunds wird vermieden. Das Schädigungsverhalten sowie die Dehnungs- und Spannungsverhältnisse in den Einzelschichten des Hybridbereichs wurden anhand von numerischen Berechnungen und experimentellen Untersuchungen erforscht, um Aussagen hinsichtlich der lokalen Anstrengung zu treffen. Die Übertragung der Ergebnisse der komplexen Detailbetrachtungen auf Auslegungsbetrachtungen von größeren Strukturen wird durch die Verwendung von vereinfachten Ersatzmodellen ermöglicht. Die an eine Ellipse angenäherte zehneckige Grundflächenform führt zu einer deutlichen Reduzierung der Dehnungsüberhöhung in den Materialübergängen. Die problematische Dehnungskonzentration an den Eckpunkten kann durch die Vorgabe des Abstands anhand der Towbreite reduziert werden. Die potenziell problematischen Eckpunkte liegen auf diese Weise innerhalb der harzreichen Bereiche zwischen den einzelnen Tows. Zudem wird die Komplexität der Schneidaufgabe reduziert, da für die gesamte Towbreite nur ein Schnitt unter einem konstanten Winkel benötigt wird. Die Auswirkungen auf die Produktivität des AFP-Prozesses werden durch ein on-the-fly-Schnittkonzept minimiert, dass den, für den Schnittvorgang benötigten, Abbremsvorgang signifikant reduziert. Das Schneiden und Ablegen der Metalleinleger bei hoher Geschwindigkeit wurde, sowohl durch eine Reduzierung der Schnittzeiten, als auch durch eine Verbesserung der Positionserfassung, während beschleunigter Bewegungsabläufe ermöglicht. Zusätzlich werden auch die, durch (Ablage-)Fehler hervorgerufene Standzeiten minimiert, da die zur Ablage durchgeführte Oberflächenvermessung auch als Fehlerdetektion bzw. Qualitätssicherung verwendet werden kann und deren Ergebnisse schon im Ablageprozess zur Verfügung stehen.

Schon innerhalb der Projektlaufzeit konnte gezeigt werden, dass sich das MLI-Konzept auch auf Sandwich- und dickwandige Strukturen anwenden lässt, siehe Abschn. 6.3. Für die Übertragung auf Fertigungsprozesse, die keine Prepregs verwenden, sollte der Abstand der Metallbleche erhöht werden, um eine Tränkung der Fasern zu erleichtern. Zudem muss ein Konzept zur Fixierung der Metalleinleger gefunden werden. Die derzeitige Gestaltung des Hybridbereichs führt zu einer signifikanten Verbesserung gegenüber dem Stand der Technik. In einer weiteren Anpassung mit dem Ziel der Gewichtsreduktion, insbesondere in der Reduzierung auf die tatsächlich benötigten Metalllagen wird noch ein großes Potenzial gesehen. Eine Bewertung der Dauerfestigkeit des vollständigen Hybridbereichs steht noch aus.

2.3 Grundlagenuntersuchungen intrinsisch gefertigter FVK-Metall-Verbunde – vom eingebetteten Insert zur lasttragenden Hybridstruktur

Alexander BernathJürgen Fleischer, Henning Frank, Markus Muth, Sven Roth, Julian Seuffert und Kay Weidenmann

2.3.1 Motivation

Die Einbringung von Krafteinleitungselementen zur Lasteinleitung stellt neben prepreg-basierten Verfahren, wie z. B. der in Abschn. 2.2 gezeigte AFP-Prozess, auch für Flüssigimprägnierverfahren eine interessante Alternative zu konventionellen Fügemethoden dar [22, 23]. Mithilfe einer in den CFK-Werkstoff eingebetteten Struktur in Form einer Fußplatte lassen sich hohe Lasten auch in dünnwandige Strukturen einleiten. Wichtig hierbei ist die Vermeidung von Spannungsspitzen, um einem Versagen durch Delamination, Faserbruch oder Zwischenfaserbruch vorzubeugen [24]. Neben dem in Abschn. 2.2 gezeigten Ansatz, die Last über die Dicke des Lagenaufbaus zu verteilen, ist eine weitere Möglichkeit, diese über flächige Inserts zu realisieren. Ausgangspunkt dieser Überlegung ist das punktförmige Insert, das Ziel die lasttragende, integral gefertigte Hybridstruktur.

Für den RTM-Prozess erfolgt die Integration der metallischen Elemente während dem Preforming der trockenen Halbzeuge. Abhängig von der Geometrie des Lasteinleitungselements können die textilen Verstärkungsfasern um die Fügestelle schädigungsarm herumgeführt werden. Dies trifft z. B. auf die Verwendung von punktuellen Inserts zu [25]. Eine solche intrinsische Hybridisierung ermöglicht daher eine werkstoffgerechte Lasteinleitung, was gegenüber nachträglich eingebrachten Anbindungspunkten zu einer deutlichen Steigerung der Belastbarkeit führen kann [26]. Weiterhin entfallen arbeitszeitintensive Fügeoperationen, wie es beispielsweise beim Kleben der Fall wäre, wodurch das volle Potenzial kurzer Taktzeiten ausgeschöpft werden kann. Auch lösbare Verbindungen sind im Gegensatz zur Klebung einfach realisierbar. Durch eine intrinsische Hybridisierung lassen sich strukturelle Metallbauteile nicht ausschließlich über eingebettete Lasteinleitungselemente an RTM-Strukturen anbinden. Auch ein direktes Einbetten der Metallstruktur während des RTM-Prozesses ist denkbar. Die hieraus gewonnenen Vorteile liegen in der direkten Anbindung der Matrix an die Tragstruktur und dem Entfall weiterer Fügeoperationen.

Eine direkte Hybridisierung mittels lasttragender Metallstrukturen verlangt weitreichende Kenntnisse über die Auslegung der Geometrie der Funktionselemente hinsichtlich der Infiltrierbarkeit und der resultierenden Struktureigenschaften. Darüber hinaus ist ein hohes Prozessverständnis erforderlich, um die Beziehungen von der fasergerechten Integration komplexer Strukturen im Preformingschritt bis hin zur prozesssicheren Entformbarkeit der Bauteile zu gewährleisten. Die Hybridisierung ganzer Verstärkungsstrukturen bedarf darüber hinaus eines tiefergehenden Verständnisses im Hinblick auf die sich einstellenden Struktureigenschaften, insbesondere im Crashfall.

2.3.2 Stand der Technik und Forschung

Der Einsatz von hybriden Strukturbauteilen ist eine vielversprechende Möglichkeit die anspruchsvollen Leichtbauziele der Automobilindustrie zu erfüllen. Im Karosseriebau bieten sich hierfür vor allem FVK/Metall-Hybride an [27, 28]. Während die Metallkomponente Duktilität und Schubsteifigkeit einbringt, sorgt der FVK-Anteil für die notwendige Steifigkeit und gute Ermüdungseigenschaften. Kim [29] untersuchte verschiedene Materialkombinationen eines hybriden Biegeträgers hinsichtlich ihrer mechanischen Leistungsfähigkeit und Wirtschaftlichkeit. Dabei erwiesen sich CFK/Aluminium-Träger im Vergleich zu reinen Aluminium-Trägern als der beste Kompromiss aus Steifigkeit, Gewicht und Kosten. Aber auch CFK/Stahl-Träger zeigen ein hohes Leichtbaupotenzial und können dabei in ihren Eigenschaften reine Stahl-Strukturen übertreffen [30]. Hybride CFK/Stahl-Strukturelemente finden daher bereits Einsatz in der automobilen Serienfertigung [31]. Die Hybridisierung der jeweiligen Bauteile erfolgte in diesem Fall entweder extrinsisch, d. h. in einem nachfolgenden Prozessschritt durch Kleben bzw. Nieten, oder intrinsisch, d. h. während des Herstellungsprozesses, ohne jedoch die Metallstruktur in das CFK zu integrieren bzw. einzubetten.

In der Literatur finden sich verschiedene Herangehensweisen für die Herstellung von FVK/Metall-Hybridstrukturen. So verstärkten beispielsweise Kim et al. [28] und Bambach [27] metallische Vierkantrohre äußerlich mit Prepreg, indem sie dieses aufklebten. Lima et al. [32] hingegen umwickelten dünnwandige Metallrohre mit in einer Polyestermatrix getränkten Rovings. Sich bereits in der Anwendung befindliche FVK/Metall-Hybride sind beispielsweise im aktuellen 7er BMW in der B- und C-Säule zu finden. Hier werden die Metall- und FVK-Komponente (CFK-Prepreg und C-Faser-SMC) zunächst getrennt gefertigt. Die Komponenten werden dann im Rohbau miteinander verklebt und mit Nieten versehen. Dies ist zeitintensiv und bietet im Hinblick auf die Krafteinleitung in die Faserstruktur noch großes Optimierungspotenzial. Mit Herstellungsverfahren, bei denen FVK und Metall bereits früh in der Prozesskette intrinsisch verbunden werden, können nachträgliche Prozessschritte eingespart werden [31]. Eine Vereinfachung der B-Säule wurde von Schmeer et al. [33] in Form eines hybriden CFK/Aluminium-Hutprofils untersucht. Hierbei bestanden das Hutprofil aus thermoplastischen CFK und die Unterseite aus Aluminium. An den Rändern wurden die beiden Komponenten durch mehrere Ultraschall-Schweißpunkte verbunden. Hierdurch können die Kräfte allerdings nur punktuell übertragen werden. Eine direkte Einbringung von Teilen der Metallkomponente ins Laminat zur Steigerung der Belastbarkeit, wie durch Gebhardt et al. [34] gezeigt, wird dort nicht betrachtet. Außerdem stellt das Ultraschallschweißen einen weiteren Prozessschritt dar.

Eine in der Prozesskette früh auftretende Vereinigung von FVK und Metall wurde von Lauter et al. [30] untersucht. Hier diente ebenfalls ein Hutprofil als Betrachtungsgegenstand. Es wurde ein Metallblech mit Prepregs versehen und dann in einer Presse gemeinsam umgeformt. Die Kraftübertragung findet hier zwischen Metall und Laminat über eine Klebeschicht statt und unterscheidet sich hinsichtlich der Bauweise nicht grundsätzlich vom nachträglichen Einkleben des FVK. Außerdem sind durch dieses Verfahren die Konstruktionsmöglichkeiten sehr eingeschränkt, da lediglich Verbunde aus mehreren Schichten hergestellt werden können. Die Fertigung von integral geschlossenen Hutprofilstrukturen in einem Prozess ist hierbei nicht möglich. Eine weitere frühe Kombination von FVK und Metall wurde in Wang et al. [35] und Gebhardt [34] untersucht. Hierbei erfolgte die Kombination während des RTM-Prozesses. Es wird eine Metallkomponente und eine

Preform gemeinsam in ein RTM-Werkzeug eingelegt und danach eine Kunststoffmatrix injiziert. Gebhardt [22] untersucht punktuelle Lasteinleitungselemente und zeigt, dass eine Integration der Metallkomponente in die Faserstruktur durch Stoff- und Formschluss zu einer besseren Krafteinleitung führt. Außerdem können nachträgliche Prozessschritte eingespart werden. Eine Übertragung dieses Ansatzes auf komplexere, lasttragende und krafteinleitende Hybridstrukturen ist nach dem aktuellen Stand der Forschung allerdings noch nicht geschehen.

Im Hinblick auf die Maximierung des spezifischen Energieabsorptionsvermögens (SEA) lässt sich aus den bisher genannten Quellen ableiten, dass diese nicht durch eine simple Erhöhung des CFK-Anteils der hybriden Struktur erreicht wird. Aus Lauter et al. [30] geht hervor, dass dies jedoch ebenso wenig durch eine Erhöhung der Stahlwandstärke bei gleichbleibender CFK-Verstärkung erreicht wird. In dem Fall handelt es sich allerdings um ein von innen mit einem CFK-Patch verstärktes Stahl-Hutprofil, und nicht um ein geschlossenes und mit CFK ummanteltes Rechteckprofil, wie es in einem Großteil der dazu vorhandenen Veröffentlichungen verwendet wird. Die Herausforderung besteht demnach in der optimalen Abstimmung beider Komponenten aufeinander, um so die Stärken der beteiligten Materialien bestmöglich auszunutzen und das gewünschte Bauteilverhalten zu erhalten.

Die Charakterisierung von hybriden CFK/Stahl-Strukturelementen beschränkt sich häufig auf Untersuchungen des SEA [36]. Kim et al. [28] untersuchten hierbei die mechanischen Eigenschaften von Aluminium/CFK-Vierkantrohren zur Anwendung in automobilen Längsquerträgern. Dabei wurde ein CFK-Prepreg außen auf das Aluminiumprofil aufgebracht und ausgehärtet. Die Schädigungen wurden unter axialen Impaktbeanspruchungen untersucht, wobei jeweils die Lagenanordnung und Orientierung der CFK Lagen verändert wurde. Es konnte gezeigt werden, dass das SEA unter Verwendung von zwei [0°/90°]-CFK-Lagen um bis zu 40 % gesteigert werden kann. Diese Ergebnisse konnten auch in [37] bestätigt werden. Die gleichen Bauteile wurden in [38] unter 3-Punkt-Biegebeanspruchung untersucht. Das SEA konnte unter Zuhilfenahme eines $[0°/+45°/90°/-45°]_2$ orientierten CFK-Laminates um ca. 30 % gegenüber der Aluminiumreferenz gesteigert werden. In [39] wurden die Bauteile unter dynamischen und quasistatischen Beanspruchungen geprüft. Hierbei zeigte sich eine Dehnratenabhängigkeit der hybriden Bauteile. So lag die maximale Erhöhung des SEA eines mit zwei [0°/90°]-CFK-Lagen verstärkten Vierkantrohres bei einer Geschwindigkeit von 0,2 mm/min im Vergleich zu der Referenz bei etwa 70 %. Wurde das gleiche Bauteil mit 6 m/s beansprucht, lag diese Erhöhung nur noch bei etwa 30 %. Lauter et al. [40] untersuchten nachträglich geschlossene Stahlhutprofile mit einem innenliegenden CFK-Prepreg-Tape unter quasistatischer (3-Punkt) Biege- und axialer Impaktbeanspruchung. Die spezifische Biegefestigkeit konnte hierbei unter Verwendung eines 2 mm dicken CFK-Tapes um das 3,5-fache erhöht werden. Die spezifische Maximalkraft nach Impakt wurde dabei um das Doppelte gesteigert.

Die in der Literatur durchgeführten Prüfungen konzentrieren sich meist auf den Bereich der quasistatischen und dynamischen (Impakt-)Versuche. Dabei wurde jeweils das

SEA in Abhängigkeit von Halbzeug- und Prozessparametern untersucht und beurteilt. Die quasistatischen Prüfungen beschränken sich dabei auf die 3- oder 4-Punkt-Biegung und die axiale Druckprüfung (Stauchung) der Strukturbauteile. Da die Bauteile oftmals in Karosseriestrukturen Anwendung finden, ist es wichtig, die mechanischen Kennwerte unter Umwelteinflüssen (Temperatur, Feuchte, Korrosion) zu kennen. In der Literatur finden sich dazu auf Bauteilebene für CFK-Metall-Hybridstrukturen noch keine Erkenntnisse. Des Weiteren fehlen nach aktuellem Stand im Bereich der hybriden Strukturbauteile umfangreiche Untersuchungen zur Ermüdung unter zyklischen Beanspruchungen. Auch Ergebnisse zu dynamischen Impaktversuchen an hybriden Tragstrukturen, die eine Kraft zunächst in eine Komponente einleiten, fehlen. Dabei ist die Frage nach der Kraftüberleitung zwischen den Komponenten in hybriden Strukturbauteilen eine wesentliche. Zudem wurden die Schädigungsverläufe bisher lediglich mittels optischer, meist visueller Verfahren bestimmt. Fundierte Erkenntnisse der Schädigungsentwicklung während quasistatischer und zyklischer Beanspruchung sind nach jetzigem Stand nicht vorhanden.

Durch die Einbettung der Metallelemente entstehen Änderungen der lokalen Faserorientierung und des lokalen Faservolumengehalts. Diese wurden bisher bei der Analyse der Formfüllung nicht berücksichtigt. Zur optimalen Gestaltung von hybriden Bauteilen ist es jedoch notwendig die lokale Faserarchitektur in der Übergangszone zwischen FVK und Metall zu erfassen und ggf. anzupassen, um zum Beispiel lokale Lufteinschlüsse bei der Fertigung der Bauteile zu vermeiden.

Die mechanische Belastbarkeit und das mögliche Einsatzgebiet bzw. die Einsatzgrenzen einer hybriden Struktur hängen stark von den auftretenden Eigenspannungen ab, die insbesondere an der Grenzfläche zwischen Metall und CFK bei großen Temperaturschwankungen zu vorzeitigem Versagen führen können [29, 41]. Entscheidend ist in diesem Zusammenhang auch das Materialverhalten, insbesondere die Spannungsrelaxation. Zarelli et al. [42] modellieren das visko-elastische Materialverhalten der CFK-Komponente und erreichen eine gute Übereinstimmung zwischen Experiment und Simulation für den geometrischen Verzug einer hybriden Coupon-Probe. Der Einfluss der Temperaturführung während der Aushärtung wurde von Kim et al. [43, 44] untersucht. Durch eine optimale Prozessführung konnte eine deutliche Reduzierung der Eigenspannungen gegenüber dem vom Hersteller vorgeschlagenen Aushärtezyklus erreicht werden. Dadurch konnten höhere Festigkeiten hinsichtlich Ermüdung und Grenzflächenversagen erreicht werden. Prussak et al. [45] kommen zu dem Schluss, dass der Einfluss der Eigenspannungen auf die Festigkeit der Hybridprobe vom Metallanteil abhängt und für niedrigere Anteile besonders ausgeprägt sein sollte. Letztere Aussage basiert allerdings auf theoretischen Überlegungen. Motavalli et al. [46] weisen nach, dass allein die thermischen Eigenspannungen bei einer Temperaturdifferenz von 100 °C ausreichen, um das Versagen eines hybriden Biegeträgers herbeizuführen. Dies zeigt, dass prozessinduzierte Eigenspannungen im Kontext von hybriden Strukturen nicht vernachlässigt werden dürfen. Um diese zu reduzieren, ist ein optimal abgestimmter Aushärtezyklus wichtig. Hierbei müssen allerdings zwingend auch prozessspezifische Randbedingungen berücksichtigt werden. Hierfür bietet sich eine Kopplung der einzelnen Simulationsschritte zu einer CAE-Kette, wie in Kärger et al. [47] gezeigt, an. Für hybride Strukturen wurde eine solche durchgängige Simulationskette zur integrierten Prozess- und Strukturoptimierung bisher nicht entwickelt.

2.3.3 Zielsetzung und Vorgehensweise

Basierend auf dem Stand der Forschung leitet sich das Ziel dieser Untersuchungen ab: Analyse und Auslegung von Struktur und Prozess einer hybriden CFK/Stahl-Struktur mit hoher Steifigkeit und Tragfähigkeit. Die CFK/Stahl-Strukturen sollen intrinsisch, d. h. in einem Fertigungsschritt, hybridisiert werden. Zunächst wird dafür die Einbringung von punkt- und linienförmigen Lasteinleitungselementen analysiert. Um eine hohe Belastbarkeit der Lasteinleitungspunkte zu erreichen, werden zum einen eine faserschonende Einbringung der Inserts in das CFK-Laminat untersucht und zum anderen die Geometrie der Inserts optimiert. In einem nächsten Schritt folgt die Hybridisierung einer CFK/Stahl-Struktur durch den Einsatz eines Stahleinlegers in Form eines Hutprofiles. Dieses soll ebenfalls faserschonend eingebracht werden, um eine Schädigung des CFK-Laminats zu vermeiden. Dabei soll zunächst das Wissen zu punktuellen und linearen Krafteinleitungselementen auf eine differenzielle Bauweise bestehend aus einer Vielzahl von punktuellen Lasteinleitungselementen übertragen und davon dann ein Konzept für eine integrale Hybridstruktur abgeleitet werden (Abb. 2.38). Somit übernimmt die metallische Komponente nicht nur die Lasteinleitung in das CFK-Laminat, sondern zusätzlich eine lasttragende Funktion in der

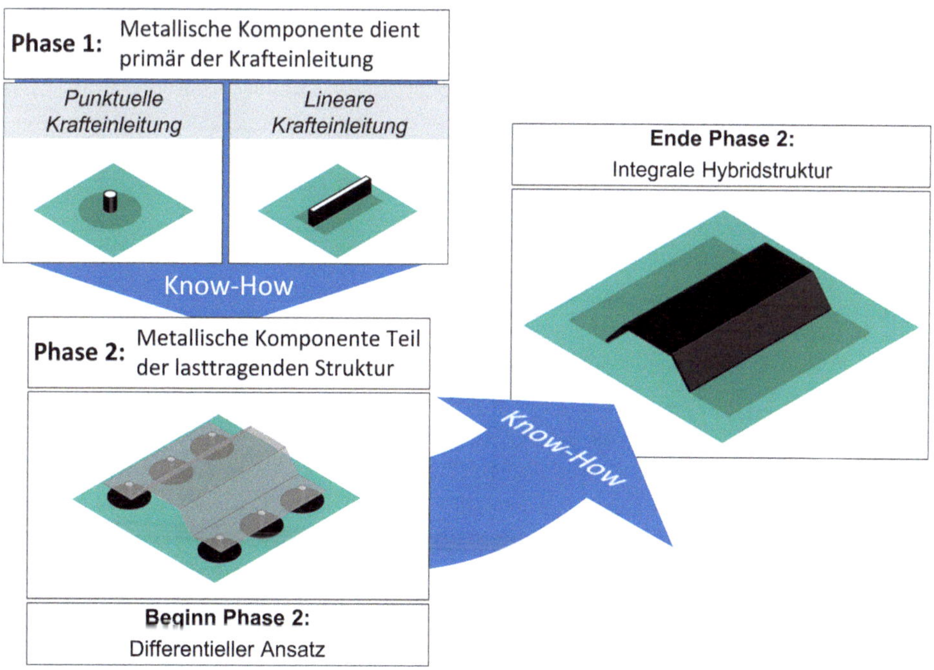

Abb. 2.38 Schematische Darstellung der Steigerung der Komplexität der hybriden Struktur

Struktur, wodurch die intrinsische Herstellung Vorteile hinsichtlich der Tragfähigkeit bietet. Anwendungsfälle sind bspw. automobile Seitenaufprallträger, B-Säulen oder Quer- bzw. Längsträger der Karosserie, die mit den CFK/Stahl-Strukturen durch eine Steigerung der massespezifischen Eigenschaften ein hohes Leichtbaupotenzial ermöglichen.

Der Komplexitätsgrad der hybriden FVK/Metall-Strukturen wird kontinuierlich gesteigert. Ausgehend von einer punktförmigen Lasteinleitung zielt die Entwicklung aus dem Bereich der Produktionstechnik auf eine verbundgerechte Einbringung von Inserts ab. Dies umfasst zum einen die Gestaltung des RTM-Prozesses und zum anderen die des Preformings. Des Weiteren wird die Geometrie der Lasteinleitungselemente und deren Grenzfläche optimiert. Durch systematische Untersuchung der zugehörigen Prozessparameter soll eine reproduzierbare und qualitativ hochwertige Bauteilqualität aller untersuchten Strukturvarianten erreicht werden, um somit ein umfassendes Prozessverständnis für komplexe Strukturen aufzubauen. Beim Preforming sollen zudem verschiedene Einbringungskonzepte zur Integration der metallischen Komponente erarbeitet und erprobt werden. Außerdem sind verschiedene Einbaulagen und Krafteinleitungskonzepte auf ihre mechanischen Eigenschaften zu testen. Um eine möglichst hohe Tragfähigkeit zu erzielen, wird außerdem ein optimales Verhältnis von FVK und Metall bestimmt.

Die werkstoffkundlichen Arbeiten konzentrieren sich zunächst auf die Eigenschaften und die Analyse des Schädigungsverhaltens von Probekörpern mit punktuellen Lasteinleitungselementen. Ziel ist hierbei, die quasistatischen Eigenschaften der Probekörper hinsichtlich der Wechselwirkungen mit Prozessgrößen (Prozess-Struktur-Eigenschafts-Beziehungen) und des bauteilnahen (Schädigungs-)Verhaltens zu charakterisieren. Die entwickelten Hybridstrukturen mit differenziellem und integralem Ansatz werden auch zunächst unter quasistatischer Beanspruchung geprüft. Zur genauen Analyse der Schädigungsentwicklung wird hierbei die In-situ-Computertomografie genutzt. Nachfolgend werden die Prüfmethoden um dynamische und zyklische Versuche inklusive Schädigungsentwicklung erweitert. Da sich hierbei aufgrund der geringen Verfahrgeschwindigkeiten der In-situ-Prüfvorrichtung und der langen Scanzeiten die Methoden zur Schädigungsentwicklung unter quasistatischen Beanspruchungen nicht eignen, werden neue Prüfmethoden entwickelt. Hinsichtlich der zyklischen Versuche wird hierzu auf eine Thermokamera zur Schädigungslokalisierung zurückgegriffen. Um genauen Aufschluss über die im Laminat stattgefundene Schädigung zu erhalten, wird in den Versuchen zusätzlich die Computertomografie genutzt. Darüber hinaus werden die bauteilnahen Versuche um Korrosionsversuche und thermische Wechselbeanspruchungen erweitert. Zur Bestimmung thermo-mechanischer Kennwerte werden klimatisierte Biegeversuche durchgeführt.

Im Bereich der Simulation ist das Ziel zunächst die Vorhersage des Formfüllverhaltens der Faserhalbzeuge mit eingebetteten Lasteinleitungselementen. Der Fokus liegt hierbei auf der Analyse des Einflusses des eingebetteten Lasteinleitungselementes auf die lokale Faserorientierung und den lokalen Faservolumengehalt und der daraus folgenden veränderten Formfüllung. Im weiteren Verlauf soll das Versagensverhalten der hybriden CFK/Stahl-Struktur unter Biegebeanspruchung virtuell untersucht werden. Dies soll unter Berücksichtigung von Fertigungseffekten, wie prozessinduzierten Eigenspannungen und der lokalen Faserarchitektur, geschehen. Zur Beschreibung von Eigenspannungen und Verzug wird eine umfassende Materialcharakterisierung durchgeführt. Für die Eigenspannungssimulation werden hierfür geeignete Materialmodelle implementiert und parametriert. Aufgrund der isothermen Temperaturführung beim RTM-Prozess befindet sich das verwendete Epoxid-Harz zum Entformungszeitpunkt in einem Zustand nahe dem Glasübergang. In dessen Nähe können Eigenspannungen durch Relaxationsvorgänge abgebaut werden. Diese Zusammenhänge werden durch DMA-Messungen untersucht und schließlich durch geeignete Modellbildung in der Struktursimulation berücksichtigt.

Durch die Bündelung der Kompetenzen aus den Bereichen Produktion, Prüfung und Simulation, werden theoretische Erkenntnisse aus Simulationsmodellen auf reale Produktionsprozesse übertragen. Die Strukturen werden geprüft und die dort gewonnenen Erkenntnisse fließen wieder in die Simulationsmodelle mit ein und ermöglichen so eine ganzheitliche Betrachtung der hybriden CFK/Stahl-Strukturen.

2.3.4 Punktuelle Inserts

2.3.4.1 Geometrische Optimierung der punktuellen Inserts

Inserts für dünnwandige Strukturen wurden am Institut für Produktionstechnik in Karlsruhe in der Vergangenheit bereits weitreichend untersucht. Sie bestehen im einfachsten Fall aus einer Grundplatte, auf welche eine Gewindebuchse aufgebracht ist. Die Grundplatte wird zwischen die Gelegelagen eingebracht und verbindet dadurch Gewindebuchse und FVK. Die dabei in den Faserverbund eingebrachte Gewindebuchse muss das Gelege durchdringen. Hierfür stehen wie in Abb. 2.39 gezeigt Faserumlenkung, Kreuzschnitt oder

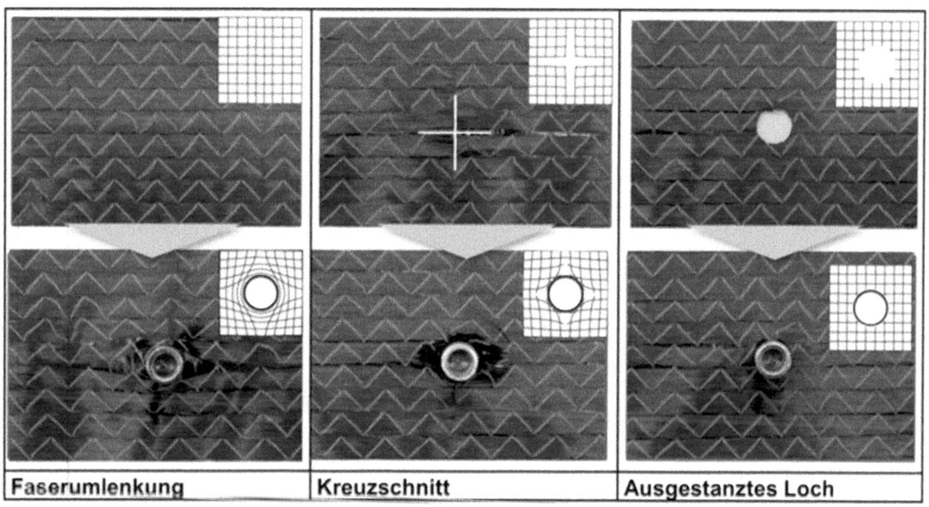

Abb. 2.39 Faserverhalten bei verschiedenen Formgebungsprozessen [22]

Stanzen zur Verfügung. Die Art der Einbringung entscheidet über den Grad der Faserschädigung im lasteinleitenden Bereich und ist somit maßgebend für die Belastbarkeit der eingebrachten Krafteinleitungselemente. Aufgrund der geringen Lochleibungsfestigkeit des FVK sind Kreuzschnitt und Stanzen als nicht zweckmäßig anzusehen. Eine Integration der Krafteinleitungselemente durch eine Faserumlenkung hingegen erhält die Faserkontinuität und führt somit zu einer besseren Nutzung der Fasereigenschaften [48]. Im Gegensatz zur faserschädigenden Einbringung mit einem ausgestanzten Loch lässt sich bei fasergerecht eingebrachten Lasteinleitungselementen eine Steigerung der Auszugskräfte um ca. 25 % beobachten [22].

Für die Steigerung der Belastbarkeit eingebetteter Inserts erfolgte im Rahmen der Untersuchungen zunächst eine Analyse des Versagensverhaltens. Durchgeführte quasistatische Festigkeitsuntersuchungen zeigten, dass unter Biege-, Scher- und Torsionsbelastung das Erstversagen im Bereich der Gewindebuchse gängiger Inserts auftritt. Lediglich bei Zug- und Druckbeanspruchung tritt ein Laminatversagen auf. In der Praxis lässt sich der Versagensfall bei einer Druckbeanspruchung konstruktiv durch Anpressschultern umgehen, sodass das Zugversagen als kritischster Fall eingestuft werden kann [22].

Das Versagensverhalten unter Zugbelastung kann innerhalb einer FEM-Analyse mit Hilfe des Versagenskriteriums nach Puck in guter Näherung abgebildet werden. Als Versagensursache lassen sich lokale Spannungsspitzen identifiziert, wie in Abb. 2.40 veranschaulicht.

Hieraus wurde ein Simulationsansatz zur Strukturoptimierung mittels Spannungsglättung abgeleitet. Ziel der Herangehensweise ist es, die Laminatspannungen über sowie um das Insert herum, sowie Spannungen der adhäsiven Verbindung zwischen der Insertunterseite und dem Laminat wie auch zwischen den Laminatlagen selbst zu glätten. Mit Hilfe des Monte-Carlo-Verfahrens wurden über 2500 zufällig gewählte Insertgeometrien eine

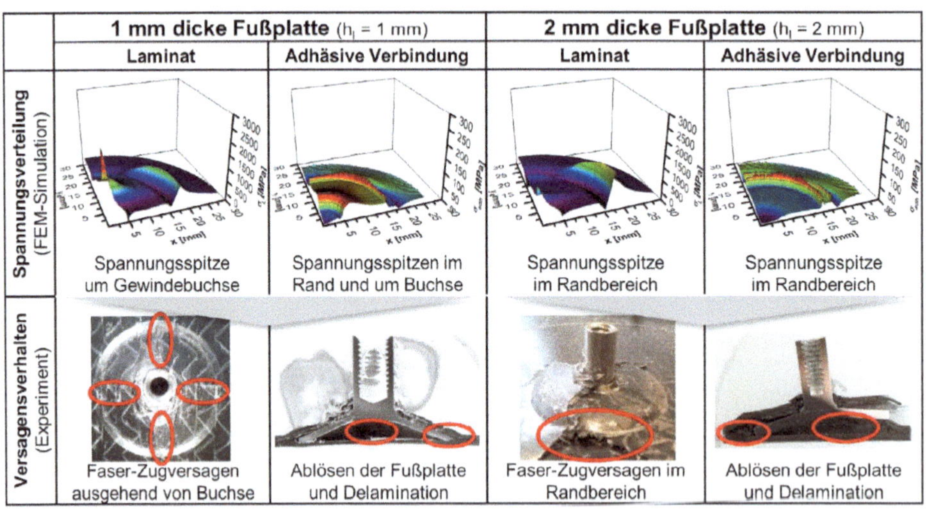

Abb. 2.40 Variation der Insert-Bodenplatte in FEM-Simulation und Experiment [22]

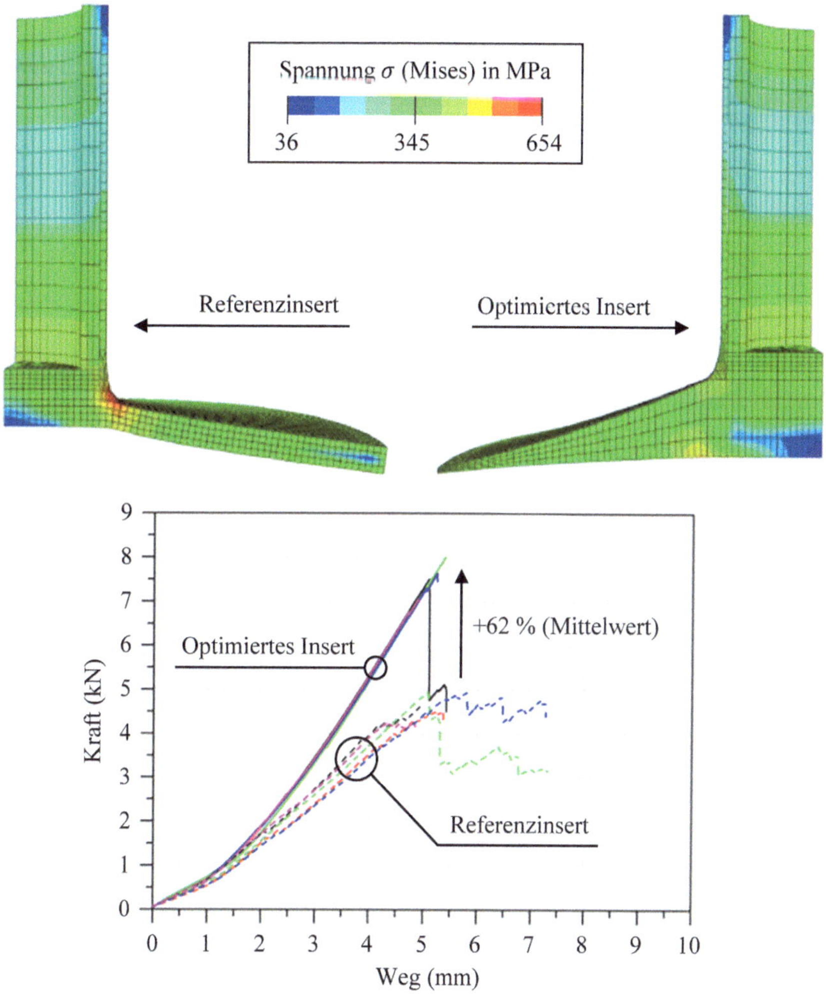

Abb. 2.41 Referenzinsert und optimiertes Insert in der Simulation (oben, Viertelmodell) und im Experiment (unten); nach [22]

Menge der pareto-optimalen Lösungen approximiert. Abb. 2.41 zeigt die hieraus abgeleitete, optimierte Insertgeometrie. Durch einen experimentellen Nachweis konnte gezeigt werden, dass diese Grundplattengeometrie eine Steigerung der Auszugskraft gegenüber der Referenz um 62 % ermöglicht [22, 34].

2.3.4.2 Analyse der Formfüllung im RTM-Verfahren

Für die Prozesssimulationen müssen zunächst relevante benötigte Kennwerte bestimmt werden. Dies beinhaltet die chemo-rheologische Charakterisierung des Harzes und die Bestimmung der Permeabilität des Faserhalbzeugs. Für letzteres wurde ein prozessnahes Prüfverfahren auf Basis eines mit Drucksensoren ausgestatteten RTM-Werkzeugs entwi-

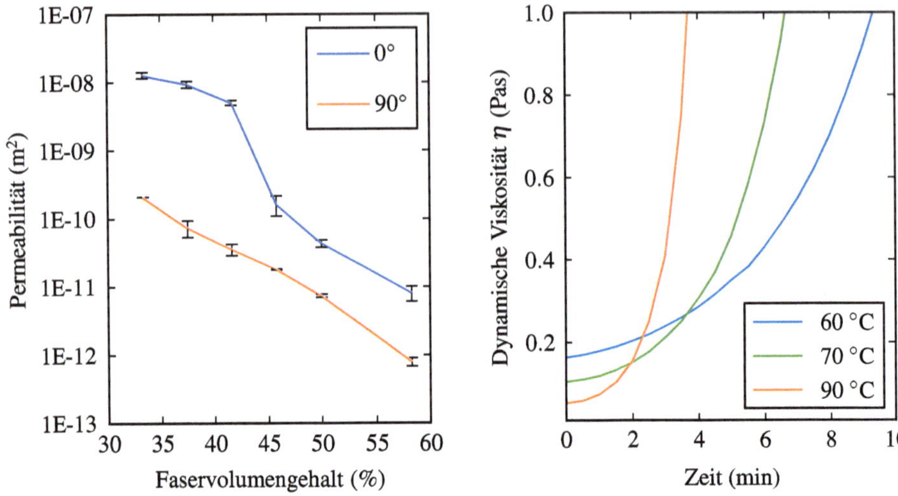

Abb. 2.42 Permeabilität in Abhängigkeit des Faservolumengehalts (links) und zeitlicher Verlauf der dynamischen Viskosität des Epoxidharzes für unterschiedliche isotherme Temperaturen (rechts)

ckelt und erfolgreich eingesetzt [49]. Abb. 2.42 zeigt im linken Diagramm die gemessene Permeabilität des Faserhalbzeugs für unterschiedliche Faservolumengehalte in Faserlängs- und in Faserquerrichtung. Es ist deutlich zu erkennen, dass die Permeabilität mit steigendem Faservolumengehalt exponentiell abnimmt und somit der Fließwiderstand steigt. Das rechte Diagramm in Abb. 2.42 zeigt den zeitlichen Verlauf der Viskosität des Epoxidharzes für unterschiedliche isotherme Temperaturen. In Folge der zunehmenden Vernetzung des Polymers, die bei höheren Temperaturen schneller erfolgt, steigt die Viskosität stark an. Gleichzeitig bewirkt eine höhere Temperatur aber auch eine geringere Anfangsviskosität. Diese Zusammenhänge von Permeabilität und Viskosität werden durch eine Parametrierung der Messungen mit entsprechenden Modellen bei den Formfüllsimulationen berücksichtigt.

Die direkte Nutzung von zeitabhängigen Viskositätsverläufen (siehe Abb. 2.42) bietet nur eine begrenzte Anwendbarkeit. Soll bspw. die Prozesstemperatur optimiert werden, muss eine kontinuierliche Modellierung der Temperatur- und Aushärtegradabhängigkeit der Viskosität erfolgen. Letzteres ist durch die Reaktionskinetik des Harzes definiert, die mithilfe von DSC-Messungen charakterisiert wurde. Diese experimentellen Daten stellen die Basis für die anschließende Modellparametrierung dar. Abb. 2.43 zeigt einen Vergleich von experimentell gemessenem und modelliertem Verlauf des Aushärtegrads für isotherme und nicht-isotherme Temperaturführung. Hierfür wurde das Kinetik-Modell nach Grindling [50], sowie das T_g-Modell nach DiBenedetto [51] verwendet. Wichtig in diesem Zusammenhang ist es, nicht nur nicht-isotherme DSC-Versuche für die Parameteridentifikation des Kinetik-Modells zu verwenden. Da der zu modellierende Herstellungsprozess unter isothermer Temperaturführung abläuft, können andernfalls große Abweichungen auftreten [50].

Der Zusammenhang zwischen Vernetzungsreaktion, Temperatur und Harzviskosität wurde mithilfe des Castro-Macosko-Modells [9, 52] modelliert. Für dessen Parametrierung wurden isotherme Rheometermessungen verwendet. Eine Gegenüberstellung von Experiment und Modellvorhersage ist in Abb. 2.44 gezeigt. Durch Implementierung der parametrisierten Modelle für Reaktionskinetik, Glasübergangstemperatur und Viskosität in den Strömungslöser kann die Vernetzung und somit der Viskositätsverlauf in der Formfüllsimulation berücksichtigt werden.

Bei der Umströmung der punktuellen Inserts hat die lokale Faserarchitektur (Faserorientierung und Faservolumengehalt) großen Einfluss auf die Formfüllung [53]. Daher wur-

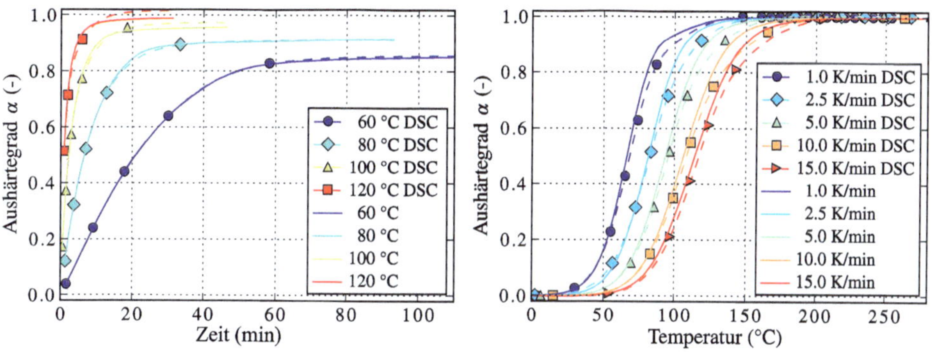

Abb. 2.43 Vorhersagegüte des parametrisierten Kinetik-Modells und Vergleich mit experimentell gemessenen Werten (DSC) für isotherme (links) und nicht-isotherme (rechts) Temperaturführung; nach [50]

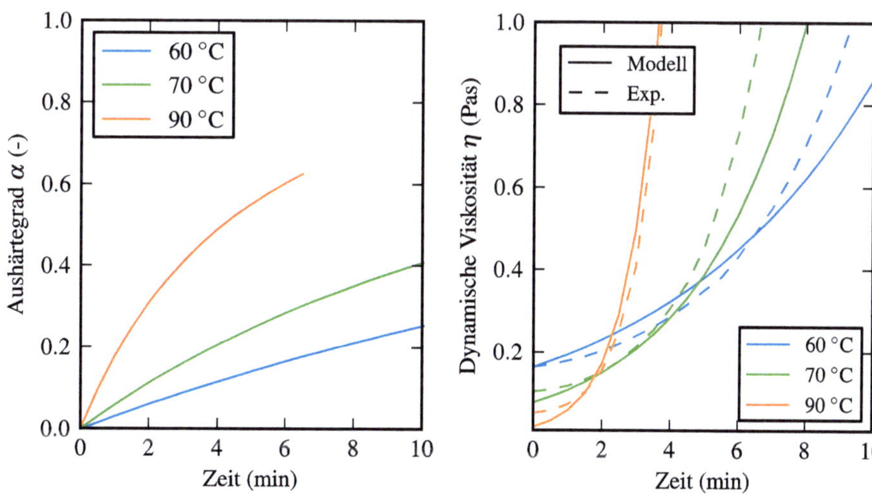

Abb. 2.44 Chemo-Rheologie des Epoxidharzes unter isothermen Bedingungen: Vorhersage des Verlaufs des Aushärtegrads (links) und Gegenüberstellung von Modellvorhersage und Experiment des dazugehöriger Verlaufs der Harzviskosität (rechts)

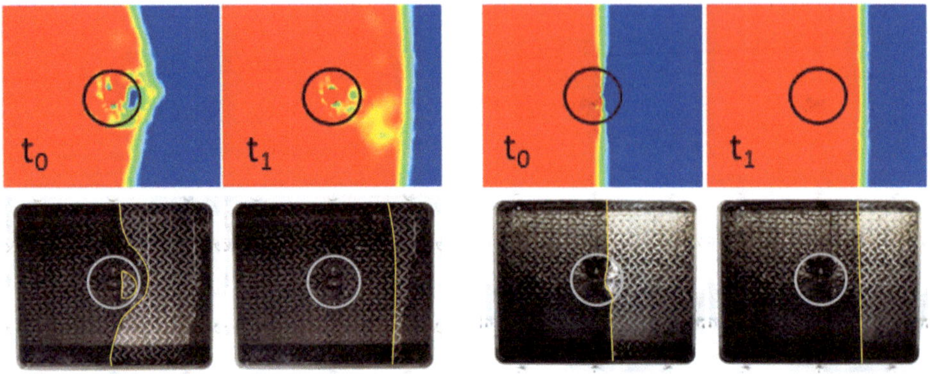

Abb. 2.45 Simulation (Harz: rot; Luft: blau) und experimentelle Validierung der Insertumströmung mit Referenzinsert (links) und Insert mit optimierter Geometrie (rechts) zu je zwei ausgewählten Zeitpunkten der Formfüllung

den zur Untersuchung der Faserarchitektur CT-Scans von Probekörpern im Einflussbereich des Inserts angefertigt und ausgewertet. Die Übertragung der Ergebnisse der CT-Scans auf das Simulationsmodell der Formfüllung erfolgte mithilfe einer neuentwickelten Mapping-Routine [12]. Anhand der CT-Scans konnten Reinharzbereiche identifiziert werden, die während der Formfüllung als Harzkanäle fungieren und somit ein Vorauseilen des Harzes bewirken. Zur experimentellen Analyse und Validierung der Simulationen, wurde ein Prüfstand mit transparenter Kavität entwickelt, der es ermöglicht, den Formfüllverlauf im Einflussbereich eines Lasteinleitungselementes optisch zu erfassen. Sowohl die Experimente als auch die Formfüllsimulationen mit dem Referenzinsert (Abb. 2.45, links) zeigen eine deutliche Beeinflussung des Verlaufs der Fließfront in Insertnähe [12]. Durch die Reduzierung des Dickensprungs am Rand der optimierten Insertgrundplatte kommt es nicht mehr zu einem Vorauseilen der Harzfront in diesem Bereich. Folglich wird die Ausbildung eines großen Lufteinschlusses, wie er beim Referenzinsert zu beobachten ist, verhindert (Abb. 2.45, rechts). Ein Vergleich von Simulationsergebnis und Experiment über den Verlauf der Formfüllung lässt auf eine sehr gute Vorhersagegüte der Simulation schließen.

2.3.4.3 Mechanische Charakterisierung der Probekörper

Ein Versagen der Probekörper im Rahmen der mechanischen Prüfungen wurde für alle durchgeführten Versuche so definiert, dass dieses bei einem Lastabfall um 60 %, bezogen auf die maximal eingeleitete Kraft, vorliegt. Beginnend bei den quasi-statischen Versuchen sind in Abb. 2.46 beispielhafte Verläufe der Kraft-Weg-Kurven der beiden Probekörpervarianten gezeigt. Hieraus ist ersichtlich, dass die maximal aufbringbaren Kräfte bei Probekörpern mit optimiertem Insert deutlich über denen mit den Referenzinserts liegen. Im Mittel liegen die Festigkeiten der Probekörper mit optimiertem Insert ca. 66 % über denen der Probekörper mit Referenzinsert.

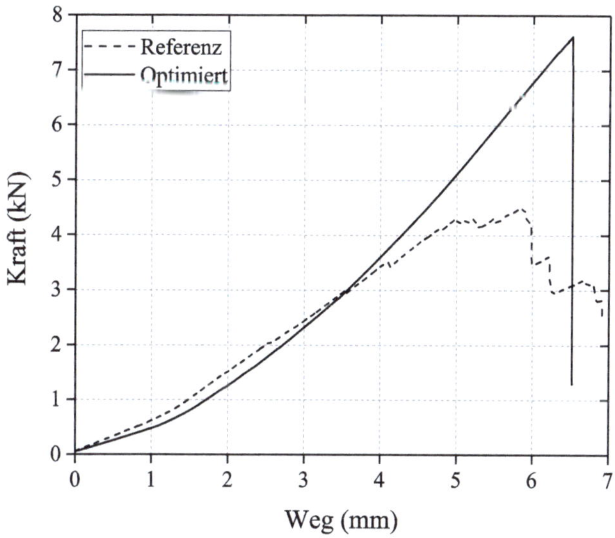

Abb. 2.46 Exemplarisches Kraft-Weg-Diagramm für optimiertes Insert und Referenzinsert; nach [26]

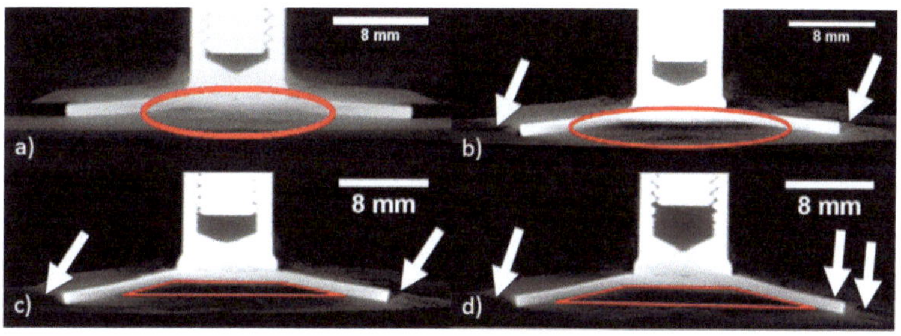

Abb. 2.47 CT-Scans von Probekörpern mit Referenzinsert nach Impakt mit einer Energie von (**a**) 6 J, (**b**) 9 J, (**c**) 12 J und (**d**) 16 J. Risse im Laminat (weiße Pfeile) am Rand der Grundplatte und Defekte an der Unterseite der Grundplatte (Rot) sind zu sehen; reprinted from Composite Structure, 236, Muth M, Pottmeyer F, Weidenmann KA, „Failure behaviour of metal inserts embedded in CFRP subsequent to thermal, mechanical and cyclic pre-damage", 111877, ©2020, with permission from Elsevier [55]

Wird das Verhalten von Probekörpern betrachtet, die vor den quasi-statischen Versuchen mechanisch, mittels eines punktuellen dynamischen Impakts im Bereich des Inserts, vorgeschädigt wurden, zeigen sich bereits bei einer Schädigungsenergie von 6 J die für diese Belastung typischen Querrisse auf der Oberseite im Bereich der Inserts [54]. Anhand der CT-Aufnahmen in Abb. 2.47a ist zu sehen, dass, obwohl keine optisch sichtbaren Schäden an der Impaktstelle zu sehen sind, dennoch Schäden im Laminat auftreten. Einerseits entstehen Zwischenfaserbrüche im Laminat im Bereich des Aufprallpunktes und andererseits eine plastische Verformung des Inserts. Erste oberflächliche Risse sind ab einer

Impaktenergie von 9 J auch auf der Unterseite des Laminats zu erkennen. Wie im CT-Scan desselben Probekörpers in Abb. 2.47b zu erkennen ist, treten die bereits bei geringeren Energien erkennbaren Risse im Inneren des Laminats ebenso auf. Die plastische Verformung des Inserts ist gegenüber des mit 6 J vorgeschädigten Probekörpers deutlich stärker ausgeprägt. Als weiterer Schädigungsmechanismus tritt die Ablösung des Inserts von der unteren Laminathälfte auf (Abb. 2.47b). Ebenso sind erste Risse im Laminat im Randbereich der Insertgrundplatte zu erkennen. Die Ablösung des Inserts und die Rissbildung nehmen mit steigender Schlagenergie weiter zu (Abb. 2.47c, d).

Im Gegensatz zu den Probekörpern mit Referenzinsert zeigen die mit 6 J und 9 J vorgeschädigten Probekörper mit optimiertem Insert kein sichtbares äußeres Versagen. Dennoch sind, wie in Abb. 2.48 zu sehen, bereits bei Schlagenergien von 6 J und 9 J innere Risse am Rand der Grundplatte vorhanden. Bei Schlagenergien von 12 J und 16 J werden die Inserts dagegen vollständig aus dem Laminat herausgeschlagen, was auf die höhere Steifigkeit der Grundplatte zurück zu führen ist.

Neben rein quasistatischen Versuchen wurden ebenso zyklische Versuche an beiden Probekörpervarianten durchgeführt [26]. Dazugehörige Ergebnisse sind in Tab. 2.1 zu finden. Hier zeigten die nicht vorgeschädigten Probekörper mit Referenzinsert zyklische Festigkeiten, die etwa ein Drittel unter den quasi-statischen Festigkeiten liegen. Zusätzlich wurden unter quasi-statischen und zyklischen Belastungen unterschiedliche Versagensmodi beobachtet. Bei den ungeschädigten und mit 6 J vorgeschädigten Probekörpern mit Referenzinsert, führt die Spannungskonzentration am Übergang zwischen der Buchse und der Grundplatte unter zyklischer Belastung zum Versagen der Grundplatte [26] und verhindert damit, dass das Insert vollständig aus dem Laminat gezogen werden kann. Unter quasi-statischen Belastungen in Dickenrichtung ist die Delamination aufgrund der Ablösung der Unterseite der Grundplatte vom Laminat kritisch, da in Dickenrichtung eingeleitete Kräfte und damit große Schälbelastungen zu höheren Spannungen in der Matrix führen, die wiederum Faser/Matrix-Risse und Delaminationen verursachen [54, 56]. Probekörper, die mit 9 J vorgeschädigt wurden, versagten unter zyklischer Belastung durch Delamination, die am Rand der Grundplatte beginnt. Die in [54, 56] erwähnte zusätzliche Spannung in der Matrix sowie die von Helmy [57] beschriebenen Matrixtaschen spielen eine entscheidende Rolle für diese Art des Versagens. Im Vergleich zu den mit 9 J vorgeschädigten Probekörpern zeigen die mit 12 J vorgeschädigten Probekörper eine höhere Festigkeitsschwankung, die durch die Stärke der Schäden im Laminat vor dem Versuch zu erklären sind. Die Gründe für die geringere Festigkeit mit höherer Standardabweichung bei den mit 16 J Impaktenergie geschädigten Probekörpern sind die vor dem Versuch

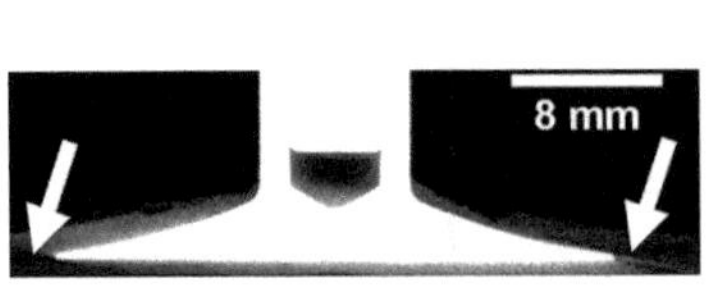

Abb. 2.48 CT-Scan eines Probekörpers nach einem Impakt mit 9 J. Bei einem Impakt mit 6 J wurde das gleiche Schädigungsbild beobachtet. [26]

Tab. 2.1 Zusammenfassung der Ergebnisse der quasi-statischen (Q), dynamischen und zyklischen Versuche, sowohl mit mechanischer Vorschädigung als auch nach thermischer Zyklierung (TZ) [26]

Quasistatische und Dynamische Prüfung				
	Referenz		Optimiert	
Prüfgeschwindigkeit/Vorschädigung	F_{max}	Stabw.	F_{max}	Stabw.
Einheit	N	N	N	N
1,5 mm/min (Q)	4458	262	7393	579
0,0025 m/s	4623	387	7791	953
0,25 m/s	4891	150	8788	694
15 m/s	8476	459	8012	315
6 J (Q)	4554	491	6109	542
9 J (Q)	4304	207	6653	1408
12 J (Q)	4114	692	–	–
16 J (Q)	2240	248	–	–
10 TZ (Q)	3490	145	5069	167
100 TZ (Q)	3271	60	5265	630
1000 TZ (Q)	3496	127	5068	483
Zyklische Prüfung				
	N_B (F_{max})	Stabw.	N_B (F_{max})	Stabw.
Einheit	- (N)	- (N)	- (N)	- (N)
0 J / 0 TZ	6216 (3091)	300 (57)	19623 (7623)	1517 (503)
6 J	6078 (3148)	134 (58)	20747 (7925)	1730 (570)
9 J	6229 (2910)	392 (267)	16218 (6323)	3398 (1303)
12 J	6430 (3148)	1402 (479)	–	–
16 J	5356 (2880)	1252 (346)	–	–
10 TZ	5531 (2815)	508 (274)	13711(5515)	3174 (1084)
100 TZ	6037 (3115)	64 (0)	13260 (5515)	1286 (418)

vollständig abgelöste Grenzfläche und die induzierte Delamination, die am Rand der Grundplatte beginnt.

Die Probekörper mit optimiertem Insert hingegen zeigen eine zyklische Festigkeit, die ihrer quasistatischen Festigkeit entspricht, dies gilt sowohl für ungeschädigte, als auch für mit 6 J vorgeschädigte Probekörper. Dies lässt sich durch ein Versagen auf Grund von Delamination erklären. Die Schlagarbeit von 9 J führt zu stärkerer Delamination, die eine abnehmende Festigkeit zur Folge hat.

2.3.4.4 Einfluss thermischer Zyklierung auf die (Rest-)Festigkeit

Neben Versuchen zum Einfluss mechanischer Schäden auf die (Rest-)Festigkeit der beiden Probekörpervarianten wurden diese einem für den Automobilbereich typischen Temperaturzyklus ausgesetzt. Hierbei wurden Temperaturzyklen angewendet, bei denen die Temperatur kontinuierlich innerhalb von 30 Minuten von −40 °C auf +80 °C erhöht wird. Nach einer Haltezeit von 15 Minuten wird wiederum auf −40 °C abgekühlt und diese Temperatur ebenfalls für 15 Minuten gehalten. Im Anschluss beginnt der nächste identische Zyklus. Dabei zeigt sich, dass die quasi-statischen Eigenschaften der Probekörper beider Varianten einem ähnlichen Einfluss durch die thermische Zyklierung (bzw. Vorschädigung) unterliegen, da diese maßgeblich von der Fläche der Insertgrundplatte und den auftretenden Eigenspannungen abhängig sind [26]. Hier fällt bereits nach 10 Temperaturzyklen die Festigkeit um bis zu 31 % ab. Dieser initiale Abfall bleibt für eine weitere Erhöhung der Zyklenzahl konstant. Ein anderes Bild zeigt sich, wenn die zyklischen (Rest-)Festigkeiten betrachtet werden. Hier wurde ebenfalls in [26] gezeigt, dass die Restfestigkeit für die Referenz-Insertgeometrie nach der thermischen Zyklierung im Vergleich zu nicht thermisch zyklierten Probekörpern nicht absinkt, da es hier zu einer Änderung des Schädigungsverhaltens kommt und nicht mehr die Grenzfläche als die kritische Schwachstelle fungiert. Die Probekörper mit optimierter Insertgeometrie verhalten sich allerdings deutlich anders, da hier keine Änderung im Versagensverhalten, verglichen mit den quasistatischen Versuchen, auftritt. Dennoch liegen die Festigkeiten, trotz des in [26] dokumentierten starken Abfalls bei 100 oder mehr thermischen Zyklen immer noch deutlich über den Festigkeiten der Probekörper mit Referenzinsert.

2.3.4.5 Analyse des Schädigungsverhaltens mittels In-situ-CT

Von Pottmeyer et al. [58, 59] wurde die Schädigungsentwicklung während den quasistatischen Versuchen wurde umfangreich untersucht. Hierbei konnte gezeigt werden, dass die Untersuchung der Schädigungsentwicklung von hybriden Probekörpern unter quasistatischer (Zug-)Beanspruchung möglich ist und außerdem relevante Schädigungen identifiziert und mit Hilfe der Schallemissionsanalyse lokalisiert werden können. In Abb. 2.49 ist der Aufbau der In-situ-CT-Prüfung abgebildet. Dabei wird das Insert unter Zugbeanspruchung belastet und die Kraft/Weg-Kurve erfasst (siehe Abb. 2.49 unten).

Sobald Schädigung aufgrund eines Kraftabfalls vermutet wird, wird die Prüfmaschine angehalten und der CT-Scan gestartet. Dadurch ist es möglich detaillierte Kenntnisse bezüglich der Schädigung in Abhängigkeit der anliegenden Kraft abzubilden. In Abb. 2.50 sind CT-Scans von zwei aufeinander folgenden Haltepunkten abgebildet. Sehr gut zu sehen ist die Entwicklung der Ablösung des Inserts von den unteren Laminatlagen und der damit verbundenen plastischen Deformation des Inserts.

Die Kombination der oben erwähnten In-situ-CT-Methode und der Schallemissionsanalyse konnte erfolgreich in [59] umgesetzt werden. Die Ergebnisse der Auftragung des Root-Mean-Square (RMS) Wertes in Abhängigkeit des Verfahrweges der Traverse ist in Abb. 2.51 (oben) dargestellt. Das RMS-Signal hat sich dabei als ein sehr guter Parameter zur Detektion der Schädigungen herausgestellt. Außerdem korrelieren die Ausschläge der RMS-Werte sehr gut mit den gemessenen Kraftabfällen. Durch die Verwendung mehrerer Schallemissionsköpfe ist zudem eine Ermittlung der Entstehungsorte der Signale möglich. In Abb. 2.51 (unten) sind die Schallortungen der ersten beiden gemessenen Haltepunkte aufgetragen.

Durch die Anordnung der Signale lässt sich schließen, dass der Beginn der Schädigung von Faser/Matrix-Brüchen dominiert ist. Die Rissanordnung stimmt dabei mit den post-mortem Bildern wie in Abb. 2.40 (unten) gezeigt gut überein. Der spätere Teil der

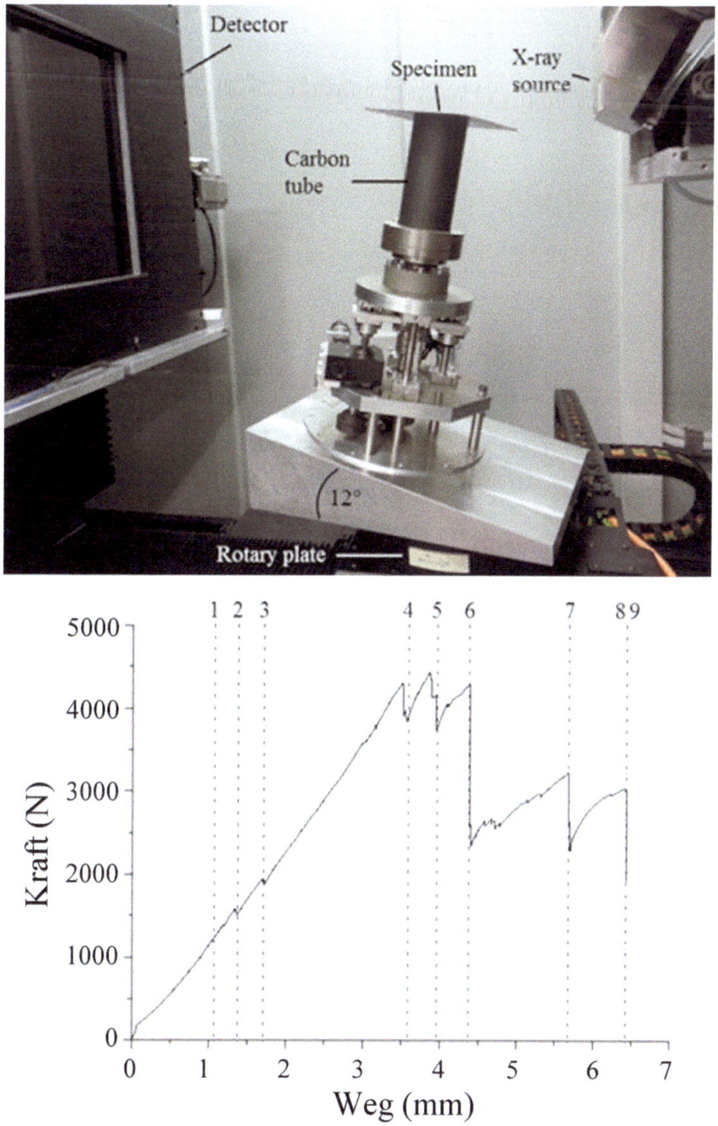

Abb. 2.49 In-situ-CT Prüfaufbau mit eingebauter Insert Probe (oben) und Kraft/Weg-Diagramm des In-situ-Zugversuches mit eingezeichneten Haltepunkten (unten); adopted/translated by permission from Springer Nature: Springer, Experimental Mechanics, vol. 57, pp. 1411–1422, „In-situ CT damage analysis of metal inserts embedded in carbon fiber-reinforced plastics", Pottmeyer F, Bittner J, Pinter P et al., ©2017 [58]

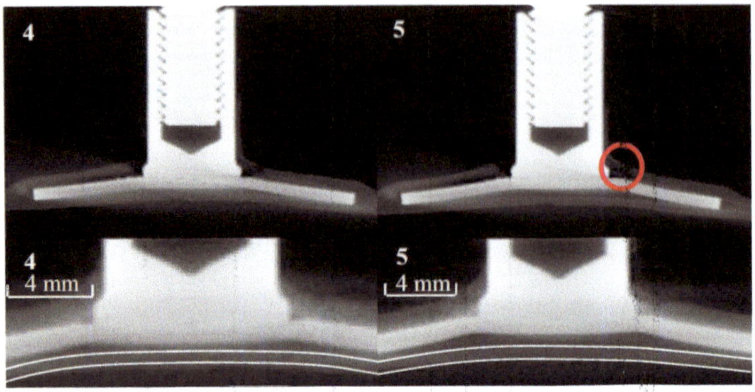

Abb. 2.50 Entwicklung der Ablösung des Inserts von dem unterem CFK-Laminat unter Zugbeanspruchung, rot markiert ist Faserbruch um die Insertbuchse; adopted/translated by permission from Springer Nature: Springer, Experimental Mechanics, vol. 57, pp. 1411–1422, „In-situ CT damage analysis of metal inserts embedded in carbon fiber-reinforced plastics", Pottmeyer F, Bittner J, Pinter P et al., ©2017 [58]

Prüfung ist primär von der Ablösung des Inserts und der damit verbundenen Deformation dominiert. Durch die Kombination der beiden Methoden zur Schädigungsentwicklung konnte das gesamte Schädigungsbild sowie dessen Entstehungsprozess sehr gut nachvollzogen und visualisiert werden.

2.3.4.6 Fazit zu punktuellen Lasteinleitungselementen

In den Untersuchungen zu den punktuellen Lasteinleitungselementen hat sich gezeigt, dass die Geometrie des Inserts entscheidenden Einfluss auf den Verlauf der Formfüllung hat. Außerdem hängt die Belastbarkeit der Probekörper ebenfalls von der Insertgeometrie ab. Hier zeigte sich, dass die Probekörper mit optimiertem Insert unter quasistatischen und zyklischen Bedingungen im Vergleich zum Referenzinsert höhere maximale Auszugskräfte aufweisen. Jedoch unterliegen diese einer höheren Streuung. Die Toleranz der Probekörper mit Referenzinsert gegenüber einer mechanischen Vorschädigung war höher als die der optimierten Variante, da sie mit höheren Impaktenergien beaufschlagt werden konnten, ohne dass ein vollständiges Versagen des Probekörpers herbeigeführt wurde. Des Weiteren konnte gezeigt werden, dass eine thermische Zyklierung die ertragbaren Auszugskräfte beider Geometrien verringert. Allerdings liegen die maximalen Auszugskräfte der optimierten Variante weiterhin oberhalb denen der Referenz.

2.3.5 Lineare Inserts

2.3.5.1 Übertragung der Erkenntnisse zu punktuellen Inserts

Mit dem Ziel einer weiteren Steigerung der Auszugskräfte einzelner Lasteinleitungselemente erfolgte eine Übertragung der punktuellen Insertkonzepte auf eine linienförmige

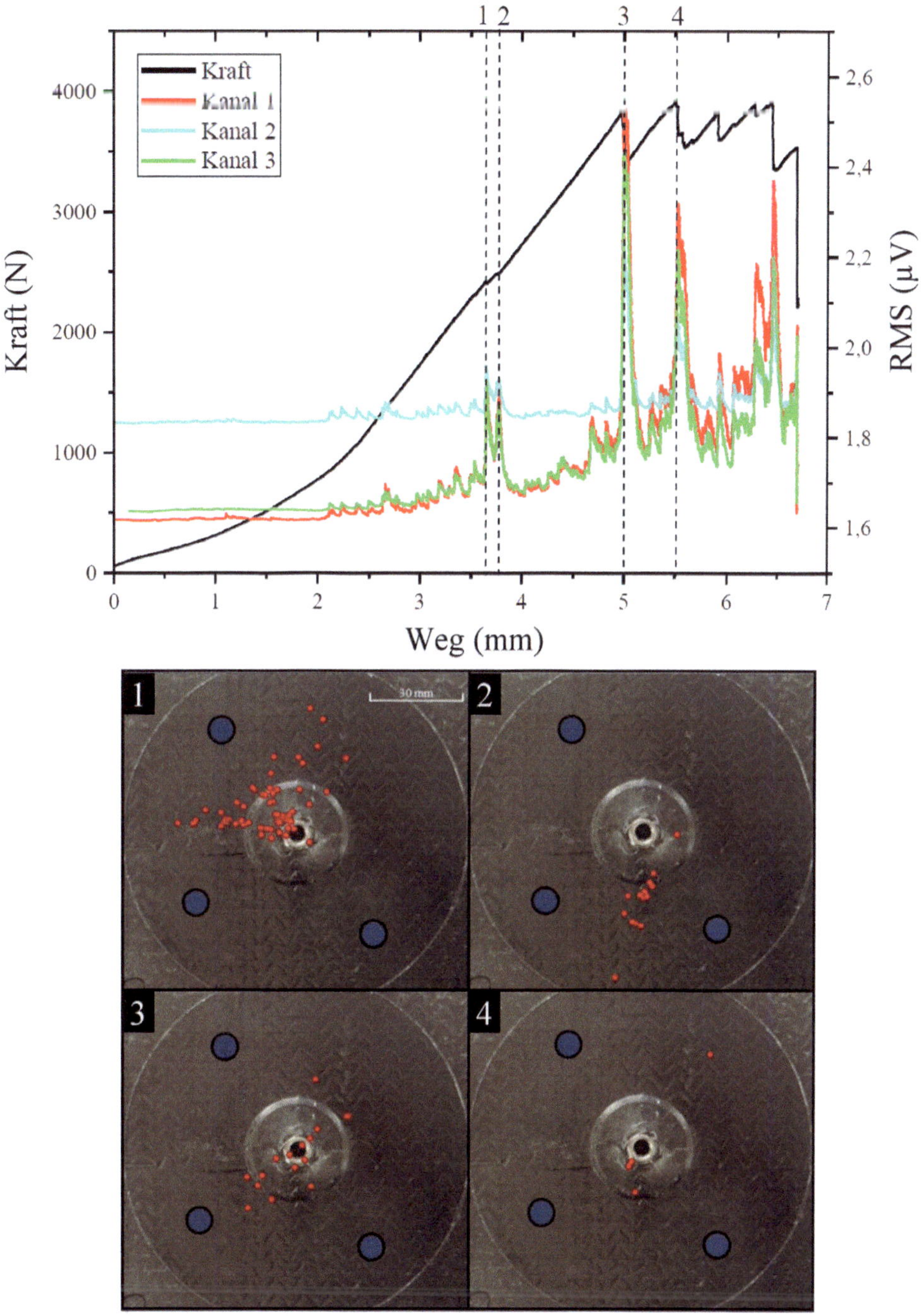

Abb. 2.51 Oben: Auszugversuch eines Inserts mit Schallemissionsanalyse und den RMS Werten aller drei Kanäle, Unten: Schallortung der gemessenen Schallemissionssignale (rot) für vier ausgewählten Zeitpunkten (Sensorpositionen blau markiert); nach [26]

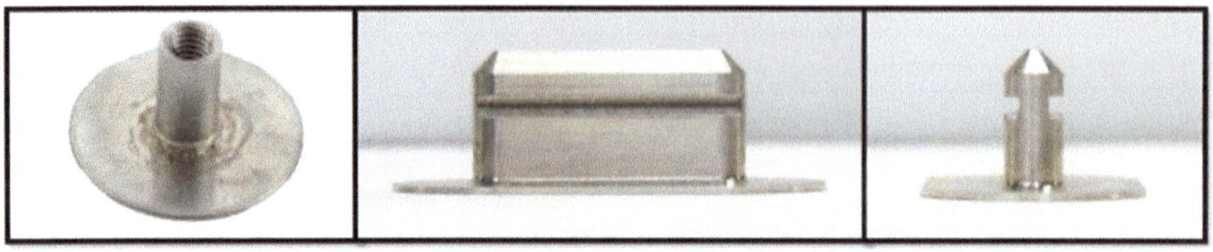

Abb. 2.52 Punktuelle Inserts (links) und linienförmige Inserts mit Schaftanbindung (mitte und rechts); reprinted by permission from Springer Nature: Springer Nature, Production Engineering, vol. 12, pp. 141–152, „Numerical and experimental investigation of manufacturing and performance of metal inserts embedded in CFRP", Muth M, Schwennen J, Bernath A et al., ©2018 [9]

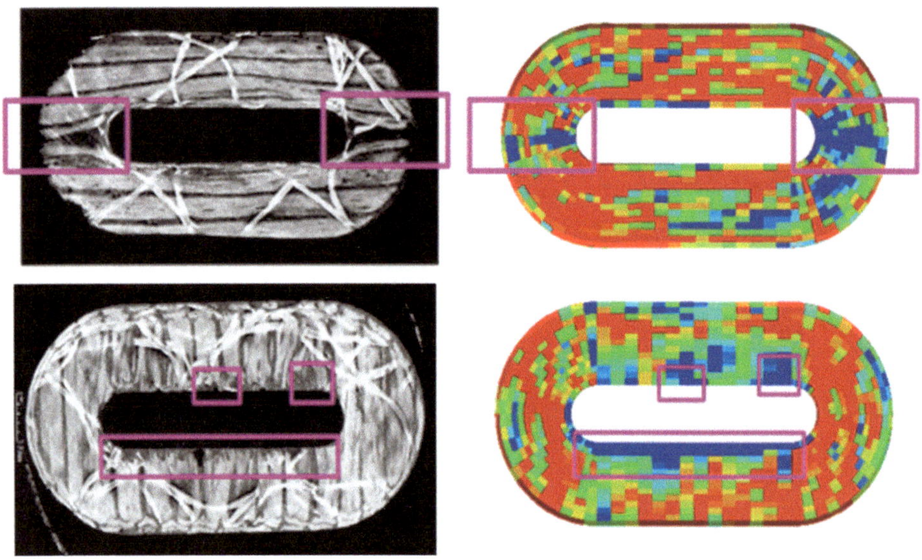

Abb. 2.53 Faserschädigung durch Einschlitzen linearerer Krafteinleitungselemente: CT-Auswertung (links) und Übertragung auf das Modell zur Formfüllsimulation (rechts)

Lasteinleitung [60]. Um eine Übertragbarkeit der Ergebnisse zwischen linearen und punktuellen Inserts sicherzustellen, ist die Betrachtung zunächst auf geometrisch ähnliche Inserts beschränkt. Abb. 2.52 zeigt ein punktuelles Insert (links) und das hieraus abgeleitete lineare Insert (Mitte und rechts). Die in den Schaft eingefräste Nut dient zur Einleitung der Prüfkraft in den Probekörper [9].

Aufgrund der Längenabmessungen linearer Krafteinleitungselemente kommt es bei deren Einbringung in die textile Struktur unabdingbar zu einer Schädigung der Fasern infolge eines Einschlitzens der Faserlagen, die quer zu der langen Insertseite verlaufen (vgl. Abb. 2.53, links unten). Der sich hierbei einstellende lokale Faservolumengehalt wurde mit Hilfe computertomografischer Aufnahmen bestimmt und dient als Eingangsgröße für die nachstehenden Simulationen zum Infiltrationsverhalten.

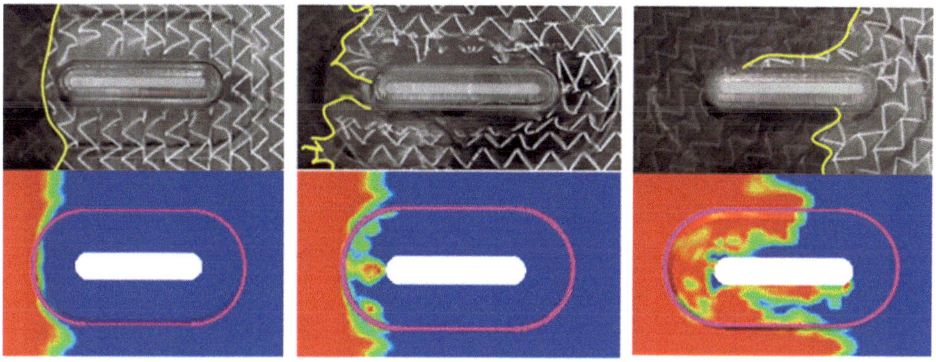

Abb. 2.54 Formfüllsimulation (Harz: rot; Luft: blau) und experimenteller Abgleich am Beispiel linearer Krafteinleitungselemente

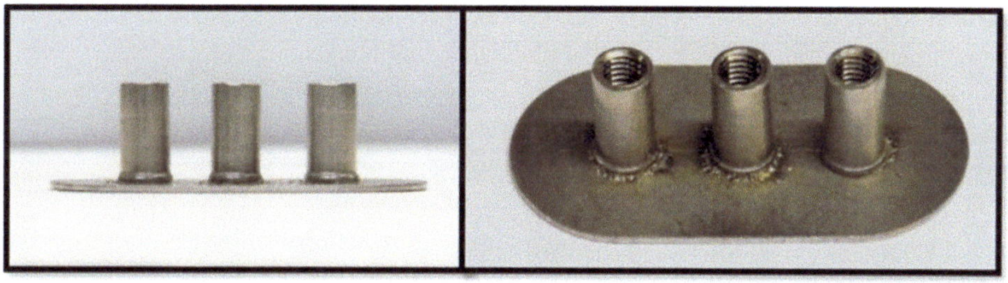

Abb. 2.55 Quasilineares Insert mit Schraubanbindung; reprinted by permission from Springer Nature: Springer Nature, Production Engineering, vol. 12, pp. 141–152, „Numerical and experimental investigation of manufacturing and performance of metal inserts embedded in CFRP“, Muth M, Schwennen J, Bernath A et al., ©2018 [9]

Die Formfüllsimulationen zeigen, dass die Infiltration der linearen Varianten nicht nur von der Geometrie des Schafts abhängt, sondern bei einem anisotropen Laminat zusätzlich auch von der lokalen Orientierung der Fasern des Preforms. Zur Analyse dieser Zusammenhänge wurden die Simulationen mit experimentellen Untersuchungen an einer transparenten Kavität verglichen (vgl. Abb. 2.54). Die Methode der Übertragung der Faserstruktur von CT-Daten auf das Simulationsmodell, die auch bei den punktuellen Inserts eingesetzt wurde, konnte hiermit auch an der linearen Variante validiert werden.

Eine weitere Ausführung des linearen Krafteinleitungskonzepts, mit drei Gewindeschäften statt einem durchgehenden Schaft, im nachfolgenden als quasilinear bezeichnet, ist in Abb. 2.55 gezeigt. Im Gegensatz zur linearen Referenz wird die Last durch drei Gewindeschäfte anstelle eines linearen, durchgehenden Schafts auf die Grundplatte übertragen. Dies ermöglicht, analog zu punktuellen Inserts, die Beibehaltung der Faserkontinuität durch eine Neuorientierung der Fasern während des Preformings.

Hierbei muss eine saubere und kontinuierliche Schweißnaht um die Gewindeschäfte herum gewährleistet werden. Andernfalls kann es zu einem vorzeitigen Versagen kommen, wenn die Gewindeschäfte während des Zugversuchs herausgezogen werden [9].

Anhand quasistatischer Versuche konnte gezeigt werden, dass die linearen Inserts etwas höhere Festigkeiten erreichen, als die punktuellen Referenzinserts. Jedoch liegt die massenspezifische Festigkeit unterhalb der der punktuellen Geometrien. Beim Vergleich der quasilinearen Variante mit der punktuellen Referenz ist die Festigkeit bei einer Zugbeanspruchung um etwa 50 % erhöht, jedoch ist auch hier die gewichtsbezogene Festigkeit unterhalb der der punktuellen Inserts.

2.3.5.2 Fazit und Vergleich mit punktuellen Inserts

Die simple Linearisierung eines punktuellen Inserts ist im Hinblick auf masse-spezifische Eigenschaften nicht zielführend. Als nachteilig erweisen sich hier zum einen das zusätzlich eingebrachte Gewicht und zum anderen die Notwendigkeit Fasern zu durchtrennen. Darüber hinaus gehen mit linearen Varianten deutlich höhere Fertigungskosten aufgrund der komplexeren Geometrie einher. Es muss daher situationsbedingt entschieden werden, ob ein Einsatz linearer Insertkonzepte trotz einer Gewichtszunahme und höheren Fertigungskosten sinnvoll ist, oder ob sich alternativ mehrere punktuelle Inserts integrieren lassen.

2.3.6 Differenzielle Bauweise basierend auf punktuellen Inserts und einem aufgeschraubten Hutprofil

2.3.6.1 Analyse der Formfüllung der differenziellen Bauweise

Die Formfüllung bei einer Kombination mehrerer Inserts in der differenziellen Bauweise wird mit der gleichen Methode durchgeführt, die auch für die Analyse der Umströmung punktueller Inserts eingesetzt wurde. Abb. 2.56 zeigt die Fließfront bei der Formfüllung

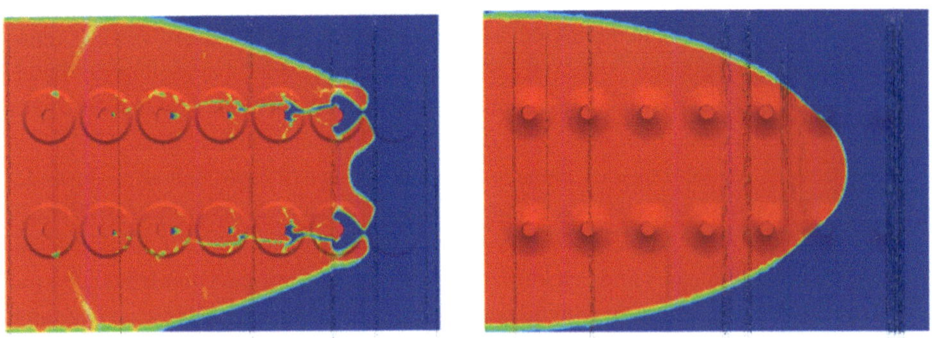

Abb. 2.56 Simulation der Insertumströmung der differenziellen Bauweise mit Referenzinserts (links) und Inserts mit optimierter Geometrie (rechts) zu einem ausgewählten Zeitpunkt (Harz: rot; Luft: blau)

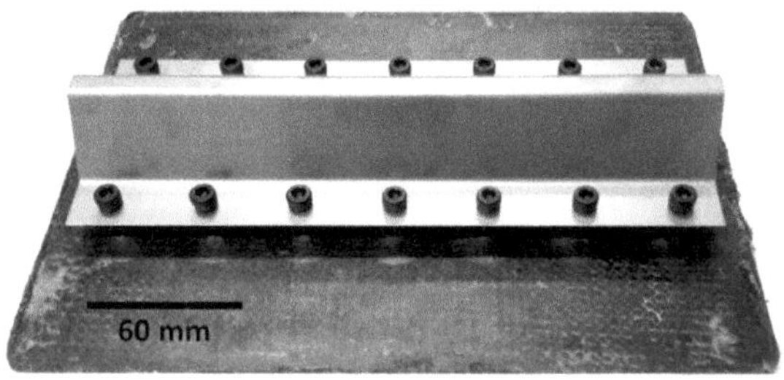

Abb. 2.57 Riss in der Klebung eines Benchmarkbauteils nach einem Impakt mit 40 J (oben); keine sichtbaren Schäden bei der differenziell gefertigten Struktur nach einem Impakt mit 40 J (unten) [61]

der differenziellen Variante mit jeweils 14 Inserts der Referenzgeometrie (links) und der optimierten Geometrie (rechts). Wie deutlich zu sehen ist, beeinflussen die Referenzinserts die Formfüllung stark. Durch die Überlagerung der Einflussbereiche der Inserts kommt es zu einer noch höheren Luftblasenbildung als bei nur einem Insert. Durch den Einsatz der Inserts mit optimierter Geometrie kann dies verhindert werden, sodass eine deutlich homogenere Formfüllung stattfindet.

2.3.6.2 Mechanische Charakterisierung im Dreipunktbiegeversuch

Ziel dieser Untersuchungen ist die Beurteilung des Versagensverhaltens der Struktur bei vorhandener mechanischer Vorschädigung. Als Benchmark für die differenziellen und später auch integralen Strukturen dient eine Variante, bei der das Hutprofil auf die CFK-Komponente aufgeklebt wird. Hierfür wurden die Strukturen zunächst in Impaktversuchen an einem Fallturm vom Typ Instron Dynatup 9250 mittels eines linienförmigen Indentors, mittig auf der CFK-Seite, mit verschiedenen Impaktenergien definiert (vor-)geschädigt. Die Benchmarkstruktur zeigt bei einer Impaktenergie von 9 J keine sichtbaren Schäden. Ab einer Energie von 16 J kommt es zum einseitigen Ablösen des aufgeklebten Hutprofils von der CFK-Komponente (Abb. 2.57). Hierbei nimmt die Länge auf der sich das Hutprofil löst mit zunehmender Schlagenergie zu.

Die differenziell gefertigten Strukturen wurden analog mit unterschiedlichen Impaktenergien beaufschlagt und mit Hinblick auf das sich einstellende Schadensbild analysiert. Es konnte gezeigt werden, dass selbst hohe Impaktenergien von 25 J bzw. 40 J nicht zu optisch sichtbaren Schäden führen.

Abb. 2.58 zeigt die Ergebnisse der quasi-statischen Restfestigkeitsmessungen der vorgeschädigten Strukturen. Die Mittelwerte der Restfestigkeit der mit 40 J vorgeschädigten Benchmarkstruktur, ist nach Betrachtung der Fehlerfortpflanzung ca. 40(±6) % geringer als die Restfestigkeit der nicht geschädigten Benchmarkstruktur. Betrachtet man allerdings die differenziell gefertigten Strukturen sinkt die Restfestigkeit bei einer Schlagenergie von 40 J nur um 10 %.

Die größte Streuung der Ergebnisse ist bei einer Impaktenergie von 16 J zu beobachten. Dies lässt den Schluss zu, dass diese im Bereich der kritischen Schädigungsenergie liegt, ab der sich die Versagensmechanismen ändern. Ebenfalls konnte beobachtet werden, dass das Versagen der Klebeverbindung am äußersten Ende des Hutprofils eingeleitet wird. Dies ist darauf zurück zu führen, dass hier die höchsten Schäl- und Scherspannungen wirken (vgl. [62]). Die nach den Impaktversuchen einseitig geschädigte Klebeverbindung ist der Grund für die geringere Lastübertragung über die Grenzfläche in das Laminat. Die erwähnte kritische Impaktenergie, die bei der Benchmarkstruktur im Bereich von 16 J liegt, liegt bei der differenziellen Struktur bei über 40 J.

Bei den nicht vorgeschädigten Strukturen ist zu erkennen, dass die geklebte Benchmarkstruktur eine um 22 % höhere (Biege-)Festigkeit aufweist als die differenzielle Struktur. Die höhere Festigkeit der Benchmarkstruktur ist laut Muth et al. [63] darauf zurückzuführen, dass das Hutprofil die Last auf eine größere Fläche übertragen kann als die differenzielle Struktur mit vielen einzelnen Inserts. Aufgrund der lokaleren Lasteinleitung der Inserts entstehen Spannungsspitzen, insbesondere am Rand der Insertgrundplatten.

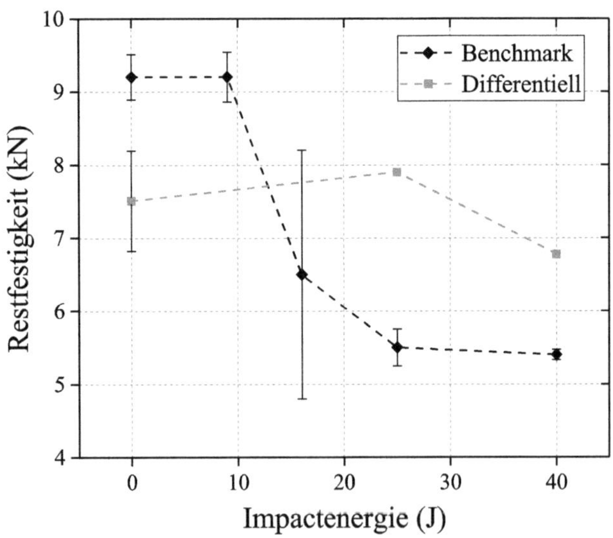

Abb. 2.58 Restfestigkeit der geprüften Strukturen in Abhängigkeit von der Impaktenergie, nach [61]

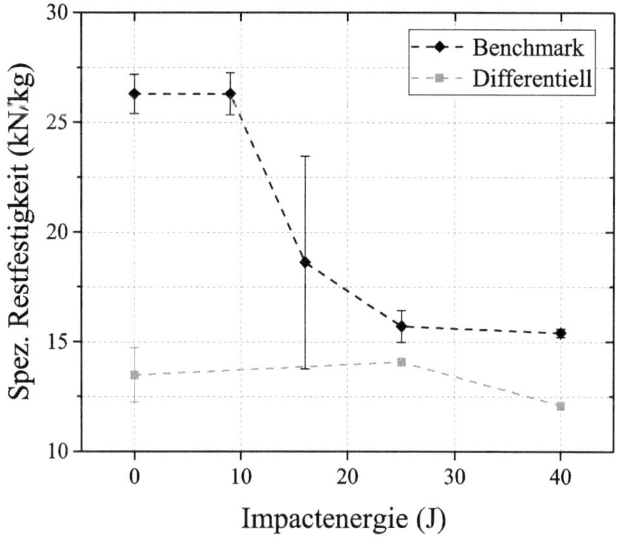

Abb. 2.59 Gewichtsspezifische Restfestigkeiten der geprüften Strukturen, nach [61]

Dies ist auf das unterschiedliche Schädigungsverhalten durch die Impaktversuche zurückzuführen. Die Restfestigkeit der Benchmarkstruktur ist nach einem Impakt mit 40 J um 25 % geringer als bei der differenziellen Struktur.

Da Verbundwerkstoffe und entsprechend auch hybride Bauteile wegen ihrer im Vergleich zu Metallen hohen gewichtsspezifischen Festigkeit eingesetzt werden, ist es wichtig, das Gewicht der Strukturen bei den oben genannten Beobachtungen zu berücksichtigen. In diesem Fall führen die Inserts zu einer Gewichtserhöhung der Struktur. Die geklebten Strukturen sind 37 % leichter als die Strukturen mit Inserts. Die sich hieraus ableitenden gewichtsspezifischen Eigenschaften sind in Abb. 2.59 zu sehen. Es zeigt sich, dass der geringe Einfluss einer mechanischen Vorschädigung durch das Einbringen eines zusätzlichen Verbindungselements, zwischen Hutprofil und CFK-Komponente, mit entsprechendem Mehrgewicht erkauft wird.

2.3.6.3 Fazit der differenziellen Bauweise

Die Produktion der differenziellen Bauweise beinhaltet einen hohen manuellen Aufwand der Integration und der Positionierung jedes einzelnen Inserts. Die Simulation der Formfüllung der differenziellen Bauweise zeigt bei Verwendung der optimierten Variante der punktuellen Inserts keinen Einfluss der Inserts. Bei Verwendung der Referenzinsertvariante hingegen beeinflussen sich die Inserts negativ, was eine Formfüllung ohne Trockenstellen erheblich erschwert.

Hinsichtlich der gewichtsspezifischen Eigenschaften ist die geklebte Benchmarkstruktur der differenziellen Bauweise bei Betrachtung der vorgeschädigten als auch der nicht vorgeschädigten Strukturen vorzuziehen. Dennoch ist zu beachten, dass die differenziellen Strukturen nach dem Impakt keine sichtbaren Schäden zeigten, während die Hutprofile bei

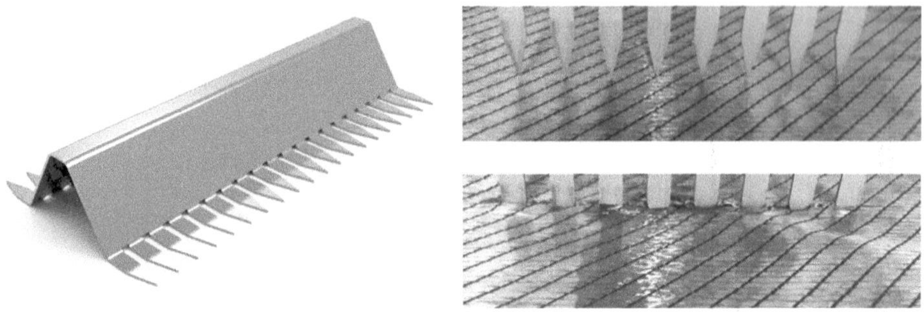

Abb. 2.60 Hutprofil mit mehreren Laschen (links) und fasergerechte Integration (rechts)

der Benchmarkstruktur einseitig abgelöst wurden. Die Benchmarkstruktur ist demnach empfindlicher gegenüber Stoßbelastungen. Um die vorteilhaften Eigenschaften beider Varianten zu kombinieren, muss das Hutprofil mittels einer integralen Bauweise ohne zusätzliches lastübertragendes Element in das Laminat integriert werden.

2.3.7 Integralbauweise mit eingebetteten Laschen

2.3.7.1 Umsetzung einer faserschonenden Einbringung im Preforming

Zur faserschonenden Einbringung der Metallprofile wurde der Ansatz zur fasergerechten Integration punktueller Lasteinleitungselemente auf profilförmige Strukturen übertragen. Abb. 2.60 gibt einen Überblick über die geometrische Form des Hutprofils und dessen fasergerechte Einbringung in das textile Halbzeug.

Analog zu punktuellen Lasteinleitungselementen stellt die Laschengeometrie einen wichtigen Aspekt dar, der die Integration in das textile Halbzeug hinsichtlich der erforderlichen Prozesskräfte und der resultierenden Störung der Faserkontinuität maßgeblich beeinflusst. Zur Ermittlung der Geometriemerkmale wurden im Rahmen des Vorhabens unterschiedliche Laschengeometrien untersucht, die sich hinsichtlich der Form, des Spitzenwinkels, der Breite und dem Abstand zueinander unterschieden. Abb. 2.61 zeigt hierzu exemplarisch die Abhängigkeit der Faserdeformation von der Laschenbreite. Mit zunehmender Spitzenbreite steigt die damit einhergehende Verformung des Geleges. Hierbei lässt sich auch feststellen, dass die Ausdehnung der Störung in Längsrichtung nur unwesentlich ansteigt. Auch haben die Nähfäden einen großen Einfluss auf das Erscheinungsbild.

Aus Sicht einer faserschonenden Laschenintegration in Faserhalbzeuge ergibt sich für die Laschengeometrie die in Abb. 2.62 (links) dargestellte Geometrie, wobei Abmessungen des Hutprofils identisch zu obigen Versuchen gewählt wurden. Der Spitzenwinkel wurde auf Basis von Versuchen und den aufgezeichneten Kraft-Weg-Kurven gewählt, so dass die Belastung der Fasern bei der Integration der Laschen in das Textil möglichst gering ausfallen. Des Weiteren wurde ein Hinterschnitt eingefügt, dessen Geometrie so aus-

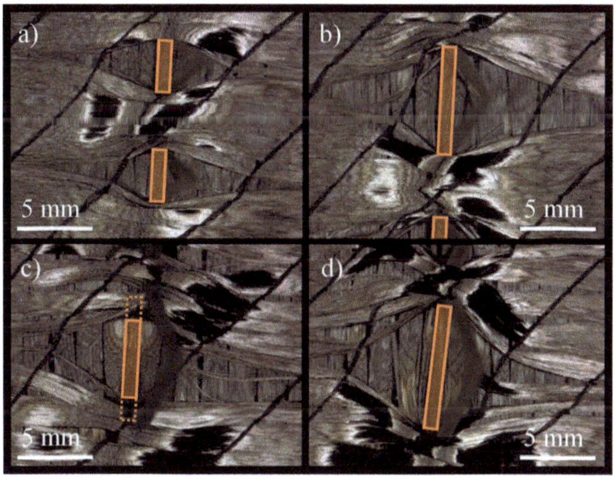

Abb. 2.61 Deformation des Faserhalbzeugs nach dem Durchstecken der Laschen in Abhängigkeit der Laschenbreite: (**a**) 3,5 mm, (**b**) 7 mm, (**c**) 8 mm (mit Verjüngung auf 5 mm, gestrichelt dargestellt), (**d**) 8 mm. Die Querschnitte der Laschen sind durch Rechtecke angedeutet

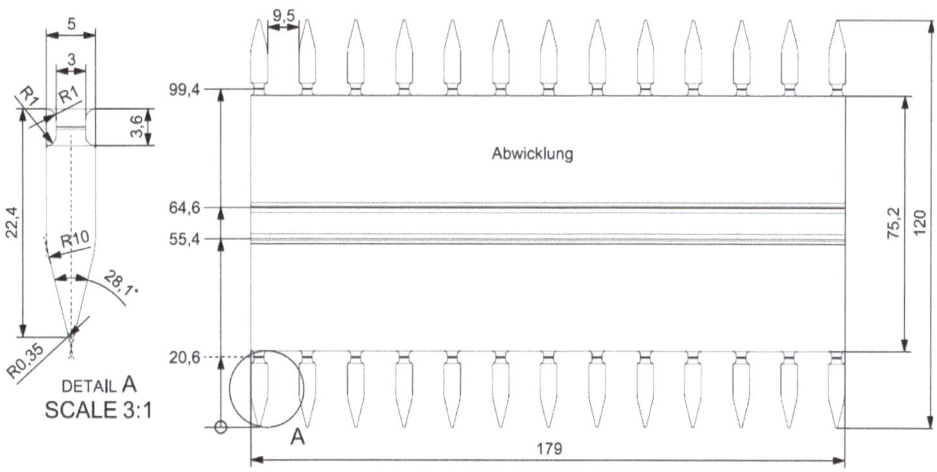

Abb. 2.62 Abwicklung und Abmessungen (mm) des Hutprofils mit gewählter Laschengeometrie

gelegt ist, dass der Faservolumengehalt an der Einstichstelle möglichst konstant bleibt. Für die nachgeschalteten Biegung der Laschen wird hierdurch gleichzeitig der Bereich definiert, in dem die plastische Deformation stattfindet. Dies vereinfacht die Integration des Hutprofils und erhöht die Reproduzierbarkeit. Die gewählte Laschengeometrie ermöglicht es, größere Faserumlenkungen, wie in Abb. 2.61 sichtbar, zu vermeiden. Bei der Integration lässt sich ferner für eine Blechstärke von 1,0 mm eine Spaltbreite von 1,5 mm empfehlen, in welche die Laschen nach dem Durchstoßen des Textils eintauchen. Die

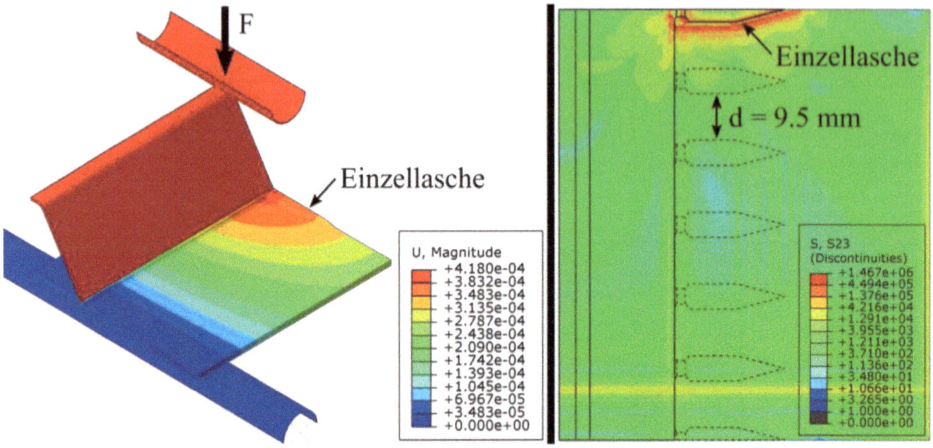

Abb. 2.63 Simulation eines Viertelmodells des hybriden Biegeträgers unter 3-Punkt-Biegung zur Abschätzung des Störeinflusses einer Einzellasche: Modellaufbau mit Verschiebungsfeld U (m) (links) und durch Lasche verursachte lokale Diskontinuität der σ_{23}-Spannung (Pa) in der Mittelebene der CFK-Grundplatte (rechts)

Anzahl der Laschen bzw. der Abstand der Laschen zueinander wurde aus den nachfolgenden Überlegungen zur Strukturperformance und Infiltrierbarkeit abgeleitet.

2.3.7.2 Struktursimulation zur Bestimmung des benötigten Laschenabstands

Die einzelnen Laschen stellen aus strukturmechanischer Sicht Störstellen im Laminat der Grundplatte dar, da sie den Faserverlauf stören und zudem aufgrund der unterschiedlichen Materialien einen Sprung in den mechanischen Eigenschaften verursachen. Dieser Störeinfluss kann sich bei Laschen in direkter Nachbarschaft destruktiv überlagern. Daher wurden FEM-Simulationen des hybriden Biegeträgers unter 3-Punkt-Biegung durchgeführt, um den Einflussbereich einer einzelnen Lasche abzuschätzen. Abb. 2.63 zeigt das hierfür verwendete Viertelmodell sowie die durch die Einzellasche hervorgerufene Diskontinuität der σ_{23}-Spannung in der Mittelebene der Grundplatte. Von besonderer Relevanz sind hierbei die Spannungskomponenten σ_{33}, σ_{13} und σ_{23}, da diese für das Auftreten von Delamination entscheidend sind. Hieraus wurde ein Mindestabstand der Laschen von 9,5 mm abgeleitet.

2.3.7.3 Analyse der Formfüllung im RTM-Verfahren

Zur Beurteilung des Infiltrationsverhaltens wurden äquivalent zu der differenziellen Bauweise wiederum Formfüllsimulationen durchgeführt. Abb. 2.64 zeigt die Fließfront (oben) und den Aushärtegrad (unten) bei der Umströmung der optimierten Laschengeometrie. Sichtbar ist, dass ein Vorauseilen des Harzes entlang des Hutprofils auftritt und in Fließfrontnähe mehrere kleine Luftblasen vorhanden sind. Der Aushärtegrad zeigt außerdem deutlich den Einfluss der Infiltration und der Laschen auf die lokale Aushärtung. In

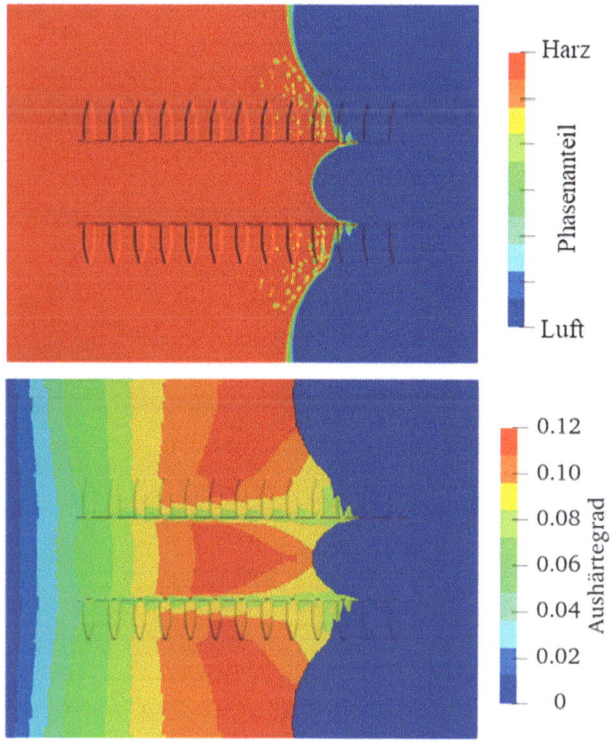

Abb. 2.64 Simulation der Insertumströmung der integralen Bauweise mit optimierter Laschengeometrie zu einem ausgewählten Zeitpunkt: Fließfront (oben) und Aushärtegrad (unten)

Angussnähe und entlang der Einbettkante des Hutprofils ist der Aushärtegrad am geringsten, während er in Fließfrontnähe tendenziell höher ist.

2.3.7.4 Eigenspannungssimulation

Das Auftreten von prozess-induzierten chemischen und thermischen Eigendehnungen führt im Verlauf des Prozesses zu Eigenspannungen. Darüber hinaus besteht ein deutlicher Unterschied in der thermischen Ausdehnung von Metall und CFK, wodurch es insbesondere an der Grenzfläche zwischen diesen Materialien zu zusätzlichen Eigenspannungen kommen kann.

Da die Messung von Eigenspannungen in einem Bauteil nur begrenzt möglich ist, wird stattdessen häufig der geometrische Verzug von generischen Bauteilen herangezogen. Dieser ist eine direkte Folge der Eigenspannungen und lässt sich durch eine optische Vermessung der Proben charakterisieren. Gleichzeitig ermöglicht dies eine Validierung der numerischen Vorhersage der Eigenspannungen durch einen Abgleich mit der experimentell gemessenen Gestaltabweichung. Einfache L-Winkel-Proben eignen sich hierfür sehr gut, wie in Bernath et al. [64] gezeigt. Eine detaillierte Vorstellung und Validierung der im folgenden verwendete Simulationsmethode ist in Bernath [65] gezeigt. Diese nutzt ein visko-elastisches Materialmodell, das auf den Ausführungen von Simon et al. [66] basiert. Zur Charakterisierung des visko-elastischen Materialverhaltens des eingesetzten

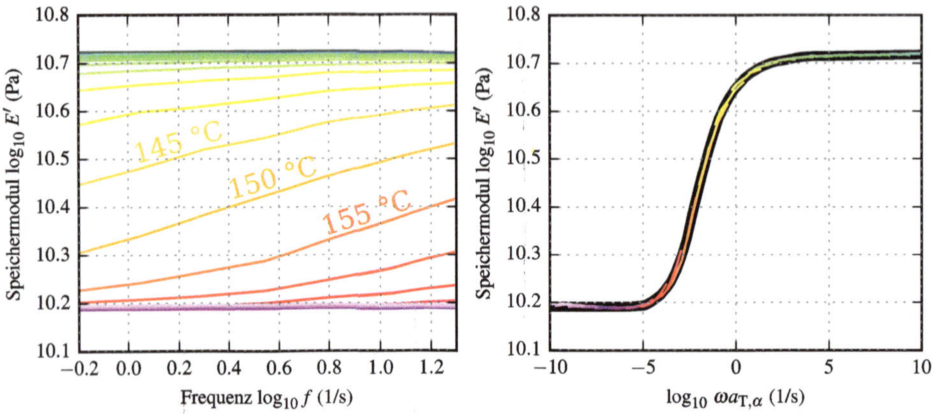

Abb. 2.65 Viskoelastische Charakterisierung des Faser-Verbunds mittels DMTA-Messung: Frequenz-Sweeps bei verschiedenen Temperaturstufen ($\Delta T = 5$ °C) (links) sowie daraus abgeleitete Master-Kurve und Modellvorhersage (rechts)

CFK-Werkstoffs wurden DMTA-Messungen in Form von 3-Punkt-Biegung durchgeführt. Hierfür wurden Proben mit einem biaxialen Lagenaufbau ($[(0°/90°)_4]_S$) verwendet. Eine solche Messung ist in Abb. 2.65 gezeigt. Das linke Diagramm zeigt den Verlauf des Speichermoduls E' als Funktion der Frequenz für Temperaturstufen zwischen 60 °C und 200 °C, sowie einem ΔT von 5 °C. Diese Einzelkurven können durch horizontales Verschieben zu einer Master-Kurve zusammengesetzt werden, welche im rechten Diagramm von Abb. 2.65 gezeigt ist. Diese Analogie von Temperatur und Zeit/Frequenz wird als Time-Temperature-Superposition (TTS) bezeichnet und ist eine wichtige Eigenschaft von Kunststoffen. Die Korrelation zwischen Temperatur und Zeit/Frequenz übernimmt dabei eine Shift-Funktion, die bspw. die Erhöhung der Relaxationszeiten bei einer Temperaturabnahme beschreibt. Für deren Parametrierung ist es daher notwendig, eine Referenztemperatur festzulegen. Hier bietet sich die vom Vernetzungsgrad des Harzes abhängige Glasübergangstemperatur an, da auf diese Weise die Abhängigkeit vom Aushärtegrad berücksichtigt werden kann [66].

Die Modellierung der zeit- und temperaturabhängigen Steifigkeit basiert auf einer Prony-Serie, die den Übergang zwischen entropie- und energieelastischen Eigenschaften beschreibt. Ein Wechsel zwischen diesen Materialzuständen geht bei reinen Polymeren oft mit einer Steifigkeitsänderung von zwei Magnituden einher. In einem FVK wird dieses Verhalten durch die hochsteifen Fasern in Richtungen, in denen das Materialverhalten des Verbunds von den Fasereigenschaften dominiert wird, stark gedämpft. Um dies in der Simulation berücksichtigen zu können, wurde ein mehrstufiger Homogenisierungsansatz gewählt (siehe Abb. 2.66). Hierbei werden zunächst die richtungsabhängigen mechanischen Eigenschaften einer unidirektionalen Einzelschicht im entropie- und energieelastischen Zustand mittels FEM-Simulationen an RVE-Modellen auf Mikrolevel ermittelt (siehe auch Bernath [65]). Im nächsten Schritt werden diese Eigenschaften für FEM-Simulationen von biaxialen Lagenaufbauten unter Anwendung von periodischen Randbedingungen zur Homogenisierung des makroskopischen Materialverhaltens des biaxialen

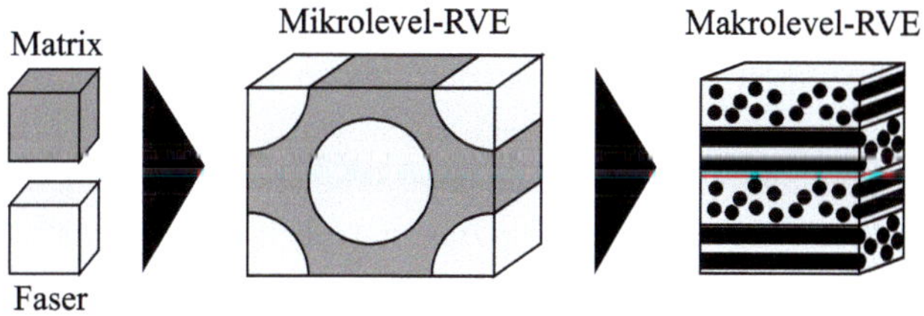

Abb. 2.66 Mehrstufige Homogenisierung der Verbund-Eigenschaften

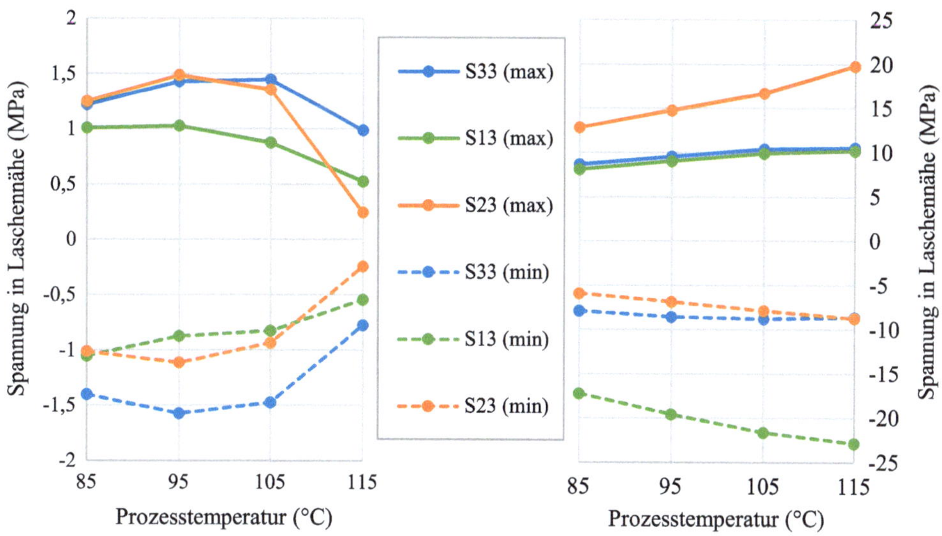

Abb. 2.67 Prozess-induzierte Eigenspannungen in Laschennähe für unterschiedliche Aushärtetemperaturen: vor Abkühlung (links) und nach Abkühlung auf Raumtemperatur (rechts)

CFK-Werkstoffs herangezogen. Die für die Beschreibung des zeit- und temperaturabhängigen Übergangs zwischen den Materialzuständen relevanten Parameter der Prony-Serie wurden anhand der Ergebnisse der DMTA-Messungen ermittelt. Die Vorhersage des parametrisierten visko-elastischen Materialmodells ist in Abb. 2.65 rechts als breite schwarze Linie angegeben.

Die entwickelte Methode wurde anschließend zur Vorhersage der prozessinduzierten Eigenspannungen des hybriden Biegeträgers mit der vollen Anzahl an eingebetteten Laschen angewendet. Um den Einfluss der Prozesstemperatur zu zeigen, wurden vier unterschiedliche Prozesstemperaturen für die Simulationen gewählt. Um Rechenzeit zu sparen wurde nur ein Viertelmodell berechnet. Zudem sind während der isothermen Aushärtephase im Werkzeug alle Freiheitsgrade der äußeren Knoten fixiert. Dies ändert sich erst während des Entformungsschrittes, an dessen Ende nur noch die Randbedingungen wirken, die eine Starrkörperbewegung des Bauteils verhindern. Anschließend wird die hybride Struktur auf Raumtemperatur abgekühlt.

Abb. 2.67 zeigt die Minimal- und Maximalwerte der für Delamination kritischen Spannungen σ_{33}, σ_{13} und σ_{23} am Übergang zwischen CFK und Metall-Laschen. Das linke Diagramm gibt die Werte zum Ende des Entformungsschrittes an. Zu diesem Zeitpunkt ist die Temperatur hoch, wodurch die mechanischen Eigenschaften des Verbunds in Richtungen, die vom Verhalten der Matrix dominiert werden, verringert sind. Daher treten nur verhältnismäßig kleine Spannungswerte auf. Eine hohe Temperatur bewirkt allerdings auch eine Reduktion der Matrixfestigkeit sowie eine zunehmende Neigung der Matrix, Spannungsspitzen mittels plastischer Deformation zu reduzieren [67]. Eine Erhöhung der Prozesstemperatur bedingt zunächst eine leichte Erhöhung der Spannungen da dadurch ein höherer Aushärtegrad erreicht wird und somit mehr chemische Schwindung auftritt. Die höchste Temperaturstufe ist nicht weit von der maximalen Glasübergangstemperatur des Materials entfernt, weshalb hier aufgrund von Relaxation geringere Spannungen auftreten. Das rechte Diagramm in Abb. 2.67 zeigt die Spannungswerte am Ende des Prozesses nach erfolgter Abkühlung. Durch diese Temperaturverringerung steigen die mechanischen Eigenschaften des Verbunds. Gleichzeitig entstehen thermische Eigendehnungen und als Folge steigt das Spannungsniveau deutlich an. Eine Erhöhung der Prozesstemperatur führt hier ebenfalls zu einer Erhöhung der Spannungen. Dies ist primär eine Folge der mit der Prozesstemperatur ansteigenden Temperaturdifferenz, die beim Abkühlen auftritt und letztlich zu höheren thermischen Eigendehnungen führt. Diese Eigenspannungen stellen eine Vorbelastung der hybriden Struktur dar. Zudem können Kräfte, die zum Entformen auf das Bauteil einwirken ebenfalls zu hohen Spannungen und bleibenden Deformationen führen [65, 67].

2.3.7.5 Fazit integrale Bauweise

Die intrinsische Hybridisierung einer profilförmigen Metallstruktur mit einer CFK-Grundplatte kann mithilfe von eingebetteten Laschen schädigungsarm realisiert werden. Durch sinnvolle Wahl der Laschengeometrie kann eine Schädigung der Fasern bzw. eine Störung des Faserverlaufs begrenzt werden. Bei der Bestimmung einer optimalen Geometrie ist es wichtig, die Anforderungen der unterschiedlichen Prozessschritte zu berücksichtigen, um einen sinnvollen Kompromiss zu finden. Bei der Untersuchung der Auswirkungen auf die Formfüllung oder die zu erwartende maximale Belastbarkeit kann eine Prozesssimulation von großem Nutzen sein. Beispielsweise erzeugt das Einbringen der Metallkomponente eine Vielzahl kleiner Fließkanäle, die durch ein lokales Voreilen des Harzes den Verlauf der Formfüllung und damit auch die räumliche Verteilung des Aushärtegrads beeinflussen. Zudem begünstigen Fließkanäle oftmals die Entstehung von Lufteinschlüssen.

Im Hinblick auf die Belastbarkeit der Struktur verursacht das Einbringen der Metallkomponente einen lokalen Sprung in den mechanischen und thermo-mechanischen Eigenschaften. Dies führt zu einer Spannungsüberhöhung in der Nähe der Laschen und limitiert somit den minimalen Laschenabstand. Außerdem sorgen die chemische Schwindung des Harzes sowie die unterschiedliche thermische Ausdehnung von CFK- und Metallkomponente für zusätzliche Eigenspannungen während des Herstellungsprozesses, die eine Vorbelastung der Struktur darstellen.

2.3.8 Zusammenfassung und Ausblick

Die intrinsische Herstellung von FVK/Metall-Strukturen im RTM Prozess stellt eine vielversprechende Herangehensweise dar, um hochbelastbare Hybridstrukturen im Hinblick auf die Großserie herzustellen. Das Einbringen von Metallkomponenten noch während des Preformings erlaubt eine faserschädigungsarme Integration durch eine Neuorientierung der textilen Verstärkungsfasern. Dies führt zu einer besseren Materialnutzung im Sinne der Material- und Ressourceneffizienz im Bereich der Lasteinleitung. Darüber hinaus können durch eine intrinsische Hybridisierung nachfolgende Fügeoperationen vermieden bzw. verkürzt werden, wodurch der Fertigungsaufwand reduziert wird.

Im Rahmen der vorgestellten Untersuchungen wurden zwei grundlegende Ansätze zur Hybridisierung im Hinblick auf Aspekte der Produktionstechnik, der resultierenden Struktureigenschaften sowie der Struktur- und Prozesssimulation wissenschaftlich untersucht. Einerseits erfolgte die Betrachtung zur Einbringung lasteinleitender Elemente, die als Anschraubmöglichkeit an weitere Strukturbauteile dienen. Andererseits wurde der Ansatz zur direkten, integralen Einbindung von Strukturbauteilen noch während des RTM-Prozesses verfolgt.

Zunächst wurde die Einbringung von punktuellen und linearen Lasteinleitungselementen untersucht. Zur optimalen Festigkeit der Lasteinleitungspunkte wurden zum einen die Inserts faserschonend in das CFK-Laminat eingebettet und zum anderen die Geometrie der Inserts optimiert. Es konnte gezeigt werden, dass durch eine Optimierung der Insertgrundplatte bei der versagenskritischen Belastung auf Zug eine Steigerung der ertragbaren Auszugskräfte um 62 % ermöglicht wird. Allerdings nimmt die Schadenstoleranz bei Verwendung der optimierten Inserts aufgrund der höheren Steifigkeit der Insert-Fußplatte im Vergleich zu den Referenzinserts ab. Der verringerte Dickensprung am Rand der optimierten Fußplatte führt darüber hinaus zu einem besseren Infiltrationsverhalten, wodurch einem Vorauseilen der Harzfront entgegengewirkt wird. Durch computertomografische Aufnahmen konnten die genauen Faserverläufe im Insertbereich analysiert werden und so die Vorhersage der Formfüllung verbessert werden.

Eine Übertragung der Erkenntnisse von punktuellen auf lineare Lasteinleitungselemente zeigte, dass dies nicht zu der gewünschten Steigerung der Performance führt. Zwar konnte eine Steigerung der absoluten Auszugskräfte an linearen sowie quasilinearen Inserts beobachtet werden, die gewichtsbezogene Tragfähigkeit blieb jedoch stets unterhalb der von punktförmigen Inserts. Zudem verursachen die linearen Varianten deutlich höhere Fertigungskosten aufgrund der komplexeren Geometrie. Daher muss situationsbedingt entschieden werden, ob ein Einsatz linearer Insertkonzepte trotz einer Gewichtszunahme und höheren Fertigungskosten gegenüber der Verwendung mehrerer punktueller Inserts sinnvoll ist.

Im zweiten Teil des Vorhabens wurde die Möglichkeit zur intrinsischen Hybridisierung anhand eingebetteter Strukturen untersucht. Der Vorteil dieses Ansatzes liegt in dem gänzlichen Entfall nachträglicher Fügeoperationen. Für die Einbettung profilförmiger Strukturen wurde ein hybrider Biegeträger als Technologiedemonstrator gewählt.

Hier erfolgte zunächst die Sicherstellung einer faserschonenden Einbringung durch Verwendung von Laschen am Fuß des Metallteils. Eine Optimierung der Laschengeometrie erfolgte im Hinblick auf eine faserschonende Einbettung sowie der Möglichkeit zur Industrialisierung des Preforming Schrittes. Simulative Untersuchungen zeigen, dass die entwickelte Laschengeometrie ein gutes Formfüllverhalten aufweist. Es lässt sich somit schlussfolgern, dass die Herstellung hybrider FVK/Metallstrukturen in einem ganzheitlich intrinsischen Ansatz eine Alternative zur Anbindung über eingebettete Lasteinleitungselemente ist.

Die experimentelle Bestimmung der mechanischen Eigenschaften der entwickelten Strukturen unter quasistatischem und zyklischem Lastfall stehen hierbei noch aus. Neben den unterschiedlichen Lastfällen werden auch weitere Versuche zum Einfluss bauteilnaher Belastungen wie Korrosion, Temperatur und (mechanische-)Vorschädigung ergänzend untersucht. Des Weiteren werden diese experimentellen Ergebnisse zur Validierung von Struktursimulationen herangezogen, die ebenfalls noch ausstehen. Hierfür werden zudem die Ergebnisse der Eigenspannungssimulation verwendet, um deren Einfluss auf die mechanische Beanspruchbarkeit der Strukturen zu bestimmen.

2.4 Einfluss, Detektion und Vorhersage von Defekten in großserientauglichen Hybridverbunden für Metall/CFK-Leichtbautragstrukturen

Lucas BretzFabian Günther, Benjamin Häfner, Hans-Georg Herrmann, Hendrik Jost, Vanessa Kretzschmar, Gisela Lanza, Markus Pohl, Michael SchwarzMarkus Stommel und Jannik Summa

2.4.1 Motivation

Im Automobilbau muss bei der Werkstoffauswahl ein Kompromiss zwischen Gewichtsersparnis und verursachten Mehrkosten gefunden werden. In manchen Automobilkomponenten (z. B. Dachbereich) ist Leichtbau besonders effektiv, sodass vergleichsweise höhere Kosten für Leichtbaukonzepte, Werkstoffauswahl und -kombination sowie die Herstellungsprozesse gerechtfertigt werden können. An dieser Stelle kommen die Stärken von intrinsischen Hybridverbunden zum Tragen, da ohne zusätzliche Prozessschritte verschiedene Materialklassen miteinander verbunden werden können. Dies ermöglicht den kosteneffizienten Einsatz individueller, funktions- und anwendungsangepasster Werkstoffe. Die in diesem Teilprojekt entwickelten Bauteile bestehen aus einem gestanzten metallischen Einleger, der mit einem Thermoplast umspritzt wird. Im folgenden Prozessschritt wird mittels des RTM-Verfahrens der Einleger formschlüssig im CFK-Laminat eingebracht. Der Einsatz dieser Thermoplast-Einleger-Verbundtechnik verspricht neben der Großserientauglichkeit große Designfreiheiten an der Grenzfläche zwischen Thermoplast und CFK. Die Grenzfläche kann zur Steigerung der Verbundfestigkeit, der Dämpfung im Steifigkeitssprung und zum Korrosionsschutz genutzt werden.

Neben den genannten Vorteilen ergeben sich Herausforderungen, denen vor einem industriellen Einsatz begegnet werden muss. Dazu gehört zum einen die zerstörungsfreie Detektion von produktionsbedingten Defekten, die in-line und möglichst frühzeitig im Produktentstehungsprozess erkannt werden sollten. Zum anderen ist die Entwicklung von geeigneten Prüfverfahren zur Detektion von Schädigungen, die während des Lebenszyklus entstehen, entscheidend und gilt als Basis zur Entwicklung geeigneter Reparaturverfahren. Weiterhin müssen die Mechanismen der Schädigung während des Lebenszyklus verstanden werden, so dass Verfahren zur Vorhersage katastrophaler Schäden entwickelt und bewertet werden können. Mit Hilfe künstlich eingebrachter Defekte im Produktionsprozess können durch Bauteiluntersuchungen die Effekte von Defekten charakterisiert und in Verbindung mit Finiten-Element (FE)-Simulationen Erkenntnisse für den Lebenszyklus des Bauteils rückgeschlossen werden. Auf Basis dieser Daten in Kombination mit den Daten aus der in-line-Messtechnik kann frühzeitig über den Ausschuss von Fehlteilen bestimmt werden.

Die Leistung von intrinsischen Hybrid-Verbundwerkstoffen wird durch ihre Fähigkeit zur Lastübertragung zwischen den intrinsisch verbundenen Komponenten bestimmt. Daher bedarf diese Übergangszone besonderer Aufmerksamkeit. Design und Konstruktion dieser Übergangszone sowie des gesamten Bauteils unterliegen aufgrund der Hybridisierung und der Anforderung der Großserientauglichkeit verschiedenen Randbedingungen. Deshalb sind neue methodische Ansätze in den Bereichen Design, Prüftechnik und Bauteilcharakterisierung erforderlich, die sowohl simulativ als auch experimentell validiert werden.

2.4.2 Stand der Technik

2.4.2.1 CFK-Metall-Verbindungen

Für die Verbindung von CFK und Metallen werden überwiegend konventionelle Verbindungskonzepte, wie Schraub-, Niet- oder Klebeverbindungen [2], eingesetzt. Häufig kommen die Klebeverbindungen zur Anwendung, jedoch sind sowohl der Fertigungsaufwand, als auch die Prüfverfahren komplex. Bolzenverbindungen werden oftmals für flache, dickwandige Bauteile verwendet. Die Anwendung ist auch durch den historischen Kontext des Aluminiumnietens im Flugzeugbau begründet. Jedoch hat das Bohren von Löchern die Zerstörung von lasttragenden Endlosfasern im CFK zur Folge. Eine weitere Verbindungsmöglichkeit bei hoher unidirektionaler Lasteinleitung sind formschlüssige Verbindungen, wie Schlaufenverbindungen, die fasergerecht hohe Lasten tragen können. Auch hier ist der hohe individuelle Fertigungsaufwand nachteilig [2].

Eine Zielsetzung für Hybridverbunde ist es, die Kerbwirkung und den Steifigkeitssprung im Verbindungsbereich zu reduzieren. Bei mehrreihigen Bolzenverbindungen ist z. B. die Verteilung der Kraft auf die Bolzen nicht gleichmäßig. Diesem wird häufig durch lokales „Aufdicken“ begegnet. Die Literatur beschreibt auch die Verwendung eines „elastischen Futters“, u. a. aus einem kurzfaserverstärkten Kunststoff [68], sodass eine gleichmäßigere Auslastung der Bolzen erzielt wird. Andere Lösungskonzepte verfolgen das Ziel, den negativen Effekt der Bolzen durch eine große Anzahl an kleinen Bolzen (Stifte/Pins, Integral Micro-Mechanical-Interlocks (IMMI)) „zu verschmieren“ [4, 69]. Des Weiteren ist bei diesem Konzept vorteilhaft, dass in das Laminat keine Bohrungen, wie bei klassischen Bolzen, anzubringen sind. Die Fasern umschließen die Stifte im Produktionsprozess ähnlich einem kleinen Schlaufenanschluss. Derartige Konzepte sind auch bereits im industriellen Einsatz zu finden [70]. Allerdings ist die Erzeugung der Metallstifte auf dem metallischen Grundkörper ein bedeutender Mehraufwand in der Produktionskette. Die geometrische Gestaltung der Grenzfläche zum Laminat ist ebenfalls eingeschränkt. Ein weiterer Ansatz nutzt metallische Schlaufen auf der Metallkomponente, in die Kohlenstofffasern eingeflochten werden [71]. Der Fertigungsaufwand ist für eine Großserienproduktion jedoch sehr hoch. Krafteinleitungselemente (KE-Elemente), die mit ihrer Fußplatte in das Laminat eingebettet werden (vgl. Abschn. 2.3) sind eine zusätzliche Möglichkeit der fasergerechten Hybridverbindungen. Dies gilt insbesondere, wenn Durchsteckschraubverbindungen an flächigen Laminaten nicht möglich sind. An der Fußplatte ist wiederum ein Stehbolzen angebracht, der die Schraubverbindung realisiert. Verschiedene Gestaltungsregeln wurden ausgearbeitet, welche die Festigkeit der KE-Elemente steigern [2]. Neben dem gezielten Laminataufbau im Verbindungsbereich wurde die Gestalt der metallischen Fußplatte geeignet angepasst. Ziel ist insbesondere die Reduktion des Steifigkeitssprungs sowie der Kerbwirkung am KE-Element. Es bleibt dennoch festzuhalten, dass der produktionstechnische Aufwand durch die aufgeführten Maßnahmen gesteigert wird.

2.4.2.2 Arten und Klassifizierung von Defekten

Entstehende Defekte im RTM-Prozess können in externe und interne Defekte aufgeteilt werden. Abb. 2.68 gibt einen Überblick über die unterschiedlichen Defektarten, wobei

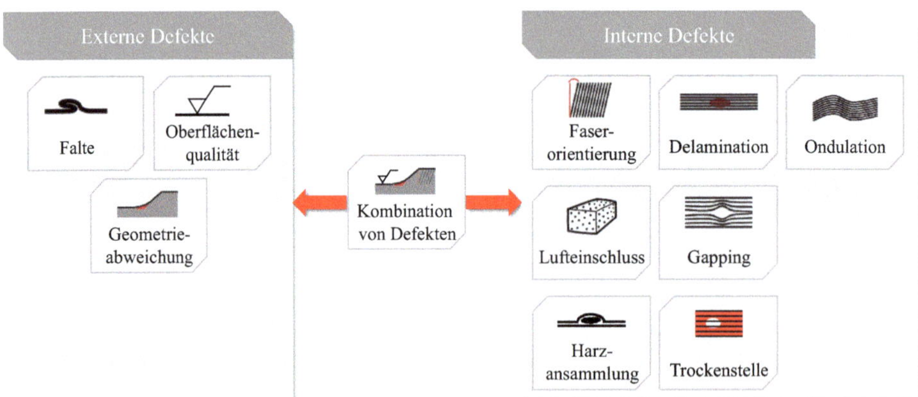

Abb. 2.68 Externe und interne Defekte in Faserverbundwerkstoffen, angelehnt an [72]

Kombinationen von Defekten ebenfalls möglich sind. In Abschn. 6.2 erfolgt eine Bewertung der möglicherweise auftretenden Defekte mithilfe einer Risikoprioritätszahl in einem Defektkatalog. Über alle Teilprojekte hinweg werden Delaminationen, Lufteinschlüsse und abweichende Faserorientierungen am kritischsten bewertet.

2.4.2.3 Methoden der zerstörungsfreien Prüfung und Messtechnik

Die in-line-Qualitätssicherungstechniken von Kohlenstofffaser-Preforms konzentrierten sich hauptsächlich auf die Verwendung von 2D-Kamerasystemen. Aufgrund der anspruchsvollen Reflexionseigenschaften von Kohlenstofffasern werden häufig Dombeleuchtungen verwendet [73–76]. Die Kombination einer Bildserie ermöglicht die Erkennung von Gaps (Lücken) zwischen Fasern sowie eine Analyse der Faserorientierung. Die durchgeführten Untersuchungen konzentrierten sich hauptsächlich auf planare Geometrien. Große 3D-Geometrien wurden in der Flugzeugindustrie untersucht [75, 77].

Die Thermografie kann in aktive und passive Thermografie unterteilt werden. Bei der aktiven Thermografie wird das zu untersuchende Teil, im Unterschied zur passiven Thermografie, zur Untersuchung der thermischen Reaktion zusätzlich extern angeregt. Die aktive Thermografie erweist sich als nützlich bei der zerstörungsfreien Prüfung (ZfP) von Verbundwerkstoffen und Hybridmaterialien [78, 79]. Die Puls-Phasen-Thermografie (PPT) erfasst die Phaseninformation innerhalb eines kürzeren Zeitfensters im Vergleich zur modulierten Thermografie. Eine Bildreihe wird aufgezeichnet und stellt die Temperaturentwicklung der Probe aufgrund der thermischen Anregung dar. Phasen- und Amplitudeninformationen werden durch die Anwendung der diskreten Fourier-Transformation (DFT) gewonnen. Die Phaseninformation ist im Vergleich zur Amplitudeninformation robuster gegenüber Schwankungen des Oberflächenemissionsgrads und Reflexionen aus der Umgebung. Es hat tiefere Sondierungsfähigkeiten als die Amplitudeninformation und reagiert empfindlicher auf thermische Materialeigenschaften als auf geometrische Merkmale. [80] Die Thermografie ist daher besonders geeignet für die Erkennung von internen Fehlern.

Die aufgeführten Lösungsansätze zur Messung von textilen Kohlenstofffaser-Halbzeugen weisen Defizite für die Messung komplexer Bauteilzonen, die in 2,5D oder 3D vorliegen, auf. Ebenfalls ist aufgrund des geringen Erfassungsbereiches der 2D-Flächenkameras bei hohen Anforderungen an die laterale Auflösung eine Integration in den Serienprozess (inline) nur bedingt möglich. Aktuell gibt es daher keine Ansätze, Hybridverbundbauteile messtechnisch bereits im Preforming, dem Formgebungsprozess des textilen Halbzeugs und Integrationszeitpunkt der Metall-Kunststoff-Komponente, zu bewerten. Dabei steht neben der Herausforderung durch das Multimaterialdesign im Besonderen die zunehmende Komplexität der Bauteile mit 3D-Geometrien im Fokus.

Mit Hilfe von Ultraschallsensoren ist es möglich, den Einfluss des Aushärtezustands des Harzes während und nach dem Infiltrationsprozess zu überwachen [81]. Dies ermöglicht eine reproduzierbare Bauteilqualität, da der Entformungszeitpunkt des Bauteils durch den Bauteilzustand determiniert wird. Aufgrund der diskreten Sensoranzahl kann keine ganzheitliche In-Prozess-Überwachung des Bauteilzustands vorgenommen werden. Stattdessen müssen repräsentative Stellen am Bauteil ausgewählt werden, anhand dessen die Bewertung des Aushärtezustands erfolgt.

Die Schädigungsmechanismen in intrinsischen Hybriden hängen stark von den verwendeten Materialien und der Geometrie ab. Eine erfolgreiche Untersuchung von Schädigungsmechanismen in einem Polymerverbund mit einer Kombination von in situ zerstörungsfreien Prüfverfahren (digitale Bildkorrelation (DIC), Infrarot-Thermografie und akustische Methoden) ist durch Cuadra et al. beschrieben [82]. Des Weiteren zeigten Waugh et al. [83] und Genest et al. [84], wie künstlich und mechanisch induzierte Delaminationen mit der Thermografie nachgewiesen werden können. Die genaue Schädigungsentwicklung von CFK-Proben unter verschiedenen quasistatischen und dynamischen Lastbedingungen wurde beschrieben [85, 86].

2.4.3 Zielsetzung und Vorgehensweise

Die übergeordnete Zielsetzung des Projektes ist die wissenschaftliche Untersuchung einer Verbindungstechnologie, die

1. einer weitgehend automatisierten Serienfertigung von Hybridverbundbauteilen auch in größeren Stückzahlen gerecht wird,
2. Kostenvorteile besitzt,
3. ausreichend hohe Festigkeiten aufweist und
4. in der Serienfertigung qualitätsgesichert, reproduzierbar zu realisieren ist.

Es ist herauszustellen, dass alle aufgeführten Aspekte gleichermaßen zu berücksichtigt wurden. Dementsprechend wurde ein Lösungskonzept verfolgt, das einerseits eine etwas geringere Belastbarkeit, andererseits aber Kostenvorteile oder eine bessere Eignung zur Serienfertigung gegenüber etablierten Verbindungskonzepten sowie das Potenzial für eine Funktionsintegration besitzt. Die formulierte Zielsetzung adressiert damit die folgenden verschiedenen Disziplinen:

1. Konstruktion/Mechanik
2. Produktion/Qualitätssicherung
3. Werkstofftechnik/Bauteilprüfung

Im Forschungsprojekt wurde die Komplexität der Geometrie im Verbindungsbereich von CFK- und Metallkomponente schrittweise von einem zweidimensionalen (2D) zu einem dreidimensionalen (3D) Bauteil gesteigert, wie in Abb. 2.69 gezeigt. Es werden folgende Begrifflichkeiten definiert:

2D-Hybridverbundbauteil:
Die CFK- und Metallkomponente sind beide flächig und eben. Die lateralen Symmetrieebenen der beiden Komponenten liegen ineinander.

2,5D-Hybridverbundbauteil:
Die CFK-Komponente ist flächig aber in eine Richtung nicht mehr eben, wie z. B. eine gekrümmte Schale. Die Metallkomponente ist eben.

3D-Hybridverbundbauteil:
Die CFK- und Metallkomponente sind nicht mehr eben und bilden eine beliebige Flächenform aus, wie z. B. Freiformflächen.

Für die verschiedenen Disziplinen ergeben sich folglich die in Tab. 2.2 aufgelisteten Zielsetzungen.

Der methodische Gestaltungsprozess für belastungsgerechte metallische Anbindungselemente in CFK-Strukturen lässt sich in mehrere Stufen gliedern. Diese Unterteilung umfasst die geometrische Ausprägung des Einlegers (Inserts) in Form reiner 2D-Strukturen, aus der Ebene gekrümmter 2D-Strukturen (2,5D) und beliebig gestalteter dreidimensionaler Strukturen (3D). Dieser Klassifizierung folgend wurde im Rahmen der ersten Phase des Projektes die Anbindung für ein Hybridbauteil zuerst als zweidimensionale Struktur entwickelt, um ein Verständnis über vorteilhafte Anbindungsmechanismen zu erarbeiten. Für diese zunächst einfachen geometrischen Strukturen wurden zfP-Methoden sowohl für quasistatisch als auch zyklisch-dynamisch Bereiche entwickelt. Aufgrund der mangelnden mechanischen Stabilität von Preforms wurden in der ersten Projektphase optische Messprinzipien gewählt, die für die Defektdetektion qualifiziert werden müssen. Dabei fokussiert sich die Forschung darauf, welche Defekte produktionsintegriert durch in-line-Messtechnik erfasst werden müssen und welche Wechselwirkungen zwischen den untersuchten Bauteilen und der eingesetzten Messtechnik bestehen. Bei der Defekterfassung wurde sowohl auf die Detektierbarkeit von in der Ebene liegenden Defekten, als auch dreidimensionalen Formabweichungen wertgelegt. Auf Basis der erzielten Ergebnisse für 2D- und 2,5D-Strukturen konnte in der zweiten Phase eine 3D-Hybridstruktur entwickelt werden, so dass die Ableitung von Konstruktionsrichtlinien möglich war. Das Lastpfad-

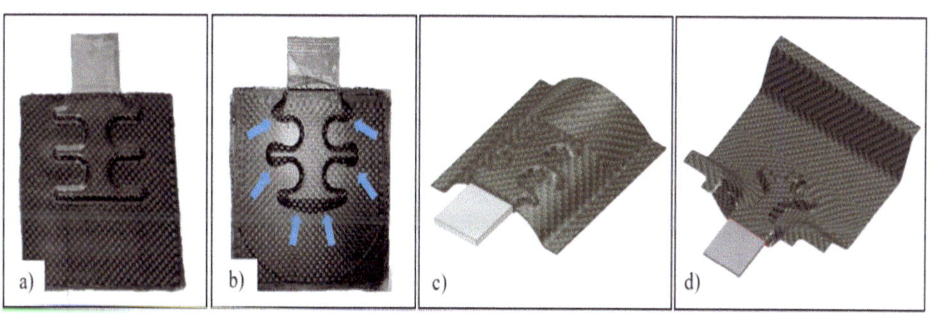

Abb. 2.69 (**a**) 2D-Hybridprobe (1. Variante), (**b**) optimierte 2D-Hybridprobe, (**c**) 2,5D-Hybid, (**d**) 3D-Demonstratorbauteil

Tab. 2.2 Interdisziplinäre Zielsetzung für die Erforschung von Defekten in großserientauglichen Hybridverbunden

Konstruktion/Mechanik	Produktion/ Qualitätssicherung	Werkstofftechnik/Bauteilprüfung
1. Reduktion des Steifigkeitssprungs (Werkstoff und Geometrie) sowie der Kerbwirkung zwischen CFK, Metallkomponente und Kunststoffkomponente reduziert durch eine geeignete Gestaltung	1. Entwicklung einer Fertigungsmethode zur reproduzierbaren Defektintegration in Hybridverbund-Probekörper, um eine nachgelagerte ZfP zu ermöglichen	1. Sensorentwicklung zur produktionsintegrierten zerstörungsfreien Prüfung
2. Ausgestaltung der Oberfläche zwischen CFK und Kunststoffkomponente, so dass Kräfte durch Adhäsionskräfte ausreichend übertragbar sind	2. In-line Qualitätssicherung von Preforms mittels geeigneter Messtechnik	2. Sensorentwicklung zur Ermüdungsprüfung und zur Struktur- bzw. Schädigungscharakterisierung
3. Lastgerechte Einleitung der Kräfte von der CFK-Struktur über die Kunststoffkomponente auf die Metallkomponente durch eine geeignete Formgebung	3. Überwachung der fehlerfreien Einbringung der Metall-Kunststoffkomponente im Preforming	3. Charakterisierung des Ermüdungsverhaltens in den Grenzflächen mittels Methoden der Sensor- und Datenfusion
4. Korrosionsschutz der Metallkomponente durch die Kunststoffkomponente	4. Prozessintegration der Messtechnik für einen Serieneinsatz	4. Beschreibung des Defektwachstums und der defektbedingten Schädigungsentwicklung
5. Formschlüssige Verbindung zum CFK an der Oberfläche der Kunststoffkomponente durch Rippen/Rillen, Sicken, Noppen, Stifte (Pins) und ähnliche Konstruktionselemente		

konzept zur Visualisierung des Spannungstensors während der Bauteildimensionierung wurde erweitert, um die Konstruktion und Dimensionierung des Anbindungsbereichs zu erleichtern. Die in-line-Qualitätssicherung wurde in der zweiten Phase um die Puls-Phasen-Thermografie erweitert, um sowohl externe als auch interne Defekte am 3D-Bauteil im Produktionstakt erkennen zu können. Die Datenfusion der Messergebnisse mit den optisch gewonnenen Daten aus der ersten Phase ermöglichten zusätzliche Aussagen über die Bauteilqualität. Sowohl Methoden der aktiven als auch passiven Thermografie wurden in der zweiten Phase auf komplexere Bauteile angewendet, um die defektbedingte Schädigungsentwicklung unter Berücksichtigung von Defekttypen und charakteristischer Schädigungsmechanismen quantitativ zu beschreiben.

2.4.4 Vorstellung des Inhalts

2.4.4.1 Konstruktion

Die Untersuchung des Hybridbauteils orientiert sich an dem zur Verfügung stehenden Bauraum. Dieser besteht in der 2D-Struktur aus einem Ausschnitt einer ebenen CFK-Fläche mit den Abmaßen 120 × 100 mm (vgl. Abb. 2.70a). An einer der Kanten steht eine Lasche aus der CFK-Fläche heraus, die als metallischer Anbindungspunkt an das Bauteil und damit als Krafteinleitungspunkt für Belastungen dient. Die übrigen drei Seiten der CFK-Fläche werden als Lagerung eingespannt. Der Bauraum des Anbindungspunktes im Inneren der CFK-Fläche ist auf ca. 70 × 70 mm begrenzt. Als Belastungen werden die fünf Lastfälle Zug, Druck, Biegung, Schub und Torsion, die an der Metalllasche angreifen, betrachtet. Für die Herleitung einer geeigneten Geometrie für eine belastungsgerechte und formschlüssige Anbindung, die lokale Spannungsspitzen an den Materialgrenzen reduziert (vgl. Tab. 2.2), wird zuerst die Metallkomponente in den Grenzen des Bauraums untersucht. Das Ziel einer belastungsgerechten und formschlüssigen Anbindung bedingt, dass die Metallkomponente bezüglich der auftretenden Belastung an der Metalllasche Hinterschnitte innerhalb der Anbindung ausbildet. Zusätzlich ist zu beachten, dass der Metallkörper symmetrisch bzgl. der Belastung ist, damit eine gleichmäßigere Lastübertragung zwischen den Materialien erreicht wird. Abb. 2.70b zeigt zwei grundsätzlich verschiedene Ansätze, wie diese Hinterschnitte in den Kunststoff eingebracht werden können. Entweder als Hinterschnitte die außerhalb oder innerhalb des Metallbauteils liegen. Bei einer Zug- und Druckbelastung des Metallteils und ausschließlichen Betrachtung von Formschluss

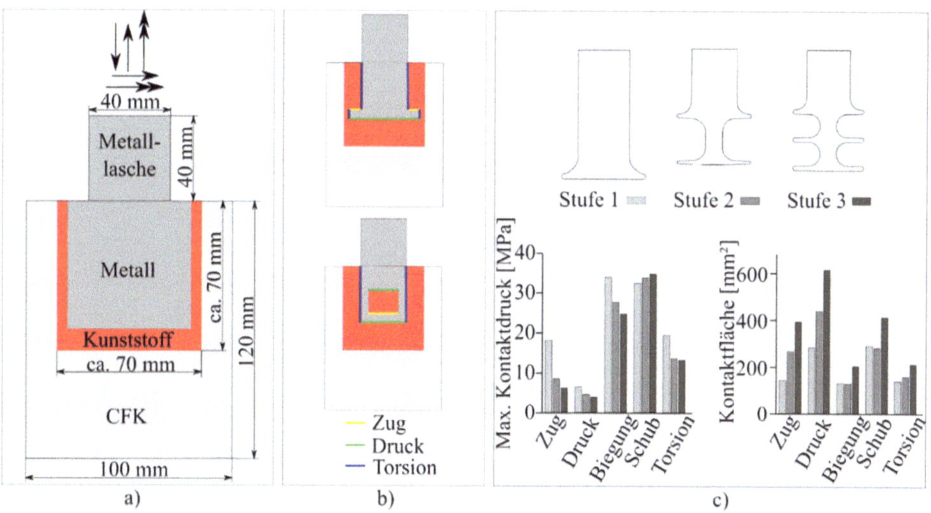

Abb. 2.70 Untersuchung der Metallkomponente (**a**) schematische Darstellung der Abmessungen des Bauraums, (**b**) Einlegerkonzepte mit unterschiedliche Belastungsbereichen, (**c**) Optimierung der Einlegergeometrie anhand des Kontaktdrucks und der Kontaktfläche bei unterschiedlichen Belastungsarten

sind die in Abb. 2.70b eingezeichneten Bereiche maßgebend für die Beanspruchung in der Kontaktzone. In dem dargestellten Beispiel sind die Bereiche etwa gleich groß. Bei Torsionsbeanspruchung sind die beanspruchten Kontaktzonen bei außenliegenden Hinterschnitten größer, so dass bei gleicher Belastung eine geringere Beanspruchung vorliegt. Schub- und Biegebelastung beansprucht primär die Kontaktzonen am Rand der CFK-Fläche. Daher liegt bei beiden Varianten eine ähnliche Beanspruchung vor. Daraus folgt, dass bei gleichzeitiger Betrachtung aller Lastfälle außenliegende Hinterschnitte zu einer gleichmäßigeren Kraftübertragung innerhalb des Hybriden führen. Dementsprechend wird ein Finite Elemente (FE)-Modell erstellt, um im Rahmen von geometrischen Parameterstudien die Einflüsse auf die Beanspruchung an den Grenzschichten zwischen den Materialien zu untersuchen. Untersuchungsgegenstand sind die Breite der Hinterschnitte, ihre Position, eine Verjüngung der Hinterschnitte und die Übergangsradien. Diese Untersuchung wird in drei Stufen mit zunehmender Anzahl an Hinterschnitten durchgeführt. Abb. 2.70c zeigt die Ergebnisse der Untersuchung als Veränderung des maximalen Kontaktdrucks und Erhöhung der Kontaktfläche an der Materialgrenze Metall zu Kunststoff. Jeder der dargestellten Balken zeigt die Kennwerte der Geometrieuntersuchung mit der geringsten maximalen Kontaktspannung der jeweiligen Stufe. Es zeigt sich innerhalb jeder Stufe, dass größere Übergangsradien, breitere Hinterschnitte und eine möglichst große Ausnutzung des Bauraums vorteilhaft sind. Zudem ist zu erkennen, dass der zusätzliche Einfluss weiterer Hinterschnitte mit zunehmender Hinterschnittanzahl abnimmt.

Ausgehend von der Metallstruktur mit sechs Hinterschnitten wird der Einfluss der Kunststoffkomponente untersucht. Der zuvor bei FE-Untersuchungen eingesetzte Kunststoffblock wird durch eine angepasste Struktur, die sich entlang der Außenkanten des Metalls erstreckt und das Metall vollständig ummantelt, ersetzt. Die Außengeometrie des Kunststoffs wird durch eine Geometrieparameterstudie hergeleitet. Ziel dieser Untersuchung ist es, die maximalen Spannungen im Kunststoff zu reduzieren und Spannungsspitzen von den Kanten der Metallstruktur auf die Flächen zu verteilen. Untersuchungsgegenstand sind der Flankenwinkel, Übergangsradien und die horizontalen und vertikalen Wandstärken zwischen CFK und Metall.

Die Abb. 2.71a oben zeigt das Ergebnis dieser Untersuchung. Die Flankenwinkel sind möglichst flach zu wählen, während die Wandstärke an den Kanten des Metalls gering ausgeführt werden soll. Die Kunststoffstruktur auf den Ober- und Unterseiten des Metalls sollte einen Radius aufweisen, um während der Belastung in der Bauteilebene eine Druckbeanspruchung auf die Grenzfläche zwischen Kunststoff und Metall zu erzeugen. Die untere Hälfte von Abb. 2.71a zeigt beispielhaft Simulationsergebnisse für Zugbelastungen mit und ohne angepasste Kunststoffstruktur. Es ist festzustellen, dass sich die maximale Kontaktspannung reduziert hat und die größten Spannungen von den Kanten zu den Flächen verlagert sind. Lokale Spannungsspitzen an den Grenzschichten können dementsprechend durch den Einsatz einer angepassten Schicht zwischen Metall und Kunststoff reduziert werden. Eine Betrachtung des Anteils der übertragenen Belastung je Hinterschnittpaar ist in [87] erfolgt. Sie kommt zu dem Ergebnis, dass sich eine gleichmäßigere Lastübertragung je Hinterschnittreihe erreichen lässt, wenn die Enden der oberen und unteren Hinterschnitte nachgiebig ausgeführt werden. Dieses wird erreicht, indem sie aus demselben Kunststoff, der auch für die Kunststoffzwischenschicht eingesetzt wird, ausgeführt werden. Abb. 2.71b zeigt die Ergebnisse einer optischen Dehnungsmessung während zyklischer Langzeitversuche (siehe Abschn. 2.4.5.4). Bei maximaler Kraftamplitude ist nach 1 Mio. Zyklen eine Ablösung des CFK-Laminats von dem Insert unterhalb der Hinterschnitte zu beobachten. Diese liegt im Maximum bei ca. 1 mm direkt an den Kanten des Kunststoffs. Ein weiteres FE-Modell, das diesen Effekt berücksichtigt, zeigt auf, dass eine Ablösung durch den Flankenwinkel der Kunststoffstruktur, wie in Abb. 2.71a dargestellt, hervorruft. Eine Parameterstudie zeigt auf, dass in Abhängigkeit des Biegewiderstands des CFK-Laminats und der wirkenden Beanspruchung ein flacherer Winkel zu wählen ist. Ein Bauteil mit dieser lokalen Anpassung der Flankenwinkel ist auf Abb. 2.71c dargestellt. Die oberen und mittleren Hinterschnitte weisen an den Enden flachere Flankenwinkel auf. Die unteren Hinterschnitte wurden verkürzt und weisen im mittleren Bereich flachere Flankenwinkel auf. Dadurch wird die Ablösung des CFK-Laminats, wie die optische Dehnungsmessung zeigt, weiter reduziert. Die maximale Ablösung liegt bei 2 Mio. Zyklen bei 0,6 mm unterhalb des Einlegers. Weitere deutliche Ablösungen wie auf Abb. 2.71b sind nicht zu erkennen.

Eine Einordnung der Verbindungsgüte des untersuchten Konzepts in den Stand der Technik erfolgt durch einen Vergleich mit Probekörpern, bei denen die Metallkomponente an das CFK-Laminat genietet wird. Der Lagenaufbau und die Herstellung des CFKs ist mit den bisher untersuchten identisch. Die Anordnung und die Auswahl der Niete erfolgt gemäß [2]. Abb. 2.72 zeigt die Ergebnisse aus Zugversuchen. Dargestellt ist der Kraft-Weg-Verlauf vernieteter Probekörper und eines Hybridprobekörpers, der als Referenz dient. Die Prüfgeschwindigkeit beträgt 2 mm/min. Es ist zu erkennen, dass die Hybridbau-

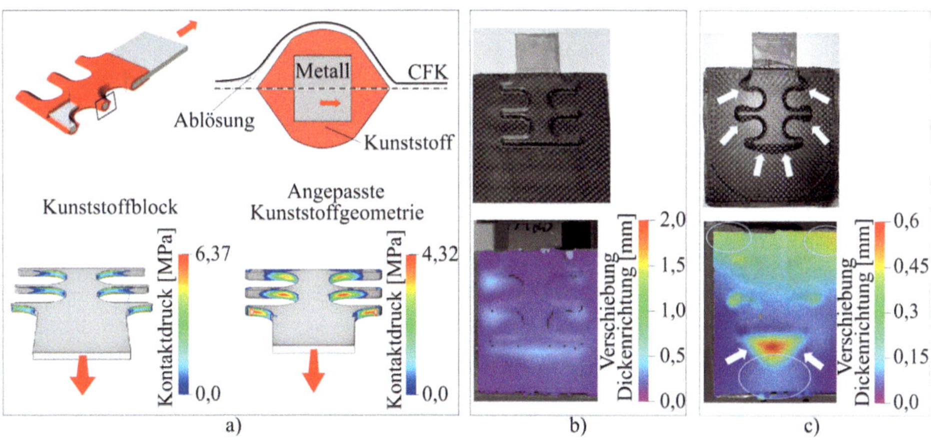

Abb. 2.71 Untersuchung der Kunststoffkomponente (**a**) simulative Betrachtung des Kontaktdrucks auf Einlegergeometrie, (**b**) experimentelle Untersuchung des Langzeitverhaltens der Anbindung in erster Generation, (**c**) zweite Generation mit verbesserter Spannungsverteilung

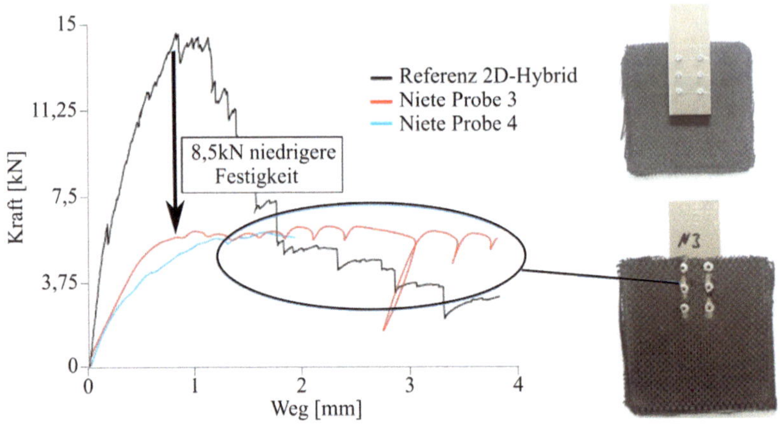

Abb. 2.72 Vergleich genieteter Probe mit Referenzgeometrie

teile eine deutlich höhere Festigkeit aufweisen als die vernieteten Bauteile. Erst nach Erreichen der maximalen Festigkeit sinkt das Kraftniveau des Hybridbauteils auf das der vernieteten Bauteile. Der Verlauf der vernieteten Bauteile zeigt, dass nach Erreichen von ca. 5,7 kN ein kontinuierliches Versagen des CFK-Laminats einsetzt. Das dynamische Langzeitverhalten wird in [88] untersucht. Es zeigt sich, dass eine genietete Verbindung schwellende dynamische Lasten, analog zu den hier durchgeführten Versuchen, bis zu einer oberen Kraftamplitude von 6,5 kN erträgt, bis das Versagen einsetzt. Zudem zeigt sich, dass bereits bei geringeren Belastungen die Beanspruchung an den Nietstellen ausreicht, um zu einer lokalen Deformation des CFK-Laminats zu führen.

Mesoskalige Oberflächenstrukturen

Unter der Mesoskala werden millimetergroße geometrische Oberflächenstrukturen verstanden, die sich von der makroskaligen Teilstruktur (cm) und der mikroskaligen Rauheit (µm) abgrenzen. Der Entwicklung und Untersuchung der mesoskaligen Oberflächenstrukturen geht eine experimentelle Untersuchung mittels Single-Lap-Joint-Zugscherversuchen (SLJ) voraus. Eine polierte Referenzprobe wurde mit Proben mit geraden Rippen, runden Rippen, Löchern und Stiften verglichen. Es wurde festgestellt, dass die Strukturen in den Versuchen einen großen Einfluss auf die Verbindungsfestigkeit haben. Die Probekörper mit Stiftstrukturen zeigten die höchste Zugscherfestigkeit [89]. Ziel der weiteren Untersuchung ist es, den Einfluss der geometrischen Form und Orientierung sowie der Anordnung der Stifte auf der Oberfläche zu bestimmen, um die Verbindungsfestigkeit des Bauteils durch Oberflächengestaltung zu erhöhen.

Zur Gewinnung eines detaillierten Verständnisses der Wirkung von mesoskaligen Stiftstrukturen werden zunächst einzelne Elemente unterschiedlicher Stiftgeometrien simulativ, wie auch experimentell untersucht [89]. Die experimentellen Untersuchungen mittels SLJ aus Thermoplast und CFK mit einzelnen runden, wie elliptischen Stiften, zeigen große Streuungen in den Ergebnissen. Dies erschwert die Ableitung einzelner geo-

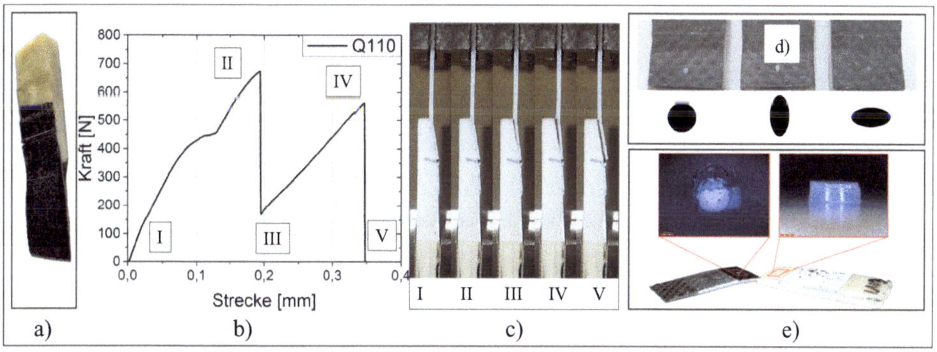

Abb. 2.73 (**a**) SLJ-Prüfkörper (**b**) beispielhafte Kraft-Weg-Kurve aus Zugscherversuch, (**c**) Bilderreihe des Rissstopps aus Zugscherversuch (I–V), (**d**) untersuchte Pingeometrien, (**e**) zerstörte SLJ-Probe mit vergrößertem Pin und Loch im CFK-Laminat

metrischer Zusammenhänge in Bezug auf die Festigkeitssteigerung. Aus mehreren Kraft-Weg-Kurven lässt sich jedoch das Potenzial der Stifte als mögliche Riss-Stopper bei Adhäsionsversagen ableiten. Hier zeigt der erneute Kraftanstieg nach einem signifikanten Lastabfall eine deutliche Unterbrechung der Rissausbreitung (siehe Abb. 2.73b, c).

In den Experimenten ist zu sehen, dass produktionsbedingte Schwankungen der Adhäsionsfestigkeit einen sehr großen Einfluss auf die Haftfestigkeit der Proben haben. Aus dem Vergleich der Versuche mit und ohne einzelnem Stift kann geschlossen werden, dass die als Einzelelemente verwendeten Stiftgeometrien Fehler in der Klebeverbindung darstellen, da sie schwächend im Vergleich wirken. Daher wird der Einfluss der Haftfestigkeit in weiteren simulativen Untersuchungen besonders berücksichtigt. Dies führt zu einer umfangreichen Parametervariation, in der die optimale Stiftgeometrie ermittelt wird. In [90] wird gezeigt, dass die Geometrie und Ausrichtung der Stifte abhängig von der adhäsiven Festigkeit des Thermoplast-CFK-Verbundes sind. Für mittlere und hohe adhäsive Festigkeiten wird zur Verstärkung längs in Lastrichtung orientierte elliptische Stifte mit den Abmaßen 0,3 mm zu 0,8 mm (Radius) empfohlen.

Weitere experimentelle SLJ-Versuche mit zwei bis sechs Stiften zeigen, dass eine Tendenz zu steigenden Lastübertragungen für eine steigende Anzahl von Stiften zu sehen ist [91]. Aufgrund der großen Anzahl möglicher Stiftkombinationen in einem Verbindungsbereich wird ein Monte-Carlo-Simulationsansatz verwendet, um das Zusammenspiel mehrerer Stifte und mögliche Abhängigkeiten zu ermitteln [91]. Sowohl die Anzahl der Stifte als auch die Positionierung wurden zufällig auf der Oberfläche einer SLJ-Probe variiert. Es konnte festgestellt werden, dass die maximal übertragbare Last für eine bestimmte Anzahl von Stiften auf der Verbindungsfläche unter gegebenen Randbedingungen nicht weiter erhöht werden kann. Weiterhin wurde festgestellt, dass bestimmte Stiftanordnungen für die Verbindung vorteilhaft sind, wenn die Schadensausbreitung berücksichtigt wird. Demnach sind eine über die Fläche gleichmäßige Verteilung mit alternierender Anordnung der Stifte besonders vorteilhaft. Weiter wird aus den Ergebnissen abgeleitet, dass ein Flächenverhältnis von etwa 15 % (Stiftfläche/Gesamtfläche) empfehlenswert ist. Diese Anordnungsdichte der Stifte ist jedoch auch abhängig von der Art und Gestalt der Stifte und der Art des Faserhalbzeuges, da eine ausreichende Drapierbarkeit der Faserhalbzeuge zwischen den Stiften gewährleistet sein muss.

Um den Einfluss von Stiftanordnungen entlang der Belastungspfade in der Verbindungsfläche zu untersuchen, wurden zunächst derzeit verfügbare Visualisierungsmethoden [92] für Spannungstensorfelder auf Basis von FE-Simulationen analysiert. Aus einer Reihe von Methoden ist die Hyperstreamlines-Methode [93] als besonders nützlich ausgewählt worden, da diese neben der Darstellung von Lastpfaden auch weitere (Tensor-) Informationen darstellen kann. Die Hyperstreamlines erlauben es, den Verlauf der Hauptspannungen im FE-Modell zu verfolgen und gleichzeitig den dreidimensionalen Spannungszustand abzubilden. Dies gelingt durch eine ellipsoide Form senkrecht zum Verlauf der Hauptspannung, deren Radius durch die orthogonal liegenden Nebenspannungen definiert ist. In [94] wurden die Nachteile dieser Methode insbesondere für den Anwendungsbereich von indefiniten symmetrischen Tensoren zweiter Ordnung wie Spannungstensoren festgestellt. Unter anderem kann keine Unterscheidung zwischen positiven (Zug) und negativen Spannungen (Druck) getroffen werden. Im Rahmen des Projektes wurden die sogenannten Tensorspines [94] entwickelt, die eine Variante der Hyperstreamlines darstellen. Die Tensorspines kodieren den Verlauf der ausgewählten Hauptspannung durch eine Schlauchgeometrie, deren Farbe und Radius proportional zur Intensität der Spannung entlang ihrer Richtung ist. Die beiden anderen Hauptspannungen werden aufgrund ihrer Richtungsabhängigkeit durch Ebenen senkrecht zur Schlauchgeometrie dargestellt. Die Ausdehnung der Ebenen wird durch ein Verhältnis zwischen der ausgewählten Hauptspannung und der zugrundeliegenden Hauptspannung bestimmt. Darüber hinaus sind die Ebenen farblich gekennzeichnet (orange für die Zugspannung und violett für die Druckspannung). Um das Ablesen der orthogonalen Hauptspannungswerte zu erleichtern, können optional Hilfslinien auf den Ebenen dargestellt werden. Diese Linien deuten auf Bereiche hin, bei denen die Werte nutzerdefinierte Grenzwerte überschreiten. In der Materialgrenzfläche des FE-Modells angewendet, können Tensorspines sowohl auftretende Spannungen in der Ebene, als auch die übertragenen Kräfte senkrecht zur Oberfläche visualisieren, wie in Abb. 2.74 gezeigt.

Mit Hilfe der Visualisierung kann der Anwender Bereiche hoher und geringer Materialbeanspruchung identifizieren und mögliche Platzierungspositionen von Stiften auf dem Polymer-Einlegermantel darstellen. Dabei können die Stifte abhängig von der Belastungssituation in der Geometrie variiert werden. Beim Design der Einleger mit Oberflächenstrukturen, muss die Fertigbarkeit der Stifte berücksichtig werden. Dafür ist der Zusammenhang aus Einlegergeometrie, Stiftform und Stiftposition auf dem Einleger zu beachten. In [95] wird die Zwangsentformbarkeit von mesoskaligen Stiftstrukturen auf der Oberfläche von Spritzgießbauteilen behandelt. Die Ergebnisse zeigen, dass bei kurzfaserverstärkten Thermoplastbauteilen Stifte mit einer Länge von etwa 0,5 mm auf Flächen mit einem Neigungswinkel von bis zu 30° zur Werkzeugteilungsebene mittels Zwangsentformung hergestellt werden können.

Zum experimentellen Nachweis der Funktion der Stifte als mesoskalige Oberflächenelemente in Kombination mit der belastungsabhängigen Positionierung wurde ein Hybridprüfkörper entwickelt (siehe Abb. 2.75). Dieser hat die gleichen Bindungsmechanismen, wie der in Abschn. 2.4.2.1 entwickelte Hybrid nur mit weniger makroskopischen Hinterschneidungen, um eine gezieltere Untersuchung des Einflusses der mesoskaligen Elemente gewährleisten zu können. Dabei werden zwei unterschiedliche Stiftstrukturen mit einer glatten Referenzprobe verglichen. Die erste Anordnung weist runde Stifte (1 mm Durchmesser, 0,5 mm Höhe) in einem Schachtbrettmuster auf (siehe Abb. 2.75a). Die zweite Variante hat elliptische Stifte, die längs in Lastpfadrichtung ausgerichtet sind, wie

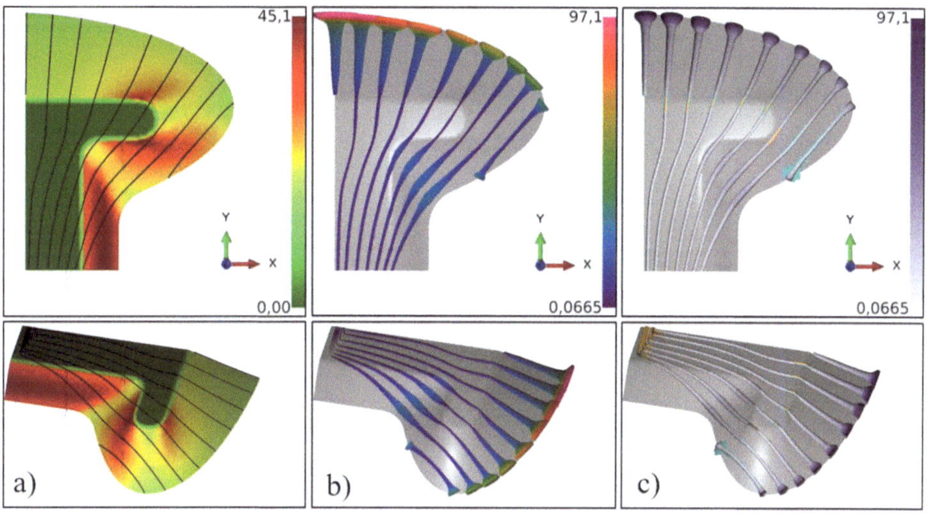

Abb. 2.74 Einleger-Modell mit (**a**) Tensorlines und visueller Einfärbung des Winkels der Oberflächennormalen zur betrachteten Ebene, (**b**) Hyperstreamlines, (**c**) Tensorspins

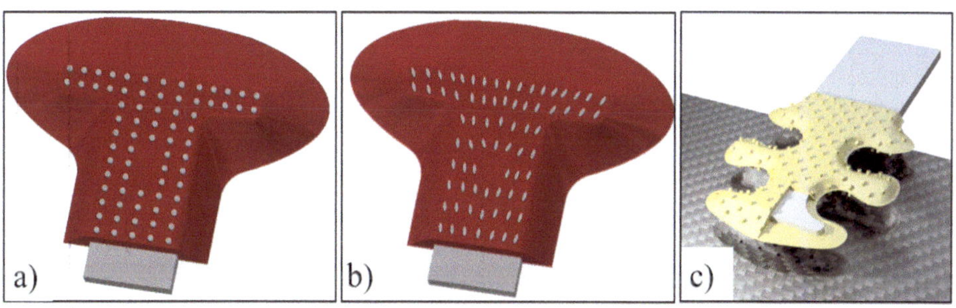

Abb. 2.75 Einleger zum Prüfkörper mit unterschiedlichen Stiftstrukturen: (**a**) rund, schachbrettförmig; (**b**) elliptisch, längs zur Lastpfaden; (**c**) schematische Darstellung eines mehrarmigen Einlegers mit Stiften

es durch die Visualisierung von FE-Analysen optimal für den Prüfkörper angegeben wird (vgl. Abb. 2.74 und 2.75b).

Mikroskalige Oberflächenstrukturen

Ziel der mikroskaligen Oberflächengestaltung ist es, den Einfluss unterschiedlicher Oberflächenrauheiten auf die Verbundfestigkeit von Thermoplast-Verbundwerkstoff-Verbindungen durch einen intrinsischen RTM-Prozess zu bestimmen und die gesamte Hybridverbindung zu optimieren. Die Untersuchung erfolgt durch Experimente mit SLJ-Proben im quasistatischen Zugversuch und im dynamischen Ermüdungsversuch. Die unstrukturierte Oberflächenrauheit der Proben wird durch die Oberflächenrauheit in der Kavität des Spritzgießwerkzeugs erzeugt. Durch Sandstrahlen mit verschiedenen Sand-

Tab. 2.3 Parameter und Ergebnisse zur Untersuchung des Rauheitseinflusses

Werkzeugmaterial	Stahl	Stahl	Stahl	Stahl	Aluminium	Aluminium
Sandkorngröße		EK 24	EK 24	EK 24	EK 14	EK 14
Luftdruck [bar]	poliert	1,8	3	7	4	6
Kavitätenrauheit R_a [µm]	0,044	2,152	3,442	5,166	6,341	7,9725
Prüfkörperrauheit R_a [µm]	0,25	2,254	3,554	5,585	6,706	9,338
Stat. Zugscherfestigkeit [MPa]	3,07	6,55	8,92	7,87	7,1	5,9
Standardabweichung	1,919	2,418	1,156	2,241	3,009	2,505
Dyn. Zugscherfestigkeit [MPa]	1,55	2,61	2,43	3,1	3,14	3,07
Standardabweichung	2	2,4	6,5	0,77	1	0,17

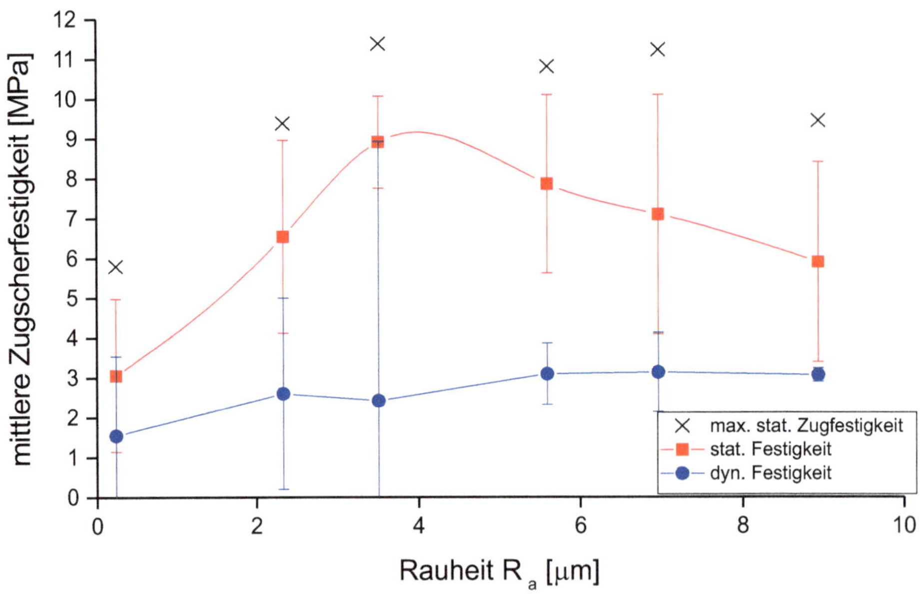

Abb. 2.76 Diagramm zur mittleren statischen und dynamischen Zugscherfestigkeit über Rauheit

korngrößen und Variation des Luftdrucks wird die Oberflächenrauheit im Werkzeug gefertigt (Tab. 2.3). Der quasistatische Zugversuch, der mit 2 mm/min an einer regulären Zugprüfmaschine untersucht wurde, zeigt in Abb. 2.76 die beste Performanz bei einer Rauheit im Bereich von 3,55 µm. Die Rauheiten von 5,5 µm und 6,7 µm zeigen ähnliche Maxima, weisen aber eine größere Streuung auf. Die dynamischen Ermüdungstests bei 5 Hz wurden mit einer elektrodynamischen Prüfmaschine und im Treppenstufenverfahren mit einem Belastungsverhältnis von R = 0,1 mit 400.000 Zyklen durchgeführt. War der Lauf erfolgreich, wurde die obere Last um 100 N erhöht, andernfalls wurde sie um 100 N gesenkt. In Abb. 2.76 ist die durchschnittliche Oberlast mit der Standardabweichung für jede Rauheitsprobe in der blauen Kurve dargestellt. Die Ermüdungstests zeigen bessere Ergebnisse für höhere Rauheitswerte. Proben mit einer Rauheit von 3,55 µm streuen stark und weisen daher eine große Standardabweichung auf. Die Proben mit höherer Rauheit zeigen ein besseres Ermüdungsverhalten. Insgesamt wird empfohlen eine Rauheit zwischen 4 µm und 6 µm für quasistatische und dynamische Belastungsbedingungen in thermoplastischen Verbundteilen empfohlen werden. Die benötigten Werkzeugrauheiten sind wiederum in Tab. 2.3 aufgeführt.

2.4.4.2 Design des Demonstrators

Der Demonstrator ist eine komplex geformte und auf einer U-Profilstruktur basierende CFK-Komponente, die einen Metallanschluss in T-Form darstellt, der für diverse Anbindungen in Automobilkomponenten genutzt werden könnte (siehe Abschn. 6.3). Das Design-Konzept des Einlegers beruht auf der in Abschn. 2.4.4.1 erläuterten Thermoplastummantelung eines metallischen Einlegers, welcher intrinsisch im RTM-Prozess mit dem CFK-Laminat verbunden wird. Zur Bestimmung der Einlegergeometrie wurde das Konzept der simulativen Formoptimierung einer 2D-Anbindungen auf komplexe Geometrien übertragen. Dabei wurde zunächst eine einfachgekrümmte Variante (2,5D) des Bauteils erstellt und untersucht, ehe die Übertragung des Konzeptes auf die 3D-Variante erfolgte. Für beide Konstruktionen (2,5D und 3D) konnte festgestellt werden, dass komplex geformte Bauteilstrukturen auch unter uniaxialen Belastungen zu mehrachsigen Verformungen des Bauteils führen. Dies wurde bei der simulativen Auslegung der Einlegergeometrie berücksichtigt [96]. In Abb. 2.77c sind die Lagen schwarz, die Thermoplastummantelung

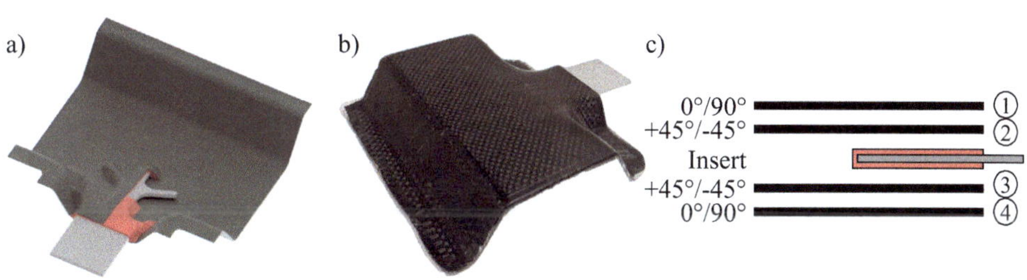

Abb. 2.77 (**a**) 3D-Konstruktion der intrinsisch hergestellten Metall-CFRP-Hybridstruktur; (**b**) hergestellte Probekörper; (**c**) nummerierter Lagenaufbau [97]

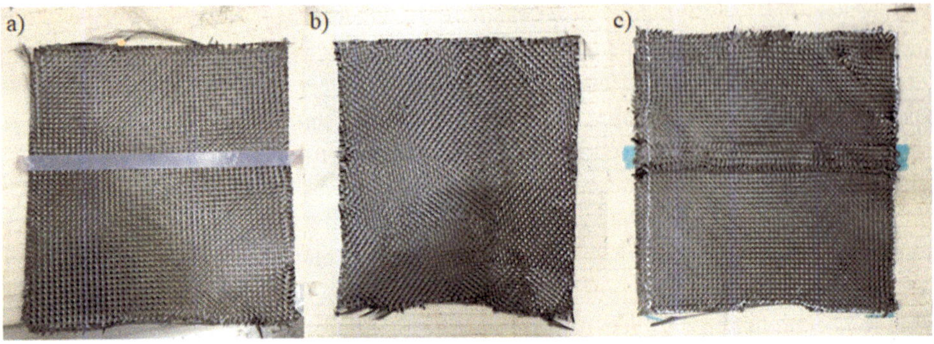

Abb. 2.78 Preforms mit integrierten, repräsentativen Defekten: (**a**) Delamination; (**b**) 10° globale Faserfehlorientierung; (**c**) Falte

rot und der Metalleinlager grau dargestellt. Der Lagenaufbau besteht aus vier Lagen CFK-Gewebe (je zwei 0°/90° und +45°/−45°) und wurde für alle in dem Projekt hergestellten Prüfkörper einheitlich verwendet.

2.4.4.3 Fehlerintegration

Die Hybridisierung stellt insbesondere in den Kontaktbereichen zwischen dem Metalleinsatz und dem CFK eine Herausforderung dar. Defekte, wie Delaminationen, Falten und Faserfehlausrichtungen, variieren in Form, Größe und Position und behindern die Leistung und Zuverlässigkeit des produzierten Teils [98–100]. Für die experimentelle Untersuchung wurden verschiedene Proben mit absichtlich eingefügten Defekten infiltriert. Diese eingebrachten Defekte sind jene, die während der Infiltration oder der Aushärtung vornehmlich auftreten können. Ein flexibler PTFE-Streifen (Teflon, 10 mm breit und 0,127 mm dick) wurde in das Laminat zwischen der zweiten und dritten Lage eingefügt. In der zweiten und dritten Lage wurden weiterhin Falten gleicher Breite erzeugt. In der dritten Lage wurde eine globale Faserfehlausrichtung von 10° eingeführt. Alle Preform-Lagen wurden per Laser zugeschnitten, um die gewünschte globale Faserorientierung präzise zu erreichen. Die Defekte wurden in separate Preforms integriert (vgl. Abb. 2.78). Kombinationen von Defekten in einem Exemplar wurden nicht berücksichtigt.

2.4.4.4 Eingesetzte Messtechnik und Prüfmethoden

2D-Kamera zur relativen Bewertung der Insert-Position zur Faser

Die Integration von Einlegern führt zu einer lokalen Beeinflussung der Faserorientierung. Daher sollte die Position der Einleger relativ zur Faserorientierung gemessen werden [98]. Die lokale Faserorientierung der oberen Kohlenstofffaser-Schicht (CF-Schicht) kann mit Hilfe eines 2D-Kamerasystems erfasst werden. Zusätzlich wurde eine diffuse Kuppelbeleuchtung verwendet, um die anisotropen Reflexionseigenschaften der Kohlenstofffasern zu kompensieren. Als Einstellparameter dienten die Beleuchtungsfarbe und die Beleuchtungshöhe. Die Faserorientierung verschiedener Proben konnte mit einer Messunsicherheit von ca. 0,1° detektiert werden. Die Faktoren Lichtintensität, relative Position von Kamera und Lichtquelle wurden in Bezug auf die Probe ebenso wie die Filterparameter optimal eingestellt, um die Messunsicherheit zu reduzieren [101]. Es wurden bestehende Algorithmen [73, 75] verwendet.

Datenfusion von Laserlichtschnittsensoren zur Erfassung komplexer Preform-Geometrien

Preforms mit hohen Abweichungen von der vorgegebenen Geometrie sind vor dem kostenintensiven Infiltrationsprozess zu identifizieren [102]. Dazu ist die Preform vollständig als 3D-Punktwolke (CoP, englisch: „Cloud of Points") zu erfassen. Einschränkungen für ein Messsystem sind die Größe des Bauteils, die Forderung nach einer berührungslosen Messung, die Messgeschwindigkeit, die Vermeidung von Schäden am der Preform sowie die hochreflektierenden Eigenschaften der Kohlenstofffasern. Laserlichtschnittsensoren, die auf dem Triangulationsprinzip basieren, erfüllen die genannten Anforderungen. Komplexe 3D-Bauteile, die steile Schrägen und starke Krümmungen aufweisen, benötigen jedoch ein Messsystem, das Abschattungseffekte verhindert. Daher wurde eine Kombination aus zwei geneigten Laserlichtschnittsensoren verwendet [103]. Beide Laserlinien haben eine Breite von 100 mm und bieten eine Auflösung von ca. 50 µm. Das System musste in einer Bahn mit konstantem Versatz über die Oberfläche des Teils bewegt werden, um die begrenzte Schärfentiefe (wenige mm) zu kompensieren. Wenn ein Teil mit einer Breite von mehr als 100 mm gemessen wird, wird das Teil in mehr als einem Pfad abgetastet. Die Datenverarbeitung ist für das beschriebene System unerlässlich. Der G-Code des Messpfades wurde aus der CAD-Datei der Vorformgeometrie abgeleitet. Die beiden Laserlichtschnittsensoren erfassten zunächst unabhängige CoPs. Die z-Werte der CoPs mussten aufgrund der äquidistanten Bewegung des Sensorsystems korrigiert werden. Die Korrektur konnte aufgrund der bekannten Position des Werkzeugmittelpunktes (TCP) durchgeführt werden. Zusätzlich wurden die Scan-Ergebnisse der verschiedenen Sensoren und Bahnen durch Korrektur der x-Wert-Verschiebung zu einer globalen CoP verschmolzen. Anschließend wurden die Abweichungen von der beabsichtigten Geometrie durch eine Disparitätskarte bewertet. Das entwickelte Multi-Sensor-System (vgl. Abb. 2.79) bietet ein Messvolumen von 1000 × 1000 × 400 mm (x,y,z) und ist aufgrund seiner robusten Kinematik und

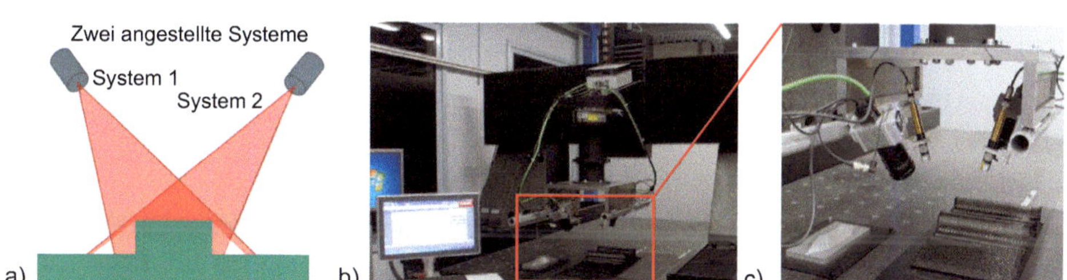

Abb. 2.79 (**a**) Prinzip der Datenfusion des Laserlichtschnittsystems; (**b**) Realisierung des Laserlichtschnittsystems; (**c**) Angestellte Lasersensorik [97]

des temperaturunempfindlichen Trägermaterials (Granit) für den Einsatz außerhalb eines Messraumes geeignet [104].

2.4.4.5 Thermografie

Die Thermografie ist ein bildgebendes Verfahren zur zerstörungsfreien Werkstoffprüfung. Bei diesem Verfahren wird die Oberflächentemperatur von zu prüfenden Bauteilen gemessen. Sie wird sehr häufig genutzt, da sie zahlreiche Vorteile birgt, wie z. B. sehr kurze Messzeiten, eine gute Handhabbarkeit (Portabilität), die Möglichkeit kontaktloser Messungen ohne Oberflächenbehandlung auch auf großen Oberflächen sowie objektive, leicht zu interpretierende Ergebnisse. In der Thermografie werden zwei verschiedene Verfahrensvarianten unterschieden: aktive und passive Thermografie.

Aktive Thermografie

Die thermische Anregung mit einer externen Wärmequelle erzeugt einen Wärmefluss im Prüfobjekt. An verborgenen Inhomogenitäten im Prüfobjekt zeigt sich ein veränderter Wärmefluss aufgrund einer abweichenden Wärmeleitfähigkeit. Diese Stellen erscheinen im Thermografiebild heller, da sie als Wärmebarriere agieren. Diese Inhomogenitäten können entweder künstlich integrierte (siehe Abschn. 2.4.4.1) oder mechanisch induzierte Defekte, wie bspw. Delaminationen oder Risse, sein.

In der aktiven Thermografie gibt es verschiedene Verfahren, die zur thermischen Anregung in Frage kommen. Allgemein wird zwischen optischen (z. B. Blitzlicht, Halogenstrahler, IR-Arrays oder Laser), Ultraschall- und induktiven Anregungsmethoden (z. B. durch Wirbelstromspulen) unterschieden. Neben der Unterscheidung in Anregungsmethoden, kann auch zwischen einmaliger (z. B. Pulsthermografie (PT) sowie die darauf basierende Puls-Phasen-Thermografie (PPT)) und periodischer Anregung (z. B. Lock-In-Thermografie (LT)) unterschieden werden. In diesem Projekt werden Blitzlicht und Wirbelstromspulen als Anregungsmethoden verwendet. Bei der Anwendung der Blitzlichtanregung werden Blitzentladungen mit einer Energie von 3,2–6 kJ verwendet. Dabei wird der Blitz durch eine Ringspule, die um die Kamera positioniert ist, in die Probe eingebracht (siehe Abb. 2.80a).

Bei der induktiv angeregten Thermografie wird mithilfe einer Wirbelstromspule ein Strom in der zu untersuchenden Probe induziert. Die verwendete Probe muss dabei elektrisch leitend sein. Die Wirbelstromspule kann verschiedene Geometrien, wie bspw. Ring-, Spiral- oder Stabform, aufweisen (siehe Abb. 2.80b) und wird mit einem Abstand von 5 mm am Prüfobjekt positioniert. Durch die Spule wird im Sinne der Lock-In-Thermografie (LT) über einen bestimmten Zeitraum periodisch Energie in das Prüfobjekt eingeleitet und dabei mit der Infrarotkamera aufgenommen. Durch eine Variation der Frequenz oder der Spulengeometrie sowie der Position der Spule lassen sich verschiedene Defekte in verschiedenen Tiefen detektieren.

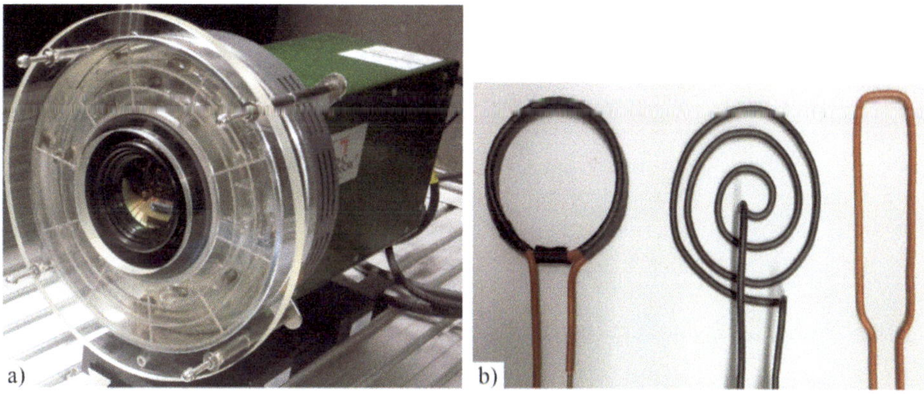

Abb. 2.80 (**a**) Infrarotkamera mit Ringblitz (**b**) verschiedene Spulengeometrien [105]

Passive Thermografie

Im Gegensatz zur aktiven Thermografie wird bei der passiven Thermografie keine externe Anregungsmethode benötigt. Die passive Thermografie kann dabei für ein In-situ-Schadensmonitoring verwendet werden, da Deformationsprozesse genauso wie Reibung dissipative Vorgänge innerhalb des Materials verursachen. Temperaturunterschiede, die durch innere Wärmedissipation auftreten, können als eine Überlagerung von thermoelastischen Temperaturschwankungen ΔT_{el}, Wärmedissipation ΔT_{diss} und Wärmeaustausch mit der Umgebung ΔT_{loss} beschrieben werden:

$$\begin{aligned}\Delta T(t) &= T(t) - T_0 \\ &= \Delta T_{el}(t) + \Delta T_{diss}(t) + \Delta T_{loss}(t)\end{aligned}$$

mit ΔT: absolute Temperaturänderung, T_0: absolute Referenztemperatur zum Zeitpunkt $t = 0$

Diese Temperaturbilanz stimmt mit der lokalen Wärmeleitungsgleichung [106] überein, die auf Basis der Clausius-Duhem-Ungleichung entwickelt wurde. Für eine detailliertere Diskussion der thermischen Effekte, siehe z. B. [107], ist diese heranzuziehen. Durch diesen Ansatz, der mit der MIDA (mechanisch induzierte Wärmedissipationsanalyse) zu vergleichen ist, können Schwachstellen oder Defekte durch lokale Temperaturhotspots während der mechanischen Prüfung identifiziert werden.

Bei In-situ-Messungen mit passiver Thermografie bei mechanischer Ermüdung wird der Signalgeber der Kamera so programmiert, dass die Kamera zu bestimmten Belastungszyklen (z. B. alle 5000 Zyklen) den Befehl zur Aufnahme erhält. Bei jedem dieser Befehle nimmt die Kamera 18 Bilder mit 30 Bildern pro Sekunde (fps) auf. Dies entspricht sechs Bildern während drei mechanischer Belastungszyklen bei einer Belastungsfrequenz von 5 Hz. Somit resultieren mehr als die mindestens erforderlichen 4 Bilder pro Zyklus für die Transformation in Lock-In Amplituden- und Phasenbild nach [108]. Dieses Verfahren ist besonders Vorteilhaft, da aus dem thermischen Signal $S_m(t)$ die Amplituden- und Phasenwerte (A, ϕ) der mechanisch aufgeprägten sinusoidalen Temperaturänderung analysiert werden können [109]:

$$S_m(t) = S_0 + \alpha t + A\sin(\omega t + \varphi)$$

mit $S_0+\alpha t$: veränderliche mittlere Temperatur, ω Kreisfrequenz der mechanischen Anregung. Somit resultieren je ein Amplituden- und Phasenbild für jeden Zeitpunkt, zu dem die Kamera vom Signalgeber einen Aufnahmebefehl erhält.

2.4.5 Validierung und Ergebnisse

2.4.5.1 Prozessintegrierte Wirbelstrom-Messtechnik

Ein werkzeugintegriertes Wirbelstromsystem wurde entwickelt, um Faserfehlausrichtungen von Preforms während des Preform-Prozesses zu messen (vgl. Abb. 2.81a, c). Die feste Sensor-Integration in ein Werkzeug ist durch Kenntnis der zu untersuchenden Bereiche (Regions of Interest: ROI) für potenzielle Faserfehlausrichtungen möglich. Es wurde ein zeitvariables Magnetfeld in Sendespulen erzeugt, das nach der Maxwell-Gleichung Wirbelströme in den Kohlenstofffasern induziert. Abweichungen von einer vorgegebenen Konfiguration konnten aufgrund der anisotropen elektrischen Leitfähigkeit der Kohlenstofffasern bewertet werden (vgl. Abb. 2.81b). Das optimale Sensordesign wurde durch ein umfangreiches Design of Experiments (DoE) [110] identifiziert. Ein Leiterplattendesign (PCB) ist aufgrund seiner Ebenheit zielführender für eine Prozessintegration als eine zylindrische Kombination. Dieses ist entweder als starres oder flexibles PCB-Design realisierbar. Für die prozessbegleitende Integration des Sensorarrays wurde ein geeignetes Sensorgehäuse entworfen. Ein Multiplexer wurde für die Signalverteilung zwischen den Spulen und einer Steuereinheit verwendet. Der Boden des Sensorgehäuses, an dem das Sensorarray angebracht ist, wurde entsprechend der zu untersuchenden Geometrie gestal-

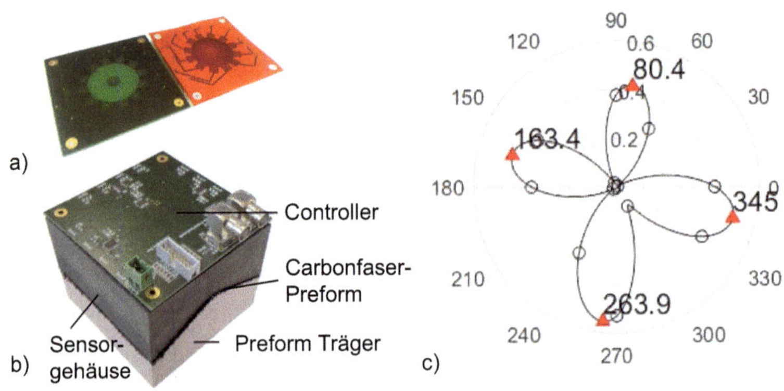

Abb. 2.81 (**a**) Wirbelstromsensor-Arrays (starre und flexible Leiterplatte) [110]; (**b**) Realisierung des Wirbelstromsensors [89]; (**c**) Darstellung der Messergebnisse in einem Polardiagramm [111]

tet. Aufgrund der individuellen Eigenschaften der einzelnen integrierten Spulen, musste zunächst eine Null-Referenzierung der jeweiligen Spulen durchgeführt werden. Anschließend konnte die Faserorientierung anhand von vier Spannungsspitzen in einem Polardiagramm berechnet werden. Zur Winkelberechnung wurde eine kubische Bézier-Spline-Interpolation verwendet. Die Berechnung der erweiterten Messunsicherheit erfolgte gemäß dem „Guide to the Expression of Uncertainty in Measurement" (GUM) [112] und VDA (Verband der Automobilindustrie) [113]. Die erweiterte Messunsicherheit mit einem Erweiterungsfaktor von $k = 2$ beträgt $U_\alpha = 2{,}88°$. Darüber hinaus wurden die industrierelevanten Preformfehler (Falten, fehlende Rovings und Gapping) mit Hilfe des maschinellen Lernverfahrens der Support Vector Machines erkannt. Pro Fehlerkategorie wurden exemplarisch drei verschiedene Fehlergrößen erstellt und untersucht. Für 100 % der Validierungsdaten konnte der richtige Fehlertyp identifiziert werden. 87 % der Falten, 98 % der fehlenden Rovings und 93 % der Gappings wurden korrekt klassifiziert. [111]

2.4.5.2 Datenfusion von Laserlichtschnitt- und Thermografiedaten zur Bewertung der Faserorientierung

Die 3D-Thermografieauswertung bietet die Möglichkeit einer 3D-Fehlerlokalisierung auf Basis der frequenzabhängigen Tiefeninformationen unter Berücksichtigung der gemessenen äußeren Geometrie des Bauteils, die von den spezifizierten Eigenschaften abweichen kann. Es konnten optimale Einstellungen des Multisensorsystems (vgl. Abb. 2.82), bestehend aus zwei Laserlichtschnittsensoren und einer Thermografiekamera, identifiziert werden, um zuverlässige Punktwolken (CoPs) für produzierte hybride Metall-CFRP-Bauteile zu generieren.

Der Triangulationswinkel von 30° ist für das Multisensorsystem fest eingestellt. Die Parameter Laserwinkel, Seitenwandwinkel, Kameraschwellwert, Laserintensität, Belichtungszeit wurden getestet und hinsichtlich fehlender Datenpunkte in der CoP und der Wurzel der mittleren Fehlerquadratsumme (RMSE, englisch: „Root Mean Square Error") in Bezug auf eine aus der CAD-Datei generierten Referenz-CoP ausgewertet. Es wurden verschiedene Montagekonfigurationen für die aktive Thermografie getestet. Eine Blitz-

Abb. 2.82 Multisensorsystem mit aktiver Thermografie (links) und Laserlichtschnitt (rechts) auf einem 3-Achs-Portal (Sandra Göttisheimer, Karlsruher Institut für Technologie (KIT), 2017)

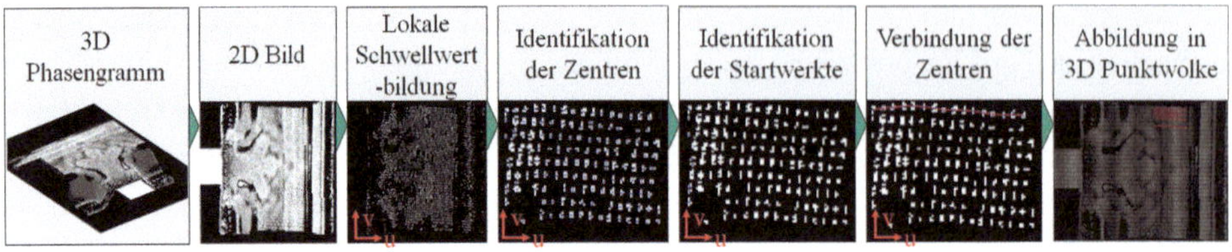

Abb. 2.83 Ablaufdiagramm des Fasertracking-Algorithmus, Abbildung nach [97]

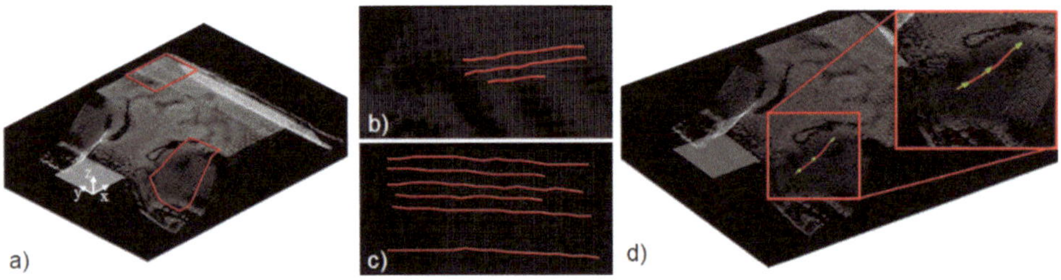

Abb. 2.84 (**a**) Beispielhaftes 3D-Phasengramm einschließlich markierter ROIs (**b**) getrackte Fasern mit +6° Fehlausrichtung bei integrierter Faserfehlorientierung; (**c**) Getrackte Fasern mit −2° Fehlausrichtung bei nominell korrekter Ausrichtung; (**d**) getrackte Fasern in ROI mit starker Krümmung; Abbildung nach [97]

montageposition von 160 mm unterhalb der Portalbefestigung und ein Blitzwinkel von 40° zur horizontalen Achse führten zu einer möglichst homogenen Anregung der Probe. Diese resultierte in einem Abstand von 165 mm zwischen Blitzlampe und Probe. Der Objektabstand zur Kamera wurde konstant bei 350 mm gehalten. Die Aufnahmezeit nach der thermischen Anregung betrug 60 s, so dass nach der diskreten Fourier-Transformation eine minimale Frequenz von 0,017 Hz in Ampligrammen und Phasengrammen verfügbar war. Die Datenfusion von Thermografie- und Laserlichtschnittdaten erfolgte entsprechend der von Schäferling vorgestellten Methodik. Ein Algorithmus wurde entwickelt, der das Tracking einzelner CF-Bündel im 3D-Thermografiebild ermöglicht [97]. Der Ablauf ist in Abb. 2.83 gegeben. Der Algorithmus basiert auf den dunkler erscheinenden Überschneidungen von Faserbündeln im Thermografiebild. Mithilfe des Bradley-Algorithmus [114] erfolgt eine Segmentierung des umgewandelten 2D-Bildes. Verbundene Bildkomponenten werden identifiziert und anhand der Zentren dieser Komponenten sowie durch einen sich aktualisierenden Suchvektor die Faserorientierung bestimmt. Der genaue Ablauf ist in [97] gegeben. Das Ergebnis eines solchen Fasertrackings ist in Abb. 2.84 dargestellt und kann zur Bestimmung der lokalen Faserorientierung genutzt werden. Lokale Welligkeiten der Fasern limitieren die Nachverfolgbarkeit der Fasern.

2.4.5.3 Ergebnisse zur Blitz- und induktiven Thermografie

Durch die ZfP-Methoden der aktiven Thermografie ist es möglich, Hybridstrukturen auf ihre Defekte zu untersuchen. Im Rahmen des Projekts konnten die Methoden auch für die

Anwendung auf komplexe Hybridstrukturen erweitert werden. Abb. 2.85 zeigt Thermografiebilder einer 2D-Hybridstruktur mit verschiedenen Defekten. In Abb. 2.85a ist eine Probe ohne Defekte dargestellt, bei der die Faserorientierung und der Einleger mit Hinterschnitten zu erkennen ist. Abb. 2.85b zeigt eine Probe, bei der die oberste CFK-Lage um ca. 10° verschoben ist. Auch hier ist der Einleger sehr gut zu erkennen. In Abb. 2.85c ist eine Probe mit einer künstlich in die erste Lage eingebrachten Falte zu sehen. Die Falte erzeugt im Vergleich zu den defektfreien Bereichen höhere Helligkeitswerte und kann somit zweifelsfrei detektiert werden. Einleger und Faserorientierung sind auch hier gut zu erkennen. In Abb. 2.85d wird eine Probe betrachtet, die mechanisch geprüft wurde. Hier ist ein heller Bereich um den Einleger zu erkennen. Dieser helle Bereich repräsentiert eine Delamination der CFK-Komponente von der thermoplastischen Zwischenschicht. Die Faserorientierung ist hingegen nicht mehr gut zu erkennen.

Die Thermografiebilder aus Abb. 2.85 zeigen, dass mithilfe der Blitzthermografie künstlich eingebrachte und mechanisch induzierte Defekte in einer 2D-Hybridstruktur charakterisiert werden können.

Neben der Blitzthermografie wurden Messungen mit induktiver Thermografie an den 2D-Hybridproben durchgeführt. In Abb. 2.86 sind Messungen an einer Probe mit einer künstlich eingefügten Falte zu sehen. Abb. 2.86a wurde in Reflexionsanordnung aufge-

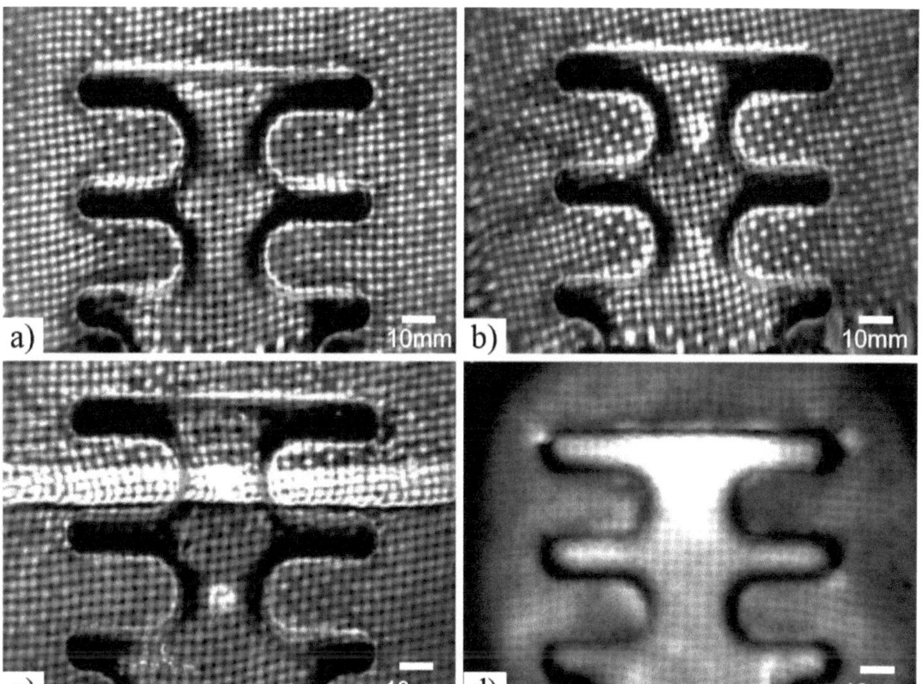

Abb. 2.85 Blitzthermografie (**a**) defektfreie Probe, (**b**) 10°Faserfehlorientierung, (**c**) Falte in der ersten CFK-Lage, (**d**) mechanisch induzierte Delamination

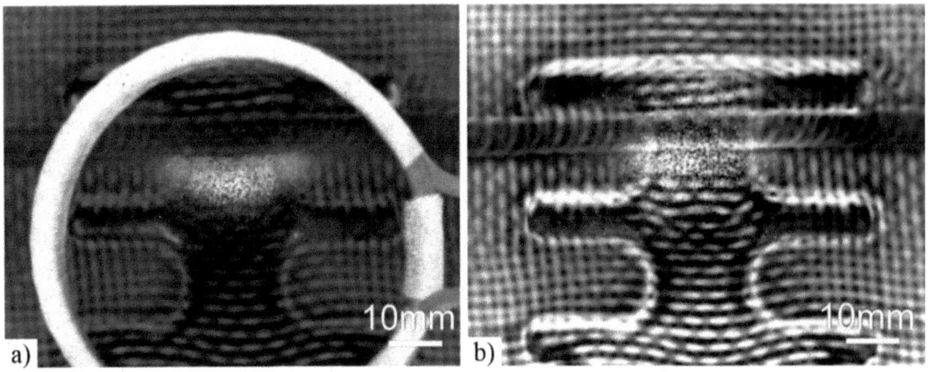

Abb. 2.86 induktive Thermografie an Probe mit Falte (**a**) Spule vor der Probe, (**b**) Spule hinter der Probe

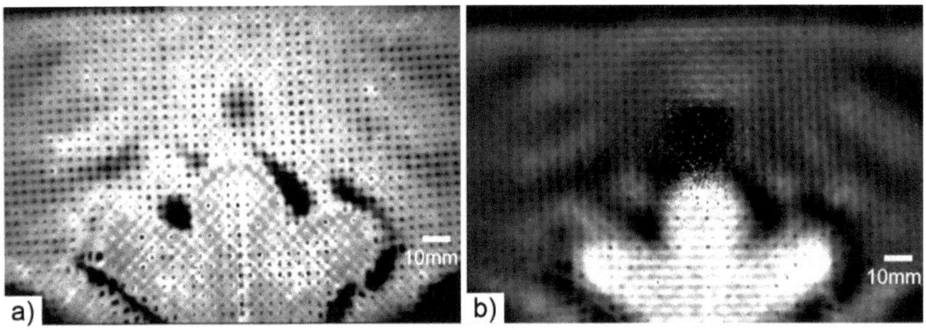

Abb. 2.87 Defektfreie 3D-Hybridprobe (**a**) Blitzthermografie, (**b**) induktive Thermografie

nommen. Dabei befindet sich die Spule zwischen Probe und Kamera. Die Falte und die Faserorientierung sind gut zu erkennen. Abb. 2.86b wurde in Transmissionsanordnung aufgenommen, so dass sich die Probe zwischen Spule und Kamera befindet. Auch hier sind die Falte und die Faserorientierung zu erkennen. Durch die Transmissionsanordnung werden Bereiche der Probe sichtbar, die vorher durch die Spule verdeckt wurden. Diese Anordnung ist daher zu bevorzugen.

Die Ergebnisse zeigen, dass die Blitzthermografie sehr gut geeignet ist, künstlich eingebrachte und mechanisch induzierte Defekte sowohl im CFK selbst als auch an der Grenzfläche CFK/Thermoplast eines 2D-Hybridverbundes zu detektieren. Zusätzlich ist die induktive Thermografie ebenfalls geeignet, künstliche Defekte in den Hybridproben zu detektieren, so dass diese Verfahren an 3D-Hybridproben eingesetzt werden. Weitere Ergebnisse zur zerstörungsfreien Prüfung an den 2D-Hybridstrukturen sind in [115] zu finden.

Abb. 2.87 zeigt eine defektfreie 3D-Hybridprobe, die in der zweiten Projektphase charakterisiert wurde. Sowohl mit Blitzanregung (Abb. 2.87a) als auch mit induktiver Anregung (Abb. 2.87b) kann die Faserorientierung der obersten CFK-Lage detektiert werden. Weiterhin ist der Einleger in der Mitte der Thermografiebilder zu sehen. Im induktiven Thermografiebild erscheint der Einleger durch eine bessere Kontrastierung heller als in der Blitzanregung.

Abb. 2.88 zeigt eine 3D-Hybridprobe, in die eine künstliche Delamination, in Form eines Teflonstreifens, zwischen der ersten und zweiten CFK-Lage eingebracht wurde. In der Blitzanregung (Abb. 2.88a) kann diese künstliche Delamination im oberen Teil des Bildes in Form von hellen Bereichen detektiert werden. Der Einleger und die Faserorientierung der ersten CFK-Lage sind auch hier zu erkennen. Bei der induktiven Anregung (Abb. 2.88b) ist die künstliche Delamination ebenfalls zu erkennen. Im Vergleich zur Blitzanregung ist hier der Kontrast allerdings weniger ausgeprägt. Der Einleger hingegen lässt sich durch einen sehr guten Kontrast vom umliegenden CFK unterscheiden.

In Abb. 2.89 ist eine 3D-Hybridprobe nach mechanischer Belastung zu sehen. Mithilfe der Blitzanregung (Abb. 2.89a) können im Bereich des Einlegers helle Stellen detektiert werden. Diese Bereiche repräsentieren eine Ablösung der CFK-Komponente von der thermoplastischen Zwischenschicht des Einlegers. Im Bild der induktiven Anregung

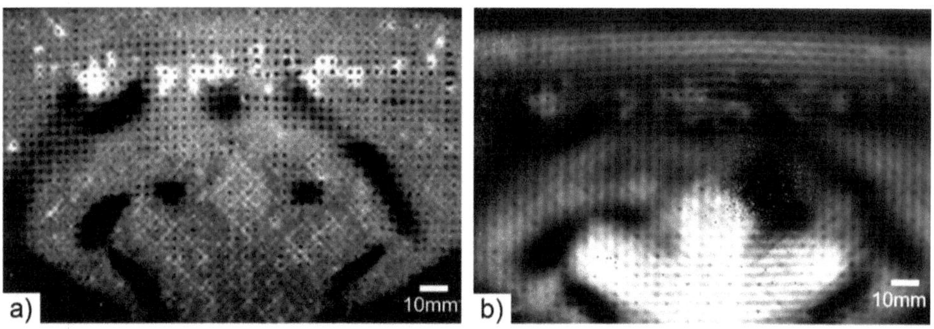

Abb. 2.88 3D-Hybridprobe mit künstlicher Delamination (**a**) Blitzthermografie, (**b**) induktive Thermografie

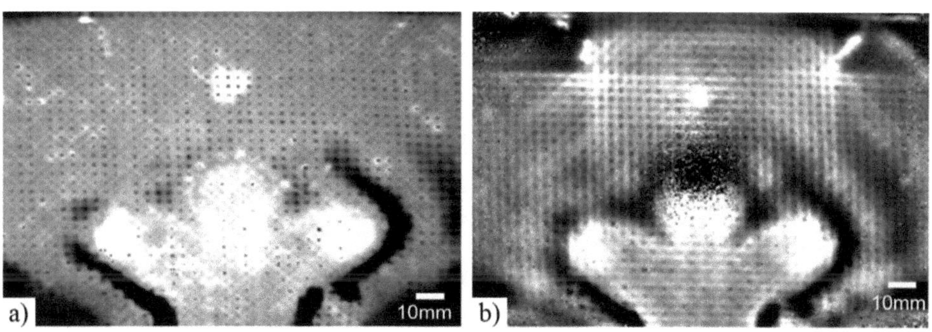

Abb. 2.89 3D-Hybridprobe mit mechanisch induzierter Delamination (**a**) Blitzthermografie, (**b**) induktive Thermografie

(Abb. 2.89b) können ebenfalls helle Stellen im Bereich des Einlegers detektiert werden. Auch bei dieser Anregung stellen diese Bereiche Ablösungen der CFK-Komponente dar. In beiden Fällen ist hier die Faserorientierung der ersten Lage zu erkennen.

Die Ergebnisse der Thermografiemessungen zeigen, dass die aktive Thermografie sowohl in Blitz-, als auch induktiver Anregung geeignet ist, künstlich eingebrachte Defekte, mechanisch induzierte Defekte sowie Faserorientierung und innen liegende Strukturen in 2D-Hybridstrukturen zu detektieren. Im Falle der 3D-Hybridproben besteht durch die gekrümmte Oberfläche die Schwierigkeit der gleichmäßigen Fokussierung. Wie die Ergebnisse jedoch zeigen, können auch bei den komplexeren 3D-Hybridstrukturen alle Defekte detektiert werden.

2.4.5.4 Effects of defects – Quantitative Evaluation des defektbedingten Schädigungswachstums

Abb. 2.90 zeigt den Einfluss verschiedener Defekte auf die mechanischen Eigenschaften der 2D-Hybridproben. Dabei ist in Abb. 2.90a zu sehen, dass defektfreie Proben die höchste Maximalkraft bis zum Versagen aufweisen. defektbehaftete Proben (Delamination, Faserfehlorientierung, Falten), versagen früher, wobei Falten die maximal übertragbare Kraft am stärksten reduzieren. Dies lässt sich dadurch erklären, dass die Falte den Kraftfluss in einer Lage gänzlich unterbricht. In Abb. 2.90b ist zu erkennen, dass die Defekte auch auf die Anfangssteifigkeit einen negativen Einfluss haben. Die Anfangssteifigkeit ist definiert als Tangentenmodul im Kraft-Weg-Diagramm zwischen 0 und 0,25 mm. Die Delamination zeigt den größten negativen Einfluss auf die Anfangssteifigkeit.

In Abb. 2.91a ist die mittels In-situ-Thermografie bestimmte Größe der Delamination von 2D-Hybridproben mit verschiedenen Thermoplastkomponenten über die Zyklenzahl aufgetragen. Es zeigt sich, dass die Wahl der Thermoplastkomponente einen großen Einfluss einerseits auf die maximal erreichbare Zyklenzahl sowie andererseits auf die Größe der Delamination zur Zeit des Versagens hat. So wird bei der Verwendung eines TPU (thermoplastisches Polyurethan) die geringste Zyklenzahl bei kleiner Größe der Delamination erreicht. Beim Einsatz eines PPA (Polyphthalamid) hingegen werden größere Zyklenzahlen erreicht, bei gleichzeitig großen Delaminationen. Wird das PPA mit 30 % Glasfaser verstärkt, werden die höchsten Zyklenzahlen erreicht. Es sind keine Veränderung der Delaminationsgröße bei der Materialvariation von PPA und TPU festzustellen. Als Referenz wurde eine Hybridprobe ohne Thermoplastkomponente geprüft (Voll-Aluminium-Insert). Die hier erreichte Zyklenzahl liegt im Bereich des Hybrids mit PPA-Komponente, dabei ist die Größe der Delamination jedoch kleiner. Der Einsatz eines PPA GF30 ist zu bevorzugen, da hier die größte Zyklenzahl bei geringer Delaminationsgröße erreicht wird. Abb. 2.91b–d zeigen Thermografiebilder zur Entwicklung der Delamination am Beispiel einer Hybridprobe mit PPA. An den roten und weißen Bereichen ist zu erkennen, dass die Delamination um den Einleger entsteht und an den Hinterschnitten bis zum Versagen wächst.

Abb. 2.92a zeigt die Größe der Delamination bei Versagen für verschiedene Hybridproben mit PPA-Komponente in Abhängigkeit der Zyklenzahl. Dabei wurden bei allen

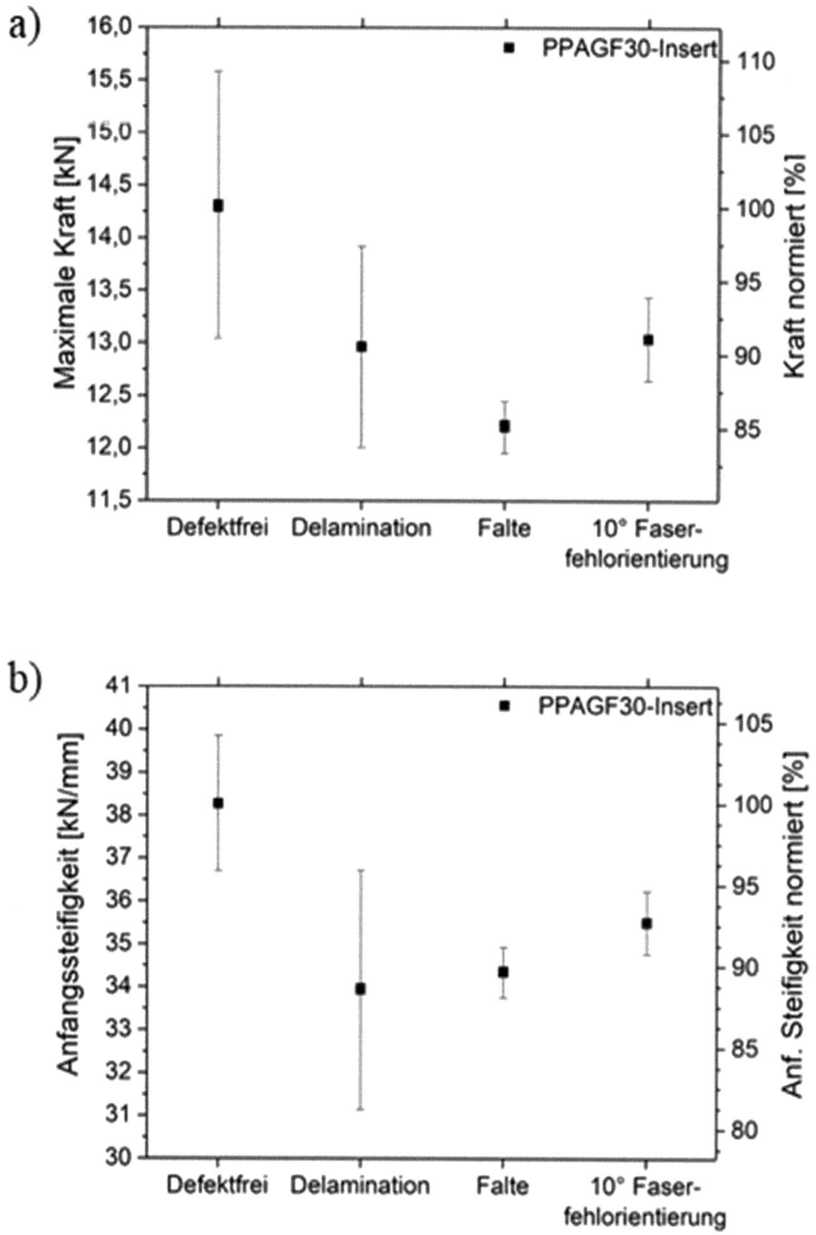

Abb. 2.90 Einfluss verschiedener Defekte auf (**a**) die maximale Kraft, (**b**) die Anfangssteifigkeit

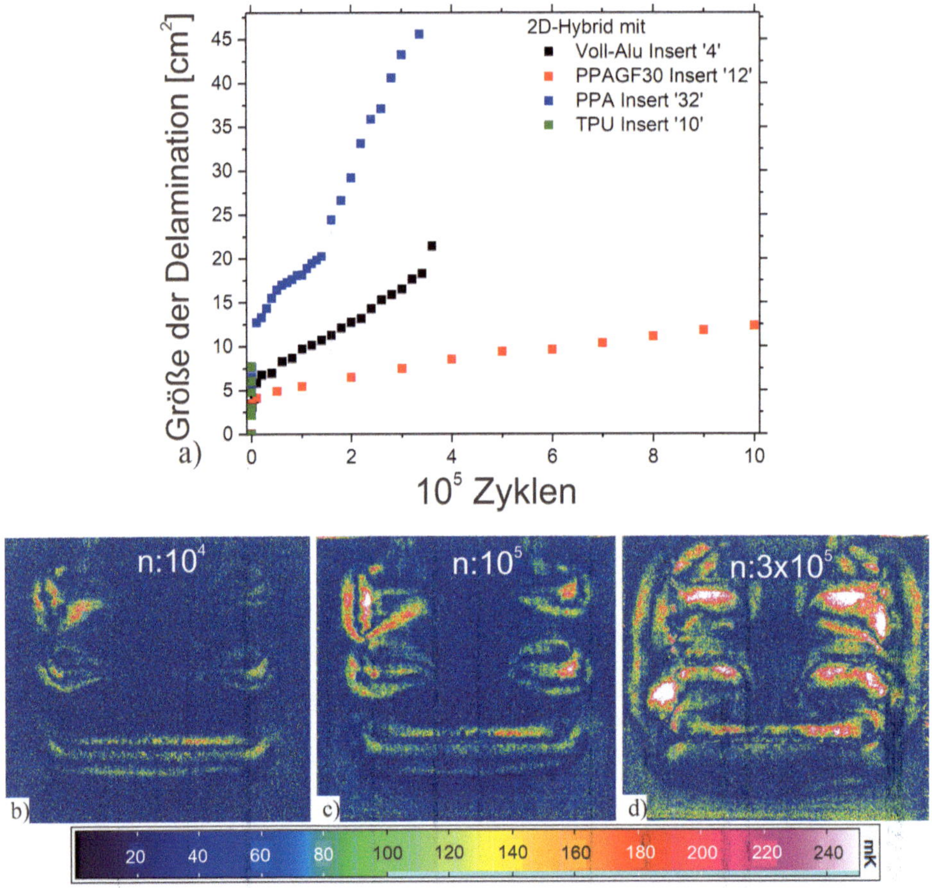

Abb. 2.91 (**a**) Größe der Delamination und (**b**)–(**d**) Schädigungsentwicklung in Abhängigkeit der Zyklenzahl

Proben die gleichen Prüfparameter (Lastniveau, Prüffrequenz und Temperatur) angewendet. Es zeigt sich, dass trotz der gleichen Prüfparameter und Probenkonfiguration große Unterschiede bei der maximalen Zyklenzahl und der Größe der Delamination auftreten. Ausgehend von diesen Daten, wird in Abb. 2.92b eine Aussage über die Versagenswahrscheinlichkeit der Hybridproben bei einer bestimmten Größe der Delamination getroffen. So wurde aufgrund der statistischen Auswertung festgestellt, dass eine Delaminationsgröße von 30 cm^2 zu 0 % zu einem Versagen des Bauteils führt, wohingegen eine Größe von 60 cm^2 immer zu einem Versagen führt.

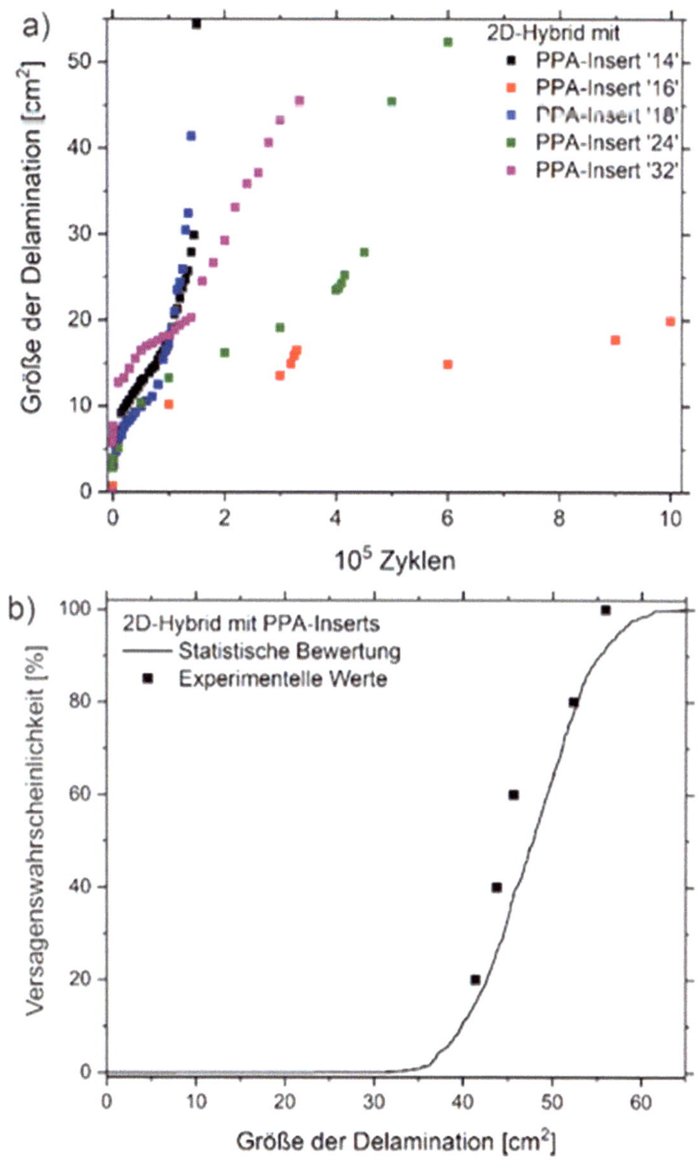

Abb. 2.92 (**a**) Größe der Delamination in Abhängigkeit der Zyklenzahl, (**b**) Versagenswahrscheinlichkeit in Abhängigkeit der Größe der Delamination, am Beispiel einer Hybridprobe mit PPA-Komponente [116]

2.4.6 Zusammenfassung und Ausblick

Im Rahmen des Projektes wurde ein neuartiges Anbindungskonzept für Metall-CFK-Hybridstrukturen mit thermoplastischer Zwischenkomponente entwickelt. Es war das Ziel, Strukturen zu schaffen, die in wenigen Produktionsschritten, automatisiert, kostengünstig und mit hinreichend hoher Festigkeit hergestellt werden können. Dies ist durch eine Kombination aus Stanzprozess, Spritzgießen und RTM-Verfahren möglich. Die Verwendung einer funktionalen, thermoplastischen Zwischenkomponente zur Verbindung der Metall- und CFK-Teile ist entscheidend. Der Thermoplast beugt dabei einerseits korrosiven Mechanismen vor, andererseits überbrückt er die Kerbwirkung und den Steifigkeitsunterschied zwischen den beiden Komponenten und eliminiert so eine mechanische Schwachstelle. Um die bestmöglichen Eigenschaften zu erhalten, wurde die Zwischenschicht variiert. So wurden TPU (thermoplastisches Polyurethan), PPA (Polyphthalamid) und PPA mit 30 %iger Glasfaserverstärkung eingesetzt. Zur Validierung der Funktion der ummantelnden Kunststoffkomponente wurde der Einleger als Voll-Alu-Insert zur Referenz konzipiert. Ein Vergleich mit einer ähnlich dimensionierten Nietverbindung zeigt die Vorteile der neuen Hybrid-Anbindung deutlich auf.

Ausgehend von der ersten Projektphase, die sich auf 2D-Hybridproben fokussiert hat, wurde im Laufe des Projekts die Komplexität der Hybridverbindung gesteigert. Somit wurden zunächst die 2D-Hybridstrukturen zu 2,5D-Strukturen erweitert und abschließend die gewonnenen Erkenntnisse und erstellten Konzepte zur Entwicklung einer 3D-Struktur als Demonstratorbauteil genutzt. Mit dem 3D-Demonstrator ist die anfängliche konzeptionelle Idee der hybriden Anbindung beispielsweise für den Einsatz als B-Säulen-Anbindung in der industriellen Nutzung denkbar.

Beim Vergleich von konventionellen Hybridstrukturen, bei denen das Metall und das CFK durch Nieten verbunden werden, und der in diesem Projekt verwendeten Hybridproben, konnte gezeigt werden, dass durch den hier gewählten Ansatz höhere mechanische Lasten erreicht werden. Die Experimente haben außerdem gezeigt, dass die Verwendung einer Zwischenschicht aus PPA mit Glasfaserverstärkung die besten mechanischen Eigenschaften bietet. Weiterhin wurde nachgewiesen, dass die Proben ohne die thermoplastische Zwischenschicht, also die mit Voll-Aluminium-Insert bei quasistatischen Versuchen ähnlich gut abschneiden wie die Proben mit PPA GF30 Zwischenschicht. Bei den dynamischen Versuchen jedoch haben die Proben mit einer PPA GF30 Zwischenschicht klare Vorteile und erreichen größere Zyklenzahlen, bei gleichzeitig kleineren Delaminationen. Es wurde gezeigt, dass diese thermoplastische Zwischenschicht die mechanischen Eigenschaften der Hybridstruktur verbessert.

Neben der makroskaligen Struktur des Einlegers wurden auch die meso- und die mikroskalige Oberflächenstruktur der Thermoplast-CFK-Grenzfläche untersucht. In quasistatischen und dynamischen Zugscherversuchen wurde ein Optimalbereich zwischen 4 und 6 µm für die mikroskaligen Oberflächenrauheit ermittelt. Die mesoskalige Untersuchung fokussierte sich auf Stiftstrukturen, die experimentell in standardisierten Zugscherversuchen und in Bauteilprüfungen sowie simulativ mittels FEA erfolgten. In den

Zugscherversuchen konnten unter anderem riss-stoppende Eigenschaften für die Stiftstrukturen gezeigt werden. Mit Hilfe der FEA und umfangreicher Parameterstudien wurden Stiftstrukturen in Abhängigkeit der adhäsiven Anbindungsfestigkeit ermittelt. Durch erweiterte Visualisierungsmethoden (Tensorspines) der FE-Simulationen wurden belastungsspezifische Designvorgaben gemacht, die für die gezielte Platzierung von lastabhängigen Stiftstrukturen genutzt werden können. Dabei wird die Tensorinformationen der FEA entlang von Lastpfaden auf und in den Bauteilen dargestellt.

Verschiedene In-Line-Messtechniken konnten erfolgreich um- und eingesetzt werden. Ein werkzeugintegrierter Wirbelstromsensor misst Faserfehlorientierungen und klassifiziert Defekte in der Preform noch während des Preforming-Prozesses. Mithilfe eines entwickelten Laserlichtschnittsystems können Abweichungen der Preform-Geometrie von der Soll-Geometrie quantifiziert werden. Eine präzise Messung der Faserorientierung ist mithilfe einer 2D-Kamera inklusive Dombeleuchtung sowie geeigneten Bildverarbeitungs-Algorithmen möglich. Die Kombination von aktiver Thermografie und Laserlichtschnittsystem erlaubt die 3D-Defektlokalisierung sowie ein Tracking der dreidimensionalen Orientierung der C-Fasern.

Weiterhin wurde die zerstörungsfreie Prüfung (ZfP) eingesetzt, um künstlich induzierte Defekte (Faserfehlorientierung, Falten oder Delaminationen) während und nach mechanischen Versuchen in den Hybridstrukturen zu detektieren. Durch den Einsatz der Blitz- und induktiven Anregungsmethode können diese künstlichen Defekte zweifelsfrei detektiert werden. Neben den künstlich induzierten Defekten können auch mechanisch induzierte Delaminationen detektiert werden, die an den Grenzflächen der einzelnen Komponenten entstanden sind. Die Blitzthermografie konnte dabei ebenso gut Defekte abbilden, wie die induktive Thermografie mit Wirbelstromanregung. Im Rahmen dieses Projekts wurde gezeigt, dass ZfP-Methoden, wie die aktive Thermografie, mit ihren Anregungsmethoden mittels Blitzlicht oder Induktion, in der Lage sind, repräsentative künstliche Defekte im CFK und an der Grenzfläche zwischen verschiedenen Materialien zu charakterisieren.

Das Aufzeigen von Schädigungen ist erfolgreich mit passiver Thermografie möglich, die in situ in Bezug auf die mechanischen Versuche verwendet wird. Ausgehend von diesen Schädigungen kann weiterführend in Kombination mit den mechanischen Eigenschaften eine Aussage getroffen werden, welchen Schädigungsgrad die Hybridprobe aufweist. Darüber hinaus wurde eine Abschätzung über die Versagenswahrscheinlichkeit einer Hybridprobe in Abhängigkeit der auftretenden Größe der Delamination getroffen. Die in dem Projekt gewonnenen Erkenntnisse ermöglichen eine Lebensdauerprognose für Hybridstrukturen.

Zusammenfassend wurde die Entwicklung und Optimierung eines neuartigen Metall-CFK-Anbindungskonzeptes für die Großserienindustrie durch die Verbindung aus Konstruktion, Qualitätssicherung in der Produktion und Bauteilcharakterisierung gezeigt. Der Aspekt der Datenfusion entlang des Produktentstehungsprozesses spielt dabei eine entscheidende Rolle. Insbesondere wurden auch „Effects of Defects" für CFK-Hybridbauteile auf Basis interdisziplinärer Zusammenarbeit untersucht und dargelegt. Es wurde eine performante Anbindung für den Leichtbau hinsichtlich der Stabilität, Kosteneffizienz und Lebensdauer erarbeitet.

2.5 Zusammenfassung

Die in diesem Kapitel beschriebenen Projekte beschäftigten sich mit unterschiedlichen Konzepten und Aspekten der Hybridisierung von schalenförmigen Bauteilen.

Die Einbringung von Multilayer-Inserts (MLI) mittels AFP-Prozess ist möglich, wenn materialseitige, mechanische und produktionstechnische Aspekte bei der Auslegung des Inserts berücksichtigt und aufeinander abgestimmt werden. Eine derartige Optimierung des Lasteinleitungskonzepts, bspw. mithilfe von numerischen Berechnungen, bietet darüber hinaus die Möglichkeit, sowohl die mechanische Belastbarkeit, als auch das Schädigungsverhalten positiv zu beeinflussen. Gegenüber konventionellen Lasteinleitungselementen bieten das MLI-Konzept durch den schichtweisen Aufbau eine deutlich größere Anbindungsfläche. Hierdurch beschränkt sich das Auftreten von Lochleibung auf die Metallkomponente. Zur Steigerung der Anhaftung zwischen Faser-Verbund-Werkstoff und Metalleinleger können Klebefilme eingebracht werden, die gleichzeitig als Schutz vor Kontaktkorrosion dienen.

Das MLI-Konzept zielt in seiner momentanen Form vor allem auf eine Anwendung in Verbindung mit bereits getränkten Prepreg-Halbzeugen ab. Eine Adaption für Harzinjektionsverfahren ist möglich, stellt aufgrund des schichtweisen Aufbaus allerdings eine Herausforderung im Hinblick auf das Zurückbleiben von Poren bzw. die Bauteilqualität dar. Um dies zu analysieren, können Formfüll-Simulationen hilfreich sein, wie sie im Rahmen dieses Schwerpunktprogramms zur Untersuchung des Einflusses von metallischen Einlegern auf den Verlauf der Formfüllung eingesetzt wurde. Ein negativer Einfluss entsteht hierbei in Fällen, in denen die Geometrie des Einlegers zur Ausbildung von Harzkanälen führt. Sind diese zudem in sich geschlossen, bspw. ein kreisförmiger, umlaufender Harzkanal an einer Insertgrundplatte, kann dies zur Bildung von größeren Poren führen. Diesem Effekt kann durch eine Optimierung der Insertgeometrie entgegnet werden.

Im Hinblick auf die mechanische Belastbarkeit eines gewählten Lasteinleitungskonzeptes ist es von Vorteil, die Geometrie des Inserts mittels numerischer Simulation zu optimieren und die Einbringung des Inserts möglichst faserschonend zu gestalten. Letzteres ist für punktuelle Lasteinleitungselemente i. d. R. problemlos möglich. Zur Integration von größeren metallischen Einlegern kann eine faserschonende Einbringung mittels einer größeren Anzahl an Laschen erfolgen. Eine finale Betrachtung der mechanischen Belastbarkeit einer derartigen Hybrid-Struktur steht allerdings noch aus.

Eine häufig auftretende Problematik bei der Verwendung von hybriden Strukturen besteht in der Entstehung von Diskontinuitäten an der Grenzfläche zwischen Materialien mit unterschiedlichen Eigenschaften. Ein wichtiges Beispiel hierfür ist der Steifigkeitssprung zwischen Metall und CFK. Im Rahmen dieses Schwerpunktprogramms wurde zu dessen Reduzierung die Verwendung eines Metalleinlegers untersucht, der mittels im Spritzguss-

Prozess aufgebrachter thermoplastischer Zwischenkomponente beschichtet wurde. Anschließend erfolgt die weitere Hybridisierung mittels Harzinjektion im RTM-Verfahren. Die Beschichtung übernimmt dabei die Aufgabe eines Schutzes vor Kontaktkorrosion und reduziert zudem den Steifigkeitssprung zwischen Metall-Einleger und CFK. Die besten mechanischen Eigenschaften konnten mit einer Zwischenkomponente aus glasfaserverstärktem PPA erzielt werden. Gegenüber einer vergleichbaren Nietverbindung konnte die mechanische Leistungsfähigkeit insbesondere im Hinblick auf dynamische Belastungen sowie Delamination gesteigert werden. Außerdem ermöglicht das Auftragen der Zwischenkomponente mittels Spritzguss-Verfahren einen großen gestalterischen Freiraum. Dieser kann bspw. zur Aufbringung von meso- und mikroskaligen Oberflächenstrukturen genutzt werden, welche eine Riss-stoppende Wirkung entfalten können.

Eine weitere Diskontinuität ist durch unterschiedliche thermische Ausdehnungskoeffizienten sowie die in der Matrix auftretende chemische Schwindung gegeben. Als Folge ergeben sich prozess-induzierte Eigenspannungen an der Grenzfläche zwischen Metall und CFK. Diese stellen eine Vorbelastung des Bauteils dar und werden vor allem von thermisch induzierten Dehnungen dominiert. Durch eine Anpassung des Aushärtezyklus ist es möglich, die Höhe der am Ende des Prozesses im Bauteil verbleibenden Eigenspannungen zu beeinflussen. Im Fall des im Rahmen des Schwerpunktprogramms untersuchten MLI-Konzepts konnte zudem durch die Verwendung einer zusätzlichen Klebschicht zwischen Metall und CFK, sowie durch eine vorteilhafte Wahl des Aushärteverhaltens des Klebstoffs, eine weitere Reduzierung der Eigenspannungen erzielt werden.

Die Qualitätssicherung während der Fertigung von hybriden Bauteilen im Harzinjektionsverfahren kann mittels In-Line-Messtechnik umgesetzt werden. Für diesen Zweck bieten sich zur Kontrolle der Preforming-Qualität sowohl Wirbelstromsensoren zur Detektion von Faserfehlorientierungen als auch Laserlichtschnittsysteme zur Bestimmung von Gestaltsabweichungen an. Zur Identifizierung von Defekten wie Faserfehlorientierungen, Falten oder Delaminationen während und nach einer Belastung des hybriden Bauteils, eignen sich Methoden der zerstörungsfreien Prüfung. Hierfür sind die Blitzlichtthermografie und die induktive Thermografie mit Wirbelstromanregung gleichermaßen geeignet. Bei der Integration von MLIs im AFP-Prozess ist im Sinne der Qualitätssicherung eine Erfassung der Ablagegenauigkeit des Legekopfs entscheidend. Da während dem Ablegeprozess eine permanente Oberflächenvermessung stattfindet, liegen diese Daten vor und können für eine Minimierung der Standzeiten verwendet werden.

Literatur

1. Havar T (2007) Beitrag zur Gestaltung und Auslegung von 3D-verstärkten Faserverbundschlaufen. Dissertation, Universität Stuttgart
2. Schürmann H (2007) Konstruieren mit Faser-Kunststoff-Verbunden, 2., bearb. u. erw. Aufl. VDI-Buch. Springer, Berlin/Heidelberg
3. Messler RW (2004) Joining composite materials and structures: some thought-provoking possibilities. J Thermoplast Compos Mater 17:51–75. https://doi.org/10.1177/0892705704033336

4. Ucsnik S, Scheerer M, Zaremba S et al (2010) Experimental investigation of a novel hybrid metal–composite joining technology. Compos A: Appl Sci Manuf 41:369–374
5. Camanho PP, Fink A, Obst A et al (2009) Hybrid titanium–CFRP laminates for high-performance bolted joints. Compos A: Appl Sci Manuf 40:1826–1837. https://doi.org/10.1016/j.compositesa.2009.02.010
6. Rossow C-C, Wolf K, Horst P (2014) Handbuch der Luftfahrzeugtechnik. Hanser, München
7. Habenicht G (2009) Kleben. Grundlagen, Technologien, Anwendungen, 6., akt. Aufl. VDI-Buch. Springer, Berlin/Heidelberg
8. Peng Z, Nie X (2013) Galvanic corrosion property of contacts between carbon fiber cloth materials and typical metal alloys in an aggressive environment. Surf Coat Technol 215:85–89. https://doi.org/10.1016/j.surfcoat.2012.08.098
9. Muth M, Schwennen J, Bernath A et al (2018) Numerical and experimental investigation of manufacturing and performance of metal inserts embedded in CFRP. Prod Eng 12:141–152
10. Harris B (2003) Fatigue in composites. Science and technology of the fatigue response of fibre-reinforced plastics. CRC Press, Boca Raton/Cambridge
11. Metzner C (2016) Studie der Einflussparameter an mit unidirektional geflochtener Carbonfaser verstärkten Kunststoffen. Z Kunststofftech 1:239–258. https://doi.org/10.3139/O999.01042016
12. Magagnato D, Seuffert J, Bernath A et al (2018) Experimental and numerical study of the influence of integrated load transmission elements on filling behavior in resin transfer molding. Compos Struct 198:135–143
13. Seuffert J, Kärger L, Henning F (2017) Simulation of the influence of embedded inserts on the RTM filling behavior considering local fiber structure. In: Key engineering materials. 21st symposium of composites, Bd 742. DGM, S. 681–688
14. Kassapoglou C (2013) Design and analysis of composite structures. Wiley, Oxford
15. Groß L, Herwig A, Berg DC et al (2018) Production-based design of a hybrid load introduction element for thin-walled CFRP Structures. Prod Eng 12:113–120. https://doi.org/10.1007/s11740-018-0821-4
16. Herwig A, Woidt M, Horst P (2016) Comparison of one-, two- and three-dimensional models of a metallic insert in a composite. KEM 713:175–178. https://doi.org/10.4028/www.scientific.net/KEM.713.175
17. Herwig A, Schmidt C, Horst P (2018) Numerical investigation of a layered hybrid load introduction element for thin-walled CFRP structures. In: 18th European conference on composite materials (ECCM18), June 24-28, Athens, Greece
18. Serna J, Zinn C, Scharf I et al (2019) Concepts for interface engineering and characterization in composite hybrid structures. IOP Conf Ser Mater Sci Eng 480:12014. https://doi.org/10.1088/1757-899X/480/1/012014
19. Denkena B, Schmidt C, Weber P (2016) Automated Ffiber Pplacement Hhead for Mmanufacturing of Iinnovative Aaerospace Sstiffening Sstructures. Procedia Manufacturing 6:96–104. https://doi.org/10.1016/j.promfg.2016.11.013
20. Schmidt C, Denkena B, Groß L et al (2017) Concept for automated production of CFRP-metal hybrid compounds integrated in an Automated Fiber Placement process. Procedia CIRP 62:56–61
21. Tschätsch H (2005) Praxis der Umformtechnik. Arbeitsverfahren, Maschinen, Werkzeuge, 8., akt. u. erw. Aufl. Vieweg Praxiswissen. Vieweg+Teubner, Wiesbaden, S. 1
22. Gebhardt J (2016) Strukturoptimierung von in FVK eingebetteten metallischen Lasteinleitungselementen. Dissertation, Karlsruher Institut für Technologie
23. Roth S, Warnck M, Coutandin S et al (2019) Herstellung punktschweißbarer CFK-Metall-Bauteile im RTM-Prozess. Lightweight Des 12:18–23. https://doi.org/10.1007/s35725-019-0047-1

24. Gebhardt J, Schwennen J, Lorenz F et al (2018) Structure optimisation of metallic load introduction elements embedded in CFRP. Prod Eng 12:131–140
25. Fleischer J, Gebhardt J (2013) Experimental investigation of metal inserts embedded in composite parts manufactured by the RTM process. In: 13th Japan International SAMPE symposium and exhibition, Nagoya, Japan
26. Pottmeyer F (2017) Schädigungsverhalten von in CFK-Laminaten eingebetteten Inserts unter bauteilnahen Beanspruchungen. Dissertation. Schriftenreihe des Instituts für Angewandte Materialien, Karlsruher Institut für Technologie, Bd 72. KIT Scientific Publishing, Karlsruhe
27. Bambach MR (2013) Fibre composite strengthening of thin-walled steel vehicle crush tubes for frontal collision energy absorption. Thin-Walled Struct 66:15–22. https://doi.org/10.1016/j.tws.2013.02.006
28. Kim HC, Shin DK, Lee JJ et al (2014) Crashworthiness of aluminum/CFRP square hollow section beam under axial impact loading for crash box application. Compos Struct 112:1–10. https://doi.org/10.1016/j.compstruct.2014.01.042
29. Kim P (1998) A comparative study of the mechanical performance and cost of metal, FRP, and hybrid beams. Appl Compos Mater 5:175–187
30. Lauter C, Frantz M, Kohler JP et al (2012) Crash tests of hybrid structures consisting of sheet metal and local CFRP reinforcements. In: 15th European conference on composite materials, Venice
31. Mathijsen D (2016) Developing a new front undertray for the Jaguar F-type. Reinf Plast 60:294–297. https://doi.org/10.1016/j.repl.2016.06.002
32. Lima RM, Ismarrubie ZN, Zainudin ES et al (2011) Axial behavior of steel tube wrapped by composite as energy absorber under compressive load. In: 2011 IEEE Symposium on Business, Engineering and Industrial Applications (ISBEIA), Langkawi, Malaysia. S. 10–15
33. Schmeer S, Balle F, Didi M et al (2013) Experimental and computational analysis of multi-spot welded hybrid Al/CFRP-structures on component level. Adv Eng Mater 15:868–873. https://doi.org/10.1002/adem.201300044
34. Gebhardt J, Pottmeyer F, Fleischer J et al (2015) Characterization of metal inserts embedded in carbon fiber reinforced plastics. 20th symposium on composites, Vienna, Austria 825–826:506–513
35. Wang Z, Riemer M, Koch SF et al (2016) Intrinsic hybrid composites for lightweight structures: tooling technologies. WGP Congress 2016 (1140):247–254. https://doi.org/10.4028/www.scientific.net/AMR.1140.247
36. Mamalis AG, Manolakos DE, Ioannidis MB et al (2005) On the response of thin-walled CFRP composite tubular components subjected to static and dynamic axial compressive loading: experimental. Compos Struct 69:407–420. https://doi.org/10.1016/j.compstruct.2004.07.021
37. Bambach MR, Elchalakani M, Zhao XL (2009) Composite steel–CFRP SHS tubes under axial impact. Compos Struct 87:282–292. https://doi.org/10.1016/j.compstruct.2008.02.008
38. Kim HC, Shin DK, Lee JJ (2013) Characteristics of aluminum/CFRP short square hollow section beam under transverse quasi-static loading. Compos Part B 51:345–358. https://doi.org/10.1016/j.compositesb.2013.03.020
39. Bambach MR, Jama HH, Elchalakani M (2009) Static and dynamic axial crushing of spot-welded thin-walled composite steel–CFRP square tubes. Int J Impact Eng 36:1083–1094. https://doi.org/10.1016/j.ijimpeng.2009.03.002
40. Lauter C, Niewel J, Troester T (2014) Quasistatic and crash tests of steel-CFRP hybrid pillar structures for automotive applications. Int J Autom Comput 1(1):52–66
41. Kim C, Choi W (2001) Thermo-viscoelastic residual stress analysis of metal liner-inserted composite cylinders. AIAA Applied Aerodynamics Conference 19, Anaheim,USA.
42. Zarrelli M, Partridge IK, D'Amore A (2006) Warpage induced in bi-material specimens: coefficient of thermal expansion, chemical shrinkage and viscoelastic modulus evolution during cure. Compos A: Appl Sci Manuf 37:565–570. https://doi.org/10.1016/j.compositesa.2005.05.012

43. Kim HS, Lee DG (2007) Reduction of fabricational thermal residual stress of the hybrid co-cured structure using a dielectrometry. Compos Sci Technol 67:29–44. https://doi.org/10.1016/j.compscitech.2006.05.002
44. Kim HS, Park SW, Hwang HY et al (2006) Effect of the smart cure cycle on the performance of the co-cured aluminum/composite hybrid shaft. Compos Struct 75:276–288. https://doi.org/10.1016/j.compstruct.2006.04.030
45. Prussak R, Stefaniak D, Hühne C et al (2015) Residual stresses in intrinsic UD-CFRP-steel-laminates – experimental determination, identification of sources, effects and modification approaches. Mater Sci Forum 2015:369–376
46. Motavalli M, Terrasi GP, Meier U (1997) On the behaviour of hybrid aluminium/CFRP beams at low temperatures. Compos A: Appl Sci Manuf 28:121–129. https://doi.org/10.1016/S1359-835X(96)00100-5
47. Kärger L, Bernath A, Fritz F et al (2015) Development and validation of a CAE chain for unidirectional fibre reinforced composite components. Compos Struct 132:350–358. https://doi.org/10.1016/j.compstruct.2015.05.047
48. Roth S, Pracisnore F, Coutandin S et al (2020) A new approach for modelling the fibre path in bolted joints of continuous fibre reinforced composites. Compos Struct 243:112184. https://doi.org/10.1016/j.compstruct.2020.112184
49. Magagnato D, Henning F (2015) Process-oriented determination of preform permeability and matrix viscosity during mold filling in resin transfer molding. 20th symposium on composites, 825–826:822–829. https://doi.org/10.4028/www.scientific.net/MSF.825-826.822
50. Bernath A, Kärger L, Henning F (2016) Accurate cure modeling for isothermal processing of fast curing epoxy resins. Polymers 8:390. https://doi.org/10.3390/polym8110390
51. DiBenedetto AT (1987) Prediction of the glass transition temperature of polymers: a model based on the principle of corresponding states. J Polym Sci B Polym Phys 25:1949–1969. https://doi.org/10.1002/polb.1987.090250914
52. Castro JM, Macosko CW (1982) Studies of mold filling and curing in the reaction injection molding process. AIChE J 28:250–260. https://doi.org/10.1002/aic.690280213
53. Magagnato D, Henning F (2016) RTM molding simulation for unidirectional fiber reinforced composite components considering local fiber orientation and fiber volume fraction. Z Kunststofftech (J Plast Technol) 1:135–156. https://doi.org/10.3139/o999.01032016
54. Soliman E, Al-Haik M, Taha MR (2012) On and off-axis tension behavior of fiber reinforced polymer composites incorporating multi-walled carbon nanotubes. J Compos Mater 46:1661–1675. https://doi.org/10.1177/0021998311422456
55. Muth M, Pottmeyer F, Weidenmann KA (2020) Failure behaviour of metal inserts embedded in CFRP subsequent to thermal, mechanical and cyclic pre-damage. Compos Struct 236:111877
56. Ferguson RF, Hinton MJ, Hiley MJ (1998) Determining the through-thickness properties of FRP materials. Compos Sci Technol 58:1411–1420. https://doi.org/10.1016/S0266-3538(98)00026-8
57. Helmy S, Hoa SV (2014) Tensile fatigue behavior of tapered glass fiber reinforced epoxy composites containing nanoclay. Compos Sci Technol 102:10–19. https://doi.org/10.1016/j.compscitech.2014.05.038
58. Pottmeyer F, Bittner J, Pinter P et al (2017) In-situ CT damage analysis of metal inserts embedded in carbon fiber-reinforced plastics. Exp Mech 57:1411–1422
59. Pottmeyer F, Schlegel O, Weidenmann KA et al (2018) Investigation of the damage evolution of metal inserts embedded in carbon fiber reinforced plastic by means of computed tomography and acoustic emission. Untersuchung der Schädigungsentwicklung von in kohlenstofffaserverstärkten Kunststoffen eingebetteten Inserts mittels Computertomographie und Schallemissionsanalyse. Mater Sci Eng Technol 49:1245–1262

60. Wilkening J, Pottmeyer F, Weidenmann KA (2016) Research on the interfering effect of metal inserts in carbon fiber reinforced plastics manufactured by the RTM process. In: 17th European conference on composite, Munich
61. Muth M, Kohlund A, Buch S et al (2019) Investigation of the influence of mechanical predamage and deformation rate on the mechanical properties of CFRP/metal hybrid profiles. In: ICCM22 2019 – 22nd international conference on composites materials, 11.–16. August, Melbourne
62. Vaidya UK, Gautam ARS, Hosur M et al (2006) Experimental-numerical studies of transverse impact response of adhesively bonded lap joints in composite structures. Int J Adhes Adhes 26:184–198
63. Muth M, Weidenmann KA (2018) Three-point bending test on CFRP-steel profile hybrid structures. In: Hausmann JM, Siebert M, von HA (Hrsg) 3. Internationale Konferenz Hybrid Materials and Structures, 18.–19. April. Bremen, S 74–80
64. Bernath A, Groh F, Exner W et al (2019) Experimental and numerical study of the spring-in of angled brackets manufactured using different resins and fiber textiles. J Compos Mater 53:4173–4188. https://doi.org/10.1177/0021998319855423
65. Bernath A (2020) Numerical prediction of curing and process-induced distortion of composite structures. Dissertation, Karlsruher Institut für Technologie
66. Simon SL, Mckenna GB, Sindt O (2000) Modeling the evolution of the dynamic mechanical properties of a commercial epoxy during cure after gelation. J Appl Polym Sci 76:495–508. https://doi.org/10.1002/(SICI)1097-4628(20000425)76:4<495:AID-APP7>3.0.CO;2-B
67. Hobbiebrunken T, Fiedler B, Hojo M et al (2005) Microscopic yielding of CF/epoxy composites and the effect on the formation of thermal residual stresses. Compos Sci Technol 65:1626–1635. https://doi.org/10.1016/j.compscitech.2005.02.003
68. Kolesnikov B, Herrmann A, Pabsch A et al (1999) Bolzenverbindung für Faserverbundstrukturen, Patent (DE19925953C1)
69. Messler RW (2000) Trends in key joining technologies for the twenty-first century. Assem Autom 20:118–128
70. Becker P, Büter A (2017) Hybride Leichtbauhinterachse für Elektrofahrzeuge. Lightweight Des 10:44–47. https://doi.org/10.1007/s35725-017-0049-9
71. Möller F, Thomy C, Vollertsen F et al (2010) Novel method for joining CFRP to aluminium. Phys Procedia Part B 5:37–45
72. Böhlke T, Henning F, Hrymak A et al (2019) Continuous–discontinuous fiber-reinforced polymers: an integrated engineering approach. Hanser, München
73. Mersmann C (2013) Industrialisierende Machine-Vision-Integration im Faserverbundleichtbau. Dissertation, RWTH Aachen
74. Miene A (2010) Bildanalytische Qualitätssicherung in der Preformfertigung. Vortrag beim Carbon Composites e.V., 5. Sitzung der Arbeitsgruppe „Werkstoff- und Bauteilprüfung“ Thementag: „ZFP in der Produktion“, Augsburg
75. Orth A (2008) Entwicklung eines Bildverarbeitungssystems zur automatisierten Herstellung faserverstärkter Kunststoffstrukturen. Zugl.: Aachen, Techn. Hochsch., Diss., 2008. Berichte aus der Produktionstechnik. Shaker, Aachen
76. Palfinger W, Eitzinger C, Thumfahrt S (2012) Vision based sensor enabling automated production of composite materials. Symposium on automation of advanced composites and its technology, Munich, Germany
77. Göttinger M, Weimer C, Miene A (2009) Inline-Preformprozesskontrolle in der CFK-Fertigung. Deutscher Luft- und Raumfahrtkongress, Aachen, Germany
78. Vaara P, Leinonen J (2012) Technology survey on NDT of carbon-fiber composites. Publications of Kemi-Tornio University of Applied Sciences Serie B. Reports 8/2012

79. Zaiß M, Jank M-H, Netzelmann U et al (2017) Use of thermography and ultrasound for the quality control of SMC lightweight material reinforced by carbon fiber tapes. Procedia CIRP 62:33–38. https://doi.org/10.1016/j.procir.2016.06.039
80. Ibarra-Castanedo C, Maldague X (2004) Pulsed phase thermography reviewed. Quant InfraRed Thermography J 1:47–70. https://doi.org/10.3166/qirt.1.47-70
81. Töpker JH (2003) Ultraschallmesstechnik zur Online-Erfassung und Analyse des Injektions- und Härtungsablaufs beim Resin Transfer Moulding. Ultrasonic measurement technique for online control and analysis of the impregnation and curing process by resin transfer moulding. Zugl.: Aachen, Techn. Hochsch., Diss., 2002, 1. Aufl. IKV-Berichte aus der Kunststoffverarbeitung, Bd 137. Mainz/Aachen
82. Cuadra J, Vanniamparambil PA, Hazeli K et al (2013) Damage quantification in polymer composites using a hybrid NDT approach. Compos Sci Technol 83:11–21
83. Waugh RC, Dulieu-Barton JM, Quinn S (2014) Modelling and evaluation of pulsed and pulse phase thermography through application of composite and metallic case studies. NDT&E Int 66:52–66
84. Genest M, Martinez M, Mrad N et al (2009) Pulsed thermography for non-destructive evaluation and damage growth monitoring of bonded repairs. Compos Struct 88:112–120
85. Gamstedt K, Talreja R (1999) Fatigue damage mechanisms in unidirectional carbon-fibre-reinforced plastics. J Mater Sci 34:2535–2546. https://doi.org/10.1023/A:1004684228765
86. Jollivet T, Peyrac C, Lefebvre F (2013) Damage of composite materials. Procedia Eng 66:746–758
87. Bretz L, Günther F, Schwarz M et al (2020) Design and quality assurance of intrinsic hybrid metal-CFRP lightweight structures. Proceedings of 4th international conference hybrid materials and structures (hybrid 2020), web-conference, Karlsruhe, S. 144–156
88. Pohl M, Stommel M (2018) Intrinsic CFRP-metal-hybrids with rubber interface for the improvement of the damping behaviour. Prod Eng 12:153–159. https://doi.org/10.1007/s11740-018-0792-5
89. Günther F, Pohl M, Kretzschmar V et al (2018) Optimising mechanical interlocking interface of CFRP-(thermoplastic/metal)-hybrids. In: Hausmann JM, Siebert M, von Hehl A (Hrsg) 3. Internationale Konferenz Hybrid Materials and Structures, 18.–19. April. Bremen, Deutschland, S 254–260
90. Günther F, Ewens J, Stommel M (2020) Potential of mesoscale structural elements in the interface of hybrid CFRP-metal-parts on the load transfer. In: Hopmann C, Dahlmann R (Hrsg) Advances in polymer processing 2020. Proceedings of the international symposium on plastics technology. Springer, Wiesbaden
91. Günther F, Kretzschmar V, Stommel M et al (2019) Interlocking interface design in metal-CFRP joints using a Monte-Carlo simulation approach. Proceeding of 22nd international conference on composites materials (ICCM22), Melbourne
92. Kratz A, Auer M, Stommel M et al (2013) Visualization and analysis of second-order tensors: moving beyond the symmetric positive-definite case. Comput Graphics Forum 32:49–74
93. Delmarcelle T, Hesselink L (1993) Visualizing second-order tensor fields with hyperstreamlines. IEEE Comput Graph Appl 13:25–33
94. Kretzschmar V, Günther F, Stommel M et al (2020) Tensor spines – a hyperstreamlines variant suitable for indefinite symmetric second-order tensors. In: 2020 IEEE Pacific visualization symposium (PacificVis), Tianjin, China, S. 106–110
95. Günther F, Stommel M (2020) Mesoscale surface structures in CFRP-metal-joints – aspects of design and manufacturing. Conference on future production of hybrid structures, 23. September 2020, Wolfsburg

96. Günther F, Bretz L, Jost H et al (2019) Herausforderungen im Entwicklungszyklus von einfachen (2D) zu komplexen (3D-) CFK-Hybridbauteilen mit thermoplastumspritzen Metalleinleger. Internationales Dresdner Leichtbausymposium, Dresden
97. Bretz L, Gärtner A, Häfner B et al (2020) Fiber orientation evaluation of intrinsically manufactured metal-CFRP hybrid structures by data fusion of pulsed phase thermography and laser light section (Im Druck). Proceedings of conference on future production of hybrid structures (FPHS 2020), web-conference, Wolfsburg (in press)
98. Berger D, Brabandt D, Bakir C et al (2017) Effects of defects in series production of hybrid CFRP lightweight components – detection and evaluation of quality critical characteristics. Measurement 95:389–394. https://doi.org/10.1016/j.measurement.2016.10.003
99. Berger D, Zaiß M, Lanza G et al (2018) Predictive quality control of hybrid metal-CFRP components using information fusion. Prod Eng Res Devel 12:161–172. https://doi.org/10.1007/s11740-018-0816-1
100. Summa J, Schwarz M, Herrmann HG Evaluating the severity of defects in a metal to CFRP hybrid-joint with in-situ passive thermography damage monitoring. In: Proceedings of the 5th International conference on integrity-reliability-failure, Porto, Portugal
101. Berger D, Lanza G (2016) Qualitätssicherung im Leichtbau. ZWF 4:178–182. https://doi.org/10.3139/104.111499
102. Lanza G, Brabandt D (2012) Sustainable automated production of fiber reinforced plastics (FRP) through inline quality assurance. In: Seliger G, Kiliç SE (Hrsg) Towards implementing sustainable manufacturing. Proceedings of 10th global conference on sustainable manufacturing. CIRP, S 123–127
103. Brabandt D, Lanza G (2015) Data processing for an inline measurement of preforms in the CFRP-production. Procedia CIRP:269–274. https://doi.org/10.1016/j.procir.2015.06.048
104. Brabandt D, Hettich S, Lanza G (2015) Messtechnik für die Qualitätssicherung von Carbonfaser-Preforms. Lightweight Des:20–25. https://doi.org/10.1007/s35725-015-0049-6
105. Schwarz M (2019) Multimodale zerstörungsfreie Charakterisierung der Grenzflächen von Metall-CFK-Hybridstrukturen. Dissertation, Universität des Saarlandes/Fraunhofer IZFP
106. Chrysochoos A, Louche H (2000) An infrared image processing to analyse the calorific effects accompanying strain localisation. Int J Eng Sci:1759–1788. https://doi.org/10.1016/S0020-7225(00)00002-1
107. Jegou L, Marco Y, Le Saux V et al (2013) Fast prediction of the Wöhler curve from heat build-up measurements on Short Fiber Reinforced Plastic. Int J Fatigue:259–267. https://doi.org/10.1016/j.ijfatigue.2012.09.007
108. Wu D, Busse G (1998) Lock-in thermography for nondestructive evaluation of materialsÉvaluation non destructive de matériaux par thermographie à détection synchrone. Revue Générale de Thermique:693–703. https://doi.org/10.1016/S0035-3159(98)80047-0
109. Palumbo D, de Finis R, Demelio GP et al (2017) Study of damage evolution in composite materials based on the Thermoelastic Phase Analysis (TPA) method. Compos Part B 117:49–60. https://doi.org/10.1016/j.compositesb.2017.02.040
110. Berger D, Lanza G (2018) Development and application of eddy current sensor arrays for process integrated inspection of carbon fibre preforms. Sensors 18(4). https://doi.org/10.3390/s18010004
111. Haefner B, Berger D (2019) Design, data analysis and measurement uncertainty evaluation of an eddy-current sensor array for in-process metrology of carbon fiber reinforced plastics. CIRP Ann 68:539–542. https://doi.org/10.1016/j.cirp.2019.04.091
112. Joint Comittee for Guides in Metrology (2008) Evaluation of measurement data – guide to the expression of uncertainty in mesasurement (JCGM 100:2008), Bureau International des Poids et Mesures (BIPM), Sèvres, France

113. Verband der Automobilindustrie (2013) Band 5.1 Rückführbare Inline-Messtechnik im Karosseriebau, VDA-QMC, Berlin, Germany
114. Bradley D, Roth G (2007) Adaptive thresholding using the integral image. J Graph Tools 12:13–21. https://doi.org/10.1080/2151237X.2007.10129236
115. Schwarz M, Schwarz M, Herter S et al (2019) Nondestructive testing of a complex aluminium-CFRP hybrid structure with EMAT and thermography. J Nondestruct Eval 38:35. https://doi.org/10.1007/s10921-019-0578-5
116. Summa J, Grossmann F, Herrmann H-G (2020) Quantitative passive thermography for evaluation of fatigue damage in an intrinsic hybrid composite. Proceedings of the 4th international conference on hybrid materials, Karlsruhe, Germany

Hybridprofile für Trag- und Crashstrukturen

3

Welf-G Drossel, Mathias Bobbert, Marcus Böhme, Christian Dammann, Axel Dittes, Mina Gießmann, Christian Hühne, Jörn Ihlemann, Robert Kießling, Thomas Lampke, Peter Lenz, Rolf Mahnken, Gerson Meschut, Roland Müller, Matthias Nier, Robert Prussak, Matthias Riemer, Sascha Sander, Mirko Schaper, Ingolf Scharf, Mario Scholze, Stephan-Daniel Schwöbel, Semen Sharafiev, Michael Sinapius, Daniel Stefaniak, Thomas Tröster, Martin F. -X. Wagner, Zheng Wang und Carolin Zinn

W.-G. Drossel (✉) · R. Müller · M. Riemer
Fraunhofer-Institut für Werkzeugmaschinen und Umformtechnik, Chemnitz, Deutschland
E-Mail: Welf-Guntram.Drossel@iwu.fraunhofer.de; Roland.mueller@iwu.fraunhofer.de; Matthias.riemer@iwu.fraunhofer.de;

M. Bobbert · C. Dammann · P. Lenz · R. Mahnken · G. Meschut · S. Sander · M. Schaper · Z. Wang · C. Zinn · T. Tröster
Universität Paderborn, Paderborn, Deutschland
E-Mail: Mathias.bobbert@lwf.upb.de; Christian.dammann@ltm.upb.de; Peter.lenz@ltm.upb.de; Rolf.Mahnken@ltm.upb.de; Gerson.meschut@lwf.upb.de; Sascha.sander@lwf.upb.de; Schaper@lwk.upb.de; Zheng.Wang@uni-paderborn.de; Zinn@lwk.upb.de; Thomas.Troester@uni-paderborn.de

R. Kießling · M. Böhme · A. Dittes · M. Gießmann · J. Ihlemann · T. Lampke · M. Nier · I. Scharf · M. Scholze · S.-D. Schwöbel · S. Sharafiev · M. F.-X. Wagner
TU Chemnitz, Chemnitz, Deutschland
E-Mail: Robert.kiessling@mb.tu-chemnitz.de; Marcus.boehme@mb.tu-chemnitz.de; Axel.dittes@mb.tu-chemnitz.de; Mina.pouya@gmail.com; Joern.ihlemann@mb.tu-chemnitz.de; Thomas.lampke@mb.tu-chemnitz.de; Matthias.nier@web.de; Ingolf.scharf@mb.tu-chemnitz.de; Mario.scholze@mb.tu-chemnitz.de; Stephan-daniel.schwoebel@mb.tu-chemnitz.de; S.sharafiev@gmail.com; Martin.wagner@mb.tu-chemnitz.de;

R. Prussak · D. Stefaniak · C. Hühne
Deutsches Zentrum für Luft- und Raumfahrt, Braunschweig, Deutschland
E-Mail: Robert.Prussak@dlr.de; Daniel.stefaniak@dlr.de; Christian.Huehne@dlr.de

M. Sinapius
TU Braunschweig, Braunschweig, Deutschland
E-Mail: M.sinapius@tu-braunschweig.de

J. Fleischer (Hrsg.), *Intrinsische Hybridverbunde für Leichtbautragstrukturen*,
https://doi.org/10.1007/978-3-662-62833-1_3

3.1 Einleitung und Stand der Technik

Metall-FVK-Hybridprofile vereinen die Vorteile einer werkstoffseitigen Hybridisierung mit konstruktiven Maßnahmen zur Steifigkeitserhöhung. In Anlehnung an klassische Blechprofile zeichnen sich Metall-FVK-Hybridprofile ebenso durch ein hohes Aspektverhältnis von Länge zu Breite bzw. Dicke aus. Während bei klassischen Blechprofilen aus monolithischen Werkstoffen üblicherweise höherfeste Stahlwerkstoffe oder hochfeste Aluminiumlegierungen zum Einsatz kommen, erfolgt im Querschnittsaufbau von Hybridprofilen eine gezielte Aneinanderreihung von dünnen Metall- und FVK-Lagen. Der Übergang zur Hybridbauweise ermöglicht auch bei Profilen eine Erhöhung des Leichtbaugrads im Vergleich zur monolithischen Bauweise. Die Reduktion des Gesamtgewichts wird insbesondere durch kleinere Profilquerschnitte bzw. erhöhte Bauteilsteifigkeiten möglich.

Metall-FVK-Hybridprofile bieten sich vor allem für die Anwendung in mechanisch hoch beanspruchten Bereichen an. Aktuell wird der Prototypeneinsatz überwiegend im Fahrzeugbereich in Strukturbauteilen wie A-Säule [1], Dachquerträger [2], Mitteltunnel [3] oder als Crash-Element in den Türen [4] untersucht. Ein Beispiel für ein Hybridprofil im Serieneinsatz ist die B-Säule des aktuellen 7er-BMW [5]. Die hierfür bereits angewandte Herstellung durch intrinsische Hybridisierung bietet Vorteile gegenüber konventionellen Ansätzen, bei denen die Werkstoffe zunächst separat in Form gebracht und anschließend in einem zusätzlichen Prozessschritt durch verschiedene Fügeverfahren zum endgültigen Hybridprofil verbunden werden [6–8]. Zur Herstellung von thermoplast- bzw. duroplastbasierten FVK-Metall-Hybridprofilen sind Modifikationen des Prepreg-Press-, des Thermoformens und des Harz-Injektionsverfahrens [9, 10] besonders geeignet. Bei diesen Verfahren lässt sich die Hybridisierung in den eigentlichen Formgebungsprozess integrieren.

Durch den Verzicht auf zusätzliche Fügeelemente bzw. Klebstoffe sind die sich ausbildenden Grenzschichten der Metall- und FVK-Lagen von entscheidender Bedeutung für die Integrität des gesamten Hybridbauteils. Eine hohe Verbindungsfestigkeit kann durch Stoff- und/oder Formschluss realisiert werden [11, 12]. Deshalb stellt die Vorbehandlung der Metalloberfläche einen der bedeutendsten Schritte zum Erreichen einer dauerhaft hochfesten Verbindung zwischen der Metall- und FVK-Komponente dar [13]. In den letzten Jahren wurden verschiedenste Methoden zur Oberflächenvorbehandlung untersucht, um die Benetzungs- und Haftungseigenschaften zu verbessern. Einige Beispiele sind das Ätzen, das Anodisieren, das Beflammen, die Plasmabehandlung oder auch Strahlverfahren [14, 15]. Das Strahlen mit Korund hat sich durch seine hohe Automatisierbarkeit zum schnellen Anrauen u. a. im Automobilsektor etabliert [87]. Eine weitere vielversprechende Möglichkeit die Haftungseigenschaften der Metalloberfläche zu verbessern, bietet die laserinduzierte (Nano-)Strukturierung [13–18]. Allerdings gehen die Anforderungen an die Grenzschichten intrinsischer Hybride weit über das reine Erzielen hoher Verbindungsfestigkeiten hinaus. Es gibt großen Forschungsbedarf für komplementäre Grenzschichtkonzepte, die insbesondere sensitiv gegenüber der Korrosionsproblematik sind, die sich durch Verwendung von CFK in Kombination mit metallischen Werkstoffen ergibt. Darüber hinaus erfordern die unterschiedlichen Wärmeausdehnungskoeffizienten der Metall- und der FVK-Komponenten besondere Aufmerksamkeit bei der Gestaltung und Auslegung von intrinsischen Hybridprofilen, um richtungsabhängige Eigenspannungen und unerwünschten Bauteilverzug zu verringern. Zudem gilt es die Eigenspannungen durch angepasste Herstellungsprozesse zu minimieren, um das volle mechanische Potenzial der Hybridprofile auszuschöpfen.

Insbesondere um Metall-FVK-Hybridprofile in Strukturbauteilen für Großserienanwendungen zu etablieren, sind neben Grenzschichtkonzepten auch geeignete Auslegungs- und Simulationsmethoden zu entwickeln (siehe [19, 20]). Bedingt durch die angestrebte Realisierung der Fertigung in einem Prozessschritt, sind für eine möglichst exakte Nachbildung der resultierenden Bauteileigenschaften Fertigungseinflüsse zu berücksichtigen. Dies bedingt auch die Simulation einzelner Teilprozessschritte. Um dabei das Verhalten der einzelnen Komponenten adäquat nachbilden zu können, müssen geeignete, nichtlineare Materialmodelle für große Deformationen formuliert werden. Unter Berücksichtigung der Ergebnisse der Prozesssimulationen, ermöglichen anschließend unterschiedliche Strategien zur Modellgenerierung den Aufbau der Simulationsmodelle der Strukturbauteile. Aufgrund des Einflusses auf die Gesamtstruktur, ist hierbei auch das Verhalten der Grenzschicht adäquat zu erfassen und nachzubilden (vgl. [21]).

Unterstützt durch fertigungs- und bauteilspezifische Simulationen soll in diesem Kapitel auf die Entwicklung und Umsetzung von zwei Konzepten von intrinsisch gefertigten Metall-FVK-Hybridprofilen eingegangen werden. Zur Realisierung der Kombination beider Werkstoffklassen sieht das erste Konzept eine Kopplung von Stoff- und Formschluss vor. Bedingt durch die geometrische Gestaltung eines speziellen metallischen Einlegers werden Formschlusselemente innerhalb des einstufigen Prozesses generiert und simultan zur globalen Formgebung in die thermoplastische Matrix des FVK gepresst. Das zweite Konzept betrifft die Entwicklung eines RTM-Prozesses zur intrinsischen Herstellung von Hybridprofilen. Nach dem Einlegen von Metall- und trockenen Faserkomponenten in die Werkzeugkavität erfolgt die Injektion der duroplastischen Matrix. Durch eine geeignete Prozesssteuerung soll es dabei während des Aushärtens der FVK-Komponente auch zu einer Anbindung des Harzes an die metallische Komponente kommen. Bedingt durch unterschiedliche thermische Ausdehnungen kommt es dabei zur Ausbildung von Eigenspannungen. Aufgrund des großen Einflusses dieser mechanischen Spannungen auf das Verhalten der resultierenden Bauteile, soll zu Beginn des Kapitels explizit auf deren Ermittlung, Modifikation und Berücksichtigung in der Fertigung eingegangen werden.

3.2 Eigenspannungen in intrinsischen Hybridverbunden, Ermittlung, Modifikation und Berücksichtigung in der Fertigung

Christian Hühne, Robert Prussak, Michael Sinapius und Daniel Stefaniak

3.2.1 Motivation

Durch die intrinsische Hybridisierung findet die Verbindung der Einzelkomponenten zeitgleich mit der Herstellung des Hybridverbunds statt. Somit werden alle durch die vorherige Vorbehandlung, Ausrichtung und Ablage eingebrachten Spannungen der metallischen Komponente im Laminat „eingefroren". Zusätzlich zu dieser dem Aushärteprozess vorangestellten Spannungseinlagerung folgt die prozessbedingte Eigenspannungseinlagerung, welche bedingt durch den Aushärteprozess der Kunststoffkomponente stattfindet. Die Spannungseinlagerung erfolgt vordergründig durch die unterschiedlichen thermischen Ausdehnungskoeffizienten der Hybrid-Komponenten. Der eingelagerte Eigenspannungszustand ist folglich eine Kombination beider Effekte und wird in Anlehnung an die Definition von Wolfstieg [22] wie folgt definiert:

Eigenspannungen definieren die Spannungen, die sich aus dem Herstellungsprozess selbst ohne die Beaufschlagung durch äußere Lasten, in Abhängigkeit des Aufbaus, der Materialien und Fertigungsparameter ergeben.

Der Eigenspannungszustand führt zu einer Vorspannung der einzelnen Lagen, welche in der Folge ein Kräftegleichgewicht innerhalb des Gesamtlaminates bilden. Die nötige Übertragung der Kräfte zwischen den unterschiedlichen Schichten innerhalb des Laminates muss über die Grenzschichten erfolgen, wodurch neben der Vorspannung der Einzellagen auch Schubspannungen in den Grenzschichten entstehen.

Der prozessbedingte Eigenspannungsanteil stellt aufgrund der vielfältigen Einflussparameter die größte Herausforderung bezüglich der Ermittlung und Modellierung des Spannungszustandes dar, besitzt jedoch zusätzlich das größte Potenzial zur Anpassung und Modifikation. Werden die Festigkeitsuntersuchungen an der Einzelschicht bei unterschiedlichen Temperaturen durchgeführt, so werden die Eigenspannungen im Ergebnis automatisch berücksichtigt und sind in der Auslegung integriert. Speziell in Metall-FVK-Hybridprofilen, welche durch einen Schichtaufbau dünner Metall- und FVK-Lagen definiert sind, treten interlaminare Eigenspannungen durch die von Schicht zu Schicht unterschiedlichen thermischen Ausdehnungskoeffizienten auf. Diese sind gegenüber der Einzelschicht deutlich aufwendiger zu ermitteln, da sie unmittelbar vom Lagenaufbau und der Aushärtereaktion selbst abhängen, die Laminatfestigkeit aber ebenso herabsetzen können. Während sich diese Spannungen bei symmetrischen Laminaten einlagern, werden sie bei asymmetrischen Lagenanordnungen zum Teil als Verformung sichtbar.

Der prozessbedingte Eigenspannungszustand kann auch als eine Temperaturlast aufgefasst werden. Entsprechend existiert eine spannungsfreie Temperatur bei der keine interlaminaren Spannungen vorliegen. Im Allgemeinen beschreibt dies die Temperatur zum Zeitpunkt der Anbindung der Einzelkomponenten im Herstellungsprozess. Ab dem Überschreiten des Anbindungszeitpunktes kann das Faser-Metall-Laminat (FML), bestehend aus den Einzelkomponenten des Faserverbundwerkstoffs (FVK) und Metalls, als ein Gesamtverbund betrachtet werden. Es zeigt ab diesem Zeitpunkt eine lineare thermische Ausdehnung [23, 24]. Während der Abkühlung von der spannungsfreien Temperatur auf Raumtemperatur werden entsprechend der unterschiedlichen thermischen Eigenschaften der Metall- und der FVK-Komponente hohe Zwangsdehnungen induziert.

Die entstehenden Eigenspannungen verringern das mechanisch nutzbare Potenzial des Hybridverbunds. Im Speziellen werden durch die Zugvorspannung in der Metallkomponente die Zugfestigkeit und das Ermüdungsverhalten negativ beeinflusst. Bei kritischen Hybridkombinationen (sehr hohe thermische Inkompatibilität) können aus dem Prozess heraus bereits Schädigungen (Lagentrennungen) durch die hohen eingeleiteten Spannungen in den Grenzschichten induziert werden. Im Allgemeinen steigt die Anfälligkeit gegenüber Schädigungen aufgrund des Eigenspannungszustandes. Bei Temperaturgradienten im Laminat oder asymmetrischen Aufbauten können sich zusätzlich Spannungsgradienten einlagern die zu Verformungen in Abhängigkeit der Eigenspannungen führen. Daraus ergibt sich die Notwendigkeit den Eigenspannungszustand in den Hybridverbunden genauer zu charakterisieren. Dazu gehört das Verständnis über den Einlagerungsprozess, Möglichkeiten zur experimentellen Ermittlung von Eigenspannungen, sowie Methoden zur gezielten Modifikation während der Fertigung der Hybridverbunde.

3.2.2 Zielsetzung und Vorgehensweise

Übergeordnetes Ziel der Arbeiten ist es mit Hilfe von produktionstechnischen Maßnahmen Eigenspannungen in FVK-Metall-Hybriden zu reduzieren und im Weiteren deren Auswirkungen auf grundlegende werkstoffwissenschaftliche Laminateigenschaften zu beschreiben. Diese Maßnahmen können sowohl prozesstechnischer Natur sein, wobei Druck- und Temperaturverlauf gezielt angepasst werden, als auch materialspezifisch oder konstruktiv. Zusätzlich soll der Eigenspannungseinlagerungsprozess analysiert und die Ursachen und Einflussfaktoren bestimmt werden. Damit sollen die Grundlagen gelegt werden, die Spannungsverhältnisse in einem Auslegungsprozess systematisch integrieren zu können. Die Berücksichtigung der Eigenspannungen ist auch bei einer erfolgreichen Verringerung der fertigungsbedingten Eigenspannungen unumgänglich. Die interlaminaren Eigenspannungen zwischen und in den Einzelschichten aus artverschiedenen Werkstoffen sind temperaturabhängig. Gelingt es diese mittels geeigneter Methoden für eine bestimmte Einsatztemperatur des Hybridbauteils zu reduzieren, so treten diese bei einer Schwankung der Einsatztemperatur unweigerlich wieder auf oder resultieren in einer Deformation des Bauteils.

Zur Erreichung der angestrebten Ziele müssen Methoden zur Ermittlung und Quantifizierung des Eigenspannungszustands entwickelt und validiert werden. Zum einen sollen dafür Methoden genutzt werden, die der Herstellung zeitlich nachgelagert sind, und zum anderen simultane Methoden, die direkt während der Herstellung Rückschlüsse auf den Eigenspannungszustand erlauben. Insbesondere durch die Bewertung der Verformung von asymmetrischen FVK-Metall-Hybriden infolge des Aushärteprozesses können Rückschlüsse auf den Eigenspannungszustand gezogen werden. Um jedoch Anhaltspunkte für eine gezielte Prozessanpassung zu liefern, muss neben dem resultierenden Spannungszustand möglichst auch die Entstehung beziehungsweise die Einlagerung der Eigenspannung während der Aushärtung untersucht werden. Die Zielsetzung besteht daher darin, entlang des gesamten Herstellungsprozesses Dehnungsinformationen im Inneren des Verbunds aufzuzeichnen. Durch die Analyse des Dehnungsverhaltens kann eine Bestimmung des prozessrelevanten Parameters der spannungsfreien Temperatur T_{sf} stattfinden und im Auslegungsprozess berücksichtigt werden.

Eine Möglichkeit zur Umsetzung stellen Dehnungs-Mess-Streifen (DMS) dar, die auf der Metallfolie appliziert werden und so die Dehnung der Metallkomponente aufnehmen können [25]. Eine zweite Möglichkeit stellt der Einsatz von faseroptischen Sensoren (FBG) dar. Diese werden in die noch unausgehärtete FVK-Komponente integriert und liefern Dehnungsinformationen während des gesamten Herstellungsprozesses [24, 26]. Somit können Aussagen über Phasenübergänge des Matrixsystems, sowie über mechanische Interaktionen der Einzellagen im Herstellungsprozess getroffen werden. Dieser Zusammenhang ermöglicht die Ermittlung von Auswirkungen und Mechanismen von veränderten Prozessparametern, wie Druck, Temperatur oder die Wahl der Fertigungsumgebung und ermöglicht im Weiteren eine gezielte Anpassung der Parameter. Weitere Information zum Messverfahren werden in Abschn. 6.2.2 gegeben.

In der Folge kann mit Hilfe von eigenspannungsmodifizierten Prüfkörpern der Zusammenhang zwischen Eigenspannungszustand und der resultierenden Festigkeit experimentell bestimmt werden. Dazu werden Prüfkörper mit unterschiedlichen Prozesszyklen gefertigt und die daraus jeweils resultierenden Eigenspannungsniveaus nach der Fertigung aufgenommen. Nachfolgend werden die Proben mechanischen Tests unterzogen und deren Festigkeit ermittelt.

3.2.3 Entstehung und Charakterisierung des Eigenspannungszustandes

In Abb. 3.1 ist ein beispielhaftes Hybridlaminat, bestehend aus zwei äußeren FVK-Lagen und einer inneren Metallschicht, dargestellt. Grundsätzlich erfolgt die Einlagerung von Eigenspannungen durch die unterschiedlichen thermischen Ausdehnungskoeffizienten der

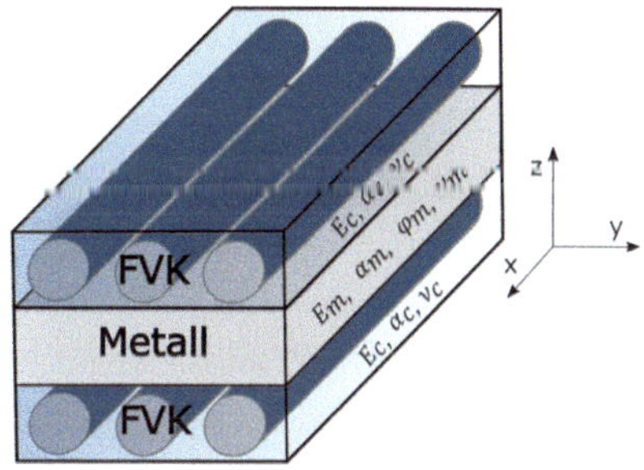

Abb. 3.1 Aufbau eines beispielhaften Hybridlaminats

Einzelkomponenten α_m und α_c von Metall und Faserverbundwerkstoff, sowie die Differenz zwischen der spannungsfreien Temperatur T_{sf} und Raumtemperatur T_r. Der Spannungszustand wird beeinflusst durch die mechanischen Eigenschaften der Einzellagen, wie die Elastizitätsmodule E_m und E_c, die Querkontraktionen ν_m und ν_c, sowie deren Anteile in Form des Metallvolumengehalts φ_m. Sowohl Elastitizitätsmodule als auch Wärmeausdehnungskoeffizienten sind in FVK richtungsabhängig. Somit ergeben sich entsprechend der Betrachtungsrichtung unterschiedliche Eigenspanngungsniveaus in Abhängigkeit der Lagenausrichtung. Für die folgende Abschätzung wird eine vereinfachte eindimensionale Betrachtung zur Entstehung der Eigenspannungen genutzt.

Die sich einstellende Temperaturdifferenz ΔT ist der maßgebliche, treibende Faktor für die Höhe der Eigenspannungen und steht im direkten Zusammenhang mit dem Zeitpunkt der Anbindung zwischen den Einzelkomponenten während des Aushärteprozesses [23, 24]. Dieser Zeitpunkt beschreibt den Moment einer ausreichenden Vernetzung der Kunststoffmatrix, sodass Spannungen zwischen den Einzellagen übertragen werden können. Der Prozess der Spannungseinlagerung kann über die Prozessdehnungen bzw. mittels der eingelagerten Zwangsdehnungen in den Einzelkomponenten anhand des Grafen aus Abb. 3.2 verdeutlicht werden. Dieser zeigt den vereinfachten eindimensionalen Verlauf der Prozessdehnungen im Hybrid ε_{h}, sowie der theoretischen freien thermischen Dehnungen der Metall-Komponente ε_{mf} und der FVK-Komponente ε_{cf} in Abhängigkeit von der Prozesstemperatur. Dargestellt ist der Prozess vom Beginn bei Raumtemperatur T_r zum Zeitpunkt t_0 über den Moment des Überschreitens der spannungsfreien Temperatur T_{sf} bei t_1, der Erreichung der Aushärtetemperatur T_c bei t_2 und schließlich bis zur Abkühlung auf Raumtemperatur T_r bei t_3.

Durch die Annahme, dass vor Erreichen der spannungsfreien Temperatur T_{sf} keine Spannungen übertragen und eingelagert werden können und sich die Komponenten somit frei von einander ausdehnen bzw. kontrahieren, werden im Bereich von t_0 bis t_1 keine Zwangsdehnungen in die Komponenten eingelagert. Die Prozessdehnungen im Hybrid ε_{h} werden folglich gleich null gesetzt. Nach Überschreiten der spannungsfreien Temperatur T_{sf} bei t_1 wird vereinfacht ein lineares Materialverhalten angenommen. Untersuchungen haben gezeigt, dass diese Annahme im Falle einer ausreichenden Quer- und Längs-Verstärkung des Laminats in der Ebene getroffen werden können [23, 27]. Die in-plane Eigenschaften sind nach Erzielung der Anbindung zwischen den Einzelkomponenten faser- oder metalldominiert. Schwindungen und Relaxationen können vernachlässigt werden und treten nahezu nur in der unverstärkten Dickenrichtung auf. Dieser Zusammenhang konnte sowohl für CFK-Stahl-Laminate als auch für GLARE-Laminate experimentell aufgezeigt werden [23, 24]. In den Untersuchungen an GLARE-Laminaten wurden dafür neben FBG auch DMS Sensoren verwendet [23]. Die FBG-Sensoren wurden zur Dehnungsmessung während des Aushärteprozesses im FVK eingesetzt und die DMS zur Dehnungsmessung der Metallfolien. Es konnte gezeigt werden, dass vor Erreichen der Anbindung Schwindungen in der Kunststoff-Komponente erfasst werden können, wohingegen sich die Metallfolie unabhängig davon frei thermisch dehnt. Nach Überschreiten des Anbindungszeitpunktes zeigen sowohl FBG als auch DMS denselben linearen Dehnungsverlauf in Abhängigkeit der Temperatur an [23].

Die Temperatur zum Zeitpunkt der Anbindung der Einzelkomponenten liegt meist unterhalb der Aushärtetemperatur, wie auch die Abb. 3.2 verdeutlicht. Die FVK-Komponente besitzt in der Regel einen deutlich geringeren thermischen Ausdehnungskoeffizienten als die Metall-Komponente, was durch die unterschiedlichen Abkühlverläufe von ε_{cf} und ε_{mf} aufgezeigt wird. Der Dehnungsverlauf des Hybrids ergibt sich aus der Kombination beider Einzelkomponenten und kann durch die Mischungsregel abgeschätzt werden. Die entstehenden Eigenspannungen resultieren aus den eingelagerten Zwangsdehnungen ε_m und ε_c bei T_r zum Zeitpunkt t_3. Diese bilden die Differenz zwischen der ungehinderten freien Dehnung ε_{mf} und ε_{cf} der Einzelkomponenten und der tatsächlich im Verbund vorliegenden Dehnung ε_{h}. Entsprechend ergeben sich nach Abkühlung Zugeigenspannungen in der Metall-Komponente und Druckeigenspannungen in der FVK-Komponente.

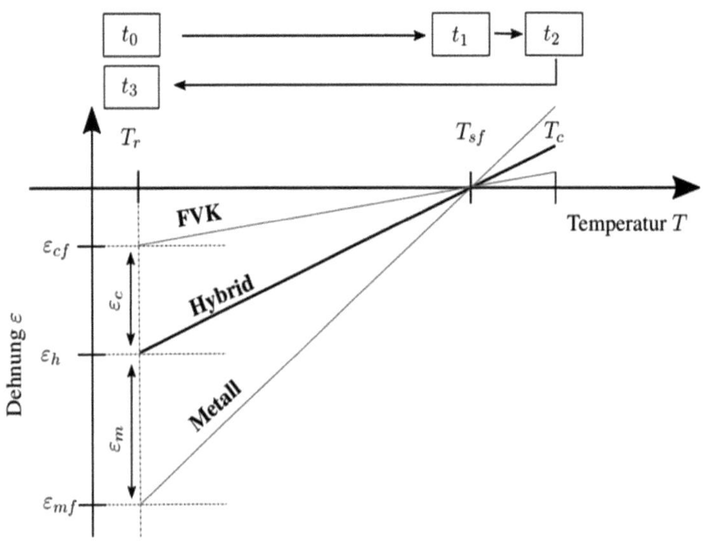

Abb. 3.2 Einlagerung von Eigendehnungen im Herstellungsprozess

3.2.4 Einflussparameter auf den Eigenspannungszustand

Das diskutierte Eigenspannungsniveau in den verschiedenen Komponenten ist stark abhängig von der Hybridstruktur, worunter die Materialauswahl, Faserausrichtung, Lagenanordnung und die Materialanteile verstanden werden. Zusätzlich spielen der im vorherigen Kapitel diskutierte Anbindungszeitpunkt im Herstellungsprozess, sowie die zu diesem Zeitpunkt vorliegenden Temperaturen und Spannungen in den Einzellagen eine maßgebliche Rolle für die Eigenspannungsausbildung. Die Einteilung der Einflussfaktoren erfolgt in intrinsische und extrinsische Faktoren. Intrinsische Faktoren beschreiben den Einfluss durch die Materialauswahl selbst, sowie deren Kombination im Hybridlaminat. Zu den extrinsischen Faktoren gehören die Prozessparameter und die Fertigungsrandbedingungen.

In Abb. 3.3 ist der Einfluss der intrinsischen Faktoren auf den Normal- und Schubeigenspannungszustand dargestellt. Dazu zählen die thermischen Eigenschaften der verwendeten Materialien, insbesondere die thermischen Ausdehnungskoeffizienten (CTE), die Aushärtetemperatur des verwendenden Harzmaterials, die Steifigkeiten, sowie der Anteil der Komponenten im Gesamtverbund. Eine Erhöhung der Differenz zwischen den CTEs führt zur Erhöhung der Wärmedehnungsinkompatibilität und in der Folge zu erhöhten Eigenspannungen in den Einzellagen. Eine erhöhte Aushärtetemperatur erhöht die restituierende Temperaturänderung ΔT und folglich ebenfalls den Spannungszustand. Die Materialeigenschaften und der Lagenaufbau beeinflussen die Laminatsteifigkeit, wobei eine erhöhte Steifigkeit die entstehenden Kräfte des inneren Gleichgewichts erhöht, und die Eigenspannungen ansteigen. Im Weiteren steigen die Spannungen in den betrachteten Komponenten innerhalb der Einzellagen, wenn deren Volumenanteil im Verbund sinkt. Im Unterschied zu den Normalspannungen wird für die Betrachtung der Schubeigenspannungen die Grenzschichtanzahl als ein zusätzlicher Faktor eingeführt. Eine erhöhte Anzahl an Grenzschichten ermöglicht das Abtragen der inneren Kräfte über mehrere Flächen und

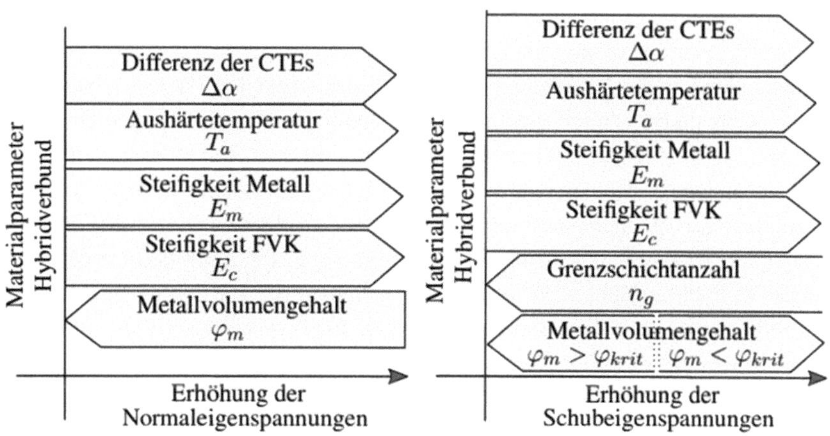

Abb. 3.3 Intrinsische Einflussfaktoren auf den Normal- und Schubeigenspannungszustand in Hybridlaminaten

senkt auf diese Weise die wirkenden Spannungen. Ein weiterer Unterschied ist der Einfluss des Metallvolumenanteils. Es existiert ein kritischer Metallvolumengehalt φ_{krit} bei dem die resultierenden Schubspannungen aufgrund eines Maximums der wirkenden inneren Kräfte maximal sind. Dieses ist abhängig vom Zusammenspiel aus dem Steifigkeitsverhältnis und dem Volumenanteil der Einzelkomponenten. Liegen die gleichen Steifigkeiten in beiden Komponenten vor, liegt das Maximum bei einem Metallvolumengehalt von 50 %. Sind die Steifigkeiten der Metallkomponente höher als die der Faserverbundkomponente, liegt das Maximum unterhalb eines Metallvolumengehaltes von 50 %. Unterhalb des jeweils vorliegenden kritischen Metallvolumengehaltes φ_{krit} führt eine Erhöhung zum Anstieg der Spannungen und oberhalb von φ_{krit} führt eine weitere Erhöhung des Metallvolumenanteils zur Senkung des Spannungszustandes.

Die Betrachtung unterschiedlicher Prozessparameter (extrinsische Einflussparameter) umfasst hauptsächlich den Einfluss von Druck und Temperatur. Durch einen veränderten Temperaturverlauf kann der Anbindungszeitpunkt der Hybridkomponenten im Herstellungsprozess verschoben werden. Dies ermöglicht eine Beeinflussung der vorliegenden Temperatur zum Zeitpunkt der Verbindung der einzelnen Komponenten. Durch eine Senkung der spannungsfreien Temperatur T_{sf} mittels der gezielten Verschiebung des Anbindungszeitpunktes kann die effektive wirkende ΔT gesenkt werden und folglich das Eigenspannungsniveau reduziert werden.

In den bisherigen Ausführungen wurde angenommen, dass zum Zeitpunkt der Anbindung ein spannungsfreier Zustand vorliegt. Demzufolge entspricht die Anbindungstemperatur T_a der spannungsfreien Temperatur T_{sf}. Jedoch muss dies nicht zwangsläufig zutreffend sein. Durch veränderte Fertigungsrandbedingungen (Druckverlauf, Werkzeug, Fertigungshilfsmittel) kann die Wechselwirkung der Komponenten, sowie des Laminats und des Werkzeugs beeinflusst werden. Dies kann zum Vorspannen („pre-stressing") der FVK- und Metall-Lagen führen, wodurch die spannungsfreie Temperatur, welche nach Abschluss des Prozesses vorliegt, beeinflusst wird [28]. Dieser Zusammenhang ist in Abb. 3.4, die die Zwangsdehnungen ε_{m} und ε_{c} in den Einzelkomponenten über den gesamten Aushärteprozess in Abhängigkeit von der Temperatur zeigt, dargestellt. Die Dehnungen ergeben sich aus der Differenz der tatsächlich vorliegenden Prozessdehnungen in jeder Komponente und der freien thermischen Dehnung der Einzelkomponenten (vergleiche hierzu Abb. 3.2). Die Wechselwirkung führt dazu, dass zum Anbindungszeitpunkt t_1 bereits Zwangsdehnungen in den Komponenten eingelagert sind. Im weiteren Verlauf führt dies dazu, dass der Spannungsnullpunkt erst bei der Abkühlung und somit bei einer geringeren resultierenden spannungsfreien Temperatur T_{sfred}, die unterhalb der Anbindungstemperatur T_a liegt, erreicht wird. In der Folge sinken auch die eingelagerten Eigendehnungen und entsprechend das daraus resultierende Eigenspannungsniveau zum Zeitpunkt t_3 bei Raumtemperatur T_r. Eine Wechselwirkung im Aufheizprozess würde somit bezogen auf den Eigenspannungszustand einen positiven und eigenspannungsminimierenden Effekt haben.

Eine Übersicht über die verschiedenen Möglichkeiten zur gezielten Anpassung von Einflussparametern zur Reduktion von Eigenspannungen wird in Abschn. 5.3 gegeben. Im

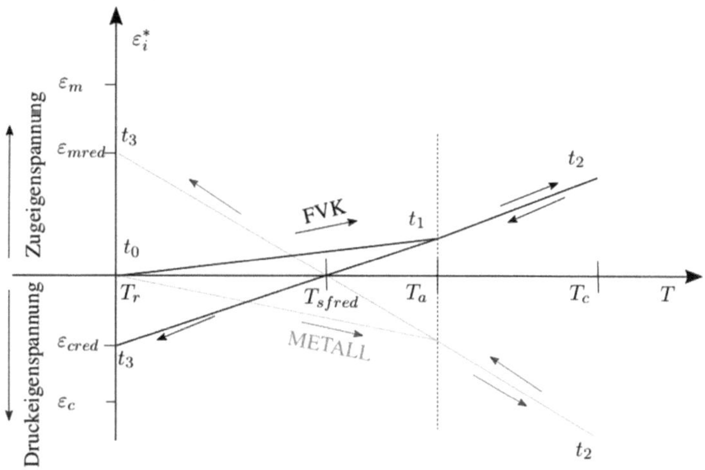

Abb. 3.4 Verlauf der Zwangsdehnungen in den Einzelkomponenten während des Herstellungsprozesses in Abhängigkeit der Temperatur unter Betrachtung einer zusätzlichen Interaktion im Aufheizprozess

Folgenden Kapitel soll speziell die Möglichkeit zur Anpassung des Temepraturverlaufes detailliert vorgestellt werden.

3.2.5 „Smart cure cycles" zur Eigenspannungsminimierung

Die in Abschn. 6.2.2 vorgestellte in-situ Messtechnik mittels FBG-Sensoren ermöglicht eine zielgerichtete Anpassung des Temperaturverlaufes zur Herstellung von FML mit reduziertem Eigenspannungslevel. Durch die Einführung einer zusätzlichen Abkühlstufe kann der Zeitpunkt der Verbindung zwischen den einzelnen Hybrid-Komponenten beeinflusst werden [29]. Der vom Hersteller vorgegebene Prozess für die FVK-Komponente wird in zwei Stufen, einer Voraushärtung („initial-cure") und einer Nachaushärtung („post-cure"), aufgeteilt (vgl. Abb. 3.5). Das Ziel der Voraushärtung ist die Erzielung der Anbindung der Einzellagen, sodass Kräfte zwischen den Einzellagen linear elastisch übertragen werden können. Dies impliziert, dass das Epoxidharzsystem einen bestimmten Aushärtegrad, der auch als Gelpunkt bezeichnet wird, bereits überschritten haben muss. Im zweiten Teil erfolgt die Fortsetzung der Vernetzungsreaktion. Das Ziel ist die vollständige Aushärtung und somit die Erzeugung der finalen Materialeigenschaften.

Die Online-Messergebnisse mittels der FBG-Sensoren in der Faserverbundkomponente zeigen eine eindeutige Korrelation zwischen der Gelierung des Harzes und der mechanischen Wechselwirkung zwischen Stahl- und CFK-Schichten durch eine signifikante Änderung der Steigung der Dehnungskurven [24, 29]. Zusätzlich kann eine ausreichende Vernetzung im „initial cure" durch einen linearen Dehnungsverlauf während des „post-cure" durch die eingebetteten Dehnungssensoren nachgewiesen und überprüft werden

Abb. 3.5 Schematischer Temperaturverlauf eines modifizierten Zweistufenprozesses mit den relevanten Prozessparametern

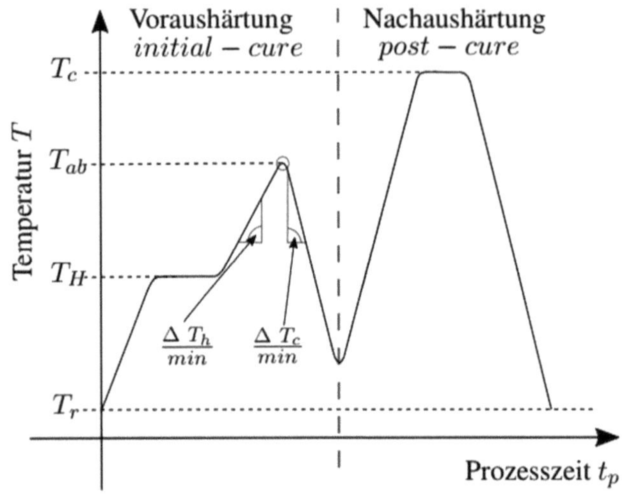

[29]. Mittels der eingesetzten Messtechnik ist es somit möglich den Anbindungszeitpunkt in Abhängigkeit der Prozessführung (Abkühlungszeitpunkt, Heiz- und Kühlraten) zu ermitteln. Ziel ist es, die Zwischenabkühlung so zu gestalten, dass die Abkühlungstemperatur so niedrig wie möglich ist, um die bei Raumtemperatur auf das Laminat wirkende Temperaturänderung zu senken. Zusätzlich soll die Aushärtung soweit vorangeschritten sein, dass die Gelierung des Harzes bereits abgeschlossen ist. Die Wiedererwärmung während des „post-cure" soll in der Folge zu keiner erneuten Auflösung der Anbindung zwischen Metall und FVK und einer damit verbundenen Beeinflussung des Eigenspannungszustands bei Raumtemperatur führen.

3.2.6 Validierung und Ergebnisse

Untersuchungen zur Modifikation des Temperaturverlaufes zeigen, dass eine langsamere Aufheizrate und eine abrupte Abkühlung während der ersten Prozessstufe (Abb. 3.5) die Eigenspannungen signifikant reduziert [29]. Die minimale Abkühlungstemperatur, die einen ausreichenden Aushärtegrad während der Voraushärtung erzielt, kann für das verwendete Hexcel8552/AS4-Epoxy-Prepreg mit 140 $^{\circ}C$ ermittelt werden [29]. Der daraus abgeleitete Prozess wird auf die Herstellung von FML-Prüfkörpern angewendet, um zum einen die Auswirkungen einer Eigenspannungsreduktion zu ermitteln, sowie zum anderen die Reproduzierbarkeit einer Reduktion zu prüfen. Die Bewertung der mechanischen Eigenschaften erfolgt anhand von Zugprüfungen und der Bestimmung der Zugfestigkeiten.

Es werden insgesamt drei verschiedene Prozesskonfigurationen angewendet. Der Standardprozess (MRCC), ein modifizierter Zyklus mit einer Zwischenabkühlung während der zweiten Aufheizphase bei 140 $^{\circ}C$ und kompletter Prozessführung im Autoklaven (MOD_A), sowie eine dritte Konfiguration, bei der die zweite Stufe des Aushärteprozesses („post-cure") in einem Ofen ausgelagert wird (MOD_AO).

Der Standardprozess entspricht dem vom Hersteller empfohlenen Aushärtungszyklus für das HexPly-8552/AS4-Prepreg mit einem Druck von 7 bar, zwei Aufheizrampen und zwei Haltephasen. Das Hybridlaminat wird mit 2 *K/min* auf 110 °*C* erhitzt. Nach der 60-minütigen Haltezeit wird das Laminat 2 *K/min* auf 180 °*C* aufgeheizt und nach einer erneuten Haltephase von 120 *min* mit 2 – 5 *K/min* abgekühlt.

Zur Eigenspannungsermittlung werden für jede Prozesskonfiguration jeweils drei Begleitproben aus CFK und Stahl entsprechend Abb. 3.6 links eingesetzt. Die CFK-Stahl-Proben $[0_3|St|0_6]_s$ bestehen aus 18 Lagen CFK 8552/AS4 Prepreg und zwei Lagen Stahl(1,4310). Entsprechend der Einzellagendicken von jeweils 0,13 *mm* ergibt dies einen Metallvolumengehalt von 10 %. Zur Bewertung der Höhe der Eigenspannungen wird ein nachträgliches Freilegeverfahren genutzt (vgl. Abschn. 6.2.2) [29]. Durch das schichtweise Entfernen von Einzellagen stellen sich zum einen in-plane Dehnungsänderungen in den Einzellagen ein, sowie zum anderen Verformungen, die durch die Erzeugung von Asymmetrien innerhalb des Laminataufbaus ausgelöst werden. Die Dehnungsänderung wird durch FBG-Sensoren detektiert und quantifiziert, welche mittig in die Proben in 0°-Richtung eingebettet werden (vgl. Abb. 3.6 links).

Zur Erzeugung gezielter Asymmetrien werden die Stahllagen jeweils mit den äußeren drei CFK-Lagen durch einen Peelingprozess entfernt. Dieser Prozess wird durch das Einlegen von Trennfolie in den äußeren Randbereichen (10 *mm*) zwischen der Metallfolie und der inneren CFK-Lagen ermöglicht. Der Prozess resultiert in einem reinen UD-CFK-Laminat $[0_{12}]$ und zwei asymmetrischen Hybrid-Proben $[0_{12}|St]$, wie es beispielhaft in Abb. 3.6 rechts dargestellt ist. Die Krümmung wird aus den gemessenen geometrischen Werten *a* und *S* bei Raumtemperatur berechnet. Die Annahme eines Bi-Materialstreifens erlaubt die Abschätzung der Temperaturbelastung aus der ermittelten Krümmung [24]. Zusätzlich kann aus der Dehnungsänderung durch das Entfernen der äußeren Metalllagen der Eigenspannungszustand bestimmt werden. Das resultierende UD-CFK-Laminat $[0_{12}]$ enthält keine Zwangsdehnungen innerhalb der Einzellagen, es ist folglich frei von Eigenspannungen. Durch das Einsetzen der ermittelten Eigendehnungen in die klassische Laminattheorie (CLT) kann auf eine äquivalente Temperaturbelastung geschlossen werden [24].

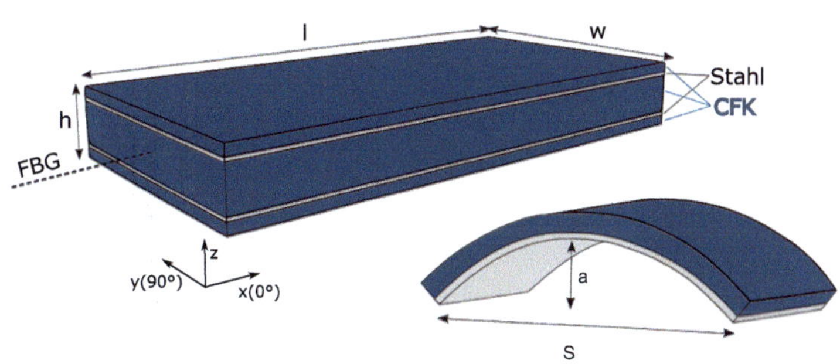

Abb. 3.6 Probenaufbau der CFK-Stahl Hybrid Begleitproben zur Eigenspannungsermittlung (links), abgetrennte verformte asymmetrische Hybridprobe (rechts unten)

Die Auswirkungen des Eigenspannungszustandes auf die mechanischen Kennwerte werden mittels Prüfkörpern aus kohlenstofffaserverstärkten Aluminium (CARALL)-Laminaten untersucht. Das Faserverbundmaterial bleibt unverändert, lediglich die Stahlkomponente wird durch Aluminium mit einer Lagendicke von 0,4 *mm* ersetzt. Die Temperaturvorbelastung infolge des Eigenspannungszustandes ist folglich analog zu der ermittelten Vorbelastung der CFK-Stahl-Begleitproben. Das CARALL-Laminat $[0_3|Al|0_6]_s$ besitzt einen Metallvolumengehalt von 41 %. Die Durchführung der Prüfung erfolgt in Anlehnung an die DIN EN ISO 527-5. Die Zugproben haben eine Dicke von 2 *mm*, eine Breite von 25 *mm* und eine Länge von 290 *mm*, bei einer freien Prüflänge von 150 *mm*. Die Prüfgeschwindigkeit beträgt 1 *mm/min*. Die Krafteinleitung erfolgt über beidseitig aufgebrachte 1 *mm* dicke Aufleimer. Für jede Konfiguration werden jeweils sechs Einzelproben geprüft.

Die Ergebnisse des Freilegeverfahrens zur Ermittlung des Eigenspannungszustandes sind in Abb. 3.7 dargestellt. Aufgeführt ist die Dehnungsänderung in den mittleren CFK-Lagen nach dem Entfernen der oberen und unteren Metallfolie. Dies entspricht folglich der gesamten zuvor eingelagerten Zwangsdehnungen ε_c (vgl. Abb. 3.1). Zusätzlich ist die Durchbiegung a der abgetrennten asymmetrischen Proben aufgeführt. Die Ergebnisse zeigen, dass eine reproduzierbare Eigenspannungsreduktion durch die modifizierten Prozesse, sowohl für eine Nachhärtung im Autoklav, als auch für eine Nachhärtung im Ofen, nachgewiesen werden kann. Die Krümmungsmessung und die FBG-Vermessung zeigen qualitativ gleiche Ergebnisse. Aus den ermittelten Durchbiegungen und Eigendehnungen kann unter Berücksichtigung der Materialkennwerte der genutzten Materialen und der Anwendung der klassischen Laminattheorie (CLT) auf eine Temperaturvorbelastung geschlossen werden [23, 29]. Diese ist in Abb. 3.8 mit den Ergebnissen der Zugfestigkeit der CARALL-Laminate aus den durchgeführten Zugversuchen aufgeführt. Durch die Senkung der Temperaturvorbelastung findet eine Erhöhung der Festigkeit für beide modifi-

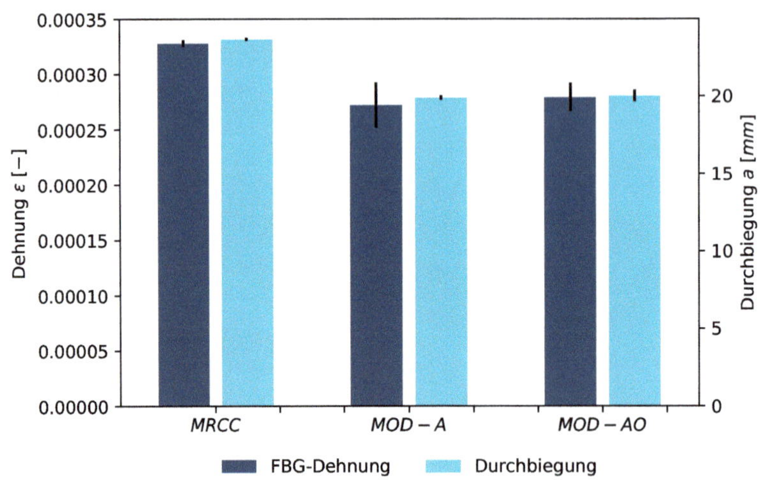

Abb. 3.7 Gemessene Dehnungen mittels eingebetteter FBG-Sensoren und Krümmung der abgetrennten asymmetrischen Hybridproben

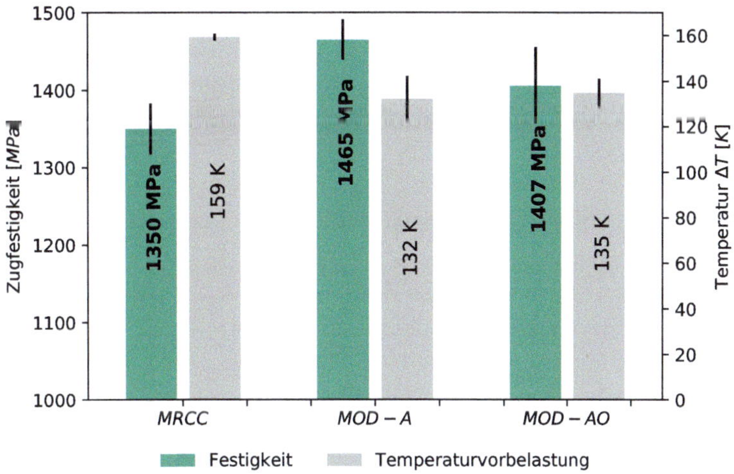

Abb. 3.8 Zugfestigkeit gegenüber Temperaturvorbelastung für die unterschiedlichen Prozesskonfigurationen

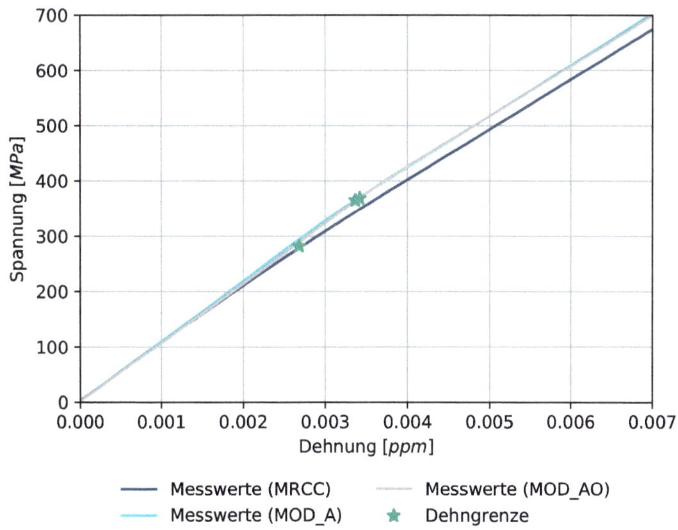

Abb. 3.9 Spannungs-Dehnungs-Diagramm von Zugversuchen an CARALL-Hybridproben unterschiedlicher Herstellungs-Prozesskonfigurationen

zierte Konfigurationen statt. Für den MOD-A Zyklus kann eine Festigkeitssteigerung von 8,5 % ermittelt werden und für den Zyklus MOD-AO von 5 %.

Der Veränderung der Zugfestigkeit liegt die Verschiebung des Zeitpunktes des Erreichens der Streckgrenze des Aluminiums im Hybridlaminat zugrunde. In Abb. 3.9 ist dieser Zusammenhang durch die Spannungs-Dehnungskurven der CARALL-Proben in Abhängigkeit der verschiedenen Prozesskonfigurationen aufgeführt. Durch die geringere

Zugvorspannung in den Aluminiumlagen wird die Abweichung der Kurven vom linearen Verlauf durch die einsetzende Plastizität der Aluminiumlagen nach hinten verschoben. In der Folge liegt zum Zeitpunkt des Versagens, welche durch die Dehngrenze der Faserkomponente gegeben ist, eine höhere Festigkeit vor.

3.2.7 Zusammenfassung und Ausblick

In den durchgeführten Arbeiten konnten die eigenspannungsrelevanten Kenngrößen für die Höhe der eingelagerten Eigenspannungen infolge des Herstellungsprozesses der intrinsischen Hybridverbunde ermittelt werden. Dies ermöglicht die Ableitung eigenspannungskritischer Materialkombinationen sowie Laminataufbauten, worunter die Materialanteile und Ausrichtungen der verwendeten Materialien verstanden werden. Speziell der Anbindungszeitpunkt zwischen den einzelnen Komponenten und die zu diesem Zeitpunkt vorliegenden Temperaturbedingungen und Spannungszustände innerhalb des Laminats werden als Haupteinflussfaktor auf die Ausbildung der Eigenspannungen identifiziert.

Durch die Entwicklung und Verwendung von Verfahren zur Quantifizierung des Spannungszustandes konnte ein direkter Zusammenhang zwischen verschiedenen Einflussfaktoren, wie Druck, Temperatur oder konstruktiven Maßnahmen auf den Eigenspannungszustand untersucht werden. Besonders durch den Einsatz von in-situ Dehnungsmessverfahren im Herstellungsprozess durch FBG- und DMS-Sensoren kann die Eigenspannungseinlagerung mittels Detektion des Anbindungszeitpunktes zwischen Metall und FVK detailliert untersucht werden. Die Messverfahren ermöglichen die direkte Aufnahme der Spannungsübertragung zwischen den Einzellagen, welche auf der aushärtebedingten Veränderung von Viskosität und Steifigkeitseigenschaften des Harzmaterials beruht. Es kann der Zeitpunkt ermittelt werden ab dem die Dehnung der Einzellage der des Gesamtlaminats entspricht. Dies ermöglicht die Temperaturvorbelastung des Laminats, welche äquivalent zur Temperaturdifferenz von der spannungsfreien Temperatur zur Anwendungstemperatur ist, exakt zu ermitteln und so auf die Eigenspannungszustand zurückzuschließen.

Eine Beeinflussung des Anbindungszeitpunktes und der zu diesem Zeitpunkt vorliegenden Temperatur durch die Anwendung von modifizierten Prozesszyklen ermöglicht folglich die Verringerung des Eigenspannungszustands. Dafür wird der Standardprozess in zwei Prozessschritte unterteilt. Durch die zusätzliche Abkühlung und die schrittweise Anpassung des Abkühlungszeitpunktes, der Heiz- und Kühlraten kann eine Verringerung der Eigenspannungen von bis zu 23 % erzielt werden. Validiert werden konnten die Ergebnisse mit einem dem Herstellungsprozess nachgestellten Freilegeverfahren, in dem schichtweise Lagen entfernt werden und der sich dadurch veränderte Dehnungs- und Verformungszustand aufgenommen wird.

Durch die Anwendung des entwickelten modifizierten Prozesszyklusses auf die Probenherstellung aus CARALL konnte eine Korrelation zwischen Eigenspannungsreduktion und Erhöhung der Zugfestigkeit festgestellt werden. Zurückzuführen ist dies auf die geringere Zugvorspannung der Metalllagen. Es konnte ebenfalls gezeigt werden, dass die Aufteilung des Herstellungsprozesses in zwei Stufen das Potenzial bietet Belegungszeiten von Autoklaven zu senken, indem die Nachaushärtung in einen Ofen ohne zusätzlichen Druck durchgeführt wird. Auf diese Weise können neben der Senkung von Eigenspannungen auch Kosten bei der Herstellung reduziert werden.

Aus konstruktiver Sicht hilft das Verständnis über den Prozess der Spannungseinlagerung weniger konservative Auslegungsstrategien zu etablieren. Zusätzlich kann durch die nachgewiesene Eigenspannungsreduktion eine höhere Materialausnutzung stattfinden.

3.3 Umformend hergestellte intrinsische Hybridverbunde für crashbelastete Strukturbauteile

Marcus Böhme, Axel Dittes, Welf-G. Drossel, Mina Gießmann, Jörn Ihlemann, Robert Kießling, Thomas Lampke, Roland Müller, Matthias Nier, Matthias Riemer, Ingolf Scharf, Mario Scholze, Stephan-Daniel Schwöbel, Semen Sharafiev und Martin F. -X. Wagner

3.3.1 Motivation

Neben einer hohen Betriebslast bei einem möglichst geringen Bauteilgewicht besteht die Anforderung an crashbelastete Strukturbauteile in einer hohen Energiedissipation im Versagensfall. Mit einer monolithischen Bauweise lassen sich diese Anforderungen aktuell nicht umsetzen. Faserverstärkte Kunststoffe (FVK) ermöglichen zwar eine hohe Betriebslast bei geringem Bauteilgewicht, jedoch wird, aufgrund des spröden Versagensverhaltens, nur ein geringer Betrag an Energie dissipiert. Im Gegensatz dazu ermöglichen monolithische, metallische Bauteile, aufgrund ihrer Duktilität, eine wesentlich höhere Energiedissipation. Allerdings können nur geringere spezifische Betriebslasten ertragen werden. Werden beide Werkstoffklassen in einem Hybridbauteil zusammengeführt, ist es möglich die vorteilhaften Eigenschaften beider Werkstoffklassen anforderungsgerecht zu kombinieren (vgl. [19]).

Zu diesem Zweck wurde ein neues Bauteil- und Fertigungskonzept für crashbelastete Hybridprofile entwickelt, dass die Kombination eines thermoplastischen FVK mit einem duktilen, metallischen Einleger vorsieht. Bei der Konzeption des Hybridbauteils stellte die Gestaltung des Metall-Polymer-Interfaces eine Hauptherausforderung dar. Durch die teilweise signifikanten Unterschiede beider Werkstoffklassen, beispielsweise in der Steifigkeit, der Wärmeausdehnung und der Festigkeit, kommt es zu Unstetigkeiten an den Grenzflächen und damit zu Spannungsspitzen. Um eine möglichst homogene Kraftübertragung zu gewährleisten, sieht das Konzept eine Kombination der Anbindungsarten Stoff- und Formschluss vor (siehe [30]). Hierfür wurde ein innovativer metallischer Einleger mit

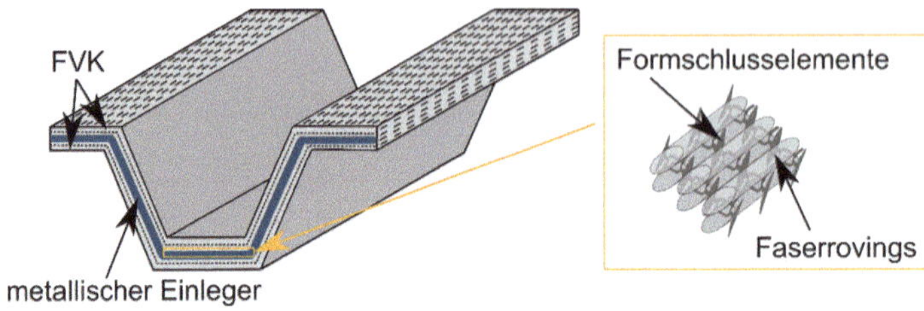

Abb. 3.10 Schematische Darstellung der makroskopischen und mesoskopischen Struktur des Hybridverbundes

Formschlusselementen entwickelt, welcher im Vorfeld der Hybridisierung im Sol-Gel-Verfahren beschichtet wird. Die resultierende organosilikatische Beschichtung verbessert zum einen die adhäsive Anbindung zwischen dem FVK und dem metallischen Einleger und verhindert zum anderen die Kontaktkorrosion der Metallkomponente. Das Bauteil- und Anbindungskonzept ist schematisch in Abb. 3.10 dargestellt.

Zusätzlich zu dem erzielbaren Eigenschaftsprofil eines Bauteils sind effiziente Herstellungsprozesse ein Schlüsselkriterium, um industrielle Anwendungen zu erschließen. Nach dem aktuellen Stand der Technik lassen sich Formschlusselemente unterschiedlich realisieren. Alle bekannten Konzepte haben jedoch gemein, dass ein zusätzlicher, häufig sehr komplexer, Fertigungsschritt benötigt wird. Im Sinne einer ressourcen- und kosteneffizienten Herstellung wurde bei dem hier betrachteten Bauteilkonzept die Generierung der Formschlusselemente in den eigentlichen Fertigungsprozess integriert und somit signifikant verkürzt.

3.3.2 Zielsetzung und Vorgehensweise

Zielsetzung war die Entwicklung, Auslegung und Fertigung eines umformend hergestellten intrinsischen Hybridprofils für crashbelastete Strukturbauteile entsprechend des in Abschn. 3.3.1 dargelegten Bauteilkonzepts. Dazu erfolgte die Konzeption eines einstufigen Fertigungsprozesses. In diesem Fertigungsschritt sind

- die finale Bauteilgeometrie zu erzeugen,
- die Werkstoffkomponenten stoffschlüssig zu verbinden sowie
- die Formschlusselemente zu erstellen.

Zu diesem Zweck war es erforderlich, einen speziellen metallischen Einleger zu entwickeln. Dieser Einleger stellte anschließend den Ausgangspunkt für die Auslegung des variothermen Fertigungsprozesses und die Konstruktion des entsprechenden Umformwerkzeuges dar. Dabei lag der Fokus vor allem auf der thermischen Auslegung des Umformwerkzeuges, da das Aufheiz- und Abkühlverhalten Haupteinflussgrößen auf die resultierende Prozesszeit darstellten (vgl. [31]).

Aufgrund des gewollten Eindringens der Formschlusselemente des metallischen Einlegers in den schmelzflüssigen FVK kommt es zum direkten Kontakt zwischen dem elektrochemisch unedleren Metall und den edleren Kohlenstofffasern (vgl. Abschn. 1.4). Um der rapiden Schädigung des Metalls durch Kontaktkorrosion entgegenzuwirken, wurde die Entwicklung einer schützenden Beschichtung auf Basis organisch-modifizierter Silikate (ORMOSIL) fokussiert. Dazu war es erforderlich, die chemische Zusammensetzung des ORMOSIL so einzustellen, dass eine gute adhäsive Anbindung an die Metall- und Polymerkomponente erreicht wird und die Beschichtung zugleich die Verformung des Einlegers ohne Verlust der Haftung zum Substrat toleriert. Zusätzlich wurde der Einbau von Korrosionsinhibitoren in das ORMOSIL untersucht, um die Korrosionsrate des Metalls im Falle einer Beschädigung der Schicht zu reduzieren. Zudem wurde die gezielte Haftungssteigerung durch Funktionalisierung der Schichtoberfläche mittels Organosilanen betrachtet. Der gesamte Beschichtungsprozess, der die Vorbehandlung des Metalleinlegers, die eigentliche Beschichtung und die Nachbehandlung umfasst, wurde für die Großserienfertigung konzipiert, um eine Anwendung beispielsweise in der Automobilindustrie zu ermöglichen.

Unterstützt wurde der gesamte Entwicklungs- und Auslegungsprozess durch Finite-Elemente-Simulationen, die neben der eigentlichen Analyse des resultierenden Bauteilverhaltens auch die Fertigung und die daraus resultierenden Einflüsse adressierten. Entsprechend des Konzeptes des Hybridverbundes besitzen die resultierenden Bauteile eine hohe innere Komplexität, die auch in den Simulationsmodellen der Bauteile zu berücksichtigen war. Um dabei die Geometrie adäquat abbilden zu können, war es erforderlich, den Fertigungsprozess, bestehend aus dem makroskopischen Thermoformen und der mesoskopischen Blechumformung, im Vorfeld zu simulieren. Wie in [32] dargelegt, wurden dabei beide Teilprozesse separat und ungekoppelt betrachtet. Durch ein umfassendes Preprocessing wurde anschließend ein geeignetes Finite-Elemente-Modell erstellt, welches auf den Ergebnissen der Simulationen der Teilprozesse basiert. Dabei hatte dieses Vorgehen den Vorteil, dass neben der eigentlichen komplexen Bauteilgeometrie auch Fertigungseinflüsse erfasst werden konnten, die sich durch Variation von Fertigungsparametern simulativ bestimmen ließen. Das konzipierte Simulationsmodell bildete somit alle Hauptkomponenten des Hybridverbundes adäquat ab. Um in diesem Zusammenhang das Materialverhalten des eingesetzten Aluminiums, des endlosfaserverstärkten Kunststoffes sowie der Grenzschicht nachzubilden, sind nicht lineare Materialmodelle für große Deformationen zu formulieren und zu implementieren. Hierzu kam ein innovatives Konzept zur Materialmodellierung zum Einsatz, das es ermöglichte, die benötigten Materialmodelle auf der Basis rheologischer Verschaltungen zu entwickeln (siehe für weitere Details [33]). Dabei steigerte die Anwendung dieser Materialmodelle die Präzision der Simulationsergebnisse, sodass das mechanische Verhalten der Bauteile, die aus dem intrinsischen Hybridverbund gefertigt werden, fundiert beurteilt werden konnte.

Ausgangsbasis für die Formulierung der Materialmodelle war eine umfassende mechanische Prüfung der verwendeten Einzelkomponenten. Insbesondere im Bereich hoher Dehnraten, wie sie zum Beispiel im Crashfall auftreten, verhalten sich viele Werkstoffe signifikant anders als bei quasistatischen Prüfgeschwindigkeiten. Für die hochdynamische Prüfung der einzelnen Werkstoffe konnte auf gängige Probenformen und Versuchsaufbauten zurückgegriffen werden. Dabei ermöglichten der Split-Hopkinson Pressure Bar (SHPB) und das Trägheitsfallswerk die Prüfung unter einachsigem Druck oder bei einer kombinierten Druck-Scher-Belastung. Servohydraulische Prüfmaschinen mit entsprechend hoher Querhauptgeschwindigkeit wurden zur Prüfung unter einachsigem Zug und überlagerter Zug-Torsions-Beanspruchung eingesetzt. Deutlich komplexer war die mechanische Charakterisierung der Grenzfläche. Sie erforderte die Entwicklung, Erprobung und Validierung neuer Probenformen, welche trotz dynamischer Belastung eine lokalisierte Scherverformung in der zu prüfenden Grenzfläche erzeugen.

3.3.3 Konzept des Metall-FVK-Hybridprofils und dessen Fertigung

Die Anwendung des Metall-FVK-Hybridprofils soll beispielsweise in Seitenaufprallelementen im Automotive-Bereich erfolgen. Dabei können die Profile in Längsträgern oder auch in der B-Säule beziehungsweise in Bereichen der B-Säule eingesetzt werden. Angelehnt an diesen späteren Anwendungsfall wurde als Demonstrator eine Hutprofil-Kontur, welche eine abstrahierte B-Säulen-Geometrie darstellt, ausgewählt.

Wie in Abb. 3.10 gezeigt, wurde für das Hybridbauteil ein dreilagiger Aufbau konzipiert. Die Außenlagen bestehen aus einem thermoplastischen FVK (Organoblech). Zwischen diesen Organoblechen ist ein metallischer Einleger eingebracht. Dieses Design wurde unter Berücksichtigung der Funktion der einzelnen Lagen gewählt. Die FVK-Lagen sollen in erster Linie die Betriebslast tragen und sind damit in einem Abstand zur neutralen Faser des Bauteils angeordnet. Im Gegensatz dazu befindet sich der metallische Einleger in der neutralen Faser und überträgt im Betriebsfall die Schubkräfte zwischen den Außenlagen. Während eines Crashs kommt es zum Versagen der FVK-Lagen. Auf Grund seiner wesentlich höheren Duktilität kann der metallische Einleger allerdings weiter Energie aufnehmen und sorgt für ein verbessertes Fail-Safe-Verhalten im Vergleich zum monolithischen FVK-Bauteil. Dazu muss eine optimale Kraftübertragung zwischen den Einzellagen durch ein entsprechendes Interfacedesign gewährleistet werden. Das Interfacedesign kombiniert die Verbindungsmechanismen Form- und Stoffschluss. Die dabei im Rahmen des Fertigungsprozesses zu realisierende mesoskopische Struktur des Hybridverbundes ist in Abb. 3.10 dargestellt.

Der Fertigungsprozess kombiniert einen konventionellen Thermoformprozess zur Umformung der Organobleche mit einem Blechumformprozess zur Generierung der Formschlusselemente. Basierend auf den geometrischen Größenordnungen kann der Prozess in eine makroskopische und eine mesoskopische Umformung unterteilt werden. Beide Teilprozesse sollen simultan durchgeführt werden. Die Herausforderung bestand darin, die Prozessparameter der unterschiedlichen Teilprozesse soweit abzustimmen, dass diese gleichzeitig durchgeführt werden können, ohne sich dabei negativ zu beeinflussen.

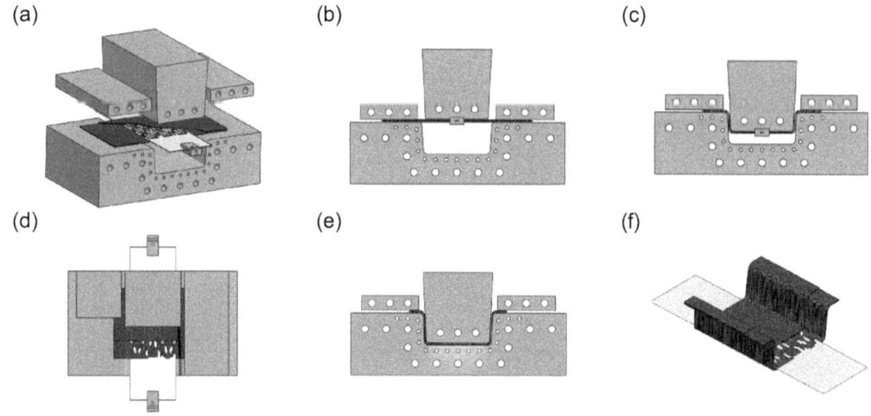

Abb. 3.11 Ablauf des intrinsischen Fertigungsprozesses [34]

Der Prozessablauf zur Herstellung des intrinsischen Hybridverbundes ist in Abb. 3.11 dargestellt und kann in sechs Teilschritte unterteilt werden. Im ersten Schritt werden die Halbzeuge entsprechend des Lagenaufbaus in das temperierte Umformwerkzeug kalt oder bereits vortemperiert eingelegt (Abb. 3.11a). Nachfolgend wird das Halbzeug zwischen Niederhalter und Matrize geklemmt und auf Umformtemperatur aufgeheizt (Abb. 3.11b). Ist die Umformtemperatur erreicht, wird der globale Umformprozess durch Verfahren des Stempels eingeleitet (Abb. 3.11c). Während des globalen Formgebungsprozesses wird eine definierte Belastung auf den metallischen Einleger aufgebracht, welche zur Ausformung der Formschlusselemente führt (Abb. 3.11d). Diese werden in die schmelzflüssige Matrix des FVK eingepresst. Sobald der Stempel den unteren Totpunkt erreicht, erfolgt die aktive Kühlung des Werkzeuges (Abb. 3.11e). Der Konsolidierungsprozess wird somit eingeleitet. Sobald die Entnahmetemperatur erreicht ist, kann das fertige Bauteil entnommen werden (Abb. 3.11f).

3.3.4 Realisierung des Metall-FVK-Profils

3.3.4.1 Mechanisches Verhalten der Hauptkomponenten

Bei dem eingesetzten FVK handelte es sich um ein unidirektional C-Faser-verstärktes Organoblech mit einer Matrix aus Polyamid 6 (PA 6). Konkret kamen als Matrixmaterial Ultramid® B40 (BASF) und Torray T700s Fasern zum Einsatz. Das verwendete Organoblech hatte eine Dicke von $s = 1{,}3$ mm. Die Fertigung des metallischen Einlegers erfolgte aus $s = 0{,}2$ mm dicken Blechen der Aluminiumlegierung EN AW-5182.

Mechanische Prüfung der Hauptkomponenten

Die verwendete Aluminiumlegierung EN AW-5182 gehört zu den naturharten, nicht ausscheidungshärtbaren Legierungen. Abb. 3.12 zeigt das mechanische Verhalten unter Zug-

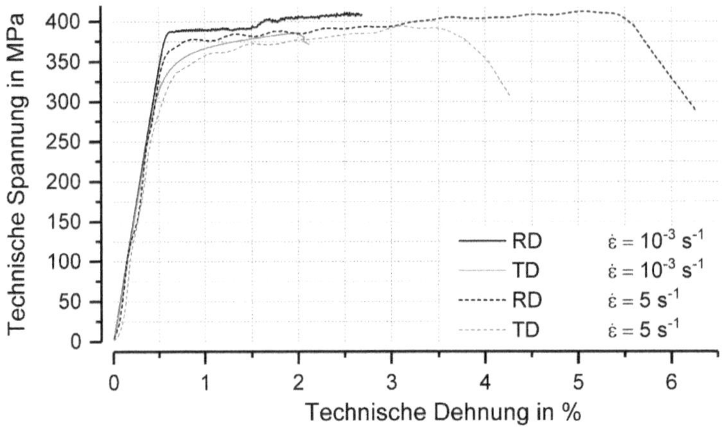

Abb. 3.12 Spannungs-Dehnungs-Diagramm der verwendeten Aluminiumlegierung EN AW-5182 bei quasistatischer und dynamischer Zugbeanspruchung parallel (RD) und quer (TD) zur Walzrichtung

belastung bei zwei unterschiedlichen Dehnraten und unter Zugbelastung parallel (RD) und quer (TD) zur Walzrichtung. Prinzipiell weist die eingesetzte Aluminiumlegierung im Gegensatz zu beispielsweise Stählen oder Kunststoffen eine geringe Dehnratenempfindlichkeit auf. Unter quasistatischen Bedingungen wird ein ausgeprägter Portevin-Le-Chatelier-Effekt (PLC-Effekt) bei einer Beanspruchung parallel zur Walzrichtung (RD) sichtbar, der sich in der Spannungs-Dehnungs-Kurve als gezacktes, ungleichmäßiges Verformungsverhalten äußert. Dieser Effekt ist charakteristisch für Aluminium-Magnesium-Legierungen (vgl. [35]) und tritt üblicherweise in bestimmten Bereichen von Dehnrate und Temperatur auf. Neben einem gezackten Spannungs-Dehnungs-Verlauf resultiert der PLC-Effekt in einer verringerten Duktilität infolge von vorzeitigen Verformungslokalisierungen in einzelnen Bändern während einer Zugbelastung. Bei dynamischer Belastung PLC-behafteter Werkstoffe kann der Effekt unterdrückt werden. Im untersuchten Werkstoff führt eine höhere Belastungsgeschwindigkeit neben der Unterdrückung des oszillierenden Kurvenverlaufs daher auch zu einer höheren Duktilität.

In dem Organoblech zeigt sich ein signifikanter Einfluss der unidirektionalen Langfaserverstärkung auf die mechanischen Eigenschaften (vgl. Abb. 3.13). Bei einer Belastung in Faserrichtung wird die mit Abstand höchste Zugfestigkeit erreicht. Gleichzeitig weist das Organoblech in dieser Richtung ein von der Prüfgeschwindigkeit nahezu unabhängiges Verhalten auf. Weiterhin sind Bruchdehnung und Zugfestigkeit bei beiden geprüften Dehnraten nahezu identisch. In der 30°-Orientierung tritt nur eine schwache Dehnratenempfindlichkeit in der Bruchdehnung und der nominellen Zugfestigkeit auf. In der Querrichtung (90°) leisten die Verstärkungsfasern keinen Beitrag zur Festigkeit des Verbundes, wodurch Bruchdehnung und Zugfestigkeit insbesondere bei dynamischer Belastung massiv reduziert sind. Die mechanischen Eigenschaften in der Querrichtung werden nahezu ausschließlich von der thermoplastischen Matrix mit ihrer ausgeprägten Dehnratensensitivität bestimmt.

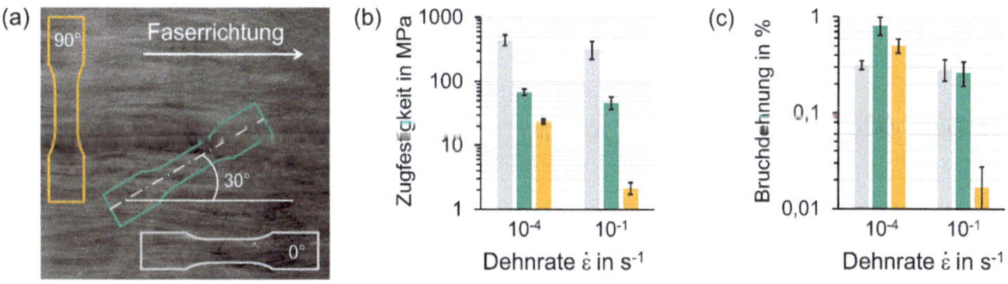

Abb. 3.13 Mechanische Kennwerte des unidirektional verstärkten Organobleches in Abhängigkeit von der Dehnrate und der Prüfrichtung: (**a**) Probenentnahme, (**b**) Zugfestigkeit, (**c**) Bruchdehnung

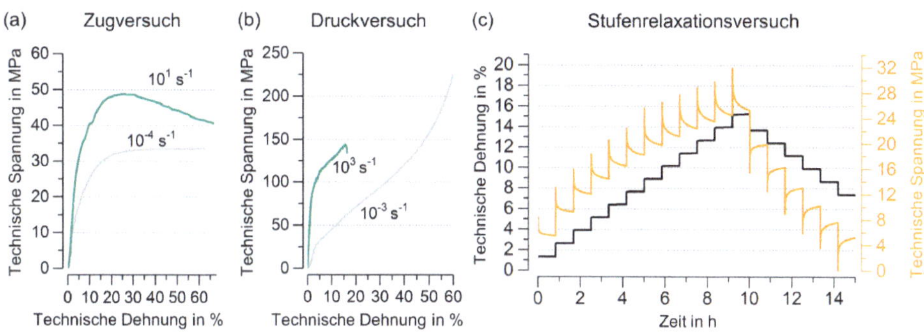

Abb. 3.14 Mechanisches Verhalten von Ultramid® B40 (normalisiert) unter (**a**) Zug- und (**b**) Druckbelastung bei zwei verschiedenen Dehnraten sowie (**c**) im Stufenrelaxationsversuch

Das Matrixpolymer PA 6 (Ultramid® B40) des Organobleches weist sowohl unter Zug- als auch unter Druckbelastung eine ausgeprägte Dehnratensensitivität auf (vgl. Abb. 3.14). Im Druckversuch wird der elastisch-plastische Übergang bei höheren Dehnraten zu höheren Spannungen verschoben. Dennoch ist die Verformbarkeit bzw. die Bruchdehnung bei hohen Dehnraten deutlich niedriger als bei quasistatischer Belastung. In Übereinstimmung mit diesen Ergebnissen zeigt sich im Stufenrelaxationstest eine für Polyamide typische Form der Spannungsantwort auf die stufenweise Erhöhung der Dehnung. Die starke Dehnratenabhängigkeit sowie der Spannungsverlauf während des Stufenrelaxationstests sind ein direkter Nachweis für viskoelastisch-viskoplastisches Materialverhalten.

Nichtlineare Materialmodelle für große Deformationen der Hauptkomponenten

Ausgehend von der umfassenden mechanischen Charakterisierung wurden zur Nachbildung des mechanischen Verhaltens der Hauptkomponenten des intrinsischen Hybridverbundes nichtlineare Materialmodelle für große Deformationen entwickelt. In diesem Zusammenhang konnte ein von [36] aufgeworfenes und von [33] weiterentwickeltes Konzept zur Materialmodellierung angewendet werden (siehe auch [37]). Dieses Konzept ermöglicht die Formulierung thermodynamisch konsistenter Materialmodelle für große Deformationen auf der Basis von rheologischen Verschaltungen. Die Grundlage stellen dabei kinematische sowie kinetische Beziehungen für die Reihen- und Parallelschaltung von rheologischen Elementen dar. Die verschalteten Elemente repräsentieren nichtlineare Einzelstoffgesetze, welche grundlegendes phänomenologisches Materialverhalten, wie beispielsweise hyperelastisches, viskoses oder plastisches Verhalten, nachbilden. Unter Berücksichtigung der Struktur des rheologischen Modells lassen sich somit durch Auswertung der Verschaltungsbeziehungen beliebig komplexe Materialmodelle realisieren.

Den Ausgangspunkt für die Entwicklung des Stoffgesetzes zur Nachbildung des viskoplastischen Materialverhaltens mit isotroper und kinematischer Verfestigung der Aluminiumlegierung stellte das in Abb. 3.15a dargestellte rheologische Modell dar. Neben den grundlegenden rheologischen Elementen enthält dieses Modell auch ein endochrones Element. Dieses erweiterte rheologische Element ermöglichte die Erfassung des Effektes der kinematischen Verfestigung. Die Auswertung der Verschaltungsbeziehungen lieferte ein Materialmodell, das sowohl analytisch als auch numerisch identisch zu einem in [38] auf klassische Weise entwickelten Materialmodell ist (vgl. [33, 39]). Wie der exemplarische Vergleich mit experimentellen Daten in Abb. 3.16 zeigt, ist das resultierende Materialmodell ebenfalls in der Lage, das mechanische Verhalten adäquat nachzubilden. Zusätzlich zu der Entwicklung eines geeigneten Materialmodells für große Deformationen gelang es somit, das angewendete Konzept zur Materialmodellierung zu etablieren.

Motiviert durch dieses Ergebnis wurde das Konzept im weiteren Verlauf angewendet, um für den FVK ein geeignetes Stoffgesetz, das das richtungsabhängige, viskoplastische Materialverhalten nachbilden kann, zu formulieren. Da diese Hauptkomponente allerdings einen Verbund aus unidirektional ausgerichteten Kohlenstofffasern und einer thermoplastischen Matrix darstellt, war zunächst das mechanische Verhalten der einzelnen Bestandteile nachzubilden. Das mechanische Verhalten der Fasern ließ sich durch ein hy-

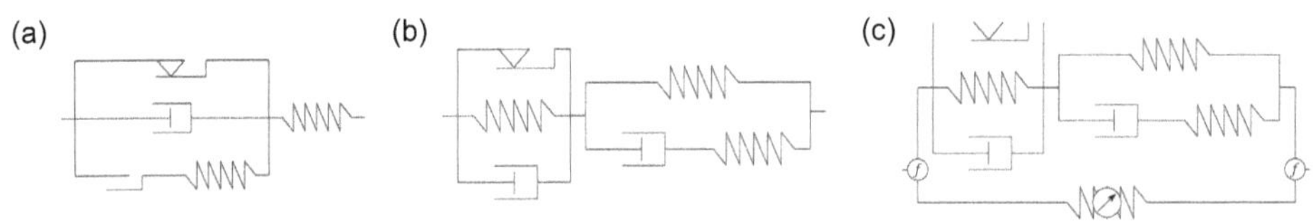

Abb. 3.15 Rheologische Modelle der Hauptkomponenten: (**a**) Aluminium, (**b**) unverstärkter Kunststoff, (**c**) endlosfaserverstärkter Kunststoff

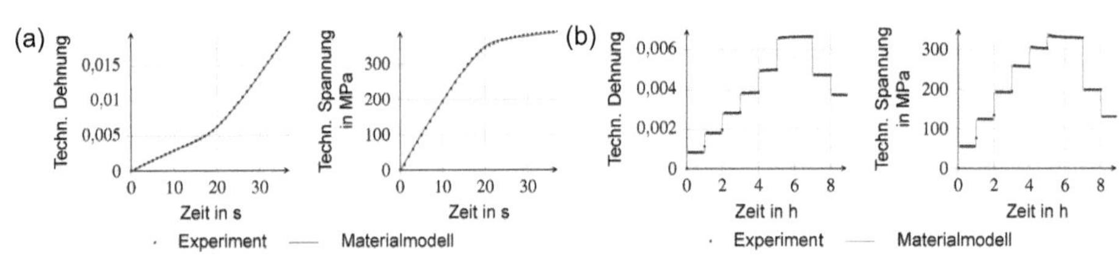

Abb. 3.16 Vergleich experimenteller Daten einachsiger Zugversuche mit der Auswertung des Materialmodells für die Aluminiumlegierung EN AW-5182: (**a**) bilinearer Zeitverlauf, (**b**) Stufenrelaxationsversuch

perelastisches Materialmodell erfassen. Um die deutlich komplexere Phänomenologie des mechanischen Verhaltens reproduzieren zu können, wurde für die thermoplastische Matrix aus PA 6 ein geeignetes Materialmodell entwickelt. Unter Verwendung des in Abb. 3.15b gezeigten rheologischen Modells wurde durch Auswertung der entsprechenden Verschaltungsbeziehungen ein viskoelastisch-viskoplastisches Materialmodell formuliert (vgl. [21, 37, 40]). Die Identifikation der zugehörigen Materialparameter erfolgte, wie zuvor bei dem Aluminium, anhand der experimentellen Daten der mechanischen Charakterisierung. In Abb. 3.17 ist ein Vergleich der Daten, die sich aus dem Materialmodell ergaben, mit experimentellen Daten dargestellt. Auch hier zeigt sich eine gute Abbildungsgenauigkeit des Modells. Angewendet wurden die Materialmodelle für die Faser sowie für die thermoplastische Matrix im Rahmen von Finite-Elemente-Simulationen eines repräsentativen Volumenelementes des faserverstärkten Kunststoffes. Durch numerische Homogenisierung konnte aus den Simulationsergebnissen das effektive Materialverhalten ermittelt und somit diese Hauptkomponente des intrinsischen Hybridverbundes simulativ charakterisiert werden (vgl. [37]). Basierend auf diesen Daten ließ sich anschließend ein transversalisotropes Materialmodell konzipieren. Auch dabei erfolgte die Entwicklung durch direkte Kombination von rheologischen Elementen der nichtlinearen Kontinuumsmechanik (siehe [40]). Die verwendete rheologische Verschaltung ist in Abb. 3.15c gezeigt. Unter Berücksichtigung des Faservolumengehaltes f ist die rheologische Verschaltung des Matrixwerkstoffes mit einem Element der anisotropen Hyperelastizität kombiniert. Wie die Vergleiche in Abb. 3.18 und 3.19 belegen, eignet sich das Materialmodell für die Simulation des mechanischen Verhaltens des FVK.

Somit konnten geeignete Materialmodelle für die Hauptkomponenten des intrinsischen Hybridverbundes entwickelt werden. Durch die Implementierung in ein kommerzielles Finite-Elemente-System, unter Verwendung effizienter Integrationsalgorithmen, ließen sie sich im weiteren Verlauf zur Auslegung des intrinsischen Hybridverbundes und dessen Fertigung anwenden.

3.3.4.2 Entwicklung des metallischen Einlegers

Grundlage für das angestrebte Bauteil und Fertigungskonzept war die Entwicklung eines metallischen Einlegers, bei dem sich aufgrund seiner geometrischen Gestalt lokale out-of-plane-Deformationen infolge einer definierten globalen Belastung ausbilden. Im

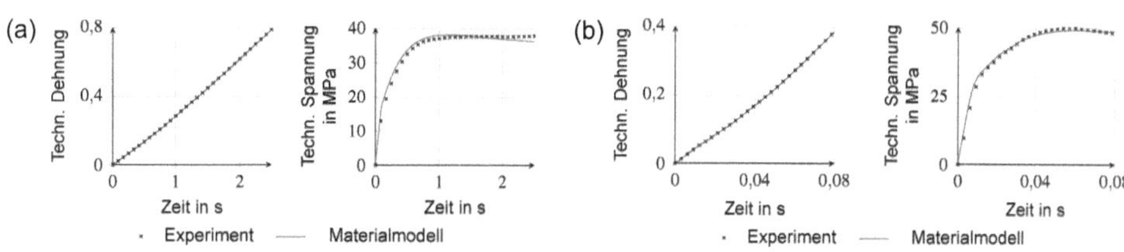

Abb. 3.17 Vergleich experimenteller Daten einachsiger Zugversuche mit der Auswertung des Materialmodells des unverstärkten Kunststoffs PA 6: (**a**) Dehnrate von 10^{-4} s^{-1}, (**b**) Dehnrate von $5 \cdot 10^{2}$ s^{-1}

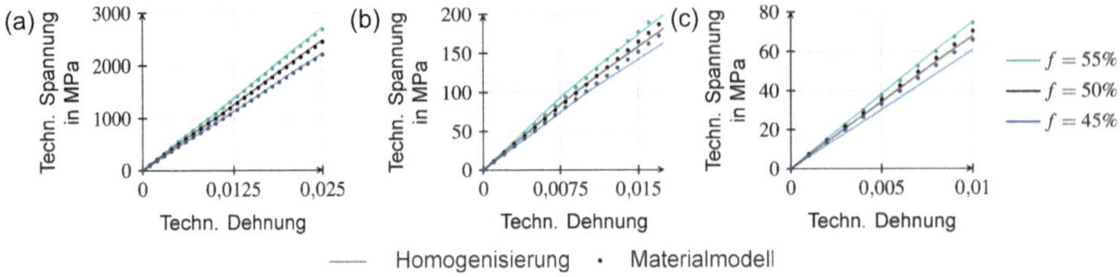

Abb. 3.18 Vergleich der numerischen Homogenisierung mit der Auswertung des Materialmodells des endlosfaserverstärkten Kunststoffes für einen einachsigen Zugversuch mit einer Dehnrate von $1\ s^{-1}$: (**a**) Faserorientierung 0°, (**b**) Faserorientierung 45°, (**c**) Faserorientierung 90°

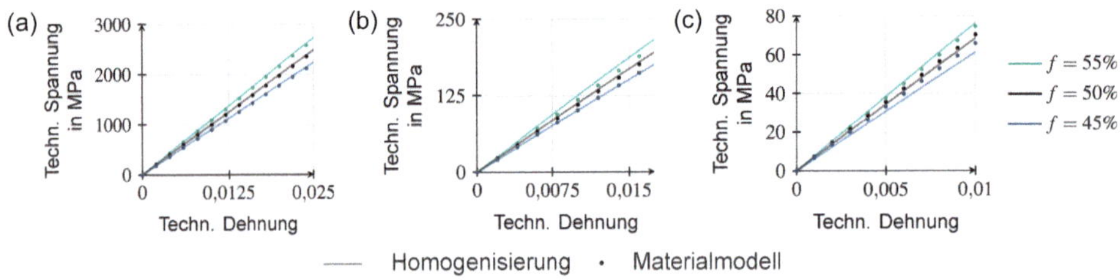

Abb. 3.19 Vergleich der numerischen Homogenisierung mit der Auswertung des Materialmodells des endlosfaserverstärkten Kunststoffes für einen einachsigen Zugversuch mit einer Dehnrate von $10^2\ s^{-1}$: (**a**) Faserorientierung 0°, (**b**) Faserorientierung 45°, (**c**) Faserorientierung 90°

Zuge dieser Entwicklung wurden verschiedene Möglichkeiten der globalen Belastung untersucht [41]. Die möglichen globalen Belastungsarten sind Zug-, Druck-, Biege- und Scherbelastungen. Biegung und Torsion bewirken eine globale out-of-plane-Deformation des metallischen Einlegers. Eine globale Druckbelastung führt, aufgrund der geringen Dicke, schon bei geringen Kräften zu einem globalen Ausknicken der Struktur. Bei Scherbeanspruchungen ist die Lasteinleitung in die Struktur als kritisch zu betrachten. Eine globale Zugbelastung schien dementsprechend die erfolgversprechendste Belastungsart zu sein, die die Erzeugung von lokalen out-of-plane-Deformationen ermöglicht. Die Herausforderung bestand nun darin eine Struktur zu entwickeln, die unter einer globalen Zugbelastung die Ausbildung von lokalen out-of-plane-Deformationen ermöglicht. Zur Erzeugung dieser Deformationen und damit der Formschlusselemente wurde das Stabilitätsverhalten der Struktur ausgenutzt. Die Geometrie wurde so gestaltet, dass es durch die Zugbeanspruchung zu einer in-plane-Biegung kommt. Die Steifigkeit der Struktur in der Ebene ist jedoch wesentlich höher als die Steifigkeit senkrecht dazu. Infolge dessen neigt die Struktur zum Ausknicken. Dieses Grundprinzip ist in 3.20 dargestellt. Auf eine in-plane-Zugbelastung in der x-y-Ebene reagiert die dargestellte, ideale Struktur mit einer in-plane-Biegung (vgl. 3.20b). Auf Grund von geometrischen und werkstofflichen Imperfektionen kommt es jedoch beim Überschreiten einer kritischen Zugkraft zum Ausbeulen der Struktur und zu einer out-of-plane-Deformation in z-Richtung (siehe 3.20c). Dieser Effekt kann genutzt werden, um lokale Formschlusselemente infolge einer globalen

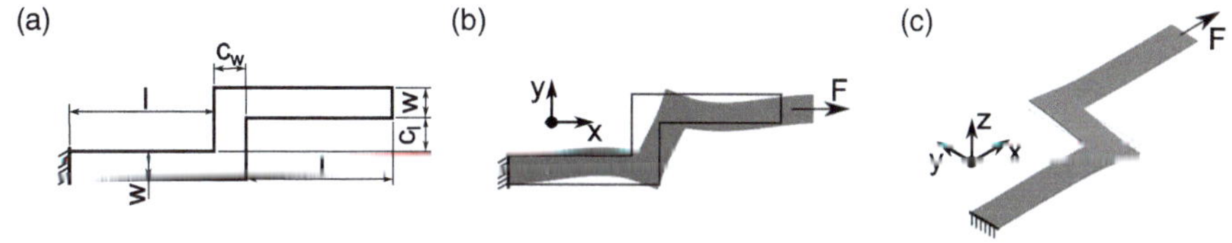

Abb. 3.20 Grundelement des metallischen Einlegers: (**a**) Geometrie, (**b**) in-plane Biegung infolge einer in-plane-Zugbelastung, (**c**) out-of-plane-Deformationen infolge einer in-plane-Zugbelastung

Belastung zu generieren. Damit der beschriebene Effekt in einer realen Struktur genutzt werden konnte, musste die notwendige kritische Zugkraft geringer sein als die Zugkraft, die zum Versagen der Struktur führt. Folglich musste die Geometrie des Grundelements so gestaltet werden, dass die kritische Zugkraft, die zum Beulen der Struktur führt, möglichst gering ist.

Die geometrische Auslegung der Struktur erfolgte anhand linearer Beulanalysen, welche mit dem Finite-Elemente-System ANSYS Workbench durchgeführt wurden. Um den Einfluss der in 3.20a gekennzeichneten Geometrieparameter auf die kritische Beullast zu untersuchen, wurde zunächst ein parametrisches Modell des Grundelementes erstellt. Bei der anschließenden linearen Beulanalyse wurden zwei Lastschritte betrachtet. Im ersten Schritt erfolgte eine linear-elastische Strukturanalyse, wobei eine Zugkraft $F = 100$ N aufgebracht wurde. Anschließend erfolgte die lineare Beulanalyse an der vorgespannten Struktur. Zur Bewertung der Simulationsergebnisse diente der Lastmultiplikator. Dieser beschreibt das Verhältnis der berechneten kritischen Beullast zur Belastung bei der vorgelagerten linear-elastischen Strukturanalyse. Um nun sowohl den Einfluss der Geometrieparameter als auch deren Wirkung auf den Lastmultiplikator zu untersuchen, wurde ein Metamodell verwendet, welches den Zusammenhang zwischen Geometrieparametern und Lastmultiplikator erfasste. Zur Generierung der Daten, die zur Erstellung des Metamodells notwendig waren, wurden Finite-Elemente-Simulationen mit verschiedenen Parameterkombinationen durchgeführt. Die dabei auszuwertenden Kombinationen wurden mit Methoden der statistischen Versuchsplanung festgelegt. Die Bereiche, in denen die Geometrieparameter variiert wurden, sind in 3.1 aufgeführt.

Die Relevanz der einzelnen Geometrieparameter lässt sich aus Abb. 3.21a ableiten. Das Diagramm gibt einen Überblick über die geschätzten Effekte der jeweiligen Parameter auf den Lastmultiplikator. Es wird deutlich, dass die Haupteinflussgrößen die Blechdicke, die Breite und die Zwischensteglänge sind. Die Knicklänge und die Zwischenstegbreite haben

Tab. 3.1 Parameter für die Geometrieoptimierung

Geometrieparameter	Bezeichnung	Wertebereich
w	Breite	3 mm – 10 mm
l	Knicklänge	5 mm – 20 mm
c_l	Zwischensteglänge	1 mm – 10 mm
c_w	Zwischenstegbreite	2 mm – 10 mm
s	Blechdicke	0,2 mm – 0,7 mm

einen untergeordneten Einfluss. Da die Blechdicke in der Regel vorgegeben ist, bleiben somit als freie Parameter die Breite sowie die Zwischenstegbreite. Für eine Blechdicke von 0,2 mm ist die Abhängigkeit des Lastmultiplikators von diesen beiden Parametern in Abb. 3.21b gezeigt. Für die weiteren Untersuchungen wurde folgende Parameterkombination gewählt: l = 8 mm, w = 4,5 mm, c_w = 8 mm, c_l = 4,5 mm und s = 0,2 mm. Bei der gewählten Parameterkombination handelt es sich um einen Kompromiss aus geringer kritischer Beullast und verfügbarem Bauraum. Basierend auf diesen Untersuchungen wurde der gesamte metallische Einleger durch eine regelmäßige Anordnung des Grundelements mit der identifizierten Geometrie erzeugt. Der so resultierende metallische Einleger ist in Abb. 3.22 dargestellt.

Mit dem Ziel, die resultierende Geometrie des Einlegers nach dem Aufrichten der Formschlusselemente möglichst exakt abbilden zu können, erfolgte die Simulation dieses Vorganges unter Verwendung des Finite-Elemente-Systems Abaqus. Gemäß der in Abb. 3.22 verdeutlichten mechanischen Problemstellung war hierzu eine Nachbeulanalyse (Postbucklinganalyse) durchzuführen. Dementsprechend erfolgte zunächst eine Modalanalyse zur Identifikation der ersten Eigenform des metallischen Einlegers. Die dabei identifizierten Verschiebungen wurden anschließend um einen Faktor skaliert und als Imperfektionen auf das Finite-Elemente-Netz aufgeprägt. Unter Verwendung dieses modifizierten Netzes ließ sich anschließend das Aufrichten der Formschlusselemente simulieren. Dabei kam das in Abschn. 3.3.4.1 vorgestellte, viskoplastische Materialmodell der Aluminiumlegierung zum Einsatz. Zur Validierung des Simulationsmodells wurde, wie in Abb. 3.23a dargestellt, der resultierende Kraft-Verschiebungs-Verlauf der Simulation den experimentellen Ergebnissen gegenübergestellt. Neben dieser guten Übereinstimmung be-

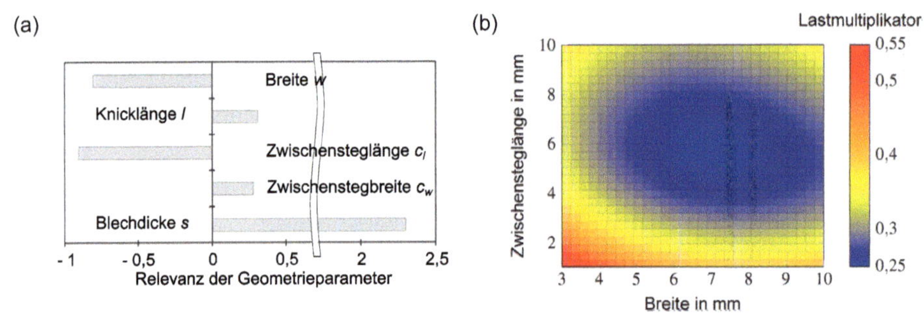

Abb. 3.21 Einfluss der Geometrieparameter auf den Lastmultiplikator: (**a**) Beurteilung der Relevanz der variierten Geometrieparameter, (**b**) Einfluss der Breite und Zwischenstegbreite auf den Lastmultiplikator für eine Blechdicke von 0,2 mm

Abb. 3.22 Geometrie des metallischen Einlegers mit den Randbedingungen der Aufrichtsimulation (vgl. [32])

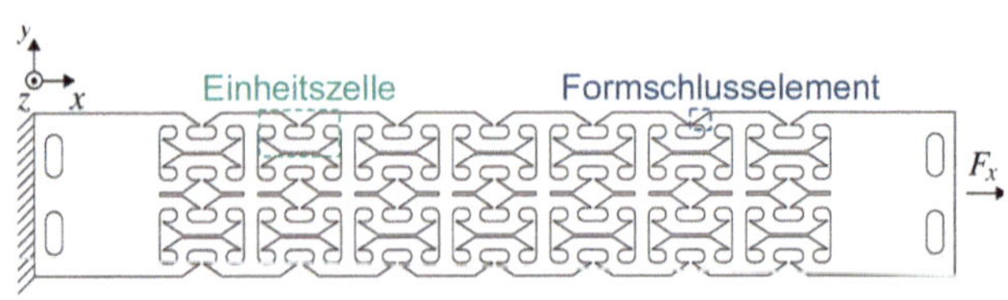

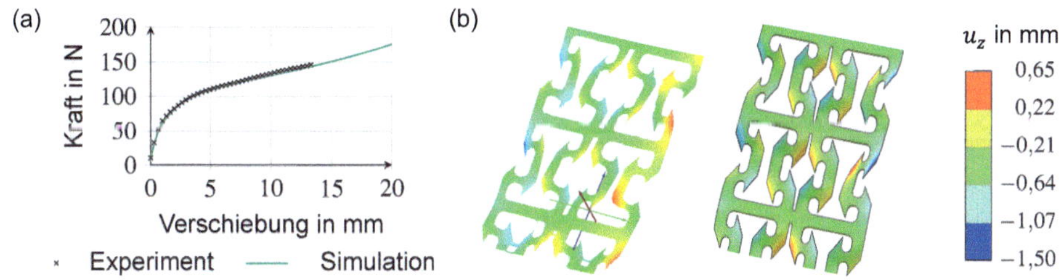

Abb. 3.23 Ergebnis der Finite-Elemente-Simulation des Aufrichtens des metallischen Einlegers im Vergleich zum Experiment: (**a**) Kraft-Verschiebungs-Verläufe, (**b**) Verschiebungsfelder basierend auf optischer Messung (links) und Simulation (rechts) (vgl. [32])

stätigte auch der in Abb. 3.23b gezeigte Vergleich der resultierenden Verschiebungsfelder die Eignung der gewählten Simulationsmethodik sowie des Simulationsmodells. Weiterhin belegten sowohl die Ergebnisse der Simulation als auch der Experimente, dass sich mit dem entwickelten Einleger die angestrebte Funktionalität realisieren lässt.

3.3.4.3 Beschichtung und Beschichtungsverfahren

Die ORMOSIL-Beschichtung des metallischen Einlegers erfolgte im Vorfeld der Hybridisierung im Sol-Gel-Verfahren. Zur Anwendung kam ein wasserbasiertes Sol ohne Zusatz organischer Lösungsmittel, das bei Raumtemperatur aufgetragen wurde. Dadurch wurde eine energie- sowie kosteneffiziente und zugleich umweltverträgliche Verarbeitung ohne zusätzliche Anforderungen an den Brand- und Explosionsschutz sichergestellt. Die im Sol eingesetzten Präkursoren TEOS und GPTMS wurden sauer katalysiert (pH 4,5) und durch Hydrolyse zu vernetzungsfähigen Silanolen (Si-OH) reagiert. Diese wiederum kondensieren zu Siloxan-Netzwerken (siehe Abb. 3.24). Nach zweitägiger Reifezeit konnte das Sol innerhalb von vier Tagen verarbeitet werden, bis schließlich die Viskosität durch die einsetzende Gelierung deutlich anstieg (vgl. [42]). Die Beschichtung des metallischen Einlegers erfolgte mittels Tauchen (siehe [43]) oder Sprühen. Hierbei geliert das Sol zu einer mechanisch unbeständigen Lyogelschicht. Während der anschließenden Wärmebehandlung im Umluftofen verdampft das Wasser und der Vernetzungsgrad des ORMOSIL steigt durch Kondensationsreaktionen der zuvor zahlreich vorhandenen Silanole stark an. Dadurch wird die Schicht mechanisch belastbar und fungiert fortan als eine wenige Mikrometer dünne, isolierende Barriere gegen den Zutritt wässriger Medien hin zum Metallsubstrat.

Der Einfluss der wichtigsten Herstellungsparameter auf die Korrosionseigenschaften des Systems Metallsubstrat-ORMOSIL-Beschichtung wurde unter Verwendung eines neuronalen Netzes untersucht. Als Zielparameter für eine minimale Korrosionsneigung wurde ein möglichst hoher elektrischer Durchtrittswiderstand der Schicht angestrebt, der mittels elektrochemischer Impedanzspektroskopie (EIS) quantifiziert wurde. Nach der Gleichverteilung der Beschichtungsparameter im vierdimensionalen Parameterraum (Konzentration der Präkursoren/Wasser, Reifezeit, Wärmebehandlungstemperatur und Wärmebehandlungszeit) wurde ein neuronales Netz mit zweischichtiger Netztopologie mit den Versuchsdaten trainiert. Die Auswertung erfolgte durch gleichverteilte virtuelle

Experimente, aus denen Kennfelder erstellt wurden. Die ausgewerteten Parameterempfindlichkeiten zeigen eine starke Abhängigkeit der korrosionsschützenden Eigenschaft (hoher Durchtrittswiderstand) von der Konzentration des Sols (optimaler Wert: 40 %-ige Lösung) sowie eine etwas schwächere Abhängigkeit von der Wärmebehandlungszeit und -temperatur (optimale Werte: 150°C, 3 h) auf. Die Reifezeit des Sols hat hingegen keinen nennenswerten Einfluss. Durch den somit optimierten Parametersatz kann der Durchtrittswiderstand um den Faktor 103 gesteigert und damit die Korrosionsneigung maßgeblich gesenkt werden (vgl. [43, 44]). Die isolierenden Eigenschaften der ORMOSIL-Schicht ordnen sich mit einem spezifischen Widerstand von $1{,}6 \cdot 10^{13}\ \Omega mm^2 m^{-1}$ zwischen den Werten von Polyolefinen und Gläsern ein. Der hohe spezifische Kennwert erklärt sich durch die Zusammensetzung der Beschichtung aus organischen und anorganischen Anteilen und belegt die sehr dichte Beschaffenheit der Schicht sowie deren homogene Anbindung an das Metallsubstrat. Der große organische Anteil im wärmebehandelten ORMOSIL-Netzwerk ist eine Folge der Verwendung des GPTMS-Präkursors, der dem Sol im Verhältnis 1:1 zum TEOS-Präkursor zugegeben wurde. Dies führt zu einer Flexibilisierung der Schicht im Vergleich zu rein anorganischen Silikaten (reiner TEOS-Präkursor). Dadurch ist sichergestellt, dass das ORMOSIL auch nach dem Aufstellen der Formschlusselemente des Metalleinlegers noch funktionell intakt ist (siehe Abb. 3.24 und [43]).

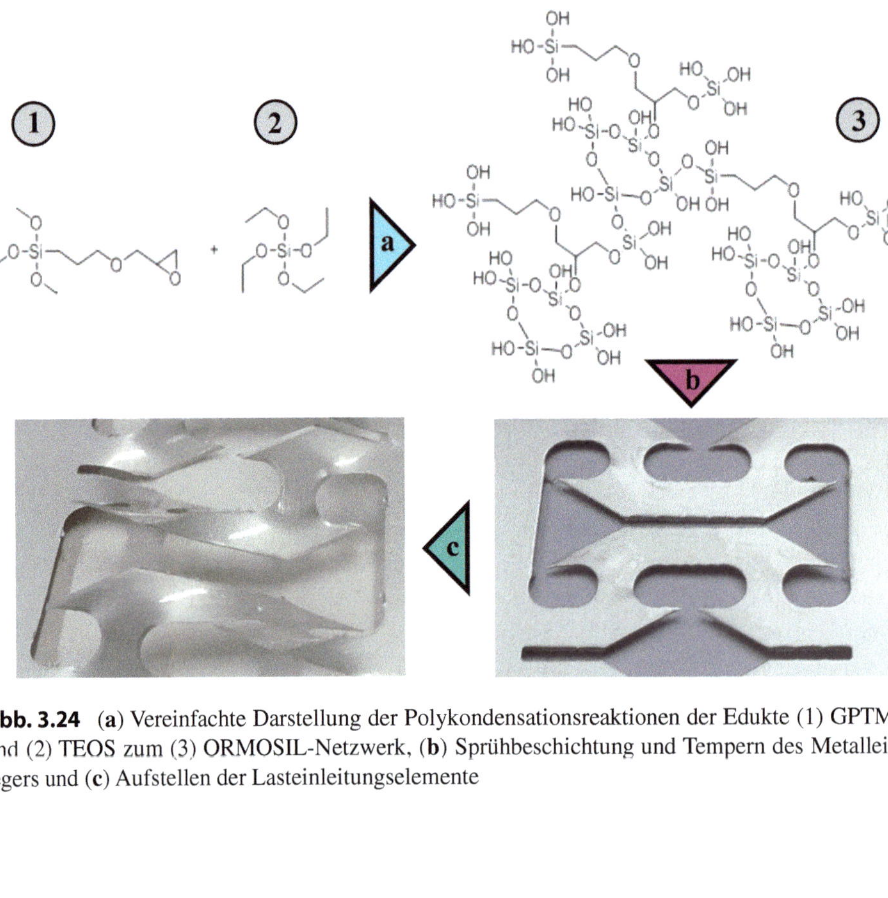

Abb. 3.24 (**a**) Vereinfachte Darstellung der Polykondensationsreaktionen der Edukte (1) GPTMS und (2) TEOS zum (3) ORMOSIL-Netzwerk, (**b**) Sprühbeschichtung und Tempern des Metalleinlegers und (**c**) Aufstellen der Lasteinleitungselemente

Zwar ist das Aluminiumsubstrat im Falle einer Beschädigung der ORMOSIL-Beschichtung zunächst durch Selbstpassivierung geschützt. Jedoch löst sich die sehr dichte Aluminiumoxidschicht schnell in Chlorid-haltigen wässrigen Medien auf (Lochfraß). EIS-Messungen in 0,1 M NaCl-Lösung haben gezeigt, dass der Durchtrittswiderstand innerhalb der ersten vier Tage um eine Größenordnung und innerhalb eines Monats ungefähr um den Faktor 100 abfällt. Beinhaltet die Schicht Korrosionsinhibitoren (Cernitrat oder Benzotriazol), wird die beschädigte Stelle auch anfangs effektiver geschützt (bis zu Faktor 10 höher als ohne Korrosionsinhibitoren), wobei der Korrosionswiderstand nur um circa 75% innerhalb eines Monats sinkt. Dies wird oft auch als Selbstheilungseffekt bezeichnet und geht auf die vorübergehende Passivierung der Metalloberfläche durch die freigelegten Korrosionsinhibitoren zurück. Die entsprechend verringerte Korrosionsrate wird auch anhand der durch optische Emissionsspektroskopie (ICP-OES) gemessenen Konzentration der im Korrosionsmedium aufgelösten Aluminiumionen deutlich. Beispielsweise wird durch die Zugabe von 3,2 gew. – % Cernitrat zum Sol eine ungefähr 8-fach geringere Aluminiumkonzentration nach 14-tägiger Auslagerung beobachtet. Analog dazu konnte die positive Wirkung des Cernitrat-Inhibitors ebenfalls für Stahlsubstrate sowohl in chlorid- als auch sulfathaltigen Korrosionsmedien bestätigt werden.

Die durch das ORMOSIL erzielbare Haftung ist durch die Anbindung sowohl zum Metallsubstrat als auch zum Polymer begrenzt. Für Aluminiumsubstrate eignet sich eine Vorbehandlung mittels Entfetten, Beizen und Hydroxylierung im Böhmit-Verfahren (siehe [43]). Die dünne Hydroxyl-reiche Konversionsschicht ermöglicht eine kovalente Anbindung (Al-O-Si) des ORMOSIL durch Kondensationsreaktionen. Das verwendete Vorbehandlungsverfahren lässt sich dabei in typische galvanotechnische Massenfertigungsprozesse, wie beispielsweise die Coilbeschichtung, integrieren.

Das reine ORMOSIL wirkt bereits haftvermittelnd zu Polyamid 6, wobei moderate Scherzugfestigkeiten von 5,2 MPa erreicht wurden (vgl. Abb. 3.40). Die Nachfunktionalisierung der ORMOSIL-Oberfläche in Lösungen aus Xylol und ausgewählten Organosilanen ermöglichten eine Steigerung der Haftung. Hierfür ist Aminosilan (CAS 13822-56-5) besonders geeignet (8,8 MPa). Die Verwendung von Diaminosilan (CAS 1760-24-3) führte sogar zu einer noch höheren Scherzugfestigkeit von 9,5 MPa, da ein zusätzliches sekundäres Amin je organofunktioneller Gruppe zur Wechselwirkung mit dem Polyamid zur Verfügung steht. Neben der chemischen Struktur und der Funktionalität des Organosilans wird die erzielte Haftfestigkeit zudem durch das Verhältnis von Xylol zu Organosilan, die Temperatur und Dauer der Funktionalisierung beeinflusst. Dazu wurden Untersuchungen mittels statistischer Versuchsplanung und neuronaler Netzwerke durchgeführt. Diese haben gezeigt, dass gegenüber dem nicht funktionalisierten ORMOSIL erst ab Funktionalisierungstemperaturen oberhalb von 60 °C eine verbesserte Haftung von 6,1 MPa erreicht wird. Die Funktionalisierungszeit ist jedoch von untergeordneter Bedeutung. Bereits ab Funktionalisierungszeiten von 6 min wird eine vergleichbare Festigkeit wie bei noch größeren Zeiten erzielt. Niedrig konzentrierte Lösungen (220 : 1 < Xylol:Organosilan < 100 : 1) bewirken die höchsten Haftfestigkeiten. Funktionalisierungstemperaturen von 100 °C ermöglichen bereits nahezu optimale Festigkeiten von 8,9 MPa im Vergleich zu Temperaturen von 130 °C (9,5 MPa). In beiden Fällen wurde teilweise kohäsives Versagen im Polymer festgestellt. Die ähnliche Haftung erschließt sich aus den vergleichbaren Belegungsdichten von primären Aminen auf der ORMOSIL-Oberfläche. Der quantitative kolorimetrische Bestimmungsansatz nach [45] auf Basis des Farbstoffs Coomassie-Brilliant-Blau G250 zeigte eine gemittelte Flächenbelegungsdichte von ungefähr 17 Aminogruppen pro nm^2. Die hohe Belegungsdichte verdeutlicht, dass die Diaminosilanmoleküle Multilagen auf dem ORMOSIL bilden, wodurch wiederum die Anzahl der mit dem Polyamid wechselwirkenden Aminogruppen erhöht und dadurch die Haftfestigkeit gesteigert wird.

Die somit identifizierten, optimalen Funktionalisierungsparameter (Konzentration (Xylol:Organosilan) von 100 : 1, Funktionalisierungstemperatur von 130 °C, Funktionalisierungszeit von 30 min) können auch auf weitere Organosilane übertragen werden, die haftsteigernd zu anderen Polymeren wirken. Für Epoxide liefern entsprechende Funktionalisierungen mit Diaminosilan oder GPTMS (CAS 2530-83-8) sehr gute Haftfestigkeiten von 9 MPa mit kohäsivem Versagen im unverstärkten Epoxid. Gute Haftung zu Polypropylen wird beispielsweise durch die Funktionalisierung mittels Methylsilan (CAS 1185-55-3; Haftfestigkeit von 4,6 MPa), Diaminosilan (Haftfestigkeit von 4,5 MPa) oder Vinylsilan (CAS 78-08-0; Haftfestigkeit von 4,4 MPa) erreicht. Die Wechselwirkungen gehen hier auf schwache Bindungen zurück. Hingegen wird eine kovalente Anbindung zum Polypropylen bei Verwendung von Vinylsilan und sparsamem Sprühauftrag von in Ethanol gelöstem Dicumylperoxid (200 : 1) möglich, die zu hohen Scherzugfestigkeiten von 8,5 MPa mit kohäsivem Versagen im unverstärkten Polypropylen führt.

3.3.4.4 Charakterisierung und Modellierung der resultierenden Grenzschicht

Im Gegensatz zu einachsigen Zug- und Druckversuchen kann der Scherzugversuch zur Charakterisierung von Grenzschichten nicht ohne Weiteres bei hohen Dehnraten realisiert werden (vgl. [46]). Der Unterschied in der Materialsteifigkeit im Interface des Verbundes führt bei der hochdynamischen Prüfung im SHPB zu Impedanzsprüngen. Ebenfalls führt die Reflektion der Verformungsschockwelle an den freien Enden der Proben zu einer Beeinträchtigung des Messsignals. Um diesen Effekt systematisch untersuchen und anschließend die Grenzflächeneigenschaften auch zuverlässig quantifizieren zu können, wurde der vollständige SHPB-Aufbau durch FEM-Simulationen mit Abaqus Explicit zunächst simulativ nachgebildet, vgl. [47]. Durch eine schrittweise Anpassung der Probengeometrie von einer Sandwich-Druckprobe hin zu komplexeren Geometrien konnte der Einfluss auf die Qualität der reflektierten und transmittierten Signalanteile sichtbar gemacht werden (siehe Abb. 3.25).

Die Simulationsergebnisse verdeutlichen, dass die Höhe des transmittierten Signals maßgeblich von der Probenform abhängt (vgl. [47]). Des Weiteren führen nur die Geometrien (c) und (d) zu einer reinen Scherbelastung in der Fügezone zwischen PA 6 und Aluminium. Da bei diesen beiden Geometrien hinsichtlich der transmittierten Signale keine signifikanten Unterschiede festzustellen sind, wurde die Probengeometrie (c) für die

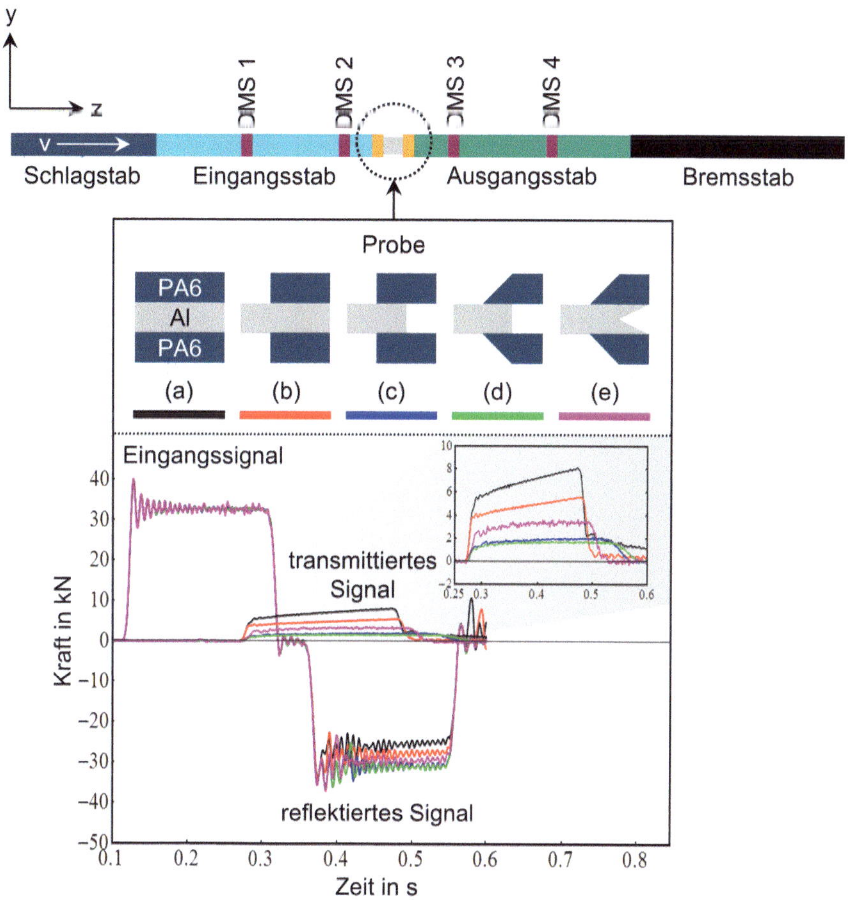

Abb. 3.25 Schematischer Aufbau des SHPB inklusive der Positionen der zur Kraftmessung aufgebrachten Dehnungsmesstreifen (DMS) 1 bis 4: Anhand von Simulationsergebnissen wird der Einfluss der Probenformen (**a**) bis (**e**) auf die Höhe und Dauer der durch die Probe transmittierten Kraftsignale deutlich.

Versuche an echten Proben verwendet. In Scherversuchen mit dieser Probenform zeigt sich eine ausgeprägte Dehnratenabhängigkeit der nominellen Scherfestigkeit der funktionalisierten Grenzfläche zwischen PA 6 und Aluminium (vgl. Abb. 3.26). Die mittels Grauwertkorrelation ermittelten Dehnungsfelder zeigen eine zunehmende Beteiligung des Aluminiums an der plastischen Verformung bei steigender Prüfgeschwindigkeit. Während bei langsamer Verformung nur eine elastische Verformung des Aluminiums auftritt, wird im Fall der hochdynamischen SHPB-Prüfung (Prüfgeschwindigkeit 7 ms^{-1}) das Aluminium in der Mitte der Verbundprobe deutlich plastisch verformt. Sowohl PA 6 als auch die Grenzfläche weisen bei hochdynamischer Prüfung eine deutlich gesteigerte Festigkeit auf (vgl. Abb. 3.14). Aluminium besitzt eine eher geringe Dehnratenempfindlichkeit (vgl. Abb. 3.12). Durch diesen Unterschied wird maßgeblich das Verformungsverhalten der

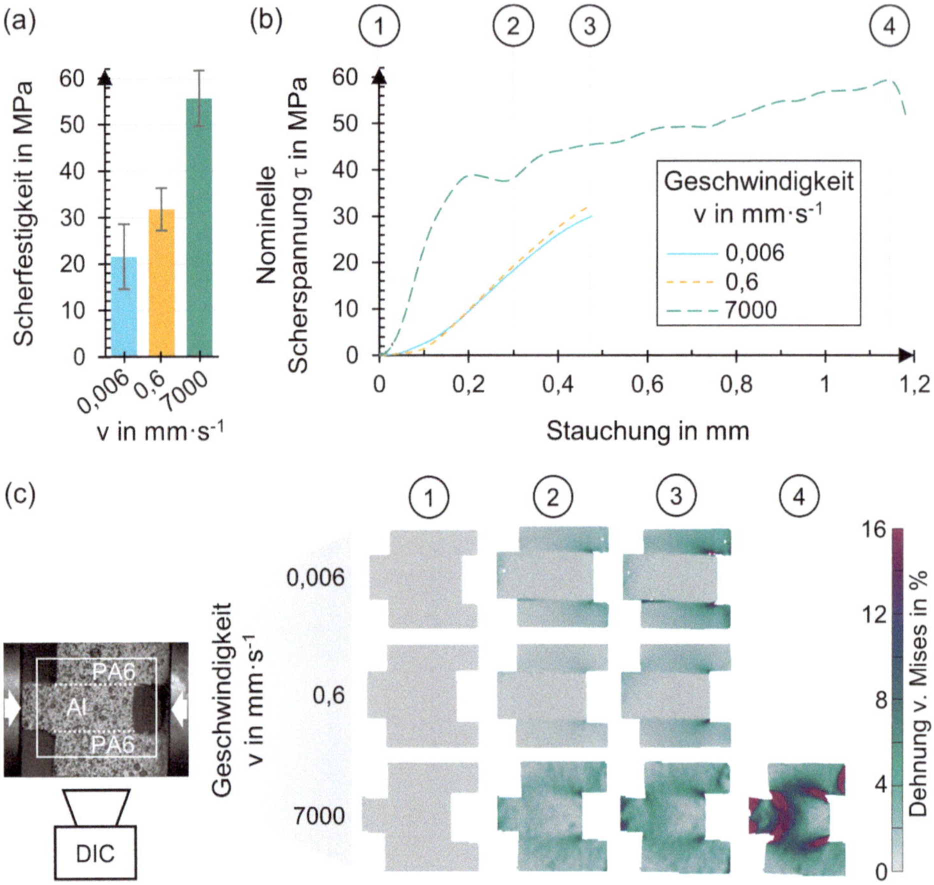

Abb. 3.26 Experimentelle Ergebnisse aus Scherversuchen der Verbundproben bei drei verschiedenen Prüfgeschwindigkeiten: (**a**) Mittlere Scherfestigkeit, (**b**) exemplarische Scherspannungs-Stauchungs-Kurven und (**c**) exemplarische Dehnungsfelder (Grauwertkorrelation)

gesamten Verbundprobe bestimmt und insbesondere ein Wechsel der verformungstragenden Werkstoffe beim Übergang von niedrigen zu hohen Dehnraten verursacht. Durch das Ausbauchen des Aluminiums kommt es außerdem zu einer der reinen Schubspannung überlagerten Druckspannung in der Grenzschicht, wodurch die ermittelten Scherfestigkeiten tendenziell überschätzt werden.

Das Interface beeinflusst maßgeblich das mechanische Verhalten des intrinsischen Hybridverbundes. Dementsprechend musste auch diese Komponente in den Simulationsmodellen des Hybridverbundes berücksichtigt werden. Wie in [32] diskutiert, lassen sich Grenzschichten unter anderem mithilfe einer diskreten Elementschicht modellieren (siehe [48]). Den Elementen ist dabei ein Materialmodell zuzuweisen, das eine kontinuumsmechanische Beschreibung des mechanischen Verhaltens ermöglicht. Auch ein solches Materialmodell wurde mithilfe des in Abschn. 3.3.4.1 beschriebenen Konzeptes auf der Basis einer rheologischen Verschaltung entwickelt (siehe [37]). Um das elastisch-plastische Materialverhalten mit Schädigung nachzubilden, wurde hierzu das in Abb. 3.27a dargestellte rheologische Modell verwendet (vgl. [41]). In Anlehnung an [49] ermöglichte dabei das Porositätselement, das in Reihe zu dem elastisch-plastischen Grundmodell geschaltet ist, die Erfassung der Schädigung. Die Parameter des sich durch Auswertung der Verschaltungsbeziehungen ergebenden Materialmodells wurden anhand von Verbundproben identifiziert. Dazu war es erforderlich, den experimentell durchgeführten Scherzugversuch zu simulieren. Um dabei das nichtlineare Materialverhalten der Fügepartner nachbilden zu können, wurden die in Abschn. 3.3.4.1 vorgestellten Materialmodelle den entsprechenden Komponenten des zugehörigen Finite-Elemente-Modells zugewiesen. Wie Abb. 3.27b belegt, ermöglicht das Materialmodell der Grenzschicht in Kombination mit den identifizierten Materialparametern unter Annahme eines eher schlagartigen Versagens die Nachbildung des mechanischen Verhaltens der Verbundproben. Aus diesem Grund wurde das konzipierte Materialmodell in Kombination mit der gewählten Modellierungsstrategie auch genutzt, um das mechanische Verhalten der Grenzschicht in dem Simulationsmodell des intrinsischen Hybridverbundes zu erfassen.

3.3.4.5 Herstellung des Metall-FVK-Hybridprofils in einem großserientauglichen, einstufigen Produktionsprozess

Entsprechend dem in Abschn. 3.3.3 dargelegten Konzept erfolgt die Herstellung der Bauteile mit dem Metall-FVK-Hybridprofil in einem einstufigen Umformprozess. Als Demonstratorbauteil wurde ein Hutprofil, wie es in klassischen Crashstrukturen zum Einsatz kommt, ausgewählt (vgl. Abb. 3.28). Als Referenz dient ein repräsentativer Querschnitt aus einer B-Säule eines PKWs der Mittelklasse.

Zur Herstellung des Demonstratorbauteils wurde ein entsprechendes variothermes Umformwerkzeug konstruiert und gefertigt. Die Hauptanforderungen an das Umformwerkzeug sind die Möglichkeit der Wechseltemperierung im Temperaturbereich von 25 °C bis 250 °C sowie die Integration der für den Abstreckvorgang des Einlegers notwendigen Kinematik, die zum Aufrichten der Formschlusselemente führen soll. Bestehende Erfahrungen in der Herstellung von Metall-Kunststoff-Verbunden deuten darauf hin, dass die Prozesszeit signifikant vom verwendeten Temperierkonzept abhängt. Aus diesem Grund

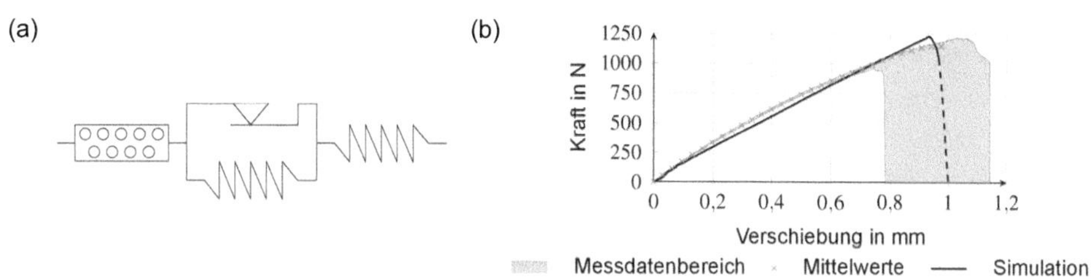

Abb. 3.27 Modellierung des mechanischen Verhaltens der Grenzschicht: (**a**) Rheologisches Modell, (**b**) Vergleich von Finite-Elemente-Simulation und Experiment anhand Kraft-Verschiebungs-Verläufen des Scherzugversuches

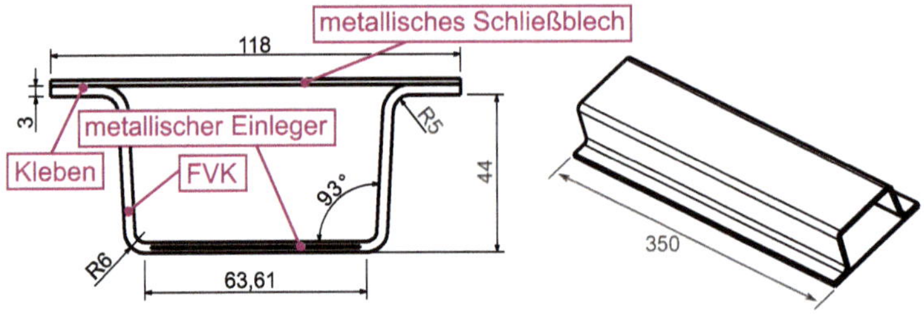

Abb. 3.28 Demonstratorbauteil gefertigt aus dem Metall-FVK-Hybridprofil

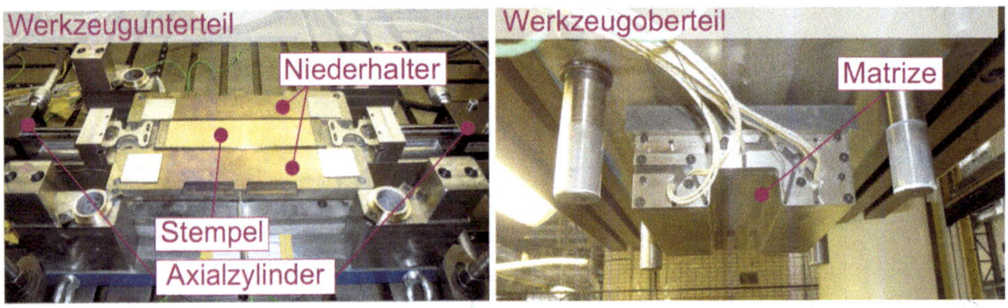

Abb. 3.29 Detaildarstellung des Umformwerkzeuges

wurden simulativ verschiedene Temperierkonzepte untersucht und im Hinblick auf die Zykluszeit bewertet. Dabei zeigte sich, dass die Aufheizung des Werkzeuges mit elektrischen Heizpatronen und die Abkühlung mit einem Fluid in konturnahen Kühlkanälen die kürzesten Zykluszeiten ermöglichen. Mit diesem Konzept ist eine thermische Zykluszeit von 50 s realisierbar. Weiterhin zeigte sich, dass ein angepasstes Temperaturreglungskonzept verwendet werden muss, um lokale Überhitzungen im Werkzeug zu verhindern (vgl. [31]).

Der Grundaufbau des Werkzeuges entspricht, wie die Abb. 3.29 zeigt, einem konventionellen Plattenwerkzeug mit Säulenführung. Zur thermischen Entkopplung der Aktivteile werden Dämmplatten eingesetzt. Mit Hilfe von 15 Heizpatronen mit jeweils 1 kW Heizleistung werden die Werkzeugaktivteile temperiert und mittels Kontakterwärmung zwischen den Aktivteilen des Werkzeuges die thermoplastischen Halbzeuge aufgeheizt. Die Abkühlung des umgeformten Bauteils erfolgt im geschlossenen Werkzeug. Das Abstrecken des metallischen Einlegers wird durch zwei separat ansteuerbare Axialzylinder realisiert. Dadurch kann die Abstreckung des Einlegers (mesoskopische Umformung) unabhängig von der Bewegung des Stempels (makroskopische Umformung) erfolgen. Die Krafteinleitung in den Einleger wird dabei durch ein formschlüssiges Feder-Nut-System erreicht. Dies erlaubt eine freie Variation der Prozessparameter und damit eine flexible Auslegung des Umformprozesses.

Begründet durch die Komplexität des Fertigungsprozesses sind diverse Prozessparameter aufeinander abzustimmen und auszulegen. Die Hauptparameter stellen die Temperatur des Werkzeuges sowie die Bewegungsprofile von Stempel und Zugzylinder zum Abstrecken des metallischen Einlegers dar. Zur thermischen Auslegung des Umformprozesses wurden Versuche durchgeführt, um die minimale Umformtemperatur T_F, die minimale Fügetemperatur sowie die maximale Entnahmetemperatur zu bestimmen. Die Ermittlung der minimalen Umformtemperatur erfolgte anhand von Biegeversuchen in einem temperierten Biegewerkzeug. Der verwendete Biegeradius betrug dabei 5 mm und die Abkantung erfolgte parallel zur Faserrichtung unter einem Winkel von 90°. Beginnend bei 240 °C wurde die Temperatur in Schritten von 10 K reduziert. Unterhalb einer Temperatur von 220 °C wurden Risse und Ausbrüche im Matrixmaterial detektiert (vgl. Abb. 3.30). Folglich sollte während des Umformprozesses eine Mindesttemperatur von 220 °C vorliegen.

Weiterhin erfolgten Untersuchungen zum Eindringverhalten der Formschlusselemente in den FVK anhand von Einpressversuchen mit einem ebenen Plattenwerkzeug. Dabei wurden die Fügetemperatur sowie die Konsolidierungszeit variiert. Es wurde nachgewiesen, dass es bei einer Fügetemperatur von $T_F < 220$ °C zum Rückbiegen der Formschlusselemente kommt und somit die Formschlusselemente nicht in die Kunststoffmatrix eindringen. Die gefügten Proben wurden in Querschliffen bezüglich auftretender Imperfektionen, wie z. B. Lunkern, Faserbrüchen und Faserverschiebungen, untersucht (siehe Abb. 3.31). Dabei konnte nachgewiesen werden, dass es nicht zum Durchtrennen von Fasern durch die Formschlusselemente kommt. Jedoch traten Faserondulationen und Lunker in Folge des Eindringens der Formschlusselemente auf.

Basierend auf diesen Voruntersuchungen erfolgte die Gestaltung des Gesamtprozesses. Dieser kann in die Phasen Aufheizen des FVK, Herstellung der Bauteilgeometrie (globale Umformung), Ausformung der Formschlusselemente (lokale Umformung) und Konsolidierung des Verbundes unterteilt werden. Die zeitliche Abfolge der Hauptprozessparameter ist in Abb. 3.32 dargestellt.

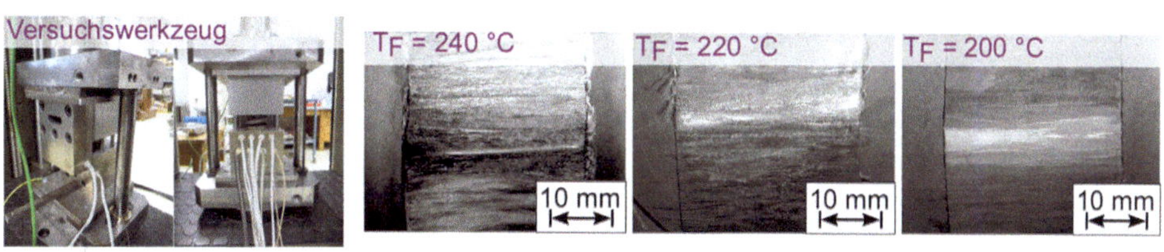

Abb. 3.30 Abkantversuche zur Bestimmung der minimalen Umformtemperatur

Abb. 3.31 Querschliffe an Proben aus einem Fügeversuch

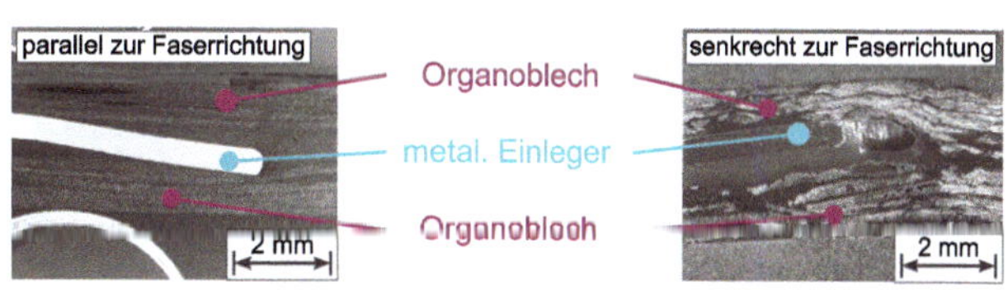

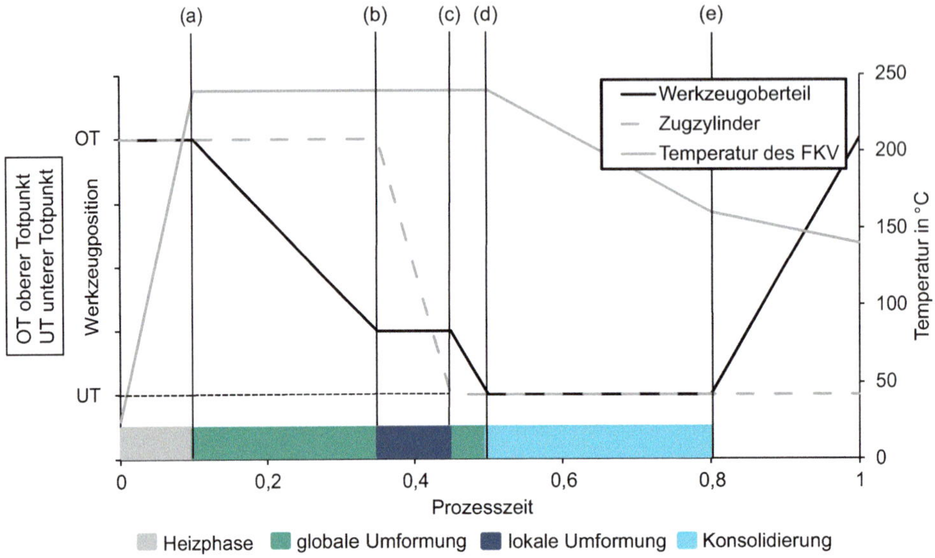

Abb. 3.32 Schema des zeitlichen Ablaufs für die Hauptprozessparameter während der Bauteilumformung

Die realisierbare minimale Prozesszeit hängt neben dem thermischen Verhalten des Werkzeuges stark von der maximalen Entnahmetemperatur des Bauteils ab. Durch Rückfederungs- und Verzugseffekte kommt es bei der Entnahme des Bauteils zu Formabweichungen im Vergleich zur CAD-Sollgeometrie. Da in den Grundlagenuntersuchungen die Fasern nur in Längsrichtung des Profils orientiert waren, kam es zu einer sehr starken Auffederung des Profils. Um diese zu kompensieren wurden die Bauteile nach der Entnahme aus dem Werkzeug in eine Kalibriervorrichtung eingelegt und in dieser bis auf Raumtemperatur abgekühlt. Um den Einfluss der Entnahmetemperatur auf diese Formabweichungen zu untersuchen, wurden Bauteile bei verschiedenen Temperaturen aus dem Umformwerkzeug entnommen, in die Kalibriervorrichtung eingelegt und anschließend vermessen. Die Untersuchungen zeigten, dass die geringste Formabweichung bei einer Entnahme unterhalb der Glasübergangstemperatur der Kunststoffmatrix vorliegt. Im Temperaturbereich zwischen Glasübergang und Schmelztemperatur (ca. 60 °C – 220 °C) steigt die Formabweichung mit abnehmender Entnahmetemperatur. Dies ist darauf zurückzuführen, dass bei einer erhöhten Entnahmetemperatur aus dem Umformwerkzeug das Bauteil auch bei einer höheren Bauteiltemperatur und damit einem geringeren Verformungswiderstand in das Kalibrierwerkzeug eingelegt wird. Abschließend können zwei Strategien zur Bauteilentnahme abgeleitet werden. Wird ohne eine zusätzliche Kalibrierform gearbeitet, sollte die Bauteilentnahme unterhalb der Glasübergangstemperatur der Kunststoffmatrix erfolgen. Dies führt jedoch zu einer langen Verweilzeit im Umformwerkzeug. Soll diese reduziert werden, kann eine zusätzliche Kalibrierform verwendet werden. Ist dies der Fall, ist eine möglichst hohe Entnahmetemperatur aus dem Umformwerkzeug anzustreben.

3.3.5 Mechanisches Verhalten der gefertigten Metall-FVK-Hybridprofile

Die Charakterisierung des mechanischen Verhaltens des intrinsischen Hybridverbundes sowie des daraus gefertigten Demonstratorbauteils erfolgte bereits im Rahmen der Auslegungsphase mithilfe von Finite-Elemente-Simulationen. Neben den eingesetzten Komponenten wird das resultierende Verhalten stark durch die Fertigung geprägt. Aus diesem Grund war es erforderlich, die Einflüsse aus der Fertigung in dem Simulationsmodell zu erfassen. Wie in [32] dargelegt, war es diesbezüglich zielführend das globale Thermoformen sowie die lokale Blechumformung im Vorfeld separat zu simulieren und diese Simulationsergebnisse als Basis für die eigentliche Modellerstellung zu verwenden (siehe auch [37]). Neben einer möglichst exakten Nachbildung der makro- und mesoskopischen Geometrie bot dieses Vorgehen den Vorteil, dass die Fertigungsparameter simulativ variiert und somit auch deren Einfluss auf den Hybridverbund analysiert werden konnten. Mit dieser Zielstellung erfolgte zunächst die Simulation des Thermoformens. In dem in Abb. 3.33a gezeigten, zugehörigen Simulationsmodell wurde das Organoblech aus endlosfaserverstärktem Kunststoff durch Membranelemente diskretisiert. Die Werkzeugaktivteile Matrize, Stempel und Niederhalter wurden durch starre Schalenelemente nachgebildet. Der Thermoformprozess wurde unter Verwendung eines programminternen, anisotropen hyperelastischen Materialmodells isotherm bei einer Temperatur von 240 $^{\circ}C$ simuliert. Die Materialparamter des Materialmodells wurden auf Basis von Literaturdaten ermittelt. Die mit variierten Niederhalterkräften erzielten Simulationsergebnisse sind in Abb. 3.33b dargestellt. Anhand der sich ergebenden Verteilung des Faservolumengehaltes zeigt sich, dass eine höhere Niederhalterkraft zu einer größeren Ausdünnung in den Eckbereichen des Profils führt und somit dieser Prozessparameter die Steifigkeit des resultierenden Bauteils beeinflusst. Neben der Analyse der Auswirkungen der Prozessparameter ermöglichten die Thermoformsimulationen auch eine exakte Vorhersage der makroskopischen Geometrie und bildeten somit eine Grundlage für die Generierung des Finite-Elemente-Modells eines aus dem Hybridverbund gefertigten Bauteils. Zur Erfassung der inneren Struktur des Hybridverbundes wurde auch der Teilprozessschritt, in dem das Aufrichten der Formschlusselemente erfolgt, simuliert. Die Grundlage dabei stellte das in Abschn. 3.3.4.2 vorgestellte und validierte Finite-Elemente-Modell des metallischen Einlegers dar. Zusätzlich zum Abstrecken wurde nun auch das Zusammenpressen simuliert.

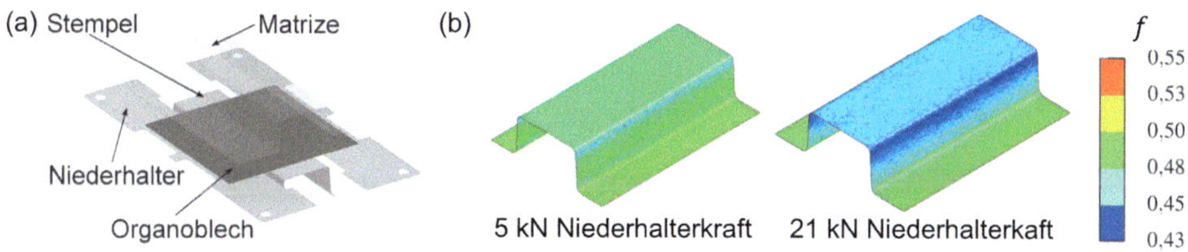

Abb. 3.33 Thermoformsimulation: (**a**) Simulationsmodell, (**b**) Einfluss der Niederhalterkraft auf den Faservolumengehalt (vgl. [32])

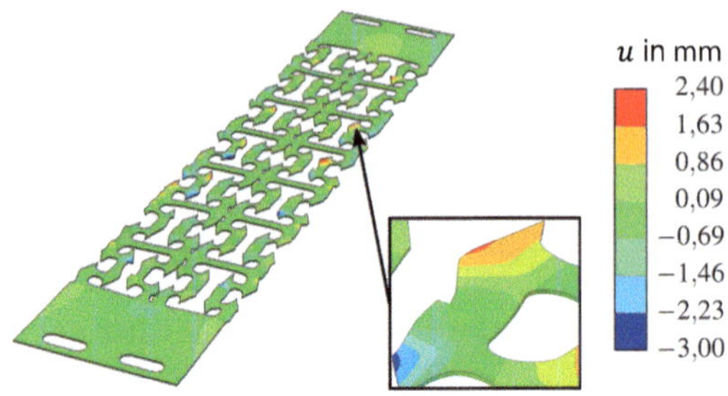

Abb. 3.34 Out-of-plane-Verschiebungen des umgeformten metallischen Einlegers

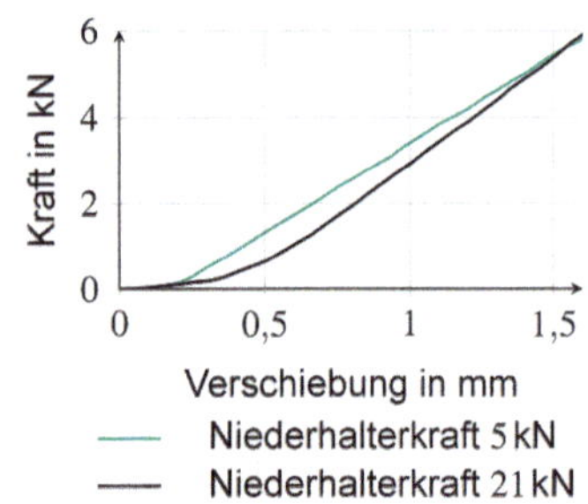

Abb. 3.35 Kraft-Verschiebungs-Verläufe resultierend aus der Simulation der Drei-Punkt-Biegung des Demonstratorbauteils

Abb. 3.34 zeigt die sich am Ende des Prozesses einstellenden out-of-plane-Verschiebungen sowie die Geometrie des umgeformten, metallischen Einlegers. Mithilfe der in [32] erläuterten Strategie zum Modellaufbau konnten nun die Finite-Elemente-Modelle des Demonstratorbauteils aus Abschn. 3.3.4.5 generiert werden. Zur Charakterisierung des Bauteilverhaltens wurden anschließend mit diesen Modellen Drei-Punkt-Biegeversuche simuliert. Dabei kamen die für die Aluminiumlegierung und den endlosfaserverstärkten Kunststoff formulierten Materialmodelle zum Einsatz. Das Interface wurde wiederum durch eine diskrete Elementschicht mit dem elastisch-plastischen Materialmodell mit Schädigung modelliert. Die Ergebnisse der Simulation des Drei-Punkt-Biegeversuches der Demonstratorbauteile, deren Fertigung mit unterschiedlichen Niederhalterkräften erfolgte, sind in Abb. 3.35 dargestellt. Wie anhand der resultierenden Kraft-Weg-Verläufe ersichtlich wird, beeinflusst die Wahl der Niederhalterkraft das mechanische Verhalten und muss bei weiteren Prozessauslegungen dementsprechend berücksichtigt werden.

Mithilfe des entwickelten Simulationsmodells ließ sich somit der Hybridverbund simulativ charakterisieren. Darüber hinaus war es gelungen, ein Werkzeug zu schaffen, das es ermöglicht, ein komplexes Hybridbauteil unter Berücksichtigung von Fertigungseinflüssen zu dimensionieren.

Die gefertigten Bauteile aus dem Metall-FVK-Hybridprofil wurden hinsichtlich ihrer mechanischen Eigenschaften auch experimentell untersucht. Dazu wurde eine Prüfung in einem Drei-Punkt-Biegeversuch unter dynamischer Belastung durchgeführt und mit Versuchsergebnissen von Bauteilen mit einem Vollblecheinleger ohne Formschlusselemente verglichen. Die betrachtete Belastungsart entsprach, insbesondere bei hohen Dehnraten, dem Szenario eines PKW-Seitenaufpralls. In Abb. 3.36a sind die Kraft-Verschiebung-Verläufe aus Fallwerksversuchen dargestellt. Es ist deutlich ersichtlich, dass die mit einem rein

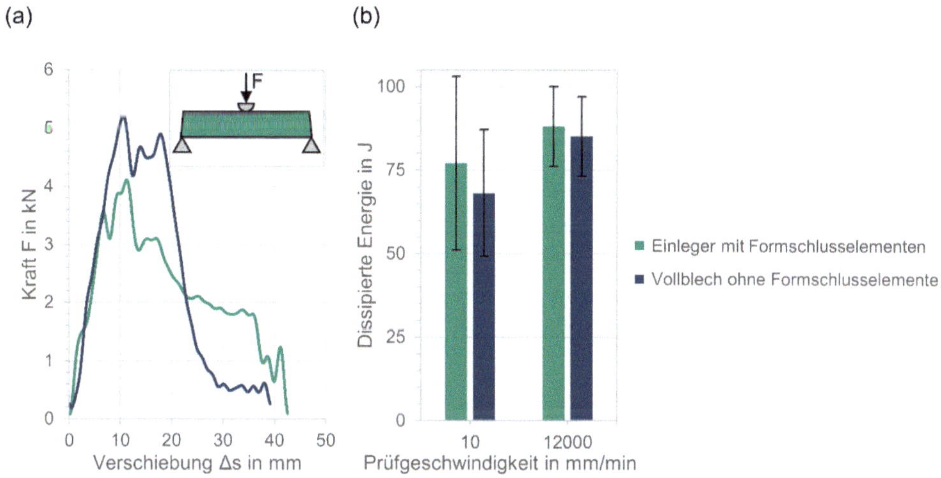

Abb. 3.36 Mechanisches Verhalten des Demonstratorbauteils im Drei-Punkt-Biegeversuch: **a**) Kraft-Verschiebungs-Verlauf bei dynamischer Belastung und **b**) dissipierte Energien der unterschiedlichen Demonstratorbauteile bei quasistatischer und dynamischer Belastung

flächigen Vollblecheinleger ohne Formschlusselemente versehenen Bauteile eine circa 20 % höhere Maximalkraft ertragen. Dies ist auf den deutlich größeren wirksamen Querschnitt des Blechs sowie die größere Fügefläche zurückzuführen. Die Kraft-Verschiebung-Kurve fällt jedoch bei der weiteren Verformung sehr stark ab. Durch dieses Verhalten lag die dissipierte Energie der Demonstratoren mit Blecheinleger (Abb. 3.36b) sowohl bei langsamer Belastung als auch im Crash-Fall bei etwa denselben Werten wie Bauteile mit einem metallischen Einleger mit Formschlusselementen. In den Bauteilen mit flächigem Blech versagte die ebene Grenzfläche PA 6/Aluminium bei den Bauteilen spröde. In den Bauteilen mit dem aufgestellten metallischen Einleger konnte durch die aufgeklappte Verzahnung das Risswachstum in der Grenzfläche durch die Umlenkung des Kraftflusses stark verzögert werden, so dass auch bei hohen Verformungen noch ein signifikanter Energiebetrag durch die Struktur dissipiert werden konnte. Das volle Potenzial der Einleger wurde in diesen Versuchen noch nicht ausgenutzt, dennoch führte der Einleger mit Formschlusselementen im Vergleich zum Vollblecheinleger zu einer geringeren Masse der Bauteile bei gleicher Crashperformance.

Inwieweit die Kombination aus makroskopischem Formschluss und Stoffschluss wirklich zu einer Verbesserung der mechanischen Eigenschaften führt, wurde anhand von Scherzugversuchen an Elementarzellen des metallischen Einlegers identifiziert. Insgesamt wurden dabei die folgenden Anbindungsvarianten untersucht:

- Vollblech „tatsächliche Fläche"
- Vollblech „virtuelle Fläche"
- ebene Formschlusselemente
- aufgestellte Formschlusselemente

Bei der Variante Vollblech „tatsächliche Fläche“ entsprach die Fügefläche der tatsächlichen Fläche des metallischen Einlegers (Fügezone gemäß Abb. 3.37 abzüglich der ausgestanzten Bereiche). Im Gegensatz dazu war die Fügefläche bei der Variante Vollblech „virtuelle Fläche“ so groß wie die durch den metallischen Einleger eingenommene Fläche. Die verwendete Geometrie der Proben der Scherzugversuche ist in Abb. 3.37 dargestellt. Dabei musste zum Fügen der Scherzugproben ein spezielles variothermes Werkzeug entwickelt werden. Erst dieses Werkzeug ermöglichte die Fertigung der Proben, die anschließend in quasistatischen Scherzugversuchen geprüft wurden.

Die Ergebnisse der Untersuchungen für die Varianten mit Beschichtung sind in Abb. 3.38 zusammengefasst. Die Varianten mit Formschlusselementen zeigen eine bessere Performance im Vergleich zur Vollprobe mit der virtuellen Fügefläche. Durch das Aufstellen der Formschlusselemente konnte die dissipierte Energie bis zum Totalversagen deutlich gesteigert werden. Dies belegt, dass die Kombination von Form- und Stoffschluss zu einer Verbesserung der Interfaceperformance und zu einem besseren Crashverhalten des entwickelten Metall-FVK-Hybridprofils führt.

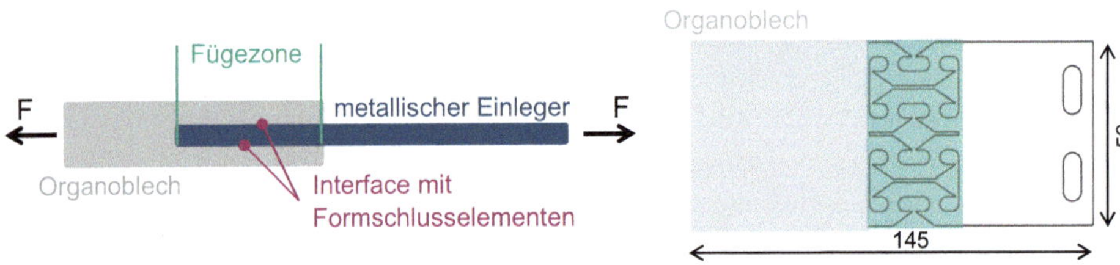

Abb. 3.37 Probenform Scherzugversuch an Elementarzellen

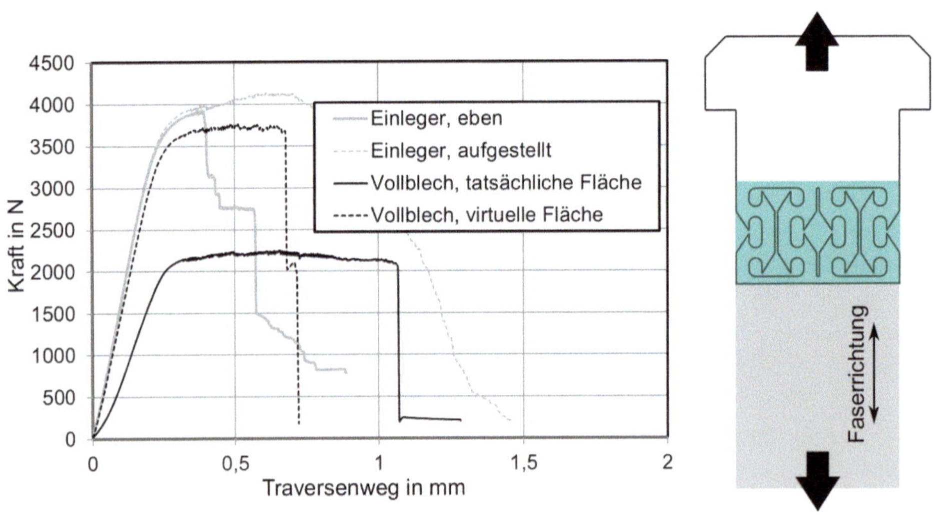

Abb. 3.38 Kraft-Weg-Verläufe der Scherzugversuche

3.3.6 Aspekte zur Berücksichtigung von Umwelteinflüssen

Infolge von Umwelteinflüssen kann der intrinsische Hybridverbund während seines Einsatzes Temperatur- und Luftfeuchtigkeitsschwankungen erfahren, die sich auf das mechanische Verhalten auswirken. Insbesondere besteht für die thermoplastische Matrix des endlosfaserverstärkten Kunststoffes eine große Abhängigkeit des Materialverhaltens von der Temperatur sowie dem Feuchtigkeitsgehalt. Mit dem Ziel, die sich dadurch ergebenden Auswirkungen auf das Bauteilverhalten bewerten zu können, erfolgte eine mechanische Charakterisierung des eingesetzten Thermoplasts in Abhängigkeit von diesen Einflüssen.

Im Vorfeld der Prüfung wurden dazu die Zugproben so konditioniert, dass sich unterschiedliche Feuchtigkeitsgehalte einstellten. Die Identifikation des resultierenden Feuchtigkeitsgehaltes erfolgte mithilfe der Karl-Fischer-Titration. Anschließend wurden die konditionierten Zugproben in einer Temperierkammer geprüft. Dabei wurden die Untersuchungen in einem für die Automobilbranche typischen Temperaturbereich von –25 °C bis 60 °C durchgeführt. In Abb. 3.39 sind die Ergebnisse von Relaxationsversuchen dargestellt. Anhand der Verläufe des Elastizitätsmoduls wird ersichtlich, dass der Kunststoff mit zunehmender Feuchtigkeit und Temperatur eine geringere Steifigkeit aufweist. Allerdings relaxiert der Kunststoff deutlich schneller. Um unter anderem diese Effekte auch im Rahmen der Simulation erfassen zu können, wurden für jeden experimentell untersuchten Zustand die Parameter des entsprechenden Materialmodells separat identifiziert (vgl. [50]). Unter Verwendung dieser Parametersätze und durch numerische Homogenisierung ließ sich nun wiederum der endlosfaserverstärkte Kunststoff simulativ charakterisieren, sodass anschließend Parametersätze für das Materialmodell des endlosfaserverstärkten Kunststoffes bestimmt werden konnten. Somit war es möglich die Abhängigkeit des Materialverhaltens dieser Hauptkomponente von den Umwelteinflüssen auch im Simulationsmodell des Hybridverbundes zu berücksichtigen.

Neben dem mechanischen Werkstoffverhalten des Polyamids wird auch die Haftung der Grenzschicht durch die aufgenommene Feuchte beeinflusst. Während die nicht funktionalisierte ORMOSIL-Schicht nach der Konditionierung gemäß DIN EN ISO 1110 eine deutlich höhere Haftfestigkeit bietet, verlieren die methylfunktionalisierten Schichten an Scherzugfestigkeit (vgl. Abb. 3.40). Die Wasseraufnahme scheint die hydrophoben Wech-

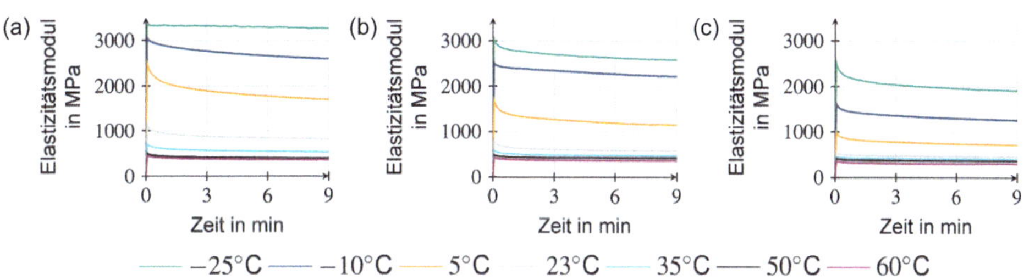

Abb. 3.39 Relaxationsversuche bei verschiedenen Temperaturen und Feuchtigkeitsgehalten: (**a**) 1 % Feuchtigkeit, (**b**) 3 % Feuchtigkeit, (**c**) 9 % Feuchtigkeit (vgl. [51])

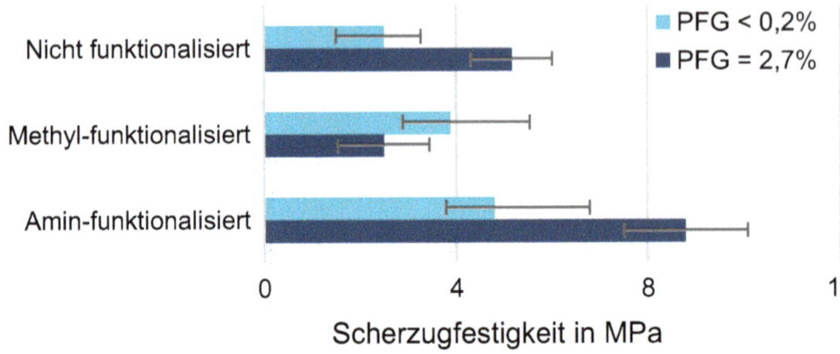

Abb. 3.40 Scherzugfestigkeiten der Aluminium-PA 6 Verbunde in Abhängigkeit von der Funktionalisierung der ORMOSIL-Beschichtung und vom Polymerfeuchtegehalt (PFG)

selwirkungen (Van-der-Waals-Bindungen) zwischen Methyl und Polyamid zu schwächen, während die hydrophilen Wechselwirkungen (Wasserstoffbrückenbindungen und Dipol-Dipol-Wechselwirkungen) der freien Silanole der ORMOSIL-Oberfläche verstärkt werden. Um diesem Effekt entgegen zu wirken, wurde die ORMOSIL-Schicht mit primären Aminen funktionalisiert. Diese bieten neben den Van-der-Waals-Wechselwirkungen der unpolaren Anteile (Alkyl) auch Wasserstoffbrückenbindungen und Dipol-Dipol-Wechselwirkungen der polaren und H-aziden Aminogruppe, die zu erhöhten Haftfestigkeiten auch in feuchteren Zuständen führen.

3.3.7 Zusammenfassung und Ausblick

Im Rahmen des Forschungsvorhabens wurde ein intrinsischer Hybridverbund für crashbelastete Strukturbauteile konzeptioniert. Dies entspricht einem Technologiereifegrad von 4. Hierbei wurden neben dem Bauteil- sowie dem Bauteilherstellungsprozess auch neuartige Konzepte im Bereich der Beschichtungstechnik, Materialprüfung und Materialmodellierung etabliert. Die Herstellung des Bauteils erfolgte in einem einstufigen Fertigungsprozess unter Verwendung eines speziell konzipierten metallischen Einlegers. Zur Steigerung der Energiedissipation im Crashfall wurde ein neuartiges Anbindungskonzept, welches auf einer Kombination aus Form- und Stoffschluss basiert, entwickelt und eingesetzt. Im Vergleich zu etablierten Konzepten ermöglichte dabei die spezielle Geometrie des Einlegers die Herstellung der Formschlusselemente während des intrinsischen Fertigungsprozesses, wodurch die Prozesskette signifikant verkürzt werden konnte. Der Herstellungsprozess der Formschlusselemente wurde grundlegend untersucht sowie eine Methodik zur Geometrieauslegung entwickelt und validiert. Die stoffschlüssige Anbindung basierte auf einer dehnungstoleranten, organosilikatischen Beschichtung des Metalleinlegers, die das Metall vor Korrosion schützt und zudem die Adhäsion zum polymeren Fügepartner erhöht. Die im großserientauglichen Sol-Gel-Verfahren applizierten Schichten konnten durch gezielte Variation von organisch und anorganisch vernetzenden Schichtbestandteilen je nach Anwendungsfall hinsichtlich der erforderlichen Dehnungstoleranz und der Stabilität gegen chlorid- und sulfathaltige Medien eingestellt werden. Durch den Einbau von Korrosionsinhibitoren war zudem eine selbstheilende Wirkung im Falle einer Schichtbeschädigung realisierbar. Hohe Haftfestigkeiten zum Polymer wurden durch eine Nachfunktionalisierung der Beschichtung mit unterschiedlichen Organosilanen erzielt. Dadurch konnten besonders feste Verbindungen mit Polyamid, Epoxidharzen sowie unterschiedlichen Polyolefinen, wie Polypropylen, realisiert werden.

Der intrinsische Fertigungsprozess wurde simulationsgestützt ausgelegt und die entsprechende Werkzeugtechnik wurde konstruiert und gefertigt. Hierbei zeigte sich insbesondere die Werkzeugtemperierung als Herausforderung. Es musste dabei ein Kompromiss zwischen Homogenität der Temperaturverteilung und Zykluszeit realisiert werden. Eine Kombination aus elektrischer Erwärmung mittels Heizpatronen und aktiver Wasserkühlung zeigte sich als vorteilhaft. Basierend auf umfassenden Versuchen wurden optimale Prozessparameter ermittelt sowie der Einfluss ausgewählter Prozessparameter auf die resultierende Bauteilqualität, insbesondere unter hochdynamischer Belastung, untersucht. Eine hochdynamische Charakterisierung der Grenzfläche erforderte zunächst die Entwicklung geeigneter Miniaturprobenformen, die das Aufbringen einer möglichst gut definierten Scherbelastung zwischen Kunststoff und Metall ermöglichten. Ein Versuchsaufbau für hochdynamische Versuche (Split-Hopkinson Pressure Bar) konnte experimentell eingesetzt und simulativ nachgebildet werden. Der Einfluss einer Veränderung der Probengeometrie auf das Messsignal wurde systematisch experimentell und simulativ analysiert. In Scherversuchen mit Grauwertkorrelation bei unterschiedlichen Dehnraten wurde schließlich das Verformungsverhalten der finalen (Verbund-)Probengeometrie untersucht. Die experimentellen Ergebnisse verdeutlichen eine ausgeprägte Dehnratenabhängigkeit der Scherfestigkeit der funktionalisierten Grenzfläche zwischen Aluminium und PA 6 unterstützt durch ein ratenabhängiges Verformungsverhalten der Einzelkomponenten. Das mechanische Verhalten der Demonstratorbauteile wurde in Fallwerksversuchen unter Biegebelastung untersucht. Dieser Versuchsaufbau bildete eine Crash-ähnliche dynamische Belastung ab.

Simulativ wurde der Einfluss der intrinsischen Fertigung auf das Bauteilverhalten untersucht. Dazu erfolgte zunächst die Simulation des Aufrichtens des metallischen Einlegers sowie des Thermoformens unter Variation der Prozessparameter. Basierend auf den Ergebnissen der Simulationen der Einzelprozessschritte konnten anschließend Finite-Elemente-Modelle der resultierenden Bauteile generiert werden. Neben der Berücksichtigung von Fertigungseinflüssen ermöglichten dabei die Modelle auch eine detailgetreue Abbildung der inneren komplexen Struktur des intrinsischen Hybridverbundes. Die Nachbildung des mechanischen Verhaltens der einzelnen Komponenten erfolgte innerhalb der Simulationen durch eigens entwickelte nichtlineare Materialmodelle für große Deformationen. In diesem Zusammenhang wurde ein Konzept angewendet und somit in der Anwendung etabliert, das es ermöglicht, Materialmodelle auf der Basis direkt verschalteter rheologischer Elemente zu formulieren. Auf Basis der entwickelten Methodik können komplexe Hybridbauteile unter Berücksichtigung von Fertigungseinflüssen belastungsgerecht ausgelegt werden.

Durch das Zusammenwirken der Fachdisziplinen Produktion, Mechanik, Werkstoffwissenschaft und Werkstofftechnik wurde im Rahmen des Projekts ein umformend hergestellter intrinsischer Hybridverbund entwickelt, gefertigt und bewertet. Perspektivisch ist für den betrachteten Hybridverbund die Verwendung alternativer Materialien für die Hauptkomponenten denkbar. Hierbei ist vermutlich insbesondere ein Einsatz von Biopolymeren in Kombination mit Naturfasern zielführend. Je nach eingesetztem Material ändern sich dadurch die phänomenologischen Eigenschaften und müssen durch ein entsprechendes nichtlineares Materialmodell für große Deformationen berücksichtigt werden. Die Entwicklung solcher Materialmodelle bedarf eines hohen Zeitaufwands und setzt unter anderem ein fundiertes Wissen auf dem Gebiet der nichtlinearen Kontinuumsmechanik voraus. Mit dem hier entwickelten Konzept zur Entwicklung von Materialmodellen auf der Basis direkt verschalteter rheologischer Elemente kann jedoch eine automatisierte Materialmodellierung realisiert werden. Die Verwendung eines genetischen Algorithmus ermöglicht dabei die Identifikation einer geeigneten rheologischen Verschaltung und somit eines nichtlinearen Materialmodells für große Deformationen. Die in [52] gezeigten Ergebnisse bestätigen bereits die Realisierbarkeit dieses Konzeptes der automatisierten Materialmodellentwicklung und bilden somit die Grundlage für eine noch effizientere Gestaltung von Auslegungsprozessen.

3.4 Intrinsische Herstellung hybrider Strukturkomponenten

Mathias Bobbert, Christian Dammann, Peter Lenz, Rolf Mahnken, Gerson Meschut, Sascha Sander, Mirko Schaper, Thomas Tröster, Zheng Wang und Carolin Zinn

3.4.1 Motivation

Im Rahmen dieses Teilprojektes wird ein modifizierter Vacuum-Assisted-Resin-Transfer-Moulding-Prozess (VARTM-Prozess) entwickelt, welcher eine intrinsische Herstellung von hybriden Strukturkomponenten sowie eine prozessintegrierte Einbringung von Funktionselementen ermöglicht. Das niedrigviskos injizierte Epoxidharz durchtränkt zunächst die trockene Faserkomponente und erzeugt im Rahmen der Aushärtung eine Verbindung zur Metallkomponente. Die Einbringung von Funktionselementen in die Faserkomponente kann bereits während des Schließprozesses des Werkzeugs erfolgen. Es resultiert eine flächige Anbindung zwischen Metall- und Faserverbundkunststoffkomponente. Neben einer gleichmäßigen Krafteinleitung in die Grenzschicht wird die Kontaktkorrosionsproblematik durch die isolierende Epoxidharzschicht zwischen der Metall- und der Faserverbundkunststoffkomponente eliminiert.

Um die Taktzeiten zusätzlich zu verkürzen, wird an dieser Stelle ein hochreaktives, d. h. schnell aushärtendes, Epoxidharzsystem eingesetzt. Da im ungünstigsten Fall, bei einem Kontakt zwischen Metallkomponente und aus der Faserverbundkomponente herausragenden Kohlenstofffasern, dennoch Kontaktkorrosion auftreten kann, wird als Zwischenschicht ein isolierendes Glasvlies verwendet. Dieses kann problemlos in die Kohlenstofffaserpreform integriert werden. Des Weiteren wird eine Modifikation der Metalloberfläche durchgeführt, um eine dauerhaft feste, alterungsbeständige Verbindung zwischen Matrixharz und Metalloberfläche zu erzeugen. An dieser Stelle wird auf ein sauberes bzw. umweltfreundliches, auf prozessmittelfreies und schnelles Lasernanostrukturieren zurückgegriffen. Da dieses Verfahren physikalische Grenzen besitzt – zum Laserstrahl senkrechte Flächen können nicht strukturiert werden – wurde die Laserstrukturierung der Metalloberfläche in der zweiten Förderperiode mittels 3D-Lasersystem nach der Umformung sowie vergleichsweise vor der Umformung untersucht. Auf diese Weise kann die Komplexität der Oberflächenvorbehandlung dreidimensionaler Strukturen erheblich reduziert werden.

Technologisch erfordert die Hybridbauweise mit einer komplexen Kombination artverschiedener Werkstoffe und deren Fertigungsverfahren eine wesentlich grundlegendere Betrachtung der Bereiche Produktionstechnik zur Herstellung der Hybride, der Werkstoffwissenschaft zur Charakterisierung der Verbundwerkstoffe und insbesondere der Grenzschichten sowie der Technischen Mechanik zur Beschreibung der Produktionsprozesse und der Eigenschaften des Systems.

3.4.2 Zielsetzung und Vorgehensweise

Das Ziel der 1. Förderungsperiode bestand in der Erforschung und Entwicklung eines neuen VARTM-Prozesses als Fertigungsverfahren für die intrinsische Herstellung zukünftiger hybrider Leichtbaukomponenten. Abb. 3.41 stellt den Verfahrensablauf in seinen einzelnen Phasen dar.

Der zentrale Ansatz bestand in der Neuentwicklung des intrinsisch-hybriden Herstellungsprozesses durch das simultane Einlegen von sowohl der Metall- als auch der Faserverbundkomponente in die Kavität des RTM-Werkzeuges. Die Faserverbundkomponente lag in Form eines trockenen und vorgeformten dreidimensionalen Halbzeuges, der sogenannten Preform, vor. Die Metallkomponente wurde ebenso aus einem dreidimensional vorgeformten Halbzeug gebildet. In einer folgenden Projektphase ist das direkte Formen der Preform und damit der Entfall eines weiteren Prozessschrittes untersucht worden. Nach der Positionierung der Einzelkomponenten erfolgt das Schließen des Werkzeuges, so dass der Harzinjektionsprozess gestartet werden kann. Das eingesetzte zweikomponentige Gemisch aus Harz und Härter sollte unter den Einflussgrößen Druck, Temperatur und Zeit infiltriert werden. Das als Fluid vorliegende Matrixmaterial sollte die Fasern und die Grenzfläche zur Metallkomponente vollständig durchtränken. Die Aushärtung erfolgte zunächst im Bauteil, bis die zur Weiterverarbeitung notwendige Festigkeit erreicht war. An diesem Punkt erfolgte das Öffnen des Werkzeuges und die anschließende Entnahme des Hybridbauteils. Dieses kann ohne weitere Nachbearbeitung in die weiteren Prozessschritte, u. a. Montage und KTL-Beschichtung, gegeben werden.

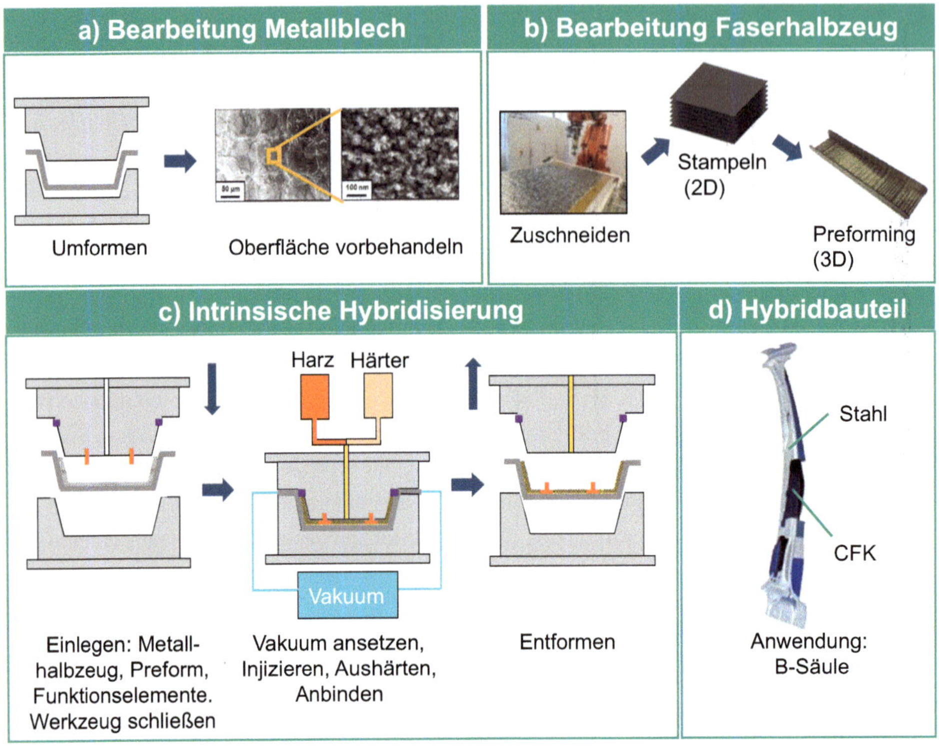

Abb. 3.41 Fertigungsprozess eines intrinsischen Hybridbauteils im VARTM-Verfahren: **a**) Laserstrukturierung der Metalloberfläche, **b**) Halbzeug zuschneiden und stapeln sowie Preforming, **c**) Intrinsische Fertigung und **d**) fertige Hybridstruktur

Das Hauptziel der 2. Förderperiode bestand darin, die mechanischen Eigenschaften von intrinsisch hergestellten Hybridbauteilen unter bauteilnahen Beanspruchungen simulativ und experimentell zu untersuchen. Dazu gehören der Einfluss der Matrix- und Grenzschichtalterung auf das Gesamtverhalten des Hybridwerkstoffes sowie das Crash- und Ermüdungsverhalten der Hybridstrukturen bei unterschiedlichen Oberflächenvorbehandlungen.

Die sich daraus für die beiden Förderperioden ableitenden Ziele und Arbeitspakte sind nachfolgend für die drei einzelnen Disziplinen Produktionstechnik, Werkstoffwissenschaft und Technische Mechanik dargestellt.

3.4.2.1 Ziele in der Produktionstechnik

Eine geeignete Prozesstechnik, die die intrinsische Herstellung von Hybridkomponenten mit definierten mechanischen Eigenschaften sowie einer einfachen Integrationsfähigkeit in größere Strukturen ermöglicht, erfordert die Beherrschung von fünf wesentlichen Aspekten:

- Entwicklung von Abdichtkonzepten zwischen Werkzeug und Metallkomponente zur Erzielung einer definierten FVK-Endkontur.

- Entwicklung geeigneter Methoden, um die Grenzschichten im Hinblick auf die Korrosionseigenschaften und ihre mechanischen Eigenschaften u. a. Lastübertragung zu optimieren.
- Untersuchung zu den Einflüssen der wichtigsten Prozessparameter auf die Qualitätsmerkmale sowie Ermittlung des Prozessfensters.
- Entwicklung eines neuartigen Prozessansatzes, um die thermisch induzierten Eigenspannungen zu minimieren.
- Ermöglichung der Funktionserweiterung des intrinsischen Hybridbauteils durch Integration zusätzlicher Funktionselemente während des Schließens des RTM-Werkzeugs. Die Einbringung derartiger Krafteinleitungselemente würde z. B. die Einbindung der Komponente in größere Strukturen ermöglichen.

3.4.2.2 Ziele in der Werkstoffwissenschaft

Die Hauptziele im Bereich der Werkstoffwissenschaft bestanden in der 1. Förderperiode darin, die für die Mehrskalensimulation erforderlichen Kennwerte zu liefern, die mechanische Tragfähigkeit der Anbindung zu untersuchen sowie das Verhalten und die Schadensmechanismen des Hybrids unter bauteilnaher Beanspruchung aufzuzeigen. Dabei sollten insbesondere die Zusammenhänge zwischen dem Prozess, der Mikrostruktur und den mechanischen Eigenschaften aufgedeckt werden.

Somit ergaben sich folgende Teilziele:

- Entwicklung und Charakterisierung einer laserinduzierten Nanostrukturierung für Stahl- und Aluminiumoberflächen zur Verbesserung der Haftungs- und Korrosionseigenschaften des Hybridbauteils mit Festlegung der effektiven Laserparameter Leistung, Pulsfrequenz, Scangeschwindigkeit und Scanspurabstand.
- Ermittlung der mechanischen Eigenschaften des Hybridbauteils in Abhängigkeit von Injektionsstrategie (1- oder 4-Punkt-Injektion), Belastungsart (Scher-Zug, Biegung), Grenzflächenvorbehandlungsmethode (Laser, Saco, Sandstrahlen, keine), Strukturierungsrichtung (0° bzw. 90° zur Belastungsrichtung), Grenzlagenorientierung (0° bzw. 90° zur Belastungsrichtung) und Grenzschichtgestaltung (Glasvlies, Klebstofffilm oder keine).
- Ermittlung der Alterungsbeständigkeit der erzeugten Hybridstrukturen in Abhängigkeit von Grenzflächenvorbehandlungsmethode und Grenzschichtgestaltung.

Primäres Ziel in der 2. Förderperiode im Bereich der Werkstoffwissenschaft war die Übertragung der in der 1. Förderperiode entwickelten Lasernanostrukturierung auf komplexe Geometrien sowie die Ermittlung des Bauteilverhaltens unter zyklischer und hochtransienter Belastung.

- Entwicklung eines Prozesses zur laserinduzierten Nanostrukturierung der Oberfläche eines Hutprofils (Strukturierung vor der Umformung am ebenen Blech und nach der Umformung am dreidimensionalen Profil).

- Ermittlung der mechanischen Eigenschaften des hybriden Bauteils unter zyklischer Scher-Zug-Belastung in Abhängigkeit von der Grenzflächenvorbehandlungsmethode und der Lage (Boden- oder Flankenbereich des Profils).
- Ermittlung der mechanischen Eigenschaften des hybriden Bauteils unter hochtransienter Belastung in Abhängigkeit von der Grenzflächenvorbehandlungsmethode (Kerbschlagbiegeversuch).
- Ermittlung der Korrosionseigenschaften der laserinduziert erzeugten Eisen- bzw. Aluminiumoxidschicht.

3.4.2.3 Ziele in Bezug auf die technische Mechanik

Entsprechend der skizzierten, prozesstechnischen Fragestellung ist ein weiteres Ziel des Forschungsvorhabens die Modellierung und Simulation der thermo-mechanisch-chemisch gekoppelten Vorgänge im RTM-Prozess. Infolge der Tränkung des Faserverbundes mit dem Harz-Härter Gemisch bei gleichzeitigem Druck kommt es zur Fluid-Festkörper-Interaktion. Diese ist während des anschließenden Aushärtens auf Grund der Wärmeentwicklung mit einem exothermen, chemischen Prozess und einem Phasenwechsel vom Harz-Fluid-Gemisch zur Matrix gekoppelt. Auf Grund der Wechselwirkung zwischen thermischer Ausdehnung und des chemischen Schrumpfens führt der RTM-Prozess schließlich zu Eigenspannungen im fertigen Hybridbauteil. Diese haben wesentlichen Einfluss auf das spätere makroskopische Werkstoffverhalten, womit insbesondere das Schädigungsverhalten innerhalb der Faserverbundkomponente als auch in der Grenzschicht zur Metallkomponente von Bedeutung ist. Für die Simulation von intrinsischen Hybriden des RTM-Prozesses ergeben sich folgende Herausforderungen und Teilziele:

- Mikro-Modellierung des RTM-Prozesses: Es erfolgt eine thermodynamische konsistente Modellierung des thermo-mechanisch-chemisch gekoppelten RTM-Prozesses. Dabei wird u. a. die exotherme Wärmeentwicklung auf der Grundlage von DSC-Messungen und der Phasenwechsel infolge des Aushärtens der Matrix berücksichtigt.
- Homogenisierung eines voll ausgehärtetem FVK: Mit Hilfe der numerischen Homogenisierung wird eine Homogenisierung des gekoppelten Gesamtproblems im Rahmen eines repräsentativen Volumenelements (RVE) durchgeführt. Dies liefert die effektiven Größen für eine Bauteilsimulation.
- Schädigung in der Grenzschicht: Mit den Ergebnissen der Homogenisierung, insbesondere Eigenspannungen und elastischer Anisotropietensor, wird das mechanische Verhalten in der Grenzschicht untersucht. Ziel ist die Simulation des Schädigungsverhaltens in der Grenzschicht zwischen Verbund- und Metallkomponente des intrinsischen Hybrids unter Berücksichtigung des unterschiedlichen Verhaltens Zug, Druck und Schub (asymmetrisches Werkstoffverhalten).
- Mesomechanische Modellierung von Schädigungsarten: Während einer Crash-Belastung von FVK-Metall-Hybriden dominiert die Schädigung des FVKs. Bisher wird eine Schädigung nicht in allen Konstituierenden eines FVKs betrachtet sondern eine Gesamtschädigung auf der Makroscala, z. B. das Versagenskriterium nach Puck

[53]. Um alle Konstituierende betrachten zu können wird die Mean-Field-Theorie um Schädigung erweitert.

- Analytische Bestimmung effektiver, Aushärtegrad-abhängiger Eigenschaften: Um die verschiedenen Schadigungsarten auf der Mesoskala und den Aushärteprozess kombiniert betrachten zu können, bedarf es einer Homogenisierungsmethode, welche effizient die effektiven Eigenschaften in Abhängigkeit der Schädigung und des Aushärtegrads liefert. Hierfür wird die Mean-Field-Theorie um einen chemischen Anteil erweitert. Zudem können auftretende Eigenspannungen, die durch den Aushärteprozess entstehen, bestimmt werde.
- Die Herstellung von Hochleistungs-GFK-Strukturen erfordert eine vollständige Harzsättigung der anfänglich trockenen Fasern. Insbesondere komplexe Geometrien erfordern eine vorhersagende numerische Simulation, um ein Formdesign und die damit verbundene Positionierung von Harzeinlässen und Lüftungsöffnungen zu etablieren.

3.4.3 Vorstellung des Inhalts

3.4.3.1 Produktionstechnik

Zur Erreichung der Prozessfähigkeit für die Herstellung von intrinsischen Hybridbauteilen aus FVK wurde im ersten Schritt ein Plattenwerkzeug aus dem vorvergüteten Werkzeugstahl 1,2085 (X33CrS16) entwickelt, siehe Abb. 3.42.a) und b).

Es besteht im Wesentlichen aus einer Unter- sowie Oberform, einem Distanzrahmen sowie Aufspannplatten. Für eine homogene Temperierung der beiden Werkzeughälften sind jeweils vier Längsbohrungen in gleichmäßigen Abständen eingebracht, die das Integrieren von Heizpatronen ermöglichen. Für die Temperaturreglung sind in beiden Formen jeweils zwei Temperatursensoren angeordnet. In der oberen Werkzeugform sind zudem 5 Gewindebohrungen eingebracht, wovon je nach gewählter Injektionsstrategie (hier 4-Punkt-Anguss) eine definierte Anzahl an Einlässe eingebracht werden. Der Auslass befindet sich in dem Mittelpunkt. Ferner erlaubt die Größe der Werkzeugkavität die Fertigung von 330 mm × 330 mm großen Hybridbauteilen, wobei die Höhe der Kavität von der Distanzrahmenstärke abhängt. Die Ober- und die Unterform verfügt jeweils über zwei bzw. eine umlaufende Nute für Abdichtungsmaterialien bzw. Silikonschläuche. Die innere Abdichtung in der Oberform befindet sich direkt neben der Preform und dient zur endkonturnahen Herstellung der KFV-Struktur. Die anderen zwei Silikonschläuche sollen gemeinsam mit dem Distanzrahmen eine prozesssichere Abdichtung des Werkzeugs gewährleisten. Der Injektionsprozess erfolgte über einer Dosieranlage i-Ject-Touch 2.0 von der Firma Wolfangel, siehe Abb. 3.42.c), die das Epoxidharz und den Härter auf vorgegebene Temperaturen aufwärmen, zusammenmischen und unter einem konstanten Druck in das Werkzeug injizieren kann. Das Evakuieren des Werkzeugs erfolgt über einer Vakuumpumpe, die ein konstantes Vakuum von ca. 10 mbar erzeugt.

Mit diesem Versuchsaufbau wurden Prüfplatten zur Untersuchung der Einflüsse unterschiedlicher Oberflächenvorbehandlungsmethoden, der Faserorientierung sowie der Zwi-

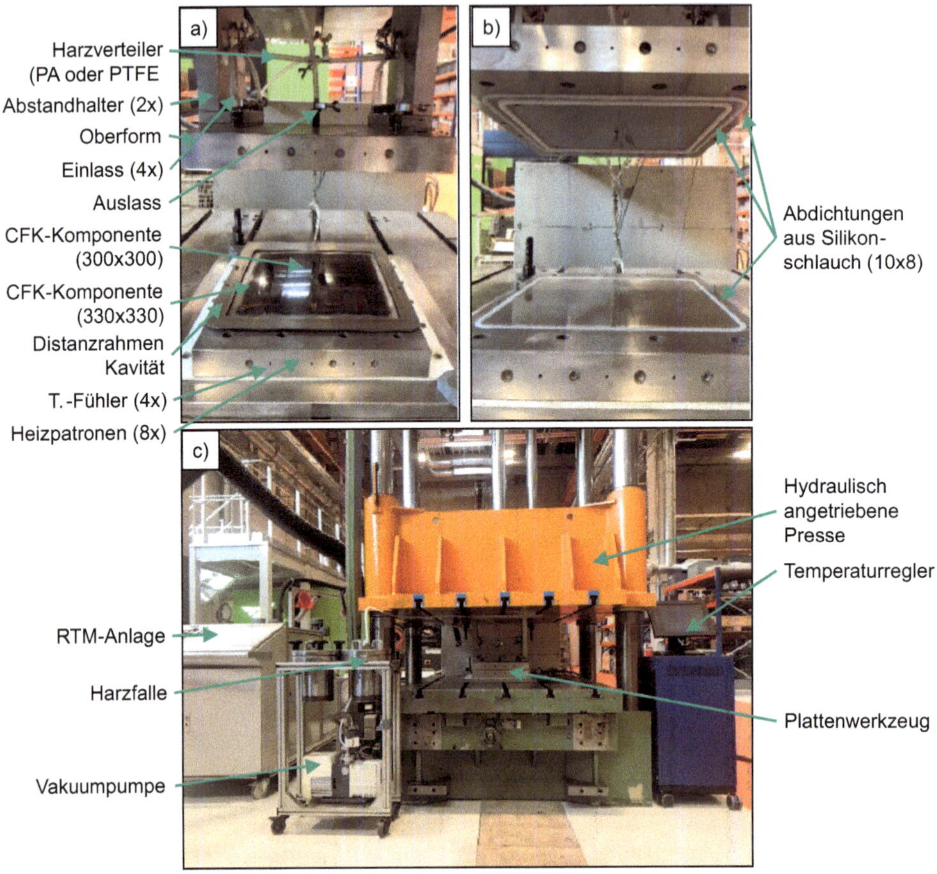

Abb. 3.42 Prozesskette zur intrinsischen Herstellung hybrider Prüfplatten: **a**) eingesetztes Plattenwerkzeug, **b**) Abdichtungskonzept in dem Plattenwerkzeug, **c**) Gesamter Versuchsaufbau

schenlagenmaterialien und -dicken hergestellt [54–58]. Anschließend wurde eine Untersuchung zu den Prozessparametern durchgeführt, mit denen eine bessere oder mindestens gleichbleibende Qualität der Bauteile bei gleichzeitiger Verkürzung der Fertigungsdauer realisiert werden konnte. Ausgehend von einer umfassenden Prozess- und Werkstoffanalyse wurden geeignete Prozessparameter als Einflussfaktoren und Zielgrößen hybrider Werkstoffe ausgewählt. Bei der Fertigung von Hybridbauteilen wurden verschiedene Werkzeugtemperaturen, Injektionsdrücke sowie Injektions- und Aushärtezeiten variiert, um den Einfluss auf die definierten Zielgrößen zu untersuchen. Zudem wurde der Einfluss einer Nachbehandlungsmethode, dem KTL-Prozess, untersucht. Um das genannte Ziel zu erreichen, wurden die hybridspezifischen Zielgrößen charakterisiert. Diese sind die Formfüllzeit, die Laminatqualität, der Verzug, die Hafteigenschaften sowie die mechanischen Eigenschaften. Dazu wurden Scherzug- und 3-Punkt-Biegeversuche jeweils gemäß DIN 65148 und DIN EN ISO 14125 an Proben aus den gefertigten Hybridplatten durchgeführt und zusätzlich das Versagensverhalten analysiert. Zudem erfolgte mit Hilfe mikroskopischer Aufnahmen die Untersuchung der inneren Laminatqualität [59].

Basierend auf den Voruntersuchungen an ebenen Proben wurden nachfolgend hutprofilförmige Bauteile als Technologiedemonstratoren hergestellt, um die Umsetzbarkeit des Verfahrens aufzuzeigen. Das Hutprofil wurde unter Beachtung fertigungstechnischer Aspekte aus der Geometrie einer realen PKW-B-Säule abgeleitet und stark vereinfacht (abrollbare Geometrie). Der Referenzquerschnitt des Hutprofils kann bezüglich der Flankenwinkel und Radien der betrachteten B-Säule als repräsentativ angenommen werden, siehe Abb. 3.43 a).

Ausgehend von der Geometrie des Hutprofils wurde ein RTM-Werkzeug konstruiert und gefertigt Abb. 3.43 b). Die Entwicklung eines geeigneten Abdichtkonzeptes zwischen Oberwerkzeug und Werkstück spielt dabei eine zentrale Rolle. Insbesondere die Abdichtung direkt auf dem Flanschbereich des Werkstückes zur Erzielung einer definierten FVK-Kontur stellt hier eine absolute Neuerung und Herausforderung dar. Dieser Bereich muss sauber abgedichtet werden, weil nach dem VARTM-Prozess auf den Flanschbereich der metallischen Komponente ein Schließblech angebracht werden soll, um ein geschlossenes Profil zu erzielen. Mögliche Ansätze sind beispielsweise eine Silikonschnur oder ein aufblasbarer Schlauch aus Silikon. Die Dichtung sitzt in diesem Fall in einer umlaufenden Nut des Stempels, die entlang der Außenkontur der FVK-Preform verläuft. Die bisherigen Versuche haben gezeigt, dass bei der Verwendung einer Silikonschnur mit einem rechteckigen Querschnitt (Abb. 3.43 c)) Hutprofile prozesssicher, auch bei hohem Druck (7 bar) und gleichzeitig hoher Temperatur (120 °C), hergestellt werden können. Ein mit dem neu konstruierten Werkzeug hergestelltes Hutprofil, das aus einem metallischen Grundblech und einer CFK-Verstärkung besteht und gute Oberflächenqualität und gleichmäßige Fasertränkung aufweist, ist in Abb. 3.43 d) zu sehen [55].

Basierend auf dem Hutprofil wurden im folgenden Schritt das Versagensverhalten intrinsisch gefügter Hybridstrukturen unter quasistatischer und hochtransienter Drei-Punkt-Biegebelastung gegenüber gewichtsäquivalenter Stahlreferenz und geklebter Referenz untersucht. Die Oberflächen der Stahlkomponenten wurden jeweils mit Aceton gereinigt, mit Korund gestrahlt und mit Laser strukturiert.

Im Bereich der Einbringung von Funktionselementen in FVK oder Hybridwerkstoffe wurde ein Konzept erarbeitet, welches es ermöglicht Funktionselemente intrinsisch und effizient im RTM-Prozess in die Laminatstruktur einzubringen. Der aufgebaute Prozess ist in Abb. 3.44 dargestellt. Dabei handelt es sich um den in [11] vorgestellten und in [60] weiterentwickelten Prozess nach dem Spreizbolzenprinzip.

Darin wird zunächst im ersten Schritt der Spreizbolzen der Setzbuchse zugeführt und die Preform in der Werkzeugkavität positioniert. Im zweiten Schritt wird das RTM Werkzeug geschlossen. Diese Bewegung wird genutzt, um den Spreizbolzen im unkonsolidierten Laminat zu verankern. Sobald das Spreizelement in Kontakt mit den ersten Lagen der Preforms kommt, wird der Spreizbolzen axial gestaucht. Durch den entstehenden Druck schneidet das Spreizelement die Hülse an vier Punkten ein und es entstehen vier Spreizlippen. Durch die Form des Spreizelementes werden die Lippen umgelenkt und seitlich

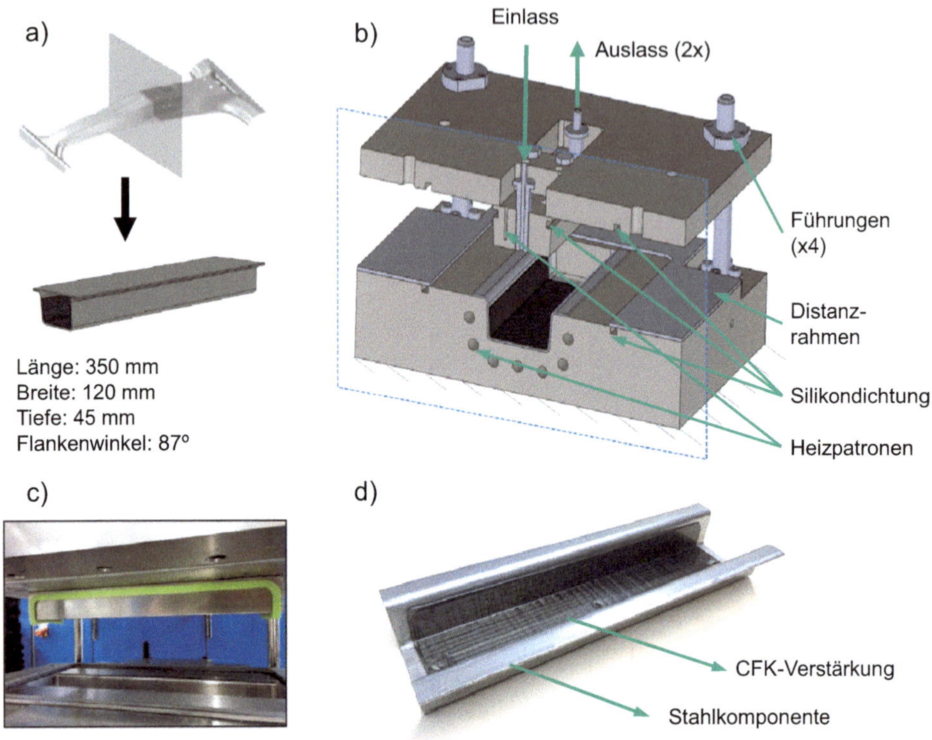

Abb. 3.43 Schnittansicht des RTM-Werkzeugs für **a**) Ableitung der Geometrie aus einer B-Säule, **b**) das Hutprofil, **c**) Silikondichtung im Stempel und **d**) reales Bauteil

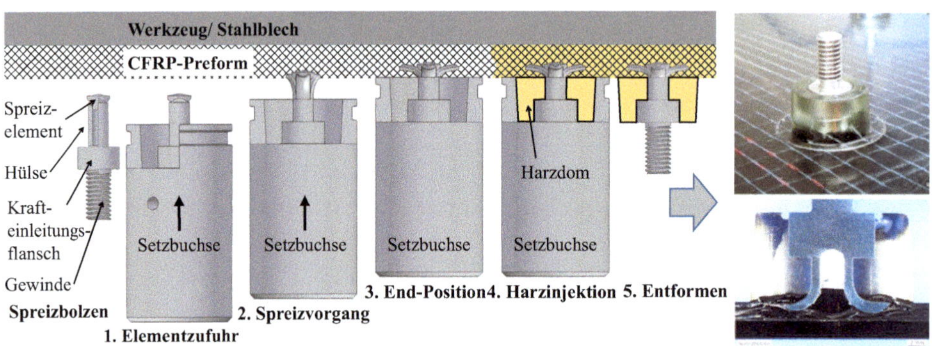

Abb. 3.44 Intrinsischer Setzprozess eines Spreizbolzens im Laminat

gebogen, was zu einer Verankerung im Laminat führt. Dabei werden die Fasern lokal verschoben und die Verspreizung erfolgt mit Erreichen der End-Position des RTM-Werkzeuges zwischen der 2. bis 4. Faserlage. Für diesen Vorgang ist weder eine Matrize noch eine genaue Positionierung des Spreizbolzens zum Laminat notwendig. Im vierten Schritt erfolgten die Harzinjektion, Aushärtung und somit die Konsolidierung des Laminates. Im letzten Schritt wird die Probe entformt [60].

Zur Umsetzung des Prozesses wurden zunächst sogenannte Spreizbolzen entwickelt, welche durch axiale Kompression eine Verankerung in nicht konsolidierten Laminaten zulässt. Auch die zugehörigen Setzwerkzeuge, welche in ein modifiziertes RTM-Werkzeug eingebracht werden können, wurden konstruiert und gefertigt. Varianten dieser Werkzeuge wurden in [55] und [60] vorgestellt. Der zugehörige Versuchsaufbau ist in Abb. 3.45 dargestellt. Es handelt sich um ein RTM-Plattenwerkzeug, in welches vier Setzbuchsen eingebracht werden können. Unter der Voraussetzung eines vertikalen Schließvorgangs und in einem Bereich mit einer partiell horizontalen Werkzeugoberfläche sind die Setzbuchsen für jede Art von RTM-Werkzeugen geeignet. Die innere Kontur der Setzbuchse beschreibt die spätere Außenkontur des Harzdoms. Der Gewindeabschnitt des Bolzens wird über einen Silikonring abgedichtet. Über diesen wird die Pressenkraft von der Setzbuchse in den Krafteinleitungsflansch bis zu einer definierten Kompression geleitet. Dadurch wird gewährleistet, dass die Abdichtung während des gesamten Prozesses aufrechterhalten und die Dichtung nicht geschädigt wird. Die Fixierung der Spreizbolzen im Oberwerkzeug vor dem Schließprozess erfolgt über drei federnde Druckstücke welche radial zur Bolzenaufnahme angeordnet sind.

3.4.3.2 Werkstoffwissenschaften

Normgerechte Zugbeanspruchung der einzelnen Konstituierenden, die in einem Hybrid eingesetzt werden, d. h. der kohlenstofffaserverstärkte Kunststoff, das Stahl- und das Alu-

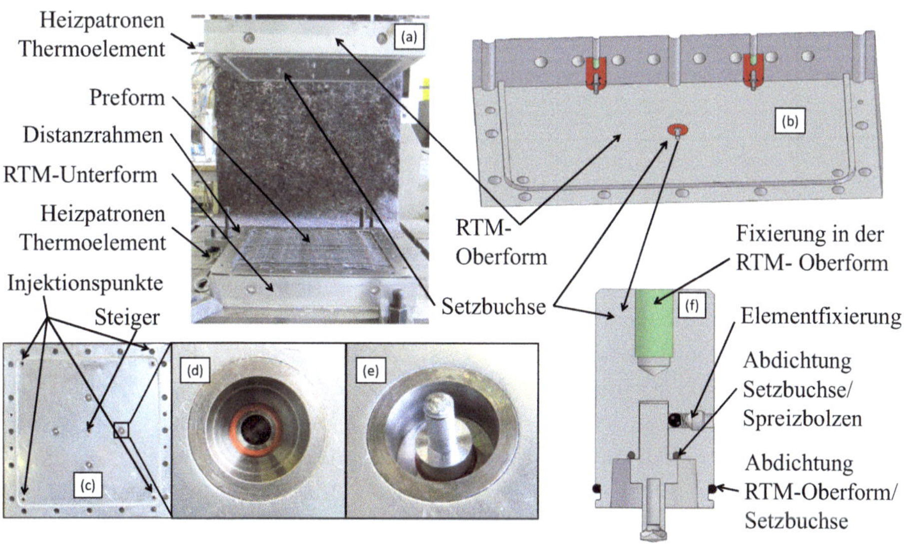

Abb. 3.45 Experimenteller Aufbau zur Fertigung von Versuchsplatten mit Spreizbolzen: **a**) RTM-Werkzeug, **b**) RTM-Oberform im Halbschnitt, **c**) RTM-Oberform als Draufsicht, **d**) Setzbuche ohne Bolzen, **e**) Setzbuchse mit Bolzen, **f**) Setzbuchse im Halbschnitt

miniumblech sowie das Matrixsystem, wurden durchgeführt, um einen Überblick zu erhalten.

Im Anschluss daran wurde eine umfangreiche Studie zur Bestimmung geeigneter Parameter für die laserinduzierte Nanostrukturierung der Metalloberflächen durchgeführt. Zum Einsatz kam dabei ein ND:YVO_4 Kurzpulslasersystem „MD-X1520C" der Firma Keyence mit einer Wellenlänge von 1024 nm und einer Ausgangsleistung von 25 W. Als Richtwerte dienten Parameter, die bereits in [61] beim strukturellen Kleben von Titan und Aluminium zu vielversprechenden Ergebnissen geführt haben. Für jeden Werkstoff (Stahl, Aluminium) wurden Parametermatrizen erstellt, in denen die Laserleistung und die Pulsfrequenz variiert, während die Scangeschwindigkeit (800 mm/s) und der Scanspurabstand (80 µm) konstant gehalten wurden. So entstand je Werkstoff eine Matrix mit jeweils 70 Parametersätzen [58]. Die Morphologien wurden im Detail mittels Rasterelektronenmikroskopie untersucht. Ausgewählt wurden Parametersätze, die zu einer feinen, aber gleichmäßigen und offenporigen Strukturierung mit einem scheinbar hohen Hinterschnittanteil geführt haben. Es wurden je Werkstoff drei Parameter mit geringer, mittlerer und hoher Leistung bzw. Pulsfrequenz ausgewählt, um diese Einflüsse, die zu einer unterschiedlichen Topografie führen, ebenfalls zu berücksichtigen. Die drei ausgewählten Parametersätze wurden im Anschluss jeweils hinsichtlich ihrer Benetzbarkeit (Kontaktwinkelmessung) und Infiltrierbarkeit (Focused Ion Beam (FIB)-Schnitt durch eine Bruchfläche einer Scher-Zug-Probe) sowie ihrer Topografie (Rasterkraftmikroskopie, engl. atomic force microscopy, AFM) untersucht.

Die Hybridproben wurden in Abhängigkeit von der Grenzflächenvorbehandlungsmethode (laserstrukturiert, sandgestrahlt, SACO-gestrahlt, verzinkt), der Grenzlagenorientierung (0° oder 90° zur Belastungsrichtung) und der Grenzschichtgestaltung (Glasvlies (SH35/1, John Manville), Klebefilm (SAT 1010, 3M), keine Zwischenschicht) im Scher-Zug-Versuch (DIN 6514) sowie im Schneid-Scher-Versuch (entwickelt am Karlsruher Institut für Technologie, KIT) getestet. Des Weiteren wurden diese Proben einer Vier-Punkt- (DIN EN ISO 1412) sowie einer Drei-Punkt Biegebelastung (DIN EN ISO 14130) unterzogen. Zudem wurde die Auswirkung einer 30-minütigen Wärmebehandlung bei 180 °C, welche den Einfluss einer kathodischen Tauchlackierung simulieren sollte, auf die Haftung und Verformung der Hybridproben ermittelt.

Um die Alterungs- und Korrosionsbeständigkeit der Hybridproben zu untersuchen, wurden Keiltests in einem feuchtwarmen Klima sowie Immersionstests in einer 5 %igen Natriumchloridlösung mit anschließender Überprüfung der Restscherfestigkeit durchgeführt. Im Zuge der Korrosionstests wurde auch das elektrochemische Korrosionsverhalten in der genannten Elektrolytlösung an den Einzelmaterialien sowie an den Hybridproben in Abhängigkeit unterschiedlicher Grenzschicht- und Grenzflächengestaltungen analysiert. Die Bruchflächen aller Proben wurden mittels Digitalmikroskopie und die Korrosionsproben mittels Konfokalmikroskopie untersucht.

Des Weiteren wurde das Werkstoffverhalten des Harzes im Verbund mit dem metallischen Fügepartner anhand von Versuchen mit der sog. stumpfgeklebten Rohrprobe ermittelt. Durch diese Probenvariante ist es möglich das Tragverhalten der Verbindung und den sich einstellenden Versagensmechanismus, adhäsiv oder kohäsiv, in Abhängigkeit eines beliebigen Beanspruchungszustandes aus Zug-, Druck- und Schubbeanspruchung bzw. einer Kombination der genannten Beanspruchungen zu analysieren. Ferner kann mittels dieser Prüftechnik die Abhängigkeit der zu ermittelnden Werkstoffkennwerte vom hydro statischen Spannungszustand in der Grenzschicht betrachtet werden [58].

Da den Grenzflächen und damit der Anbindung zwischen der metallischen und der polymeren Komponente hinsichtlich der maximalen Tragfähigkeit eine besondere Bedeutung zukommt, wurden diese ebenfalls eingehend charakterisiert und Kennwerte zur Quantifizierung abgeleitet. Neben der vollständigen Durchtränkung der Faserverbundkomponente, d. h. der Füllung aller Zwischenräume, muss eine feste Anbindung an die Metallkomponente gewährleistet werden. Dies sollte durch eine Variation der Prozessparameter, u. a. dem Injektionsdruck, der Aushärtetemperatur und der Aushärtezeit sowie durch eine gezielte laserinduzierte Nanostrukturierung der Metalloberfläche sichergestellt werden.

Bereits für die Untersuchung von lokalen Dehnungen an Vollmaterialien oder Bauteilen eingesetzte Techniken, wie die Digitale Bildkorrelation, wurden für die Bestimmung der auftretenden Schädigungs- und Versagensmechanismen an intrinsischen Hybriden weiterentwickelt. Auf diese Weise konnten der Schädigungs- und Versagensmechanismus im Vier-Punkt-Biegeversuch, in dem je nach Versagensort genau zwischen einem Versagen aufgrund von Schub- oder Normalspannungen differenziert werden kann, bestimmt und die Spannungsverteilung innerhalb des Verbundes unter Last visualisiert werden. Die dabei gewonnenen Erkenntnisse wurden zur topologischen und/oder prozesstechnischen Optimierung intrinsischer Hybride herangezogen. Um das mechanische und thermische Verhalten des Harzes beim Übergang von flüssig nach fest zu charakterisieren, wurden Differenzkalorimetriemessungen (DSC) bei unterschiedlichen Aufheiz- und Kühlungsraten durchgeführt.

Um die Lasernanostrukturierung auf die komplexe Geometrie des Hutprofils zu übertragen, wurden zwei verschiedene Prozessführungen untersucht. Zum einen wurde die Strukturierung *vor* dem Umformprozess etabliert, d. h. am ebenen Blech, und, teilweise unter Zuhilfenahme eines Kippmechanismus, *nach* dem Umformprozess am dreidimensionalen Hutprofil durchgeführt. Im Rahmen des ersten Prozesses wurde die Umformbeständigkeit der Lasernanostrukturierung analysiert. Dafür wurden die Innen- und Außenradien des laserstrukturierten Hutprofils mittels Rasterelektronenmikroskopie auf Defekte (Risse, Falten, Beschädigungen) untersucht.

Neben der Umformbeständigkeit wurde auch die Korrosionsbeständigkeit der Nanostrukturierung.. In diesem Zusammenhang wurden laserstrukturierte Plättchen, teilweise mit Kohlenstofffasern umwickelt, über vier Wochen einer 5 %igen Natriumchlorid-Lösung ausgesetzt (Immersionstest) und anschließend mittels Digitalmikroskopie analysiert. Ergänzend wurden elektrochemische Korrosionsmessungen an einfach und mehrfach (4- oder 8-fach) strukturierten Stahl- und Aluminiumplättchen durchgeführt.

Im Anschluss daran wurden aus dem Boden- und Flankenbereich des Hutprofils Scher-Zug-Proben entnommen und unter einer zyklischen Scher-Zug-Belastung (DIN EN ISO

9664) geprüft, um eine Wöhlerkurve des laserstrukturierten bzw. nicht strukturierten Stahl- bzw. Aluminium-CFK-Materials abzuschätzen.

Zudem wurde die Crashbeständigkeit der hybriden Strukturkomponenten in einem Kerbschlagbiegeversuch in Abhängigkeit unterschiedlicher Grenzschichten (Glasvlies, Klebefilm, keine Zwischenschicht) und Grenzflächenmodifikationen (laserstrukturiert, gesandstrahlt, Saco-behandelt) untersucht.

Des Weiteren wurden die Auswirkungen der Alterung auf die Crasheigenschaften ermittelt. Dazu wurden in Abhängigkeit des Dehnrateneinflusses und einer klimatischen Auslagerung Versuche an Scher-Zug-Proben durchgeführt. Die Proben wurden im Ausgangszustand und nach einer definierten klimatisch-medialen Alterung geprüft.

Bei der Alterung der Hybridwerkstoffe wurde zunächst davon ausgegangen, dass diese in Großteilen über eine Alterung des Matrixharzsystems getriggert wurde. Dabei wurde die Einlagerung von Wasser als die entscheidende Größe zur Alterung dieses Polymers identifiziert, welche aufgrund einer hygrothermomechanischen (htm) Beanspruchung entsteht. Zunächst war eine Charakterisierung des Matrixsystems hinsichtlich der Alterungseigenschaften unter htm-Beanspruchung notwendig. Dies betrifft im Wesentlichen die Charakterisierung des Diffusionsverhaltens von Wasser in das verwendete Epoxidharz. Weiterhin wurden die Effekte der Alterung auf das mechanische Verhalten experimentell charakterisiert.

3.4.3.3 Technische Mechanik

Eine ausstehende Herausforderung bei einer Simulation von heterogenen Materialien ist die Bestimmung der makroskopischen effektiven Eigenschaften eines FVK-Materials. Die in den Experimenten ermittelten Eigenschaften der zwei Konstituierenden, Matrix und Faser, fließen in die Modellierung zur Prozesssimulation mit ein. Hierzu wurden mit dem übergeordneten Ziel die effektiven Materialeigenschaften 1. Für die Matrix auf der Mesoskala (während des Prozesses anhand des Mikro-RVEs) und 2. Für die Makrostruktur als Bauteil (nach dem Prozess anhand des Meso-RVEs unter Berücksichtigung der Aushärtereaktionen) zu ermitteln, ein Drei-Skalen-Modell entwickelt (s. Abb. 3.46). Die Homoge-

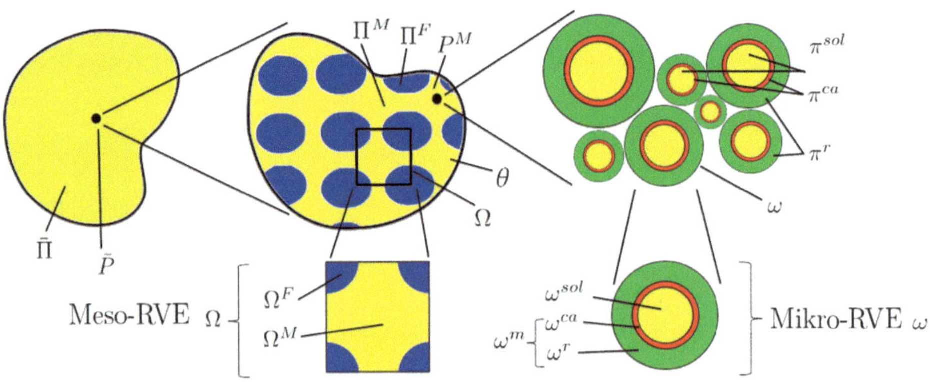

Abb. 3.46 Dreiskalen Modell für ein FVK

nisierung der Mikrostruktur führt auf die effektiven Materialeigenschaften des Harz Systems für die Mesoskala, die Homogenisierung der Mesostruktur führt auf die anisotropen effektiven Materialeigenschaften des FVK für die Makroskala. In [61, 62] wird ein Dreiskalenmodell zur Simulation von temperaturabhängigen visko-elastischen Effekten des Harzsystems in einem RTM-Prozess vorgestellt, welches in Abb. 3.46 dargestellt ist. Es zeigt eine homogene makroskopische Konfiguration, eine periodische mesoskopische Konfiguration bestehend aus den homogenen Konstituierenden Faser und Matrix sowie ein zugehöriges Meso-RVE und eine mikroskopische Konfiguration als Multiphasen-Harzsystem mit den Konstituierenden Harz (*r*), Härter (*ca*) und Solid (*sol*).

In [62] wird das „composite sphere model" (CSM) aus [64], welches ursprünglich lineare Elastizität beherrscht, um eine thermo-chemo-mechanische Kopplung mit linearer Elastizität erweitert. Dazu wird sowohl auf der Mikro- als auch auf der Mesoskala eine dreifache additive Zerlegung der Verzerrungen in einen mechanischen, einen thermischen und einen chemischen Anteil vorgenommen. Die effektiven mesoskopischen Materialeigenschaften des Harzsystems werden in Abhängigkeit vom Grad der Aushärtung durch Homogenisierung einer repräsentativen Einheitszelle (Mikro-RVE, Abb. 3.46) auf der heterogenen Mikroskala als analytische Lösung erhalten (Meso-Modell het). Des Weiteren werden u. a. obere (Voigt) und untere (Reuss) Schranken für die effektiven mesoskopischen Eigenschaften hergeleitet (Meso-Modelle homV und homR), welche auf der Annahme einer gleichverteilten Mischung von Harz, Härter und Solid basieren. Die Ergebnisse der drei Modelle homV, homR und het sind aushärtegradabhängige Kompressionsmoduli sowie thermische Längenausdehnungskoeffizienten. Der chemische Schrumpfdehnungskoeffizient ergibt sich unter der Annahme einer homogenen Mischung in Übereinstimmung mit [65] nur als konstante, nicht aushärtegradabhängige Abschätzung. Für die Berücksichtigung einer heterogenen Mikrostruktur wird für das Modell (het) ein aushärtegradabhängiger Schrumpfdehnungskoeffizient erhalten.

In [63] werden in einem thermo-dynamischen Konzept für temperaturabhängige, viskoelastische, durch Aushärtung begleitete Effekte auf der Mesoskala hergeleitet. Die Wärmeentwicklung während des Aushärtens wird berücksichtigt, indem die Ergebnisse von DSC Messungen in das thermodynamische Konzept eingebunden werden. Hierfür wird die freie Energie um einen chemischen Anteil erweitert. Dieser hängt vom Aushärtegrad $z = H(t)/H_T \in [0,1]$ sowie den Wärmen $\rho_0 H(t)$ und $\rho_0 H_T$ ab. Die zum Zeitpunkt t freigegebene Wärme $\rho_0 H(t)$ wird als Zeitintegral der spezifischen Wärmedifferenz aus den DSC Messungen erhalten, und die freigegebene Wärme zum Zeitpunkt der vollständigen Aushärtung $t_{z=1}$ ist $\rho_0 H_T = \rho_0 H(t = t_{z=1})$. Die Evolutionsgleichung für die Kinetik n ter-Ordnung wurde nach [66] angesetzt. Als Konsequenz der in [62] verwendeten Zerlegung werden die mesoskopischen Verzerrungen auch in [63] einen mechanischen, einen thermischen und einen chemischen Anteil, $\boldsymbol{\varepsilon}_{\text{mech}}$, $\boldsymbol{\varepsilon}_{\text{th}}$ und $\boldsymbol{\varepsilon}_{\text{cur}}$, respektive, zerlegt. Dies ermöglicht die direkte Verwendung der effektiven mesoskopischen Eigenschaften, in Abhängigkeit vom Aushärtegrad z aus [62].

Um alle drei Konstituierenden, Harz, Härter und Solid, auf der Mikroskala zu berücksichtigen, wird in [67] das in [62] vorgestellte zwei Phasen-Model auf n-Phasen erweitert.

Als Grundlage für die Herleitung der effektiven Eigenschaften dient das n-Phasen Model aus [64] und das $n+1$-Phasen Model aus [68]. Es wird in [67] gezeigt, dass beide Modelle n und $n+1$, die gleichen volumetrischen effektiven Eigenschaften ergeben. Um den Aushärtegrad abhängigen Schubmodul bei späteren Simulationen mit zu berücksichtigen wurde in [69] mithilfe des n-Phasen CSM der effektive Schubmodul bestimmt.

In [58] wird ein Scherzugversuch des intrinsischen Hybrids simuliert um auftretende Spannungen in der Grenzschicht zwischen dem FVK und der Metallkomponente bestimmen zu können. Als Grundlage für die Grenzschicht wird das Materialmodel aus [69] verwendet, welches Schädigung beinhaltet. Um ein Versagen in der Grenzschicht simulieren zu können, wird die „element deletion" Methode in Abaqus aktiviert. Für die FVK-Komponente werden die effektiven Eigenschaften aus [62], welche für ein voll ausgehärtetes FVK-RVE bestimmt wurden, verwendet.

Während einer Crash-Belastung von FVK-Metall-Hybriden dominiert die Schädigung des FVKs. In [71] wird ein Zweiskalenmodell zur Simulation von Matrix-Faser-Interface Schädigung in einem linear-elastischen FVK-Bauteil vorgestellt. Das Zweiskalenmodell besteht aus einer homogenen makroskopischen Konfiguration, eine periodische mesoskopische Konfiguration bestehend aus den homogenen Konstituierenden Faser, Interface und Matrix sowie ein zugehöriges Meso-RVE. Um Schädigung auf der Mesoebene behandeln zu können, wird eine adäquate Homogenisierungsmethode benötigt, um die effektiven Makroeigenschaften abhängig von der Schädigung in den einzelnen Konstituierenden zu erhalten. In der Arbeit [72] werden die Mean-Field-Homogenisierungsmethoden (MFH) [73, 74] verwendet. MFH basieren auf analytischen Modellen und liefern Approximationen von Volumenmittelungen der Spannungen und Verzerrungen auf der Makro- und der Mikroskala. Klassische Mean-Field-Methoden zur Bestimmung der effektiven Größen sind z. B. die Eshelby-, die Mori-Tanaka, die selbstkonsistente (SCS) Methode [75] und die effektive selbstkonsistente Methode (ESCS) [75]. Die letzten beiden sind implizite Verfahren, jedoch kann die ESCS Methode nach [75] mit Hilfe der IDD Methode explizit angenähert werden. Das Meso-RVE in Abb. 3.46 besteht aus einer Faser, einer Matrix und einer Interface-Schicht. Um ein solches RVE mit den MFH homogenisieren zu können, wird das „two level recursive scheme" aus [76] verwendet. Zuerst wird ein zwei Phasen-System bestehend aus der Faser und der Interface homogenisiert. Das homogenisierte Material (aus Interface und Faser) stellt in der zweiten Homogenisierung den Einschluss dar und die Matrix das Matrixmaterial. Mit den genannten Mean-Field-Methoden lässt sich der gemittelten Spannungstensor $\boldsymbol{\sigma}_i$ in Phase i bestimmen. Die folgenden Schädigungsarten werden berücksichtigt. Faserversagen (FV): Für das Versagen der einzelnen Faser ist die Spannungskomponente σ_1 in Faserrichtung verantwortlich [77]. Zurzeit wird die Fließgrenze als schädigendes Merkmal für ein Matrixversagen (MV) angenommen. Dazu wird über die von-Mises-Vergleichshypothese die Spannung mit einem experimentell ermittelten kritischen Wert verglichen. Interfaceversagen (FMV): Für das Interfaceversagen ist maßgeblich die Schubspannung τ zwischen der Faser und Matrix verantwortlich [78]. Hierfür wurde die Interface als eine weitere materielle Phase zwischen Matrix und Faser eingeführt. Der kritische Spannungswert σ_I^c, bei dem Schädigung eintritt, wird mittels Pull-Out-Versuchen experimentell ermittelt. Die Umsetzung des Konzepts erfolgt unter dem „continuum damage mechanics“ Konzept, welches eine Kontinuumsmechanische Modellierung der Schädigung zulässt. Die Modellierung erfolgt analog zu einem plastischen Materialmodell [79, 80]. Wir verwenden die „hypothesis of strain equivalenz“ [79], welche davon ausgeht, dass sich die Verzerrungen in einem unbeschädigtem und in einem geschädigten Bauteil gleichverhalten. Um ein Risswachstum simulieren zu können wurde in einem eigenentwickeltem FEM-Tool die Funktion zur Löschung von Elementen [81] implementiert. Sobald die Faser und die Matrix in einem Integrationspunkt versagen, wird der Integrationspunkt markiert. Sind alle Integrationspunkte in einem Element markiert wird das Element gelöscht. Ein Vorteil neben der einfachen und schnellen Implementierung ist, dass die Spannungen an den Gaußpunkten und nicht an den Knotenpunkten verwendet werden. Somit umgeht man Schwierigkeiten, die beim Extrapolieren der Spannungen an den Gaußpunkten zu den Knotenpunkten bestehen.

Um die Schädigungseffekte und die Aushärtegrad abhängigen Eigenschaften vereinen zu können, wird in [72] die Mean-Field-Theorie um einen thermischen und chemischen Anteil erweitert. Dazu wird sowohl auf der Mikro-, Meso- als auch auf der Makroskala eine dreifache additive Zerlegung der Verzerrungen in einen mechanischen, einen thermischen und einen chemischen Anteil vorgenommen. Das Dreiskalenmodell besteht aus einer homogenen makroskopischen Konfiguration, eine heterogene mesoskopische Konfiguration bestehend aus n homogenen Einschlüssen, die wiederum eine heterogene Mikrostruktur aufweisen. Auf der Mesoebene, welche ein Verbund zwischen Faser und Matrix darstellen kann, existieren lokale Aushärtegrade z_i (z. B. Faser $z_F = 1$; Matrix $z_M \in [0,1]$). Die Mikroebene der Matrix Ω_0 kann den Aushärteprozess darstellen. Die Bestimmung der effektiven thermischen und chemischen Mesoeigenschaften erfolgt in drei Schritten: 1. Lösen von zwei Randwertproblemen. Das erste Randwertproblem beinhaltet den mechanischen Anteil und das zweite den thermisch-chemisch gekoppelten Anteil. Als Lösung resultieren Spannungen und Verzerrungen in der Mikroebene. Durch Volumenintegration über die Mikroebene werden die Spannungen und Verzerrungen der Mesoebene erhalten. 2. Bestimmung der virtuellen Arbeit [82] zwischen den Lösungen für das mechanische und das thermisch-chemische Randwertproblem. 3. Mithilfe des Hill-Mandel-Theorems [82] erfolgt ein Gleichsetzten der virtuellen Arbeit aus dem zweiten Schritt und der korrespondierenden virtuellen Arbeit auf der Mesoebene, welche die effektiven Mesoeigenschaften beinhaltet. Der effektive thermische Ausdehnungskoeffizient stimmt mit der Literatur [82] überein. Die effektiven Makroeigenschaften folgen analog zu den effektiven Mesoeigenschaften. Der effektive Aushärtegrad $\overline{z}$ wird durch Volumenintegration über die Mesoebene bestimmt. Für ein zwei-Phasen Verbund wurde in [72] der chemische Spannungs- und Verzerrungskonzentrationstensor für die Meso- und die Mikroebene bestimmt. Mit diesen Konzentrationstensoren ist es möglich die Eigenspannungen, die durch den Aushärteprozess auf der Meso- und Mikroeben induziert werden, zu bestimmen.

Die Herstellung von Hochleistungs-GFK-Strukturen erfordert eine vollständige Harzsättigung der anfänglich trockenen Fasern. Insbesondere komplexere Geometrien erfordern eine vorhersagende numerische Simulation, um ein Formdesign und die damit verbundene Positionierung von Harzeinlässen und Lüftungsöffnungen zu optimieren. In einem RTM-Prozess enthält das Werkzeug drei Bestandteile, darunter Fasern, Harz und ein Gas. Aufgrund dieser Ähnlichkeit mit einem porösen Medium kann der Prozess innerhalb der Theorie der porösen Medien (TPM) modelliert werden. In [83] werden zwei Phasenfeld Methoden vorgestellt, die eine Simulation des RTM-Prozesses ermögliche. Beide Phasenfeld Methoden nutzen die TPM. Die erste Methode basiert auf der Ginzburg-Landau-Theorie und die zweite Methode auf der Cahn-Hilliard-Theorie. Zurzeit werden keine thermischen und chemischen Effekte berücksichtigt.

3.4.4 Validierung und Ergebnisse

3.4.4.1 Produktionstechnik

Die Ergebnisse in [54, 55, 58] haben gezeigt, dass der Einsatz von Glasvlies als Abstandhalter zwischen der Metallkomponente und der Preform einen erheblichen Einfluss auf die mechanischen Eigenschaften und Hafteigenschaften der Hybridbauteile. Zusätzlich wirkte der Glasvlies prozesstechnisch positiv auf den Formfüllprozess aus. Wegen des sehr niedrigen Faservolumenanteils (ca. 15 %) arbeitete der Glasvlies zusätzlich wie eine Fließhilfe, sodass eine dreidimensionale Imprägnierung vorkommen kann. Mit einer Lage Glasvlies trat das Harz-Härter-Gemisch nach 82 Sekunden vom Steiger aus, während im Falle ohne Glasvlies die Kavität nach 3 Minuten Injektionszeit noch nicht vollständig imprägniert wurde.

Im Rahmen der Parameteruntersuchungen wurden im ersten Schritt die Einflüsse der Werkzeugtemperatur und des Injektionsdruckes jeweils auf die Formfüllzeiten, die Bauteilverformungen und die Haftfestigkeiten an der Grenzschicht untersucht. Es wurde zunächst festgestellt, dass die Formfüllzeit durch Erhöhung der Werkzeugtemperatur und des Injektionsdrucks weiter reduziert werden kann. Die Formfüllzeit konnte auf 25 Sekunden reduziert werden, wenn die Temperatur 120 °C beträgt und einen Injektionsdruck von 7 bar verwendet wird.

Die durchgeführten Untersuchungen zum Bauteilverzug zeigten, dass die Hybridplatten nach der Herstellung und der anschließenden Abkühlung Verzug in Form von Durchbiegung an den Seiten der CFK-Komponente auftreten. Die Höhe der auftretenden Durchbiegung steigt mit zunehmender Werkzeugtemperatur an und ist folglich bei 120 °C am größten. Der Injektionsdruck spielt im Hinblick auf den Verzug eine untergeordnete Rolle, da die Ausdehnung von Werkstoffen maßgeblich durch die Temperatur bestimmt wird, siehe Abb. 3.47.

In Abb. 3.48 sind die gemittelten Scherfestigkeiten für jeden Parametersatz mit dazugehöriger Standardabweichung vor und nach dem KTL-Prozess dargestellt. In dem Balkendiagramm wird erst ersichtlich, dass mit steigender Werkzeugtemperatur ein Anstieg der mittleren maximalen Scherfestigkeit resultiert. Nach dem KTL-Prozess steigt das gesamte mittlere Scherfestigkeitsniveau der Proben unabhängig von der Werkzeugtemperatur an. Vermutungen liegen nahe, dass eine Veränderung der Harzeigenschaften bei höheren Werkzeugtemperaturen zu diesem Effekt führen.

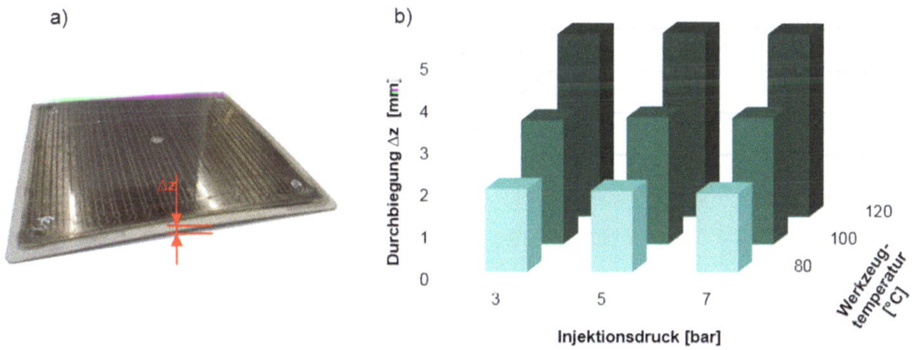

Abb. 3.47 Prozessinduzierter Bauteilverzug: **a**) Definition der Durchbiegung Δz, **b**) Abhängigkeit der Durchbiegung von der Werkzeugtemperatur und dem Injektionsdruck

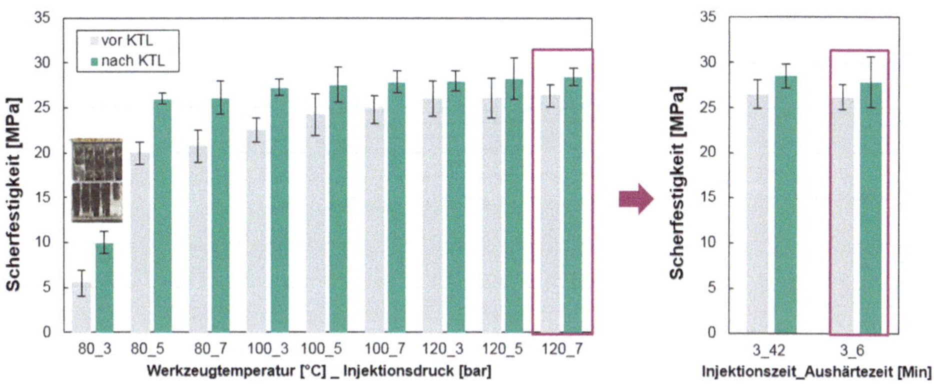

Abb. 3.48 Gemittelte Scherfestigkeiten vor und nach KTL mit Standardabweichung: links) in Abhängigkeit der Werkzeugtemperatur und Injektionsdruck, rechts) in Abhängigkeit von der Aushärtezeit

Untersuchungen am Harzsystem ohne oder mit Glasvlies zeigten, dass dessen Elastizitätsmodul in Zugrichtung maßgeblich von der Werkzeug- sowie Nachbehandlungstemperatur abhängig sind. In Abb. 3.49 werden die Ergebnisse aus Zugprüfungen gemäß DIN EN ISO 527-2 hergestellter Schulterproben aus dem Harzsystem dargestellt. Die hergestellten Proben wurden zunächst bei Werkzeugtemperaturen von 80 °C, 100 °C und 120 °C hergestellt, wonach eine gewisse Anzahl von Proben einem nachgeschalteten KTL-Prozess von 180 °C ausgesetzt wurde. Die Ergebnisse zeigen einen Abfall des Elastizitätsmoduls bei höheren Temperaturen im Zugversuch. Dieser Effekt könnte vermutlich durch die Annäherung an oder Überschreitung der Glasübergangstemperatur des Harzes, die bei 124 °C liegt, bei höheren Temperaturen hervorgerufen werden [84]. Dadurch wird das Harz elastischer und Spannungen können besser abgebaut werden, was folglich zu einer Reduzierung der Spannungskonzentration im Randbereich der Klebfläche führt. Dies würde zu-

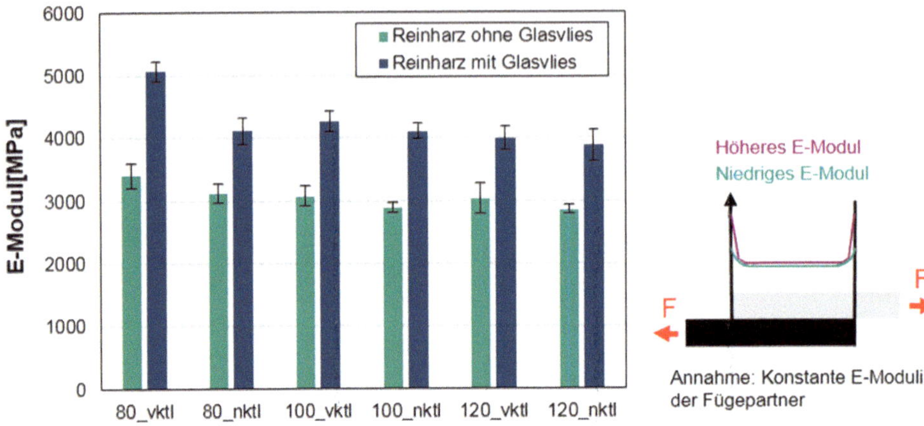

Abb. 3.49 Untersuchungen zum Epoxidharz: links) E-Moduli für unterschiedliche Temperaturen mit und ohne Glasvlies, rechts) schematische Darstellung der resultierenden Spannungsverteilung innerhalb der Klebfläche beim Scherzugversuch

dem die höheren Scherfestigkeiten bei höheren Werkzeugtemperaturen erklären. Der Zuwachs des gesamten Scherfestigkeitsniveaus nach dem KTL-Prozess, auch bei niedrigen Werkzeugtemperaturen, lässt sich zudem auf eine höhere Grenzschichttemperatur bei 180 °C zurückführen, wodurch ein vollständiger Aushärtegrad im Bereich der Grenzschicht vorliegt und zusätzlich zu höheren Scherfestigkeiten führt.

Aus Abb. 3.49 rechts wird ersichtlich, dass ein Verringern der Aushärtezeit zu keiner Beeinflussung der Scherfestigkeit führt. Laut der DSC-Messung findet bei 120 °C nach 6 Minuten keine chemische Reaktion mehr statt. Die Scherfestigkeiten liegen vor und nach dem KTL-Prozess auf annähernd einem Niveau.

Die quasistatischen 3-Punkt-Biegeversuche an Hutprofilen zeigen, dass ein Oberflächenanrauen der Stahlkomponente ein notwendiger Prozessschritt vor der intrinsischen Hybridisierung ist. Eine schwache Anbindungskraft führte zu einem frühzeitigen adhäsivem Versagensverhalten, siehe den Fall „Reinigen mit Aceton" in der Abb. 3.50. Ausgehend aus dieser Tatsache wurde diese Vorbehandlungsmethode für die hochtransienten Biegeversuche ausgeschlossen. Durch Korundstrahlen oder Laserstrukturieren können die Hybridbauteile eine über 50 % größere Maximalkraft als die gewichtsneutralen Stahlprofile und dasselbe Niveau wie die geklebte Variante erzielen. Durch die CFK-Verstärkung wird die Steifigkeit über 50 % erhöht. Die Steifigkeit stellt für den Einsatz sicherheitsrelevanter Strukturen im Bereich der Fahrgastzelle einen wichtigen Kennwert dar.

Die Ergebnisse der Crashversuche an Hutprofilen unter Biegebelastung zeigen, dass durch Hybridisierung eine um über 55 % erhöhte Maximalkraft in allen Fällen erzielt werden kann. Die Vorbehandlungsmethode reduziert die Intrusion bei gleicher eingebrachter Energie. Eine geringe Intrusion ist besonders wichtig für crashrelevante Bauteile beim Seitenaufprall. Mittels Laserstrukturieren und durch Einsatz eines Klebefilms kann eine ca. 10 % kleinere Intrusion im Vergleich zu einer reinen Stahlversion

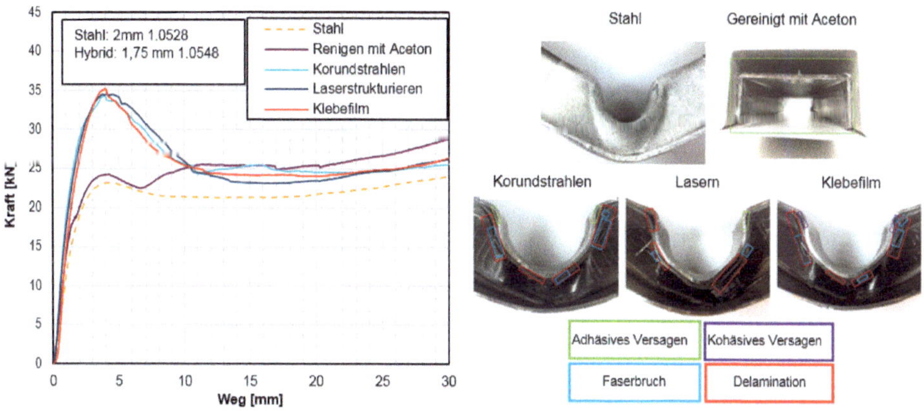

Abb. 3.50 Versuchsergebnisse der quasistatischen 3-Punkt-Biegeversuche an Stahl- und Hybrid-Hutprofile, links) repräsentative Kraft-Weg-Diagramme, rechts) Versagensverhalten

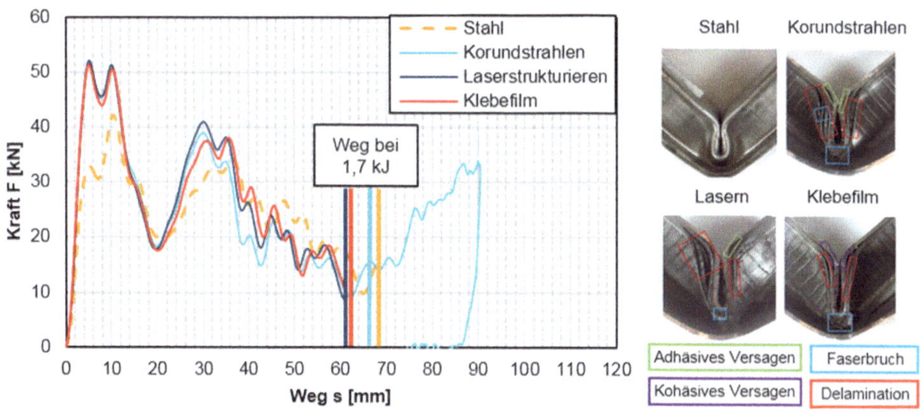

Abb. 3.51 Versuchsergebnisse der hochtransienten 3-Punkt-Biegeversuche an Stahl- und Hybrid-Hutprofile: links) repräsentative Kraft-Weg-Diagramme, rechts) Versagensverhalten

erreicht werden, während durch Korundstrahlen dieser Wert nur um ca. 3 % reduziert wird, siehe Abb. 3.51.

Die durchgeführten Versuche an gesetzten Spreizbolzen in ausgehärteter CFK-Struktur zeigen eine hohe Prozesssicherheit. Untersuchungen zur Festigkeit der Inserts zeigten reproduzierbare Ergebnisse. In Abb. 3.52 werden diese Versuchsergebnisse zusammengefasst. Es ist zu erkennen, dass die maximal ertragbaren Lasten unter Kopfzugbelastung reproduzierbar oberhalb von 2 kN liegen. Dies ist vergleichbar mit klebtechnisch gefügten Onsert-Elementen [85]. Auch unter Torsionsbelastung werden Drehmomente oberhalb von 4 Nm erreicht, wobei hier schon ein Versagen des Gewindes im Aluminiumbolzen ausschlaggebend war, was für eine gute Werkstoffausnutzung der entwickelten Elemente spricht.

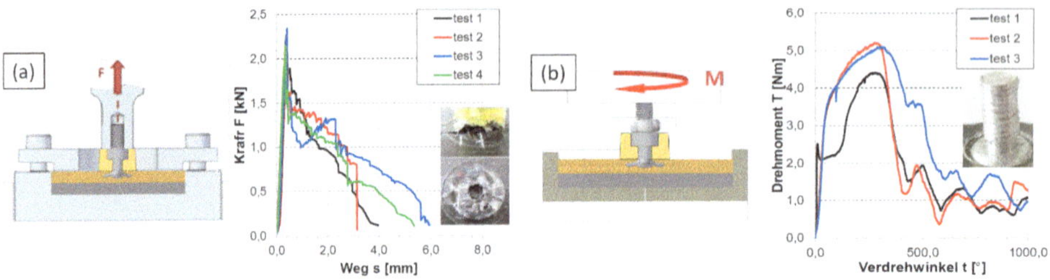

Abb. 3.52 Experimenteller Aufbau und Versuchsergebnisse der Tragfähigkeitsuntersuchungen: **a**) Kopfzugbelastung, **b**) Torsionsbelastung

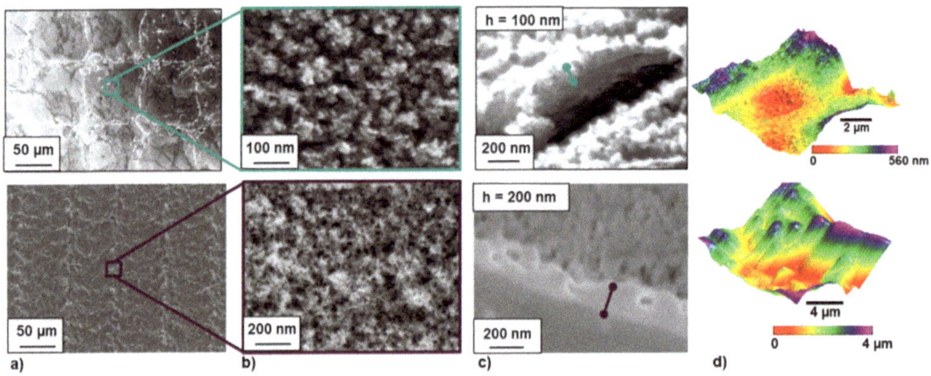

Abb. 3.53 Laserinduzierte Nanostrukturierung auf Stahl und Aluminium: **a**) Oberflächenmorphologie, **b**) Höhe der Strukturen und **c**) Topografie bzw. Welligkeit

3.4.4.2 Werkstoffwissenschaften

Die umfangreichen Untersuchungen der laserinduzierten Nanostrukturierungen ergaben, dass sich sowohl für den mikrolegierten Stahl (1,0548) als auch für die Aluminiumlegierung (3,2315, T6) Parametersätze mit einer mittleren Laserleistung und geringen Pulsfrequenz am besten eignen. Diese Parameter führten in Verbindung mit den ausgewählten Scangeschwindigkeiten und den Scanspurabständen zu einer sehr fein strukturierten und offenporigen Oberflächenmorphologie, die von vielen Hinterschneidungen geprägt ist (Abb. 3.53). Diese feinen Kavitäten werden im Infiltrationsprozess des VARTM-Verfahrens mit dem niedrigviskosen Harz gefüllt, sodass im Rahmen der Aushärtung eine formschlüssige Verbindung zwischen der laserinduzierten Nanostrukturierung und der Metalloberfläche erzielt wird (Abb. 3.54).

Die Kontaktwinkelmessungen ergaben Benetzungswinkel zwischen 10 und 15° für Stahl und ca. 70° für Aluminium. Letzterer Wert erscheint relativ hoch, die Strukturierung wirkte sich dennoch sehr positiv auf die Verbindungsfestigkeit aus (Abb. 3.55.b))

In den Vier-Punkt-Biegeversuchen an mittels 1-Punkt-Injektionsstrategie erzeugten Stahl-CFK-Hybridproben zeigt sich, dass die lasernanostrukturierten Varianten im Vergleich zu den unstrukturicrten Varianten höhere Biegefestigkeiten erzielen und anstatt ei-

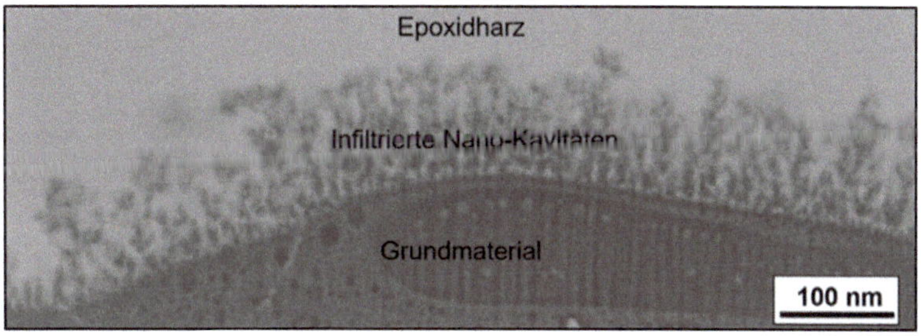

Abb. 3.54 Der Schnitt durch eine Bruchfläche einer Stahl-CFK-Bruchfläche mittels Focused Ion Beam zeigt eine vollständige Infiltration der laserindutzierten Nanostrukturierung mit Harz

nes adhäsiven ein interlaminares Versagen auftritt. Zudem stellte sich heraus, dass eine 30-minutige Wärmebehandlung bei 180 °C zu keiner Verschlechterung, sondern sogar zu einer Verbesserung der mechanischen Eigenschaften aller Proben, vor allem derjenigen mit einem Glasvlies als Zwischenschicht, führt. Dies kann vor allem durch eine Nachhärtung der Matrix erklärt werden. Lediglich bei den Proben mit einem Klebefilm als Grenzschicht tritt unerwünscht hoher Verzug auf, da der Klebefilm beim Aufschmelzen stärker expandiert als er beim Abkühlen kontrahiert [55].

Die erste Testreihe zur Ermittlung der Scherfestigkeit von mittels 1-Punkt-Injektionsstrategie erzeugten Stahl-CFK-Hybridproben in Abhängigkeit der Grenzlagenorientierung, der Grenzflächenvorbehandlung und einer Wärmebehandlung ergab zusammenfassend, dass durch eine Lasernanostrukturierung der Metalloberfläche quer zur Belastungsrichtung (höhere Rauigkeit) in Verbindung mit einer Grenzlagenorientierung von 0° zur Belastungsrichtung (bessere Krafteinleitung ins Laminat) und einem Glasvlies als Zwischenschicht (konstante Grenzschichtdicke, Schutz vor Kontaktkorrosion) die höchsten Scherfestigkeiten erzielt werden. Aus diesem Grund wurde diese Konfiguration für alle weiteren Untersuchungen herangezogen. Eine Wärmebehandlung führt zwar zu einer zusätzlichen Verbesserung der Eigenschaften, wurde jedoch im Hinblick auf eine Zunahme der Zykluszeiten nicht weiter betrachtet [58].

Die mittels 4-Punkt-Injektionsstrategie erzeugten Scher-Zug-Proben erzielen im Vergleich zur unstrukturierten Referenz bis zu viermal so hohe Scherfestigkeiten. Abb. 3.55.a) zeigt die jeweils im Scher-Zug-Versuch ermittelten maximalen Scherfestigkeiten und Brucharbeiten für mit unterschiedlichen Laserparametern (P1a bis P6a) strukturierten Stahl-CFK und Aluminium-CFK-Hybridstrukturen im Vergleich zur unstrukturierten Referenz. Das Versagen trat hier kohäsiv in der Grenzschicht auf. Für die Aluminium-CFK-Proben ist ein Vergleich mit einer Referenzoberfläche nicht möglich, da in diesem Fall keine Haftung erzielt werden konnte [42, 56].

Unter reiner Schubbelastung, d. h. im Schneid-Scherversuch, welcher am Institut für Angewandte Materialien-Werkstoffkunde (IAM-WK) des Karlsruher Instituts für Technologie (KIT) entwickelt worden ist [86], (Abb. 3.55.b)), konnten die im Scher-Zug-Versuch ermittelten Scherfestigkeiten weiter gesteigert werden. Das Versagen trat in diesem Fall, wahrscheinlich durch Defekte im Laminat, wie Poren oder trockene Stellen, die unter

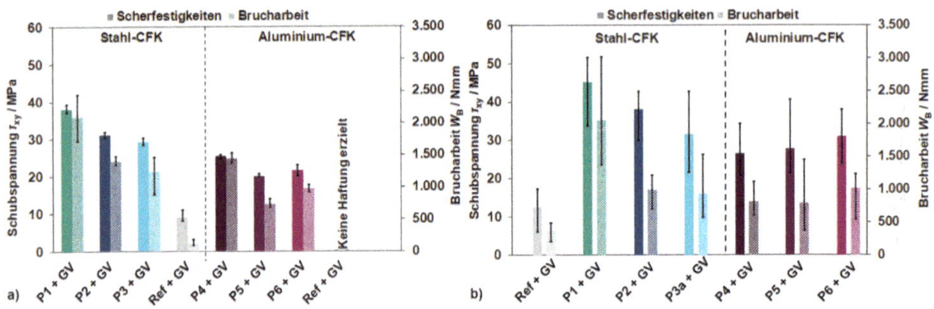

Abb. 3.55 Scherfestigkeiten sowie Brucharbeiten der laserstrukturierten Stahl- und Aluminium-CFK Hybridproben, jeweils mit einem Glasvlies als Zwischenschicht, im Vergleich zur unstrukturierten Referenz: **a**) Scher-Zug-Versuch und **b**) Schneid-Scher-Versuch

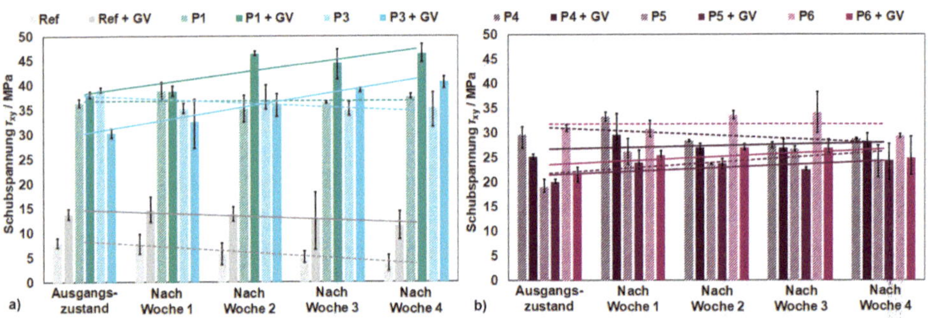

Abb. 3.56 Entwicklung der Scherfestigkeiten von unstrukturierten (Ref) und laserstrukturierten (P1a-P6a) **a**) Stahl-CFK- und **b**) Aluminium-CFK-Proben mit und ohne Glasvlies (GV) während eines Immersionstests in 5 %-iger NaCl-Lösung

dieser Beanspruchungsart stärker ins Gewicht fallen, jedoch interlaminar auf. Somit ist auch die Streuung wesentlich höher [57].

Vierwöchige Immersionstests von mittels 4-Punkt-Injektionsstrategie erzeugten Stahl- und Aluminium-CFK Hybridproben in einer 5 %-igen NaCl-Lösung ergaben, dass die ermittelten Scherfestigkeiten über die gesamte Versuchslaufzeit hinweg konstant sind (Abb. 3.56) [42]. Der Einsatz eines Glasvlieses als vor Kontaktkorrosion schützende Zwischenschicht hat keinen negativen Einfluss auf die Verbindungsfestigkeit. Schwankungen sind begründet durch die Entnahmeposition der Proben auf der Hybridplatte. In direkter Nähe der Injektionspunkte ist die Laminatqualität durch die geringe Viskosität des Harzes zu Beginn des Injektionsvorgangs besser, so dass hier eine höhere Verbindungsfestigkeit resultiert. Bei einer Analyse der Bruchflächen konnten keine Korrosionsprodukte festgestellt werden [42].

Des Weiteren wirkt sich die Lasernanostrukturierung positiv auf die Ermüdungsscherfestigkeit aus. Abb. 3.57 zeigt eine Abschätzung von Wöhlerkurven für Stahl- und Aluminium-CFK-Scher-Zugproben, entnommen aus einer ebenen Hybridplatte (links) und aus einem hybriden Hutprofil (rechts), die im Zugschwellbereich ($R = 0{,}1$) bei einer

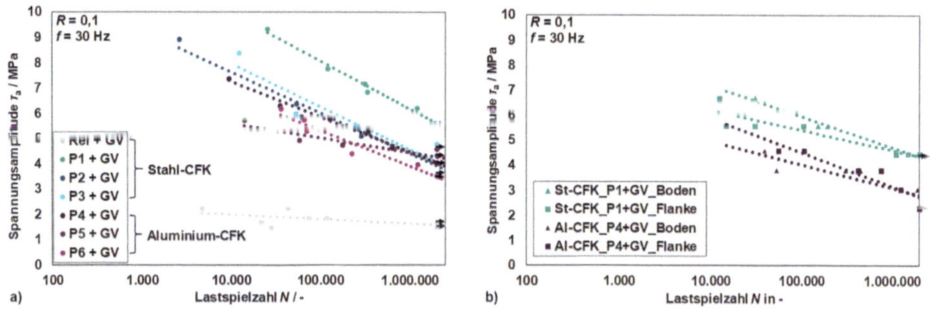

Abb. 3.57 Abschätzung von Wöhlerkurven für laserstrukturierte Stahl- und Aluminium-CFK-Hybridproben: entnommen aus einer ebenen Hybridplatte (links) und aus einem hybriden Hutprofil (rechts)

Frequenz von 30 Hz geprüft wurden. Für die Aluminium-CFK-Proben mit unstrukturierter Metalloberfläche konnten in beiden Versuchsreihen aufgrund nicht vorhandener Haftung keine Daten erzielt werden [56]. Bei den aus dem Hutprofil entnommenen unstrukturierten Stahl-CFK-Proben konnte ebenfalls kein Ergebnis erzielt werden. Infolge der vor allem im Flankenbereich auftretenden thermischen Eigenspannungen erfolgte die Trennung der Komponenten bereits beim Wasserstrahlschneiden. Unter diesen Umständen sind die sich ergebenden Ermüdungsfestigkeiten umso höher einzuschätzen. Bei allen laserstrukturierten Proben ergibt sich ein kohäsives Versagensbild.

Die Untersuchungen zur Korrosionsbeständigkeit der Lasernanostrukturierung ergaben, dass sich das durch den Laser auf der Stahloberfläche erzeugte Eisenoxid nach kurzer Immersionsdauer auflöst, das auf der Aluminiumoberfläche erzeugte Aluminiumoxid jedoch stabil ist [87]. Dennoch kann letzteres den Grundwerkstoff nicht vollständig vor Korrosion schützen. Vor allem bei Kontakt mit den Kohlenstofffasern wird die ohnehin vorhandene Lochfraßneigung des Aluminiums verstärkt. Dies liegt vor allem daran, dass die laserinduzierte Oxidschicht sehr offenporig ist. Durch eine mehrfache Strukturierung der Metalloberflächen wird die Korrosionsanfälligkeit in beiden Fällen verringert, da die Oxidschicht zum einen dichter und zum anderen geschlossenporiger wird. Um Kontaktkorrosion vollständig ausschließen zu können, sollte jedoch ein isolierendes Glasvlies als Zwischenschicht eingesetzt werden.

In Bezug auf die Umformbeständigkeit der Lasernanostrukturierung lässt sich festhalten, dass sowohl die laserinduziert erzeugte Aluminium- als auch die Eisenoxidschicht einer Umformung in ein im Rahmen dieses Projektes untersuchtes Hutprofil mit einem Innenradius von 4,5 mm und einem Außenradius von 9 mm standhält. REM-Aufnahmen zeigen, dass lediglich am Innenradius oberflächig feine Falten und am Außenradius feine Risse entstehen [87]. Die Nanostrukturierung wird jedoch nicht beschädigt. Abb. 3.58 zeigt dies beispielhaft für eine Stahloberfläche. Somit ist eine vor der Umformung angesiedelte Laserstrukturierung der ebenen Metalloberfläche möglich.

Die gravimetrischen Untersuchungen am Harzsystem zeigen ein für polymere typisches Diffusionsverhalten. Betrachtet man die in Abb. 3.59 dargestellte Feuchtigkeitsauf-

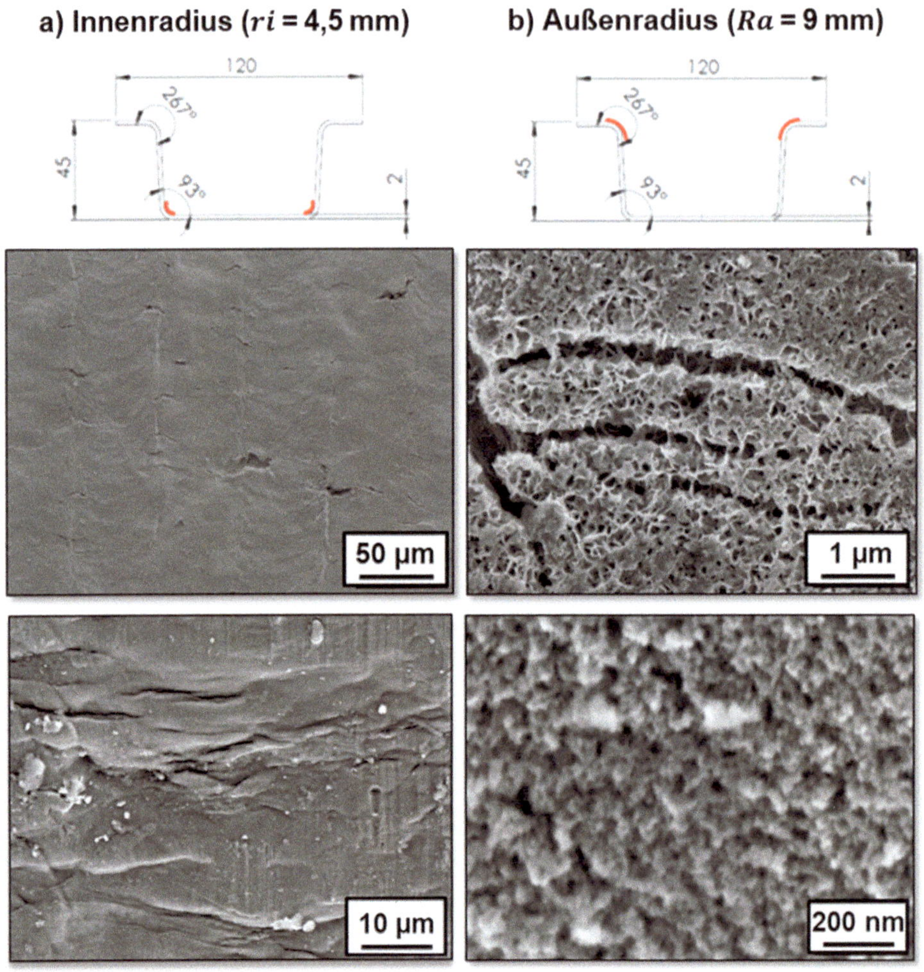

Abb. 3.58 Laserstrukturierte Stahloberfläche nach erfolgter Umformung zum Hutprofil im **a**) Innenradius und **b**) im Außenradius

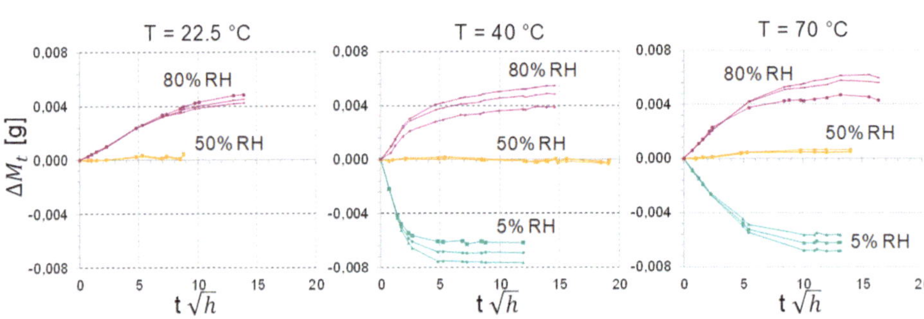

Abb. 3.59 Feuchtigkeitsaufnahme ΔM_t für 0,5 mm dünne Ronden von Harz-Substanzproben

nahme bei 70 °C, so zeigt sich, dass die Absorptionsrate in den Anfangsphasen der Diffusion schneller ist. In späteren Phasen weicht die Absorption vom anfänglichen Absorptionstrend ab und folgt einem anderen Gradienten. Der gesamte Diffusionskoeffizient bleibt nicht konstant und ändert sich mit zunehmender Konzentration. Es ist auch zu erkennen, dass die Proben bei 70 °C und 50 % RH keine signifikante Gewichtsänderung gegenüber dem Ausgangszustand (22,5 °C und 50 % RH) aufweisen. Dies deutet darauf hin, dass die Feuchtigkeitssättigung, bezogen auf die relative Luftfeuchtigkeit, unabhängig von der Temperatur ist.

Zur Beschreibung des Materialverhaltens wurde aus den Einzelwerten der Feuchtesättigung ein Mittelwert für die jeweilige Feuchte gebildet. Diese Mittelwerte werden verwendet, um eine nichtlineare Gleichung zur Beschreibung des Feuchtigkeitssättigungsgehalts zu erstellen. Abb. 3.60 veranschaulicht die maximale Gleichgewichtsfeuchtesättigung mit ihrer Standardabweichung der Ronden bei unterschiedlichen Temperaturen und relativer Luftfeuchtigkeit. Es bestätigte die Annahme, dass die Temperatur keinen signifikanten Einfluss auf die Sättigungsfeuchte hat. Die nichtlineare Funktion M_{max} (φ) beschreibt das Materialverhalten. Das Matrixsystem zeigt ein typisches Fick'sches Diffusionsverhalten.

Anschließend wurde die Alterung von Klebstoffsubstanz- und Verbundproben in feuchter Umgebung untersucht. In Abb. 3.61 ist zu erkennen, dass die Substanzproben mit zunehmender Feuchtigkeit unabhängig von der Aushärtetemperatur an Festigkeit verlieren. Dies liegt daran, dass mit zunehmender Wassereinlagerung Van-der-Waals-Kräfte aufgebrochen werden [88]. Wo die neu gebildeten Wasserstoffbrückenbindungen durch Trocknung wieder gelöst werden können und das Wasser vollständig ausdiffundiert, treten zusätzlich irreversible Schädigungen durch Hydrolyse auf, die zum Abbau der Polymerketten führen [88, 89, 90].

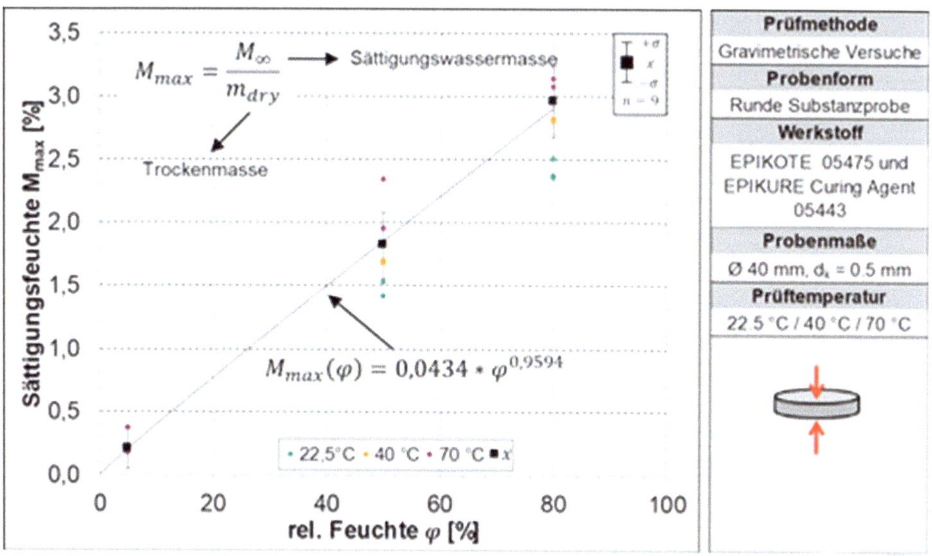

Abb. 3.60 Sättigungsfeuchte Mmax bei 22,5 °C (grün), 40 °C (blau) und 70 °C (rot)

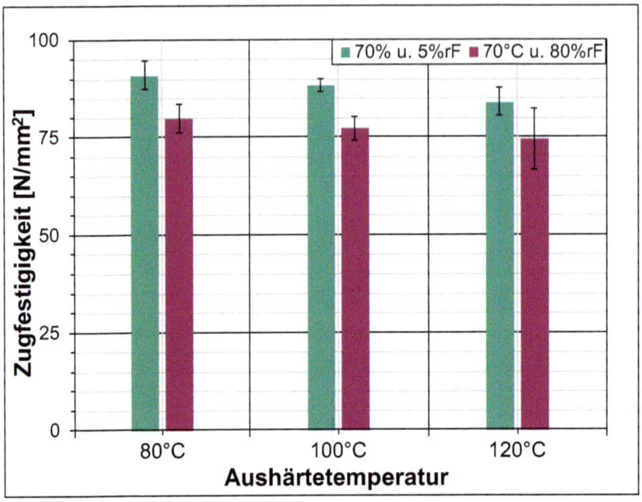

Prüfmethode
Quasistatischer Zugversuch
Probenform
Substanzprobe nach DIN 527-1 Typ 1BA // b = 10 mm, l =138 mm
Aushärtungstemperatur
80 °C / 100 °C / 120 °C
Werkstoff
EPIKOTE 05475 und EPIKURE Curing Agent 05443
Probendicke
0,5 ± 0,05 mm
Lagerbedingungen
siehe Diagramm
Prüfbedingungen
Prüfgeschwindigkeit: 60mm/min
Prüftemperatur: 22,5 °C

Abb. 3.61 Einfluss der Auslagerungsbedingungen und der Aushärtetemperaturen auf die Zugfestigkeit von Harz-Substanzproben

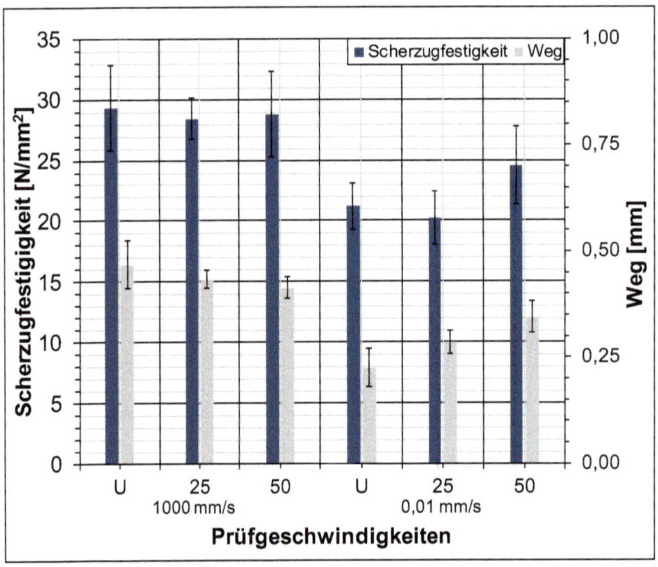

Werkstoffe		
1	Typ	Stahl HC340LA
	Dicke	t = 2 mm
2	Typ	CFK 0°(3)/90°(3)
	Dicke	t = 2 mm
3	Typ	EPIKOTE 05475 und EPIKURE Curing Agent 05443
Zwischen-/Hilfsstoffe		
1	Glasfaservlies SH 35/1	
2	Trennmittel Mold Sealer S-31	
Fertigungsparameter		
1	Temp.	T = 80°C
2	Druck	p = 0,3 N/mm^2
Prüfmaschine		
Zugmaschine Zwick / Instron		
Prüfgeschwindigkeiten		
v = 1000 mm/s; v = 0,01mm/s		
Lagerbedigungen		
Klimawechseltest PV2005		
Probengeometrie		
Zugscherprobe: b = 25 mm, l = 120 mm		
Überlappunglänge: 12,5 mm ± 0,25 mm		

Abb. 3.62 Einfluss der Alterung auf die Scherzugfestigkeit von Metall-CFK-Hybridproben

Zur Analyse der Auswirkungen der Alterung auf das Crashverhalten wurden Zugscherversuche bei unterschiedlichen Geschwindigkeiten und unterschiedlichen Alterungszuständen durchgeführt. Erkennbar in Abb. 3.62 ist, dass mit höherer Prüfgeschwindigkeit die Festigkeit des Verbundes ansteigt. Ein eindeutiger Effekt der unterschiedlichen Alterungszustände ist anhand der vorliegenden Ergebnisse nicht zu erkennen.

Die Bruchbilder in Abb. 3.63 zeigen keine Unterschiede hinsichtlich des Bruchverhaltens der gealterten und ungealterten Proben. In allen Fällen lag ein kohäsives Bruchbild vor, so dass zum Teil die unterste Faserlage zerstört wurde.

3.4.4.3 Technische Mechanik

Die Ergebnisse einer thermo-chemo-mechanischen Kopplung für ein Meso-RVE in einer FE-Simulation aus [63] sind in Abb. 3.64 dargestellt. Für die Matrix wurden die drei Meso-Modelle *het* (Mikro-RVE, Abb. 3.46a)), *homV* (Voigt Schranke) und *homR* (Reuss Schranke) verwendet. Abb. 3.64a) zeigt die mesoskopischen Dehnungen nach der Belastung im meso-RVE. Abb. 3.64b) zeigt die volumetrischen thermischen und chemischen Verzerrungen über dem Aushärtegrad.

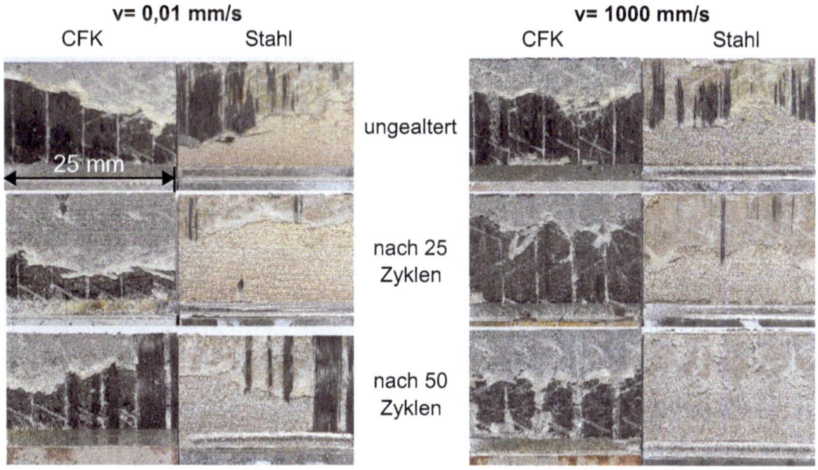

Abb. 3.63 Bruchbilder der Metall-CFK-Scherzugproben vor und nach Alterung

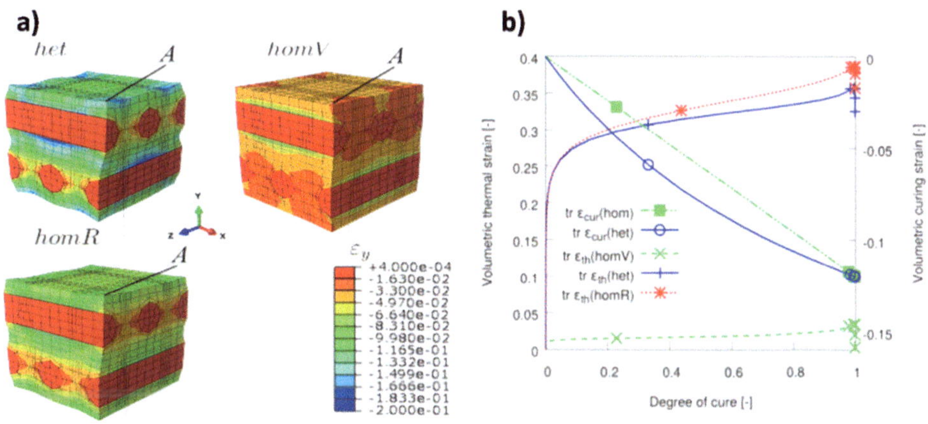

Abb. 3.64 Thermo-mechanisch-chemisch gekoppeltes System; **a**) Dehnungs-Konturplots nach der Belastung für drei Meso-Modelle, **b**) thermische und chemische volumetrische Verzerrungen über dem Aushärtegrad

Folgend werden die Simulationsergebnisse aus dem Scherzugversuch aus [58] mit digitalen Bildkorrelationen aus einem Versuch verglichen. Für den linear elastischen Bereich zeigt Abb. 3.65 ein Plot für die Normaldehnung $\boldsymbol{\varepsilon}_x$, die transversale Dehnung $\boldsymbol{\varepsilon}_y$ und die Scherung $\boldsymbol{\varepsilon}_{xy}$ für eine Verschiebung $u = 0{,}046$ mm. Es zeigt sich, dass die Ergebnisse aus der Simulation, die in [63] durchgeführt wurde sowie die des Versuches gut übereinstimmen.

In Abb. 3.66 ist ein exemplarisches Risswachstum für einen Zeitschritt dargestellt. In Abb. 3.66a) ist gut zu erkennen, dass die makroskopische von Mises Spannung sowie in b) die Schädigung in der Faser der Rissspitze folgen. Im Kontrast dazu steht die Schädigung in der Interface, welche sich fast über das gesamte Bauteil erstreckt, wie in Abb. 3.66c) zu erkennen ist. Darüber hinaus kann man mit der „element deletion“ Methode ein Risswachstum sehr gut abbilden.

In dem VARTM-Prozess wird das Fasergewebe von außen nach innen hin mit Harz getränkt. Die Ergebnisse der in [83] durchgeführten RTM-Simulationen sind Abb. 3.67 dargestellt. In beiden Abbildungen ist der Volumenanteil des Matrixsystems für 3 Zeitschritte gezeigt. Die Ergebnisse unter Verwendung des Ginzburg-Landau Gleichungssystems sind in Abb. 3.67a) dargestellt. Die Ergebnisse unter Verwendung des Cahn-Hilliard Gleichungssystems sind in Abb. 3.67b) dargestellt.

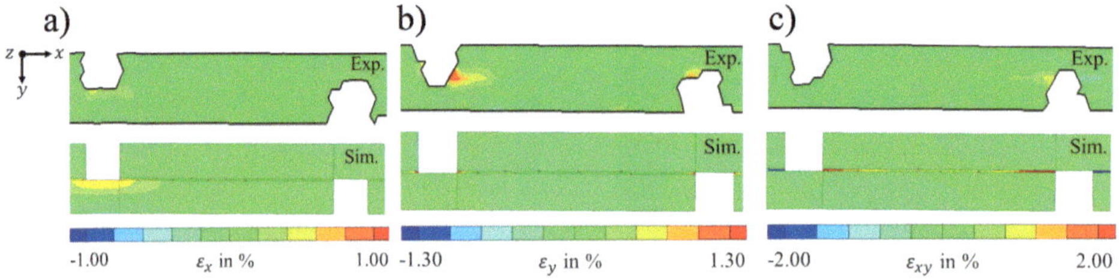

Abb. 3.65 Scherzugversuch für ein intrinsisches Hybrid-Bauteil: Konturplots von **a**) normale Dehnung **b**) die transversale Dehnung **c**) die Gleitung innerhalb des Bereiches A für das Experiment „SACO90 Spec.1“ und die Simulation, beide für u = 0,046 mm

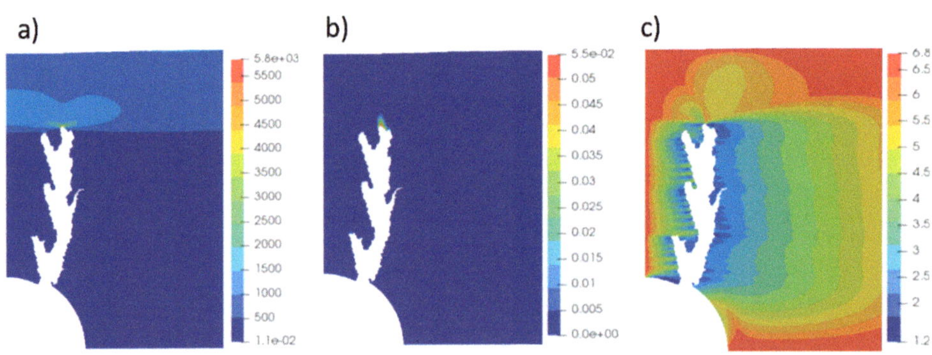

Abb. 3.66 Risswachstum für einen exemplarischen Zeitschritt **a**) makroskopische von Mises Spannung **b**) Schädigung in der Faser und **c**) chemische von Mises Spannung

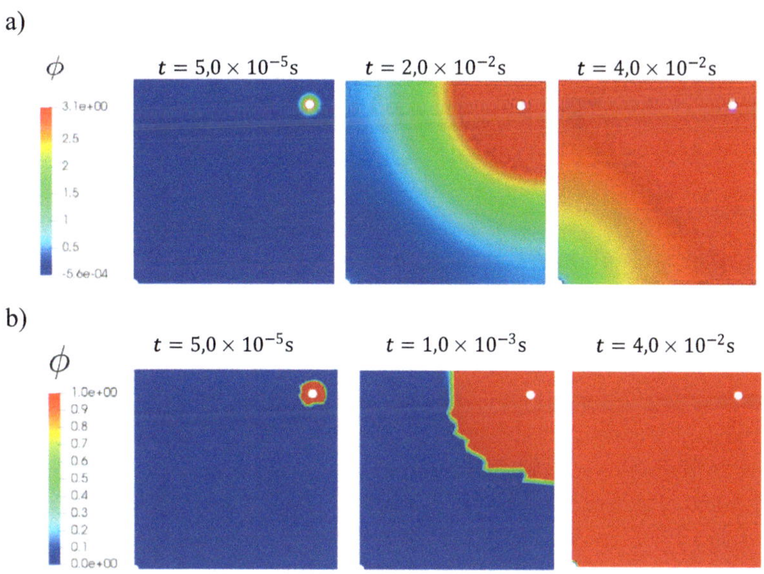

Abb. 3.67 **a**) RTM-Simulation unter Verwendung des Ginzburg-Landau Gleichungssystems. Dargestellt ist der Volumenanteil des Matrixsystems für 3 Zeitschritte. **B**) RTM-Simulation unter Verwendung des Cahn-Hilliard Gleichungssystems. Dargestellt ist der Volumenanteil des Mat

3.4.5 Zusammenfassung und Ausblick

In Bezug auf die laserinduzierte Oberflächenvorbehandlung lässt sich festhalten, dass die erzeugte Lasernanostrukturierung sowohl bei Stahl-CFK- als auch bei Aluminium-CFK-Hybridwerkstoffen zu einer verbesserten Verbindungsfestigkeit als auch Alterungsbeständigkeit führt. Durch eine definierte Laserbehandlung der Oberfläche entsteht eine fein strukturierte, offenporige Oxidschicht, die von zahlreichen Hinterschnitten geprägt ist. Diese feinen Kavitäten werden im Injektionsprozess des VARTM-Verfahrens mit dem niedrig-viskosen Epoxidharz-Härter-Gemisch infiltriert, sodass während des nachfolgenden Aushärteprozesses eine formschlüssige Verbindung zwischen Metalloxid, das fest mit dem Grundwerkstoff verbunden ist, und Matrix erzeugt wird. Auf diese Weise wird eine defektfreie, feste Anbindung zwischen Metall- und Faserverbundkomponente erzielt. Diese Verbindung ist so stark, dass bis zu viermal höhere Scherfestigkeiten bei strukturierten Stahl-CFK-Hybriden im Vergleich zum unstrukturierten Zustand erzielt werden. Bei den Aluminium-CFK-Strukturen wird erst durch die Laservorbehandlung eine Verbindung erzielt. Das jeweils kohäsive Versagensverhalten spricht dafür, dass das Potenzial der Matrix bezüglich ihrer mechanischen Eigenschaften vollständig ausgeschöpft wird. Eine Simulation des Scher-Zug-Versuchs bestätigt diese Vermutung. Durch den komplexen Spannungszustand im Überlappungsbereich wird bei den erzielten Scherfestigkeiten lokal bereits die maximale Scherfestigkeit der Matrix überschritten [58]. Auch die Dauerfestigkeit der Stahl- und Aluminium-CFK-Hybride lässt sich durch die Laserstrukturierung signifikant erhöhen. Immersionstests in einer 5 %-igen NaCl-Lösung zeigten zudem, dass eine vierwöchige Auslagerung von Stahl-CFK- und Aluminium-CFK-Hybridproben keinen negativen Einfluss auf die Scherfestigkeit hat. Diese ist bei beiden Varianten über den gesamten Testzeitraum hinweg konstant. Ein Glasvlies dient als Zwischenschicht zum Schutz vor Kontaktkorrosion. Da bei Hybridproben ohne ein Glasvlies im Grenzschichtbereich eine geringfügig erhöhte Lochfraßneigung bzw. Spaltbildung zu erkennen ist, sollte trotz der defektfreien Anbindung stets eine isolierende Zwischenschicht, die Fasern und Metall voneinander trennt, eingefügt werden. An Schnittkanten werden zwangsläufig Fasern freigelegt und können so ohne schützende Zwischenschicht mit der Metallkomponente in Kontakt treten. Abschließend lässt sich festhalten, dass die Lasernanostrukturierung eine vielversprechende Möglichkeit bietet, um dauerhaft fest verbundene und alterungsbeständige Stahl- und Aluminium-CFK-Hybridstrukturen herzustellen.

Zur Charakterisierung der Alterung des Matrixsystems wurden gravimetrische Untersuchungen an Substanzproben durchgeführt. Dabei lag der Fokus auf dem Einfluss der Temperatur und eindiffundieren von Feuchtigkeit. Das Matrixsystem zeigt ein für polymere typisches Fick'sches Diffusionsverhalten. Unterschiedliche, relative Luftfeuchtigkeiten führen zu unterschiedlichen Sättigungszuständen. Der Klimawechseltest VW2005 lieferte keine konkreten Erkenntnisse hinsichtlich des Alterungsverhalten. Die Scherzugproben haben keine signifikanten Effekte bezüglich der unterschiedlich langen Auslagerungszeiten gezeigt. Erkennbar ist, dass mit zunehmender Prüfgeschwindigkeit die Festigkeit des Verbunds aus CFK-Metall zunimmt.

Das erarbeite Konzept zur Einbringung von Funktionselemente, hier ein Spreizbolzen, in ausgehärteter CFK-Struktur zeigt eine hohe Prozesssicherheit und bieten im Vergleich mit herkömmlichen Fügeverfahren (Kleben) vergleichbare Festigkeiten. Auch unter Torsionsbelastung konnte gezeigt werden, dass die Werkstoffausnutzung sehr gut ist und das Versagen nicht in der Fügeverbindung, sondern beim Fügeelement lag.

Im Bereich der Technischen Mechanik wurden zusammenfassend folgende Arbeiten durchgeführt. Es erfolgte eine thermodynamische konsistente Modellierung des thermomechanisch-chemisch gekoppelten RTM-Prozesses. Mit Hilfe der numerischen Homogenisierung wurden die effektiven Mesoeigenschaften eines voll ausgehärtetem RVEs bestimmt. Diese wurden in einer Bauteilsimulation verwendet. Mit den Ergebnissen der Homogenisierung, insbesondere Eigenspannungen und elastischer Anisotropietensor aus [62], wurde das mechanische Verhalten in der Grenzschicht untersucht. Es zeigt sich, dass die Simulationsergebnisse gut mit denen aus einem Experiment übereinstimmen. Um auf der Mesoskala Faser-, Matrix- und Interfaceversagen berücksichtigen zu können, wurde die Mean-Field-Theorie um eine lokale Schädigung erweitert. Ein Risswachstum wurde mit der „element deletion“ Methode verwirklicht. Eine Arbeit für die Zukunft ist die Untersuchung einer FE-Netzabhängigkeit. Eine Kombination von dem Aushärteprozess und der Schädigung kann durch die Mean-Field-Erweiterung um einen thermischen und chemischen Anteil in der Zukunft realisiert werden. Die RTM-Simulation beinhaltet bisher keine thermischen und chemischen Effekte, diese können in einer Erweiterung mit eingebracht werden. Sowie eine Koppelung mit der Schädigung.

3.5 Zusammenfassung Hybridprofile

Insbesondere im Automotive-Bereich wird die Profilbauweise aufgrund ihrer hohen Flexibilität zunehmend angewendet. Durch die Nutzung von hybriden Profilbauteilen können die Vorteile verschiedener Werkstoffklassen in einem Bauteil kombiniert werden. Mit dem Ziel effiziente Herstellungsmethoden für Metall-FVK-Hybrid Profilbauteile zu etablieren, wurden unter Berücksichtigung verschiedener Matrixwerkstoffsysteme zwei intrinsische Fertigungsprozesse konzipiert. Es wurde je ein Fertigungskonzept für thermoplastische und für duroplastische Matrixsysteme entwickelt, umgesetzt und validiert.

Zu Beginn des Kapitels wurde die übergeordnete Fragestellung der fertigungsinduzierten Eigenspannungen diskutiert. Diese ist, aufgrund des hohen Aspektverhältnisses der Hybridprofile, von besonderer Relevanz für diese Bauteilklasse. Konkret wurden an einem repräsentativen Laminataufbau im ersten Schritt Methoden zur Ermittlung und Quantifizierung des Eigenspannungszustands entwickelt und validiert. Dafür wurden zum einen Methoden genutzt, die der Herstellung zeitlich nachgelagert sind, und zum anderen simultane Methoden, die direkt während der Herstellung Rückschlüsse auf den Eigenspannungszustand erlauben. Insbesondere durch die Bewertung der Verformung von asymmetrischen FVK-Metall-Hybriden infolge des Aushärteprozesses konnte auf den Eigenspannungszustand geschlossen werden. Zur simultanen Erfassung des Eigenspannungszustands wurden Dehnungsmessstreifen und faseroptische Sensoren eingesetzt. Mit Hilfe dieser Messmethoden wurde der Einfluss von sogenannten intrinsischen Einflussfaktoren (Einfluss durch die Materialauswahl selbst) und extrinsischen Einflussfaktoren (Einfluss z. B. durch die Prozessparameter) untersucht. Basierend auf den Untersuchungsergebnissen wurden anschließend Möglichkeiten zur Beeinflussung des Eigenspannungszustandes betrachtet. Beispielsweise erfolgte dazu eine aktive Vorspannung (‚pre-stressing') der Verbundkomponente oder auch der Einsatz von speziellen Temperaturzyklen zur Aushärtung (‚Smart cure cycles'), so dass eine Reduzierung der Eigenspannungen von bis zu 23 % erzielt werden konnte.

Für das Hybridbauteil mit einer thermoplastischen Basis wurde ein innovatives Bauteilkonzept für eine Crashstruktur vorgestellt. Dieses beruht auf einer Verstärkung des FVK durch einen duktilen metallischen Einleger. Hierbei trägt die FVK-Komponente die Betriebslasten des Bauteils und der duktile metallische Einleger erhöht die Energiedissipation im Versagensfall (Crash). Zur Anbindung der Verbundkomponenten kommt ein neuartiges Interfacekonzept, welches auf einer Kombination aus Form- und Stoffschluss basiert, zum Einsatz. Hierfür wurde ein spezieller metallischer Einleger mit Formschlusselementen entwickelt, der im Vorfeld der Hybridisierung im Sol-Gel-Verfahren beschichtet wird. Konkret lagen die Schwerpunkte der durchgeführten Arbeiten auf der Entwicklung des metallischen Einlegers selbst, der Sol-Gel-Beschichtung, der hochdynamischen Charakterisierung des Verbundes sowie auf der FE-Modellierung des mechanischen Verhaltens des Verbundbauteils. Wie gezeigt werden konnte, ermöglicht die Geometrie des entwickelten metallischen Einlegers die Formschlusselemente direkt im intrinsischen

Formgebungsprozess zu erzeugen. Dadurch kann die Fertigungsprozesskette um einen Prozessschritt verkürzt werden. Die Herstellung des Bauteils erfolgt in einem variothermen Pressprozess. Im Vorfeld des Pressprozesses wird der metallische Einleger in einem Sol-Gel-Verfahren beschichtet. Die Beschichtung des Metalleinlegers beruht auf einem organisch-modifizierten Silikat (ORMOSIL). Durch dessen glasartigen Charakter wird die Kontaktkorrosion zwischen den Kohlenstofffasern und dem Metall unterbunden. Eine gezielte Funktionalisierung der ORMOSIL-Schicht ermöglicht zusätzlich eine verbesserte adhäsive Anbindung des Metalls an den FVK. Im Vergleich zur nicht funktionalisierten Referenz wurde durch eine Amin-Funktionalisierung die maximale Scherfestigkeit unter quasistatischer Belastung verdoppelt. Die Prüfung der Grenzfläche unter anwendungsnahen Belastungsgeschwindigkeiten stellte eine große Herausforderung dar. Hierzu wurden im Bereich der Werkstofftechnik neuartige Probenformen für eine Prüfung mittels Split-Hopkinson Pressure Bar (SHPB) entwickelt. Durch diese kann eine lokalisierte Scherverformung in der zu prüfenden Grenzfläche sichergestellt werden. Mit den entwickelten Probenformen wurden Druckscherversuche bis hin zu einer Prüfgeschwindigkeit von 7 ms^{-1} durchgeführt. Die Versuche zeigten eine deutliche Abhängigkeit der gemessenen Scherfestigkeit von der Belastungsgeschwindigkeit. Für crash-relevante Belastungsgeschwindigkeiten wurde eine mehrfach erhöhte Scherfestigkeit gegenüber dem quasistatischen Lastfall identifiziert. Das mechanische Verhalten des Hybridbauteils wurde ebenfalls in hochdynamischen 3-Punkt-Biegeversuchen untersucht. Dabei wurde nachgewiesen, dass mit dem neuartigen Bauteilkonzept eine Steigerung der maximalen Kraft bis zum Erstversagen von 20 % erzielt werden konnte. Neben der Belastbarkeit des Bauteils spielt für einen breiten Einsatz auch die effiziente Bauteilauslegung eine wesentliche Rolle. Hierzu wurden umfassende FE-Simulationen zur Analyse des zu erwartenden Bauteilverhaltens aber auch zur Untersuchung der Wechselwirkung zwischen Herstellungsprozess und resultierendem Bauteilverhalten durchgeführt. Um dabei das komplexe Materialverhalten der Verbundkomponenten adäquat nachbilden zu können, wurden neuartige Materialmodelle unter Nutzung rheologischer Verschaltungen entwickelt und anhand von Realversuchen validiert. Dabei steigerte die Verwendung der Materialmodelle die Präzision der Simulationsergebnisse, sodass das mechanische Verhalten der Hybridbauteile unter Berücksichtigung von Fertigungseinflüssen fundiert beurteilt werden konnte.

Das zweite Fertigungskonzept beruht auf der Verwendung eines duroplastischen Matrixsystems. Die Hybridisierung erfolgt dazu in einem VARTM-Prozess (Vacuum Assisted Resin Transfer Molding). Hierbei durchtränkt das niedrigviskose, injizierte Epoxidharz zunächst die trockene Faserkomponente und erzeugt im Rahmen der Aushärtung eine Verbindung zur Metallkomponente. Die Auslegung des VARTM erfolgte auf Grundlage von thermisch-mechanisch-chemisch gekoppelten Simulationen. Zur Funktionserweiterung des intrinsischen Hybridbauteils wurde der Herstellungsprozess so modifiziert, dass Funktionselemente direkt während des Schließens des RTM-Werkzeuges eingebracht werden können. Die Einbringung derartiger Krafteinleitungselemente ermöglicht beispielsweise die Einbindung der Komponente in größere Strukturen. Aus der Einbringung direkt im RTM-Prozess resultiert eine flächige Anbindung zwischen Funktionselement und Faserverbundkunststoffkomponente. Neben einer gleichmäßigen Krafteinleitung in die Grenzschicht wird die Kontaktkorrosionsproblematik durch die isolierende Epoxidharzschicht zwischen der Metall- und der Faserverbundkunststoffkomponente eliminiert. Zur verbesserten Anbindung zwischen den Verbundkomponenten erfolgte die Entwicklung einer laserinduzierten Nanostrukturierung für die Oberfläche der Metallkomponente. Durch die Strukturierung konnte sowohl bei Stahl- als auch Aluminium-CFK-Verbunden die Verbindungsfestigkeit und die Alterungsbeständigkeit gesteigert werden.

Auf zwei unterschiedliche Weisen konnte somit eine Anbindung des Metalls an den FVK umgesetzt und Lösungen zur effektiven Verhinderung der Kontaktkorrosion zwischen den edleren Kohlenstofffasern und dem unedleren Metall realisiert und validiert werden. Zusätzlich konnte nachgewiesen werden, dass die sich in beiden Prozessen ausbildenden Grenzschichten zu einer Steigerung der Haftfestigkeit führen. Dazu erfolgten entsprechende mechanische Prüfungen unter anderem auch mit neu entwickelten Probengeometrien. Dabei ermöglichten erst diese neuartigen Probengeometrien eine hochdynamische Prüfung oder eine Prüfung unter verschiedenartigen Belastungen. Die Vorteile des Einsatzes eines Hybridprofils konnten durch experimentelle Untersuchungen unter bauteilnaher Beanspruchung aufgezeigt werden. Anhand dieser Versuche wurden auch die entwickelten Simulationsmodelle erfolgreich validiert. Zusammenfassend gelang es zwei unterschiedliche Prozesse zur intrinsischen Fertigung von Hybridprofilen zu entwickeln und umfassend zu untersuchen. Neben der eigentlichen Konzeption der Herstellungsprozesse wurden Konzepte zur Simulation und Prüfung aufgezeigt. Im nächsten Schritt kann nun eine Überführung der Erkenntnisse in industrielle Prozesse erfolgen.

Literatur

1. Eipper K, Hofele H, Liedtke B et al (2003) Hybrid metal and fiber reinforced plastic component manufacture, for use in automobiles, involves simultaneous curing and bonding of the plastic part onto the metal structure(DE10134372A1)
2. Nestler D, Trautmann M, Zopp C et al (2017) Continuous film stacking and thermoforming process for hybrid CFRP/aluminum laminates. Proc CIRP 66:107–112. https://doi.org/10.1016/j.procir.2017.03.221
3. Huetter J (2015) „BMW gives more details into repairs for ‚Carbon Core' 7 series. Repair operations, technology". https://www.repairerdrivennews.com/2015/06/22/bmw-gives-more-details-into-repairs-for-carbon-core-7-series/
4. Albers H, Kim P, Schuh T (2005) Impact beam for a vehicle body(US7077438B2)
5. Starke J (2016) Carbon composites in automotive structural applications. EuCIA: Composites and Sustainability, Brüssel
6. Balle F, Wagner G, Eifler D (2009) Ultraschallschweißen – Ein innovatives Fügeverfahren für hybride Leichtbaustrukturen aus Metall/CFK-Verbunden. Symposium Verbundwerkstoffe und Werkstoffverbunde, Kaiserslautern
7. Huang Z, Sugiyama S, Yanagimoto J (2014) Applicability of adhesive – embossing hybrid joining process to glass-fiber-reinforced plastic and metallic thin sheets. J Mater Process Technol 10:2018–2028
8. Lambiase F, Di Ilio A (2015) Mechanical clinching of metal – polymer joints. J Mater Process Technol 215:12–19

9. Flemming M, Ziegmann G, Roth S (1999) Faserverbundbauweisen. Fertigungsverfahren mit duroplastischer Matrix. Springer, Berlin
10. Neitzel M, Mitschang P, Breuer U (2004) Handbuch Verbundwerkstoffe: Werkstoffe. Verarbeitung, Anwendung. Hanser, München/Wien
11. Koch SF, Barfuss D, Bobbert M et al (2016) Intrinsic hybrid composites for lightweight structures: new process chain approaches. Appl Mech Mater 1140:239–246. https://doi.org/10.4028/www.scientific.net/AMR.1140.239
12. Paul H, Luke M, Henning F (2014) Kunststoff-Metall-Hybridverbunde – Experimentelle Untersuchungen zum Verformungs- und Versagensverhalten. Zeitschrift Kunststofftechnik 10:118–141
13. Montealegre MA, Castro G, Rey P et al (2010) Surface treatments by laser technology. Contemp Mater 1:19–30. https://doi.org/10.5767/anurs.cmat.100101.en.019M
14. Baburaj EG, Starikov D, Evans J et al (2007) Enhancement of adhesive joint strength by laser surface modification. Int J Adhes Adhes 27:268–276. https://doi.org/10.1016/j.ijadhadh.2006.05.004
15. Kurtovic A, Brandl E, Mertens T et al (2013) Laser induced surface nano-structuring of Ti – 6Al–4V for adhesive bonding. Int J Adhes Adhes 45:112–117. https://doi.org/10.1016/j.ijadhadh.2013.05.004
16. Byskov-Nielsen J, Balling P (2009) Laser structuring of metal surfaces. Micro-mechanical interlocking. Appl Surf Sci 255:5591–5594. https://doi.org/10.1016/j.apsusc.2008.07.118
17. Haubrich J, Kramer E, Schulze K et al (2014) Laser-induced chemical modification and nanostructuring: the interface between. EuroHybrid, Stade
18. Mandolfino C, Lertora E, Genna S et al (2015) Effect of laser and plasma surface cleaning on mechanical properties of adhesive bonded joints. Proc CIRP 33:458–463. https://doi.org/10.1016/j.procir.2015.06.054
19. Ashby MF, Bréchet YJM (2003) Designing hybrid materials. Acta Mater 51:5801–5821. https://doi.org/10.1016/S1359-6454(03)00441-5
20. Chamis C, Lark R (1977) Hybrid composites – state-of-the-art review: analysis, design, application and fabrication. In: 18th structural dynamics and materials conference. American Institute of Aeronautics and Astronautics, Reston
21. Kießling R, Ihlemann J, Pohl M et al (2017) On the design, characterization and simulation of hybrid metal-composite interfaces. Appl Compos Mater 24:251–269
22. Wolfstieg U, Macherauch E (1973) Ursachen und Bewertung von Eigenspannungen. Chem Ing Tech 45:760–770. https://doi.org/10.1002/cite.330451103
23. Kappel E, Prussak R, Wiedemann J (2019) Processing strain and stress in fiber metal laminates – on a simultaneous use of fiber-Bragg-gratings and strain-gages to determine the stress-free temperature during GLARE manufacturing. Compos Struct 227:269–279
24. Prussak R, Stefaniak D, Hühne C et al (2018) Evaluation of residual stress development in FRP-metal hybrids using fiber Bragg grating sensors. Prod Eng 12:259–267
25. Kappel E, Prussak R, Wiedemann J (2019) On a simultaneous use of fiber-Bragg-gratings and strain-gages to determine the stress-free temperature Tsf during GLARE manufacturing. Compos Struct 227:111279
26. Okabe Y, Mizutani T, Yashiro S et al (2002) Detection of microscopic damages in composite laminates. Compos Sci Technol 62:951–958. https://doi.org/10.1016/S0266-3538(02)00009-X
27. Hein R, Prussak R, Schmidt J (2020) Phenomenological analysis of thermo-mechanical-chemical properties of GFRP during curing by means of sensor supported process simulation. Processes 8:192. https://doi.org/10.3390/pr8020192
28. Prussak R, Stefaniak D, Hühne C et al (2015) Residual stresses in intrinsic UD-CFRP-steel-laminates – Experimental determination, identification of sources, effects and modification approaches. Trans Tech Publ 825:369–376

29. Prussak R, Stefaniak D, Kappel E et al (2019) Smart cure cycles for fiber metal laminates using embedded fiber Bragg grating sensors. Compos Struct 213:252–260
30. Koh T, Isa M, Chang P et al (2012) Improving the structural properties and damage tolerance of bonded composite joints using z-pins. J Compos Mater 46:3255–3265. https://doi.org/10.1177/0021998312437233
31. Riemer M, Müller R, Drossel WG et al (2017) Process development and tooling design for intrinsic hybrid composites. J Phys Conf Ser 896:12043. https://doi.org/10.1088/1742-6596/896/1/012043
32. Riemer M, Kießling R, Müller R et al (2018) On the development of a finite element model to analyze the behavior of hybrid composites considering the manufacturing history. IOP Conf Ser Mater Sci Eng 418:012128
33. Kießling R, Landgraf R, Scherzer R et al (2016) Introducing the concept of directly connected rheological elements by reviewing rheological models at large strains. Int J Solids Struct 97–98:650–667
34. Koch SF, Barfuss D, Bobbert M et al (2016) Intrinsic hybrid composites for lightweight structures: new process chain approaches. AMR 1140:239–246. https://doi.org/10.4028/www.scientific.net/AMR.1140.239
35. Ait-Amokhtar H, Fressengeas C (2010) Crossover from continuous to discontinuous propagation in the Portevin – Le Chatelier effect. Acta Mater 58:1342–1349. https://doi.org/10.1016/j.actamat.2009.10.038
36. Ihlemann J (2014) Beobachterkonzepte und Darstellungsformen der nichtlinearen Kontinuumsmechanik. Berichte aus der Professur Festkörpermechanik, Technische Universität Chemnitz, Bd 340. VDI-Verl., Düsseldorf
37. Kießling R (2020) Modellierung des mechanischen Verhaltens der Komponenten eines intrinsischen Hybridverbundes. Dissertation, Technische Universität Chemnitz
38. Shutov AV, Kreißig R (2008) Finite strain viscoplasticity with nonlinear kinematic hardening: phenomenological modeling and time integration. Comput Methods Appl Mech Eng 197:2015–2029
39. Kießling R, Landgraf R, Ihlemann J (2015) Direct connection of rheological elements at large strains: application to multiplicative viscoplasticity. Proc Appl Math Mech 15:313–314
40. Kießling R, Ihlemann J (2016) Large strain transversely isotropic viscoplasticity by directly connected rheological elements. Proc Appl Math Mech 16:359–360
41. Drossel WG, Riemer M, Kießling R et al (2016) Production and modelling of an intrinsic hybrid metal composite for automotive parts. IJAUTOC 2:209. https://doi.org/10.1504/IJAUTOC.2016.10005309
42. Serna J, Zinn C, Scharf I et al (2019) Concepts for interface engineering and characterization in composite hybrid structures. IOP Conf Ser Mater Sci Eng 480:12014. https://doi.org/10.1088/1757-899X/480/1/012014
43. Kießling R, Ihlemann J, Riemer M et al (2018) A process and load adjusted coating system for metallic inserts in hybrid composites. Prod Eng Res Devel 12:249–257. https://doi.org/10.1007/s11740-018-0806-3
44. Kießling R, Ihlemann J, Riemer M et al (2017) The interface of an intrinsic hybrid composite – development, production and characterisation. Proc CIRP 66:289–293. https://doi.org/10.1016/j.procir.2017.03.288
45. Coussot G, Perrin C, Moreau T et al (2011) A rapid and reversible colorimetric assay for the characterization of aminated solid surfaces. Anal Bioanal Chem 399:1061–1069. https://doi.org/10.1007/s00216-010-4363-7
46. Kießling R, Ihlemann J, Riemer M et al (2016) On the development of an intrinsic hybrid composite. IOP Conf Ser Mater Sci Eng 118:12017. https://doi.org/10.1088/1757-899X/118/1/012017

47. Pouya M, Balasubramaniam S, Sharafiev S et al (2018) Dynamic behavior of geometrically complex hybrid composite samples in a Split-Hopkinson pressure bar system. IOP Conf Ser Mater Sci Eng 373:12025. https://doi.org/10.1088/1757-899X/373/1/012025
48. Kießling R, Hirsch F, Dammann C et al (2016) Hybrid metal-composite interfaces: aspects of design, characterisation, and Simulation. Adv Mater Res 1140:255–263
49. Shutov AV, Silbermann CB, Ihlemann J (2015) Ductile damage model for metal forming simulations including refined description of void nucleation. Int J Plast 71:195–217
50. Kießling R, Ihlemann J (2019) Experimental investigation of the dependence of the viscoelastic properties of Polyamide 6 on temperature and humidity. In: 36th Danubia-Adria symposium on advances in experimental mechanics, Pilsen
51. Kießling R, Ihlemann J (2020) The dependence of the viscoelastic properties of Polyamide 6 on temperature and moisture content: experiment and modeling. Mater Today Proc. https://doi.org/10.1016/j.matpr.2020.02.751
52. Wulf H, Kießling R, Gypstuhl R et al. Automatic generation of material laws based on rheological models using a genetic algorithm. Proc Appl Math Mech 19(1):1–2
53. Puck A (1996) Festigkeitsanalyse von Faser-Matrix-Laminaten: Modelle für die Praxis. Hanser, München/Wien
54. Wang Z, Troester T (2018) Influences of interface on the mechanical and corrosion properties of steel-CFRP Hybrid structures manufactured by vacuum assisted resin transfer moulding. In: International conference on composite structures, Bologna, Italy
55. Wang Z, Bobbert M, Dammann C et al (2016) Influences of interface and surface pretreatment on the mechanical properties of metal-CFRP hybrid structures manufactured by resin transfer moulding. IJAUTOC 2:272–298. https://doi.org/10.1504/IJAUTOC.2016.10005305
56. Zinn C, Schaper M (2017) Influence of a laser pre-treatment on the mechanical and the corrosion properties of metal-CFRP hybrid structures manufactured by RTM. In: 20th international conference on composite structures (ICCS20), Paris
57. Zinn C, Schaper M, Gonzalez JS et al (2016) Shear edge tests. A benchmark in investigating the influence of different surface pretreatment methods on the shear stress of intrinsically manufactured metal-CFRP hybrids. IJAUTOC 2:244. https://doi.org/10.1504/IJAUTOC.2016.084321
58. Zinn C, Bobbert M, Dammann C et al (2018) Shear strength and failure behaviour of laser nanostructured and conventionally pre-treated interfaces in intrinsically manufactured stell-CFRP hybrids. Compos Part B 151:173–185
59. Wang Z, Tröster T (2016) Parameterstudien an intrinsisch hergestellten Metall-FVK-Hybridstrukturen mittels RTM-Verfahren. Euro hybrid – materials and structures, Kaiserslautern
60. Bobbert M, Augenthaler F, Wang Z et al (2017) Novel process approach for in-situ insertion of functional elements in RTM-applications. J Mater Sci Res 6:15
61. Kurtovic, A, Maier H-J, Schaper M (2014) Laserinduzierte Nanostrukturierung von Titanoberflächen für das strukturelle Kleben: Einfluss auf die Oberflächenmorphologie, Ermüdungs- und Adhäsionseigenschaften. Veröffentlichungen der Universität. Institut für Prozess- und Werkstofftechnik/Universität Paderborn
62. Mahnken R, Dammann C (2016) A three-scale framework for fibre-reinforced-polymer curing Part I: Microscopic modeling and mesoscopic effective properties. Int J Solids Struct 100:341
63. Mahnken R, Dammann C (2016) A three-scale framework for fibre-reinforced-polymer curing Part II: Mesoscopic modeling and macroscopic effective properties. Int J Solids Struct 100:356
64. Christensen RM (1979) Mechanics of composite materials. Wiley, New York
65. Ruiz E, Trochu F (2005) Thermomechanical properties during cure of glass-polyester RTM composites: elastic and viscoelastic modeling. J Compos Mater 39:881–916
66. Kamal M, Sourour S (1973) Kinetics and thermal characterization of thermoset cure. Polym Eng Sci 13:59–64

67. Mahnken R, Dammann C, Lenz P (2017) (n) and (n+1)-layered composite sphere model for thermo-chemo-mechanical effective properties. Int J Multiscale Comput Eng 15:295
68. Herve E, Zaoui A (1993) n-Layered inclusion-based micromrchanical modelling. Int J Eng Sci 31:1
69. Mahnken R, Lenz P, Dammann C (2018) A least squares approach for effective shear properties in an n-layered sphere model. Arch Appl Mech 88:2081
70. Mahnken R (2012) Simulation of strength difference coupled to softening in elasto-plasticity for adhesive materials. Int J Adhes Adhes 32:1–14
71. Lenz P, Mahnken R (2016) Damage simulation of fibre reinforced composites using mean-field homogenization methods. Proc Appl Math Mech 100–101:341–355
72. Lenz P, Mahnken R (2016) Mean-field homogenization of multi-layered linear thermo-chemo composites: a general framework. (work in progress). Int J Multiscale Comput Eng 100–101:356–375
73. Gross D, Seelig T (2011) Bruchmechanik. Springer, Berlin
74. Qu J, Cherkaoui M (2006) Fundamentals of micromechanics of solids. Wiley, Hoboken
75. Zheng Q, Du D (2001) An explicit and universally applicable estimate for the effective properties of multiphase composites which accounts for inclusion distribution. J Mech Phys Solids 49:2765–2788
76. Friebel C, Doghri I, Legat V (2006) General mean-field homogenization schemes for viscoelastic composites containing multiple phases of coated inclusions. Int J Solids Struct 43:2513–2541
77. Krökel GK (2015) Zerspanbarkeitsbewertung von Faserverbundkunststoffen bei der Fräsbearbeitung dünnwandiger Bauteile in der Großserie. Dissertation
78. Haspel B (2014) Werkstoffanalytische Betrachtung der Eigenschaften von mittels neuartiger RTM-Fertigungsprozesse hergestellten glasfaserverstärkten Polymerverbunden. Dissertation
79. Simo JC, Ju JW (1987) Strain- and stress-based continuum damage models-I. formulation. Int J Solids Struct 23:821–840
80. Simo JC, Ju JW (1987) Strain- and stress-based continuum damage models-II. computational aspects. Int J Solids Struct 23:841–869
81. Lee HC, Choi JS, Jung KH et al (2016) Application of element deletion method for numerical analyses of cracking. J Achiev Mater Manuf Eng. EuCIA: Composites and Sustain ability 19. March 2016, Brussels. https://eucia.eu/userfiles/files/Starke-Eucia%202016-V4-Druck%20b.pdf
82. Dvorak G (2013) Micromechanics of composite materials. Springer Netherlands, Netherlands
83. Dammann C, Mahnken R (2019) Simulation of a resin transfer molding process using a phase field approach within the theory of porous media. Compos A Appl Sci Manuf 120:147
84. Venditti RA, Gillham JK, Jean YC et al (1995) Free volume after cure vs. fractional conversion for a high-Tg epoxy/amine thermosetiting system. Appl Polym Sci 56:1207–1220
85. Meschut G, Süllentrop S (2014) The use of radiation-cured adhesives on adhesive stud assembly process. Weld World 58:755–762. https://doi.org/10.1007/s40194-014-0176-1
86. Weidenmann KA, Baumgaertner L, Haspel B (2015) The edge shear test – an alternative testing method for the determination of the interlaminar shear strength in composite materials. MSF 825–826:806–813
87. Zinn C, Wang Z, Tröster T, Schaper M (2018) Forming and corrosion stability of a laser pre-treated metal surface-influence on the properties of metal-CFRP hybrid structures made by VARTM. In: 3. Internationale Konferenz Hybrid Materials and Structures, Dechema-VTG-Symposion „Konstruktive Aufgaben im Apparatebau", 7. und 8. Dezember 1972 in Frankfurt am Main S 17–23
88. Zhou J, Lucas JP (1999) Hygrothermal effects of epoxy resin. Part I: the nature of water in epoxy. Polymer 40:5505–5512. https://doi.org/10.1016/S0032-3861(98)00790-3
89. Comyn J (1997) Adhesion science. RSC paperbacks, Bd 12. Royal Society of Chemistry, Cambridge
90. Petrie EM (2006) Epoxy adhesive formulations. Epoxy properties and characteristics; techniques for improving epoxy strength, flexibility, and durability; testing and quality control guidelines. McGraw-Hill chemical engineering. McGraw-Hill, New York

4 Hybride Hohlstrukturen für Wellen und Streben

Maik Gude, Daniel Barfuß, Sven Coutandin, Jürgen Fleischer, Raik Grützner, Franz Hirsch, Markus Kästner, Michael Müller-Pabel, Roland Müller, Jonas Nieschlag, Paul Ruhland und Veit Würfel

4.1 Einleitung

Für die Herstellung von leichten Wellen, Rohren, Profilen oder Zug-Druck-Streben werden häufig Hohlstrukturen mit einem geschlossenen Querschnitt eingesetzt, da diese ein günstigeres Verhältnis von Steifigkeit zu Masse aufweisen als entsprechende Vollmaterialvarianten. Im modernen Leichtbau kommen Grundprinzipien zum Einsatz, die sich auch in der Natur wiederfinden lassen. An Orten hoher Belastungen ist oft eine Materialanhäufung und an Orten geringer Belastung eine Materialabnahme zu beobachten. Aus diesem Grund sind in Flora und Fauna dünnwandige Stabprofile bzw. geschlossene rohrförmige Profile weit verbreitete Strukturen. An solchen natürlichen Geometrien lassen sich Leichtbauprinzipien wie die direkte Kraftleitung, die Realisierung eines hohen Widerstandsmomentes und die natürliche Stützwirkung von gekrümmten Strukturen ableiten [1].

M. Gude (✉) · D. Barfuß · M. Kästner · M. Müller-Pabel · V. Würfel
Technische Universität Dresden, Dresden, Deutschland
E-Mail: Maik.gude@tu-dresden.de; Daniel.barfuss@herone.de; Markus.Kaestner@tu-dresden.de; Michael.mueller-pabel@tu-dresden.de; Veit.wuerfel@tu-dresden.de

S. Coutandin · J. Fleischer · J. Nieschlag · P. Ruhland
Karlsruher Institut für Technologie, Karlsruhe, Deutschland
E-Mail: Sven.Coutandin@kit.edu; Juergen.fleischer@kit.edu; Jonas.Nieschlag@kit.edu; Paul.Ruhland@kit.edu

R. Grützner · R. Müller
Fraunhofer-Institut für Werkzeugmaschinen und Umformtechnik IWU, Chemnitz, Deutschland
E-Mail: Raik.gruetzner@iwu.fraunhofer.de; Roland.mueller@iwu.fraunhofer.de

F. Hirsch
Technische Universität Dresden, Dresden, Deutschland
E-Mail: Franz.Hirsch@tu-dresden.de

J. Fleischer (Hrsg.), *Intrinsische Hybridverbunde für Leichtbautragstrukturen*,
https://doi.org/10.1007/978-3-662-62833-1_4

Die Kombination dieses sogenannten Formleichtbaus [2] mit dem Stoffleichtbau führt bei hohen Leichtbaugraden zu FVK-Strukturen mit aufgelöstem Querschnitt. In der Antriebstechnik führen leichte und hohle Wellen aus FVK zu geringen Massen und niedrigen Trägheitsmomenten des Antriebsstrangs. Bei Zug-Druck-Streben wird durch den Einsatz von FVK die Masse reduziert, sodass oft die Nutzlast des Systems erhöht werden kann. Die Anisotropie der FVK wird bei diesen Komponenten optimal ausgenutzt, indem die Faserrichtung entlang der Lastpfade orientiert wird und gewünschte Eigenschaften wie Biegesteifigkeit, Widerstand gegen Torsionsbeulen oder Knicken eingestellt werden. Bereiche mit hoher tribologischer Beanspruchung oder hoher Funktionsdichte werden im Sinne des *Multi-Material-Designs* durch metallische Anschluss- und Befestigungselemente (Lagersitze, Sicherungsringe, Wellenmuttern etc.) gestaltet, um Zahnräder und Lagerelemente usw. betreiben zu können. Im Sinne des Leichtbaus sind für derartige Anwendungen hybride Hohlstrukturen reinen FVK-Hohlstrukturen vorzuziehen.

Eine große Herausforderung ist auch hier die optimale Einleitung der Kräfte von der metallischen Komponente in das Laminat, da die Kräfte von der Oberfläche der FVK-Hohlstruktur über interlaminaren Schub innerhalb der Matrix zu den Fasern weitergeleitet werden müssen [3]. Etablierte Methoden zum Fügen der metallischen Lasteinleitungselemente sind das Einkleben, das Einpressen oder die Verbindung über Bolzen- und Pinelemente.

4.2 Grundlagen

Neben der Verwendung von Herstellungsverfahren wie der Prepregverarbeitung eignen sich Wickel- oder Flechtverfahren für FVK-Hohlprofile aufgrund ihrer geometrischen Beschaffenheit. Zur Herstellung von Faserhalbzeugen, den sogenannten *Preforms*, werden im Wickelverfahren Rovings auf einer meist zylindrischen Kernstruktur automatisiert abgelegt. Dies kann kontinuierlich und diskontinuierlich erfolgen. Weitere Merkmale dieses Verfahrens sind hohe Faserspannungen, hohe Maßgenauigkeiten und die Verwendung verlorener oder wiederverwendbare Kerne. Im Flechtverfahren werden Faserspulen jeweils zur Hälfte im und gegen den Uhrzeigersinn um einen Flechtkern mäanderförmig herumgeführt, wodurch eine textile Bindung entsteht und sich das Geflecht durch die Faserspannung an den Kern anlegt. Zusätzlich können Fasern in Längsrichtung des Kerns eingezogen werden. Durch die textile Bindung des Geflechtes weist die Preform eine hohe Drapierbarkeit auf, sodass komplexe Strukturen abgeformt werden können. Im Gegensatz zum Wickelverfahren wird die gesamte Oberfläche des Kerns bei einem Überlauf überdeckt, wodurch sehr hohe Materialablageraten möglich sind [4].

Zur Herstellung von duroplastischen FVK-Hohlprofilen müssen die Fasern der gewickelten oder geflochtenen Preforms imprägniert werden. Im Wickelverfahren wird dies entweder über ein Tränkbad vor dem Ablegeprozess, durch die Verwendung von vorimprägnierten Prepregs oder wie die meisten geflochtenen Preforms nachträglich über ein Harzinjektionsverfahren realisiert. Zusätzlich ist es möglich die Fasern im Schleuderverfahren mit duroplastischem Harz durch das Nutzen der Zentrifugalkraft zu tränken [5]. Alternativ stellt die Pultrusion ein automatisiertes und kontinuierliches Verfahren zur Herstellung von FVK-Hohlprofilen dar. Faserstränge oder Preforms werden in ein Konsolidierwerkzeug eingezogen und über eine Abzieheinheit als konsolidiertes Profil in eine Zuschnittstation weitergeführt. Duroplastische Matrixsysteme werden über ein Tränkungsbad aufgenommen oder im Werkzeug injiziert und härten anschließend bei hohen Temperaturen aus.

Thermoplastische Matrixsysteme haben im Vergleich zu Duroplasten den für die Imprägnierung relevanten Nachteil einer hohen Schmelzviskosität des Polymers. Eine nachträgliche Benetzung der Fasern ist dadurch nur eingeschränkt möglich. Thermoplaste können als Monomere mit Zugabe eines Aktivators injiziert werden und in-situ polymerisieren [6], wodurch ähnliche Verarbeitungseigenschaften wie bei duroplastischen Prozessen erzielt werden. Alternativ werden vorgemischte oder vorimprägnierte Halbzeuge wie Hybridgarne und thermoplastische UD-Tapes im Wickel- und Flechtverfahren verwendet, um die Imprägnierungswege im Konsolidierprozess auf ein Minimum zu reduzieren. Die Konsolidierung kann dabei in-situ über thermoplastisches Tapelegen oder im Wickelprozess direkt am Kern erfolgen, wenn das Matrixmaterial aufgeschmolzen und verpresst wird [7]. Alternativ müssen Hybridgarne oder UD-Tapes nach dem Preforming unter Temperatur und Druck konsolidiert werden. Als Konsolidierverfahren kommen dabei unter anderem die Pultrusion, das Schlauchblasverfahren, das Schleuderverfahren und das Heißpressen zum Einsatz [8].

Die Einleitung von Lasten in FVK-Hohlprofilen kann im Allgemeinen stoffschlüssig, kraftschlüssig und/oder formschlüssig erfolgen und wird meist durch metallische Anschlusselemente realisiert (Abb. 4.1).

Die flächige Lasteinleitung bei stoffschlüssigen Verbindungen wie dem Schweißen und Kleben ist vorteilhaft für eine faserverbundgerechte Konstruktion. Jedoch ist diese bei Laminaten mit hoher Wandstärke limitiert, da die Lasten nur in die äußeren Lagen

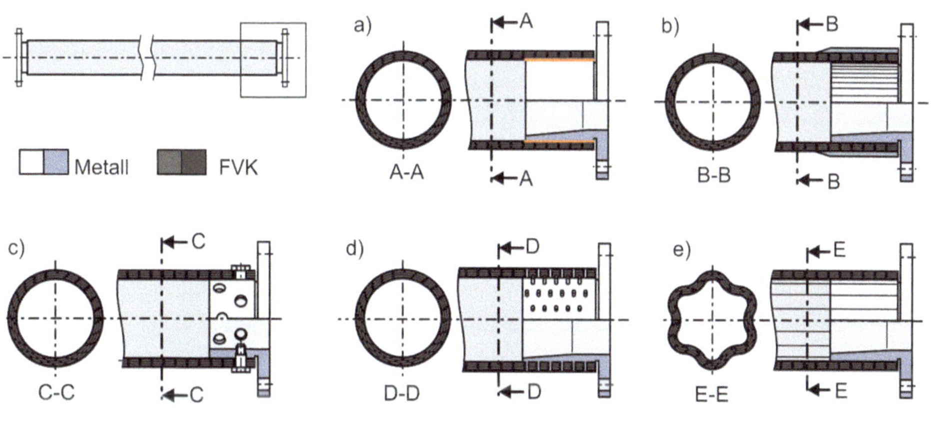

Abb. 4.1 In Wissenschaft und Technik untersuchte Lasteinleitungsprinzipien für Wellen in FVK-Metall-Mischbauweise: Verbindung mittels **a**) Klebung, **b**) Pressung, **c**) Bolzen, **d**) Pins und **e**) Profilierung (nach [9])

eingeleitet werden, wodurch die Tragfähigkeit des Bauteils beeinträchtigt werden kann. Im Gegensatz zu formschlüssigen Verbindungstypen wie der Bolzen-, Profil- oder Pinverbindung sind die stoff- bzw. kraftschlüssigen Verbindungen im Hinblick auf die Zuverlässigkeit aufgrund von Alterungs- und Setzeffekten gefährdet. FVK-Hohlprofile weisen aufgrund der hoch orientierten Lastpfade je nach Anwendung als Zug-Druck-Strebe, Druckbehälter, Biegeträger oder Welle stark anisotrope Laminatarchitekturen auf. Aus diesem Grund erfordern klassische Fügeverfahren wie Bolzen- oder Nietverbindungen infolge der hohen Kerbspannungen die Aufbringung lokaler Verstärkungen und damit zusätzlichen Fertigungsaufwand. Weiterhin erfordern Bolzen- und Klebverbindungen nachgelagerte Fügeoperationen und aufwändige Zwischenschritte wie die Oberflächenvorbehandlung und das Einbringen von Löchern, was den Aufwand in der Qualitätssicherung erhöht. Press- und Profilverbindungen werden dagegen durch das Einschieben realisiert.

Darüber hinaus kann der Montageprozess bei der Profilverbindung direkt in die Konsolidierung des FVK mit eingebunden werden, was zum Beispiel bei einer Pinverbindung notwendig ist. Durch eine Umsetzung mittels intrinsischer Hybridisierung entfallen nachgelagerte Fügeoperationen und die Lastübertragungsfähigkeit dieser Verbindungsarten ist durch die werkstoffgerechte Lasteinleitung als sehr hoch einzuschätzen [9].

4.3 Modell- und Verfahrensentwicklung zur Herstellung hybrider Profile mittels Schleuderverfahren

Sven CoutandinJürgen Fleischer, Jonas Nieschlag and Paul Ruhland

4.3.1 Motivation Schleuderverfahren

Ein vielversprechendes Verfahren zur intrinsischen Herstellung von hybriden FVK-Metall-Profilen ist das Schleuderverfahren. Das Verfahren basiert auf der Zentrifugalkraft, durch welche die Faserhalbzeuge während eines *Schleudervorgangs* mit Matrix getränkt werden. Das Schleuderverfahren hat sich in den 1950er- und 1960er-Jahren etabliert, um kurzfaserverstärkte Kanal- und Druckrohre mit großem Durchmesser herzustellen [10]. Durch *Ehleben* [11] wurde es Anfang der Jahrtausendwende zum TER-Schleuderverfahren für die Herstellung von thermoplastischen, endlosfaserverstärkten Rohren (TER) weiterentwickelt.

Innerhalb des DFG-Schwerpunktprogramms 1712 erfolgt erstmalig der Einsatz von duroplastischen Matrixsystemen zur Tränkung von Endlosfaser-Preforms. Durch das Einlegen von metallischen Lasteinleitungselementen und der Preform in das Schleuderwerkzeug können hybride FVK-Metall-Profile intrinsisch hergestellt werden. Metall und FVK können dabei stoffschlüssig durch die adhäsive Eigenschaft der Matrix oder formschlüssig durch Wellenschultern und Polygone verbunden werden. Darüber hinaus können beim Schleuderverfahren auch beide der genannten Fügemechanismen kombiniert werden.

Potenzielle Anwendungsbeispiele für das Schleuderverfahren sind Antriebswellen in den Bereichen Automobil, Schifffahrt, Druckmaschinen und Maschinenbau oder Zug-Druck-Streben in der Luftfahrtindustrie. Aufgrund der prozessbedingt sehr glatten Rohrinnenseite und dem damit einhergehenden geringen Strömungswiderstand sind auch Anwendungen in der Rohrtechnik denkbar.

Die Vorteile im Vergleich zu bestehenden Fertigungsverfahren wie dem Nasswickeln, dem RTM-Verfahren, dem Pultrusionsverfahren oder auch dem Schlauchblasverfahren, liegen in der hohen Gestaltfreiheit des Schleuderverfahrens, dem geringen Investitionsbedarf und dem Verzicht auf teure Verbrauchsmaterialien. Im Vergleich zum Nasswickeln oder dem RTM-Verfahren kann bei zylindrischen Bauteilen aus dem Schleuderverfahren auf einen Kern verzichtet werden. Aufgrund der kurzen Fließwege der Matrix können sehr reaktive Harz-Härter-Systeme eingesetzt werden. Dies führt zu einer sehr kurzen Aushärtezeit, sodass mit dem Schleuderverfahren sehr kurze Taktzeiten erreichbar sind.

4.3.2 Stand der Forschung und Technik

Industriell etabliert ist die Verfahrensvariante des Schleuderverfahrens zur Herstellung von Kanal- und Druckrohren. Hierbei werden über eine Injektionslanze mit einem Schneidwerk Matrix und geschnittene Glasfaserrovings zugeführt. Zudem können weitere Füllmaterialien wie beispielsweise Sand zur Kostenreduktion beigemischt werden [10]. Auf Basis dieser bestehenden Verfahrensvariante hat *Ehleben* [11] das TER-Schleuderverfahren zur Herstellung endlosfaserverstärkter Profile mit thermoplastischer Matrix entwickelt. Mit Hilfe einer Faserwickelmaschine werden dabei trockene Rovings auf ein thermoplastisches Rohr gewickelt. Das Rohr mit den aufgewickelten Fasern wird anschließend in ein Schleuderwerkzeug eingelegt, welches unter Wärmezufuhr in Rotation versetzt wird. Aufgrund der Wärmezufuhr wird das Rohr aufgeschmolzen und die Imprägnierung der Faserrovings, die durch die entstehenden Zentrifugalkräfte getrieben ist, beginnt. Sobald der Vorgang abgeschlossen ist, wird das Werkzeug abgekühlt und ein fertiges thermoplastisches, endlosfaserverstärktes Rohr ist entstanden [11]. Um die trockenen Halbzeuge zu imprägnieren, muss die Erdbeschleunigung g überwunden werden. Deshalb wird das Schleuderwerkzeug ausschließlich oberhalb der Mindestdrehzahl n_{min} betrieben, die von dem Radius des Schleuderbauteils r und der Schwerebeschleunigung g abhängig ist [12]:

$$n_{min} = \frac{1}{2\pi} \cdot \sqrt{\frac{g}{r}}. \tag{4.1}$$

Vorhandene analytische Berechnungsgrundlagen für die Imprägnierung in radialer Richtung bei Schleuderbauteilen basieren auf dem Darcy-Gesetz [13] und berücksichtigen dabei den Imprägnierdruck, welcher von der Schleuderdrehzahl, dem Innendurchmesser und der Wandstärke des Rohres, der Dichte der Matrix, der Permeabilität, welche abhängig vom Faservolumengehalt und der Faseraufmachung ist, und der Viskosität der Matrix abhängt [11, 13]. Zur Bestimmung der Permeabilität in und quer zur Faserrichtung kann dabei auf die Kozeny-Carman-Gleichung (empirischer Ansatz) [14] oder die Gleichung von Gebart (geometriebasierter Ansatz) [15] zurückgegriffen werden.

Für die intrinsische Hybridisierung im Schleuderverfahren ist eine axiale Tränkung der Preform im Überlappungsbereich zwischen dem innenliegenden Lasteinleitungselement und dem Laminat erforderlich (vgl. Abb. 4.2). Die mathematische Beschreibung derartiger Imprägniervorgänge ist bislang unbekannt. Für das Schleuderverfahren mit Duroplasten wird weiterhin eine Preform benötigt. Diese darf beim Einlegen in das Schleuderwerkzeug nicht kollabieren und muss deshalb der Erdbeschleunigung widerstehen. Zusätzlich muss die Preform an die entsprechenden Geometrien der Lasteinleitungselemente angepasst werden. Deshalb wird oft ein thermoplastischer Binder in Kombination mit einem Umformverfahren eingesetzt [12].

Die Herstellung von profil- oder stabförmigen hohlen Preforms kann im Wickel- oder Flechtverfahren erfolgen. Zudem können auch Bahnwaren, wie Gewebe oder Gelege, verwendet werden. Beim Flechten sind das Rundflechten und das Rotationsflechten bekannte Verfahren, bei denen die Verstärkungsfasern in schräger Richtung zur Halbzeugkante auf einem Dorn verkreuzt werden. Eine Art trockene Pultrusion ist im sogenannten Continuous Composite Preforming System der Firma Brötje Automation umgesetzt. Es eignet sich zur Herstellung von kontinuierlichen Endlospreforms mit konstantem Querschnitt.

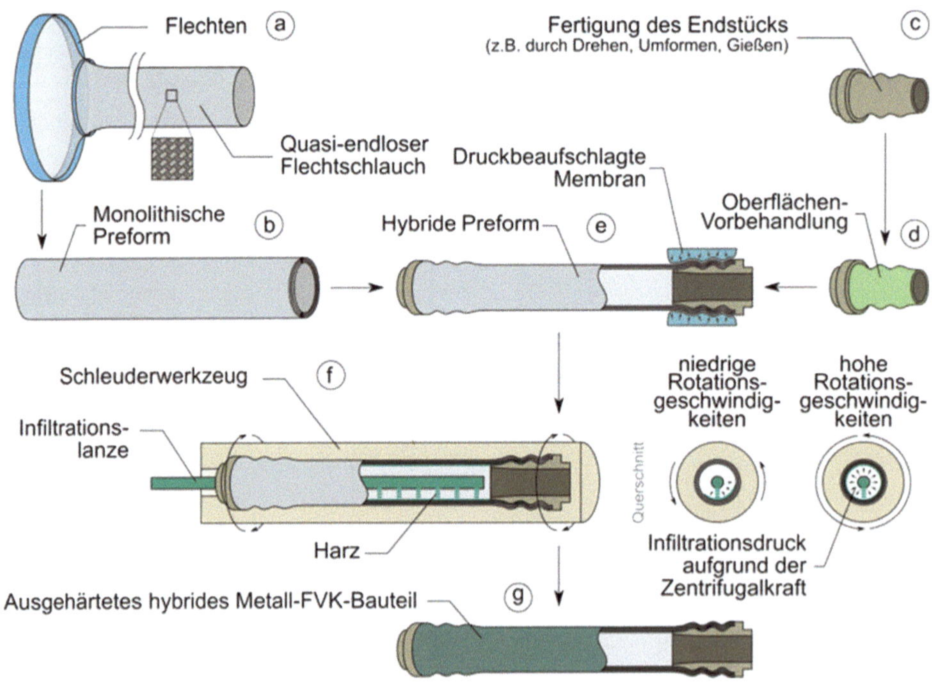

Abb. 4.2 Prozesskette des Schleuderverfahrens (Übersetzt aus [16])

Als Ausgangsmaterial werden Faserbänder eingesetzt, die binder- oder nähtechnisch miteinander verbunden werden [17]. Die vorgestellten Technologien beschäftigen sich mit der Verarbeitung von FVK-Bauteilen. Das hybride Preforming von trockenen Faserprofilen mit formschlüssigen, metallischen Einlegern wurde bisher noch nicht untersucht.

Bei der Auslegung und Simulation der hybriden FVK-Metall-Schleuderbauteile muss sowohl das Versagen der FVK-Komponent und des Metalls, als auch das der Fügeverbindung (Interface) berücksichtigt werden. Für die Auslegung von reinen FVK-Bereichen können beispielsweise Versagenskriterien nach Tsai, Puck oder Cuntze verwendet werden [18, 19]. Bei stoffschlüssigen Verbindungen zwischen Fügepartnern, wie sie bei Klebeverbindungen oder intrinsisch gefügten Bauteilen zwischen dem FVK und dem Metall entstehen, kann das Verhalten der Fügezone mit dem sogenannten Kohäsivzonen-Modell (CZM) abgebildet werden [20]. Bei FE-Simulationen werden im Bereich des Interface einlagige Kohäsiv-Elemente benutzt. Diese Elemente unterliegen einer Spannungs-Rissöffnungs-Beziehung (engl. traction-separation-law (TSL)) [21] und können somit das nichtlineare Materialverhalten während der Rissausbreitung abbilden.

In Arbeiten zu flächig gefügten Hybridbauteilen aus langfaserverstärkten Thermoplasten (LFT) und Stahl werden form-, kraft- und stoffschlüssige Verbindungselemente kombiniert und untersucht. Während eine rein stoffschlüssige Verbindung bei Belastung zu einem linearen Kraft-Weg-Verlauf führt, zeigen rein formschlüssige Verbindungen ein nichtlineares Verhalten und erreichen ein höheres Energie-Absorptions-Verhalten beim Versagen [22]. Für rohrförmige Hybridbauteile mit Duroplast sind derartige Untersuchungen bisher nicht bekannt.

4.3.3 Zielsetzung und methodisches Vorgehen zur Weiterentwicklung des intrinsischen Schleuderverfahrens mit Duroplasten

Um das Schleuderverfahren für die intrinsische Hybridisierung mit Duroplasten zu befähigen, soll ein analytisches Tränkungsmodell für die Imprägnierung des Überlappbereiches in axialer Richtung erarbeitet werden. Ausgehend vom Gesetz von Darcy [13] muss hierzu eine Gleichung entwickelt werden, mit der die Matrixflussrate berechnet werden kann. Mit Hilfe dieser Flussrate können dann Imprägnierdauern analytisch bestimmt werden. In Erweiterung zu den Berechnungsformeln des TER-Schleuderverfahrens ist bei der Modellbildung ein zusätzlicher richtungsabhängiger Druck- und Permeabilitätsterm hinzuzufügen [11]. Während der Tränkung in axialer Richtung im Überlappbereich verdrängt die fließende Matrix die Luft in der trockenen Faserpreform. In klassischen Werkzeugkonzepten werden hierbei Steiger eingesetzt, um die Werkzeugkavität entlüften zu können und ein porenfreies Laminat zu gewährleisten. Dies ist beim intrinsischen Schleuderverfahren prozessbedingt nicht möglich (vgl. Abb. 4.2), sodass geeignete Entlüftungskonzepte zu erarbeiten sind. Vorarbeiten zeigen vielversprechende Ergebnisse mit Tieflochbohrungen durch das metallische Lasteinleitungselement, sogenannten Entlüftungsbohrungen. Deshalb ist es ein Untersuchungsgegenstand, die optimalen Parameter für Position, Anzahl (entlang des Umfangs und der Achse) und Bohrungsdurchmesser der Entlüftungsbohrungen zu bestimmen. Ziel ist es, ein fertigungsgerechtes Konzept mit möglichst wenigen Bohrungen zu identifizieren, da diese eine unnötige Schwächung der metallischen Lasteinleitung darstellen können. Mit einer funktionstüchtigen Entlüftung des Laminats können das analytische Tränkungsmodell validiert und Verfahrensgrenzen bestimmt werden. Ziel ist der Vergleich der berechneten Tränkungszeit mit der experimentell beobachteten Zeit. Zur Bewertung der Versuche wird zusätzlich ein Computertomografiegerät eingesetzt, mit dem Lufteinschlüsse im Laminat bzw. an der Grenzfläche zum Metall detektiert werden können. Um die Qualität der geschleuderten Hybridverbunde einschätzen zu können, werden zudem Schliffbildproben angefertigt.

Darüber hinaus soll das Schleuderverfahren für die Herstellung von Polygonprofilen befähigt werden, da es ohne Verfahrensoptimierungen in den Ecken der Polygone zu Matrixansammlungen und in den Übergangsflächen zu Trockenstellen kommt. Hierfür sollen sogenannte Schleuderkerne eingesetzt werden, die sich im Prozess ausdehnen, den Imprägnierdruck erhöhen und damit auch polygone Strukturen für die Tränkung befähigen. Für die Ermittlung geeigneter Schleuderkerne wird auf Basis von Anforderungen wie Dehnbarkeit, Temperaturbeständigkeit etc. eine Werkstoffauswahl getroffen. Die Schleuderkerne werden dann in experimentellen Versuchen anhand des Faservolumen- und Porengehalts validiert.

Um die Belastbarkeit der entstehenden FVK-Metall-Hybride zu bestimmen, sollen experimentelle Charakterisierungen durch mechanische Prüfungen durchgeführt werden. Der Fokus liegt dabei auf dem Übergangsbereich zwischen beiden Werkstoffen. Auf Basis dessen wird ein FE-Modell aufgebaut, um Festigkeit sowie Steifigkeit der Komponenten berechnen zu können und die Gestalt des Lasteinleitungsbereiches zu optimieren. Für die Herstellung formschlüssiger Lasteinleitungen müssen die trockenen Faserhalbzeuge in Form von geflochtenen oder gewickelten Preforms auf die metallischen Endstücke gefügt werden. Es wird eine automatisierte Montagevorrichtung aufgebaut, anhand derer die Effekte beim Fügen und Drapieren von hohlen Faserpreforms auf Metallelementen analysiert und bei der Simulation berücksichtigt werden können. Die Herausforderung für den Montagevorgang besteht sowohl im Fügen als auch in der anschließenden Drapierung. Als Fügen wird das axiale Aufschieben der Preform auf das Metallelement bezeichnet. Hierfür sollen unterschiedliche Drapierkonzepte entwickelt und auf der Montagestation umgesetzt werden. Abschließend sollen verschiedene intrinsische Schleuderbauteile mit der entwickelten Prozesskette hergestellt und durch mechanische Bauteilprüfungen sowie durch Analysen von Poren- und Faservolumengehalt validiert werden.

4.3.4 Systematische Charakterisierung des Schleuderverfahrens und Prozessoptimierungen

4.3.4.1 Prozesskette Schleuderverfahren

Die Prozesskette für das Schleuderverfahren ist in Abb. 4.2 dargestellt und wird nachfolgend beschrieben. Die hier betrachteten Prozesse starten mit dem Vorliegen von vorwiegend flechttechnisch hergestellten Halbzeugen, sogenannten Flechtschläuchen (a). Aus den Flechtschläuchen wird ein Mehrlagenaufbau montiert, eine sogenannte monolithische Preform (b). Die einzelnen Lagen werden gegeneinander mit einem Binderpulver stabilisiert, sodass die Preform in einer automatisierten Produktion gehandhabt werden kann und nicht unter ihrem Eigengewicht aufgrund der Erdbeschleunigung kollabiert. In einem parallelen Zweig werden die (metallischen) Endstücke gefertigt (c). Um die Grenzschicht zwischen FVK und Metall zu verbessern, wird die Oberfläche im Überlappbereich vorbehandelt (d, vgl. Abb. 4.2). Die Endstücke und die monolithische Preform werden im Schritt (e) zur hybriden Preform zusammengefügt. Dafür wird die Preform auf die Geometrie der Endstücke mit druckbeaufschlagten Membranen drapiert.

Die hybride Preform wird im anschließenden Schritt (f) in die Kavität eines zweiteiligen Schleuderwerkzeugs eingelegt. Nach Verschließen des Werkzeugs wird dieses in einer Schleudermaschine um die Längsachse in Rotation versetzt. In den Innenraum des Werkzeugs wird nun ein duromeres Harzsystem mittels einer Infiltrationslanze drucklos eingegossen. Aufgrund der Zentrifugalkraft wird das Harz nach außen gedrückt, sodass die Preform mit Harz getränkt wird. Nachdem das Bauteil unter Rotation ausgehärtet ist, kann das Werkzeug geöffnet und das fertige Bauteil entnommen werden (g).

4.3.4.2 Optimierung der Lasteinleitung durch die Finite-Elemente-Methode

Um die Festigkeit der hergestellten Schleuderbauteile für verschiedene Geometrieparameter (wie z. B. Durchmesser, Überlapplänge etc.) zu berechnen, wird ein FE-Modell mit der Software ABAQUS aufgebaut. Darüber hinaus wird für die modellierte Lastübertragung zwischen FVK und Metall ein Optimierungsalgorithmus eingesetzt, um die optimale Gestalt im Hinblick auf eine hohe Bauteilfestigkeit zu bestimmen. Das aufgebaute Modell besteht aus dem metallischen Lasteinleitungselement, dem Laminatkörper und der Grenzschicht (siehe Abb. 4.3).

Neben den unveränderlichen Größen *Überlapplänge* und *Innenradius* sind die Dicke, der Radius, die Tiefe, die Faserwinkel und die Schäftung der Geometrie parametrisiert. Die drei Geflechtlagen sind ohne Berücksichtigung der Ondulation mit jeweils einer positiv und einer negativ orientierten UD-Schicht unter Verwenden der ABAQUS-Funktion Composite-Layup implementiert. Entsprechende Materialkennwerte sind der Fachliteratur entnommen [23]. Die Grenzschicht zwischen Laminat und Metall besteht aus einer Reinharzschicht, in der keine Fasern vorliegen, und wird mit einer Kohäsivzonen-Modellierung (CZM) abgebildet. Die CZM basiert auf einem Traction-Separation-Ansatz.

Ab einer bestimmten Belastung kommt es zu einer Rissbildung in der Grenzschicht, sodass mit einer weiteren Belastung das Risswachstum voranschreitet, bis es zum kompletten Versagen der Grenzschicht kommt. Die Steifigkeitskoeffizienten und die Maximalspannungen für die Grenzschicht werden anhand eines Parameterfittings ermittelt. Der Vergleich zwischen simulierten Kraft-Weg-Verläufen und experimentellen Auszugsversuchen zeigt eine qualitativ ausreichende Übereinstimmung zwischen den Versagensgrenzen der beiden Bauteilkategorien Stoffschluss (zylindrischer Überlappbereich) und Form-Stoffschluss (Überlappbereich mit Wellenschultern, vgl. Abb. 4.3). Lediglich die Steifigkeit der realen Prüfkörper liegt unterhalb der simulierten Kraft-Weg-Verläufe (vgl. Abb. 4.4). Dieser Steifigkeitsunterschied kann auf die idealen Werkstoffparameter und die Nachgiebigkeit der Einspannungen im Prüfversuch zurückgeführt werden kann.

Um die optimale Bauteilgestalt im Hinblick auf eine maximale Bauteilbelastung zu bestimmen, wird zudem ein Versagenskriterium für Zwischenfaserbruch und Faserbruch nach *Puck* integriert [19]. Die Gestalt der Verbindung wird parametrisiert (vgl. Abb. 4.3),

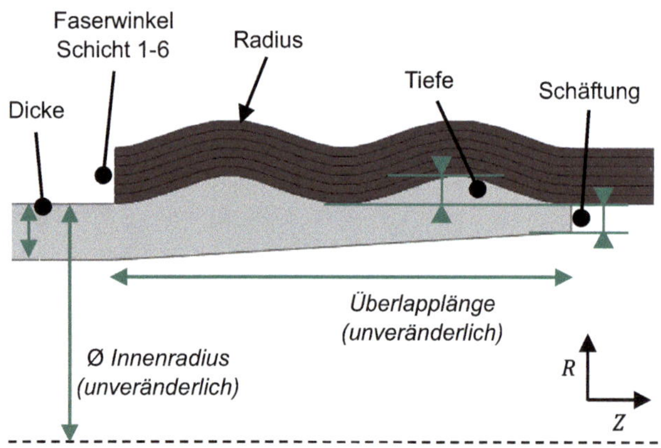

Abb. 4.3 Parameterübersicht eines Schleuderbauteils mit formschlüssiger Geometrie

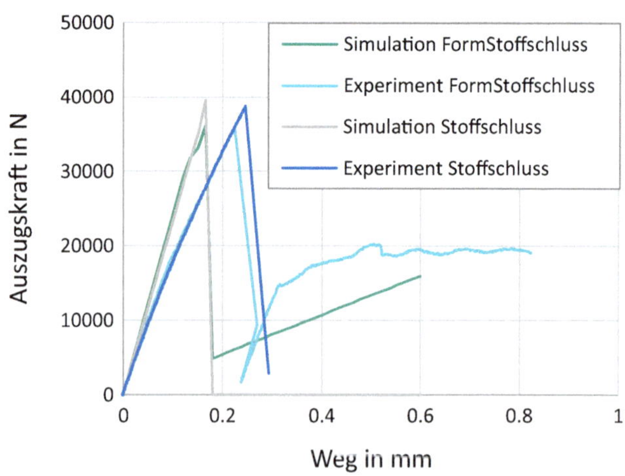

Abb. 4.4 Experimentelle und simulierte Kraft-Weg-Verläufe bei Zugbelastung für verschiedene Überlappgeometrien

sodass bei der Optimierung sowohl ein reiner Stoffschluss als auch die Kombination mit Formschluss im Parameterraum enthalten sind. Zweck der Zielfunktion ist es, die ertragbare Bauteilbelastung zu maximieren. Dafür wird die Belastung in einer definierten Schrittweite erhöht und es wird geprüft, wann die Laminat- oder Grenzschichtkriterien den erlaubten Maximalwert erreichen. Der Belastungswert wird gespeichert und durch den *Pointer-Optimierungsalgorithmus* [24] wird ein neuer Parametersatz vorgegeben. Der Parametersatz mit dem höchsten Belastungswert stellt das Optimierungsergebnis dar. Es stellt sich heraus, dass eine rein stoffschlüssige Geometrie den höchsten Belastungswert aufzeigt und somit die optimale Gestalt für eine hohe Kraftübertragung ist. Formschlusskombinationen mit Wellenschultern sind dagegen nachteilig für eine hohe Kraftübertragung. Allerdings ist aufgrund der Formschlussgeometrie eine Energieabsorption im Versagensfall möglich. Diese Ergebnisse sind mit den experimentellen Versuchsergebnissen valide (vgl. Abb. 4.5). Auch hier erreichen die stoffschlüssigen Prüfkörper eine höhere Verbindungsfestigkeit als Bauteile mit Formschlussanteil. Dabei tritt das Erstversagen der Prüfkörper jeweils in der Grenzschicht auf. Die verwendeten Prüfkörper besitzen einen Grenzflächendurchmesser von Ø 40 mm. Durch die Energieabsorption der Prüfkörper mit einer formschlüssigen Geometrie eignen sich diese für den Einsatz in Crashstrukturen oder in Anwendungen, wo aufgrund von Sicherheitsbeschränkungen keine rein stoffschlüssigen Verbindungen zulässig sind. Um die Verbindungsfestigkeiten zusätzlich zu erhöhen, wurden verschiedene chemische und mechanische Oberflächenbehandlungen vorgenommen. Es zeigt sich, dass bei stoffschlüssigen Verbindungen eine möglichst raue Oberfläche, die beispielsweise mit einer Arc-Spray-Behandlung erzielt werden kann, vorteilhaft ist und Verbindungsfestigkeiten von bis zu 30 MPa erreichbar sind. Bei Verbindungen mit Formschlussanteil hat sich dagegen eine Strukturierung ähnlich einer Rändelung als vorteilhaft erwiesen.

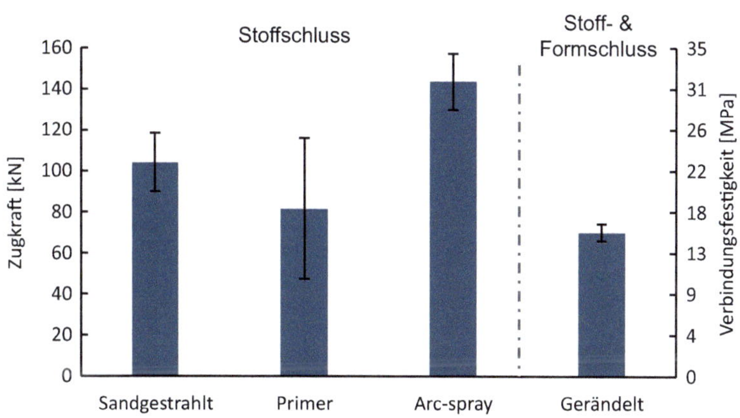

Abb. 4.5 Experimentell ermittelte Verbindungsfestigkeiten von Prüfkörpern mit Stoff- und Formschlussanteil mit unterschiedlichen Oberflächenbehandlungen

4.3.4.3 Preforming von Flechtschläuchen für Formschlussgeometrien

Die in Abschn. 4.3.4.1 vorgestellten Prozessschritte zum monolithischen und hybriden Preforming sind essenziell für die Qualität und Leistungsfähigkeit des späteren Bauteils. Die hybride Preform, welche in das Schleuderwerkzeug eingelegt wird, sollte idealerweise der späteren Bauteilform entsprechen (sog. *near-net shape*). Andernfalls kann es beim Verschließen des Werkzeugs zu Faserfehlorientierungen, Faltenbildung, Gapping, Reinharzbereichen, Trockenstellen/Lufteinschlüssen oder mangelhafter Grenzflächenhaftung zwischen FVK und Metall kommen.

Die notwendigen Prozessschritte, um die metallischen Endstücke mit der Preform zu hybridisieren, sind in Abb. 4.6 dargestellt. Nach dem Fügen der Endstücke in der monolithischen Preform (1) wird der Überlappbereich lokal mittels IR-Strahlern aufgeheizt (2), sodass der Binder aufschmilzt. Anschließend wird der Überlappbereich mittels druckbeaufschlagter Silikonmembranen, welche in einer Formeinheit angeordnet sind, sequenziell drapiert (3). Der radialen Umformung durch die Membranen wird eine axiale Umformung überlagert, um dem Scherverhalten des Textils gerecht zu werden. Realisiert wird die axiale Umformung durch eine Relativbewegung der beiden gegenüberliegenden Formeinheiten. Nach der Drapierung des Überlappbereichs wird der Preform-Bereich zwischen den Endstücken aufgeheizt und ebenfalls gelängt, sodass sich der gewünschte Durchmesser einstellt (4). Die nun entstandene hybride Preform (5) kann anschließend im Schleuderverfahren infiltriert werden [25]

Neben der Entwicklung und dem Aufbau der Prozesskette wurde ein FE-Simulationsmodell für den Drapierprozess aufgebaut. Mit dem FE-Modell lassen sich die Formeinheiten und insbesondere die Geometrie der Silikonmembranen auslegen sowie die notwendigen axialen Verfahrbewegungen ermitteln. Die Preform wird dafür in der kommerziellen FE-Software ABAQUS makroskopisch als eine Überlagerung von Membran- und Schalenelementen modelliert. Die notwendigen textilen Materialparameter wurden mit Hilfe von Picture-Frame-, Cantilever-, Zug- und Reibtests ermittelt [25]. Es konnte gezeigt werden, dass insbesondere der Bereich zwischen den beiden Formhälften entscheidend für die

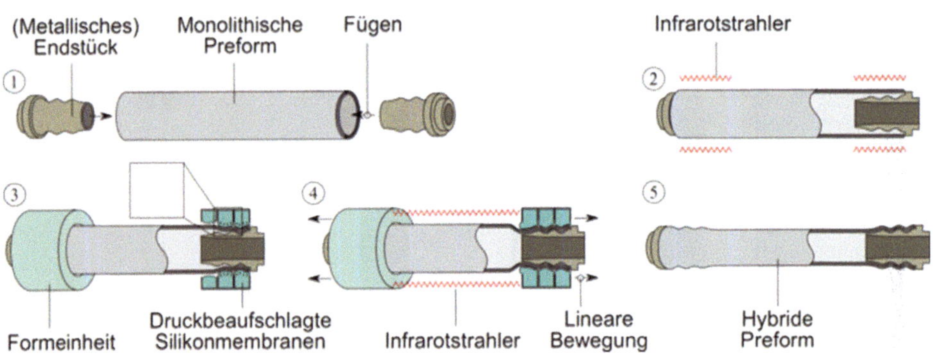

Abb. 4.6 Prozesskette für das hybride Preforming (Übersetzt aus [25])

Drapierqualität ist. Bei fehlerhafter Auslegung der Membran kommt es an dieser Stelle zu Drapierfehlern in Form von Geometrieabweichungen und Faserfehlorientierungen, welche ebenfalls experimentell beobachtet werden können. Die Auslegung der Membranen spielt daher auch in zukünftigen Forschungsarbeiten eine große Rolle.

4.3.4.4 Entlüftungsbohrungen zur porenfreien Laminatherstellung im Schleuderprozess

Bei Überlappverbindungen mit einem innenliegenden, metallischen Lasteinleitungselement müssen Entlüftungsbohrungen im metallischen Einleger vorgesehen werden, da es sonst zum Einschluss von Luft kommt (vgl. Abb. 4.7) Durch einen Lufteinschluss wird sowohl die Qualität in Bezug auf die Steifigkeit und die Festigkeit des Laminats, als auch die Verbindungsfestigkeit zwischen Einleger und Laminat herabgesetzt [26]. Aufgrund der geringen Dichte von Luft im Vergleich zur Matrix strömt die Luft bei wirkender Zentrifugalkraft in Richtung der Rotationsachse.

Daher muss bestimmt werden, wieviele Entlüftungsbohrungen nötig sind, um eine ausreichende Laminatqualität zu erhalten und nach welchem Muster diese Bohrungen anzuordnen sind. Als eine ausreichende Laminatqualität wird hierbei ein Laminat mit einem Porengehalt von unter 2 % angesehen. Diese Grenze entspricht dem Luftfahrtstandard, ab dem Bauteile als Ausschuss klassifiziert werden [27]. Die minimale Anzahl an Entlüftungsbohrungen wird experimentell mit einer Versuchsplanung ermittelt, die an den aus der Informatik bekannten Suchalgorithmus „Binäre Suche“ angelehnt ist. Ausgehend von einem Lasteinleitungselement mit sehr vielen Bohrungen und einem Lasteinleitungselement komplett ohne Entlüftungsbohrungen werden weitere Versuche mit einer Bohrungsanzahl zwischen diesen Ausgangswerten durchgeführt [26]. Ist die Laminatqualität ausreichend, wird die Bohrungsanzahl weiter reduziert, ist die Qualität nicht annehmbar, wird die Anzahl der Bohrungen weiter erhöht. Die Auswertung erfolgt mit einem Zeiss Metrotom 800 Computertomograf und der dazugehörigen CT-Auswertesoftware VGStudio Max. Abb. 4.8 zeigt die Ergebnisse der Versuchsdurchführung.

Wie erwartet, reduziert sich der Porengehalt bei steigender Anzahl an Entlüftungsbohrungen. Es ist ausreichend, eine Bohrungsreihe am direkten Ende der Überlappung vorzusehen. Bei weiteren Validierungsversuchen mit unterschiedlichen Durchmessern konnte

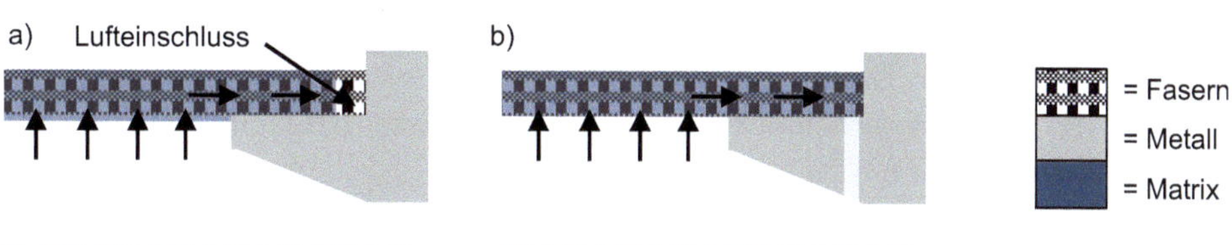

Abb. 4.7 Entlüftungsbohrung zur Verbesserung der Laminatqualität **a**) ohne Bohrung und **b**) mit Bohrung: Kein Lufteinschluss [26]

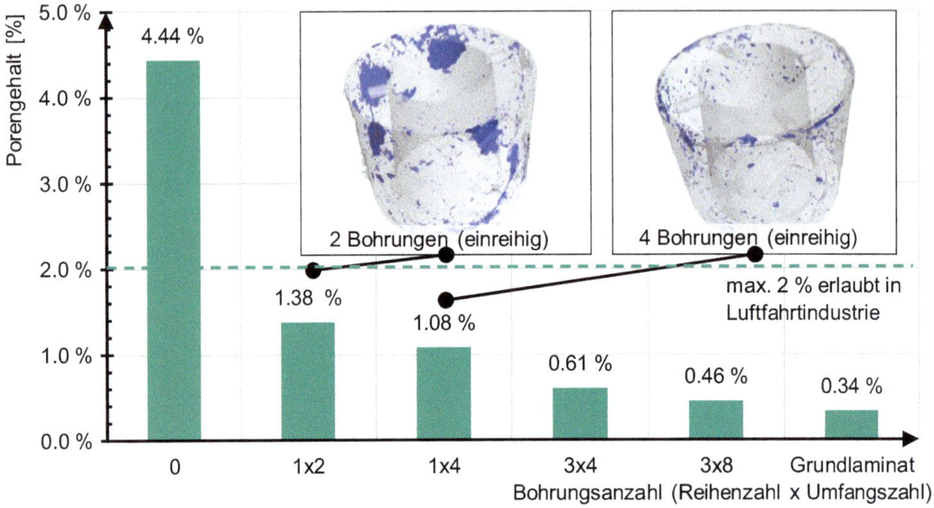

Abb. 4.8 Porenanalyse für Proben mit $d = \varnothing\ 34{,}2$ mm [26]

für den Abstand zwischen zwei Entlüftungsbohrungen über den Umfang eine maximale Bogenlänge von ca. 28 mm für zylindrische Geometrien identifiziert werden. Dagegen sollten die Entlüftungsbohrungen bei polygonförmigen Überlappgeometrien jeweils mit dem geringst möglichen Abstand zur Rotationsachse platziert werden, mit jeweils einer Bohrung pro Kante des Polygons. Der Durchmesser der Bohrung hat keinen Einfluss auf den Porengehalt. Aus strukturmechanischen Gründen sollten deshalb möglichst wenige Bohrungen mit einem möglichst geringen Durchmesser (z. B. 2 mm) vorgesehen werden.

4.3.4.5 Tränkungsmodell für das intrinsische Schleuderverfahren mit Duroplasten

Sollen Schleuderbauteile intrinsisch hybridisiert werden, so erfolgt dies über einen Überlappbereich zwischen Laminatprofil und metallischem Lasteinleitungselement (vgl. Abb. 4.9). Im Vergleich zum Modell nach *Ehleben* muss auch eine axiale Tränkung der duroplastischen Matrix berücksichtigt werden [11]. Der Infiltrationsprozess lässt sich in die vier aufeinander folgenden Phasen radiale Tränkung makroskopisch, radiale Tränkung mikroskopisch, axiale Tränkung makroskopisch und axiale Tränkung mikroskopisch einteilen. Der Tränkungsfortschritt kann so analytisch für jeden Teilschritt eindimensional nach dem Gesetz von Darcy berechnet werden [13]. Dabei ist der Volumenstrom $\dot{V}$ gemäß

$$\dot{V} = -\frac{S_x A_{eff}}{\mu} \frac{\left(p_o - p_i\right)}{L} \tag{4.2}$$

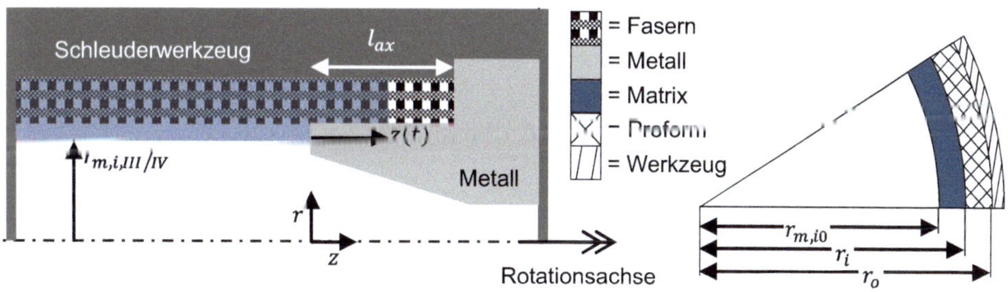

Abb. 4.9 Analytisches Tränkungsmodell für das intrinsische Schleudern nach *Koch* [26]

abhängig von der Permeabilität S_x, der durchströmten Querschnittsfläche A_{eff}, dem Druckunterschied $p_o - p_i$, der Viskosität μ und dem Fließweg L [28]. Der Druck im Schleuderverfahren lässt sich unterteilen in einen Druckanteil, der aufgrund der Zentrifugalkraft wirkt, und einen Druckanteil, der auf Basis der Kapillareffekte auftritt, wobei der Kapillardruck bei den makroskopischen Tränkungsvorgängen vernachlässigt werden kann. Mittels der Navier-Stokes-Gleichung kann so ein Zentrifugalkraft-Druckterm für die makroskopische Tränkung in radialer und axialer Richtung bestimmt werden [26, 29]:

$$'' p_m = \frac{1}{2} \rho_m \omega^2 \left(1 - \vartheta_f\right) \cdot \left(r_o^2 - r_i^2\right) \cdot \left(\frac{l_r + l_{ax}}{l_r + z(t)}\right). \tag{4.3}$$

Der Kapillardruck ist abhängig von der Fließrichtung der Matrix und lässt sich in longitudinale Richtung, entlang der Faser, und transversale Richtung, quer zur Faser, unterteilen [30]. Mittels experimenteller Messung des Faserdurchmessers, der Oberflächenspannung und der Kontaktwinkel zwischen der festen Faser, der Matrix und der Luft lassen sich die Druckanteile bestimmen. Der Druckanteil für den transversalen Kapillardruck beträgt $\Delta p_{ca,\perp} = 0{,}167$ bar [26]. Die Permeabilität ist nach *Gebart* abhängig von der Packungsart der Faserstruktur und der Fließrichtung der Matrix [15]. Es wird zwischen quadratischen und hexagonalen Packungsarten unterschieden. In realen Bauteilanwendungen stellt sich oft ein Mischzustand zwischen diesen Packungsarten ein, sodass eine Mischungsregel angewendet werden kann. Mit mikroskopischem $\vartheta_{f,\,mikro}$ und makroskopischem Faservolumengehalt $\vartheta_{f,\,makro}$ können unter Berücksichtigung der Faserwinkel die Permeabilitäten für die einzelnen Tränkungsschritte bestimmt werden. Die Viskosität der eingesetzten Matrix ist zeit- und temperaturabhängig. Nach dem Vermischen von Harz und Härter kommt es zu einer exothermen Reaktion, und nach einer gewissen Zeitdauer ist die Matrix nicht mehr fließfähig. Die Viskosität fällt mit steigender Anfangstemperatur, die Matrix härtet aber schneller aus. Aufgrund der Herstellung dünnwandiger Bauteile kann die exotherme Reaktion beim Schleuderverfahren vernachlässigt werden, sodass von einer konstanten Viskosität der Matrix nach dem Vermischen ausgegangen wird. Unter Berücksichtigung der diskutierten Einflussparameter lässt sich in der Folge das Tränkungsmodell

$$
\begin{aligned}
t_{ges} &= \sum_{IV}^{i=I} t_i = t_I + t_{II} + t_{III} + t_{IV} \\
&= \int_{r_o}^{r_i} \left[\left(1-\vartheta_{f,makro}\right) \cdot \frac{\mu(t=0)}{S_I \cdot \left|'' p_m (z=0)\right|} \cdot r \cdot \ln\left(\frac{r}{r_i}\right) \right] dr \\
&+ \int_{0}^{r_{aq}} \left[\left(1-\vartheta_{f,mikro}\right) \cdot \frac{\mu(t=0)}{S_{II} \cdot \left(\left|'' p_m (z=0)\right| + \left|'' p_{ca,\perp}\right|\right)} \cdot r \cdot \ln\left(\frac{r}{r_i}\right) \right] dr \\
&+ \int_{l_{ax}}^{0} \left[\frac{\left(1-\vartheta_{f,makro}\right)}{\left(1-\vartheta_{f,gl}\right)} \cdot \frac{\mu(t=0)}{S_{III}(\alpha) \cdot \left(\left|'' p_m (z)\right|\right)} \cdot z \right] dz \\
&+ \int_{0}^{r_{aq}} \left[\left(1-\vartheta_{f,mikro}\right) \cdot \frac{\mu(t=0)}{S_{IV} \cdot \left(\left|'' p_m (z=l_{ax})\right| + \left|'' p_{ca,\perp}\right|\right)} \cdot r \cdot \ln\left(\frac{r}{r_i}\right) \right] dr
\end{aligned}
\tag{4.4}
$$

für die vier aufeinander folgenden Phasen aufstellen und die Tränkungsdauer berechnen. Um das Tränkungsmodell zu validieren, wurde ein statistischer Versuchsplan mit 64 Versuchen erstellt. Auf Basis von Gl. (4.4) für die Tränkungsdauer wurde unter Berücksichtigung der Schwankungen der Eingangsparameter ein Bereich für den Tränkungsfortschritt aufgespannt (vgl. Abb. 4.10) [26]. Bei der experimentellen Versuchsdurchführung wurden identische Faserlagenaufbauten verwendet, und alle Prozessparameter wie Temperatur, Matrixmenge, Umdrehungsgeschwindigkeit etc. wurden konstant gehalten. Nach definierten Zeitschritten wurde der Schleudervorgang unterbrochen und der Tränkungsfortschritt messtechnisch erfasst. Die experimentellen Ergebnisse liegen innerhalb des berechneten Bereichs für den Tränkungsfortschritt und beweisen damit, dass mit dem analytischen Tränkungsmodell verlässliche Tränkungszeiten bestimmt werden können. Zusätzlich

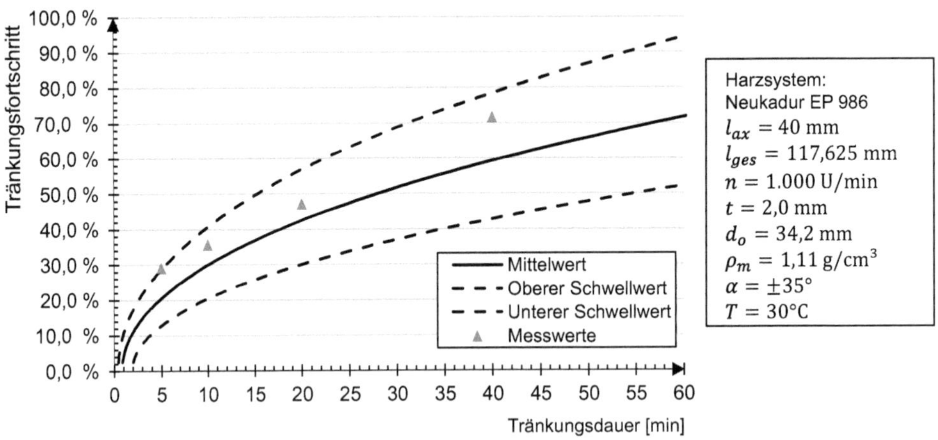

Abb. 4.10 Vergleich zwischen analytischem Tränkungsmodell und realen Schleuderversuchen für vier experimentelle Werte aus dem Versuchsplan [26]

bestätigen die experimentellen Versuche, dass die Tränkungszeit sehr stark von der makroskopischen Tränkung in axialer Richtung abhängig ist und die anderen drei Tränkungsphasen einen geringeren Zeitanteil einnehmen.

4.3.4.6 Schleuderkerne für die Herstellung von nicht-zylindrischen Schleuderbauteilen

Für die Herstellung von Schleuderbauteilen, die nicht-zylindrisch ausgeführt sind, bietet sich die Verwendung eines sogenannten Schleuderkerns an. Wenn Bauteile beispielsweise polygonförmig ausgeführt werden sollen, so kommt es ohne den Einsatz eines Schleuderkerns in den Ecken der Querschnittsgeometrie zu Matrixansammlungen und in den Übergangsflächen zu Trockenstellen (vgl. Abb. 4.11a) [31]. Die Matrixansammlungen verringern den Leichtbaugrad des Bauteils und die Trockenstellen reduzieren Bauteilfestigkeit und -steifigkeit.

Aufgrund der auftretenden Zentrifugalkräfte im Prozess soll sich ein innenliegender Schleuderkern ausdehnen und somit die gleichmäßige Infiltration unterstützen. Er erzeugt eine zusätzliche Kompression auf die flüssige Matrix und erhöht damit den Faservolumenanteil im resultierenden Bauteil. Um einen möglichst hohen Druck auf die Matrix zu erzeugen, sollte der Kern deshalb eine geringe Steifigkeit bei gleichzeitig hoher Dichte besitzen. Für die spätere Entformung darf zusätzlich keine Adhäsion zwischen Kern und Bauteil vorliegen [26, 32]. In Betracht kommen deshalb mit Partikeln oder Fluid gefüllte Blasen, sowie Kerne aus Verbundwerkstoffen. Anhand der Bewertungskriterien einer homogenen Druckverteilung, der Druckhöhe und der Reproduzierbarkeit wird das Konzept der Schleuderkerne aus Verbundwerkstoffen gewählt. Dabei wird auf eine elastomere Kernmatrix aus Silikon und aufgrund der hohen Dichte eine Füllung mit Bleikügelchen gesetzt. Die Geometrie des Kerns hat dabei einen großen Einfluss auf den erzeugten Druck. Auf der einen Seite ist eine hohe Masse vorteilhaft, da diese höhere Zentrifugalkräfte erzeugt, auf der anderen Seite erhöht sich mit steigender Dicke des Kerns auch die Steifigkeit und die Dehnung des Kerns nimmt ab. Bei analytischer Betrachtung der

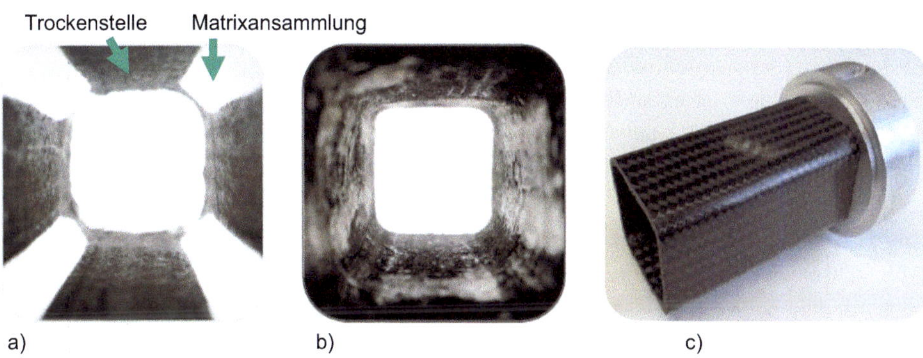

Abb. 4.11 Schleuderbauteilfertigung mit und ohne Schleuderkern **a**) Innenansicht (ohne Kern geschleudert), **b**) Innenansicht (mit Kern geschleudert), **c**) Außenansicht (Übersetzt aus [31])

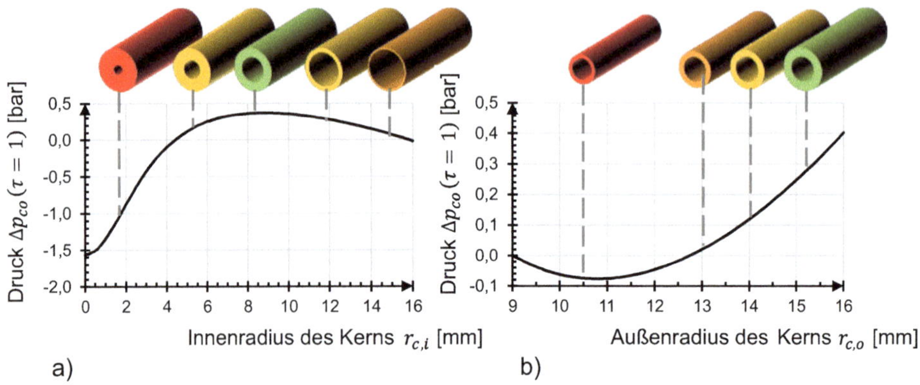

Abb. 4.12 Einfluss von Innenradius **a**) und Außenradius **b**) des Schleuderkerns [26]

Zusammenhänge lässt sich hier ein Optimum für den Innenradius des Kerns finden. Der Außenradius des Kerns sollte möglichst groß gewählt werden, aber noch ausreichend Volumen für die einzugießende Matrix belassen (vgl. Abb. 4.12).

Für polygonförmige Strukturen wurden zudem FE-Berechnungen durchgeführt, um eine optimale Kerngeometrie, die eine homogene Druckverteilung über den Umfang ermöglicht, zu bestimmen. Experimentelle Versuche legen dar, dass durch die Verwendung eines Schleuderkerns der makroskopische Faservolumengehalt signifikant gesteigert werden kann. Messergebnisse zeigen eine Steigerung des makroskopischen Faservolumengehalts von 60 % auf 74 %. Zusätzlich konnten durch polygone Schleuderkerne trockene Stellen und Matrixansammlungen innerhalb der FVK-Struktur vermieden und eine homogene Laminatqualität erzielt werden (vgl. Abb. 4.11b)

4.3.4.7 Realisierbares Bauteilspektrum

Im vorliegenden Kapitel wird auf das bisher mit dem intrinsischen Schleuderverfahren realisierbare Bauteilspektrum eingegangen. In diesem Sinne sind in Abb. 4.13 verschiedene Bauteilkategorien dargestellt. Neben hybriden Schleuderbauteilen mit innenliegenden Lasteinleitungselementen (vgl. Abb. 4.13a–c) wurden auch Bauteile mit außenliegenden Lasteinleitungselementen umgesetzt (vgl. Abb. 4.13d, e). Durch die entwickelte Schleuderkerntechnologie ist es zusätzlich möglich, Bauteile mit einer radial formschlüssigen Gestalt zu fertigen (vgl. Abb. 4.13e). Mit den Schleuderkernen lassen sich darüber hinaus auch komplexe Geometrien mit einem Übergang von einem zylindrischen Profil zu einem rechteckigen Profil fertigen (vgl. Abb. 4.13g). Weiterhin konnten Bauteile für Zug-Druck-Anwendungen mit einer axial formschlüssigen Gestalt realisiert werden (vgl. Abb. 4.13a). Für Crashanwendungen eignen sich zudem vollflächige Armierungen, die auch mit dem Schleuderverfahren umgesetzt werden können (vgl. Abb. 4.13d).

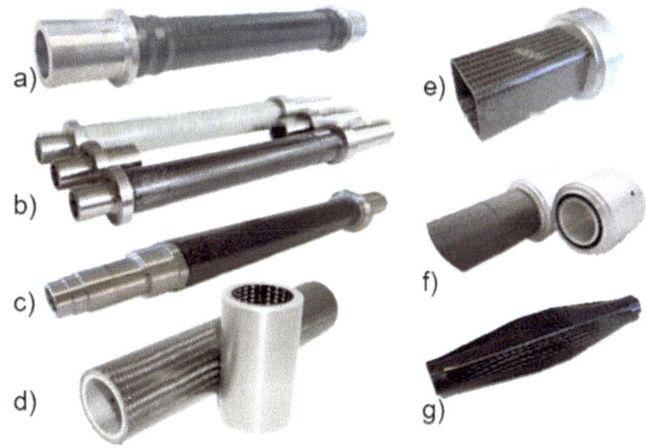

Abb. 4.13 Unterschiedliche Bauteilgeometrien aus dem Schleuderverfahren

4.3.5 Zusammenfassung und Ausblick

Das Schleuderverfahren mit duromeren Matrixsystemen und endlosfaserverstärkten Halbzeugen wurde durch die beschriebenen Forschungsaktivitäten für die intrinsische Hybridisierung befähigt. Anhand des analytischen Tränkungsmodells kann die Infiltrationszeit für verschiedene Bauteilgeometrien zuverlässig berechnet werden. Die Infiltrationszeit ist abhängig von der Bauteilgeometrie, der Umdrehungszahl, der Viskosität der Matrix und der Permeabilität der eingesetzten Faserhalbzeuge. Aufgrund der kurzen Tränkungswege lassen sich Schleuderbauteile bei Einsatz eines reaktiven Matrixsystems innerhalb von wenigen Minuten herstellen. Mit dem entworfenen Entlüftungsbohrungsmuster lässt sich ein Laminat mit weniger als 2 % Porenanteil nach Luftfahrtstandard herstellen. Zudem ist es mit der entwickelten Preformtechnologie möglich, faltenfreie Preforms mit innenliegenden Lasteinleitungselementen für formschlüssige Schleudergeometrien herzustellen. Darüber hinaus lassen sich mit dem vorgestellten numerischen Simulationsmodell optimale Schleudergeometrien bestimmen und Festigkeiten berechnen. Experimentelle Validierungsversuche zeigen eine hohe Güte der entwickelten Tränkungs- und Strukturmodelle. Durch Oberflächenbehandlungen lassen sich die Verbindungsfestigkeiten für Schleuderbauteile weiter steigern, sodass Grenzflächen-festigkeiten zwischen Metall und FVK von bis zu 30 MPa erreicht werden können. Das Bauteilspektrum reicht von axial und radial formschlüssigen Geometrien mit innenliegenden Lasteinleitungselementen über Armierungsbauteile bis hin zu Übergangsgeometrien von zylindrischen zu rechteckigen Geometrien. Für nicht-zylindrische Bauteile kommt hierbei oft die entwickelte Schleuderkerntechnik zum Einsatz, mit der Matrixansammlungen in polygonen Eckgeometrien vermieden werden können.

Um das Schleuderverfahren langfristig zu etablieren, erscheint es lohnend, die Taktzeit weiter zu reduzieren. Hierfür sollte die Anlage mit einem aktiv variotherm temperierten Formwerkzeug ausgestattet werden, um die Aushärtung der Matrixsysteme zu beschleunigen. Des Weiteren muss die Werkzeugtechnik erweitert werden, sodass die automatisierte

Zufuhr und Entnahme der Preforms in ein, in der Schleudermaschine verbleibendes, Werkzeug ermöglicht wird. Darüber hinaus könnte durch ein numerisches Tränkungsmodell der Aushärtegrad bestimmt werden, um eine taktzeitoptimale Entformung zu gewährleisten.

4.4 Intrinsische Thermoplastverbund-Metall-Hohlstrukturen

Daniel BarfußRaik Grützner, Maik GudeFranz HirschMarkus KästnerMichael Müller-PabelRoland Müller and Veit Würfel

4.4.1 Motivation

Das Schlauchblas-Integral- (SBI-)Verfahren stellt ein weiteres effizientes Verfahren zur Herstellung von formschlüssigen FVK-Metall-Profilen dar. Im SBI-Verfahren wird ein FVK-Halbzeug (s. g. Preform) mittels einer Druckmembran bei hohen Temperaturen in ein metallisches Lasteinleitungselement eingeformt. Frühere im SBI-Verfahren hergestellte Leichtbaustrukturen in Mischbauweise wie etwa Hohlwellen aus FVK mit formschlüssig integrierten metallischen Flanschen, Zahnrädern und Radnaben stellen bereits eine erste Stufe intrinsischer Hybride dar (Abb. 4.14) [33]. Auch über Flechtpultrusion hergestellte Profil-Hohlwellen mit konstant profilierten Querschnitten eignen sich für die Übertragung von Torsionslasten und bilden die Basis für ein baukastenartiges Antriebswellensystem. In Kombination mit profilierten Flansch- und Nabenbauteilen sowie Kardanglocken aus kohlenstofffaserverstärkten Epoxidharzen und metallischen Funktionselementen wurden bereits erste Elemente für ein flexibles Hochleistungs-Antriebswellensystem vorgestellt [34]. Die derzeit bekannten Technologieträger für FVK-Halbzeuge auf Basis von Hybridgarnen sind durch begrenzte Faservolumengehalte, hohe fertigungsbedingte Ondulationsgrade sowie hohe Faserschädigungen gekennzeichnet. Die Verwen-

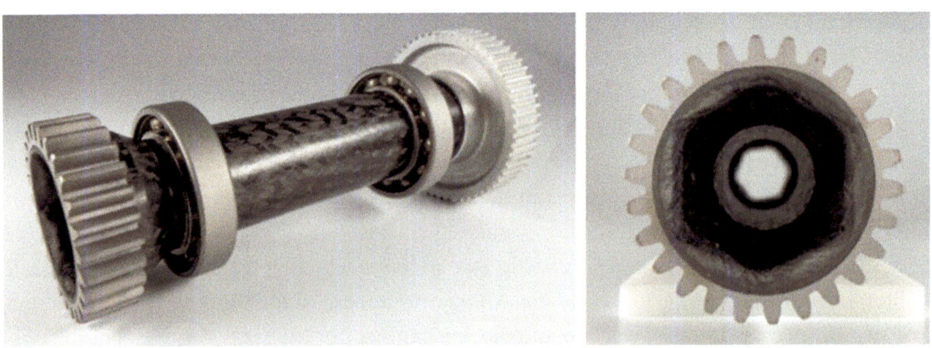

Abb. 4.14 Im Schlauchblas-Integral-Verfahren hergestellte Getriebewelle in Mischbauweise

dung von geflochtenen verstärkten Faser-Thermoplast-Halbzeugen auf Basis von Tapes lässt hier eine Erhöhung der mechanischen Eigenschaften der Verbundstruktur aufgrund höherer Faservolumengehalte, besserer Faserausrichtung und geringerer Faserschädigung erwarten. Weiterhin kann ein Anformen und Konsolidieren einer Preform an metallische Funktionselemente in nur einem einzigen Prozessschritt umgesetzt werden.

Zudem ist bekannt, dass sich die Verbindungsfestigkeit von FVK-Metall-Verbindungen durch eine Mikrostrukturierung der Metalloberfläche erhöhen lässt [33]. Derartige Mikrostrukturierungen können beispielsweise über subtraktive Verfahren wie Laserstrahlverdampfen und Erodieren [35, 36], additive Verfahren wie plasmagestützes Sputtern [37] oder klassische einphasige Umformverfahren realisiert werden [38]. Weiterhin ist ein Vergleich klassischer Verfahren mit einem laserinduzierten Strukturierungsverfahren in Abschn. 3.4.4.2 zu finden.

4.4.2 Zielsetzung und Vorgehensweise

Hybride Hohlprofile können in vielen Industriezweigen eingesetzt und dabei unterschiedlichsten Belastungen ausgesetzt werden. Exemplarisch werden im Folgenden das beschriebene Vorgehen und die vorgestellten Untersuchungen anhand einer Zug-/Druck-Strebe dargestellt. Die hybride Verbindung besteht aus einem Aluminium EN AW-6060 Lasteinleitungselement (LE) und einer kohlenstofffaserverstärkten Polyamid 6 (CF/PA6) Hohlstruktur. Durch eine skalenübergreifende Strukturierung des metallischen Lasteinleitungselementes, wie in Abb. 4.15 dargestellt, wird ein beanspruchungsgerechter Formschluss mit dem FVK-Hohlprofil erzeugt. Die Einteilung der Skalen erfolgt hier anhand der im Formschluss befindlichen Strukturtiefen in eine Makro-, Meso- und Mikroskala.

Im Auslegungsprozess müssen verschiedenste Anforderungen erfüllt werden, welche experimentell oft schwer zu untersuchen oder abzuschätzen sind. Einen geeigneten Lösungsansatz stellt hierbei eine numerische Analyse auf Basis der FEM dar. Es müssen Fragestellungen auf den unterschiedlichen Skalenebenen beantwortet werden, wodurch es im Allgemeinen nicht sinnvoll ist, ein einziges Simulationsmodell mit allen Details zu entwickeln. Vielmehr sind geeignete Teilmodelle zu erstellen, wobei der Fokus und auch der

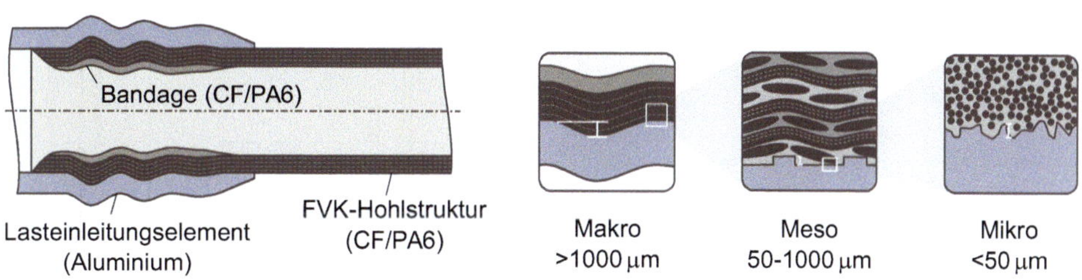

Abb. 4.15 FVK-Metall-Konturverbindung mit skalenübergreifend strukturiertem Lasteinleitungselement nach [39–41]

gewählte Modellierungsansatz auf die individuelle Zielstellung angepasst werden müssen. In [42] ist eine Übersicht für verschiedene FE-Modelle zur Auslegung der Zug-/Druck-Strebe dargestellt, deren Fragestellung einer definierten Längenskala oder der Strukturbewertung bzw. Prozessanalyse zuzuordnen sind. Weiterhin befinden sich detaillierte Aspekte der Gestaltung und Auslegung auf den verschiedenen Skalenebene in Abschn. 4.4.3.

Neben der Auslegung der Zug-/Druck-Strebe und des SBI-Prozesses liegt der Fokus auf der kompletten Prozessgestaltung – beginnend mit dem Tape- und Aluminium-Ausgangsmaterial bis hin zum final gefügten Bauteil. Dazu wird das SBI-Verfahren mit einem neuartigen – zum Patent [43] angemeldeten – zweiphasigen Hydro-Umformverfahren kombiniert und somit ein hohes technisch-technologisches Innovationspotenzial für Leichtbautragstrukturen erschlossen. Das Prozessschaubild für den intrinsischen Fertigungsablauf der Zug-/Druck-Strebe ist in Abb. 4.16 dargestellt. Es laufen parallel zwei Fertigungsschritte für das FVK- und das metallische Halbzeug, die anschließend im Schlauchblasverfahren intrinsisch gefügt werden. Auf die einzelnen Prozessschritte des Tapeflechtens, Hydroformens und Schlauchblasens wird in Abschn. 4.4.4 näher eingegangen.

4.4.3 Gestaltung von Konturverbindungen mit mehrskaliger Strukturierung

Die primären Ziele bei der Gestaltung der Konturverbindung liegen zum einen auf der Maximierung der ertragbaren Zug-/Drucklasten und zum anderen auf der Integrierbarkeit in den Herstellungsprozess. Die in Abb. 4.15 dargestellte mehrskalige Strukturierung ermöglicht es, Synergieeffekte zwischen Makro-, Meso- und Mikroskala zu erzeugen. Auf der Makroskala generiert eine Profilierung des LE-Elementes eine formschlüssige Verbindung, welche hauptsächlich durch die Anzahl und Tiefe der Hinterschnitte bestimmt ist. Die faserverbundgerechte Gestaltung des metallischen Fügepartners durch eine Gradie-

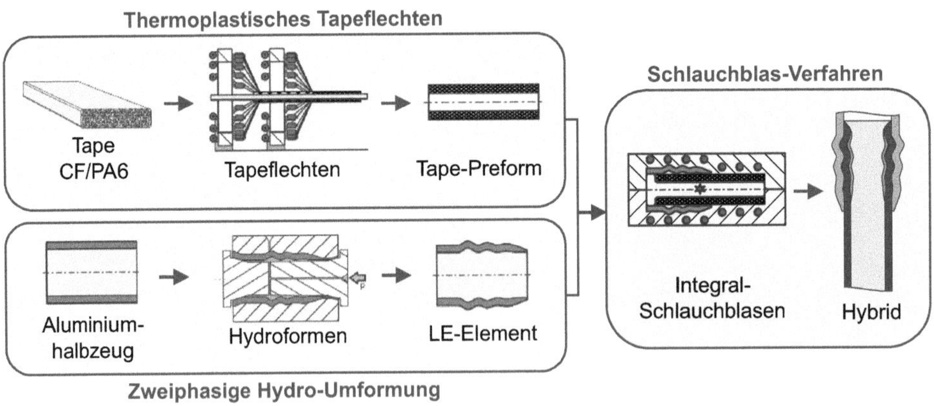

Abb. 4.16 Fertigungsablauf zur Herstellung intrinsischer Konturverbindungen auf Thermoplastverbundbasis nach [44]

rung der Kontur sorgt dabei für eine homogenere Lastübertragung. Versagen der Verbindung tritt häufig durch verstärkte Kontraktion des FVK-Profils und lokale Grenzflächenablösung zwischen FVK und Metall auf. Während eine kontraktionsbehindernde Stützbandage ein komplettes Strukturversagen verhindert, kann die makroskopische Grenzflächenfestigkeit durch die Formschlussgebung auf der Mesoskala erhöht werden. Auf der Mesoskala erlauben angepasste Formelemente eine direkte Interaktion zwischen Metall und Tapegeflecht. Auf der Mikroskala kann durch eine Strukturierung der Oberflächen, z. B. im Rahmen einer der eingangs erwähnten Oberflächenvorbehandlungen, die lokale Grenzflächenfestigkeit erhöht werden. Unterschiedliche Ansätze zur Gestaltung und Auslegung der hinterschnittigen Konturen auf den einzelnen Skalenebenen werden in den nachfolgenden Abschnitten vorgestellt und diskutiert.

4.4.3.1 Konturverbindung auf der Makroskala

Die Makroskala mit Strukturtiefen über 1000µm stellt die primäre Skala zur Erzeugung des Formschlusses zwischen LE-Element und FVK-Welle dar. Vor dem Hintergrund, dass das Konzept der mehrskaligen Strukturierung anhand einer Zug-/Druck-Strebe untersucht werden soll, ist eine axiale Wellenstruktur der Verbindungszone vorteilhaft. Einerseits wird der Formschluss in Belastungsrichtung orientiert und andererseits erlaubt eine geeignete Wellenlänge die fasergerechte Gestaltung der Verbindung mit geringer Faserumlenkung. Nachteilig kann sich die Wellenstruktur jedoch in Bezug auf den FVK auswirken und zu verringerten mechanischen Kennwerten führen, da bei Belastung Biegespannungen im FVK induziert werden. Daher ist es notwendig, die Auswirkungen des komplexen Zusammenspiels von Materialpaarung und Konturgeometrie auf das Versagensverhalten während der Entwicklungsphase zu berücksichtigen.

Anhand eines parametrisierten FE-Modells ist es möglich, den Einfluss der Makrokontur auf das Versagensverhalten des Faserverbundes und der Grenzschicht zu untersuchen und im Rahmen einer numerischen Parameterstudie zu optimieren. Das exemplarische Grundmodell ist in Abb. 4.17 dargestellt.

Auf Basis der Untersuchungen von Ulbricht [45] kann eine rund-trapezoidförmige Gestalt der Makrokontur als besonders geeignet identifiziert werden. Die Konturgeometrie wird dabei über den Verrundungsradius, den Flankenwinkel und die Tiefe der Hinterschnitte und deren Anzahl vollständig beschrieben. Um im Zuglastfall eine übermäßige

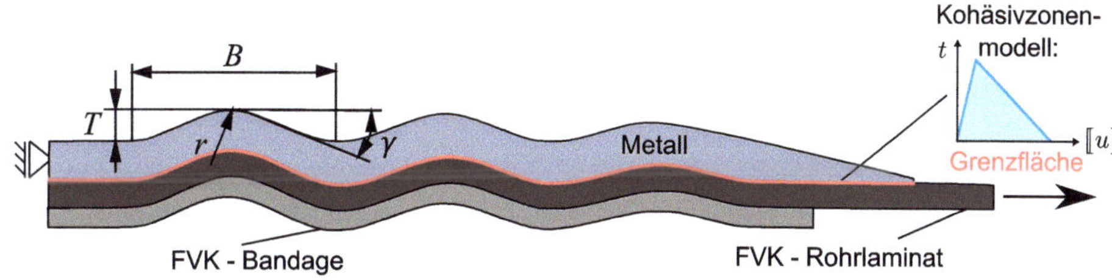

Abb. 4.17 FE-Modell und die zu optimierenden Parameter der Makrokontur

Kontraktion der FVK-Struktur und den Verlust des Formschlusses zu verhindern, wird zusätzlich eine in Umfangsrichtung versteifend wirkende Bandage eingebracht, die ebenfalls parametrisiert ist. Die Notwendigkeit einer solchen Stützstruktur wird hier vorweggenommen und begründet sich auf experimentellen Untersuchungen wie sie in Abschn. 4.4.5 diskutiert werden. Der Einfluss möglicher Mikro- sowie Mesostrukturierungen wird an dieser Stelle vereinfachend mittels einer Kohäsivzonenmodellierung zwischen Metall und FVK berücksichtigt. Die Eigenschaften der Kohäsivzone sind hierbei simulativ anhand von Bauteilversuchen der Strebe anzupassen oder direkt über standardisierte Prüfkörper, wie z. B. dem Double-Cantilever Beam (DCB) oder dem End-Notched Flexure (ENF) Prüfkörper zu bestimmen. Die zur Berechnung notwendigen Werkstoffeigenschaften für das richtungsabhängige Verformungsverhalten des FVK wurden anhand von Zug-, Druck- und Schubversuchen in Faserrichtung und quer dazu ermittelt. Weitere Werkstoffkennwerte lassen sich von Literaturdaten [46] oder mittels Berechnungen nach Huang [47] ableiten [39]. Die effektiven Verbundeigenschaften werden mittels eines Homogenisierungsansatzes bestimmt, wobei die Ondulation der Tapes nach [48] berücksichtigt wird.

Um vorbeugend fertigungsbedingte Eigenspannungen zu reduzieren und die axialen Steifigkeiten des FVK und des Aluminium-LE-Elementes aneinander anzugleichen, wird ein Laminataufbau mit einer Schichtfolge von $[\pm30°_2/0°_7/\pm30°_2]$ gewählt. Zusätzlich wird eine $\pm70°_5$ umfangsversteifende geflochtene Bandage in den Bereich der Konturverbindung eingebracht, um das Ablösen aus den Strukturierungen zu unterbinden [39].

Zur Beurteilung des Verbundversagens kommt das phänomenologische Festigkeitskriterium nach Cuntze [49] zur Anwendung. Dabei wurden stets drei Versagensmechanismen betrachtet: Zwischenfaserbruch (Zfb), Ablösung der Grenzschicht und Faserbruch (Fb). Die numerischen Untersuchungen zeigen ein komplexes Zusammenspiel der einzelnen Konturparameter, weswegen mittels der Methode der statistischen Versuchsplanung ein Wirkungsflächenmodell (engl.: response surface model – RSM) zum Einsatz kommt. Somit können die Haupteffekte einzelner Parameter sowie die Wechselwirkung einzelner Haupteffekte berücksichtigt werden. Damit lassen sich Parametereffektdiagramme, wie das in Abb. 4.18 für das Versagen der Grenzschicht dargestellte, ableiten und für generelle Gestaltungshinweise nutzen.

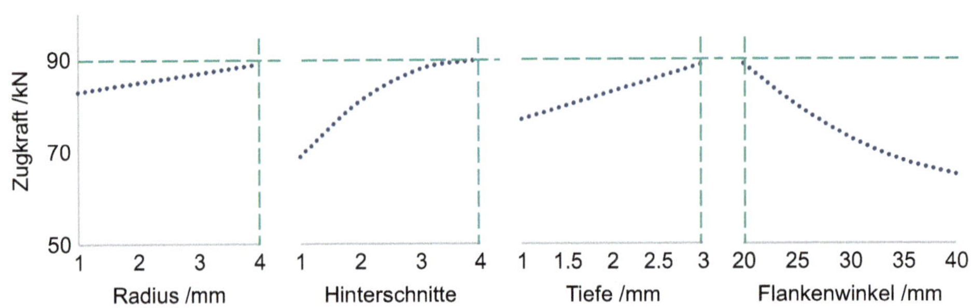

Abb. 4.18 Exemplarische Parametereffektdiagramme für das Ablösen der Grenzschicht in Abhängigkeit von den geometrischen Parametern

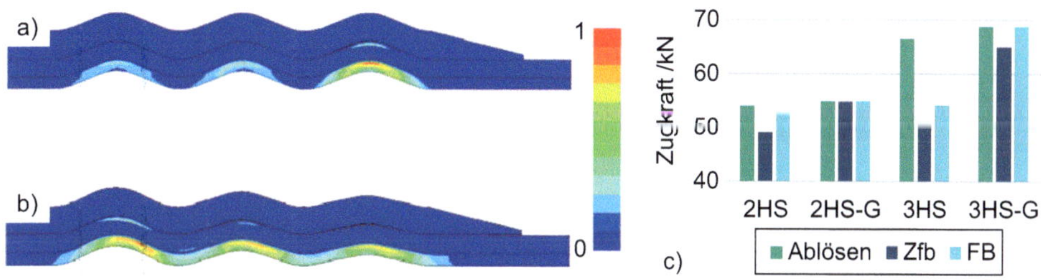

Abb. 4.19 Werkstoffanstrengung gegen Faserbruch nach Cuntze einer Makrokontur mit drei Hinterschnitten **a**) ohne und **b**) mit Gradierung, **c**) Einfluss der Gradierung auf Ablösen der Grenzschicht, Zwischenfaserbruch (Zfb) und Faserbruch (Fb) für zwei und drei Hinterschnitte (HS), ohne und mit Gradierung (G)

Daraus folgt, dass die Hinterschnittzahl von bis zu vier, damit einhergehend auch die Erhöhung der Überlapplänge der Verbindung, sowie der Flankenwinkel einen großen Einfluss auf die maximal ertragbare Zugkraft haben. Die Tiefe der Hinterschnitte und der Radius der Kontur sind jedoch weniger relevant.

Ähnlich zu den Wirkzusammenhängen von Schraubenverbindungen, erfolgt die Kraftübertragung bei identischer Geometrie der Hinterschnitte primär über die vordersten Hinterschnitte. Die gradierte Ausführung einzelner Hinterschnitte über eine variable Hinterschnitttiefe erlaubt es, eine homogenere Lasteinleitung in die Makrokontur zu erzielen. Der Einfluss optimierter Gradierungen für Makrokonturen mit zwei und drei Hinterschnitten ist in Abb. 4.19 dargestellt. Mit steigender Anzahl an Hinterschnitten und der damit verbundenen erhöhten Überlapplänge steigt der positive Einfluss der Gradierung und die damit übertragbaren Kräfte durch eine bessere Verteilung der Werkstoffanstrengung, vor allem die Widerstände gegen Zfb und Fb der Bandage.

4.4.3.2 Konturverbindung auf der Mesoskala

Analog zur makroskopischen Kontur werden auf der Mesoskala verschiedene Formelemente hinsichtlich Herstellbarkeit und Tragverhalten untersucht. Charakteristische Strukturtiefen dieser Skala liegen im Bereich von 50–1000µm und haben das Ziel, eine direkte Interaktion zwischen Formelementen und Flechtarchitektur zu erzeugen. Dabei werden drei geeignete Designs von Mesostrukturen realisiert. Die umlaufende Ringnutstruktur in Abb. 4.20a ist die konsequente Weiterführung des makroskopischen Profils und induziert im Laminat Wellen auf der Mesoskala, wobei die Hinterschneidungen – und damit die Verzahnung des Laminats – in Belastungsrichtung orientiert sind. Eine weitere Mesostrukturierung stellt die Rautenstruktur in Abb. 4.20b dar. Die Breite und der Flankenwinkel der Rauten sind auf die 3 mm Tape-Breite und die Flechtwinkel der äußeren ±30° Lagen des FVK-Bauteils abgestimmt, sodass sich einzelne Tapes in die Zwischenräume legen können.

Deutlich feiner gestaltet sich die letzte Mesostruktur in Abb. 4.20c. Die Strukturierung besteht aus dicht zusammenstehenden Pyramidenelementen, die während des Hybridisierungsprozesses entweder zwischen oder direkt in die Tapes eindringen sollen. Die Abmes-

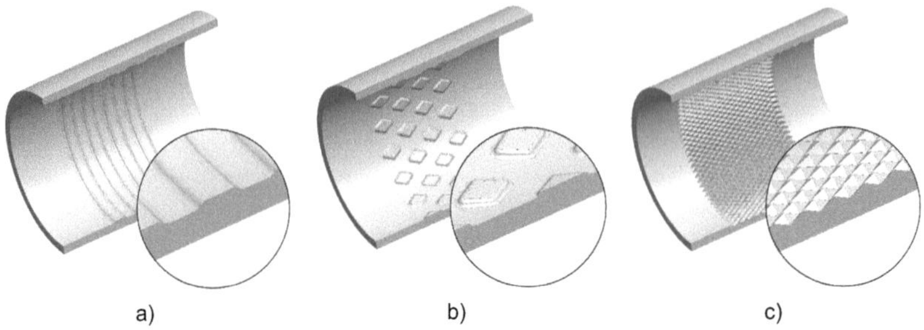

Abb. 4.20 Mesostruktur-Entwürfe: **a**) Ringnutstruktur, **b**) Rautenstruktur, **c**) Pyramidenstruktur

sungen und Winkel sind so ausgelegt, dass einzelne Rovingbündel mit den Hinterschnitten interagieren.

Für eine zielgerichtete Gestaltung der Mesostrukturen werden anhand von numerischen Parameterstudien an einem 45° Rohr-Segment mit zyklischen Randbedingungen und reibungsbasierter Kontaktmodellierung wesentliche Zusammenhänge zwischen den geometrischen Parametern der Formschlusselemente, den Materialeigenschaften der Fügepartner und dem Versagen der Verbindung bei maximaler Kraftübertragung analysiert. Zur Berechnung der Beanspruchungen in den einzelnen FVK-Lagen kommt eine Modellierungsstrategie aus kombinierter Stacked-Shell- und Layered-Shell-Methode zur Abbildung des Lagenaufbaus zum Einsatz. Mit der Beschreibung des Laminataufbaus durch Thick-Shell-Elemente mit zwei Integrationspunkten in Dickenrichtung reduziert sich der Modellierungs- und Berechnungsaufwand. Im verwendeten Materialmodell wird jedem Integrationspunkt eine Materialeigenschaft unter einem definierten Vorzugswinkel zur Berücksichtigung der Faserorientierung zugewiesen. Zusätzlich wird die Degradationstheorie nach *Matzenmiller* [50] berücksichtigt, welche zur kontinuierlichen Abnahme der Steifigkeitseigenschaften führen. Das verwendete Versagenskriterium von *Chang-Chang* [51], welches auf dem Kriterium von *Hashin* [52] basiert, unterscheidet zwischen den Versagensformen Faserdruck und -zug sowie Matrixdruck und -zug. Interlaminares Versagen zwischen den Einzelschichten wird dabei nicht erfasst, wodurch das Versagen aufgrund von Delamination nicht beschrieben werden kann. Der metallische Fügepartner wird über Solid-Elemente mit elastisch-plastischem Materialverhalten abgebildet. Abb. 4.21 zeigt exemplarisch das Basismodell der Meso-Ringnutstruktur, welche durch die Parameter Breite B und Formschlusshöhe H sowie die Kantenradien R beschrieben wird.

Die Ergebnisse sind in Abb. 4.22 dargestellt und zeigen einen signifikanten Einfluss der Kantenradien sowohl auf die Verbindungssteifigkeit und die übertragbaren Kräfte als auch auf das Versagen im Faserverbund. Mit kleinen Radien lässt sich eine hohe Materialausnutzung durch die Überlagerung von lokaler Faserschädigung und plastischer Deformation im Aluminium erzielen. Mit Vergrößerung der Radien versagt die Verbindung durch Verringerung des tragenden Formschlussanteils ohne Komplettversagen im Faserverbund. Erst im weiteren Auszug kommt es in den umfangsversteifenden Bandagen zum Druckversagen von Faser und Matrix.

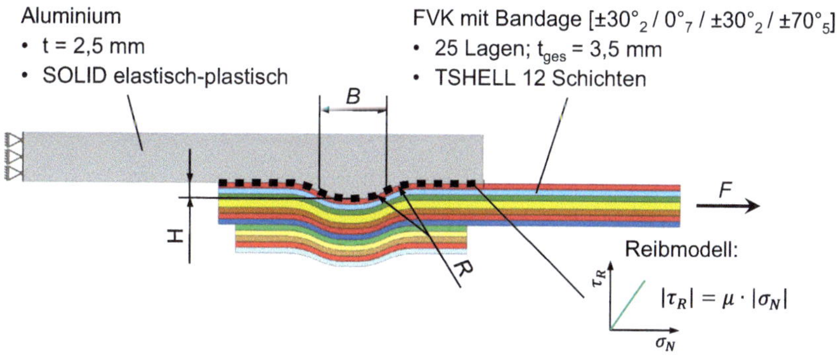

Abb. 4.21 FE-Modell der Verbindung mit Meso-Ringnutstruktur und Formschlussparametern

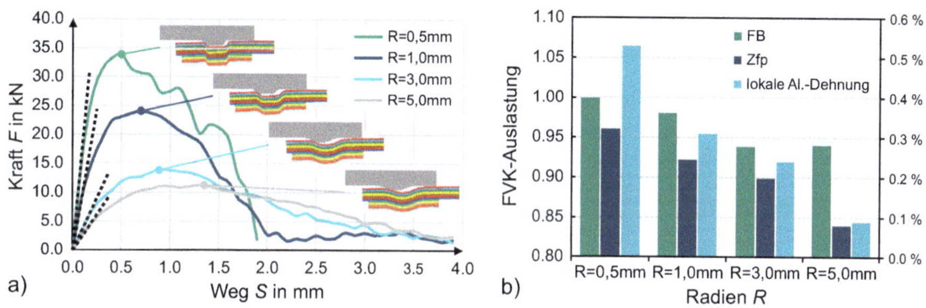

Abb. 4.22 Meso-Ringnutstruktur: **a**) Kraft-Weg-Kurven bei einer Formschlusshöhe H = 0,8 mm und **b**) Versagenskriterium nach *Chang-Chang* [51] im Faserverbund sowie lokale plastische Dehnung $\varepsilon_{\mathrm{pl}}$ im Aluminium bei Maximalkraft $F_{\max}$ für verschiedene Radien R

Neben den Kantenradien wird die Kraftübertragung maßgeblich durch die Höhe des Formschlusses beeinflusst. In Abb. 4.23a ist der annähernd lineare Zusammenhang von Formschlusshöhe und maximaler Kraft für die untersuchten Radien dargestellt. Von einer Minimalhöhe ausgehend, bestimmt die Größe der Radien den Kurvenanstieg. Generell lassen sich mit kleinen Radien höhere Kräfte übertragen, wobei dieser Effekt mit steigender Formschlusshöhe stärker ausgeprägt ist.

In Interpretation der Ergebnisse für eine Ringnut erfolgt die Ermittlung einer Laststeigerung durch Erhöhung der Ringnutanzahl. Die Abb. 4.23b zeigt die Maximalkäfte und die auf die Fläche des Verbindungsbereichs bezogenen Schubspannungen für eine steigende Anzahl von Ringnuten. Eine Verdopplung auf zwei Ringnuten erhöht die übertragbare Kraft um 58 %. Mit Vervierfachung steigt diese um 190 %. Demgegenüber lassen sich die maximal übertragbaren Schubspannungen mit steigender Ringnutanzahl bei gleichzeitiger Vergrößerung der Verbindungsfläche kaum erhöhen.

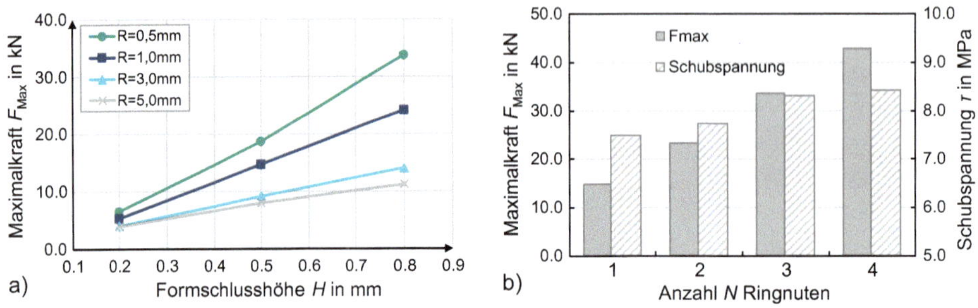

Abb. 4.23 Meso-Ringnutstruktur: **a**) Maximalkraft F_{Max} in Korrelation zur Formschlusshöhe H für verschiedene Radien R und **b**) Maximalkraft F_{Max} sowie auf den Verbindungsbereich bezogene Schubspannung τ in Abhängigkeit von der Anzahl N der Ringnuten im Verbindungsbereich bei einer Formschlusshöhe $H = 0{,}5$ mm und Radien $R = 1{,}0$ mm

4.4.3.3 Konturverbindung auf der Mikroskala

Die kleinste zu untersuchende Skalenebene stellt die Mikroskala mit Strukturtiefe kleiner 50µm dar. Die Kenntnis des genauen Zusammenhangs zwischen Oberflächengeometrie und Versagensverhalten ermöglicht eine gezielte Anpassung, um ein optimales Tragverhalten zu erzielen. In diesem Zusammenhang wurde von Hirsch et al. [53, 54] eine mehrskalige Modellierungsstrategie entwickelt, um Einflüsse der Oberflächenstrukturierung auf das Versagensverhalten numerisch zu untersuchen. Die entsprechenden Simulationsergebnisse gewähren Einblicke in die primären Versagensphänomene und verbessern somit das Verständnis des Ablösevorgangs.

In diesem Zusammenhang wird eine generische Polymer-Aluminium-Kombination in Anlehnung an eine PA6-Aluminium-Paarung betrachtet. Das in Abb. 4.24 dargestellte Mikroskalenmodell besteht aus einem repräsentativen Volumenelement, in dem neben einer exemplarischen faserverstärkten Polymer- und Metallphase die Oberflächenkontur explizit aufgelöst wird. Die Anwendung eines numerischen Homogenisierungsansatzes erlaubt dabei die Extraktion effektiver Grenzflächeneigenschaften. Der thermoplastische Matrixwerkstoff ist durch ein duktiles Polymerverhalten mit ausgedehntem Fließbereich und plötzlichem kohäsiven Versagen gekennzeichnet und wird mittels eines Plastizitätsmodells in Verbindung mit einem Gradientenschädigungsmodell beschrieben [54], während das adhäsive Versagen der Grenzschicht durch ein bilineares Kohäsivzonenmodell [55] abgebildet wird. Da der Fall einer sehr geringen Adhäsionsfestigkeit untersucht werden soll, wurde für diese Grenzfläche eine um 20 % verringerte Festigkeit im Vergleich zur Faser-Matrix-Grenzfläche bzw. um 50 % im Vergleich zur Polymerfestigkeit gewählt. Das Verbindungsverhalten wird für verschiedene zufällig höhenverteilte Profile mit variablem Rauheitsverhältnis R_q/l_{ACF} untersucht, wobei dieser charakteristische Kennwert auf dem variablen quadratischen Mittelrauhwert R_q und der festen Korrelationslänge l_{ACF} basiert.

Es wurden für verschiedene Rauheiten jeweils fünf Realisierungen der Mikrostruktur unter Zug virtuell bis zum Versagen belastet und anschließend die effektive Festigkeit t_c ausgewertet. Die Ergebnisse zeigen eine signifikante Beeinflussung der effektiven Eigen-

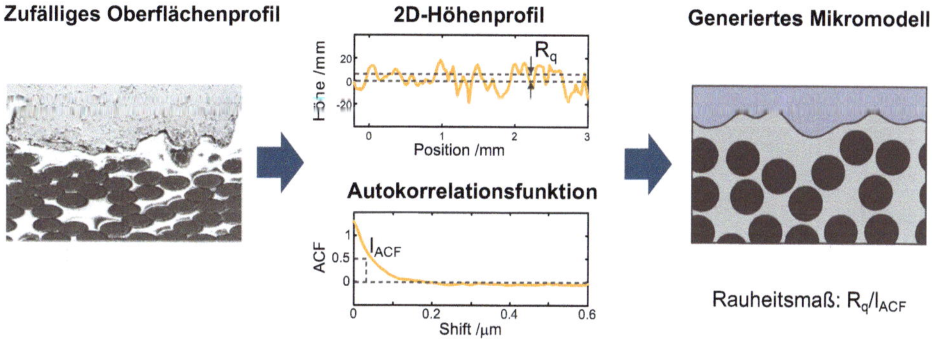

Abb. 4.24 Vorgehen zur Parameterbestimmung einer zu den gemessenen Oberflächen äquivalenten Geometriebeschreibung

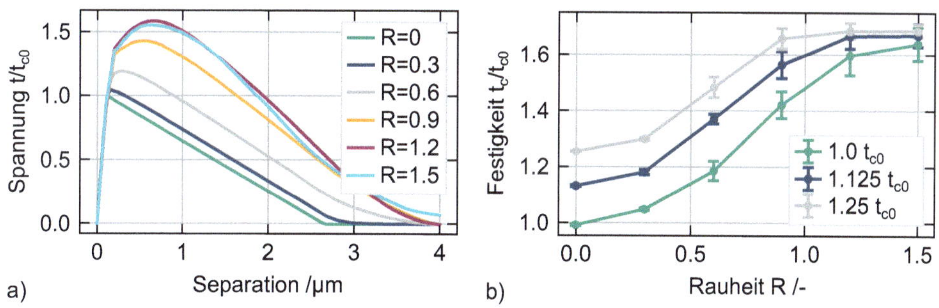

Abb. 4.25 Effektive Grenzflächeneigenschaft aus Mikrosimulation normiert auf die Eigenschaften einer ideal glatten Grenzschicht: **a**) Mittlere Spannungs-Separations-Kurven für verschiedene Rauheiten und **b**) mittlere Festigkeit in Abhängigkeit von der Oberflächenrauheit für verschiedene Grundfestigkeiten der Grenzfläche

schaften durch die Interaktion der lokalen Versagensphänomene. Die effektiven Spannungs-Separations-Verläufe sind in Abb. 4.25a dargestellt. Durch die schwache Anbindung versagt die Grenzfläche bei niedrigen Rauheitswerten rein adhäsiv ohne Initiierung der Polymerschädigung. In diesem Bereich können große Steifigkeitsunterschiede der anhaftenden Materialpartner einen erheblichen Einfluss haben, was z. B. in einer Studie in [56, 57] untersucht wurde. Mit zunehmender Rauheit lässt sich die Anbindungsfestigkeit jedoch deutlich steigern, und es ist ein Wechsel des primären Versagensmechanismus zu beobachten. Der Spannungs-Separations-Verlauf wird deutlich nichtlinearer, was auf den Übergang von rein adhäsivem Versagen zu kohäsivem Versagen des FVK zurückzuführen ist.

Dies zeigt sich auch in Abb. 4.25b, in der normiert die effektiven Festigkeiten über der Grenzflächenrauheit aufgetragen wurden. Mit zunehmender Rauheit ($R > 1{,}0$) stellt sich für die erreichbare effektive Festigkeit eine Obergrenze ein, die durch den Übergang von adhäsivem zu kohäsivem Versagen und die Festigkeit des FVK bestimmt ist. In diesem Sinne wurden die Simulationen mit erhöhten Grundfestigkeiten der Grenzschicht wieder-

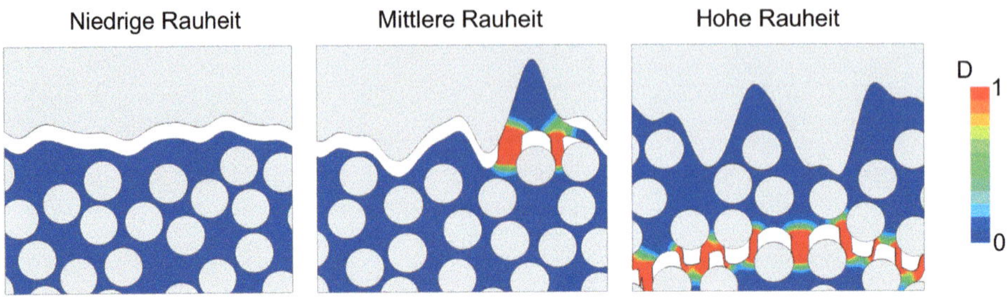

Abb. 4.26 Vergleich der typischen Versagensphänomene bei unterschiedlicher Rauheit: Rein adhäsives Versagen bei geringer Rauheit (erkennbar an Grenzflächenseparation), adhäsiv-kohäsives Versagen an der Grenzfläche bei mittlerer Rauheit (Polymer-Schädigungsvariable D) und reinem Kohäsivversagen bei hoher Rauheit

holt (Faktor 1,125 und 1,25), sodass früher Kohäsivversagen auftritt und die genannte Plateaubildung bereits bei $R = 0{,}9$ ersichtlich wird. Dieses Verhalten ist in Abb. 4.26 für eine Auswahl an Geometrievarianten und Verteilungen von adhäsivem Versagen der Grenzschicht (Separation der Materialgrenze) und kohäsivem Versagen des Polymers (Matrixschädigung D) dargestellt. Je höher der Anteil von Bereichen mit kohäsivem Versagensmode (Polymerversagen, Versagen Fasergrenzschicht) ist, desto höher sind die zu erwartenden effektiven Festigkeiten. Während bei mittleren Rauheiten die Schädigungslokalisierung noch direkt an der Grenzfläche stattfindet, verschiebt sich diese bei hohen Rauheiten von der Grenzfläche weg in den FVK und erlaubt keine weitere Festigkeitssteigerung durch Grenzflächenmodifikationen.

Durch die Simulation des Grenzflächenversagens in diesem Abschnitt wird gezeigt, dass eine Oberflächenstrukturierung einem verfrühten Ablösen von schwachen Materialverbindungen entgegenwirken kann. Dabei ist neben einer vergrößerten Haftzone der Übergang von rein adhäsivem zu kohäsivem Versagen der primäre Mechanismus, welcher zu einer Festigkeitssteigerung führt. Generell sind durchgängig strukturierte Konturgeometrien den Varianten mit unstrukturierten Zwischenbereichen vorzuziehen, um den Struktureinfluss optimal auszunutzen. Weiterhin können große Steifigkeitsunterschiede der angrenzenden Materialien ein Ablösen begünstigen und sollten daher möglichst gering gehalten werden.

4.4.4 Intrinsische Fertigung

Der Fertigungsablauf der generischen Zug-/Druckstrebe besteht aus zwei Fertigungssträngen – jeweils für das Aluminium- und das FVK-Halbzeug –, die in einem nachgelagerten intrinsischen Prozessschritt zusammenlaufen (vgl. Abb. 4.16). Im ersten Fertigungsstrang werden vorkonsolidierte, unidirektional verstärkte Faser-Thermoplast-Halbzeuge im Tape-Flechtverfahren [58] zu geflochtenen Tape-Preforms verarbeitet. Im zweiten Fertigungsstrang werden Aluminium-Strangpressprofile in einem zweistufigen Umformprozess mesoskopisch und makroskopisch oberflächenstrukturiert. Im anschließenden SBI-Verfahren werden die Tape-Preforms als Hohlprofil konsolidiert und dabei im Verbindungsbereich lokal in die hinterschnittigen Innenkonturen des metallischen LE-Elementes eingeformt. Auf die einzelnen Prozessschritte des Tapeflechtens, Hydroformens und Schlauchblasens wird nachfolgend näher eingegangen.

4.4.4.1 Thermoplastisches Tape-Flechten

Zur Verbesserung des Tragverhaltens der Verbindung, sowie zur Reduzierung der notwendigen Prozesszeiten gegenüber Hybridgarnsystemen, stehen vorkonsolidierte unidirektional faserverstärkte thermoplastische Tapes im Fokus der Anwendung. Vollständig imprägnierte Tapes ermöglichen das Einsparen der herausfordernden und zeitaufwändigen Imprägnierung der Verstärkungsfasern mit der thermoplastischen Matrix, wodurch ein hohes Potenzial zur Reduktion der Prozesszeit gegeben ist. Eine Vorhersage des Aufwandes im späteren Konsolidierprozess kann über die Vorhersage der Imprägnierzeit verschiedener hybrider textiler Halbzeuge aus Polymer und Verstärkungsfasern getroffen werden. Zur Analyse der notwendigen Imprägnierungszeit von Kohlenstofffasern als Verstärkungsfasern und PA6 als Matrixmaterial mit einer Schmelzviskosität von 200 Pa s nutzte Garthaus [8] das Darcy-Gesetz für verschiedene textile Halbzeugtypen. Die resultierende Imprägnierzeit bei 8 bar Konsolidierungsdruck variiert von 0 s für Tapes bis hin zu 14,3 s für nebeneinander angeordnete Hybridgarnsysteme (Abb. 4.27).

Dies zeigt den Vorteil von vorimprägnierten Halbzeugen gegenüber Hybridgarnsystemen hinsichtlich der Reduktion der Prozesszeiten. Weiterhin weisen die Tapes im Anlieferungszustand eine hohe Imprägnierungsqualität, eine sehr gleichmäßige Verteilung der Verstärkungsfasern und hohe Faservolumenanteile auf, was sich positiv auf die erreichbare Qualität des FVK und die mechanischen Struktureigenschaften der Verbindung auswirkt. Als Tapematerial kommt das *Celanese, CF/PA6 Celstran® CFR-TP PA6 CF60-03* zum Einsatz. Die hohe Qualität des verwendeten Tapematerials ist anhand des Querschliffs in Abb. 4.28 erkennbar. Kennzeichnend für das Tape sind eine glatte Außenkontur mit erhöhtem Matrixanteil, einzelne sichtbare Faserbündel mit geringen Mikropososität en und ein Faservolumenanteil von 48 %.

a)

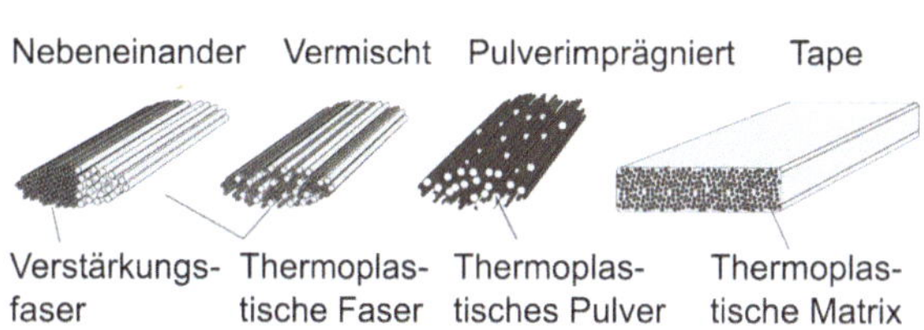

b)

Hybrid	Imprägnierungs-zeit [s]
Nebeneinander	14,3
Gemischt	0,9
Pulver	0,9
Tape	0

Abb. 4.27 **a**) Faserverstärkte thermoplastische Halbzeuge und **b**) deren Imprägnierungszeit nach [8]

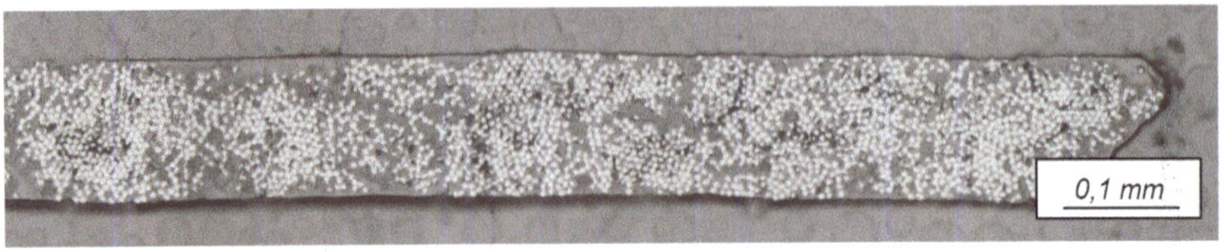

Abb. 4.28 Querschliff des thermoplastischen Tapes Celanese CF/PA6 Celstran® CFR-TP PA6 CF60-03

Abb. 4.29 **a**) Tape-Flecht-Prozess und **b**) ±30° geflochtene Tape-Preform

Im Flechtprozess wird ein Flechtkern über eine Führung oder von einem Roboter durch ein Flechtrad gezogen und somit die Tapes darauf abgelegt. Der Prozess ermöglicht eine hohe Material-Ablagerate, da eine Vielzahl von einzelnen Tapes simultan verarbeitet werden kann (Abb. 4.29).

Das Verfahren ist zu einem hohen Grad automatisierbar und eignet sich deshalb vor allem für industrielle Anwendungen. Da eine variierende Richtung der Faserverstärkung eine konturnahe Tapeablage ermöglicht, stellt das Flechtverfahren eine flexible Preforming-Technik dar. Es ist möglich, Kerne mit geraden, gekrümmten oder geometrisch komplexen Strukturen und variablen Querschnitten zu beflechten. In der vorliegenden Anwendung werden die Preforms auf einen geraden Kern mit einheitlichem Durchmesser in einer biaxialen 2/2-Köper-Bindung geflochten. Da die Fasern im vorkonsolidierten Tape bereits fest in die thermoplastische Matrix eingebettet sind, können hohe Abzugsgeschwindigkeiten im Flechtprozess bei gleichzeitiger Verringerung der Faserschädigung erreicht werden.

4.4.4.2 Zweiphasiger Hydro-Umformprozess der Lasteinleitungselemente

Eine mehrskalige Strukturierung eines metallischen LE-Elementes kann im Allgemeinen durch eine Abfolge mehrerer Umformprozesse in verschiedenen Werkzeugen realisiert werden. In diesem Zusammenhang wird ein neuartiges Herstellungsverfahren vorgestellt, bei dem eine zweiphasige Hydro-Umformung in einem einzelnen Werkzeug durchgeführt wird und so eine Effizienzsteigerung erzielbar ist.

In Phase I wird durch eine Außenhochdruck-Umformung (AHU) eine tangentiale plastische Stauchung und somit eine Durchmesserreduzierung im Fügebereich des Metallrohres erzielt. Dabei werden die Formelemente der Mesostrukturierung durch plastische Anformung der Rohrinnenseite am invers strukturierten Innenwerkzeug realisiert. In Phase II wird durch eine Innenhochdruck-Umformung (IHU) eine plastische Durchmesseraufweitung des Metallrohres erzielt, wobei die Makrokontur am Außenwerkzeug abgeformt wird (vgl. Abb. 4.30). Die Kombination von Mesostrukturierung und Makrokonturierung in einem Prozessschritt reduziert den Fertigungsaufwand, verkürzt das Handling sowie die Zykluszeiten und ermöglicht die Herstellung des LE-Elements ohne zusätzliche Werkzeuge.

Die mehrskalige Strukturierung des LE-Elementes beschränkt sich an dieser Stelle auf die Kombination von Makro- und Mesostruktur, da sehr feinskalige Strukturen – wie sie z. B. auf der Mikroskala auftreten – den Prozessaufwand im Hydroformen stark ansteigen lassen. In Grundlagenuntersuchungen zur Gestaltung der LE-Elemente gemäß Abschn. 4.4.3 erfolgte die Mesostrukturierung mit konventionellen umformenden Verfahren in einem vorgeschalteten Prozessschritt. Dabei wurden die Pin- und die Rautenstruktur durch Fließpressen erzeugt, während die Pyramidenstruktur durch Rändeldrücken hergestellt wurde. Im anschließenden IHU-Prozess erfolgte die Formgebung der Makrokontur [39].

Eine große Herausforderung besteht beim Hydro-Umformprozess in der Abdichtung der Hälften des mehrteiligen Werkzeugs. Zur Abformung der Mesostrukturen im AHU-Prozess muss die Trennebene für Umformdrücke bis 350 MPa abgedichtet werden. Aus der Literatur bekannte Werkzeugkonzepte für die Außenhochdruck-Umformung von Rohren und Profilen verwenden ein geschlossenes Außenwerkzeug [60]. Für die Realisierung der Makrokontur beim Innenhochdruck-Umformen muss das Außenwerkzeug jedoch zweiteilig mit einer Trennebene in Schließrichtung des Werkzeugs für die Teileentnahme ausgeführt werden. Hierfür sind geeignete Dichtungskonzepte auf der Basis metallischer Flach- und Runddichtungen entwickelt, fertigungstechnisch bewertet und erprobt worden.

Die axiale Abdichtung erfolgt, wie bei IHU-Prozessen üblich, durch einen Dichtkonus an den Endkappen der Axialzylinder [61]. Die Rohrenden werden plastisch an die invers

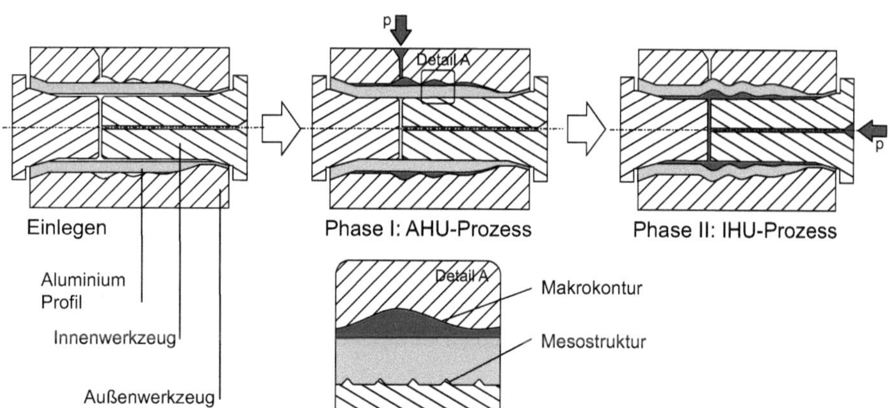

Abb. 4.30 Verfahrensprinzip zweiphasiger Hydro-Umformprozess [59]

konische Kontur der Werkzeugeinsätze angeformt. Bei dem hier vorgestellten Werkzeugkonzept wird die Dichtheit beim Außenhochdruck-Umformprozess durch Flächenpressung zwischen der Dichtung und den Werkzeughälften sowie zwischen der Dichtung und der Rohrmantelfläche im axialen Übergangsbereich gewährleistet. Aus Gründen einer einfachen Herstellung der Dichtungsnut im Werkzeug sowie der langen Lebensdauer der Dichtung wird eine Runddichtung aus Cu-ETP R240 mit einem Durchmesser von 3,5 mm verwendet. In Abb. 4.31a ist die untere Hälfte des Hydro-Umformwerkzeugs mit Kupferdichtung und axialen Dichtkappen dargestellt. Als Grundlage für die Auslegung der Dichtungsnut dient die DIN ISO 3601-2 [62] zur Bestimmung der Einbauräume für O-Ringe. Aufgrund der hohen Werkzeugbeanspruchung durch die Überlagerung von Pressen-Schließkraft, Axialkraft und Umformdruck erfolgt die Auslegung der Werkzeuge simulativ unterstützt. Im Ergebnis der Simulationen konnten Tiefe und Radien der Dichtnut im axialen Übergangsbereich zum Dichtkonus so angepasst werden, dass lokale Spannungsspitzen reduziert und somit Werkzeugversagen vermieden werden kann.

Der kombinierte Hydro-Umformprozess erfordert zwei unabhängig voneinander arbeitende Druckübersetzer, die über die Pressensteuerung miteinander verbunden sind. Die Zuführung des Mediums während des AHU-Prozesses erfolgt über einen Hochdruckanschluss im Oberwerkzeug. Beim IHU-Prozess erfolgt die Zuführung und Druckbeaufschlagung über eine Bohrung im Axialzylinder der Füllseite. Für die Untersuchungen wird eine hydraulische 3-Säulen-Innenhochdruck-Umformpresse der Firma Dunkes GmbH mit einer maximalen Presskraft von 15.000 kN eingesetzt. Exemplarisch zeigt Abb. 4.31b ein Prozessdiagramm des kombinierten Außen-Innenhochdruck-Umformverfahrens mit Zykluszeiten von <16 s für die Herstellung der mehrskalig strukturierten LE-Elemente.

Die detaillierte Kenntnis der erzielbaren umformtechnischen Gestaltungsspielräume von hydrogeformten metallischen LE-Elementen bildet die Voraussetzung für eine lastangepasste Auslegung von Strukturierungen auf der Meso- und Makroebene. Vor allem die Interaktion der Strukturierungsebenen untereinander wirkt sich auf den Gestaltungsfreiraum der Einzelstrukturen aus. Um diese Zusammenhänge in der Auslegung berücksichtigen zu können, werden durch numerische Sensitivitätsanalysen der Einfluss von geometrischen

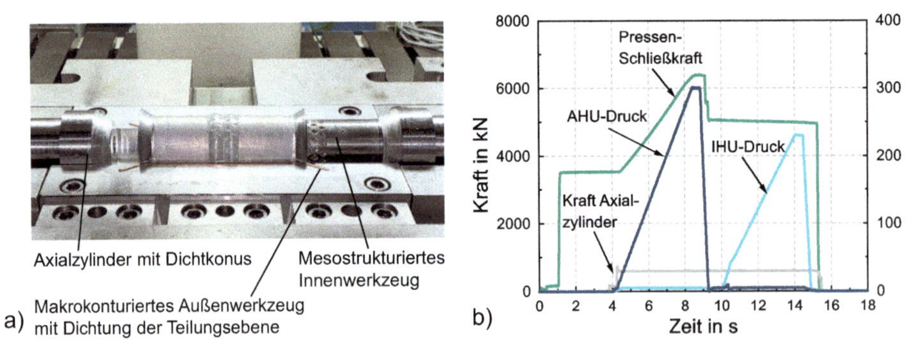

Abb. 4.31 a) Hydro-Umformwerkzeug und b) Prozessdiagramm des kombinierten Hydro-Umformprozesses

Parametern der Formschlusselemente auf der Meso- und Makroebene sowie von Material- und Prozessparametern auf die Ausformung der mehrskaligen Strukturierung aufgezeigt und stabile Prozessfenster zur Herstellung im Hydro-Umformprozess identifiziert.

Die Strukturierung mit umlaufenden Ringnuten im AHU-Prozess kann als 2D rotationssymmetrisches FE-Modell vereinfacht werden. Die erforderlichen Materialeigenschaften des Aluminiumwerkstoffs EN AW-6060 wurden im Zustand T4 durch Zugversuche an Rohrproben bei Raumtemperatur ermittelt. Basierend auf Latin Hypercube Sampling werden 100 Parametersätze mit möglichst geringer Korrelation der Parameter definiert. Zielgröße ist die Ausformung der Ringnut, die aus dem Verhältnis der maximalen Fläche von A_{Nu0} und der ausgeformten Fläche A_{Nu1} berechnet wird. Bei vollständiger Ausformung der Werkzeuggravur nimmt dieser Wert eins an. Variiert werden die Nutbreite B_{Nu} und die Nutradien als Geometrieparameter, die Wanddicke des Rohres, die Fließspannung als Materialparameter, der Durchmesser des Werkzeugs und der Druck p als Prozessparameter. Konstante Parameter sind die Tiefe der Ringnut mit 1,0 mm und der Innendurchmesser des Rohres mit 46,0 mm. Im Ergebnis zeigen die Parameter Druck p und Nutbreite B_{Nu} den größten Einfluss auf die Ausformung. Im Gegensatz dazu bewirkt eine Variation der Fließspannung und der Rohrwanddicke nur eine geringe Änderung der Formgebung. Die Parameter Werkzeugdurchmesser und Radien der Nut haben in den untersuchten Parameterräumen keinen Einfluss auf die Ausformung der Ringnut. Die Abb. 4.32 zeigt das FE-Modell und die Ausformung in Abhängigkeit von den Haupteinflussparametern Druck und Nutbreite für zwei Rohrwanddicken. Alle anderen Parameter sind mit Mittelwerten belegt.

Generell lässt sich durch Steigerung des Umformdrucks oder Vergrößerung der Nutbreite eine Ausformung der Ringnutstruktur erhöhen. Mit 2 mm Materialdicke wird eine vollständige Abformung der Werkzeuggravur erst ab einem Druck von 250 MPa und einer Nutbreite von 3,5 mm erreicht. Mit weiterer Vergrößerung der Nutbreite reduziert sich die Ausformung wieder geringfügig. Die Ursache liegt im Kontakt des, bis dahin frei hydrogeformten, Aluminiumwerkstoffes mit dem Nutgrund im Werkzeug. Diese Abstützung verhindert den radialen Materialfluss und reduziert die freie Umformfläche. Ein deutlich höherer Druck ist für eine Anformung des Aluminiums an die Nutflanken erforderlich.

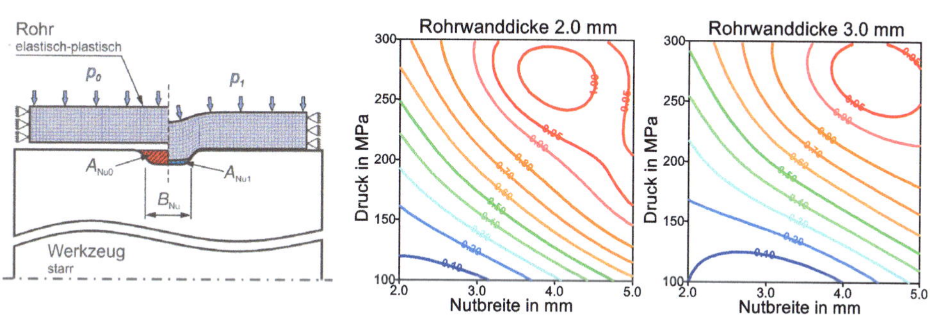

Abb. 4.32 FE-Modell vor und nach Hydro-Umformung sowie Konturplots der Metamodelle für die Ausformung der Ringnut in Abhängigkeit von Nutbreite B_{Nu} und Umformdruck p für 2,0 mm und 3,0 mm Rohrwanddicke

Die numerische Abbildung der Hydro-Umformprozesse zur Mesostrukturierung mit rautenförmigen Formelementen erfolgt an einem 10°-Segment mit Symmetrie-Randbedingungen für zwei Viertel-Rauten. Der Flankenwinkel ist mit 30° an die Flechtwinkel der Tapes angepasst. In Abb. 4.33 ist das FE-Modell am Ende der Prozessphasen bei Maximaldruck dargestellt. Neben einer Beschreibung von Wirkzusammenhängen der Einflussparameter auf die Ausformung der Rautengeometrie im AHU-Prozess wurde die Verformung der Rauten durch die Umfangsdehnung im anschließenden IHU-Prozess ermittelt. Im Ergebnis der Sensitivitätsanalysen konnte der Außendruck mit einem Anteil von > 70 % am Gesamtmodell als wichtigster Parameter auf die Formgebung der Rautenstruktur identifiziert werden. Es folgen die Rautenlänge, die Materialdicke und die Radien. Dabei stützen die kaltverfestigten Bereiche im Aluminium in den Kantenradien die Rautenform und behindern eine Verformung der Rauten im IHU-Prozess. Dadurch zeigen der Innendruck und der IHU-Werkzeugdurchmesser innerhalb der untersuchten Grenzen einen geringen Einfluss auf die Endform. Abb. 4.33 zeigt exemplarisch für eine Rohrwanddicke den Zusammenhang zwischen der Rautenlänge und der Ausformung im AHU-Prozess für verschiedene Drücke.

Die Ausformung nimmt mit steigender Rautenlänge exponentiell zu, wobei das Druckniveau den Anstieg der Kurve bestimmt. Selbst bei sehr hohen Umformdrücken kann keine vollständige Füllung der Werkzeuggravur erreicht werden. Dies ist auf den bereits beschriebenen Kontakt des Aluminiumwerkstoffs mit dem Rautengrund im Werkzeug und den durch diese Abstützung behinderten Materialfluss zur Ausformung der Radien zurückzuführen. Durch Vergrößerung der Länge der Raute und weitere Erhöhung des Drucks kann die Formgebung der Raute nur geringfügig gesteigert werden. Der Gestaltungsspielraum für die im AHU-Prozess formbare Größenskala von Mesostrukturen wird durch den aufzubringenden Umformdruck bestimmt. Somit begrenzt der vertretbare technische und wirtschaftliche Aufwand die herstellbaren Strukturhöhen. Dadurch können sehr kleine

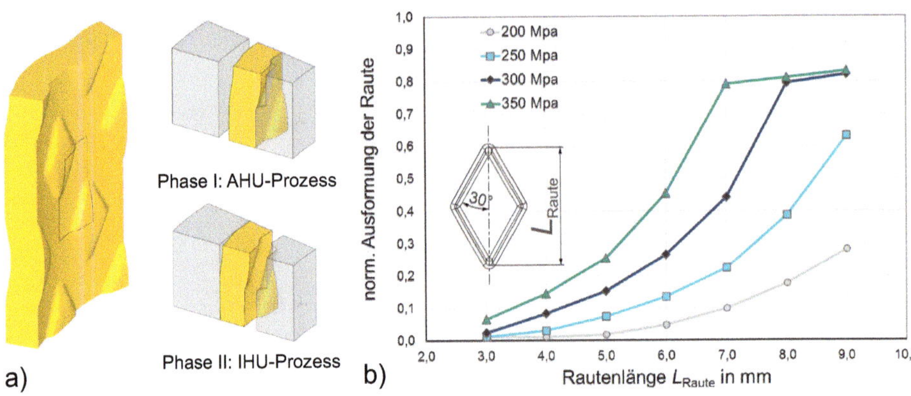

Abb. 4.33 **a**) FE-Modell der Rautenstrukturierung im kombinierten Hydro-Umformverfahren und **b**) Ausformung im AHU-Prozess in Korrelation zur Rautenlänge für eine Rohrwanddicke von 2,5 mm [59]

Strukturen, wie die vorgestellte Pyramidenstruktur mit alternativen Fertigungsverfahren, wie dem Rändeldrücken in einem separaten Prozessschritt vergleichsweise ökonomisch realisiert werden.

Auf Basis der ermittelten Prozessfenster zur Ausformung der Mesostrukturierung erfolgt eine Anordnung der Formelemente in Bezug zur Makrokontur des Lasteinleitungselementes. Für die Übertragung hoher Lasten wurde unter Berücksichtigung von Festigkeit und Duktilität des Aluminiums eine Demonstratorgeometrie mit zwei Makrohinterschnitten gewählt. Zur Erhöhung des Formschlusses wird eine Axial- und Umfangsverteilung der Meso-Formelemente auf den Flanken der Makrokontur vorgenommen. Aus der gegebenen Breite eines Makrohinterschnittes von 13,8 mm ergibt sich für die Ringnuten bei symmetrischer Verteilung in axialer Richtung eine Breite B_{Nu} = 3,45 mm bei einem mittleren Abstand von 6,9 mm und einem Kantenradius von 1,0 mm. Somit ergeben sich auf der Gesamtlänge des strukturierten Fügebereiches von 30 mm vier Ringnuten.

Für die Auslegung der Innenwerkzeuge zur Realisierung der Rautenstrukturierung wurden im Fügebereich insgesamt 72 Rauten geometrisch angeordnet. Dabei wurden in axialer Richtung vier Reihen mit jeweils 18 um 20° versetzten Rauten auf den Umfang verteilt. Die Länge der einzelnen Rauten sowie der mittlere Reihenabstand betragen 6,9 mm. Zur Absicherung der Werkzeug- und Prozessauslegung wurden für beide Strukturierungsvarianten FE-Simulationen durchgeführt und die umformende Herstellung der mehrskaligen Strukturierung des LE im kombinierten Hydroformprozess hinsichtlich auftretender lokaler Dehnungen untersucht. Die experimentelle Validierung der Simulationsmodelle erfolgt durch den Vergleich von gemessener und berechneter Ausformung der Strukturierungen auf Meso und Meso-Makro Ebene. Die hohen lokalen plastischen Dehnungen führen in Hydro-Umformprozessen zu keinem Materialversagen. In Abb. 4.34

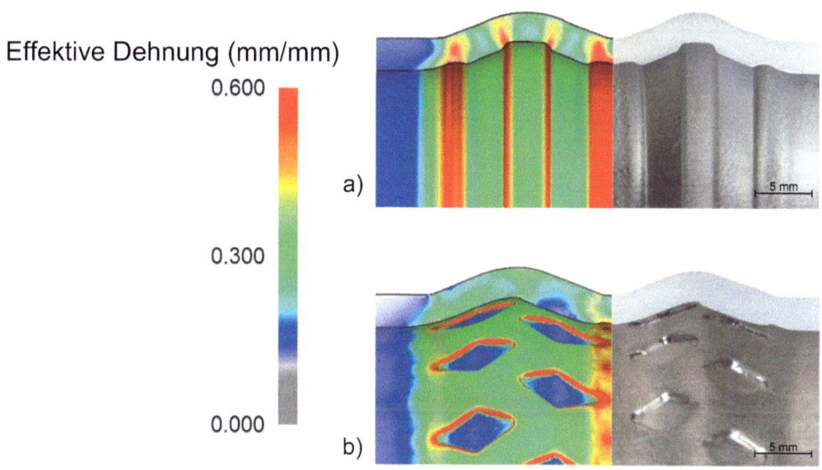

Abb. 4.34 Vergleich von Experiment und FE-Modell mit plastischer Dehnung der mehrskalig strukturierten LE-Elemente für **a**) Ringnut- und **b**) Rautenstrukturierung

sind im Querschliff Experiment und Simulation für die LE-Elemente mit mehrskaliger Strukturierung gegenübergestellt. Ersichtlich wird die hohe Simulationsgenauigkeit. Unterschiede resultieren u. a. aus der Vernachlässigung der Werkzeugelastizität, der Materialanisotropie und der vereinfachten Modellierung der Reibungsbedingungen.

Damit konnte nachgewiesen werden, dass die gewählte Modellierungsstrategie eine zuverlässige Vorhersage der zu erwartenden Strukturausformung für die verschiedenen Geometrie-, Material- und Prozessparameter erlaubt. Zusammenfassend zeigt die Abb. 4.35 die im kombinierten Hydro-Umformprozess hergestellten LE-Elemente auf Mesoebene sowie mit überlagerter Makrokontur.

4.4.4.3 Schlauchblas-Integral-Verfahren

Im SBI-Verfahren wird eine geflochtene Tape-Preform mittels einer Druckmembran lokal in die mehrskalige Strukturierung des Lasteinleitungselementes eingeformt. Dabei dienen ein rohrförmiges metallisches Werkzeug innerhalb des freien Bereiches der Zug-/Druck-Strebe und das Lasteinleitungselement selbst als Formwerkzeug zur Abformung des FVK. Aufgrund der hohen Qualität der vorimprägnierten Tape-Halbzeuge (vgl. Abschn. 4.4.4.1) ist zur Konsolidierung der intrinsisch gefügten Hybridstruktur nur ein Verpressen und Verschmelzen der einzelnen Lagen innerhalb der Preform und die vollständige Abformung der multiskalenstrukturierten Lasteinleitungselemente notwendig. Die aufwendige und herausfordernde Imprägnierung der Verstärkungsfasern mit der thermoplastischen Matrix erfolgte schon in der Tape-Herstellung. Der erhöhte Matrixanteil an den Tape-Oberflächen begünstigt die Anbindung der einzelnen Schichten im Verbund, auch bei schnellen Konsolidiervorgängen. Aus diesem Grund ist zur Konsolidierung der Tape-Preforms sowohl eine variotherme als auch eine isotherme Temperierung des Formwerkzeuges möglich (vgl. Abb. 4.36).

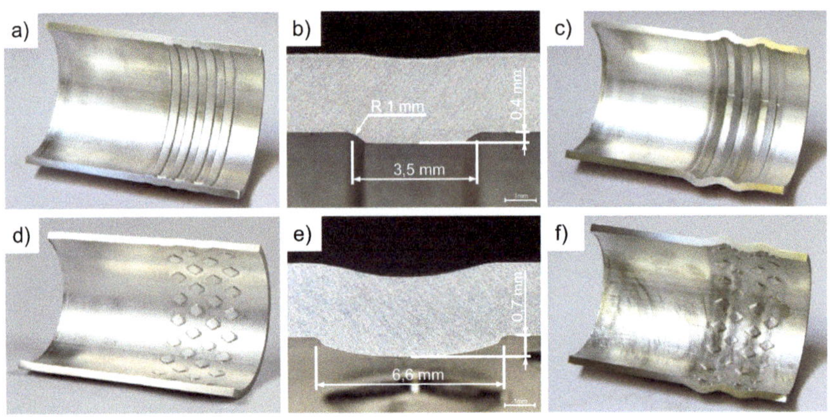

Abb. 4.35 Hydrogeformte Lasteinleitungselemente: **a**) Meso-Ringnutstruktur, **b**) Detail einer Ringnut, **c**) Meso-Makro-Ringnutstruktur, **d**) Meso-Rautenstruktur, **e**) Detail einer Raute und **f**) Meso-Makro-Rautenstruktur

In der Prozessroute des variothermen SBI-Verfahrens in Abb. 4.36 wird die Tape-Preform über Kontakterwärmung im Formwerkzeug unter Druck über den Schmelzbereich des thermoplastischen Polymers erwärmt und anschließend abgekühlt. Dabei muss die Temperatur des Formwerkzeuges variotherm geführt werden. Im isothermen SBI-Verfahren wird nur die Preform außerhalb des Formwerkzeuges über den Schmelzbereich erwärmt und anschließend in das isotherm geführte Formwerkzeug eingebracht. Dabei erfolgt die Abformung der Konturen und die Konsolidierung in sehr kurzer Zeit. Beide Prozessrouten weisen verfahrensspezifische Vor- und Nachteile auf. Im variothermen SBI-Verfahren ist es möglich, Heiz- und Kühlraten sowie Haltezeiten im Konsolidierprozess genau einzustellen und eine sehr homogene Temperaturverteilung im gesamten Bauteil zu erzeugen. Dadurch können sehr hohe Laminatqualitäten erreicht werden. Deutlich effizienter hingegen ist die Verwendung eines isotherm temperierten Formwerkzeuges. Das Heizen und Kühlen des thermisch trägen Formwerkzeuges entfällt, und durch die schnellere Abkühlung sind deutlich kürzere Taktzeiten realisierbar.

Zur Umsetzung schneller Erwärmungs- und Abkühlraten im variothermen SBI-Verfahren und zur Reduktion des benötigten Energieeinsatzes kommt ein berührungsloses induktives Erwärmungskonzept zum Einsatz (Abb. 4.37a). In einer exemplarischen Temperaturkurve ist der Zyklus mit optimierter Energiezufuhr, dem Membrandruck von 6 bar und einer Konsolidierungsverweilzeit von 60 s abgebildet. Die Laminattemperatur gleicht sich der Temperatur des Werkzeuges schnell an. Durch einen Druckaufschlag in der Aufheizphase wird über den erhöhten Flächenkontakt der einzelnen Tapes untereinander die Heizrate in der Preform zusätzlich gesteigert. So kann die Zykluszeit auf unter 10 min reduziert werden (vgl. Abb. 4.37b). Anschließend wird der Verbund extern mittels Luftzufuhr gekühlt [63].

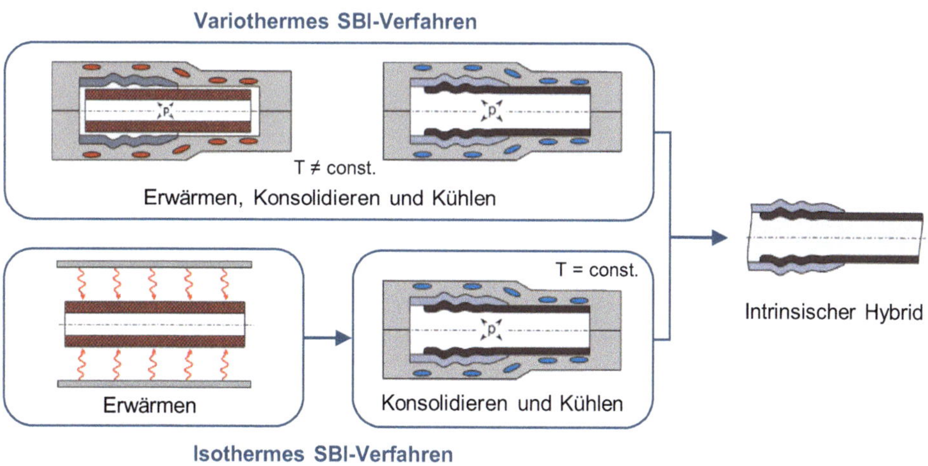

Abb. 4.36 Variothermes Schlauchblas-Integral-Verfahren. Erwärmen und Kühlen in einem Formwerkzeug zur Konsolidierung. Separate externe Erwärmung der Preform und anschließendes Konsolideren und Kühlen im isotherm temperierten Formwerkzeug des isothermen SBI-Verfahrens

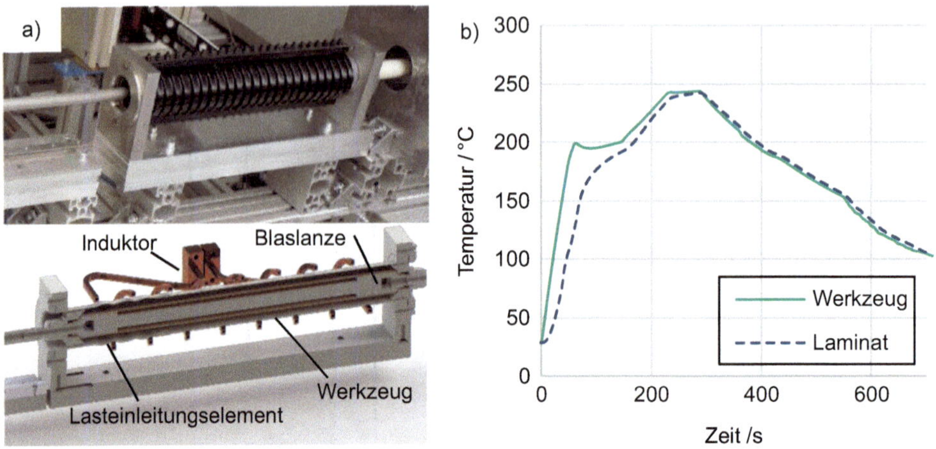

Abb. 4.37 **a**) Variothermes SBI-Werkzeug mit induktiver Erwärmung und **b**) SBI-Prozessdiagramm

Im isothermen SBI-Verfahren wird nur die Preform extern über den Schmelzbereich des Polymers erwärmt, wohingegen das Formwerkzeug konstant auf einer Temperatur unterhalb des Verfestigungsbereiches des Polymers gehalten wird. Dies ermöglicht die Reduzierung von Prozesszeiten und benötigter Energie. Da es sich bei dem verwendeten PA6 um ein teilkristallines Polymer handelt, ist die Temperatur des Formwerkzeuges möglichst nah an dessen Kristallisationstemperatur zu legen, um den Temperaturgradient und damit die Abkühlrate zu reduzieren. Die Erwärmung der Preform kann extern über Konvektion oder Infrarotstrahlung erfolgen. Durch den geringen Flächenkontakt der geflochtenen Preform ist der Wärmeübergang von außen nach innen im nicht konsolidierten Zustand gering. Durch einen vorgelagerten Kompaktierungs- oder Vorkonsoldierungsschritt kann der Wärmetransport innerhalb der Preform über ein thermisches Verpressen der Lagen deutlich verbessert und somit die Aufheizzeit verringert werden. Alternativ sind mehrere Preforms simultan zu erwärmen, um Taktzeiten von unter zwei Minuten zu realisieren. In Abb. 4.38 ist die SBI-Anlage mit isotherm temperiertem Formwerkzeug und ein Infrarot(IR)-Ofen, in welchem die Preform über den Schmelzpunkt erwärmt wird, dargestellt

Aufgrund des schnellen Abkühlvorgangs mit Abkühlgeschwindigkeiten bis zu 4500 K/min (Abb. 4.38b), in welchem der Verbund erst konsolidiert und dann verfestigt, ist es nur begrenzt möglich, Porositäten und Inhomogenitäten im Laminat zu eliminieren. Dies führt dazu, dass der Ausgangszustand des Tapematerials entscheidend für die spätere Laminatqualität ist. Im Gegensatz dazu ist es im variothermen SBI-Verfahren durch eine definierbare Haltezeit auf Prozesstemperatur von 230 °C möglich, die intralaminare Faser-Matrix-Verteilung weiter zu homogenisieren und einzelne Mikroporositäten zu elimieren (vgl. Abb. 4.39a).

Durch die sehr kurze Zeitspanne in der schmelzflüssigen Phase beim isothermen SBI-Verfahren werden die Makroporositäten in der Preform eingeschlossen und die einzelnen Schichten miteinander verbunden, jedoch bleibt die interne Ausgangsstruktur des Tapes weitestgehend bestehen.

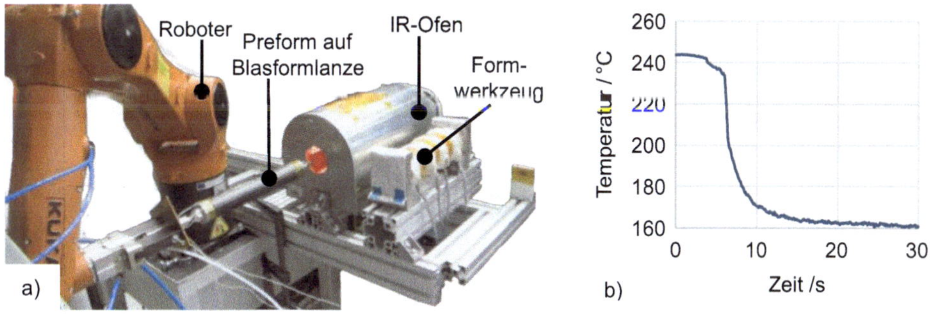

Abb. 4.38 **a**) Isotherme SBI-Anlage und **b**) Abkühlkurve der äußeren Lage des FVK beim Konsolidieren

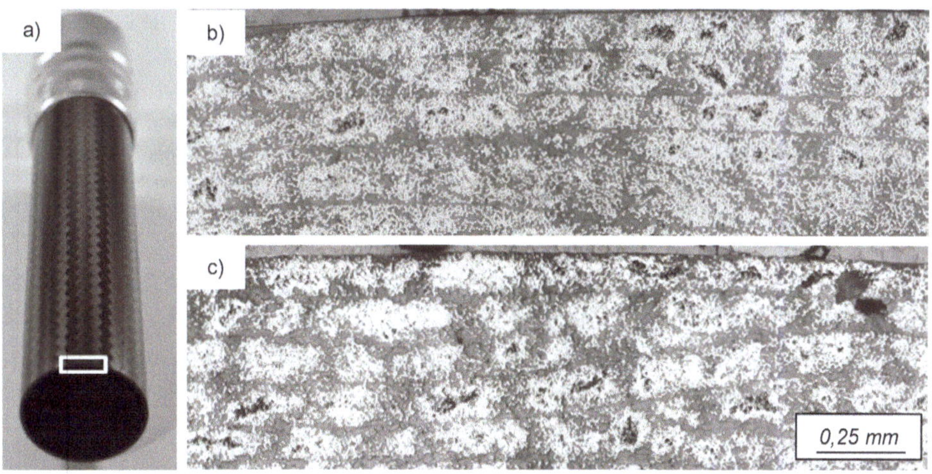

Abb. 4.39 Im SBI-Verfahren hergestellte hybride Hohlstruktur mit Markierung der entnommenen Schliffproben **a**), Querschliffbilder im SBI-Verfahren hergestellter CF/PA6 Rohrlaminate: **b**) SBI variotherm und **c**) SBI isotherm

Bei teilkristallinen Thermoplasten wie PA6 kommt es während des Abkühlvorgangs in Abhängigkeit von der Abkühlrate, neben Eigenspannungen, zur Ausbildung variierender Kristallisationsgrade, wodurch die Fließeigenschaften der Matrix und somit das thermomechanische Verhalten des Verbundes maßgeblich beeinflusst werden. Mit Abkühlraten von bis zu 4500 K/min ist eine vollständige Kristallisation des PA6 nicht gegeben [64]. Aufgrund der gewählten Formwerkzeugtemperatur von 160 °C beträgt die Abkühlgeschwindigkeit im Temperaturbereich von 180 °C bis 170 °C, in welchem das Polymer kristallisiert, für die Außenlage lediglich 230 K/min (Abb. 4.38b). Zusätzlich verweilt der FVK bis zu einer Minute im Formwerkzeug bei einer Temperatur deutlich über der Glasübergangstemperatur des Celanese CF/PA6 Tapes von 47 °C, wodurch sich in einem Tempervorgang weitere kristalline Strukturen ausbilden können. In Abb. 4.40a sind die Schmelzbereiche der im Differenzkalorimetrie (DSC)-Versuch gemessenen und im variothermen- bzw. isothermen-SBI-Verfahren hergestellten Laminate dargestellt.

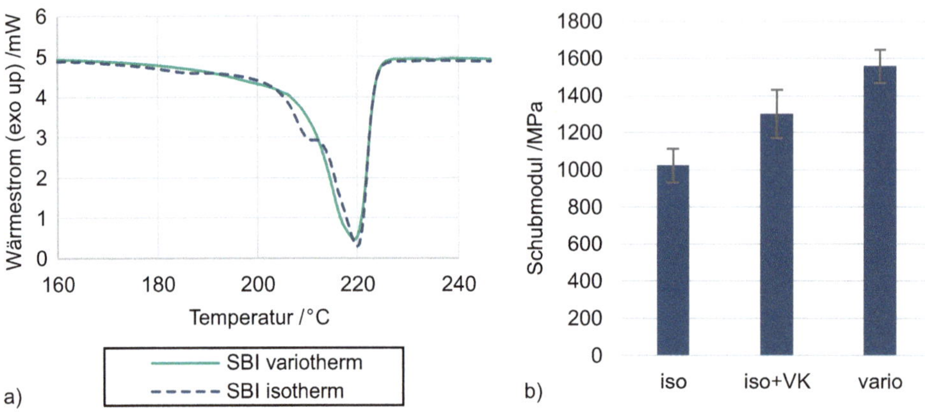

Abb. 4.40 **a**) DSC Messung einer im variothermen- bzw. isothermen-SBI-Verfahren hergestellten Probe beim Aufschmelzen und **b**) Schubmoduli verschieden hergestellter Zug-Scher-Probekörper nach ASTM D 3518

Neben den gemittelten Schmelzenthalpien von 31 J/g der variothermen Proben und 24,8 J/g der isothermen Proben, deuten die unterschiedlich verlaufenden Wärmeströme auf verschiedene kristalline Strukturen im PA6 hin. Das variotherm erzeugte Laminat weist vorrangig Kristalle der α-Phase durch den steil verlaufenden endothermen Anstieg des Wärmestroms und das Maximum bei 218,9 °C auf. Dahingegen zeigt das isotherm verarbeitete Laminat ein kleineres erstes Maximum bei 210,1 °C auf, was auf das Aufschmelzen unterschiedlicher kristalliner Strukturen der α-Phase und γ-Phase oder gleicher Kristallphasen unterschiedlicher Größe hindeutet [65]. Über die Röntgendiffraktometrie ist es möglich, die einzelnen Anteile der kristallinen Phasen genauer zu bestimmen [66].

In quasistatischen Zug-Scher-Versuchen nach ASTM D 3518 [67] an [±45°$_5$] geflochtenen Flachproben wurde der Schubmodul isotherm gepresster Tapegeflechte (iso), isotherm gepresster und im Autoklav vorkonsolidierter (VK) Tapegeflechte (iso+VK) sowie variothermer Autoklavreferenzproben (vario) bestimmt. Die Ergebnisse sind in Abb. 4.40b dargestellt. Druck- und Temperaturverlauf in der Verarbeitung wurden analog dem isothermen SBI-Verfahren gewählt. Das isotherm gepresste Geflecht weist im Vergleich zur Autoklavreferenz eine Reduktion des matrix-dominierten Schubmoduls aufgrund minderer Laminateigenschaften auf. Auch die in der Laminatqualität identische isotherm nachverpresste Autoklavprobe erreicht nicht den Schubmodul der Referenz. Dies ist unter anderem auf die unterschiedlich ausgebildeten kristallinen Strukturen zurückzuführen.

Neben der Laminatqualität innerhalb der Konturverbindung ist das Abformen in die Hinterschnitte des mehrskalig strukturierten Lasteinleitungselementes von besonderem Interesse. Das Aufweitungspotenzial der Tapepreform wird durch die Geflechtarchitektur – vor allem der verstärkenden [±70°$_5$] Bandage – limitiert. Beim Aufweiten findet eine Scherdeformation des Geflechts statt, bei welcher sich die Länge der Preform in Längsrichtung reduziert. Die Zusammenhänge der Deformation bis zum Sperren sind in [68] analytisch beschrieben. Die Möglichkeit zur Scherdeformation ermöglicht die Reduktion des Fertigungsaufwandes im Flechtprozess, sie ist aber durch intra- und interlaminare Reibung begrenzt. Die intrinsisch hergestellten Hybridverbindungen wurden computertomografisch mit einer Auflösung von 45μm hinsichtlich der Anbindungs- und Laminatqualität untersucht. Die begrenzte Aufweitungsfähigkeit der expandierten Bandage ist an deren Ablösung von der FVK-Struktur in Abb. 4.41a erkennbar.

Aufgrund der Behinderungen im Aufweitungsprozess ist die Bandage nicht vollständig mit dem Laminat des Rohres verbunden. Zusätzlich entstehen interlaminare Falten und aufgrund des nicht optimal übertragenen Drucks der Blasmembran sind die Mesostrukturen des Lasteinleitungselementes nicht vollständig ausgefüllt. Ein alternativer Ansatz sieht vor, die versteifende Bandage konturnah im aufgeweiteten Durchmesser auf einem flexiblen Kernsystem zu flechten. Die inneren Einzellagen werden geflochten, nach innen gefaltet und anschließend überflochten. Durch diesen Ansatz kann die weitestgehend vollständige Abformung in Abb. 4.41b der Meso- und Makrostrukturen erfolgen und damit die bestmögliche Tragfähigkeit gewährleistet werden [41]. In Längsschliffen der Mesostrukturen (Abb. 4.42) ist das Einformverhalten des Tape-Geflechtes in die verschiedenen Strukturen dargestellt. Die Hinterschnitte der Strukturen sind vollständig mit dem FVK ausgeformt.

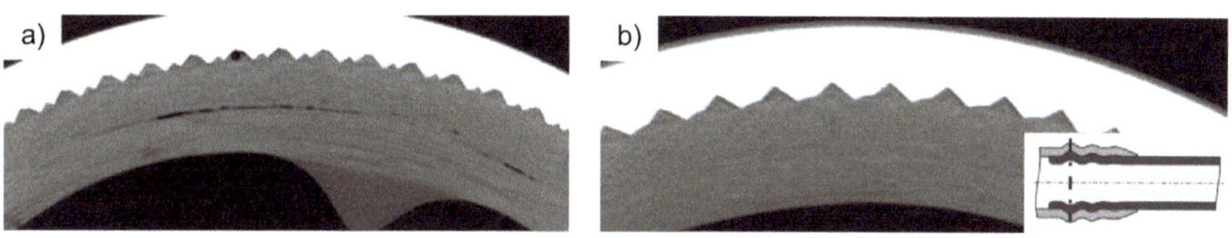

Abb. 4.41 Computertomografie- (CT-)Aufnahmen **a**) der expandierten ±70°-Bandage und **b**) der konturnah geflochtenen Bandage und deren Abformung in ein multiskalen-strukturiertes Lasteinleitungselement nach [41]

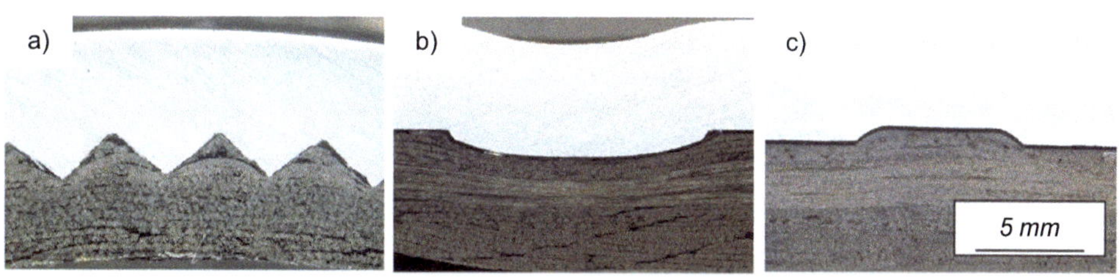

Abb. 4.42 Einformung des Tape-Geflechtes in die Mesostrukturen des Lasteinleitungselementes mit **a**) Pyramiden, **b**) Rauten und **c**) Ringnut

Bei pyramidenförmigen Rändelstrukturen wird trotz einer vollständigen Abformung der Kontur Luft, die seitlich nicht vollständig entweichen kann, durch das schmelzflüssige Polymer eingeschlossen und bildet Poren mit einem mittleren Vergleichsdurchmesser von 0,1 mm. Bei allen Mesostrukturen konnten Ondulationen in den Einzellagen und damit ein erhöhter Formschluss auf Laminatebene erreicht werden, trotz des schwach ausgeprägten Überspannens der Kavitäten durch die Verstärkungsfasern.

Eine numerische Analyse des SBI-Verfahrens erlaubt die prozessbedingten Einflüsse auf die Faserverbundstruktur abzuschätzen. Unter Berücksichtigung der Tapegeometrie und der kinematischen Flechtparameter wird im ersten Schritt der Modellerstellung die Flechtarchitektur für ein gekrümmtes repräsentatives Volumenelement (RVE) erstellt, welches anschließend über Rotations- und Translationsvorgänge vervielfacht und zu einem Rundgeflecht verbunden wird. Auf diese Art und Weise wird der Mehrschichtverbund aufgebaut und für die Drapiersimulation genutzt (Abb. 4.43).

Es bieten sich verschiedene Modellierungsstrategien für die Abbildung des Drapiervorgangs der geflochtenen Tape-Preform in das oberflächenstrukturierte Lasteinleitungselement an. Eine klassische Geflechtmodellierung auf Basis von *Shell*-Elementen löst die textile Architektur explizit auf, vernachlässigt jedoch den Polymerwerkstoff in den Tapezwischenräumen. Dieser Ansatz eignet sich gut für die Untersuchung reiner Makrostrukturen, bei denen resultierende Geflechtwinkel von Interesse sind. Die zusätzliche Berücksichtigung der Polymermatrix hingegen kann auf Basis der *Embedded-Element-Methode* (EEM) geschehen und eignet sich vor allem für die Analyse des Einformverhaltens in feinskaligere Mesostrukturen. Bei der EEM werden die FE-Netze der Tapes unter Einbeziehung der textilen Architektur und das FE-Netz der Matrix separat voneinander modelliert und anschließend für die Berechnung superponiert. Dabei werden die Verformungen der nicht konsistenten, überlagerten Netze miteinander gekoppelt und die mechanischen Werkstoffkennwerte der Tapes um die der Matrix reduziert und somit die Materialüberlagerung berücksichtigt [44, 69].

Die Ergebnisse der Drapiersimulation in Abb. 4.44 zeigen eine gleichmäßige Einformung des FVK in die geprägten Mesostrukturen des Lasteinleitungselementes. Dabei kommt es einerseits zu einem Anlegen der Fasern an die Hohlstruktur zwischen den Einprägungen und anderseits zu einem tangentialen Abgleiten an der Kante der Einprägung. Bei Betrachtung benachbarter Einprägungen ist ein Überspannen der Kavität ersichtlich. Die daraus resultierende unvollständige Abformung infolge einer behinderten Abgleitbe-

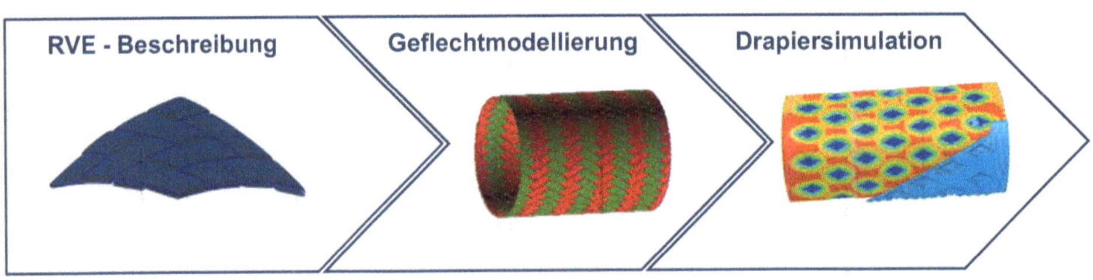

Abb. 4.43 Modellierungsstrategie zur virtuellen Beschreibung des Drapierprozesses während des SBI-Prozesses

wegung der Tapes kann analog zu den im Schliffbild (Abb. 4.44 rechts) dargestellten Einformergebnissen rechnerisch gut abgebildet werden. Da die EEM keine Fließbewegung im Sinne einer fluidmechanischen Simulation ermöglicht, konnten die beim Fließen der Matrix entstehenden Lufteinschlüsse jedoch nicht abgebildet werden [70].

4.4.4.4 Aspekte der Modellierung des thermomechanischen Abkühlprozesses unter Berücksichtigung von Kristallisation

Im Schlauchblasverfahren besitzt neben der Flechtarchitektur vor allem das thermomechanische Werkstoffverhalten der Einzelmaterialien einen entscheidenden Einfluss auf die mechanischen Eigenschaften des Bauteils. Der Drapiervorgang ist vorrangig durch die kinematischen Zusammenhänge und das Fasermaterial bestimmt, da die PA6-Matrix im isothermen SBI-Prozess bereits vor dem Anformen und im variothermen SBI-Prozess durch die Kontakterwärmung aufgeschmolzen wird und somit wenig Widerstand gegenüber der Scherdeformation der Flechtstruktur ausübt. Im anschließenden Abkühlprozess führen unterschiedliche Ausdehnungskoeffizienten der Konsituenten in Kombination mit dem Verfestigungszeitpunkt der Polymermatrix infolge der Kristallisation zu Eigenspannungen im Laminat und frühzeitigen Ablösungen. Es existieren verschiedenste thermische Analysemethoden, um diesen Kristallisationseinfluss darzustellen. Vor dem Hintergrund einer Analyse des thermomechanischen Abkühlverhaltens und einer Überführung in ein entsprechendes Materialmodell des Polymers sind in Abb. 4.45 die verwendeten Versuchsanordnungen für eine Dynamisch-Mechanische-Analyse (DMA, DIN EN ISO

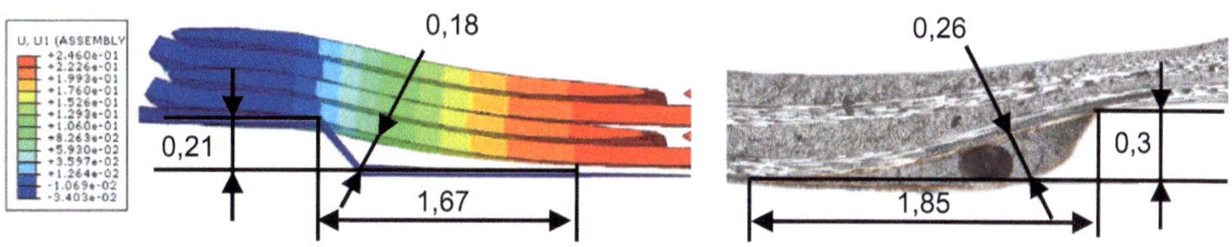

Abb. 4.44 Vergleich des Drapierergebnisses der numerischen und experimentellen Untersuchung einer Mesostruktur

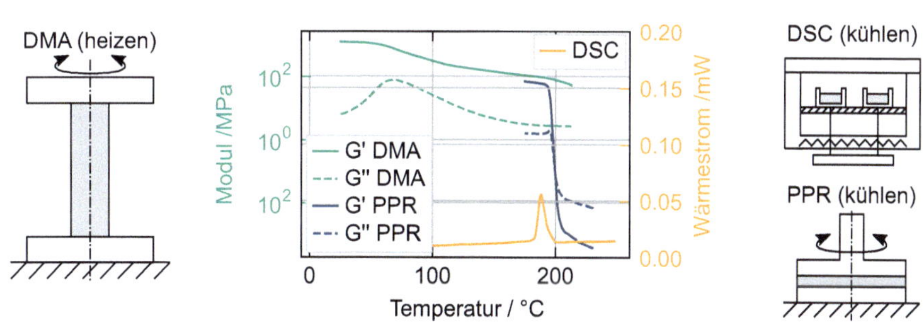

Abb. 4.45 Experimentelle Ergebnisse des reinen PA6 aus Versuchen am Torsionsstab (heizen) bei Dynamisch-Mechanischer-Analyse (DMA), aus dem Parallelplatten-Rheometer (PPR, kühlen) und aus der dynamischen Differenzkalorimetrie (DSC, kühlen 2 K/min)

6721-1) [71], für ein Parallelplatten-Rheometer (PPR, ISO 6721-10) [72] und für die dynamische Differenzkalorimetrie (DSC, DIN EN ISO 11357-1) [73] dargestellt.

Die Ergebnisse der DSC in Abb. 4.45 zeigen kurz unter 200 °C anhand der exothermen Signalspitze (*Peak)* das typische Kristallisieren von teilkristallinen Thermoplasten. Durch eine geringere Abkühlrate und das Fehlen von Fasern als Kristallisationskeim, tritt der Verfestigungszeitpunkt bei deutlich niedrigeren Temperaturen im Vergleich zu Abb. 4.40a auf. Um das mechanische Verhalten während dieses Übergangs zu charakterisieren, sind über der DSC-Kurve weiterhin Speicher- und Verlustmodul aus einem PPR-Versuch mit äquivalenter Abkühlrate in Abb. 4.45 dargestellt. Im schmelzflüssigen Zustand liegt der Verlustmodul weit über dem Speichermodul, weshalb an dieser Stelle von einem Fluid gesprochen wird. Analog zum DSC-Signal ist ein sprunghafter Anstieg im Speicher- und Verlustmodul während des Kristallisationsvorgangs erkennbar, wobei sich das Verhältnis beider Moduln umkehrt. Da der Übergang flüssig-fest mit einem starken Volumen- bzw. Kristallisationsschrumpf verbunden ist, bedeckt die Polymerprobe die Rheometerplatten nur noch unzureichend. Demzufolge sind nur noch unverlässliche Daten für Speicher- und Verlustmodul bei niedrigeren Temperaturen vorhanden. Dadurch ist dieses Messprinzip für die mechanische Charakterisierung bei niedrigen Temperaturen nicht geeignet. Abhilfe schafft hier eine zusätzliche DMA-Untersuchung, wobei beginnend bei Raumtemperatur der Speicher- und Verlustmodul über einen großen Temperaturbereich ermittelt werden kann. Die überlagerten Ergebnisse der thermischen Analyse in Abb. 4.45 zeigen deutlich die charakteristischen Phasenumwandlungen im Polymer und deren Einflüsse auf das thermomechanische Verhalten.

Um die genannten Einflüsse numerisch abbilden zu können, wurde ein thermomechanisches Materialmodell gewählt. Das Grundmodell besteht aus einem allgemeinen Maxwell-Modell mit temperaturabhängigen Viskositäten basierend auf einer horizontalen Shift-Funktion [74]. Die DMA-Versuche wurden an vollständig auskristallisierten Proben (entsprechend dem materialabhängigen maximalen absoluten Kristallisationsgrad) durchgeführt und das Grundmodell parametrisiert. Der Einfluss der Kristallisation wird mit Hilfe eines Kinetikmodells für nicht-isotherme Kristallisation abgebildet [75, 76] und anhand von weiteren DSC-Versuchen mit unterschiedlichen konstanten Abkühlraten parametrisiert. Die Berücksichtigung des Kristallisationsgrades im thermomechanischen Maxwell-Modell erfolgt über die Definition einer zweiten vertikalen Shift-Funktion, die ausschließlich über die Relaxationsstärken des Maxwell-Modells Einfluss nimmt.

Die Simulationsergebnisse des vollständig parametrisierten thermo-viskoelastischen Materialmodells mit Berücksichtigung einer kristallisationsbedingten Verfestigung sind in Abb. 4.46 dargestellt. Die experimentellen Daten umfassen zum einen DMA-Versuche bei verschiedenen Frequenzen beim Erwärmungsvorgang und PPR-Versuche bei verschiedenen Frequenzen beim Abkühlvorgang. Die dargestellte Modellanwort wurde mit einer zum Rheometerversuch äquivalten Abkühlrate und bei der jeweils minimalen und maximalen im Experiment untersuchten Frequenz erzeugt. Somit stellt die Modellantwort eine Hüllkurve zu den experimentellen Daten dar und zeigt eine gute Übereinstimmung zwi-

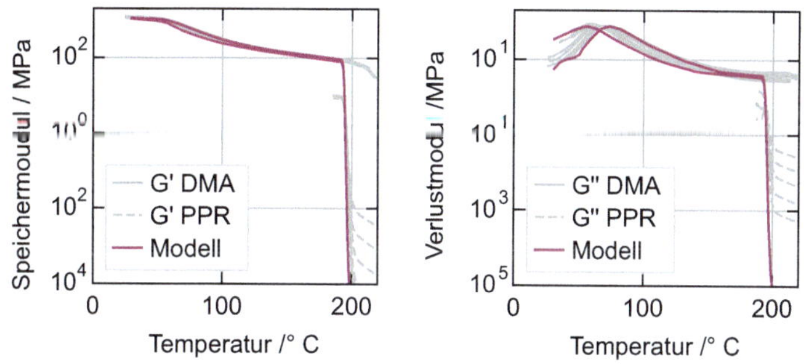

Abb. 4.46 Vergleich zwischen thermomechanischem Materialmodell und experimentellen Untersuchungen des reinen PA6. Die experimentellen Daten entsprechen DMA- und Platte-Platte-Rheometer-Versuchen bei verschiedenen Frequenzen. Die Modellantwort wurde mit der minimalen und maximalen Frequenz aus dem Experiment erzeugt und kann erfolgreich die experimentellen Daten umhüllen.

schen Modell und Experiment. Das entwickelte Materialmodell für das PA6 kann im Rahmen einer numerischen Homogenisierung in ein Makromodell für den FVK überführt werden und erlaubt so die Berücksichtigung der Kristallisation auf das thermomechanische Abkühlverhalten des Verbundes. Die Verwendung von DSC-Daten des FVK zur Parametrisierung des Kinetikmodells passt den Verfestigungszeitpunkt entsprechend dem Verbundverhalten an.

4.4.5 Experimentelle Bauteiluntersuchungen und Validierung

Nachdem in den vorangegangenen Kapiteln detaillierte Aspekte der Gestaltung und Fertigung der multiskalenstrukturierten Thermoplastverbund-Hohlprofilstrukturen diskutiert wurden, werden im Folgenden Ergebnisse der experimentellen Bauteiluntersuchung vorgestellt. Anhand dieser ist das Konzept einer Multiskalenstrukturierung zu validieren und das Steifigkeits- und Tragverhalten der Verbindung sicherzustellen. Das Prüfprogramm beinhaltet quasistatische Auszugsversuche und Wöhler-Versuche zur Ermittlung des statischen und dynamischen Tragverhaltens. Eine Konditionierung aller Proben nach DIN EN ISO 1110 [77] sichert dabei die Reproduzierbarkeit der Polyamid-Eigenschaften. Ein weiterer Schwerpunkt liegt auf der Untersuchung der Korrosionsstabilität der Hybridverbindung und der Ableitung geeigneter Korrosionsschutzmaßnahmen.

Die Ermittlung der Verbindungseigenschaften unter quasistatischer Belastung erfolgt unter konstanter Zugbeanspruchung mit einer Prüfgeschwindigkeit von 0,5 mm/s. Die Verformungen und Verschiebungen der Fügepartner zueinander werden während des Zugversuchs mit optischer Messtechnik (GOM Aramis) erfasst und die Probekörperverlängerung berechnet. Zunächst wurden die Mikro- und Mesostrukturen hinsichtlich Trag- und Versagensverhalten untersucht [40]. Im Ergebnis zeigt sich, dass die mikrostrukturierten Oberflächen eine untergeordnete Rolle am Tragverhalten der Verbindung im Vergleich zu den mesostrukturierten Oberflächen spielen, sodass der Fokus nachfolgender Untersuchungen auf die Verstärkungseffekte von Mesostrukturen in Kombination mit Makrokonturen gelegt wird.

Anhand einer reinen Pyramiden-Mesostruktur können im Rahmen einer Voruntersuchung das typische Verbindungsversagen global sowie lokal analysiert und geeignete Parameter für Wanddicken und Überlappungslängen experimentell bestimmt werden. Zwar liegen Abschätzungen durch die numerischen Untersuchungen aus Abschn. 4.4.3. vor, jedoch können dort nicht alle Struktur- und Fertigungseinflüsse berücksichtigt werden. Der erste globale Analysepunkt stellt den Zusammenhang zwischen der Länge des strukturiertem Bereichs und der maximalen Auszugskraft dar. Mit einer Vergrößerung der Verbindungslänge zeigt sich eine Steigerung der übertragbaren Kräfte, wobei die flächenbezogenen Verbindungsfestigkeiten bzw. Schubspannungen jedoch annähernd gleichbleiben [40]. Für eine maximale Materialausnutzung der Fügepartner wird, unter Berücksichtigung von Schichtdicke und Festigkeit des Aluminiumrohres, eine Verbindungslänge von 30 mm bei einer Rohrwanddicke von 2,5 mm für alle weiteren Festigkeitsuntersuchungen an der Zug-/Druck-Strebe gewählt. Zur Analyse des lokalen Verbindungsversagens werden die Ergebnisse von Auszugsversuchen herangezogen, die in einer In-situ-CT-Anlage durchgeführt wurden. Dies ermöglicht eine CT-Untersuchung der Rohrprobekörper unter verschiedenen Belastungszuständen, um daraus die Schadensphänomenologie der Verbindungen abzuleiten. Anhand der CT-Aufnahmen in Abb. 4.47 ist ein vornehmlich adhäsives Versagen zu erkennen, wobei kleinere Strukturen des Polymers abgeschert werden. Infolge der axialen Zugbelastung kommt es zu einer signifikanten Verjüngung des FVK-Querschnitts und einem damit verbundenen Ablösen der Formschlusselemente. Wie bereits in Abschn. 4.4.3 angedeutet, kann dieser Effekt mittels zusätzlicher umfangsversteifender Geflechtlagen als Stützbandage in der Lasteinleitungszone verhindert und ein kohäsives Versagen erreicht werden.

Zur Untersuchung der laststeigernden Wirkung einer mehrskaligen Strukturierung wurden die in Abschn. 4.4.3.2 beschriebenen Mesostrukturierungen, die Makrokontur mit zwei gradierten Hinterschnitten (2HS-G) gemäß Abschn. 4.4.3.1 sowie deren Kombinationen untersucht und das Trag- und Versagensverhalten verglichen. Zusammenfassend sind in Abb. 4.48a exemplarisch Kraft-Weg-Kurven und in Abb. 4.48b die aus jeweils drei Versuchen gemittelten Maximalkräfte sowie die Energieaufnahme $W_{0,3\,\mathrm{Fmax}}$ bis zum Abfall der

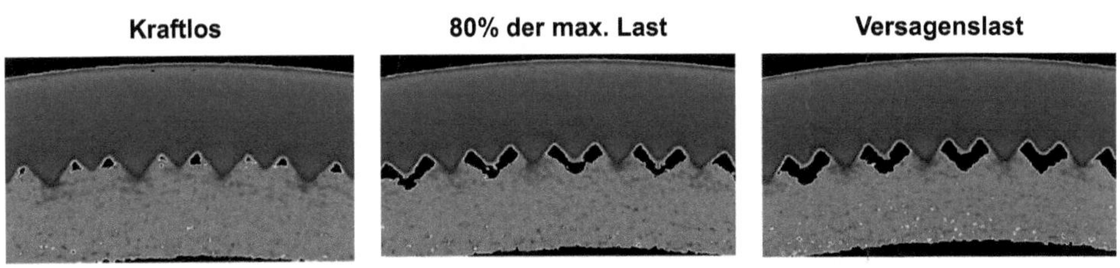

Abb. 4.47 Exemplarische Prüfung der Pyramiden-Struktur und deren CT-Aufnahmen mittels In-situ-CT-Anlage nach [40]

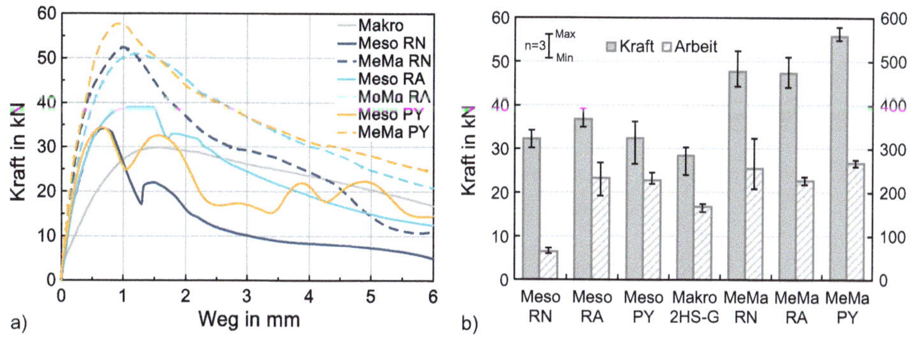

Abb. 4.48 **a**) Vergleich der Kraft-Weg Kurven sowie **b**) der Maximalkraft und der geleisteten Arbeit im Auszugversuch für die Mesostrukturen Ringnut (Meso RN), Raute (Meso RA) und Pyramide (Meso PY), der Makrokontur (Makro 2HS-G) und der kombiniert strukturierten Verbindungen (MeMa RN, RA, PY)

Kraft auf 30 % der Maximalkraft dargestellt. Die übertragbaren Kräfte der Mesostrukturen liegen zwischen 32 kN für die Ringnut- bzw. Pyramidenstrukturierung und 37 kN für die Rautenstrukturierung. Demgegenüber übertragen die rein makrokonturierten Verbindungen im Mittel lediglich 28 kN. Eine deutliche Steigerung der Lastübertragung wird durch die Kombination von Meso- und Makroformschluss erreicht. Mit überlagerter Makrokontur können Kräfte von 48 kN mit Rauten- oder Ringnutmesostruktur übertragen werden, was einer Steigerung um 30 % bzw. 48 % entspricht. Die größten Kräfte von 56 kN übertragen die Probekörper mit Pyramidenstruktur. Hier ist eine Erhöhung um 72 % gegenüber einer reinen Pyramiden-Mesostrukturierung bei verändertem Versagensmechanismus zu verzeichnen.

In den Kraft-Weg-Kurven ist für alle skalenübergreifenden Strukturierungen neben der Zunahme der übertragbaren Kräfte auch eine deutliche Erhöhung der Verbindungssteifigkeit festzustellen. Die Ursachen liegen in der Gestaltung und Anordnung der Formschlusselemente bzw. Hinterschnitte auf Mesoebene und der dadurch verbesserten Anhaftung der Tapes gegenüber einem reinen Makroformschluss. Dabei versagen die mesostrukturierten und makrokonturierten sowie die kombiniert strukturierten Proben einheitlich durch Faserbruch der umfangsversteifenden Bandagen infolge zu hoher tangentialer Druckspannungen in den Hinterschneidungen. Eine Ausnahme bildet die Pyramiden-Mesostruktur, bei der ein Versagen trotz Bandage durch eine Verjüngung des FVK beobachtet wird. Grund hierfür ist die vergleichsweise geringe Strukturtiefe der Pyramiden. Exemplarisch sind die Versagensbilder der Hybridstrukturen mit Meso- und Makroformschluss in Abb. 4.49 dargestellt.

Das Druckversagen in der FVK-Bandage wird zusätzlich durch eine lokale plastische Verformung der Makrokontur im Al-Lasteinleitungselement überlagert. In Abb. 4.50 sind die gemessenen Dehnungen in Zugrichtung (X-Richtung) während der Prüfung dargestellt. Beim Erreichen des Kraftmaximums treten bereits lokale plastische Dehnungen von über 10 % in den Innenradien des makrokonturierten LE-Elementes auf, die im weiteren Auszug

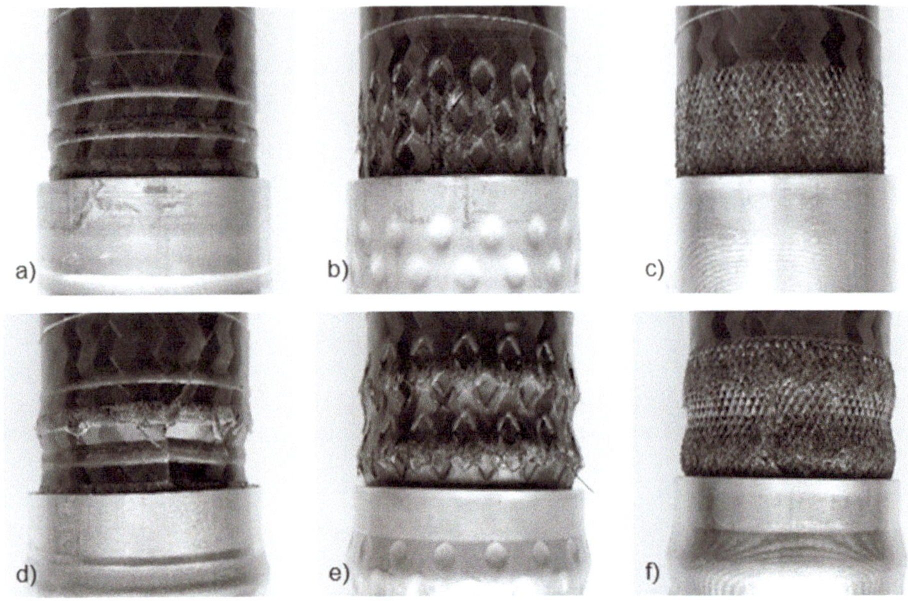

Abb. 4.49 Charakteristische Versagensbilder der mesostrukturierten Verbindungen: **a**) Ringnut, **b**) Raute, **c**) Pyramide und **d**) bis **f**) der kombiniert strukturierten Verbindungen im Auszugversuch

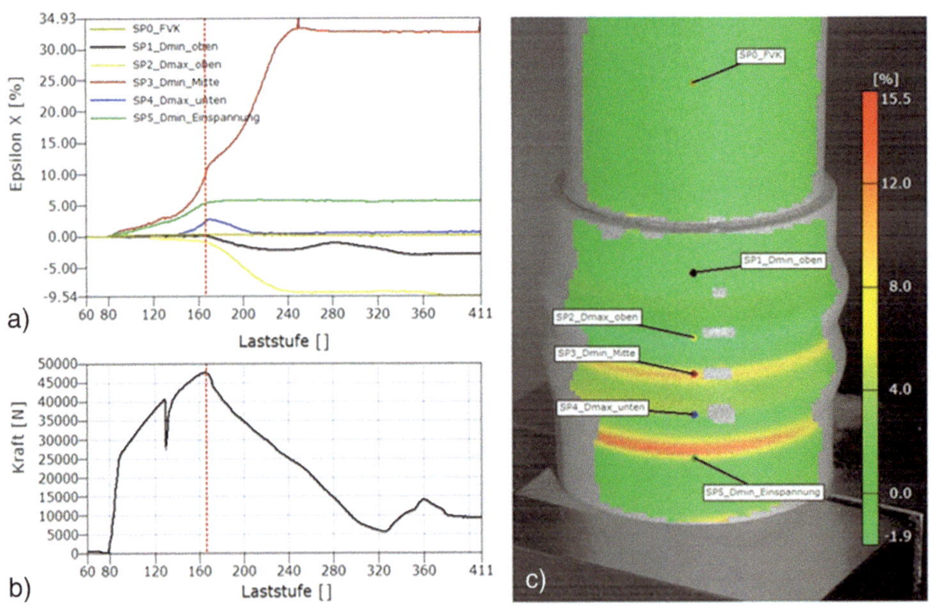

Abb. 4.50 Verformungsanalyse im Auszugversuch: **a**) Dehnung in Zugrichtung über der Zeit für diskrete Punkte, **b**) Kraft-Zeit-Verlauf und **c**) die visualisierten Dehnungen bei Kraftmaximum

deutlich zunehmen – ohne zum Versagen im Aluminium zu führen. Die Umfangssteifigkeit des durch Faserbruch geschädigten FVK-Rohrs ist immer noch ausreichend, um die Profil-Wellen der Makrokontur plastisch zu verformen. Dieses Verhalten verhindert ein abruptes Versagen der Verbindung und führt zu einer hohen Energieaufnahme.

Zur Ableitung von Gestaltungshinweisen unter bauteilnahen Beanspruchungen wurden die Verbindungseigenschaften unter zyklischer Zugschwellbeanspruchung im Perlschnurverfahren mit einer Prüffrequenz von 10 Hz ermittelt. Die Lasthorizonte werden mit jeweils einem Messwert belegt und mittels Linearregression im doppeltlogarithmischen Zeitfestigkeitsbereich zur Bestimmung der Überlebenswahrscheinlichkeit von 50 % ausgewertet. Für die Regressionsberechnung werden die Prüflast als unabhängige Variable und die Lastspielzahl als abhängige Variable definiert. Im Wöhlerdiagramm sind zusätzlich die 10 % und 90 % Überlebenswahrscheinlichkeiten angegeben. Ein Steifigkeitsverlust von 40 % bezogen auf die Anfangssteifigkeit oder der Bruch des Probekörpers wird als Abbruchkriterium verwendet. Als exemplarisches Ergebnis der Untersuchungen zur Schwingfestigkeit zeigt Abb. 4.51 die ermittelte Wöhlerlinie für makrokonturierte Proben mit Pyramiden-Mesostruktur.

Die Probekörper versagen einheitlich durch Rissbildung im Aluminium-LE-Element. Aufgrund der geometrischen Kerbwirkung verbunden mit der lokalen Verringerung der Wanddicke durch die Pyramidenstruktur startet der Riss immer im größten Außenradius der Makrokontur und breitet sich über dem Umfang aus. Unterhalb einer Kraft von Fo (HCF) = 16,5 kN ist bis zur definierten Grenzschwingspielzahl von $N_G = 2 \times 10^6$ weder ein Versagen der Verbindung noch ein Anriss im Aluminium festzustellen. Verglichen mit der statischen Festigkeit bedeutet das einen Festigkeitsabfall von > 60 % und ist für die Bemessung der Verbindung bei zyklischen Lasten ausschlaggebend. Die flache Neigung der Wöhlerlinie ist vor allem auf den überlagerten Kraftschlussanteil als Folge thermischer

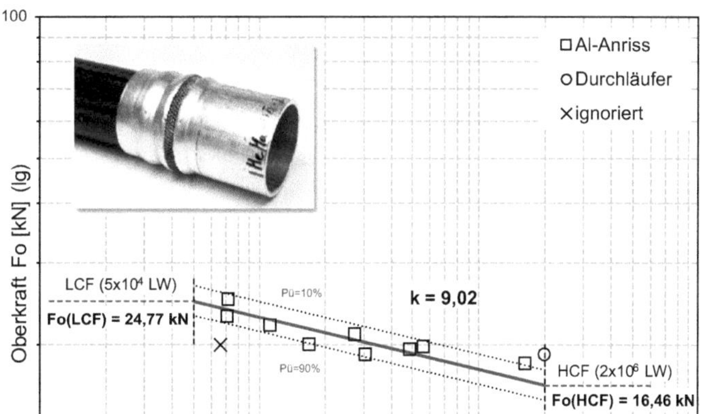

Schwingfestigkeit Intrinsische Hybridverbindung Meso-Makro-Strukturierung
Perlschnurverfahren
Lasteinleitungselement
AL6060; Ø=46 mm; t=2,5 mm
Mesostrukturierung
PY; gerändelt; p=1,5; H=0,7 mm
Makrostrukturierung
2x HS-G: L=13,8 mm; R=5 mm H_1=1,4 mm; H_2=2,0 mm
FVK (inkl. Bandage)
CF-PA6 Celstran® $Ø_A$ 46 mm; t_{ges}=3,5 mm
Beanspruchung
Scherzug, Zugschwell R = 0,1; 10 Hz
Prüfmaschine
Instron 100 kN,servohydraulisch
Probenlänge
220 mm
Verbindungslänge
45 mm
Strukturierungslänge
30 mm

Abb. 4.51 Wöhlerlinie einer Hybridverbindung mit skalenübergreifendem Formschluss

Verspannung der umfangsversteifenden Bandagen nach dem Abkühlen zurückzuführen. Der Wöhlerexponent der Hybridverbindungen ist gegenüber geschweißten Bauteilen um den Faktor zwei bis drei höher und typisch für kraft- und formschlüssig wirkende Verbindungsysteme.

Korrosionsschutz und -beständigkeit der Hybridverbindung

Kohlenstofffaserverstärkte Kunststoffe besitzen eine im Allgemeinen sehr hohe Resistenz gegenüber Korrosion und eine hohe chemische Beständigkeit gegenüber einer Vielzahl von technischen Medien. Aluminium ist aufgrund der dünnen sich ausbildenden Oxidschicht ebenfalls sehr beständig in den meisten klimatischen Umgebungen. Aufgrund der elektrochemischen Potenzialdifferenz von Kohlenstofffaser und Aluminium können jedoch beide Materialien im Kontakt zu einer galvanischen Korrosion (GK) führen. Dies geschieht, wenn beide Materialien in direktem elektrischen Kontakt zueinanderstehen und durch eine Elektrolytlösung verbunden sind. Zusätzlich begünstigt die Gestaltung der Konturverbindung das Auftreten von Spaltkorrosion (SK), wenn sich die FVK-Struktur aufgrund von mechanischen oder thermischen Lasten von dem LE-Element löst. In Abb. 4.52 sind die genannten Korrosionsarten anhand der hybriden Zug-/Druck-Strebe dargestellt.

Um galvanische Korrosion zu vermeiden, müssen beide Kontaktpartner elektrisch voneinander isoliert sein, was typischerweise durch Oberflächenbeschichtungen, Trennschichten oder den Ausschluss der Elektrolyte erreicht wird. In einer seriellen Anwendung müssen folgende Anforderungen an einen Korrosionsschutz der intrinsisch verarbeiteten Hybridverbindung erfüllt sein: Temperaturbeständigkeit während des gesamten Prozesses, geringer Herstellungsaufwand, geringe Kosten und geringe Schichtdicke sowie ausreichendes Dehnungsvermögen bei mechanischer Belastung.

Auf Basis einer Kosten-Nutzen-Analyse wurden sechs Korrosionsschutzkonzepte für eine Bewertung in einem zyklischen Korrosionstest gemäß der Richtlinie VDA 233-102 [78] mit wechselnder Luftfeuchtigkeit und wechselnden Temperaturen sowie Salzsprühphasen ausgewählt. Die Konzepte beinhalten eine unbehandelte Probe als Referenz (a), eine Randversiegelung mit Silikon auf den Bereichen 2 und 4 (b), eine 1,5µm Ormosil-

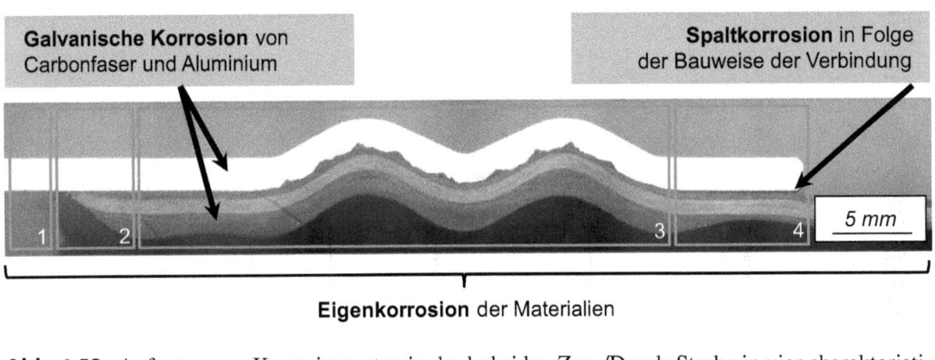

Abb. 4.52 Auftreten von Korrosionsarten in der hybriden Zug-/Druck-Strebe in vier charakteristischen Bereichen [41]

Sol-Gel-Beschichtung [vgl. Abschn. 3.3.4.3] (c), eine 10µm eloxierte Schicht (d), eine 40µm hartanodisierte Schicht (e) und ein 0,5 mm Glasfaser-PA6-Organoblech (f) als Trennschicht. Vier Proben pro Konzept wurden 18 Wochen lang in einer Klimakammer behandelt und vor der anschließenden Inspektion aufgeschnitten und gereinigt. Die Ergebnisse repräsentativer Proben jedes Konzepts sind in Abb. 4.53 gezeigt.

Die unbehandelte Probe (a) ist stark korrodiert. GK in allen Bereichen sowie SK am Rand des FVK in Bereich 2 sind sichtbar. In der Probe mit Silikondichtung (b) konnte SK verhindert werden, da das Silkon das Eindringen der Elektrolytlösung in Spalten an den Rändern des FVK verhindert. In Bereich 3 dieser Probe ist in geringem Umfang GK vorhanden. Es wird angenommen, dass die hohe Feuchtigkeitsaufnahme von PA6 weiterhin einen Stromfluss zwischen den beiden Partnern der Konturverbindung durch einen Diffusionsprozess ermöglicht. Dieser Effekt ist auch in der Probe mit einer GF/PA6-Isolationsschicht (f) vorhanden, die im Bereich 2 deutliche SK zeigt. Die Ormosil-Sol-Gel-Beschichtung (c) zeigt im Bereich 3 GK sowie Lochfraßkorrosion (LK). An den Rändern des Laminats in den Bereichen 2 und 4, in welchen Faserenden frei liegen, sind geringe Mengen an LK aufgrund von SK vorhanden. Die Oberflächenbeschichtung wurde möglicherweise im SBI-Prozess beschädigt. Die anodisierte Probe (d) zeigt ähnliche Ergebnisse wie die mit Sol-Gel beschichtete Probe (c). Die hartanodisierte Be-

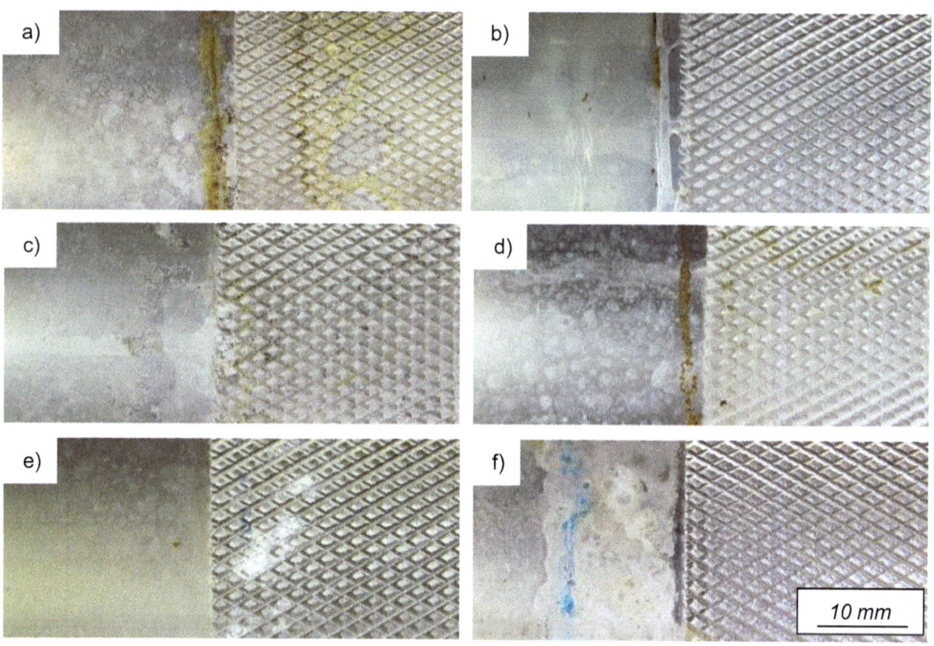

Abb. 4.53 Makroskopische Aufnahmen des korrosiven Schadensbildes von Aluminium Lasteinleitungselementen nach Klima-Wechsel-Tests: **a**) unbehandelte Probe, **b**) Randversiegelung mit Silikon, **c**) Ormosil-Sol-Gel-Beschichtung, **d**) eloxierte Schicht, **e**) hartanodisierte Schicht, **f**) Glasfaser-PA6-Organoblech [41]

schichtung (e) erwies sich als der beste Schutz gegen GK und SK, zeigt jedoch hohe Korrosionsschäden in einzelnen Bereichen, in denen die Beschichtung möglicherweise beschädigt wurde. Korrosive Schäden können durch die Kombination von Randversiegelung und einer Oberflächenbehandlung des Aluminiums deutlich reduziert werden.

Das Design der Konturverbindung erwies sich aufgrund der Spalte an den Rändern des FVK-Rohres, in denen SK von hoher Bedeutung ist, als Herausforderung. Die Sol-Gel-Beschichtung, die Anodisierungsschicht und die Hartanodisierungsschicht können GK weitestgehend eliminieren, zeigen jedoch starke Korrosionseffekte, sobald die Beschichtung Defekte aufweist oder im Herstellungsprozess beschädigt wird. Dies hängt mit dem resultierenden Verhältnis von kathodischem zu anodischem Bereich zusammen.

4.4.6 Zusammenfassung und Ausblick

Die Verwendung von formschlüssigen Hybridverbindungen mit mehrskaligem Formschluss ermöglicht die Übertragung sehr hoher Lasten durch gewichtsoptimierte Leichtbaustrukturen. In diesem Kapitel wurde eine intrinsisch gefertigte Hybridverbindung am Beispiel einer generischen Zug-/Druck-Strebe mit einem geflochtenen, verstärkten Hohlprofil aus CF/PA6 in Kombination mit einem mehrskalig strukturierten Aluminium-Lasteinleitungselement vorgestellt. Es wurde der komplette Entwicklungsprozess beginnend mit dem Bauteildesign und der Auslegung über die Entwicklung effizienter Herstellungsverfahren bis hin zur experimentellen Bauteilprüfung aufgezeigt.

Die mehrskalige Strukturierungsstrategie zur Lasteinleitung basiert auf einem Makro- und Meso-Formschluss mit Anpassung an die Flechtarchitektur des FVK und einer feinskaligen Strukturierung auf der Mikroebene. Die Untersuchung der Formschlussgeometrie auf allen Skalenebenen erfolgte durch numerische Modelle. Mit Hilfe eines Makromodells wurden Voruntersuchungen zum Einfluss charakteristischer Geometrieparameter wie Hinterschnittanzahl und -tiefe auf die resultierende Verbindungsfestigkeit durchgeführt und eine optimierte Geometrie im Rahmen einer statistischen Versuchsplanung identifiziert. Dabei wurden Grenzflächenversagen und FVK-Auslastung bereits berücksichtigt, was in weiterführenden Untersuchungen zur Mesostrukturierung mit reibungsbasiertem Kontaktansatz, zur Vorhersage des fortschreitenden Versagens des FVK und zur Berücksichtigung elastisch-plastischer Materialeigenschaften des LE-Elements erweitert wurde. Auf der Mikroskala wurde ein numerisches Modell zur Analyse des Grenzflächenversagens unter Berücksichtigung von Fasern nahe einer rauen Oberfläche entwickelt. Eine Oberflächenstrukturierung zeigt dabei eine Erhöhung der Anbindungsfestigkeit von schwachen Materialverbindungen, welche durch den Übergang von rein adhäsivem zu kohäsivem Versagen hervorgerufen wird. Diese Ergebnisse können weiterhin als Motivation für die Auswahl der Parameter eines makroskopischen Kohäsivzonenmodells dienen. Der Einfluss auf den Gestaltungsspielraum von hydrogeformten Formschlusselementen konnte anhand numerischer Sensitivitätsanalysen zu der Ausformung der Strukturierung auf Meso- und Makroebene identifiziert und als Randbedingung in der experimentellen Umsetzung berücksichtigt werden.

Die umfangreichen experimentellen Bauteilversuche demonstrieren die Tragfähigkeit der Verbindung und das hohe Potenzial einer mehrskaligen Strukturierung zur Erhöhung der übertragbaren Lasten. Alle Kombinationen von Meso- und Makrostrukturierung haben eine Steigerung der Festigkeit, Steifigkeit und Auszugsarbeit der Verbindung zur Folge. Die erzielbaren Verbindungsfestigkeiten liegen im Bereich von Klebeverbindungen; die zu übertragenden Kräfte sind über die Verbindungslänge einstellbar. Aufgrund der intrinsischen Fertigung werden jedoch keine zusätzlichen Prozessschritte für den Fügevorgang benötigt. Der realitätsnahe Einsatz der Verbindung wurde durch zyklische mechanische und mediale Belastungsversuche aufgezeigt. Die Schwingfestigkeit der hybriden Verbindung ist dabei dominiert durch das Aluminium-Lasteinleitungselement, welches durch die formschlüssige Geometrie und infolge induzierter Biegespannungen stark beansprucht wird. Eine Kombination aus einer Randversiegelung mit einer Oberflächenbehandlung des Aluminiums über Hart-Anodisieren oder einer Ormosil-Sol-Gel-Beschichtung konnte als eine geeignete Korrosionsschutzmaßnahme identifiziert werden.

Im intrinsischen Fertigungsprozess für kohlenstofffaserverstärkte thermoplastische Hybrid-Hohlstrukturen werden Tape-geflochtene Preforms zusammen mit den hydrogeformten Aluminium-Lasteinleitungselementen intrinsisch im SBI-Verfahren gefügt. Im zweiphasigen Hydro-Umformverfahren erfolgt die Herstellung von mehrskalig strukturierten Lasteinleitungselementen aus Aluminium-Rohrhalbzeugen in einem Presszyklus unter 20 Sekunden. Durch die Verwendung des Flechtprozesses und der vorimprägnierten thermoplastischen Tapes ist es möglich, hochautomatisiert hochqualitative Preforms zu fertigen, welche im SBI-Verfahren in Zykluszeiten unter zehn Minuten in der variothermen Prozessführung und innerhalb von zwei Minuten in der isothermen Prozessführung gefertigt werden können. Je nach Anwendung und Komplexitätsgrad der Struktur ergeben sich prozessspezifische Vor- und Nachteile der Technologien. Aspekte der thermomechanischen Modellierung des PA6 wurden mit Hilfe eines neuen Materialmodells aufgezeigt und anhand experimenteller Daten parametrisiert. In weiterführenden Untersuchungen kann dieses Modell verwendet werden, um optimale Prozessfenster für isotherme bzw. variotherme SBI-Verfahren zu identifizieren.

Aufgrund der hochautomatisierten und schnellen Prozesse wird eine Produktion im industriellen Maßstab ermöglicht, wodurch neue Anwendungsfelder erschlossen werden können. In Abb. 4.54 sind hybride Zug-/Druck-Streben aus CFK-Hohlprofilen und mehrskalig strukturierten metallischen Lasteinleitungselementen dargestellt, welche die Möglichkeiten hybrider Bauteile sowie deren Fügeoperationen in Multimaterial-Leichtbaukonstruktionen demonstrieren.

4.5 Zusammenfassung und Ausblick für hybride Hohlstrukturen

Mit dem Schleuder- und dem Schlauchblas-Integral-Verfahren lassen sich FVK-Metall-Hohlprofile intrinsisch fertigen. Die erzeugten Bauteile weisen hierbei hohe Faservolumengehalte und geringe Porenanteile auf. Zudem besitzen die hergestellten Bauteile durch

Abb. 4.54 Intrinsisch gefertigte Zug-/Druck-Streben

die Verwendung geeigneter Außenwerkzeuge eine sehr hohe Oberflächengüte und sind maßhaltig. Aufgrund von mehrskaligen Strukturierungen auf der Mikro-, Meso- und der Makro-Ebene können für beide Verfahren hohe Lasten vom metallischen Lasteinleitungselement in das Laminat übertragen werden. Das Versagen der Komponenten erfolgt aufgrund des Formschlusses unter einer hohen Energieabsorption, sodass sich die Bauteile auch für den Einsatz in Crashstrukturen eignen. Zudem kann beim Schleuderverfahren auch auf die adhäsive Wirkung der Epoxidmatrix gesetzt werden, um metallische Lasteinleitungselemente stoffschlüssig anzubinden. Das Schlauchblas-Integral-Verfahren besitzt durch den Einsatz von vorimprägnierten thermoplastischen Tapes sehr geringe Taktzeiten und eignet sich deshalb besonders für den Einsatz in der Serienproduktion hochbelastbarer Bauteile. Beim Schleuderverfahren wird sich in der Zukunft zeigen, wie stark die Taktzeit mit dem Einsatz von reaktiven Matrixsystemen reduziert werden kann. Im Vergleich der beiden Verfahren ist ein Vorteil des Schleuderverfahrens, dass es – abgesehen von Dichtringen – ohne Verbrauchsmaterialien durchgeführt werden kann. Beide Verfahren treten in Konkurrenz zu den industriell etablierten Produktionstechnologien Wickeln und Pultrusion. Dabei besitzen Schleuder- und Schlauchblas-Verfahren den großen Vorteil, dass durch die intrinsische Hybridisierung auf ein nachgeschaltetes Fügen von metallischen Funktionselementen durch Kleben, Pressen oder Bolzen verzichtet werden kann. Die möglichen Anwendungsfelder der beiden Technologien erstrecken sich je nach Materialeinsatz von Querlenker oder Antriebswellen im Automobilbereich, über Zug- und Druck-Streben für jegliche Fachwerkstrukturen bis hin zu Rohrleitungsapplikationen für die Luftfahrtindustrie.

Literatur

1. Klein B (2009) Leichtbau-Konstruktion: Berechnungsgrundlagen und Gestaltung. Maschinenelemente und Konstruktion. Vieweg+Teubner, Wiesbaden
2. Henning F, Moeller E (2020) Handbuch Leichtbau – Methoden, Werkstoffe, Fertigung, 1. Aufl. Carl Hanser, München/Wien
3. Fischer T (2004) Der Pressverband als torsionbelastete Krafteinleitung in Faser-Kunststoff-Verbund-Wellen: Ermittlung von Konstruktionsprinzipien und Dimensionierungsrichtlinien. Shaker, Aachen
4. Ehrenstein GW (2018) Faserverbund-Kunststoffe: Werkstoffe – Verarbeitung – Eigenschaften. Carl Hanser Verlag GmbH & Company KG, München
5. Fleischer J, Koch S-F, Coutandin S (2015) Manufacturing of polygon fiber reinforced plastic profiles by rotational molding and intrinsic hybridization. Prod Eng Res Devel 9:317–328. https://doi.org/10.1007/s11740-015-0620-0
6. Epple S, Bonten C (2014) Production of continuous fiber thermoplastic composites by in-situ pultrusion. AIP Conf Proc 1593:454–457. https://doi.org/10.1063/1.4873820
7. Mack J, Schledjewski R (2012) 7 – Filament winding process in thermoplastics. In: Advani SG, Hsiao K-T (Hrsg) Manufacturing techniques for polymer matrix composites (PMCs). Woodhead Publishing, Sawston (England), S 182–208
8. Garthaus C (2017) Zur Herstellung funktionalisierter Hohlprofilstrukturen aus endlosfaserverstärkten Thermoplasten. Dissertation, TU Dresden
9. Lenz F (2017) Die Innenprofilierung als Lasteinleitungsprinzip für modulare Antriebswellensysteme aus Hochleistungs-Faser-Kunststoff-Verbunden. Dissertation, TU Dresden
10. Ku A-IV (2014) Handbuch Faserverbundkunststoffe/Composites: Grundlagen, Verarbeitung, Anwendungen. Springer, Wiesbaden
11. Ehleben M, Schürmann H (2006) Manufacturing of centrifuged continuous fibre-reinforced precision pipes with thermoplastic matrix. Compos Sci Technol 66:2601–2609
12. Neitzel M, Mitschang P, Breuer U (2004) Handbuch Verbundwerkstoffe: Werkstoffe. Verarbeitung, Anwendung. Hanser, München/Wien
13. HPG D (1856) Les Fontaines publiques de la ville de Dijon. Exposition et application des principes à suivre et des formules à employer dans les questions de distribution d'eau, etc. V. Dalamont, Paris
14. Gutowski TG, Cai Z, Bauer S et al (1987) Consolidation experiments for laminate composites. J Compos Mater 21:650–669
15. Gebart BR (1992) Permeability of unidirectional reinforcements for RTM. J Compos Mater 26:1100–1133
16. Nieschlag J, Ruhland P, Coutandin S et al (2019) Rotational molding for the production of hybrid FRP metal tension and compression rods with form fit. In: Wulfsberg JP, Hintze W, Behrens B-A (Hrsg) Production at the leading edge of technology. Proceedings of the 9th congress of the German Academic Association for production technology (WGP), September 30th–October 2nd, Hamburg 2019. Springer Vieweg, Berlin, S 131–138
17. Grieser T, Mitschang P (2014) Kontinuierliches Profil-Preforming für Versteifungsstrukturen. Lightweight Des 7:24–29
18. Orifici AC, Herszberg I, Thomson RS (2008) Review of methodologies for composite material modelling incorporating failure. Compos Struct 86:194–210
19. Puck A (1996) Festigkeitsanalyse von Faser-Matrix-Laminaten: Modelle für die Praxis. Hanser, München
20. Da Silva LFM, Öchsner A, Adams RD (2011) Handbook of adhesion technology. Springer Science & Business Media, Cham

21. Kießling R, Hirsch F, Dammann C et al (2016) Hybrid metal-composite interfaces: aspects of design, characterisation, and simulation. In: Advanced materials research. Trans Tech Publications, Zurich, S 255–263
22. Paul H, Luke M, Henning F (2015) Combining mechanical interlocking, force fit and direct adhesion in polymer-metal-hybrid structures – Evaluation of the deformation and damage behavior. Compos Part B: Eng 73:158–165
23. Barbero EJ (2013) Finite element analysis of composite materials using AbaqusTM. CRC Press, Boca Raton
24. van der Velden A, Koch P (2010) Isight design optimization methodologies. ASM Handb 22:79
25. Ruhland P, Berger M, Coutandin S et al (2019) Production of hybrid tubular metal-fiber-preforms: material characterization of braided hoses with a binder. Procedia CIRP 85:121–126. https://doi.org/10.1016/j.procir.2019.09.013
26. Koch S-F (2017) Fügen von Metall-Faserverbund-Hybridwelle im Schleuderverfahren: ein Beitrag zur fertigungsgerechten intrinsischen Hybridisierung. Shaker, Aachen
27. Park CH, Woo L (2011) Modeling void formation and unsaturated flow in liquid composite molding processes: a survey and review. J Reinf Plast Compos 30:957–977
28. Neitzel M, Mitschang P, Breuer U (2014) Handbuch Verbundwerkstoffe. Werkstoffe, Verarbeitung, Anwendung, 1. Aufl. Carl Hanser Fachbuchverlag, München, S 1
29. Fleischer J, Koch S-F, Coutandin S (2015) Manufacturing of polygon fiber reinforced plastic profiles by rotational molding and intrinsic hybridization. Prod Eng Res Devel 9:317–328
30. Ahn KJ, Seferis JC, Berg JC (1991) Simultaneous measurements of permeability and capillary pressure of thermosetting matrices in woven fabric reinforcements. Polym Compos 12:146–152
31. Nieschlag J, Ruhland P, Daubner S et al (2018) Finite element optimisation for rotational moulding with a core to manufacture intrinsic hybrid FRP metal pipes. Prod Eng Res Devel 12:239–247
32. Fleischer J, Koch SF, Ruhland P (2016) Rotational molding of fiber reinforced plastics with elastic composite core. In: Dimitrov D, Oosthuizen T (Hrsg) Proceedings of international conference on competitive manufacturing. Resource efficiency for global competitiveness, Stellenbosch (Südafrika), 27–29 Januar 2016, S 181–186
33. Hufenbach W, Helms O, Werner J et al (Hrsg) (2007) Welle-Nabe-Verbindungen: Gestaltung – Fertigung – Anwendungen; Tagung Wiesloch b. Heidelberg, 24–25 Oktober 2007. VDI-Berichte. VDI, Düsseldorf
34. Hufenbach W, Lenz F, Spitzer S et al (Hrsg) (2012) Welle-Nabe-Verbindungen: Gestaltung – Fertigung – Anwendungen ; 5. VDI-Fachtagung – mit Fachausstellung, Nürtingen bei Stuttgart, 25–26 September 2012. VDI-Berichte. VDI, Düsseldorf
35. Amend P, Frick T, Schmidt M (2011) Experimental studies on laser-based hot-melt bonding of thermosetting composites and thermoplastics. Physics Procedia 12:166–173. https://doi.org/10.1016/j.phpro.2011.03.021
36. Tu W, Wen PH, Guild FJ (2010) Multi-region mesh free method for Comeld™ joints. Comput Mater Sci 48:481–489. https://doi.org/10.1016/j.commatsci.2010.02.009
37. Dayss E, Leps G, Meinhardt J (1999) Surface modification for improved adhesion of a polymermetalcompound. SurfCoatTechnol 116–119:986–990. https://doi.org/10.1016/S0257-8972(99)00184-X
38. Rösner A (2013) Der Laser verbindet Kunststoffe mit metallischen Bauteilen. Maschinenmarkt. MM. Das Industriemagazin, S 36–38
39. Barfuss D, Garthaus C, Gude M et al (2016) Design of multi-scale-structured Al-CF/PA6 contour joints. IJAUTOC 2:299–315
40. Barfuss D, Grützner R, Hirsch F et al (2018) Multi-scale structuring for thermoplastic-metal contour joints of hollow profiles. Prod Eng 12:229–238
41. Würfel V, Barfuß D, Grützner R et al (2018) Design and intrinsic processing of a hybrid CFR-TP contour joint with a multi-scale structured load introduction element. Tagungsband 3. Internationale Tagung „Hybrid Materials and Structures" (Hybrid 2018), Bremen, 18–19 April 2018, S 262–268

42. Würfel V, Grützner R, Hirsch F et al (2020) Hybrid fibre reinforced thermoplastic hollow structures with a multi-scale structured metal load introduction element. Tagungsband 4. Internationale Tagung „Hybrid Materials and Structures" (Hybrid 2020), Karlsruhe, 28–29 April 2020, S 138 143
43. Gude M, Hufenbach W, Maaß J et al (2015) Verfahren und Vorrichtung zur Herstellung mehrskalig oberflächenstrukturierter Hohlprofile mittels mediengestützten Umformens. Deutsches Patent DE102014000944
44. Gude M, Vogel C, Gröger B (2019) Simulation-aided development of a robust thermoclinching joining process for hybrid structures with textile reinforced thermoplastic composites and metallic components. Mat.-wiss u Werkstofftech 50:1027–1038. https://doi.org/10.1002/mawe.201900036
45. Ulbricht A (2012) Zur Gestaltung und Dimensionierung von zylindrischen Leichtbaustrukturen in Faserkunststoffverbund-Metall-Mischbauweise. Dissertation, TU Dresden
46. Schürmann H (2007) Konstruieren mit Faser-Kunststoff-Verbunden, 2. bearbeitete und erweiterte Auflage. VDI-Buch. Springer, Berlin/Heidelberg
47. Huang ZM (2000) A unified micromechanical model for the mechanical properties of two constituent composite materials. Part I: Elastic behavior. J Thermoplas Compos Mater 13:252–271. https://doi.org/10.1177/089270570001300401
48. Barfuss D, Garthaus C, Gude M (2015) Advanced waviness modelling of thermoplastic tape braids. In: Proceedings ICCM20, Copenhagen, 19–24 July, S 10
49. Cuntze RG (1999) SM98-018/313 The FAILURE MODE CONCEPT-a new comprehensive 3D-strength analysis concept for any brittle and ductile behaving material. Spacecraft Struct Mater Mech Test 428:269
50. Matzenmiller A, Lubliner J, Taylor RL (1995) A constitutive model for anisotropic damage in fiber-composites. Mech Mater 20:125–152. https://doi.org/10.1016/0167-6636(94)00053-0
51. Chang F-K, Chang K-Y (1987) A progressive damage model for laminated composites containing stress concentrations. J Compos Mater 21:834–855. https://doi.org/10.1177/002199838702100904
52. Hashin Z (1980) Failure criteria for unidirectional fiber composites. J Appl Mech 47:329–334. https://doi.org/10.1115/1.3153664
53. Hirsch F, Kästner M (2017) Microscale simulation of adhesive and cohesive failure in rough interfaces. Eng Fract Mech 178:416–432
54. Hirsch F, Natkowski E, Kästner M (2020) Failure analysis of fiber-reinforced composite-metal hybrids – microscale modeling and simulation (in preparation)
55. Camanho PP, Davila CG, de Moura MF (2003) Numerical simulation of mixed-mode progressive delamination in composite materials. J Compos Mater 37:1415–1438. https://doi.org/10.1177/0021998303034505
56. Hirsch F, Kästner M (2016) Modeling of failure in rough interfaces. Proc Appl Math Mech 16:525–526. https://doi.org/10.1002/pamm.201610251
57. Hirsch F, Kästner M (2016) Multiscale modelling and simulation of failure in metal-composite interfaces. In: Proceedings of 17th European conference on composite materials, Munich, 26–30 June
58. Garthaus C, Barfuss D, Witschel B et al (2015) Tape braiding: high-performance fibre-reinforced thermoplastic profile structures. JEC Compos Mag No 96:62–64
59. Grützner R, Würfel V, Müller R et al (2020) Combined external and internal hydroforming process for aluminium load introduction elements in intrinsic hybrid CFRP contour joints. In: Dröder K, Vietor T (Hrsg) Future production of hybrid structures. Wolfsburg. Springer Verlag
60. Guel-López P (2006) Umformung dickwandiger Rohre unter Außenhochdruck bei Berücksichtigung des Auftretens von Längsbeulen. Beiträge zur Umformtechnik, Bd 52. MAT-INFO, Werkstoff-Informationsges, Frankfurt am Main
61. Neugebauer R (2007) Hydro-Umformung. VDI-Buch. Springer, Berlin/New York

62. DIN Deutsches Institut für Normung e. V. (2010) Fluidtechnik – O-Ringe – Teil 2: Einbauräume für allgemeine Anwendungen (DIN ISO 3601-2:2010-08)
63. Barfuss D, Würfel V, Grützner R et al (2018) Integral blow moulding for cycle time reduction of CFR-TP aluminium contour joint processing. AIP Conf Proc 1960:50003. https://doi.org/10.1063/1.5034876
64. Kolesov I, Mileva D, Androsch R et al (2011) Structure formation of polyamide 6 from the glassy state by fast scanning chip calorimetry. Polymer 52:5156–5165. https://doi.org/10.1016/j.polymer.2011.09.007
65. Millot C, Fillot L-A, Lame O et al (2015) Assessment of polyamide-6 crystallinity by DSC. J Therm Anal Calorim 122:307–314. https://doi.org/10.1007/s10973-015-4670-5
66. Guglhoer T, Korkisch M, Sause M (2015) Influence of carbon fibres on the crystallinity of Polyamide-6. In: 20th International congress on composite materials, Copenhagen
67. ASTM International (2018) Standard test method for in-plane shear response of polymer matrix composite materials by tensile test of a ±45° laminate. (ASTM D3518). West Conshohocken
68. Manabe K-I, Ozaki J-I (1996) Bulge forming of braided thermoplastic composite tubes under axial compression and internal pressure. Polym Compos 17:115–123. https://doi.org/10.1002/pc.10596
69. Freund A (2014) Numerische Untersuchung zum visuellen Eindruck von presstechnisch hergestellten Textil-Thermoplastverbunden. Dissertation, TU Dresden
70. Gröger B, Hornig A, Barfuss D et al (2019) Numerical analysis of the thermoforming process of hybrid thermoplastic-metal contour joints for hollow profiles. Euromech Colloquium 602 – Composite manufacturing processes. Analyses, modelling and simulations, Lyon, France
71. DIN Deutsches Institut für Normung e. V. (2019) Kunststoffe – Bestimmung Dynamisch-Mechanischer Eigenschaften – Teil 1: Allgemeine Grundlagen (ISO 6721-1:2019); Deutsche Fassung EN ISO 6721-1:2019 (DIN EN ISO 6721-1)
72. DIN Deutsches Institut für Normung e. V. (2015) Kunststoffe – Bestimmung dynamisch-mechanischer Eigenschaften – Teil 10: Komplexe Scherviskosität unter Anwendung eines Parallelplatten-Schwingungsrheometers (ISO 6721-10)
73. DIN Deutsches Institut für Normung e. V. (2016) Kunststoffe Dynamische Differenz-Thermoanalyse (DSC) Teil 1: Allgemeine Grundlagen (ISO 11357-1:2016); Deutsche Fassung EN ISO 11357-1:2016 (DIN EN ISO 11357-1)
74. Göhler J (2010) Das dreidimensionale viskoelastische Stoffverhalten im großen Temperatur- und Zeitbereich am Beispiel eines in der automobilen Aufbau- und Verbindungstechnik verwendeten Epoxidharzklebstoffs. Dissertation, TU Dresden
75. Bessard E, Almeida O de, Bernhart G (2014) Unified isothermal and non-isothermal modelling of neat PEEK crystallization. J Therm Anal Calorim 115:1669–1678. https://doi.org/10.1007/s10973-013-3308-8
76. Nakamura K, Watanabe T, Katayama K et al (1972) Some aspects of nonisothermal crystallization of polymers. I. Relationship between crystallization temperature, crystallinity, and cooling conditions. J Appl Polym Sci 16:1077–1091. https://doi.org/10.1002/app.1972.070160503
77. DIN Deutsches Institut für Normung e. V. (1995) Kunststoffe – Polyamide – Beschleunigte Konditionierung von Probekörpern (DIN EN ISO 1110)
78. Verband der Automobilindustrie e. V. (2013) Zyklische Korrosionsprüfung von Werkstoffen und Bauteilen im Automobilbau (VDA 233-102)

5 Bauteilnahe Beanspruchungen und Gestaltungsrichtlinien

Kay Weidenmann, Mathias Bobbert, Christian Dammann, Fabian Günther, Raik Grützner, Alexander Herwig, Franz Hirsch, Robert Kießling, Peter Lenz, Markus Muth, Robert Prussak, Sascha Sander, Jonathan Serna Gonzalez, Zheng Wang und Carolin Zinn

Bei intrinsischen Hybridverbunden verschwimmen aufgrund der Inhomogenität Werkstoff- und Bauteileigenschaften. Es ist aufgrund der vielen möglichen Konfigurationen nicht mehr einfach möglich, repräsentative Materialeigenschaften mit Hilfe von Normpro-

K. Weidenmann (✉)
Universität Augsburg, Augsburg, Deutschland
E-Mail: Kay.weidenmann@mrm.uni-augsburg.de

M. Bobbert · C. Dammann · P. Lenz · S. Sander · Z. Wang · C. Zinn
Universität Paderborn, Paderborn, Deutschland
E-Mail: Mathias.Bobbert@lwf.upd.de; Dammann@ltm.upb.de; Peter.lenz@ltm.upb.de; Sascha.sander@lwf.upb.de; Zheng.Wang@uni-paderborn.de; Zinn@lwk.upb.de

F. Günther
TU Dortmund, Dortmund, Deutschland
E-Mail: Fabian.guenther@tu-dortmund.de

R. Grützner
IWU Fraunhofer, Chemnitz, Deutschland
E-Mail: Raik.gruetzner@iwu.fraunhofer.de

A. Herwig
TU Braunschweig, Braunschweig, Deutschland
E-Mail: Al.herwig@tu-bs.de

F. Hirsch
TU Dresden, Dresden, Deutschland
E-Mail: Franz.Hirsch@tu-dresden.de

R. Kießling
TU Chemnitz, Chemnitz, Deutschland
E-Mail: Robert.kiessling@mb.tu-chemnitz.de

J. Fleischer (Hrsg.), *Intrinsische Hybridverbunde für Leichtbautragstrukturen*,
https://doi.org/10.1007/978-3-662-62833-1_5

ben zu bestimmen, um daraus Kennwerte für die Bauteilauslegung zu gewinnen oder allgemein Gestaltungsrichtlinien abzuleiten. In diesem Kapitel werden daher die wesentlichen Herausforderungen adressiert, die sich im Zusammenhang mit intrinsischen Hybridverbunden unter bauteilnahen Beanspruchungen ergeben und wie auf diese hinsichtlich einer hybridgerechten Bauteilgestaltung reagiert werden kann.

5.1 Korrosion

Hybride Bauteile auf Basis von Metallen (Stähle, Aluminiumlegierungen) und kohlenstofffaserverstärkten Kunststoffen sind aufgrund der sehr unterschiedlichen elektrochemischen Potenziale [1] von Metallkomponente und Kohlenstofffaser der besonders ausgeprägten Gefahr der Kontaktkorrosion ausgesetzt. Diese führt in Anwesenheit eines Elektrolyts, wie bspw. Natriumchlorid haltigem Wasser [2] zur Ausbildung einer galvanischen Zelle. In Abhängigkeit vom Flächenverhältnis Anode-Kathode kann es zu einer anodischen Auflösung der metallischen Komponente kommen und dadurch zum Verlust der Integrität des gesamten Hybridbauteils. Aus diesem Grund müssen für einen sicheren Einsatz der Hybridverbindung serientaugliche Korrosionsschutzkonzepte bereitgestellt und validiert werden. Im folgenden Kapitel werden die sich aus den am SPP 1712 beteiligten Projekten erarbeiteten Lösungsansätze erörtert.

5.1.1 Defektfreie Grenzschicht

Zunächst sollte es angestrebt werden, eine möglichst defektfreie Grenzschicht, d. h. eine vollständige Isolation von Kohlenstofffasern und Metalloberfläche gegen Zutritt von korrosiven Medien durch die dazwischenliegende Polymermatrix zu realisieren, sodass sowohl Kontakt- als auch Spaltkorrosion vermieden wird. Bei Verwendung geeigneter Prozessparameter (Injektionsstrategie, Injektionsdruck, Gemisch- und Werkzeugtemperatur) zur Verarbeitung von Epoxidharzen in Injektionsverfahren (z. B. RTM) ist es möglich eine defektfreie Grenzschicht zu erreichen. Auf Grund der hohen Prozessdrücke kann ein Kon-

M. Muth
Karlsruher Institut für Technologie, Karlsruhe, Deutschland
E-Mail: Markus.muth@kit.edu

R. Prussak
Deutsches Zentrum für Luft- und Raumfahrt, Braunschweig, Deutschland
E-Mail: Robert.Prussak@dlr.de

J. Serna Gonzalez
TU Clausthal, Stade, Deutschland
E-Mail: Jonathan.Serna@tu-clausthal.de

takt zwischen Kohlenstofffasern und Metalloberfläche nicht gänzlich vermieden werden. Somit sollte immer eine zusätzliche, isolierende Zwischenschicht verwendet werden. Eine vergleichbare Situation findet man bei allen Formpressverfahren, beispielsweise dem Nasspressen vor. Kritischer hinsichtlich einer defektfreien Grenzfläche sind Fließpressverfahren oder auch das Spritzgießen, da hier Scherkräfte auf die Grenzfläche wirken, weshalb Zwischenschichten eine grundsätzliche höhere mechanische Stabilität aufweisen müssen. Hier bietet sich eine direkte Oberflächenmodifikation der Metalloberfläche an.

5.1.2 Verwendung von Zwischenschichten

Durch den Einsatz geeigneter, isolierender Zwischenschichten können die Metallkomponente und die Kohlenstofffasern sowohl elektrisch als auch medial voneinander entkoppelt werden. In den Untersuchungen durch Teilprojekt 7 in Abschn. 3.4 wurde ein 0,2 mm dickes Glasfaservlies verwendet. Theoretisch würde sich auch ein zugleich die Haftung verbessernder Klebefilm auf Epoxidharzbasis eignen, dessen Einsatz ist jedoch aufgrund des bereits erwähnten Verzuges der Hybridstrukturen und sich bei der Aktivierung bildender Poren nicht zu empfehlen. Infolge der porösen Grenzschicht kann zudem Spaltkorrosion auftreten, welche die Verbindung nicht nur schwächt, sondern zeitnah zu einem vollständigen Versagen führt.

Durch die Vorbehandlung der Metalloberfläche mittels Laserstrukturierung an sich kann die Kontaktkorrosion nicht dauerhaft vermieden werden, da die entstehende Eisenoxidschicht lediglich eine geringe Beständigkeit aufweist und die auf Aluminium erzeugte Oxidschicht so porös ist, dass die Anfälligkeit gegen Lochfraß erhöht wird. Jedoch ist die durch die Lasernanostrukturierung erzielte Anbindung zwischen Metallkomponente und Kohlenstofffaserverbundkomponente defektfrei, sodass eine hervorragende Haftung erzielt wird. Stahl- und Aluminium-CFK-Scherzugproben, die über vier Wochen einer 5 %-igen Natriumchlorid (NaCl) Lösung ausgesetzt worden sind, zeigten keinen Verlust der Scherfestigkeit (Abb. 3.56) [3]. Hier zeigt sich letztlich, dass bei einer intakten Grenzfläche die Angriffsfläche für die Korrosion über die Ränder von Hybridstrukturen so klein ist, dass der Korrosionsproblematik begegnet werden kann.

Eine weitere Möglichkeit zur Vermeidung von Kontaktkorrosion stell eine Zwischenschicht aus einem thermoplastischen Polymer dar, bei der der metallische Einleger im Direktspritzguss ummantelt und anschließend im RTM-Verfahren zwischen die mittleren Lagen des CFK-Laminats eingesetzt wird. Neben der verbesserten Korrosionsbeständigkeit [4] lassen sich durch das thermoplastische Polymer ebenfalls Funktionen wie eine verbesserte Drapierung oder eine Oberflächenstrukturierung integrieren. Letztlich hilft eine solche Zwischenschicht auch, um Steifigkeitssprünge abzufedern (vgl. Abschn. 5.2.4) und damit auch die Eigenspannungsproblematik mit zu adressieren. Auch hier wird durch die Ummantelung mit dem Polymer die Grenzfläche weitestgehend abgedichtet.

5.1.3 Sol-Gel-Beschichtung

Eine weitere Möglichkeit der Kontaktkorrosion vorzubeugen, ist eine organisch-anorganische Zwischenschicht, die vor der Hybridisierung auf der metallischen Komponente im Sol-Gel-Verfahren aufgebracht werden kann [5]. Diese basiert auf gezielt gemischten organisch modifizierten Silikaten (ORMOSIL) und wird direkt nach den für Stahl und Aluminiumlegierungen [2] üblichen oberflächentechnischen Vorbehandlungsschritten durch Tauchen oder Sprühen aufgebracht. Durch Wärmebehandlung der beschichteten Bauteile findet eine Trocknung und Nachverdichtung der nur wenige µm dünnen Schichten statt, wodurch der Anteil kovalenter Siloxanbindungen stark ansteigt. Die organischen Anteile der Schichten verleihen diesen eine deutlich erhöhte Flexibilität, sodass die Anbindung an das Substrat auch nach einer Umformung gewährleistet bleibt [6]. Die ORMOSIL-Beschichtung fungiert als chemisch sehr stabile, elektrisch isolierende Barriere, die den Angriff von Korrosionsmedien auf das Metallsubstrat verhindert und damit auch dessen Korrosion unterbindet. Der spezifische elektrische Widerstand der Beschichtungen übertrifft den von Thermoplasten um mehrere Größenordnungen und kann bspw. mittels elektrochemischer Impedanzspektroskopie (EIS) bestimmt werden [6]. Langzeitauslagerungsversuche in für ihre aggressive Wirkung bekannten Kochsalzlösungen und parallele EIS-Messungen verdeutlichen die sehr gute, lang anhaltende Korrosionsschutzwirkung.

Neben der effektiven Wirkung als Korrosionsschutz ermöglicht die Beschichtung eine verbesserte Haftvermittlung. Bereits durch die gezielte Auswahl der chemischen Zusammensetzung des Sols ist eine Anpassung an den polymeren Fügepartner bzw. dessen funktionelle Gruppen möglich [2]. Besonders gute Haftfestigkeiten können durch die ebenfalls großserientaugliche Nachfunktionalisierung der ORMOSIL-Schichten mittels organofunktioneller Silane erzielt werden. Beispielsweise führen Aminosilane zu hohen Haftfestigkeiten zu Polyamid [6, 7]. Ebenfalls sind auf diese Weise haftfeste Verbindungen zu Polypropylen und Epoxid-basiertem CFK möglich.

Ein großer Vorteil gegenüber den vorgehend genannten Zwischenschichten, wie z. B. unverstärkten bzw. Glasfaser-verstärkten Polymeren besteht darin, dass durch das Ormosil praktisch keine unerwünschte Gewichtszunahme auftritt, keine mechanisch abweichende Zwischenschicht mit berücksichtigt werden muss [6] und es beim Fließpressen nicht zum Verschieben der Glasfaserlagen kommen kann.

Die Beschichtung ist daher besonders für die in Fließ- und Formpressverfahren hergestellten Thermoplast-basierten Hybridbauteile geeignet [6]. Ebenso wäre ein Einsatz im Spritzguss denkbar, und auch eine Übertragung auf duroplastische Harzsysteme ist möglich.

5.2 Lastübertragung/Haftung

Eine der Hauptherausforderungen im Bereich Lastübertragung/Haftung zwischen den beiden Werkstoffen im hybriden Verbund stellt die Einbringung der Funktionselemente dar. Dieser Fügeschritt muss möglichst ohne Schädigung der Verbindungspartner – insbesondere des FVK-Werkstoffes – geschehen, um eine optimale Lastübertragung zu erzielen und die Unterbrechung von Lastpfaden durch die Faserschädigung zu vermeiden. Weiterhin hat die Auslegung vor dem Hintergrund einer Realisierung großserientauglicher Prozesse zu erfolgen.

5.2.1 Generierung der Lastübertragung zwischen Metall und faserverstärkten Kunststoff

Im Allgemeinen gibt es zwei Möglichkeiten die beiden Werkstoffpaare zu verbinden und eine Lastübertragung zu ermöglichen: Den Stoff- und den Formschluss, wobei zwischen intrinsischer und extrinsischer Verbindung unterschieden werden kann. Bei extrinsischen Verbindungen wie z. B. Stanznietverbindungen [8, 9] die auf reinem Formschluss beruhen, geht die Homogenität des Materials und damit auch der Spannungverteilung verloren, wohingegen bei anderen extrinsischen Verbindungen wie dem Kleben – die auf reinem Stoffschluss basieren – eine aufwändige Klebstoffchemie und damit verbundene Vorbehandlungsschritte nachteilig sein können [10].

Bei intrinsischen Verbindungen ist es das Ziel, beide Schlussarten und somit ihre individuellen Vorteile in einem Schritt miteinander zu kombinieren. Es ergibt sich daher ein Mehrwert hinsichtlich einer Reduktion der Prozessschritte, der andere Aufwände (z. B. höhere Halbzeugkosten) ausgleicht.

5.2.2 Vorbehandlung der Metalloberflächen

Zunächst stellt sich bei der Verbindung von Metallen mit faserverstärkten Werkstoffen die Frage nach einer notwendigen Vorbehandlung der Metalloberflächen. Um die Haftung zwischen der CFK Komponente und der Metalloberfläche zu verbessern, wurden im Rahmen der in den Kap. 2 bis 4 beschriebenen Projekte neben einer Anpassung der Prozessparameter verschiedene Oberflächenvorbehandlungsmethoden und Grenzschichten getestet. Um eine Stoff- bzw. formschlüssige Anbindung z. B. zwischen einem Epoxidharz und einer Metalloberfläche zu erzeugen, wurde in Abschn. 3.4 mit Hilfe eines Lasers eine Nanostrukturierung der Metalloberfläche erzeugt. Dabei wird die Haftung – vorrangig durch eine mechanische Verklammerung – zwischen der laserstrukturierten Metalloberfläche und des FVK signifikant verbessert. Die strukturierte Oberfläche zeichnen dabei Offenporigkeit und eine hohe Anzahl von Hinterschnitten aus. Zugehörige Untersuchungen wurden durch Zinn et al. [11–13] durchgeführt. Eine zusätzliche stoffschlüssige Verbindung kann durch eine chemische Aktivierung der Metalloberfläche erfolgen. Zu Vergleichszwecken wurden konventionelle mechanische Vorbehandlungsmethoden wie das

Sandstrahlen und eine sandblast coating (SACO)-Behandlung[1] durchgeführt [14]. Ebenso ist die in Abschn. 3.3.4.3 beschriebene Sol-Gel-Beschichtung, zum Zwecke einer verbesserten Anhaftung der Matrix, eine Möglichkeit die Metalloberflächen vorzubehandeln.

Im Fall von Abschn. 2.4, wo eine zusätzliche Kunststoffkomponente den Metalleinleger ummantelt, kann der Metall-Thermoplastverbund durch Mikrostrukturierung und -hinterschnitte z. B. durch Sandstrahl- oder Laserstruktrierverfahren eine verbesserte Verbindungsfestigkeiten aufweisen [15]. Letztlich sind es auch hier stoffschlüssige oder formschlüssige Verbindungen, die entweder auf der Vergrößerung der Grenzfläche oder deren chemischen Modifikation beruhen.

5.2.3 Design/Gestaltung/Geometrie der Hybridstruktur

Neben der Vorbehandlung der Metalloberflächen ist auch zu klären, auf welcher Skalenebene die Verbindung hergestellt werden soll. Die Definition der einzelnen Skalenebenen ist in der Literatur nicht einheitlich geregelt, wobei der Bezug der Mikroskala häufig in den metrischen Mikrometer-Bereich fällt, und von da aus weitere Skalenebenen abgeleitet werden. Im Rahmen der hier besprochenen Hybridstrukturen werden der Makroskala Größen im Bereich der Bauteilabmessung und der Mikroskala Größen im Mikrometerbeich zugeordnet. Zusätzlich wird der Begriff der Mesoskala für Strukturen verwendet, die im Grenzbereich dazwischen liegen.

Mikro-Strukturierungen, wie die im vorherigen Abschnitt besprochenen stochastischen Rauheiten oder definierten Laserstrukturierungen, sorgen für eine bessere Anbindung durch einen Formschluss der FVK-Matrix an das Metall. Dieser Effekt ist unabhängig davon, ob es sich um eine thermoplastische oder duromere Matrix handelt [8, 16], solange das

Fügeverfahren bzw. Urformverfahren der kunststoffbasierten Komponente eine ausreichende Abformung gewährleistet. Gerade bei thermoplastischen Kunststoffen ist das kritisch, da die Verarbeitungsviskosität im Vergleich zu duromeren Matrixsystemen um Größenordnungen höher ist.

Meso-Strukturierungen, wie beispielweise Pyramiden, Rauten oder Pins [10, 17] ermöglichen eine direkte Interaktion zwischen Formelement und Faserarchitektur. Eine umlaufende Ringnutstruktur induziert im Laminat Wellen und erzeugt eine hinterschnittige Verbindung zwischen Faserverbund und metallischem Lasteinleitungselement auf der Mesoskala. Durch diesen Formschluss auf Faser- bzw. Tape-Ebene wird der Versagensme-

[1] Bei einer SACO-Beschichtung wird die Metalloberfläche mit Silizium-beschichteten Korundkörnern gestrahlt. Infolge der hohen kinetischen Energie, die beim Auftreffen der beschichteten Korundkörner auf der Metalloberfläche in Wärme umgewandelt wird, wird die Siliziumbeschichtung auf die Metalloberfläche übetragen. Auf diese Weise wird nicht nur die Rauheit der Metalloberfläche erhöht, sondern auch eine chemische Aktivierung erzielt. Studien zeigen, dass eine SACO-Beschichtung bei verschiedenen Materialien zu einer alterungsbeständigen Verbindung führt.

chanismus von reinem Adhäsivversagen der Grenzschicht zu Kohäsivversagen eines der beiden Fügepartner verschoben (vgl. Abschn. 4.4). Mit Strukturhöhen von 0,4 mm bis 0,7 mm erreichen Metall-FVK-Hybridprofile Verbindungsfestigkeiten im Bereich von Klebeverbindungen [10]. Die Herstellung dieser Hybridverbindungen benötigt keine zusätzlichen Prozessschritte, Klebstoffe oder Oberflächenbehandlungen und bietet somit großes Potenzial für großserientaugliche Industrieprozesse.

Für stiftförmige Mesostrukturen haben Günther et al. [18] das Potential zur Verstärkung der Hybridverbindung in einer FE-Simulationsstudie ermittelt und dabei optimale Stiftgeometrien in Abhängigkeit der adhäsiven Anbindungsfestigkeit bestimmt.

Makro-Strukturen nutzen den Effekt der mechanischen Verklammerung auf der Bauteilebene. Wie in Abb. 5.1 a) dargestellt, wurde beispielsweise in Abschn. 2.4 eine sechsarmige Struktur als effiziente Einlegergeometrie für unterschiedliche Lastfälle ermittelt [16, 19]. Die makroskopische Einlegergeometire ist auf eine möglichst gleichmäßige Spannungsverteilung und fasergerechte Gestalt optimiert worden, um Spannungsspitzen in der Grenzfläche zu mindern und Delaminationen entgegenzuwirken. In Kap. 4 sind weiterhin Hohlstrukturen beschrieben, bei denen ein makroskopischer Formschluss zur Lastübertragung als Ausgangsbasis eingesetzt wird. Durch eine Kombination von Meso- und Makroformschluss wird eine deutliche Erhöhung der strukturmechanischen Eigenschaften wie Steifigkeit und Verbindungsfestigkeit erreicht. Ein Beispiel für eine Hohlstruktur mit Meso- und Makrostrukturierung ist in Abb. 5.1 b) dargestellt.

Insgesamt gilt, dass wegen der oben angesprochenen Problematik feinere Strukturen eher bei Duromeren vorzuziehen sind, während bei thermoplastischen Systemen gröbere Strukturen trotz erhöhter Verarbeitungsviskosität ein gezieltes Grenzflächendesign erlauben.

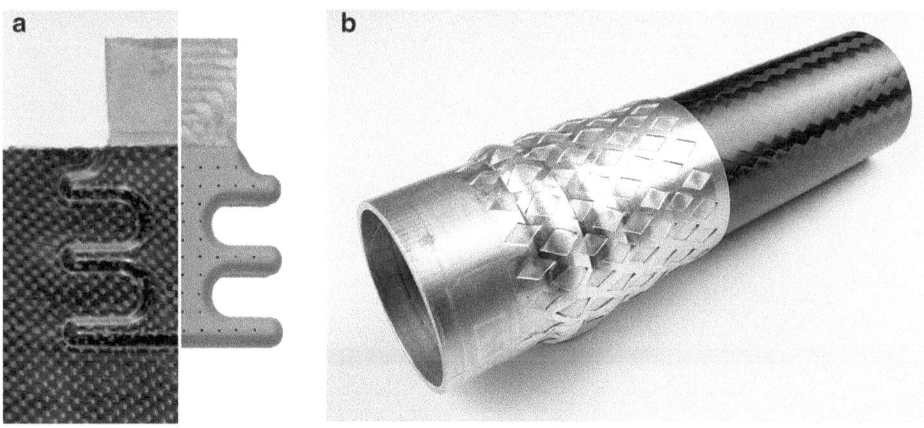

Abb. 5.1 Makroskopischer Formschluss durch **a**) spezielle 6-Finger-Struktur [16] und **b**) Profillierung einer Hohlstruktur

5.2.4 Steifigkeitssprung zwischen den Materialpaarungen

Im Verbindungsbereich einer FVK-Metall-Werkstoffpaarung kommt es zu einem starken Steifigkeitssprung, der wiederum Spannungskonzentrationen an den Grenzflächen verursacht. Diese nachteiligen Effekte können durch eine zusätzliche Polymerkomponente zwischen Metall und FVK-Laminat kompensiert werden. In Abschn. 2.4 ist dies durch einen mit einem Thermoplast umspritzten Metalleinleger umgesetzt und in quasistatischen und dynamischen Versuchen validiert worden. Die Vorteile sind eine homogenere Spannungsverteilung und eine Verbesserung der Ermüdungseigenschaften: Spannungsbedingte Längenänderungen werden zunächst aufgefangen und im Laufe der Zeit durch das viskose Polymer abgebaut. Damit kann das Ablösen an der Grenzfläche verhindert werden [4].

Darüber hinaus ist die Verwendung von elastomerem Naturkautschuk (NR), Styrenbutadin Gummi (SBR) und chlorosulphoniertes Polyethylen (CSM) als dämpfende Zwischenkomponente von Pohl et al. in [20] untersucht worden, ähnliche Ansätze werden auch in duromerbasierten Hybridlaminaten verfolgt [21]. Die viskoelastischen Eigenschaften der Elastomere sorgen für eine besonders hohes Energieabsorptionsvermögen im Bereich der Ermüdungsfestigkeit, unter schwingenden Belastungen und für die Reduzierung thermisch induzierter Eigenspannungen. Die erzielten dämpfenden Eigenschaften wirken sich jedoch negativ auf die makroskopische Verbindungsfestigkeit aus.

Die Variante einer thermoplastischen Zwischenkomponente aus kurzfaserverstärktem Polyphthalamid (PPAGF30) stellt einen guten Kompromiss zwischen dem ungedämpften Metall-FVK-Verbund und der stark dämpfenden Elastomer-Variante dar. Für diesen Verbund wird der Metalleinleger zunächst mit dem Thermoplasten umspritzt, bevor dieser mit dem FVK verbunden wird, wie in Abb. 5.2 dargestellt [4]. Weitere Vorteile der Zwischenkomponente sind ein sehr guter Korrosionsschutz, da Kohlenstofffasern und Metalleinleger sicher voneinander getrennt sind, eine verbessere Gestaltbarkeit der Einlegergeometrie (auf unterschiedlichen Skalenebenen) und die Vermeidung von Reinharzbereichen um den Einleger herum [22]. Insgesamt sind eine kostengünstige Umsetzung komplizierter und

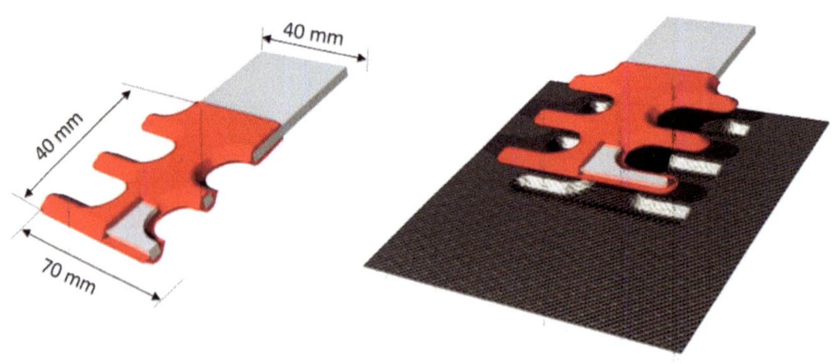

Abb. 5.2 Viskoelastische Zwischenschicht (rot), um Steifigkeitssprünge zu minimieren [4]

filigraner Geometrien in Großerstückzahl als auch eine erhöhte Integrität der gesamten Struktur erreichbar.

Die polymere Zwischenschicht kann ähnlich zur Oberflächenstrukturierung auf allen Skalenebenen eingesetzt werden, um eine verbesserte Anbindung zu erhalten. Die Kombination aus strukturierter Metalloberfläche und umspritzter Zwischenschicht führt darüber hinaus zu einer optimalen Haftung zwischen Metall und Thermoplast.

5.2.5 Faserschonende Anbindung der Metallkomponente an das Laminat

Um eine möglichst gute Performance des Verbundes zu erreichen, ist grundsätzlich eine faserschonende Anbindung einer Metallkomponente an das Laminat zu gewährleisten. So kann wie in Kap. 1 beschrieben mit Hilfe von metallischen Einlegern eine Anbindung erzeugt werden oder auf die in Kap. 4 beschriebene Drapiertechniken für Hohlstrukturen zurückgegriffen werden. Letztere sind von Grund auf faserschonende Fügeverfahren, da die intrinsische Verbindung nur über moderate Faserumlenkungen realisert wird. Beispiele für metallische Einleger sind in Abschn. 2.3 beschrieben, wo verschiedene Möglichkeiten zur Einbindung von punktuellen, linienförmigen und flächigen Lasteinleitungen vorgestellt werden. Dabei werden Einflüsse der Beschädigung der Faserarchitektur untersucht und später hinsichtlich ihrer mechanischen Leistungsfähigkeit und des Formfüllverhaltens optimiert. Von Gebhardt et al. [23] wurden die Einflüsse einer Durchtrennung von Fasern zur Einbindung von so genannten Inserts, welche ebenfalls Gegenstand in [24–26] sind, untersucht. Dabei ist immer wieder ersichtlich, dass eine Durchtrennung der Fasern nach Möglichkeit zu vermeiden ist.

Ebenso wurde dieses Verhalten an linearen Lasteinleitungselementen für dünnwandige FVK-Strukturen bei einem Vergleich mit einer quasi-linearenVariante (vgl. Abschn. 2.3.5), realisiert durch eine durchgehende Grundplatte mit mehreren punktförmigen Einleitungselementen welche das Laminat durchstoßen, durch Muth et al. in [27] gezeigt. Hierbei zeigte die quasi-lineare Variante sowohl absolut als auch relativ (gewichtsbezogen) eine deutlich bessere Performance im Auszugsversuch. Allerdings konnte keine der beiden Varianten die Leistungsfähigkeit der einzelnen punktuellen Inserts, welche eingehend von Muth et al. [25] und Pottmeyer [28] untersucht wurden, erreichen (vgl. Abschn. 2.3.4). Eine durch Gebhardt [29] hinsichtlich ihrer Leistungsfähigkeit bei mechanischer Belastung optimierte Variante (vgl. Abschn. 2.3.4) der punktuellen Inserts zeigte wie von Pottmeyer [28] erwiesen auch deutlich bessere mechanische Eigenschaften als die nicht optmierte Variante. Der Einfluss der bereits beschriebenen Inserts auf die Formfüllung in einem RTM-Prozess wurde durch Muth et al. [27], Magagnato et al. [30] und Seuffert et al. [31] aufgezeigt. Hier zeigte sich ebenfalls, dass die strukturoptimierte Variante einen geringeren Einfluss auf die Formfüllung aufweißt als ihr nicht optimiertes Pendant. Neben der Einbringung eines Inserts mit einer massiven Grundplatte können auch die in Groß et al. [32] vorgestellten so genannte Multilayerinsert eingesetzt werden. Durch Herwig et al. [33] konnte zudem gezeigt werden, dass diese im Vergleich zu den vorher genannten punktuellen Inserts eine deutliche Erhöhung der einleitbaren Lasten erlauben (vgl. Abschn. 2.2.3).

Damit ergibt sich in der Gesamtschau, dass das Ziel der faserschonenden Einbringung von Inserts im Gegenzug Auswirkungen auf die Fertigbarkeit hat. Zum einen müssen die Inserts zuverlässig und reproduzierbar positioniert werden, die Fasern müssen um diese herum drapiert werden und gleichzeitig darf der Harzfluss in Injektionsverfahren nicht zu sehr gestört werden, da dies auch zu Störstellen im Verbund führen kann. Dieses Zusammenspiel sollte bei der Hybridgestaltung in einer Prozesssimulation vorab abgebildet werden, um die Tauglichkeit des Insertkonzeptes zu bewerten.

5.3 Eigenspannungen

Für prozessinduzierte Eigenspannungen in Hybridbauteilen besteht die primäre Herausforderung in der Entwicklung von Methoden zur Eigenspannungsreduktion. Zusätzlich ergeben sich die Fragestellungen zur Eigenspannungsbestimmung, zu den Einflussfaktoren auf den sich einstellenden Eigenspannungszustand sowie zu dem die Auswirkungen der Eigenspannungen auf das Bauteil und dessen mechanisches Verhalten.

Grundlegend ist das Eigenspannungsniveau in den verschiedenen Hybridkomponenten sowie den dazwischen liegenden Grenzschichten stark von der Laminatzusammensetzung, das heißt der Materialauswahl, der Faserausrichtung, der Lagenanordnung und der Materialanteile abhängig. Zusätzlich spielen die Prozessführung und die Prozessrandbedingungen eine maßgebliche Rolle für die Eigenspannungsausbildung [34]. Letztlich sind dies aber auch Faktoren, mit denen die Eigenspannungsentwicklung in Hybriden beherrscht werden kann. Das Materialsystem GLARE, welches als Hybridlaminat im Flugzeugbau heute bereits eingesetzt wird, erhält seine hervorragenden Gebrauchseigenschaften maßgeblich aus den aufeinander abgestimmten thermischen Ausdehungskoeffizienten, was die Eigenspannungsausbildung reduziert. Eine nähere Untersuchung dieser intrinsischen und extrinsischen Faktoren auf den Eigenspannungszustand erfolgte in Abschn. 3.2. Die Methoden zur Bestimmung der Eigenspannungen und deren Auswirkungen sind in den Teilprojektkapiteln (Kap. 2 bis 4) näher erläutert. Aufbauend darauf sollen im Folgenden Modifikationsansätze aufgezeigt werden, die eine gezielte Reduktion von Eigenspannungen ermöglichen.

Ein bei Raumtemperatur spannungsfreies Hybridlaminat liegt vor, wenn die Anbindung der Hybridkomponenten bei Raumtemperatur stattfindet, eine Kompensation der unterschiedlichen thermischen Dehnungen durch zusätzliche mechanische Dehnungen erfolgt oder Hybridkomponenten mit gleichen thermischen Ausdehnungskoeffizienten verwendet werden. Aufgrund der grundlegenden Unterschiede der thermischen Eigenschaften von Metallen und Faserverbundkunststoffen (FVK), sowie der Aushärteprozessanforderungen sind diese Voraussetzungen in der Regel nicht zu erfüllen. Jedoch können durch die Anwendung von Prozess-, Material- oder konstruktiven Modifikationen Maßnahmen ergriffen werden, mit deren Hilfe der Eigenspannungszustand gezielt beeinflusst werden kann. Diese umfassen die Senkung der Anbindungstemperatur in die Nähe der späteren Einsatztemperatur, eine gezielte Beeinflussung der Wechselwirkungen der Hybridkomponenten im Aufheizprozess sowie eine mit Blick auf die entstehenden Eigenspannungen günstige Auswahl der Materialien, deren Anteile und Ausrichtung. Zu deren Umsetzung werden im folgenden Abschnitt Fertigungsempfehlungen und Hinweise für eigenspannungsminimierte Hybridlaminate gegeben.

5.3.1 Variation des Temperaturverlaufes

Eine Änderung des Temperaturverlaufes während des Herstellungsprozesses des Hybridverbundes beeinflusst das Verhalten des Harzes bzw. der thermoplastischen Komponente sowie die Interaktion zwischen den Einzelschichten. Während der Herstellung findet eine Aushärtereaktion oder eine physikalische Erstarrung statt, für welche ein bestimmter Zusammenhang zwischen der Zeit, der Temperatur und dem Aushärtegrad bzw. dem Viskositätsanstieg charakteristisch ist. Durch die Änderung der Dauer der einzelnen Prozessschritte, sowie der Änderung von Aufheiz- und Abkühlrampen ist es möglich die Temperaturen zu beeinflussen, die dann zu bestimmten Aushärte- bzw. Erstarrungsfortschritten vorliegen [34]. Aufgrund des Zusammenhangs dieses Fortschritts, der damit verbundenen Viskositäts- und Steifigkeitsänderung und der Interaktion zwischen den einzelnen Hybridkomponenten wird in der Folge auch die Temperatur zum Zeitpunkt der einsetzenden Spannungsübertragung zwischen Metall und FVK beeinflusst. Diese Temperatur steht im direkten Zusammenhang mit der sogenannten spannungsfreien Temperatur des Laminats und beeinflusst maßgeblich den resultierenden Eigenspannungszustand [34, 35].

Ein standard-einphasiger Prozess mit einer Aushärtetemperatur von 180 °C, wie er aktuell bei duroplastischen FVK in der Luftfahrt häufig zum Einsatz kommt, wird dafür in zwei Prozessphasen aufgeteilt. Der erste Teil des Zyklus dient der Vorvernetzung des duroplastischen Matrixsystems zur Erzielung der Anbindung zwischen Metall und FVK. Hierbei führt eine niedrigere Vernetzungstemperatur zwar zu schlechteren Matrixeigenschaften was aber bei der Betrachtung des Gesamtbauteils dennoch von Vorteil sein kann. Zur Umsetzung muss ein bestimmter Aushärtegrad überschritten werden, der in der Folge dazu führt, dass Kräfte zwischen den Materialpaarungen übertragen werden können. Im zweiten Teil erfolgt die vollständige Vernetzung, ohne dabei die Verbindung zwischen FVK und Metall erneut aufzulösen. Die Gestaltung der Vor- und Nachhärtung ist individuell durch die Veränderung von Abkühl-, Aufheizraten und Haltephasen an die jeweilige verwendete Kunststoffkomponente anpassbar.

In Untersuchungen konnte eine Reduktion der Eigenspannungen um bis zu 25 % durch die Anwendung eines, für die Kombination von 8552/AS4 Hexply Prepreg und Stahl 1,4310 entwickelten, „smart cure cycles“ nachgewiesen werden. Hierbei wird eine langsame Aufheizphase bis kurz vor Erreichen des Gelierens des Matrixsystems angestrebt.

Der ideale Abkühlungszeitpunkt wurde hierzu durch experimentelle Untersuchungen ermittelt und liegt bei 140 °C. Nach Erreichen dieser Temperatur erfolgt eine schnelle Abkühlung mit 3 K/min. Ziel ist die Temperatur zum Zeitpunkt der Anbindung der Hybridkomponenten zu verringern. Für den vom Hersteller empfohlenen Standardprozess beträgt die spannungsfreie Temperatur 160–170 °C [36]. Durch die Anwendung des modifizierten Prozesszyklusses gelingt es diese Temperatur auf 120–130 °C abzusenken [34].

5.3.2 Erhöhung der Wechselwirkung im Aufheizprozess

Eine Erhöhung der Wechselwirkung im Aufheizprozess führt dazu, dass zum Zeitpunkt der Anbindung bereits Zwangsdehnungen in den Komponenten eingelagert sind. Der daraus resultierende Vorspannungszustand führt zur Senkung der Eigenspannungen bei Raumtemperatur [37].

Durch die Erhöhung des Prozessdruckes während des Aufheizens bis zur Erzielung der Anbindung der Einzelkomponenten kann eine Wechselwirkung im Bereich einer noch unzureichenden Aushärtung der Matrixkomponente erzeugt werden. Diese Wechselwirkung basiert auf einer Reibungsinteraktion zwischen den Komponenten und dem Werkzeug. In Untersuchungen konnte eine Eigenspannungsreduktion durch die Erhöhung des Prozessdruckes festgestellt werden. Allerdings zeigte sich dieser Effekt bislang nur für sehr dünne Proben (Dicke < 0,5 mm) [37].

Eine weitere Möglichkeit ist die Verwendung eines modifizierten Werkzeuges mit dem Ziel Wechselwirkungen zwischen den Einzellagen von außen zu erzwingen. Im Falle der Verwendung eines Spannwerkzeuges, welches aus dem Material der metallischen Komponente des Hybridlaminates besteht, wird die thermische Dehnung des Metalls während des Aufheizprozesses durch die mechanische Dehnung im FVK kompensiert. Nach abgeschlossener Anbindung zwischen den Hybridkomponenten wird während der Abkühlung die thermische Dehnung in der metallischen Komponente gleichermaßen abgebaut, wie die mechanische Dehnung in der FVK-Komponente. In der Folge liegt bei Raumtemperatur ein deutlich eigenspannungsreduziertes Laminat vor [37].

5.3.3 Materialauswahl/Materialmodifikation

Durch die Auswahl von thermisch kompatiblen Materialien mit ähnlichen thermischen Ausdehnungskoeffizienten, wie beispielsweise Titan und GFK, können die eingelagerten Eigenspannungen deutlich gesenkt werden. Auf die Auswirkungen weiterer Materialkombinationen auf den Eigenspannungszustand wurde in Abschn. 3.2.4 näher eingegangen. Besonders kritisch sind hohe Unterschiede in den thermischen Ausdehnungskoeffizienten bei gleichzeitig hohen Steifigkeiten, sowie hohen Aushärtetemperaturen [38, 39].

Eine weitere Möglichkeit besteht in der Verwendung von zusätzlichen Grenzschichtmaterialien, wie beispielsweise durch das Einbringen von Filmklebschichten. Durch die

Veränderung einer im Normalfall sehr dünnen als schubstarr angenommenen Grenzschicht in eine dickere schubweiche Grenzschicht, können Eigenspannungen in Form von Schubverzerrungen abgebaut werden (vgl. Abschn. 5.2.4). In der Folge sinken jedoch die gewichtsspezifischen mechanischen Eigenschaften durch eine Verringerung des effektiven Faservolumengehalts in der FVK-Komponente. Im Falle versagenskritischer Eigenspannungen, speziell an den Grenzschichten von hybriden Strukturen, ist der Einsatz zusätzlicher Grenzschichten jedoch denkbar.

5.3.4 Variation der Struktur der Materialien

Aus den anisotropen Eigenschaften der FVK-Komponente und den daraus resultierenden sowohl mechanisch als auch thermisch richtungsabhängigen Eigenschaften ergeben sich Möglichkeiten zur Modifikation des Eigenspannungszustands durch Anpassung des Lagenaufbaus und der Materialanteile [38].

Es besteht die Möglichkeit die Lagen so zu orientieren, dass die Unterschiede der thermischen Ausdehnungskoeffizienten zwischen Metall und FVK gesenkt werden. Des Weiteren kann durch die Orientierung der Fasern quer zur Hauptbelastungsrichtung im Bereich der Grenzschichten eine schubweiche Schicht mit geringer Steifigkeit in Belastungsrichtung erzeugt werden, die die resultierenden Eigenspannungen senken kann. Die Änderung geht jedoch ebenfalls mit der Reduzierung der mechanischen Eigenschaften in der betrachteten Belastungsrichtung einher. Die Sinnhaftigkeit einer Änderung des Aufbaus muss daher immer in Abhängigkeit vom Anwendungsfall entschieden werden.

Durch die Veränderung der Materialanteile wird eine Veränderung der Spannungsanteile der einzelnen Komponenten im Hybridlaminat erzielt. Durch die Verringerung des Metallvolumengehaltes steigen die Spannungen in der metallischen Komponente und sinken in der FVK-Komponente [37, 38]. Für Schubspannungen in den Grenzschichten existiert hingegen eine kritische Verteilung der Materialanteile, die wiederum abhängig von den Steifigkeiten der Komponenten ist (vgl. Abschn. 3.2.4). So kann je nach Belastungsfall ein möglichst eigenspannungsoptimiertes Hybridlaminat ausgelegt werden.

Insgesamt sind Eigenspannungen bei der Kombination artfremder Werkstoffe in einem Hybrid eine grundsätzliche Herausforderung. Jedoch bietet gerade die Hybridbauweise ausreichend Stellschrauben, um dieser Problematik durch eine entsprechendes Material- und Bauteildesign Herr zu werden.

5.4 Validierungsmöglichkeiten

Wie bereits einleitend erwähnt sind die Grenzen der Bauteil- und Werkstoffprüfung bei Hybriden fließend und es gibt wenig definierte bzw. genormte Möglichkeiten, die Materialeigenschaften von Hybriden allgemein gültig zu bestimmen. Im Folgenden ist daher eine Auswahl von Prüfverfahren gezeigt, die es erlaubt die Materialkennwerte der Konstituenten unter verschiedenen Beanspruchungen (quasistatisch, zyklisch, dynamisch) zu bestimmen sowie Verfahren, die vor allem hybridspezifische Fragestellungen adressieren, wie die thermische und korrosive Beanspruchung aber auch die Entwicklung des Schädigungsverhaltens oder die Grenzflächencharakterisierung.

5.4.1 Bestimmung der Festigkeitskennwerte:

5.4.1.1 Quasistatische Prüfung

Ermittlung der Biegefestigkeit

Da bei Hybriden Material- und Bauteileigenschaften ineinander übergehen und sich vor allem bei inhomogenen Beanspruchungen Vorteile gegenüber Vollwerkstoffen ergeben, ist der Biegeversuch ein gängiges Charakterisierungsverfahren für z. B. hybride Laminate.

So wurde zu Beginn der Untersuchungen im Abschn. 3.4 im Rahmen von Vierpunkt-Biegeversuchen nach DIN EN ISO 14125 die typische Versagensursache ermittelt. Unter einer Vierpunkt-Biegebelastung kann das Versagen aufgrund der in den verschiedenen Bereichen wirkenden Normalkräfte und Biegemomente eindeutig bestimmt werden. Ein Versagen zwischen der unteren Auflage und einem der oberen Druckstempel spricht eindeutig für ein Versagen infolge überhöhter Schubbeanspruchung. Tritt das Versagen im Bereich zwischen den beiden Druckstempeln auf, wo ein konstantes Biegemoment herrscht, kann dieses durch überhöhte Zugspannungen erklärt werden.

Mit Hilfe von Dreipunkt-Biegeversuchen am kurzen Biegebalken, dem sogenannten Versuch zur Bestimmung der interlaminaren scheinbaren Scherfestigkeit (ILSS) nach DIN EN 14130, kann, die scheinbare interlaminare Scherfestigkeit ermittelt werden, sofern das Versagen parallel zur Probenachse in der Grenzschicht oder in der Laminatebene auftritt. Mit Hilfe dieses Versuchs wird die Scherfestigkeit jedoch in der Regel etwas überschätzt, da die hybriden Werkstoffe inhomogen aufgebaut sind und wesentliche werkstoffmechanische Randbedingungen nicht mehr gegeben sind. Es handelt sich dabei jedoch um eine, aufgrund der einfachen Probenfertigung, sehr schnelle Möglichkeit die Scherfestigkeit qualitativ abzuschätzen. Keinesfalls ist der Versuch geeignet, um quantitative Werkstoffkennwerte zu generieren. Hierzu werden im Folgenden Alternativen aufgezeigt.

Ermittlung der (Rest-)Scherfestigkeit

Um die quasistatischen Materialkennwerte unter Scherung zu ermitteln wurden vorrangig Scher-Zug-Versuche eingesetzt. Prozessbedingt wurden an dieser Stelle Scher-Zug-Proben in Anlehnung an DIN 65148 verwendet und normgerecht geprüft. Solche Scher-Zug-Versuche wurden z. B. eingesetzt, um jeweils die maximale Scherfestigkeit in Abhängigkeit von Grenzflächenvorbehandlungsmethoden im Vergleich zum Referenzzustand zu untersuchen. Des Weiteren wurden die Scher-Zug-Versuche eingesetzt, um Restscherfestigkeiten, und somit die Alterungsbeständigkeit, über mehrere Wochen in einer 5 %-igen NaCl-Lösung ausgelagerter Proben zu ermitteln. Nachteilig bei dieser Probengeometrie ist, dass die Scherfestigkeit durch das Auftreten eines Biegemomentes geringfügig beeinflusst wird.

Eine weitere Möglichkeit die Scherfestigkeit bzw. die reine Scherfestigkeit ohne den Einfluss von Biegemomenten zu ermitteln bietet der Schneid-Scherversuch, der ursprünglich am Institut für Angewandte Materialien-Werkstoffkunde des Karlsruher Instituts für Technologie entwickelt worden ist [40]. Dabei wird die Hybridprobe so zwischen zwei Stützen positioniert, dass keinerlei Relativbewegung mehr möglich ist und exakt in der Grenzschicht über eine Schubbeanspruchung getrennt wird. Im Gegensatz zum ILSS können so unabhängig vom Hybridaufbau und vor allem auch bei duktilen Werkstoffen (Thermoplaste) Scherfestigkeitskennwerte quantitativ bestimmt werden.

Bei alternativen Probengeometrien kommen auch andere Verfahren zum Einsatz, um Scherfesitgkeiten zu bestimmen, die jedoch schon eher Bauteilprüfungen entsprechen. Um die reine Scherfestigkeit, aber auch die Festigkeit der Proben unter einer Kopfzugbelastung und unter einer Mixed-Mode-Belastung in Abhängigkeit verschiedener Oberflächenvorbehandlungen zu prüfen, werden z. B. Versuche an stumpf geklebten Doppelrohrproben durchgeführt. Um die Scherfestigkeit zu bestimmen, werden die beiden Rohrhälften gegeneinander tordiert. Um die Kopfzugfestigkeit zu bestimmen, werden die beiden stumpfgeklebten Rohrhälften auseinandergezogen. Einer Mixed-Mode-Belastung entsprechend, werden in diesem Fall die Torsions- und die Zugbelastung je nach zuvor definiertem Verhältnis überlagert.

5.4.1.2 Zyklische Prüfung

Eine Möglichkeit, die zyklische Festigkeit von hybriden Verbindungen zu ermitteln, ist die Verwendung von Scher-Zug-Proben in Anlehnung an DIN EN ISO 9664 zur Bestimmung von Wöhlerkurven, die typischerweise im Bereich von 10.000 bis 2 Mio. Zyklen aufgenommen werden. Um eine Belastung der Grenzschicht auf Druck bzw. ein Probenknicken zu vermeiden, bietet sich ein Spannungsverhältnis von $R = 0{,}1$ an. Auch muss bei Hybriden – wie bei Faserverbunden – darauf geachtet werden, dass eine Erwärmung der Probe durch innere Reibung vermieden wird. So sind Prüffrequenzen zu wählen, die möglichst gering sind, aber ausreichend hoch, um die Versuchsdauern hinreichend kurz zu halten. Typisch sind Prüffrequenzen zwischen 5 und 30 Hz (je nach Werkstoffsystem).

5.4.1.3 Dynamische Prüfung

Um ohne großen Fertigungs- und Prüfaufwand die Crashbelastbarkeit von ebenen Hybridstrukturen zu prüfen, bietet sich der Kerbschlagbiegeversuch an. Zwar ist die maximale Geschwindigkeit hier kaum variierbar bzw. lediglich über die Anfangshöhe und das Gewicht des Pendelhammers einzustellen, aber dennoch lassen sich auf diese Weise erste Aussagen über die Eignung einer Oberflächenvorbehandlung für die Anwendung in Grenzschichten crashrelevanter Bauteile treffen. Sowohl die maximale als auch die gesamte Energieaufnahme lassen sich anhand von den im Versuch aufgezeichneten Kraft-Weg-Verläufen auswerten. Neben der Belastung im Kerbschlagbiegeversuch können zur Ermittlung der Grenzflächenfestigkeit ebenso Scher-Zug-Versuche bei erhöhten

Geschwindigkeiten durchgeführt werden, in Abschn. 3.4.4.2 sind Versuche mit Geschwindigkeiten von 0,01 mm/s bis 1 m/s beschrieben.

Neben Versuchen zur Festigkeit einer Verbindung können auch die Crasheigenschaften einer Hybridstruktur unter dynamischen Bedingungen beispielsweise im Drei-Punkt-Biegeversuch am gefertigten Bauteil/Hutprofil durchgeführt werden. Die Crashprüfung erfolgt dann auf einem Schlittenprüfstand oder in Fallwerken bei typischerweise 5 m/s Aufschlaggeschwindigkeit. Die Bewertungskriterien werden entsprechend des avisierten Einsatzbereiches (z. B. Strukturbauteil – Energieaufnahme) gewählt.

5.4.2 Prüfungen zur Bestimmung der Umwelteinflüsse auf die Bauteile

5.4.2.1 Prüfung unter thermischer Belastung

Um das Verhalten intrinsisch gefertigter Hybridstrukturen unter dem Einfluss von Temperatur und Feuchtigkeit zu ermitteln, können sowohl Klimawechseltests nach PV2005 als auch Keiltests nach DIN 65448 durchgeführt werden. Mit Hilfe des Keiltests lässt sich zunächst der Widerstand gegenüber Rissbildung im Ausgangszustand in Abhängigkeit der Oberflächenvorbehandlung ermitteln und zusätzlich lässt sich der Widerstand gegenüber Rissausbreitung unter dem Einfluss eines feuchtwarmen Klimas (50 °C und 95 % rel. Fe.) und in Abhängigkeit der Oberflächenvorbehandlung untersuchen. Durch das Eintreiben des Keils in die Grenzschicht ist die Belastung vergleichbar mit einer Schälbeanspruchung.

Mit Hilfe von zyklischen Klimawechseltests lässt sich eine beschleunigte Alterung der Hybridprobe herbeiführen und der Einfluss von Temperatur und Feuchtigkeit auf die Festigkeit der Verbindung untersuchen.

5.4.2.2 Korrosionstests

Im Rahmen von Korrosionsuntersuchungen sind sowohl Immersionstests in einer 5 %-igen NaCl-Lösung mit anschließender Überprüfung der Restscherfestigkeit und Bestimmung des Masseverlustes nach vierwöchiger Auslagerung als auch elektrochemische Korrosionsmessungen unter Verwendung eines Drei-Elektroden-Aufbaus in einer ebenfalls 5 %-igen NaCl-Lösung möglich. Anhand letzterer werden die Ruhepotenziale und die Stromdichte-Potenzialkurven sowie die Korrosionsstromdichten der Einzelmaterialien als auch der mit verschiedenen Grenzschichten und -lagen versehenen Hybridproben ermittelt.

5.4.3 Bestimmung der Kennwerte der zur Anwendung kommenden Einzelkomponenten

5.4.3.1 Rotations- und Oszillationsrheometer

Eine niedrige dynamische Viskosität ist für RTM-Verfahren nötig, weil nur mit niedriger Viskosität des Harzsystems die Faserstruktur gleichmäßig und vollständig imprägniert werden kann, was für eine hohe Laminatqualität relevant ist. Gleichzeitig können so auch mikrostrukturierte Oberflächen infiltriert werden, um eine intrinsische Hybridisierung zu ermöglichen. So ist eine Untersuchung der Viskositätsverläufe hoch reaktiver Harzsysteme während der Injektion mittels eines Rotationsrheometers bei vorgegebenen Aushärtetemperaturen sinnvoll, damit die optimale Injektionszeit gemäß der Grenzviskosität bestimmt werden kann. Die Ermittlung der Viskositätsverläufe während der Aushärtung kann nach der Norm ISO 3219 sowohl mittels Rotationsrheometer als auch mittels Oszillationsrheometer bestimmt werden. Diese Kennwerte werden für die Prozessgestaltung verwendet.

5.4.3.2 DSC und DMA

Zur Bestimmung weiterer Materialkennwerte wird die dynamische-mechanische Analyse (DMA) eingesetzt. Dies stellt eine thermische Methode dar, die es erlaubt physikalische Eigenschaften von Kunststoffen zu bestimmen. Hierbei wird das Harz in Abhängigkeit von der Temperatur einer sich zeitlich ändernden sinusförmigen mechanischen Beanspruchung ausgesetzt wodurch die Glasübergangstemperatur des Harzes bestimmt wird. Mit der dynamischen Differenzkalorimetrie (DSC) wird die Wärmemenge bestimmt, die bei einer chemischen Umwandung eines Stoffes entsteht. Anhand der Wärmemenge kann die Rest-Reaktivität bestimmt werden.

5.4.3.3 Gravimetrische Methode

Die gravimetrische Methode ist ein quantitatives Analyseverfahren, bei dem die Messung von Stoffmengen auf der Bestimmung der Masse beruht. Sie dient unter anderem dazu, die Sättigungsfeuchte und den Diffusionskoeffizienten der Matrix bei unterschiedlichen Feuchten und Temperaturen zu bestimmen. Die so ermittelten Parameter werden üblicherweise für die Simulation der Alterungseigenschaften benötigt.

5.4.4 Methoden zur Bestimmung des Schädigungsverlaufs während der Bauteilprüfung

5.4.4.1 Passive Thermografie

Die passive Thermografie wird als Methode zur Überwachung während quasistatisch oder zyklisch geführten (Zug-)Versuchen zur Charakterisierung des Schädigungs- und Versagensverhaltens der hybriden Strukturen eingesetzt. Abgesehen von der mechanischen Energieeinbringung ist keine weitere Wärmeeinbringung nötig. Die so entstehende Wärme ist auf Reibungs- und Verformungsprozesse zurückzuführen. Weiterhin lässt sich eine globale Temperaturänderung der Probe messen, die durch den thermoelastischen Effekt sowie mechanische Wärmeumwandlung begründet sind. Bei zyklischen Versuchen kann man sich diesen Effekt zu Nutze machen, da durch die regelmäßig sinusförmige Verformung eine Wärmewelle im Bauteil entsteht, die eine Lock-In Thermografie möglich macht. Durchgeführt werden die Messungen an einer InfraTec VarioCam® HD Head-

Bolometerkamera mit einer spektralen Empfindlichkeit im Bereich von 7,5 bis 14µm und einer Temperaturauflösung von unter 0,05 K (bei T = 303,15 K). Dabei wurden Thermografie und mechanische Testdaten durch Auslösen der Bolometerkamera bei t = 0 mit 3 Hz Bildaufnahme synchronisiert. Bei der Temperaturbilanz muss der Wärmeaustausch mit der Umgebung T_{loss} berücksichtigt werden. Für allgemeine Wärmeumwandlungsprozesse entwickelten Chrysochoos und Louche die lokale Wärmeleitgleichung basierend auf der Clausius-Duhem-Ungleichung:

$$\rho C_{\varepsilon,\alpha} \dot{T} + \mathrm{div}\underline{q} = d_1 + \rho\psi_{,T,\varepsilon} : \dot{\varepsilon} + \rho\psi_{,T,\alpha} \cdot \dot{\alpha} + r_e$$

Dabei ist ρ die Dichte des Festkörpers, $C_{\varepsilon,\alpha}$ die spezifische Wärmekapazität, T die Temperatur, $\underline{q}$ der Vektor des Wärmeflusses, d_1 die intrinsische Dissipation, $\psi_{,T,\varepsilon}$. Der thermoelastische Effekt setzt adiabatische Bedingungen voraus, wie sie während der sehr kurzen Zeitspanne der Schädigung näherungsweise auftreten. Damit ist die oben aufgeführte Gleichung zur Verknüpfung der thermischen Emission mit der Bruchmechanik auf den Moment der Schädigung anwendbar.

5.4.4.2 Aktive Thermografie

Neben der passiven Thermografie liefert auch die aktive Thermografie einen wichtigen Beitrag zur Charakterisierung der Schädigungsmechanismen und der Bauteilzustände. Durch Blitz oder Induktion thermisch angeregte Messungen vor der Belastung machen es möglich, Defekte wie Delaminationen oder Faserfehlorientierungen, die während der Fertigung absichtlich eingebracht werden oder unbeabsichtigt auftreten können, sichtbar zu machen. Messungen nach mechanischer Schädigung geben Aufschluss über den genauen Schädigungszustand des Bauteils, so können zum Beispiel mechanisch induzierte Delaminationen deutlich erkannt werden.

5.4.4.3 In-situ-CT-Inspektionstechnologie

Um das laminatdesignbezogene Bruchverhalten zu analysieren, können in-situ CT Messungen am Bauteil durchgeführt werden. Dabei wird der Prüfgegenstand in quasistatischen Prüfungen in mehreren Lastniveaus in einem Computertomografen geprüft und in regelmäßigen Abständen vermessen. Die in [41] eingesetzte Maschine kombiniert eine Zwick Z250 und eine CT-Maschine, um bei Bauteilbelastung das Versagen der Verbindung ganzheitlich betrachten zu können. Basierend auf den Ergebnissen der beiden vorangegangenen Testsequenzen wurde die abschließende Testsequenz zur Bewertung des Potenzials von mehrskaligen strukturierten Lasteinleitungselementen entwickelt und durchgeführt. Da ein kohäsives Versagen erwünscht ist, wurde die strukturabhängige Schadensinitiierung und -ausbreitung mit einer in-situ CT-Inspektionstechnologie untersucht. Dabei wurden die Proben in vier Schritten bei unterschiedlichen Belastungsniveaus von 0 bis 80 % des Belastungsmaximums und kurz nach dem Belastungsmaximum mit etwa 90 % des Belastungsmaximums CT geprüft (vgl. Abb. 4.47). Mit Hilfe der Messungen konnte ein genaueres Verständnis zum Bruchverhalten generiert und Optimierungen in der Gestaltung der Verbindung duchgeführt werden.

5.4.5 Bestimmung der Haftung zwischen Faser und Matrix bzw. Metall und Kunststoff

Zur Bestimmung der Scherfestigkeit zwischen Metall und Kunststoff wurden bereits in Abschn. 5.4.1 einleitende Bemerkungen gemacht. Im Folgenden geht es vor allem um die Gefüge- und Topologieanalyse in der Grenzfläche sowie um die Bestimmung der Haftung zwischen Faser und Matrix in der FVK-Komponente von Hybriden.

5.4.5.1 Push-Out

Um den Einfluss der Matrixalterung auf die Haftfestigkeit zwischen Faser und Matrix zu ermitteln, können Single-Fiber-Push-Out-Versuche durchgeführt werden. Dafür werden im ersten Schritt dünne Scheiben aus Realverbunden geschnitten und anschließend geschliffen und glatt poliert. Der Prüfkörper ist planparallel gestaltet und die Faser steht senkrecht dazu. Die Probe wird auf einem sogenannten Supporter-Block eingespannt, der in der Mitte eine Kerbe enthält, so dass die Faser mittels einer sehr feinen Nadel, auch Indenterspritze genannt, durch die Matrix herausgedrückt werden kann. Mithilfe des Kraft-Verschiebungs-Diagrammes ist es möglich eine Haftfestigkeit zu ermitteln. Auf diese Weise werden auch Kennwerte zur Abbildung der Grenzflächeneigenschaften für die Modellierung von Faserverbunden gewonnen.

5.4.5.2 Pull-Out

Eine andere bedeutende Testmethode zur Ermittlung der Haftfestigkeit zwischen der Faser und Matrix ist der Single-Fiber-Pull-Out-Test. Hierbei wird die Zugkraft direkt in die Faser eingeleitet, welche zuvor in Zugrichtung in die Matrix eingebettet wurde. Durch die Zugbeanspruchung wird die Faser im Idealfall aus der Matrix gezogen, ohne beschädigt zu werden. In diesem Fall wird die Kraft als Funktion des Weges dargestellt. Die Scherfestigkeit des Interfaces ist die Relation zwischen der maximalen Kraft beim vollständigen Pull-Out und der Fläche, die sich zwischen Faser und Matrix bildet. Im Vergleich zum Push-Out-Test können die Proben jedoch nicht realen Bauteilen entnommen werden, weshalb die Fertigungshistorie nicht in diesem Testverfahren abgebildet wird.

5.4.6 Weitere Grenzflächenanalysetechniken

Um eine geeignete Nanostrukturierung der eingesetzten Metallkomponente auszuwählen bzw. geeignete Strukturierungsparameter festzulegen, sind zunächst meist umfangreiche Parameterstudien notwendig, wobei jeder einzelne getestete Parameter mittels REM hinsichtlich seiner Oberflächenmorphologie und Topografie zu untersuchen ist. REM-

Untersuchungen können ebenfalls eingesetzt werden, um die mit Hilfe eines Focused Ion Beam (FIB) erzeugten Schnitte durch eine Bruchfläche einer zuvor laserstrukturierten Stahl- bzw. Aluminium-CFK-Hybridprobe hinsichtlich der Infiltrationsgüte der Nanostrukturen zu analysieren.

Des Weiteren können mittels Physisorptionsmessungen der Metalloberflächen die wahre Größe der lasernanostrukturierten Metalloberfläche bestimmt werden.

Um die Topografie innerhalb eines einzelnen Laserspots zu ermitteln sind zudem Untersuchungen mit Hilfe der Rasterkraftmikroskopie (AFM) möglich. So kann neben der Höhe der erzeugten Strukturen auch die erzielte Welligkeit abgebildet werden.

Literatur

1. Kießling R, Ihlemann J, Riemer M et al (2016) On the development of an intrinsic hybrid composite. IOP Conf Ser Mater Sci Eng 118:12017. https://doi.org/10.1088/1757-899X/118/1/012017
2. Kießling R, Ihlemann J, Riemer M et al (2017) The interface of an intrinsic hybrid composite – development, production and characterisation. Proc CIRP 66:289–293. https://doi.org/10.1016/j.procir.2017.03.288
3. Serna J, Zinn C, Scharf I et al (2019) Concepts for interface engineering and characterization in composite hybrid structures. IOP Conf Ser. Mater Sci Eng 480:12014. https://doi.org/10.1088/1757-899X/480/1/012014
4. Summa J, Schwarz M, Herrmann H-G (2016) Evaluating the severity of defects in a metal to CFRP hybrid-joint with in situ passive thermography damage monitoring. In: Proceedings of the 5th international conference on integrity, reliability & failure. IRF Porto, Porto, S 117–126
5. Dittes A (2019) Bifunktionelle Sol-Gel-Beschichtungen für die Grenzflächengestaltung im Multimaterialleichtbau. ZVOreport 2:47
6. Kießling R, Ihlemann J, Riemer M et al (2018) A process and load adjusted coating system for metallic inserts in hybrid composites. Prod Eng Res Dev 12:249–257. https://doi.org/10.1007/s11740-018-0806-3
7. Serna J, Zinn C, Scharf I et al (2019) Concepts for interface engineering and characterization in composite hybrid structures. IOP Conf Ser Mater Sci Eng 480:12014. https://doi.org/10.1088/1757-899X/480/1/012014
8. Hirsch F, Kästner M (2017) Microscale simulation of adhesive and cohesive failure in rough interfaces. Eng Fract Mech 178:416–432
9. Hirsch F, Müller S, Machens M et al (2017) Simulation of self-piercing rivetting processes in fibre reinforced polymers: material modelling and parameter identification. J Mater Process Technol 241:164–177
10. Barfuss D, Grützner R, Hirsch F et al (2018) Multi-scale structuring for thermoplastic-metal contour joints of hollow profiles. Prod Eng 12:229–238
11. Zinn C, Schaper M (2017) Influence of a laser pre-treatment on the mechanical and the corrosion properties of metal-CFRP hybrid structures manufactured by RTM. In: 20th international conference on composite structures (ICCS20), Paris
12. Zinn C, Wang Z, Tröster T et al (2018) Forming and corrosion stability of a laser pre-treated metal surface-influence on the properties of metal-CFRP hybrid structures made by VARTM. In: 3. Internationale Konferenz Hybrid Materials and Structures. Bremen, S 17–23

13. Zinn C, Bobbert M, Dammann C et al (2018) Shear strength and failure behaviour of laser nano-structured and conventionally pre-treated interfaces in intrinsically manufactured stell-CFRP hybrids. Compos Part B 151:173–185
14. Zinn C, Schaper M, Gonzalez JS et al (2016) Shear edge tests. A benchmark in investigating the influence of different surface pretreatment methods on the shear stress of intrinsically manufactured metal-CFRP hybrids. IJAUTOC 2:244. https://doi.org/10.1504/IJAUTOC.2016.084321
15. Bonpain B (2018) Entwicklung und prozesstechnische Analyse eines festen und mediendichten Kunststoff – Metall-Verbundes. Dissertation, TU Dortmund
16. Kießling R, Ihlemann J, Pohl M et al (2017) On the design, characterization and simulation of hybrid metal-composite interfaces. Appl Compos Mater 24:251–269
17. Barfuss D, Garthaus C, Gude M et al (2016) Design of multi-scale-structured Al-CF/PA6 contour joints. IJAUTOC 2:299–315
18. Günther F, Ewens J, Stommel M (2020) Potential of mesoscale structural elements in the interface of hybrid CFRP-metal-parts on the load transfer. Advances in polymer processing. Springer Vieweg, Berlin/Heidelberg
19. Pohl M, Stommel M, Baumann F et al (2017) Entwicklungsstrukturen intrinsischer Hybride. wt-online 107:546–550
20. Pohl M, Stommel M (2018) Intrinsic CFRP-metal-hybrids with rubber interface for the improvement of the damping behaviour. Prod Eng 12:153–159. https://doi.org/10.1007/s11740-018-0792-5
21. Sessner V, Stoll M, Feuvrier A et al (2017) Determination of the damping characteristics of fiber-metal-elastomer laminates using piezo-Indicated-loss-factor experiments. KEM 742:325–332. https://doi.org/10.4028/www.scientific.net/KEM.742.325
22. Summa J, Schwarz M, Herrmann HG (2016) Thermography assisted characterisation of Production-induced defects in CFRP and their influence on the mechanical behaviour. In: Proceedings of euro hybrid materials and structures, Kaiserslautern
23. Gebhardt J, Schwennen J, Lorenz F et al (2018) Structure optimisation of metallic load introduction elements embedded in CFRP. Prod Eng 12:131–140
24. Gebhardt J, Pottmeyer F, Fleischer J et al (2015) Characterization of metal inserts embedded in carbon fiber reinforced plastics. 20th Symposium on Composites 825–826:506–513
25. Muth M, Pottmeyer F, Weidenmann KA (2020) Failure behaviour of metal inserts embedded in CFRP subsequent to thermal, mechanical and cyclic pre-damage. Compos Struct 236:111877
26. Pottmeyer F, Muth M, Weidenmann KA (2017) Research of the load bearing capacity of shape-optimized metal inserts embedded in CFRP under different types of stresses. Key Eng Mater 742:636–643
27. Muth M, Schwennen J, Bernath A et al (2018) Numerical and experimental investigation of manufacturing and performance of metal inserts embedded in CFRP. Prod Eng 12:141–152
28. Pottmeyer F (2017) Schädigungsverhalten von in CFK-Laminaten eingebetteten Inserts unter bauteilnahen Beanspruchungen. Dissertation. Schriftenreihe des Instituts für Angewandte Materialien, Karlsruher Institut für Technologie, Bd 72. KIT Scientific Publishing, Karlsruhe
29. Gebhardt J (2016) Strukturoptimierung von in FVK eingebetteten metallischen Lasteinleitungselementen. Dissertation, Karlsruher Institut für Technologie
30. Magagnato D, Seuffert J, Bernath A et al (2018) Experimental and numerical study of the influence of integrated load transmission elements on filling behavior in resin transfer molding. Compos Struct 198:135–143
31. Seuffert J, Kärger L, Henning F (2017) Simulation of the influence of embedded inserts on the RTM filling behavior considering local fiber structure. In: Key engineering materials. 21st symposium of composites, Bd 742. DGM, S 681–688
32. Groß L, Herwig A, Berg DC et al (2018) Production-based design of a hybrid load introduction element for thin-walled CFRP structures. Prod Eng Res Dev 12:113–120

33. Herwig A, Horst P, Schmidt C et al (2018) Design and mechanical characterisation of a layer wise build AFP insert in comparison to a conventional solution. Prod Eng Res Dev 12:121–130
34. Prussak R, Stefaniak D, Kappel E, Hühne C, Sinapius M (2019) Smart cure cycles for fiber metal laminates using embedded fiber Bragg grating sensors. Compos Struct 213:252–260
35. Kappel E, Prussak R, Wiedemann J (2019) Processing strain and stress in fiber metal laminates – On a simultaneous use of fiber-Bragg-gratings and strain-gages to determine the stress-free temperature during GLARE manufacturing. Compos Struct 227:269–279
36. Prussak R, Stefaniak D, Hühne C, Sinapius M (2018) Evaluation of residual stress development in FRP-metal hybrids using fiber Bragg grating sensors. Prod Eng 12:259–267
37. Prussak R, Stefaniak D, Hühne C et al (2015) Residual stresses in intrinsic UD-CFRP-steel-laminates – experimental determination, identification of sources, effects and modification approaches. Mater Sci Forum 825–826:369–376
38. Stefaniak D, Prussak R (2019) Chances and challenges in the application of fiber metal laminates. AML 10:91–97. https://doi.org/10.5185/amlett.2019.2155
39. Stefaniak D, Kappel E, Kolotylo M et al (2014) Experimental identification of sources and mechanisms inducing residual stresses in multi-layered Fiber-Metal-Laminates. In: Proceedings of Euro Hybrid Materials and Structures 2014. Deutsche Gesellschaft für Materialkunde e.V, Stade
40. Weidenmann KA, Baumgärtner L, Haspel B (2015) The edge shear test – an alternative testing method for the determination of the interlaminar shear strength in composite materials. 20th Symposium on composites 825–826:806–813. https://doi.org/10.4028/www.scientific.net/MSF.825-826.806
41. Pottmeyer F, Schlegel O, Weidenmann KA et al (2018) Investigation of the damage evolution of metal inserts embedded in carbon fiber reinforced plastic by means of computed tomography and acoustic emission. Untersuchung der Schädigungsentwicklung von in kohlenstofffaserverstärkten Kunststoffen eingebetteten Inserts mittels Computertomographie und Schallemissionsanalyse. Mater Sci Eng Tech 49:1245–1262

Produktionstechnologien und Anwendungsbeispiele

6

Carsten Schmidt, Alexander Bernath, Lucas Bretz, Fabian Günther, Peter Lenz, Markus Muth, Jonas Nieschlag, Robert Prussak, Matthias Riemer, Sven Roth, Julian Seuffert, Zheng Wang, Jannik Weykenat und Veit Würfel

C. Schmidt (✉) · J. Weykenat
Leibniz Universität Hannover, Hannover, Deutschland
E-Mail: Schmidt_c@ifw.uni-hannover.de; Weykenat@ifw.uni-hannover.de

A. Bernath · M. Muth · J. Nieschlag · S. Roth · J. Seuffert
Karlsruher Institut für Technologie, Karlsruhe, Deutschland
E-Mail: Alexander.bernath@kit.edu; Markus.muth@kit.edu; Jonas.Nieschlag@kit.edu; Sven.roth@kit.edu; Julian.Seuffert@kit.edu

L. Bretz
Institut für Produktionstechnik, KIT, Karlsruhe, Deutschland
E-Mail: Lucas.Bretz@kit.edu

F. Günther
TU Dortmund, Dortmund, Deutschland
E-Mail: Fabian.guenther@tu-dortmund.de

P. Lenz · Z. Wang
Universität Paderborn, Paderborn, Deutschland
E-Mail: Peter.lenz@ltm.upb.de; Zheng.Wang@uni-paderborn.de

R. Prussak
Deutsches Zentrum für Luft- und Raumfahrt, Braunschweig, Deutschland
E-Mail: Robert.Prussak@dlr.de

M. Riemer
TU Chemnitz, Chemnitz, Deutschland
E-Mail: Matthias.riemer@iwu.fraunhofer.de

V. Würfel
TU Dresden, Dresden, Deutschland
E-Mail: Veit.wuerfel@tu-dresden.de

J. Fleischer (Hrsg.), *Intrinsische Hybridverbunde für Leichtbautragstrukturen*,
https://doi.org/10.1007/978-3-662-62833-1_6

6.1 Produktionseffektivität von Hybrid-Fertigungsmethoden

Ein erheblicher Vorteil des in Kap. 1 beschriebenen intrinsischen Hybridisierungsprozesses ist der Wegfall nachgelagerter klassischer Fertigungsoperationen wie Nieten oder Kleben, weshalb eine effektive und effiziente Fertigung hybrider Faserverbundstrukturen erreicht wird. Durch die Integration der Fügeoperation in den Urformprozess des Faserverbundes können Ressourcen eingespart werden. So ist es selbst durch einen vorhandenen Mehraufwand in den Urformprozessen von Faserverbund und metallischem Partner möglich, Kosten, Taktzeit oder Bauteilmasse einzusparen.

Um den Vorteil der intrinsischen Hybridisierung hinsichtlich der gesamten Produktionseffektivität aufzuzeigen, erfolgt eine Gegenüberstellung der im DFG Schwerpunktprogramm SPP1712 betrachteten Prozesse mit hybriden Referenzprozessen. Hierbei können über einen technologischen sowie wirtschaftlichen Vergleich Aussagen zu den Potenzialen der intrinsischen Hybridisierung getroffen werden. Nachfolgend sind in Tab. 6.1 Kriterien aufgelistet, welche zur Beurteilung der technischen Leistungsfähigkeit eines Metall-FVK-Hybrides und der Wirtschaftlichkeit des Herstellungsprozesses relevant sind.

Neben den Fertigungseffekten und Herausforderungen bei der Hybridisierung, wie der Korrosionsbeständigkeit und dem unterschiedlichen Temperaturverhalten (Delta-Alpha-Auslgeich), welche in Abschn. 1.2 beschrieben sind, stellen das Fail-Safe-Verhalten, der Leichtbaugrad und der Einfluss der Hybridisierung auf die Laminatqualität Kriterien zur Bewertung der technischen Leistungsfähigkeit dar. Wirtschaftliche Faktoren bestimmen meist die Wahl eines Hybridisierungsverfahrens bzw. einer -bauweise. Maschineninvest- sowie wiederkehrende Kosten müssen amortisierbar bzw. vertretbar sein, die erreichbare Taktrate ist für die geforderte Stückzahl entscheidend und Automatisierbarkeit und Modularität meist gewünscht.

Es erfolgt ein exemplarischer Vergleich ausgewählter intrinsischer Hybridverfahren mit nicht-intrinsischer hybrider Referenz für hybride Hohlstrukturen, schalenförmige Hybridstrukturen und FVK-Metall-Hybridprofile (Abb. 6.1).

Es wird ein Technologiereifegrad sechs (Technology Readiness Level TRL 6) der Prozesse angenommen, um den qualitativen Vergleich der Verfahren durchzuführen, auch wenn sich einige Verfahren und Entwicklungen noch auf Laborniveau befinden.

In Abb. 6.2 ist der Vergleich von Schlauchblasintegralverfahren (siehe Abschn. 4.3) mit einer genieteten und geklebten Referenz für Zug-Druck-Streben dargestellt. Das SBI-Verfahren ist durch das eingesetzte Flechtverfahren zur Preformherstellung, der

Tab. 6.1 Kriterien zur Potenzialanalyse der Produktionseffektivität intrinsischer Hybridverbunde

Technologische Kriterien	Wirtschaftliche Kriterien
Laminatqualität	Maschineninvest
Delta-Alpha-Ausgleich	Wiederkehrende Kosten
Korrosionsbeständigkeit	Modularität
Fail-Safe-Verhalten	Automatisierbarkeit
Leichtbaugrad	Taktraten

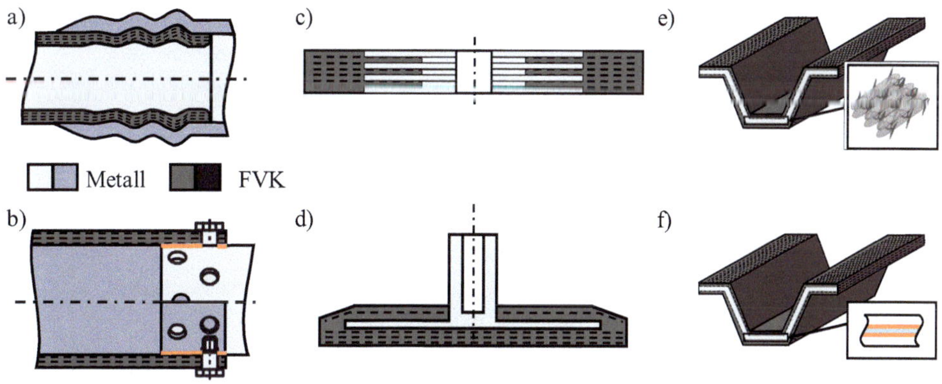

Abb. 6.1 Vergleich exemplarisch ausgewählter intrinsischer Hybride mit hybrider Referenz hinsichtlich Prozesseffizienz: Im SBI-Verfahren hergestellte Konturverbindung (**a**), Bolzen und Klebung (**b**), Multilayer-Insert (**c**), Bighead (**d**), Intrinsisches hybrides Crashprofil (**e**) und geklebtes Hybridprofil (**f**)

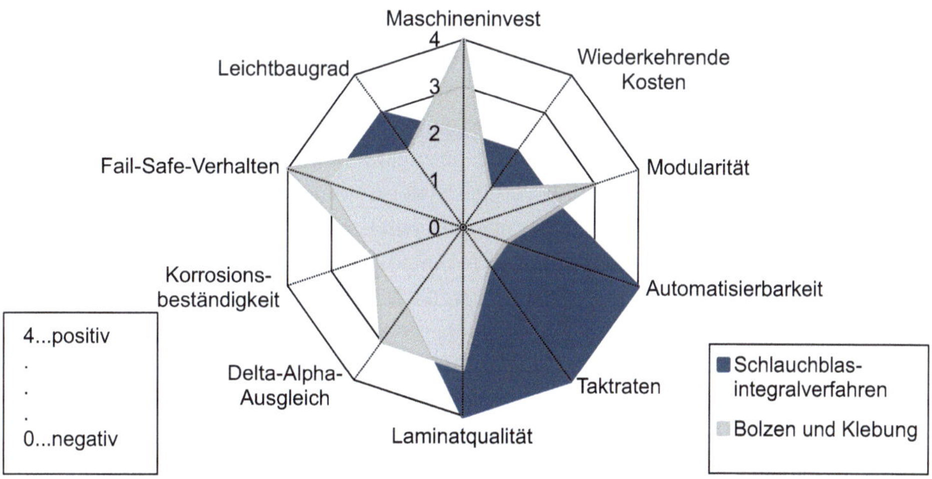

Abb. 6.2 Vergleich von Schlauchblasintegralverfahren und einer genieteten und geklebten Referenz als Verfahren zur Herstellung von Zug-Druck-Streben

Verwendung von thermoplastischen Tapes und dem kombinierten Innen- und Außenhochdruckumformverfahren der Lasteinleitungselemente in der Lage, hohe Taktraten bei hoher Automatisierbarkeit zu erzielen. Dafür ist ein hoher Maschineninvest nötig und Anpassungen an Geometrien sind mit erhöhtem Aufwand verbunden. Jedoch entfallen durch die intrinsische Hybridisierung nachgelagerte notwendige Fügeoperationen und wiederkehrende Kosten sind aufgrund von nicht benötigten Fügemitteln und -prozessen reduziert.

Abb. 6.3 zeigt die Gegenüberstellung des Multilayer-Inserts (siehe Abschn. 2.2) mit dem in der Industrie weit verbreitetem Bighead nach technologischen und wirtschaftlichen Kriterien. Durch die Integration der Hybridisierung im Tapelegeprozess des FVK, in

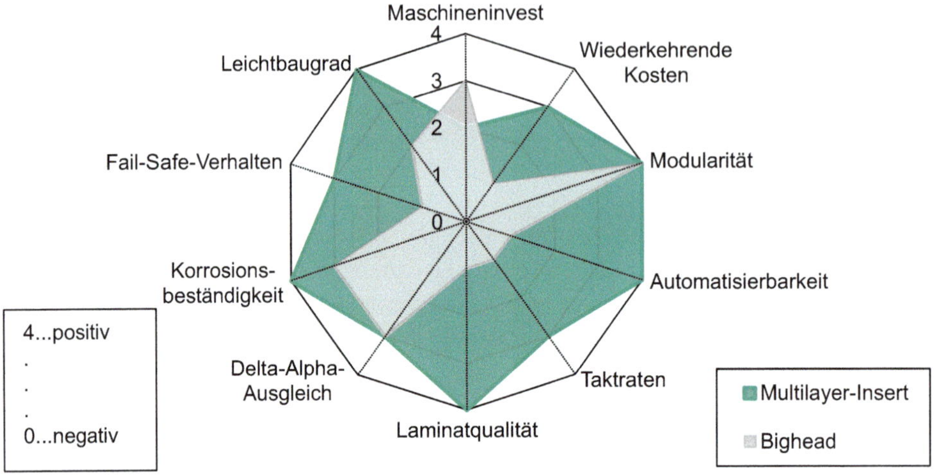

Abb. 6.3 Vergleich von Multilayer-Insert und Bighead nach technologischen und wirtschaftlichen Kriterien

welchem das Multilayer-Insert ohne Einschränkungen in der Ablagerate im Faserverbundbauteil integriert wird, sind bei voller umgesetzter Automatisierbarkeit [10] sehr hohe Taktraten erreichbar. Durch die Verwendung endkonturnaher Einlegerbleche, welche vor dem Legeprozess zugeschnitten und der Anlage zugeführt werden, ist eine hohe Modularität je nach benötigter Geometrie bei vergleichsweise geringen wiederkehrenden Kosten erreichbar. Durch die geringe Dicke der metallischen Einlagen in Aussparungen im Laminat werden die Fasern nicht onduliert, was in einer hohen Laminatqualität und einem hohen Leichtbaugrad resultiert. Jedoch ist im Vergleich zum Bighead beim Multilayer-Insert, verbunden mit dem Tapelegeprozess, ein höherer Maschineninvest zur Umsetzung der metallischen Lasteinleitung nötig, wobei das Verfahren auch für die manuelle Herstellung von Laminaten einsetzbar ist.

Ähnliche Ergebnisse zeigt der Vergleich der Metall-FVK-Hybridprofile in Abb. 6.4.

Als Referenzbauteil für das im Abschn. 3.3 betrachteten intrinsischen Metall-FVK-Hybrid-Crashprofil wird ein gefügtes 3-lagiges (FVK- metallischer Einleger – FVK) Schalenbauteil herangezogen, wobei die Einzellagen form- und stoffschlüssig verbunden sind. Für das Referenzbauteil müssten zwei FVK-Bauteile mittels Thermoformen hergestellt werden. Anschließend wird die metallische Verstärkungslage in einer nachgelagerten Fügeoperation mit den FVK-Bauteilen verbunden. Davor muss der metallische Einleger zugeschnitten und die Formschlusselemente (z. B. CMT-Pins) aufgebracht werden. Damit besteht der Referenzprozess aus mindestens fünf Prozessschritten (Zuschnitt FVK, Thermoformen, Zuschnitt metallisches Insert, Aufbringen der Formschlusselemente, Fügen der Einzelkomponente). Im Gegensatz dazu besteht der entwickelte Prozess des intrinsischen Hybriden nur aus drei Schritten, was eine signifikante Verkürzung der Taktzeit für die Herstellung eines Bauteils bedeutet. Weiterhin entfallen durch die schlanke Prozesskette Handlingprozesse, sowie die Notwendigkeit von Zwischenlagern. Dies macht die

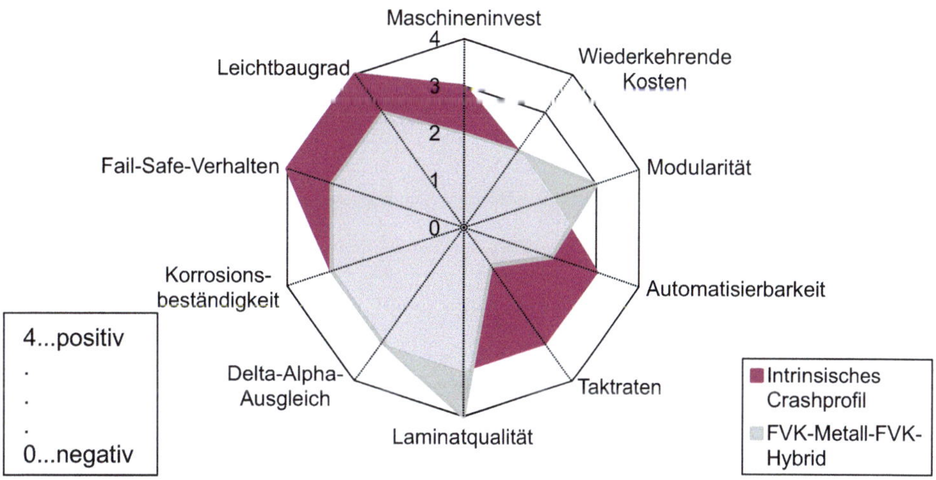

Abb. 6.4 Vergleich des intrinsischen Crashprofils und einer genieteten und geklebten Referenz als Verfahren zur Herstellung von Metall-FVK-Hybridprofilen

neuartige Prozesskette wesentlich einfacher automatisierbar. Im Hinblick auf die Bauteileigenschaften liegt eine verbesserte Bauteilperformance (Fail-Safe-Verhalten, Korrosion) in Folge des intrinsischen Fügeprozesses im Vergleich zu konventionell gefügten Bauteilen vor.

Abb. 6.5 zeigt die, von den am SPP1712 beteiligten Arbeitsgruppen bestimmten, Prozesszeiten ausgewählter intrinsischer Hybridverfahren mit hybrider Referenz exemplarisch für hybride Hohlstrukturen, schalenförmige Hybridstrukturen und FVK-Metall-Hybridprofile. Betrachtet und zusammengefasst werden die Einzelprozesse und -operationen in Preforming, Handling, Imprägnierung, Härtung/Konsolidierung, Hybridisierung und Trimmen. Alle intrinsischen Hybridverfahren sind in der Lage, trotz teils erhöhtem Aufwand bei Preforming und Handling die Gesamtprozesszeit durch den Wegfall eines nachgelagerten Hybridisierungsschrittes zu reduzieren. Es ist zu erwähnen, dass Prozesszeitenreduktionen nicht nur durch die intrinsische Hybridisierung, sondern auch durch teils verschiedene Referenzprozesse der Herstellung der FVK zu erklären sind.

Zusammenfassend zeigt die intrinsische Hybridisierung ein hohes Effizienzsteigerungspotenzial für die Produktion. Im Vordergrund stehen hierbei vor allem die reduzierten Prozesszeiten und die damit erhöhten Taktraten der intrinsischen Prozesse gegenüber Referenzprozessen aufgrund des Wegfalls nachgelagerter Hybridisierungsschritte. Die intrinsische Hybridisierung stellt damit ein effektives Werkzeug dar, um Produktionsprozesse von FVK zu verschlanken und somit dem industriellen Wunsch nach Taktzeitenreduzierung und Kostenreduktion nachzukommen. Sofern sich die meist vorhandenen höheren Investitionskosten gegenüber den Referenzverfahren über die Stückzahl und entfallende nachgelagterte Prozesse rechtfertigen lassen, kann das Potenzial intrinsischer Hybridverbunde hinsichtlich der erweiterten Gestaltungsmöglichkeiten sowie der

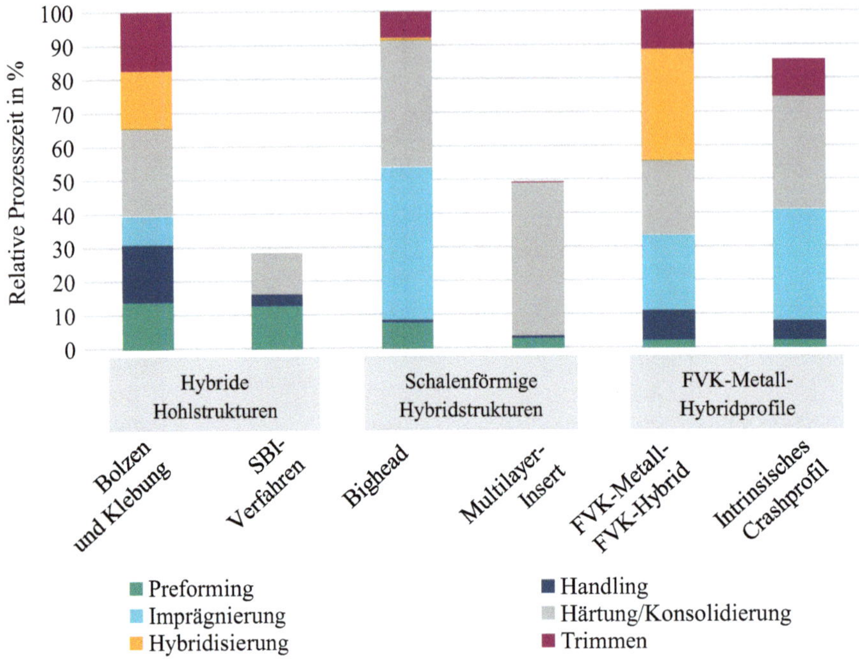

Abb. 6.5 Prozesszeiten von intrinsisch hergestellten Hybriden mit hybrider Referenz von FVK-Metall-Hybridprofilen, Hybriden Hohlstrukturen und schalenförmigen Hybriden

produktionstechnischen Vorteile der Materialkombination im Ur- und Umformprozess im Strukturleichtbau vollumfänglich ausgeschöpft werden.

6.2 Qualitätssicherung in der Produktion intrinsischer Hybridverbunde

Um in folgenden Forschungs- und Entwicklungsprojekten in der Qualitätssicherung zielgerichtet auf die Beherrschung auftretender Hybridisierungsfehler hinarbeiten zu können, ist im Rahmen des Gesamtprojekts ein Defektkatalog erstellt worden. Hierfür sind die auf die Hybridisierung zurückzuführenden Fehlerbilder in den einzelnen Teilprojekten erfasst worden. Die folgenden Hybridisierungsfehler traten in mehreren Teilprojekten auf und werden aus diesem Grund als besonders relevant für die Beherrschung der Fertigung intrinsischer Hybridverbunde eingestuft:

- Ondulation (Auftreten in 4/8 TPs)
- Lufteinschlüsse (4/8)
- Faserverschiebung/-fehlorientierung (4/8)
- Delamination (3/8)
- Trockene Stellen (2/8)

Zusätzlich wird die Relevanz der Defekte mithilfe einer Risikoprioritätszahl (RPZ), angelehnt an [7], abgeschätzt. Die RPZ berechnet sich aus dem Produkt der drei Faktoren Auftretenswahrscheinlichkeit, Entdeckungswahrscheinlichkeit und der Bedeutung hinsichtlich Funktionseinschränkung. Die drei Faktoren konnten auf einer Skala von eins bis zehn durch die einzelnen Teilprojekte bewertet werden. Der Stufung kommt dabei folgende Bedeutung zu (vgl. Tab. 6.2):

Als besonders kritisch wurden die folgenden Defekte bewertet:[1]

- Delamination (133)
- Lufteinschlüsse (118)
- Faserverschiebung/-fehlorientierung (114)

An dieser Stelle sei auf die noch sehr geringe Einschätzung des Technologiereifegrades verwiesen, da es sich bei nahezu allen Prozessen um Versuchsaufbauten handelt (TRL von drei bis fünf). Delaminationen sind vor allem auf die Preform-Herstellung zurückzuführen. Dennoch gilt es zu beachten, dass eine mechanische Bearbeitung im Anschluss zu Delaminationen führen kann.[2] Lufteinschlüsse sind zum einen auf das geringe TRL zurückzuführen, zum anderen jedoch auch eine Prozesseigenschaft in Abhängigkeit der Einlegergeometrie. Teilprojekt 2 und 3 konnten feststellen, dass Luft im Bereich der Aussparungen des Einlegers nicht vollständig entweichen kann. Auftretende Lufteinschlüsse in entfernten Bereichen des Einlegers sind auf das TRL zurückzuführen. Mithilfe von Formfüllsimulationen können grundlegende Fehlkonstruktionen von Werkzeugen und Einlegern, welche zu Lufteinschlüssen führen können, ausgeschlossen werden. Als intrinsische Prozesseigenschaft ist das Auftreten von Faserverschiebungen und – fehlorientierungen zu charakterisieren. Durch das Einbringen des Einlegers kommt es zwangsläufig zu nicht kraftflussoptimalen Faserorientierungen. Ziel muss es hier sein, die resultierende Faserorientierung bzw. – verschiebung vorherzusagen und so den Einfluss bereits in der Dimensionierung berücksichtigen zu können.

Im Folgenden werden Verfahren der Qualitätssicherung vorgestellt, die im Rahmen des Projekts zum Einsatz kamen. Unterschieden wird hier zwischen Verfahren, die während

Tab. 6.2 Faktorbedeutung der Risikoprioritätszahl

Faktor	Stufe 1	Stufe 10
Auftretenswahrscheinlichkeit	Tritt nie ein	Tritt bei jedem Teil ein
Entdeckungswahrscheinlichkeit	Wird immer detektiert	Wird nie detektiert
Bedeutung	Keine Funktionseinschränkung	Keine Funktionserfüllung mehr

[1] In der Klammer steht die gemittelte RPZ der einzelnen TP.

[2] An dieser Stelle sei auf 13 verwiesen, der sich mit der Entstehung von Delaminationen bei der Zerspanung von FVK auseinandersetzt.

des Prozesses zum Einsatz kommen (in-Prozess), im direkten Anschluss (post-Prozess) und während des Einsatzes (Life-Cycle-Monitoring).

6.2.1 In-Prozess-Prüfung

6.2.1.1 Analyse struktureller Qualitätsmerkmale von FVK-Halbzeugen mithilfe der Thermografie

Aus mechanischer Sicht stellt eine Hybridisierung vor allem in den Kontaktbereichen zwischen metallischem Einleger und CFK eine Herausforderung dar. Hier ist eine ausreichende Anbindung zwischen den unterschiedlichen Materialien zu realisieren, um die notwendige Kraftübertragung gewährleisten zu können. Exemplarisch wurde eine solche Prozessüberwachung mithilfe der Thermografie in Teilprojekt 1 umgesetzt [23, 24]. Hier muss die Anbindung sowohl zwischen *Slittapes* und Werkzeug, als auch zwischen den *Slittapes* untereinander bei mehrlagigen Aufbauten, sichergestellt werden. Die Thermografie ist ein bildgebendes Verfahren zur Bestimmung des Abstrahlverhaltens von Körpern im infraroten Spektralbereich (Wärmestrahlung). Eine Thermografiekamera registriert Infrarotstrahlung, wobei die Intensität der Strahlung als Maß für die Oberflächentemperatur des Objekts verwendet werden kann. In der folgenden Verarbeitung wird die Infrarotstrahlung als Falschfarbenbild dargestellt. Mithilfe von Bildverarbeitungsmethoden können Bereiche identifiziert werden, die Wärmeanomalien aufweisen. Zur Feststellung der Anhaftung von CFK und Inserts wird der Prozess mittels Thermografie beobachtet. Fehler im Laminat und eine nicht ausreichende Anhaftung können identifiziert werden, da in diesem Bereich ein veränderter Wärmeübergang zum beheizten Werkzeug entsteht [24], vergleiche auch Abschn. 3.3. Bei einer nicht ausreichenden Anhaftung der Slittapes oder Inserts werden diese Fehlstellen durch eine Temperaturdifferenz zum umliegenden Laminat sichtbar. Die thermografische Überwachung der Ablage erlaubt eine qualitative Erfassung fehlerhafter Anbindung zwischen Metall und Laminat. Aufgrund des Messprinzips ist die Detektionsrate von Fehlstellen stark von der aktuellen Legegeschwindigkeit abhängig, sodass bei Geschwindigkeiten >0,5 m/s nur noch sehr unpräzise Aussagen getroffen werden können. Da die Datenerfassung mittels Thermografie nur eine qualitative Beurteilung zulässt, ist in diesem Rahmen keine Bestimmung der Messunsicherheit erfolgt.

6.2.1.2 Analyse und Verifikation der Positionierung von Faserverbundhalbzeugen und Metalleinlegern mit Hilfe des Laserlichtschnitt-Verfahrens

In allen im Schwerpunktprogramm SPP1712 betrachteten Prozessen ist die genaue und reproduzierbare Positionierung von Fasermaterial und Halbzeug entscheidend für die resultierende Bauteilqualität. Die Herausforderung besteht in einer automatisierten Prozessüberwachung, welche Abweichungen von einer prozesssicheren Positionierung der Halbzeuge detektiert. Exemplarisch wurde eine solche Prozessüberwachung mithilfe eines Laser-Lichtschnittsensors (LLS) in Teilprojekt 1 umgesetzt. In einem Automated-Fiber-

Placement-Prozess werden metallische Inserts schichtweise in das Laminat eingebracht. Die Inserts werden dabei mit einer Ablegeeinheit in dem Laminat positioniert, welches passende Aussparungen enthält. Es entstehen vollmetallische und hybride Bereiche im Bauteil. An dieser Stelle ist die exakte Positionierung entscheidend, um eine ausreichende Anbindung der Komponenten zur Lastübertragung zu gewährleisten. Beeinflusst wird die Ablageposition durch die Zuschneidung des Slittapes. Untersuchungen zeigen, dass in diesem Übergangsbereich Spannungserhöhungen ein Versagen initiieren können [10]. Den kritischen Faktor stellt hier die Gap-Breite (Lücke zwischen Fasern und Metall) dar, wobei Überlappungen ebenfalls in einer reduzierten Festigkeit resultieren. Ziel ist es, die Zuschneidung während des Prozesses zu detektieren und die Ablage des Inserts entsprechend anzupassen. Durch die Bestimmung der Schnittkanten des abgelegten Laminats mithilfe des LLS können die Ist- und Soll-Werte der Positionen verglichen werden. Dies erlaubt eine Anpassung der Soll-Position der Inserts, um eine gleichmäßige Verteilung der Gap-Breiten zu gewährleisten. Der zur Kontur- und Geometriekontrolle verwendete Lichtschnittsensor basiert auf dem Triangulationsprinzip und wird in der berührungslosen 3D-Messtechnik verwendet. LLS erweitert die Triangulation und ermöglicht durch die Verwendung mehrerer Messpunkte ein Höhenprofil des Messobjekts. Durch Einstellung des Triangulationswinkels kann der erfassbare Höhenmessbereich und die erforderliche Auflösung eingestellt werden. Eine Vergrößerung des Höhenmessbereichs hat eine geringere Auflösung zur Folge. Zur Erfassung der vom Legesystem erzeugten Aussparung im Laminat werden Höhenprofile mit dem Lichtschnittsensor aufgenommen. Mithilfe von Kantendetektionsalgorithmen (Canny-Algorithmus) werden die Positionen der Schnittkanten ausgewertet. Im vorliegenden Anwendungsfall wurde zusätzlich ein Winkel von 30° zwischen Messlinie und Legerichtung gewählt (vgl. Abb. 6.6). Ohne diese Schrägstellung wäre eine Schnittkante nur durch Höhendifferenz zwischen zwei benachbarten Profilen sichtbar und die Messauflösung würde dem Abstand zwischen zwei Messprofilen

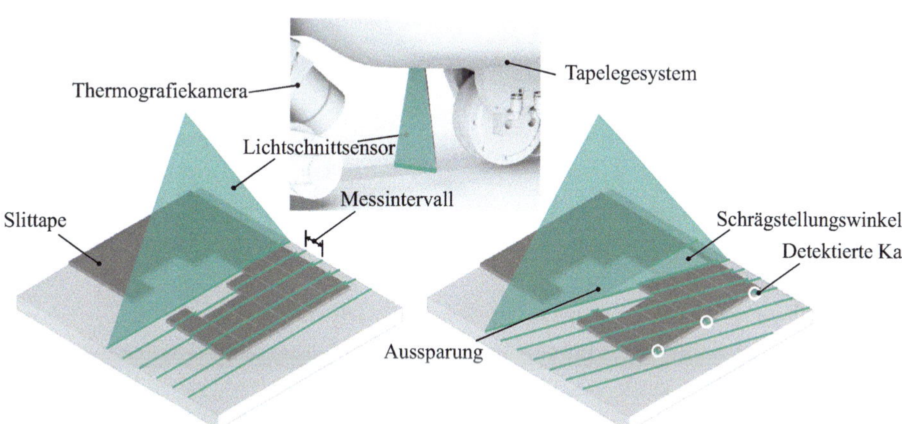

Abb. 6.6 Vorteil einer Schrägstellung des Laser-Lichtschnittsensors bei der Erkennung von Schnittkanten [23]

betragen. Die Schrägstellung bewirkt, dass die Schnittkante innerhalb eines Messprofils als Stufe sichtbar wird, sodass die Erfassung der Position der Schnittkante mit der Auflösung des Lichtschnittsensors erfolgen kann.

Die inlinefähige Erfassung der Geometrie der Aussparung im Laminat erlaubt eine Verringerung der maximalen Gap-Breiten. Daher ist zu erwarten, dass der Einsatz des Lichtschnittsensors zu einer Erhöhung der erreichbaren Festigkeiten führt, insbesondere bei hohen Legegeschwindigkeiten. Die genaue Vermessung der Ist-Positionen der Schnittkanten hat dazu geführt, dass prozessbedingte Einflussfaktoren im Legesystem identifiziert und angepasst werden konnten. So konnte eine Erhöhung der Wiederholgenauigkeit erzielt werden. Es konnte im Laufe der Projektlaufzeit die Standardabweichung in der Wiederholgenauigkeit der Faserablage von mehreren Millimetern auf etwa 0,1 mm reduziert werden. Die Positionsungenauigkeit der Ablage von Einlegern und Laminat ist abhängig von der Legegeschwindigkeit des Systems. Bis zu einer Legegeschwindigkeit von 0,6 m/s kann die Erfassung der Schnittkanten prozesssicher mit einer Genauigkeit von 0,6 mm erfolgen. Oberhalb dieser Geschwindigkeit ist nach aktuellem Stand keine Erfassung mehr möglich. Bis zu einer Geschwindigkeit von 0,2 m/s ist eine Vermessung mit einer Genauigkeit von 0,3 mm möglich.

6.2.1.3 Qualitätskontrolle der Prepreg-Geometrie im Laserlichtschnitt-Verfahren

Der Preforming-Prozess im *Resin-Transfer-Molding*-Verfahren (RTM-Verfahren) wurde als kritischer Prozessschritt für die spätere Bauteilqualität von komplexen Bauteilen identifiziert [12]. Kritische Geometrieabweichungen können bereits an Preforms frühzeitig detektiert werden. Durch die Integration von thermoplast-umspritzten Metalleinlegern (Teilprojekt 6) in die CFK-Bauteile liegt in der Umgebung des Einlegers eine hohe Komplexität vor. Weiterhin kann im Fall von Hybridbauteilen die korrekte Positionierung des Einlegers kontrolliert werden. Um den Anforderungen an eine großserien- und inlinefähige Messtechnik gerecht zu werden, muss das Messsystem die Preforms berührungslos, vollflächig und in ausreichender Geschwindigkeit hinsichtlich der Taktzeit erfassen [5]. Diese Anforderungen erfüllt das Laserlichtschnitt-Verfahren. Um Abschattungen aufgrund der Bauteilgeometrie kompensieren zu können, ist die komplementäre Kombination von zwei Sensoren zielführend [4]. In Teilprojekt 3 wurde ein solches System entwickelt und ist in einer Portalbauweise integriert worden. Diese Portalbauweise führt zu einem sehr präzise steuerbaren Verfahrweg und resultiert daher in einer geringen Messunsicherheit von 50µm [4]. In Abb. 6.7 ist die Kompensation des Abschattungseffekts sowie die Höhennachführung zur Vermessung eines dreidimensionalen Bauteils dargestellt.

6.2.1.4 2D-kamerabasierte Messung der Faserorientierung

Die Integration von Einlegern führt zu einer lokalen Beeinflussung der Faserorientierung. Mittels eines 2D-Kamerasystems kann die lokale Faserorientierung detektiert werden. Die Spezifikationen der verwendeten Kamera sind in Tab. 6.3 gegeben. Weiterhin kam eine diffuse Dombeleuchtung zum Einsatz, mithilfe derer die anisotropen Reflexionseigenschaften der Kohlenstofffaser kompensiert werden konnten. Als Einstellungsparameter fungierten

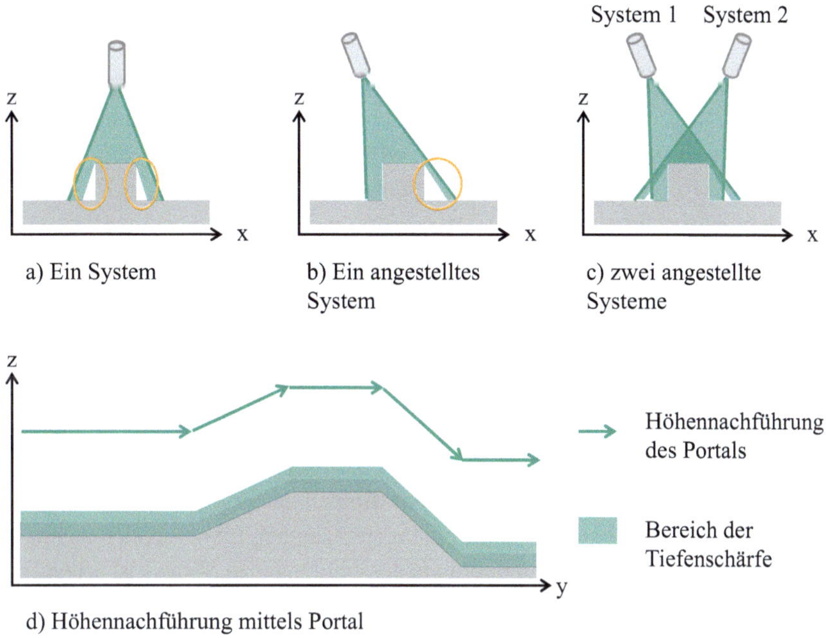

Abb. 6.7 Funktionsweise des Laserlichtschnitt-Systems mit Höhennachführung

Tab. 6.3 Kamera- und Objektivspezifikationen

Kameraname	Allied Vision Manta G504B
Auflösung	2452 × 2056 px
Objektiv	Tamron 23FM50SP
Brennweite	50 mm
Blendenöffnung	2, 8 – 32

die Beleuchtungsfarbe und die Beleuchtungshöhe. Es konnte mithilfe der in [16, 17] vorgestellten Algorithmen die Faserorientierung verschiedener Proben mit einer Messunsicherheit von ca. 0,1° detektiert werden [2].

Weiterhin ist es möglich, mit einem robotergeführten Wirbelstromsensor die Faserorientierung in komplex geformten Preforms zu detektieren [1].

6.2.1.5 Ultraschallüberwachung des Aushärtezustands

Zur Produktion einer reproduzierbaren Bauteilqualität ist im RTM-Formwerkzeug von Teilprojekt 6 je ein Ultraschallsender und -empfänger eingebaut worden. Mit der Messtechnik wird das Ziel verfolgt, Bauteile erst im vollständig ausgehärteten Zustand zu entformen und so Schwankungen in den Prozessbedingungen durch eine adaptive Aushärtezeit anpassen zu können. In [28] ist der Einfluss des Aushärtevorgangs auf die Schallgeschwindigkeit bereits gezeigt worden. Durch die dreidimensionale Gestalt des produzierten Bauteils ist der Implementierungsbereich der Sensoren beschränkt, da es bei einem nicht-orthogonalen Auftreffen des Schallimpulses auf eine Oberfläche zu starken

Reflexionen kommt. Weiterhin ist nur die Integration einer limitierten Anzahl von Sensoren an diskreten Stellen im Werkzeug möglich. Um den Aushärtungszustand in der kritischen Region um den Einleger sowie des am spätesten in die Form eingetretenen Harzes zu überwachen, sind die Sensoren in Steiger- und Einlegerumgebung integriert worden. Als Koppelmedium zwischen Sensoren und Formwerkzeug kommt aufgrund der Prozesstemperatur von 110 °C das Weichmetall Kupfer zum Einsatz. Neben der Produktion von Gutteilen wurden bewusst künstliche Defekte in die Hybridstruktur eingebracht. Diese künstlichen Defekte repräsentieren Delaminationen und Falten im Gelege. Die Defekte wurden jeweils zwischen der zweiten und dritten Lage des vierlagigen Bauteils eingebracht. Die künstlich eingebrachten Defekte konnten mithilfe des Ultraschallsignals detektiert werden. So führt die mittels 0,1 mm dicken Teflonstreifen simulierte Delamination zu einer Reduktion der Schallgeschwindigkeit im ausgehärteten Zustand um ca. 50 m/s auf 5650 m/s. Die Verwendung von Teflonstreifen zur Generierung von Delaminationen gerät zunehmend in die Kritik [14], sodass die Versuchsergebnisse mit Aerogel als Teflonersatz wiederholt werden sollten. Die in das Bauteil integrierten Falten sind bei der Betrachtung des fertigen Bauteils optisch nicht zu erkennen, führen jedoch zu einer Anomalie am Empfänger. Die Maximalamplitude des empfangenen Signals ist schwächer und weitere Signalamplituden werden noch zu Zeitpunkten empfangen, bei denen das Signal eines Gutteils bereits abgeklungen ist. Dies ist vermutlich auf Reflexionen des Ultraschallsignals an den zusätzlichen Grenzflächen im Bauteil zurückzuführen.

Eine alternative Möglichkeit zur Überwachung des Aushärtezustands stellt die dielektrische Analyse dar, welche neben der Detektion von Delaminationen zusätzlich eine Bestimmung des Faservolumenanteils zulässt [15].

6.2.2 Post-Prozess-Prüfung

6.2.2.1 Bestimmung von Eigenspannungen und daraus resultierenden Bauteilverformungen in Hybridbauteilen

Aufgrund unterschiedlicher Wärmeausdehnungkoeffizienten ist ein Faser-Metall-Laminat (FML) durch eine spannungsfreie Temperatur T_{sf} gekennzeichnet. T_{sf} beschreibt den Zeitpunkt der Anbindung der Hybridkomponenten. Die Zielsetzung ist es, entlang des FML-Herstellungsprozesses im Autoklaven Dehnungsinformationen (Prozessdehnungen) im Inneren des Verbunds aufzuzeichnen. Ab dem Überschreiten von T_{sf} kann das FML-Laminat, bestehend aus den Einzelkomponenten FVK und Metall, als ein Gesamtverbund betrachtet werden. Während der Abkühlung von T_{sf} auf Raumtemperatur werden entsprechend der unterschiedlichen thermischen Eigenschaften der metallischen- und FVK-Komponente hohe Zwangsdehnungen induziert. Die Vorspannungen führen zur Senkung des mechanisch nutzbaren Potenzials des Hybridverbunds. Bei Hybridkombinationen mit hoher thermischer Inkompatibilität können aus dem Prozess heraus bereits Delaminationen durch die eingeleiteten Spannungen in den Grenzschichten induziert werden.

In Teilprojekt 8 lag der Fokus auf der Quantifizierung von induzierten Spannungen in mehrschichtigen Laminataufbauten mit geringen Einzellagen. Ein faseroptisches Messsystem mit *Faser-Bragg-Gitter*-Sensoren (FBG) ermöglicht die Charakterisierung des „*co-cure bonding*"-Vorgangs und erlaubt die Feststellung des Zusammenhangs zwischen dem Aushärtefortschritt und den Dehnungsänderungen. Zusätzlich können durch das Messsystem beliebige Laminataufbauten multiaxial an verschiedenen Punkten vermessen werden. Benötigt wird ein faseroptischer Leiter (Durchmesser: 0,15 mm) mit mehreren eingeschriebenen Gittern/Messpunkten. Die Einbettung der FBG-Sensoren erfolgt in das noch unausgehärtete CFK-Laminat (vgl. Abb. 6.8). Das in den Kern der Faser eingeschriebene 2 mm lange Bragg-Gitter (periodische Änderung des Brechungsindexes) reflektiert eine Wellenlänge des eingeleiteten Lichts (1520–1580 nm). Äußere Einflüsse wie Dehnung und Temperatur führen zur Veränderung des Gitters und somit zur Verschiebung der reflektierten Wellenlänge. Die Sensoren liefern ein vollständiges Dehnungsprofil über den gesamten Herstellungsprozess. Dies erlaubt die Ermittlung von Auswirkungen und Mechanismen von veränderten Prozessparametern (Druck, Temperatur, Fertigungsumgebung), zeigt den Zeitpunkt der Spannungsübertragung zwischen den Metall- und CFK-Lagen und ermöglicht daraus die Ermittlung der eingelagerten Spannungen.

Während des Prozesses findet eine direkte Bestimmung von T_{sf} mittels FBG-Sensoren statt (siehe Abschn. 3.2). Durch die Bestimmung des Zeitpunktes der Spannungsübertragung zwischen den Einzellagen können die Eigendehnungen durch das Messsystem quantifiziert werden (vgl. Abb. 6.9).

Die nachträglich gezielte Störung des Gleichgewichts durch die mechanische Entfernung von Einzellagen erlaubt die Detektion der Veränderung des Dehnungszustands mittels FBG. Dies erlaubt die Quantifizierung von den während des Prozesses eingelagerten Eigenspannungen, die durch das Entfernen von Einzellagen frei werden [20]. Durch die Aufnahme der Dehnungen im Prozess und die Bewertung des Eigenspannungszustandes können Prozessparameter identifiziert werden, mit deren Hilfe Eigenspannungen gesenkt werden konnten. Das größte Potenzial bietet die Anpassung des Temperaturverlaufes. Durch die Bestimmung des Anbindungszeitpunktes kann eine gezielte Anpassung dieses Zeitpunktes durch eine Variation des Temperaturverlaufes stattfinden. Angepasste Temperaturzyklen können die Temperatur T_{sf} senken. Untersuchungen mittels in-situ überwachten „*smart-cure-cycles*" zeigen Eigenspannungsreduktionen von bis zu 25 %, wodurch die

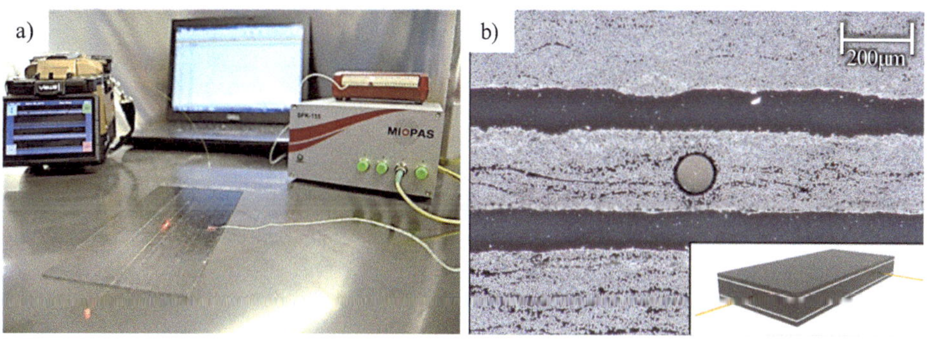

Abb. 6.8 (**a**) Messaufbau (**b**) Mikroskopieaufnahme eines CFK-Stahl-Laminats mit eingebettetem FBG-Sensor in Faserrichtung (0°)

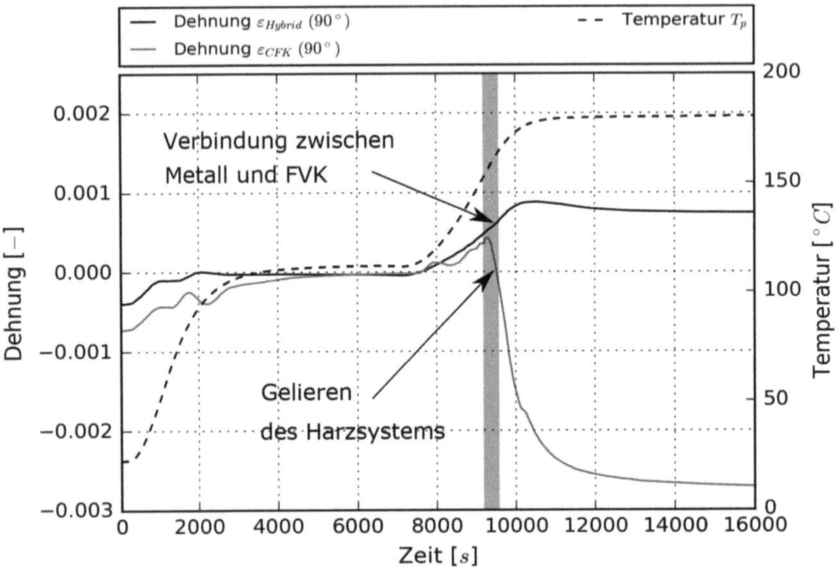

Abb. 6.9 Detektion des Anbindungszeitpunktes und Ermittlung der spannungsfreien Temperatur

mechanische Leistungsfähigkeit von verschiedenen Hybridanwendungen [20] verbessert werden kann. Die Dehnungsmessunsicherheit des Messsystems beläuft sich auf 0,1 µε. Die händische Integration der Sensoren (vgl. Abb. 6.8a) kann zu Abweichungen in der exakten Ausrichtung der Messfaser gegenüber den zu vermessenden Probekörpern führen. Zusätzlich können durch Viskositätsänderungen während der Aushärtung weitere minimale Lageänderungen der Messfaser nicht ausgeschlossen werden. Die Integration des Sensors stellt ebenso eine Störstelle im Laminat dar, die durch eine entsprechende Anpassung bei Sensorauswahl (Durchmesser, Material) und Ausrichtung minimiert werden kann (vgl. Abb. 6.8b). Jedoch kann die Integration trotz dessen zur Inhomogenität der Faser-Matrix-Verteilung, sowie zu Ondulationen der angrenzenden Fasern führen. In der Folge werden dadurch Abweichungen bei den aufgenommenen Dehnungskurven erzeugt. Entsprechenden konnte bei den untersuchten CFK-Stahl-Laminaten eine Abweichung bei der Bestimmung der spannungsfreien Temperatur von ca. ±5 K festgestellt werden. Dies entspricht für typische Faser-Metall-Laminate, welche bei 180 °C ausgehärtet werden, einer Abweichung der Eigenspannungen von ca. 6 %.

6.2.2.2 Detektionen von Delaminationen

Unter einer Delamination wird im Folgenden die Trennung einzelner Materialschichten voneinander verstanden. Eine Delamination kann sowohl zwischen zwei Faserlagen als auch an der Grenzschicht zu einem anderen Material auftreten. Exemplarisch wird hier Teilprojekt 6 herangezogen. Die in diesem Teilprojekt untersuchten Metall-CFK-Hybridbauteile erhalten ihre guten mechanischen Eigenschaften durch einen Formschluss zwischen Aluminium und CFK. Zur Reduzierung des Steifigkeitssprungs zwischen Aluminium und CFK wird eine thermoplastische Zwischenschicht eingebracht. Dazu wird der Aluminiumeinleger zuerst mit dem Thermoplast umspritzt. Der daraus resultierende Verbund wird dann zwischen Gewebelagen aus C-Fasern drapiert und mittels eines RTM-Verfahrens zum fertigen Bauteil geformt. Es resultieren zwei unterschiedliche innenliegende Grenzflächen, die durch ihre Lage eine besondere Herausforderung bei der Post-Prozess-Prüfung darstellen. Im fertigen Bauteil wird die Kraft über die Grenzflächen übertragen. Delaminationen sind im dargestellten Hybridbauteil (vgl. Abschn. 2.4) ein kritischer Defekt, da durch die fehlende Anbindung der einzelnen Grenzflächen der Formschluss geschwächt wird und so die mechanischen Kennwerte stark nachlassen [2]. Verschiedene Messprinzipien konnten erfolgreich zur Detektion von Delaminationen eingesetzt werden. Eine übersichtliche Darstellung der Vor- und Nachteile ist mit Tab. 6.4 gegeben. Da das Verfahren des elektromagnetisch induzierten Ultraschalls (EMUS) einen elektrisch leitenden Prüfkörper erfordert, eignet sich dieses Verfahren jedoch nur für die Untersuchung der Grenzfläche Metall-Thermoplast. Als weiteres Verfahren sei hier der Einsatz von luftgekoppeltem Ultraschall zur Detektion von Delaminationen erwähnt [11]. Insbesondere ist dies auch durch die Verwendung eines optischen Mikrofons als Detektor von laserinduzierten Schallwellen im Material möglich [9]. Das Wirbelstromverfahren kann aufgrund fehlender Schichtanbindung ebenfalls zur Detektion von Delaminationen verwendet werden [6]. Wie in [25] gezeigt wird, können durch die aktive Thermografie unter anderem Delaminationen zwischen den Einzellagen und zwischen Thermoplast/CFK sichtbar gemacht werden und damit das Verfahren des EMUS perfekt ergänzt werden. An dieser Stelle muss dabei das Prinzip der Thermografie in verschiedene spezifische Verfahren unterteilt werden, welche jeweils in Teilprojekt 6 zum Einsatz kamen und sich durch die Wärmeeinbringung in das Material unterscheiden. Im Rahmen des SPP1712 hat

Tab. 6.4 Messverfahren zur Detektion von Delaminationen

Messprinzip	Vorteil	Nachteil
Thermografie	kurze Zykluszeit (100 %-Prüfung möglich)	Nur oberflächennahe Informationen
	kontaktlos	Hohe Kameraauflösung als Kostentreiber
	–	Artefakte und Rauschen im Bild
Ultraschall	Untersuchung großflächiger Bauteile möglich	Koppelmedium meist notwendig
	Kurze Zykluszeit	aufwendiges Post-Processing
Elektromagnetischer Ultraschall (EMUS)	Hohe Sensitivität	el. leitfähiges Material ist Voraussetzung
	kontaktlos	–
	Kissing Bonds (geschlossene Grenzflächendefekte) detektierbar	–
Computertomografie (CT)	hochaufgelöst	zeitaufwändig
	–	Kissing Bonds nicht detektierbar
	–	begrenzter Bauraum

das Teilprojekt 6 den Ansatz der Wärmeinbringung mittels Blitz- oder Wirbelstromanregung verfolgt. Zusätzlich wird eine passive Untersuchung der Wärmeentwicklung unter Belastung vorgenommen. Am wbk Institut für Produktionstechnik ist die Puls-Phasen-Thermografie erfolgreich angewandt worden. Hier erfolgt auf eine Wärmeeinbringung mittels Blitz die Beobachtung des Abkühlungsverhaltens der zu untersuchenden Probe. Künstlich eingebrachte Defekte, welche Poren und Delaminationen repräsentieren, konnten so erfolgreich identifiziert werden [3]. Die Computertomografie ist aufgrund der aktuell noch zu hohen Zykluszeit lediglich als Referenzmesstechnik zu verwenden.

Weitere Defekte, die mit der aktiven Thermografie entdeckt werden können, sind Faserfehlorientierungen, Falten, fehlende Fasern, Gapping und trockene Stellen.

„*Probability of detection*“-Untersuchungen (POD) zeigen, dass Delaminationen ab einer Größe von 50 mm^2 mithilfe der aktiven Thermografie zu detektieren sind. Die untersuchten Falten mit einer Breite von 10 mm konnten nahezu immer detektiert werden. Gapping-Defekte konnten bis zu einer Größe von 1 mm auch noch in der zweiten Kohlenstofffaser-Lage detektiert werden. Dieses Ergebnis illustriert das Potenzial der Thermografie zur Detektion von internen Defekten [25].

6.2.3 Life-Cycle-Monitoring

6.2.3.1 Detektion von Schädigungen unter Last

Als Verfahren zum Schadensmonitoring unter quasistatischer sowie unter zyklischer Last hat sich die passive Thermografie als geeignet erwiesen. Unter zyklischer Last gelingt es, das Wachstum von Delaminationen in situ zu beobachten. Dies ist möglich, da bei Defektentstehungsprozessen, wie zum Beispiel dem Wachstum von Rissen und Delaminationen, Energie freigesetzt wird. Diese Energie wird zu einem Teil in Wärme umgewandelt, welche durch die passive Thermografie detektierbar ist. Diese Ergebnisse zeigen, dass die passive Thermografie für eine quantitative Bewertung des Bauteilzustands in Abhängigkeit des Schädigungsgrads genutzt werden kann [26] (Abb. 6.10).

Als weitere Messtechnik konnte die Röntgen-Computertomografie (CT) zur Bewertung des Probenzustands infolge einer Belastung erfolgreich eingesetzt werden, vgl. Abschn. 2.3. Die CT erlaubt die Bewertung der lokalen Laminatqualität unter Berücksichtigung von Hohlräumen und der Faseranordnung [22]. Auswirkungen von Impakt-Versuchen auf die Verteilung von Matrixbrüchen im CFK-Laminat [27] und verschiedene Schädigungsmechanismen im Laminat (Faser-Matrix-Ablösung oder Zwischenfaserbruch) können so untersucht und bestimmt werden. In Teilprojekt 3 wurde erstmals eine In-situ-CT-Prüfung von eingebetteten Inserts erfolgreich durchgeführt [18]. Die In-situ-CT-Prüfvorrichtung ist eine am IAM-WK entwickelte und hergestellte Zugprüfmaschine mit einer Maximalkraft von 10 kN. Die Prüfmaschine fand bereits Verwendung in [18, 19, 21]. Der Versuch findet hierbei im CT statt. Somit können Schädigungsmechanismen während der Belastung detektiert und analysiert werden. In Abb. 6.11 ist die Zeichnung und ein 3D-Modell des Aufbaus mitsamt eingebauter Probe enthalten.

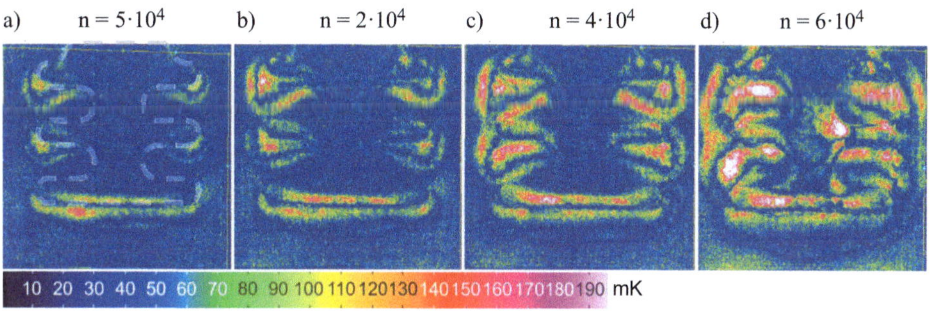

Abb. 6.10 Exemplarische Darstellung des Delaminationswachstums anhand eines Lock-In-Thermografiebildes im Amplitudenkontrast nach n Zyklen (nach [26])

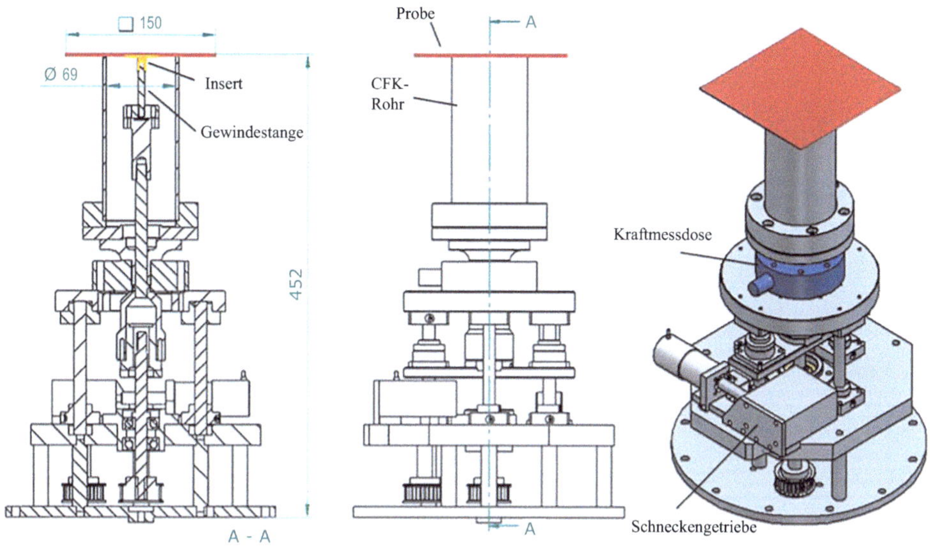

Abb. 6.11 Zeichnung und 3D-Mdell der In-situ-CT-Prüfvorrichtung mit eingebauter Probe [18]

Die Steuerung der Prüfmaschine erfolgte über eine am IAM-WK entwickelte Software, welche es erlaubt, die Maschine jederzeit anzuhalten und Kraft-Weg-Verläufe aufzuzeichnen. Die Selbsthemmung des Schneckengetriebes verhindert eine Zu- bzw. Abnahme des Verfahrweges während des Anhaltens der Prüfmaschine. Beim Start der Prüfung wird über ein Schneckengetriebe die Gewindestange lagegeregelt mit 1,5 mm/min nach unten verfahren und somit eine Zugbeanspruchung auf das Insert eingeleitet. Sobald Schädigung in der Probe aufgrund von Kraftabfällen vermutet wird, wird die Prüfmaschine angehalten und der CT-Scan gestartet. Nachdem der Scan abgeschlossen ist, wird die Prüfmaschine zum nächsten Haltepunkt verfahren und gescannt. Ein repräsentatives Versuchsergebnis ist mit Abb. 6.12 gegeben. Die gestrichelten Linien markieren dabei die Haltepunkte an denen, mit Ausnahme von Haltepunkt 1, durch aufgetretene Kraftabfälle Schädigung vermutet wurde.

Mithilfe der CT-Aufnahmen lassen sich die Schädigungsmechanismen an den jeweiligen Haltepunkten identifizieren. Die Haltepunkte 2 und 3 kennzeichnen sich durch eine Insert-Deformation. Weiterhin tritt an Haltepunkt 3 zum ersten Mal ein Faserbruch auf. An Haltepunkt 4 kommt es zu einem Lösen des Inserts vom Laminat. Diese Ablösung geht weiter mit einem deutlichen Faserbruch in unmittelbarer Nähe zur Insertbuchse einher.

Der höchste Kraftabfall entsteht bei Haltepunkt 6. Dieser ist bedingt durch die fortschreitende Insertablösung zum äußeren Rand der Insertgrundplatte hin. Zu diesem Zeitpunkt sind die nun kreuzförmig angeordneten Faserrisse eindeutig auf der Laminatoberseite im CT-Scan zu sehen. Der Faserriss zwischen oberem Laminat und Insert ermöglicht an Haltepunkt 7 einen annähernd linearen Verlauf der Biegung der Insertgrundplatte, da diese nun in Belastungsrichtung weiter ausgebeult werden kann. Zudem ist die Insertablösung weiter fortgeschritten. CFK-Delamination an Haltepunkt 8 (rot in Abb. 6.13) entsteht durch das fortschreitende Herausziehen des Inserts. Exemplarisch sind die CT-Aufnahmen der letzten drei Haltepunkte in Abb. 6.13 gegeben.

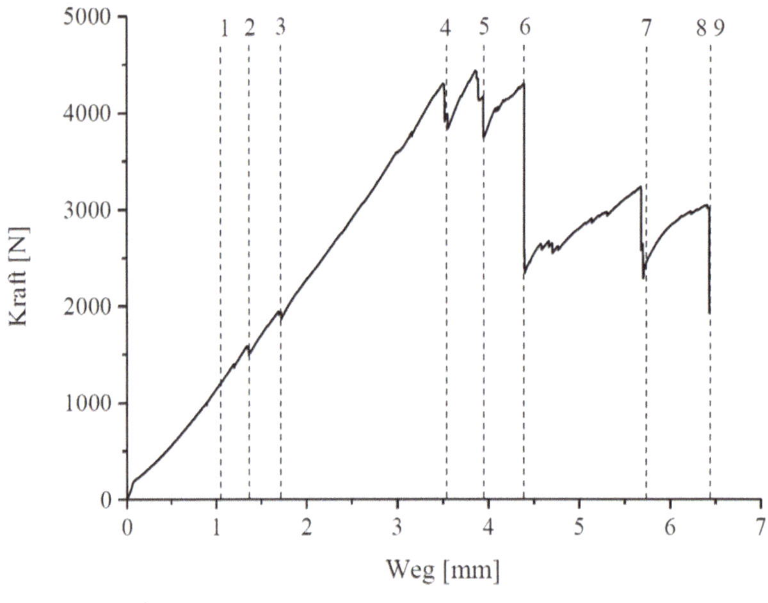

Abb. 6.12 Kraft-Weg-Verlauf der In-situ-CT-Prüfung des D30H1 Inserts [18], vgl. Abschn. 2.3

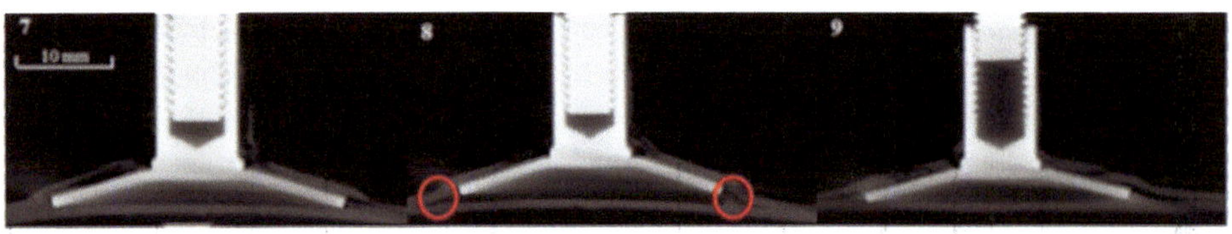

Abb. 6.13 CT Scans der Haltepunkte 7, 8 und 9 des Referenzinserts mit an Haltepunkt 8 entstandener CFK-Delamination (rot) [18]

6.3 Überführung in die Praxis – Beispielhafte Demonstrationen im Überblick

		Funktion			Hybridisierung			Krafteinleitung			Branche						
		Kraftein-leitung punktuell	Kraftein-leitung flächig	Verstär-kung	Form-schluss	Stoff-schluss	Kraft-schluss	Form-schluss	Stoff-schluss	Kraft-schluss	Auto-mobil	Flug-zeug	Bahn	Schiff	Wind-kraft-anlage	Bau-wesen	Maschi-nenbau
	eber																
1	Anbindung CFK-Dachstruktur an Metallkarosserie über Widerstandsschweißen 	●				●			●	●	●	●					○
2	Krafteinleitung in CFK-Sandwichstrukturen am Beispiel eines Monocoques 	●				●				●	●	●	●	●			○

3	Hybridstruktur mit punktförmigem Lasteinleitungselement zur Einleitung von Kräften 	●				●		●			●	●	●	●			○
4	Hybridstruktur mit lasttragendem Metalleinleger zur großflächigen Einleitung von Kräften 		●	●		●		●	●		●	●	●	●	○		○
5	Krafteinleitung in CFK-Freiformflächen am Beispiel von Dach- und Karosseriestrukturen 	●				●		●			●	○	○				●

6	Beanspruchungs-gerechte lokale FVK-Verstärkung von metallischen Strukturen 		●	●	●	●		●	●		●	●	●	●		●	
	zylindrisch																
7	FVK-Metall-Hohlprofile aus dem Schleuderverfahren 		●		●	●		●	●		○	●	●	○			○
8	FVK-Hohlprofil im Schlauchblas-Verfahren 		●	●	●	○	○	●	●	●	●	●	○	○			○
	freigeformt																
9	Hybride Crash-profile durch Thermoformen 		●	●	●	●			●		●	○	●		○		○

● gut geeignet, ○ geeignet

1. Anbindung einer CFK-Dachstruktur an metallische Karosserie über Multilayer-Inserts

Durch die lokale Hybridisierung von CFK-Strukturen mit dem Multilayer-Insert können Fügemethoden aus der Metallverarbeitung verwendet werden, die eine direkte Anbindung der Faserverbundstruktur an metallische Bauteile erlaubt. Dadurch ergeben sich Anwendugnsgebiete überall dort, wo Bauteile konventioneller metallischer Differentialbauweisen durch Faserverbundbauteile ersetzt werden sollen, die existierenden Verbindungsmethoden aber möglichst weiterhin zum Einsatz kommen sollen. Anwendungsfälle ergeben sich zum Beispiel im Automobilbau und hier insbesondere im Karosseriebau. So stellt die Verbindung von CFK-Dachhaut und Chassis eine solche Aufgabenstellung dar. Eine aus dem Automobilbau bekannte Verbindungsmethode ist das Widerstandselementschweißen, z. B. über sogenannte Flexweld®-Elemente. Diese Methode wurde erstmalig auch mit Mutlilayer-Inserts prototypisch umgesetzt und erforscht (vgl. Abschn. 2.3.3). Für das Verfahren wird das in Abb. 6.14 rechts gezeigte Widerstandsschweißelement in den Stapel der Einzelmetalllagen des bereits in die Dachhaut integrierten Multilayer-Inserts eingestanzt. Anschließend kann mittels klassischem Punktschweißverfahren die Verbindung beider Bauteile hergestellt werden. Damit ist das Verfahren integrierbar in vorhandene Montagelinien, da die gleichen Produktions- und Schweißanlagen verwendet werden können.

Bedingt durch das Schweißverfahren wurden in Untersuchungen im, für eine Matrixschädigung relevanten, Bereich kurzzeitig Temperaturen von bis zu 150 °C gemessen. Dies liegt deutlich unterhalb der Degradationstemperatur und auch noch unterhalb der Aushärtetemperatur der Matrix, wodurch ein Einfluss der Schweißtemperatur nicht anzunehmen ist. In Zuguntersuchungen ließen sich Kräfte von bis zu 7 kN übertragen (vgl. Abschn. 2.3.4), bevor es zu einem Versagen der Verbindung kam. Allerdings ist dieser Wert stark abhängig von den Materialeigenschaften und der Geometrie der Metalleinleger,

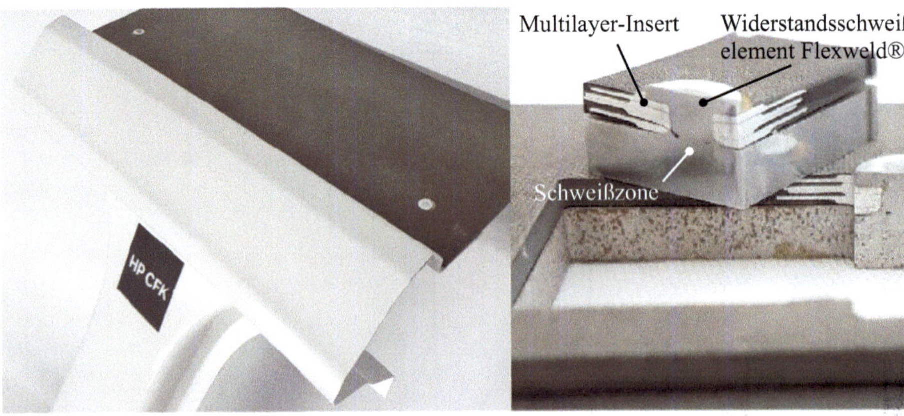

Abb. 6.14 Anbindung einer CFK-Dachhaut an die B-Säule eines Kraftfahrzeugs und Aufbau der Flexweld® -Fügestelle zur Verbindung von CFK-Laminaten und Metallblechen

des Widerstandsschweißelements sowie des anzubindenden Metalls. Diese Parameter stellen somit auch die Optimierungsgrößen dar, soll die übertragbare Kraft noch weiter gesteigert werden. Eine Übertragbarkeit in andere Industrien, wie beispielsweise den Flugzeugbau, sind vorstellbar. Hier ließe sich das Widerstandsschweißelement durch die Nietverbindung (z. B. HI-LOK™) ersetzen.

2. Faserverbundgerechte Krafteinleitung in Sandwichstrukturen
Für Sandwichstrukturen bietet die Multilayer-Inserts-Technologie ebenfalls Vorteile bei der Krafteinleitung. Eine spezifische Weiterentwicklung wurde patentiert und erforscht (vgl. Abschn. 2.3.3). Bauweisenbedingt werden in Sandwichstrukturen zwischen den beiden kraftaufnehmenden Decklagen Kernmaterialien verwendet, die durch einen relativ weichen, leichten Kernwerkstoff auf Abstand gehalten werden. Bei einer Krafteinleitung sollte daher darauf geachtet werden, dass der Kern nicht zu großen Beanspruchungen ausgesetzt ist. Der Aufbau des Inserts berücksichtigt daher eine Entlastung des Kernmaterials durch eine, das Kernmaterial überbrückende, Metallhülse. Treten während der Belastung Druckkräfte in diesem Bereich auf, werden sie über die Hülse zwischen den Decklagen übertragen und der Kern entlastet. In Zugversuchen, in der die Krafteinleitung senkrecht und parallel zum Sandwich erfolgte, wurden maximale Kräfte von 3,7 kN und 4,5 kN erreicht. Der Aufbau des Sandwich-MLIs ist in Abb. 6.15 dargestellt. Umgesetzt wurde das Konzept am Beispiel eines Leichtbau-Kiteboards. Der Multilayer-Insert dient hier zur Befestigung der Bindungen und überträgt so die aus Fahrmanövern resultierenden dynamischen Beanspruchungen.

Ein weiteres Beispiel wurde als Krafteinleitung für Monocoques umgesetzt (Abb. 6.16). Gegenüber einer konventnionellen Bauweise, bei der das Kernmaterial im Bereich der Krafteinleitung durch ein Aluminiumbauteil ersetzt wird, ließ sich zum einen das Gewicht leicht reduzieren und zum anderen die Kraft um 50 % steigern. Im Kopfzugversuch wurden maximale Kräfte von 18 kN erreicht, bevor dann das Laminat versagte.

Abb. 6.15 Krafteinleitung in Sandwichstrukturen am Beispiel eines Leichtbau-Kiteboards (1,47 kg), das im Rahmen einer studentischen Teamarbeit entwickelt, umgesetzt und getestet wurde (links). Der Multilayer-Insert überträgt die dynamische Beanspruchung von Fahrmanövern in die Bindungen

Abb. 6.16 Krafteinleitung in Sandwichstrukturen am Beispiel eines Monocoque [8], dass in Zusammenarbeit mit dem Hamburger Formular Student Team e-gnition entwickelt und als Funktionsmuster umgesetzt wurde. Es dient zur Anbindung von Fahrwerkskomponenten und hat in Versuchen Auszugskräfte von 18 kN standgehalten.

3./4. Intrinsisch gefertigte FVK/Metall-Verbunde – vom eingebetteten Insert zur lasttragenden Hybridstruktur

Eingebettete Inserts ermöglichen eine gezielte punktuelle Krafteinleitung in FVK-Strukturen. Bei Hochleistungs-FVK-Strukturen muss entsprechend auch die Lasteinleitung den Belastungen standhalten. Eine Anwendung ist daher unabhängig von einer speziellen Branche möglich.

Lasttragende Hybridstrukturen erweitern dies neben der Lasteinleitung in FVK um einen lasttragenden Anteil der metallischen Komponente. Eine mögliche Anwendung ergibt sich hier aus der sehr hohen Biegesteifigkeit der Gesamtstruktur oder aus der Kombination der hochsteifen FVK mit einer gezielt einstellbaren Nachgiebigkeit der metallischen Komponente, beispielsweise zur Energieabsorbtion. Ein möglicher Anwendungsfall aus der Automobilbranche wären crashrelevante Strukturbauteile, zum Beispiel eine Tür-Querstrebe.

Durch die geometrische Optimierung und die Optimierung der Integration der punktuellen Inserts konnten mehrere Ziele erreicht werden. Zum einen wird die Qualität der Produktion verbessert, da die Entstehung von Lufteinschlüssen vermieden wird. Des Weiteren wird die Performance bei Zugbelastung gegenüber herkömmlichen Inserts durch die faserschonende Einbringung und die topologieoptimierte Geometrie deutlich gesteigert. Die Performancesteigerung ist hierbei hinsichtlich absoluter Werte und spezifischer Werte erfolgt (vgl. Abschn. 2.4.4.1).

Die integrale Hybridstruktur wird aus diesen Erkenntnissen heraus entwickelt. Durch eine Optimierung der eingebetteten Laschen wird eine möglichst faserschonende Einbringung, sowie eine gute Formfüllung erreicht (vgl. Abschn. 2.4.4.4). Im Vergleich zu geklebten hybriden Referenzstrukturen kann mit einem solchen Konzept besonders unter Vorschädigung eine erhöhte Performance erreicht werden, da lokale Delaminationen an einzelnen Laschen nicht unmittelbar ein Totalversagen des Bauteils herbeiführen (Abb. 6.17).

Abb. 6.17 Punktuelle Lasteinleitung mittels eingebettetem Insert (links) und lasttragende Hybridstruktur mit eingebettetem Schaumkern (rechts)

5. Krafteinleitung in CFK-Freiformflächen am Beispiel von Dach- und Karosseriestrukturen (z. B. B-Säule)

Metallische Krafteinleitungselemente an CFK-Freiformflächen sind speziell für den Automobilbereich entwickelt. Dabei ist die Funktionsweise ein metallischer Einleger in einem CFK-Laminat, welcher intrinsisch im RTM-Prozess gefügt wird. Die Hybridverbindung kann eine funktionale, metallische Anbindung an eine CFK-Strukturkomponente oder den Werkstoffübergang im Multimaterialmix an Fahrzeugkarosserieteilen, wie beispielsweise der A-, B- oder C-Säule oder zur Dachanbindung, darstellen. Die Anbindung wurde als ebene 2D-Anbindung entwickelt, wie es für flächige Dach- oder Haubenstrukturen genutzt werden kann. Diese wurde aber auch für freigeformte 3D-Flächen erweitert und kann so an profilartige Strukturen im Karosseriebereich angewendet werden. Die Großserientauglichkeit der Anbindung wird durch eine kostengünstige Fertigung des Metalleinlegers im Stanzprozess in Kombination mit einem automatisierbaren Spritzgießprozess, sowie der erwähnten Konsolidierung im RTM-Prozess gewährleistet. Dabei erfüllt die im Spritzgießprozess erzeugte Ummantelung des Einlegers eine Vielzahl von Funktionen, wie die Reduktion des Steifigkeitssprunges zwischen den Komponenten, Korrosionsschutz, Dämpfungsverhalten, etc … Neben der Anwendung im Automobilbereich sind ebenfalls Anwendungen im Bereich des Maschinenbaus zur Dämpfung von Schwingen im Übergang von CFK- zu Metallkomponenten möglich. Umfassende Informationen sind in Abschn. 2.5 aufgeführt.

Im Rahmen der zu dieser Hybridanbindung durchgeführten Untersuchungen wurden zunächst ebene 2D- und folgend komplexe 3D-Bauteile geprüft. Diese wurden sowohl quasistatisch auf die maximale Zugfestigkeit als auch dynamisch auf die Ermüdungsfestigkeit geprüft. Für die 2D-Proben sind maximale Festigkeiten von 15 kN bei einem Bauraum von 70 × 70 mm^2 für die Anbindungsfläche festgestellt worden. Für die Ermüdungsversuche (R = 0,1) konnten bei moderaten Lasten von 65 % der quasistatischen Festigkeit über eine Million Zyklen ertragen werden, während unter erhöhter Last (75 % der maximalen quasistatischen Festigkeit) über 100.000 Zyklen erreicht wurden. Das Versagen der Proben tritt im quasistatischen Fall aufgrund von Delaminationen an den Werkstoffgrenzflächen und durch Rissbildung im CFK auf. Unter ermüdender Belastung ist ein stetiges Wachstum der Delaminationen um den Einleger herum zu beobachten, welches letztendlich zum Versagen führt.

Mit den komplexen 3D-Proben sind Lasten bis 8 kN übertragbar. Dabei werden große Verschiebungen beobachtet, da die Gesamtsteifigkeit der Struktur nicht so hoch ist und die Freiformflächen große Verformungen zulassen. Die Hauptversagensart in den Bauteilen tritt aufgrund der Biegeverformungen im CFK-Bauteil auf. Diesen Bereichen kommt bereits bei der Auslegung und Gestaltung des Bauteils besondere Aufmerksamkeit zu (Abb. 6.18).

6. Beanspruchungsgerechte lokale FVK-Verstärkung von metallischen Strukturen
Faserverbundkunststoffe können neben dem solitären Einsatz auch in hybriden Strukturen zur gezielten Verstärkung mechanisch hoch beanspruchter metallischer Bereiche, wie z. B. Säulen oder Seitenschweller, verwendet werden. Dies gilt im besonderen Maße für uniaxial beanspruchte Strukturen, siehe Abb. 6.19 links. Durch den Hybridgedanken rücken die jeweiligen Vorteile der einzelnen Bestandteile in den Vordergrund. Für den metallischen Werkstoff sind dies beispielsweise das gutmütige und duktile Versagensverhalten oder die Möglichkeit zur Einbindung der Bauteile in bestehende Baugruppen. Der FVK weist hohe spezifische Steifigkeiten, Festigkeiten und Energieaufnahme auf und lässt sich leicht lokal integrieren. Dadurch kann der Einsatz von FVK optimiert, aber gleichzeitig auch minimiert werden, was zu einer guten Materialausnutzung und verhältnismäßig geringeren Werkstoffkosten pro Bauteil führt. Zudem

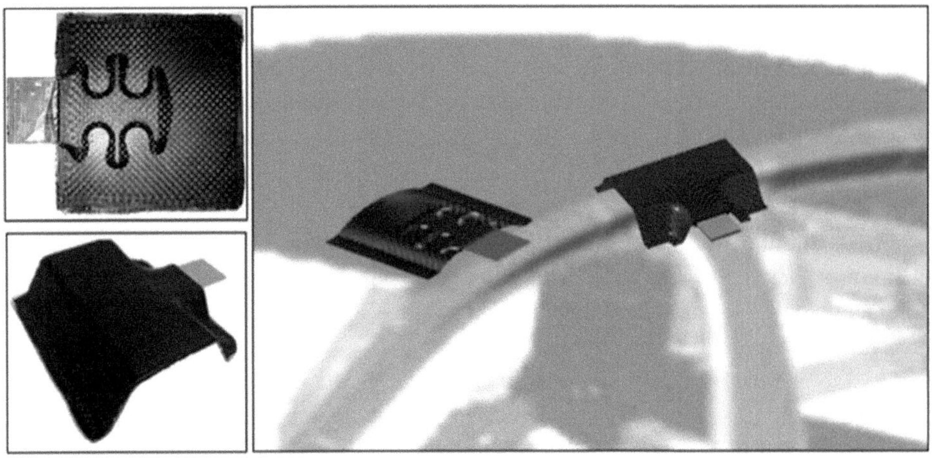

Abb. 6.18 Ebene und komplexgeformte Hybridanbindung für Dach- oder Karosseriestrukturen im Automobilbereich

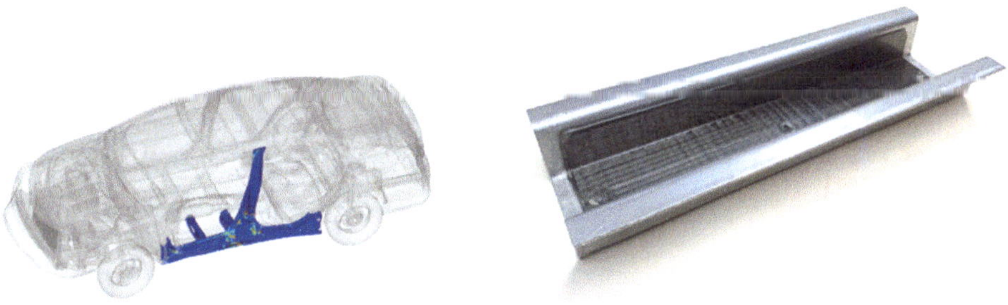

Abb. 6.19 Spannungsverteilung der B-Säule und des Seitenschwellers nach der MDB-Crashsimulation an einem Camry-Modell (links) und intrinsisch hergestelltes Musterbauteil einer metallischen Grundstruktur mit lokaler beanspruchungsgerechter FVK-Verstärkung mittels VARTM-Prozesses (rechts).

kann durch Reduktion des metallischen Bestandteils in Summe eine Gewichtsreduktion resultieren.

Die hybriden Strukturen, die mit dem modifizierten VATRM-Prozess (vgl. Abschn. 3.4.4) hergestellt werden, weisen eine form- und stoffschlüssige Anbindung der Metall- und der Faserverbundkunststoffkomponente auf. Dadurch resultiert eine gleichmäßige Karfteinleitung in die Grenzschicht sowie Kontaktkorrosionsproblematiken werden durch eine isolierende Epoxidharzschicht eliminiert. Durch den Einsatz eines hochreaktiven Epoxidharzsystems kann die Taktzeit signifikant verkürzt werden, welches eine prozessintergrierte Bauteilfertigung ermöglicht.

Zur Untersuchung des Einflusses einer lokalen Verstärkung auf eine realbauteilähnliche Geometrie wurde ein Hutprofilquerschnitt gewählt, siehe Abb. 6.19 rechts. Dieser Querschnitt wurde gebildet, indem ein repräsentativer Querschnitt einer realen B-Säule übernommen und anschließend symmetrisch ausgeprägt wurde (vgl. Abschn. 3.4.3). An den hybriden Hutprofilen wurden quasistatische und hochtransiente Drei-Punkt-Biegeversuche duchrgeführt. Das Hauptaugenmerk lag hierbei in dem Aufzeigen des Verbesserungspotenzials des Eigenschaftsprofils sowie des Leichtbaupotenzials von Hybridsystemen im Vergleich zu konventionellen Stahllösungen (vgl. Abschn. 3.4.4).

7./8. FVK-Metall-Hohlprofile aus dem Schleuderverfahren

Anwendungsgebiete für Komponenten die Zug-, Druck- oder Torsionskräfte übertragen, liegen oft im Mobilitätssektor, oder dort, wo besonders hohe Festigkeiten und eine geringe Masse gefordert sind. Antriebswellen aus FVK-Hohlprofilen werden beispielsweise bei Schiffen oder bei Fahrzeugen des Premiumsegments eingesetzt. Weitere Anwendungen sind Leichtbauwalzen im Bereich der Drucktechnik. Aufgrund der hohen massebezogenen Steifigkeit der FVK ergeben sich Vorteile bei der biegekritischen Drehzahl der Welle oder der Durchbiegung im Vergleich zu metallischen Ausführungen. Hierdurch kann zum Teil auch bei einer längeren Ausführung der Welle, bzw. Walze auf Zwischenlager verzichtet werden. Im Flugzeugbau werden oft Zug-Druckstangen zur Übertragung axialer Kräfte eingesetzt. Durch den Einsatz von FVK kann die Masse der Komponenten reduziert werden, wodurch der Energieverbrauch gesenkt und die Zuladung erhöht werden kann.

Für das Schleuderverfahren wurden bereits Zug-Druck-Verbindungen erforscht (vgl. Abb. 6.20). Durch experimentelle Zugprüfungen konnten Verbindungsfestigkeiten von bis zu 30 MPa nachgewiesen werden (vgl. Abschn. 4.3.4.2). Es wurden sowohl stoffschlüssige, als auch Prüfkörper mit einem Formschluss untersucht. Dabei konnte festgestellt werden, dass Bauteilgeometrien mit Formschlussanteil geringere Verbindungsfestigkeiten aufweisen, dafür aber eine erhöhte Energieabsorption im Versagensfall aufzeigen. Zusätzlich wird vermutet, dass die formschlüssigen Geometrien robuster auf hohe Temperaturschwankungen reagieren. Generell lässt sich durch eine geeignete Oberflächenbehandlung (Sandstrahlen, Arc-Spray, Primer, Rändelung) die Verbindungsfestigkeit der intrinsischen Schleuderhybride erhöhen.

Im Rahmen des Schlauchblas-Integral-Verfahrens werden thermoplastisch geflochtene Tapes und hydrogeformte Aluminium-Lasteinleitungselemente intrinsisch gefügt. Durch eine mehrskalige Strukturierung des Lasteinleitungselementes während des zweistufigen Hydroformprozesses wird dabei ein ebenfalls mehrskaliger Formschluss erzielt. Mit Hilfe dieses Verfahrens gefertigte Zug-Druck-Streben sind in Abb. 6.14 anhand einer generischen Knotenstruktur dargestellt. Der intrinsische Fertigungsprozess besteht aus hocheffizienten Fertigungsverfahren mit kurzen Taktzeiten bei hoher Bauteilqualität. Durch den Formschluss auf mehreren Skalenebenen können hohe Verbindungsfestigkeiten und ein gutmütiges Versagensverhalten erreicht werden. Durch die metallischen Lasteinleitungselemente besteht die Möglichkeit, die hybriden Bauteile mit bereits im Fertigungs- und Montageprozess üblichen Verfahren, wie dem Schweißen in Konstruktionen zu integrieren.

Abb. 6.20 Schleuderbauteil für Zug-Druck-Anwendungen mit Formschlussanteil

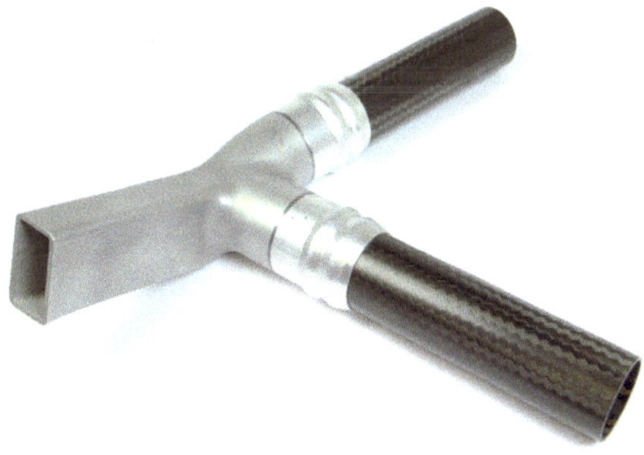

Abb. 6.21 Generischer Demonstrator einer Aluminium-Knotenstruktur mit geschweißten hybriden Zug-Druck-Streben aus FVK und hydrogeformten Aluminium-Lasteinleitungselementen. Die Lasteinleitungselemente sind mehrskalig strukturiert und anschließend intrinsisch im Schlauchblas-Integral-Verfahren gefügt worden

9. Hybride Crashprofile durch Thermoformen

Das entwickelte Bauteilkonzept vereint den hohen Leichtbaugrad eines FVK-Bauteils mit der hohen Energiedissipation einer metallischen Komponente. Hierdurch wird ein schlagartiges Versagen der Struktur verhindert, so dass im Versagensfall kontinuierlich Energie dissipiert werden kann. Um das Potenzial der vorteilhaften Kombination der beiden Werkstoffklassen auszuschöpfen, bedarf es einer leistungsfähigen Anbindung zwischen den Verbundkomponenten. Bei dem entwickelten Bauteilkonzept resultiert dies aus der Kombination einer form- und stoffschlüssigen Anbindung der einzelnen Komponenten. Um dabei die Herstellung möglichst effizient zu realisieren, wird ein innovativer metallischer Einleger verwendet (siehe Abb. 6.22). Dieser erlaubt es. die Formschlusselemente direkt im intrinsischen Formgebungsprozess zu erzeugen. Die Fertigung des Hybridbauteils kann somit in einem Hub erfolgen.

Auf Grund dieses Eigenschaftsprofils eignet sich das entwickelte Bauteilkonzept für Anwendungen, in denen ein sprödes Bauteilversagen besonders kritisch ist. Der Hauptanwendungsbereich der entwickelten hybriden Crashstruktur liegt hauptsächlich bei Strukturbauteilen im Automobilbereich. Hierbei wird eine Anwendung im Bereich des Seitenaufprallträgers und der B-Säule fokussiert. In Abb. 6.22 ist eine entsprechende Demonstratorbaugruppe dargestellt. Das entwickelte Hybridbauteil kann dabei direkt als B-Säule sowie als Schweller eingesetzt werden. Dazu lässt sich das Eigenschaftsprofil des Bauteils durch eine Modifikation des metallischen Verstärkungswerkstoffes, sowie der eingesetzten FVK-Halbzeuge gezielt einstellen. Hierzu stehen auch die erforderlichen Auslegungsmethoden zur Verfügung. Ausgehend von einer entsprechenden Modifikation wird daher auch der Einsatz des Bauteilkonzepts in weiteren Branchen, wie der Bahntechnik, dem Schiffsbau oder dem Luftfahrzeugbau angestrebt.

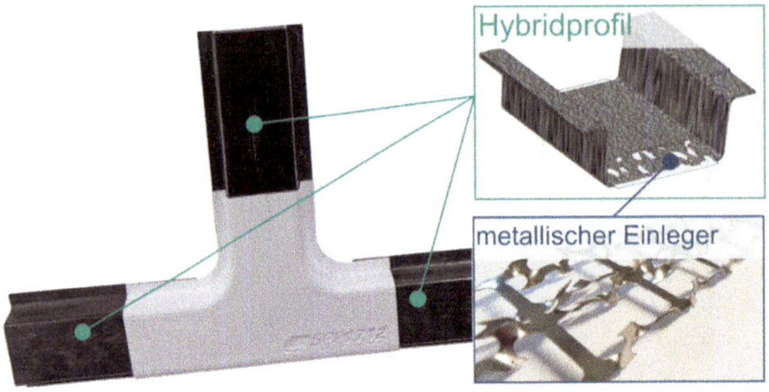

Abb. 6.22 Demonstratorbaugruppe ‚B-Säule'

Literatur

1. Bardl G, Nocke A, Hübner M et al (2018) Analysis of the 3D draping behavior of carbon fiber non-crimp fabrics with eddy current technique. Compos Part B 132:49–60. https://doi.org/10.1016/j.compositesb.2017.08.007
2. Berger D, Brabandt D, Bakir C et al (2017) Effects of defects in series production of hybrid CFRP lightweight components – detection and evaluation of quality critical characteristics. Measurement 95:389–394. https://doi.org/10.1016/j.measurement.2016.10.003
3. Berger D, Zaiß M, Lanza G et al (2018) Predictive quality control of hybrid metal-CFRP components using information fusion. Prod Eng Res Devel 12:161–172. https://doi.org/10.1007/s11740-018-0816-1
4. Brabandt D, Lanza G (2015) Data processing for an inline measurement of preforms in the CFRP-production. Procedia CIRP:269–274. https://doi.org/10.1016/j.procir.2015.06.048
5. Brabandt D, Hettich S, Lanza G (2015) Messtechnik für die Qualitätssicherung von Carbonfaser-Preforms. Lightweight Des:20–25. https://doi.org/10.1007/s35725-015-0049-6
6. Cheng J, Qiu J, Xu X et al (2016) Research advances in eddy current testing for maintenance of carbon fiber reinforced plastic composites. JAE 51:261–284. https://doi.org/10.3233/JAE-150168
7. DIN EN 60812 (2015) Fehlzustandsart- und -auswirkungsanalyse (FMEA)
8. e-gnition Hamburg e.V. (2020) Teambrochure e-gnition. Formular Student Team Hamburg. https://www.egnition.hamburg/supporters
9. Fischer B, Sarasini F, Tirillò J et al (2019) Impact damage assessment in biocomposites by micro-CT and innovative air-coupled detection of laser-generated ultrasound. Compos Struct 210:922–931. https://doi.org/10.1016/j.compstruct.2018.12.013
10. Groß L, Herwig A, Berg DC et al (2018) Production-based design of a hybrid load introduction element for thin-walled CFRP Structures. Prod Eng 12:113–120. https://doi.org/10.1007/s11740-018-0821-4
11. Grosse C, Goldammer M, Grager J-C et al (Hrsg) (2016) Comparison of NDT techniques to evaluate CFRP – results obtained in a MAIzfp round robin test
12. Härtel F, Middendorf P (Hrsg) (2013) Process parameters studies and comparison of different preform processes with NCF material. 19th international conference on composite materials ICCM19
13. Helfrich A, Klotz S, Zanger F et al (2017) Machinability of continuous-discontinuous long fiber reinforced polymer structures. Procedia CIRP 66:193–198. https://doi.org/10.1016/j.procir.2017.03.366

14. Juarez P, Leckey CAC (2018) Aerogel to simulate delamination and porosity defects in carbon-fiber reinforced polymer composites. In: Author(s), p 120008
15. Konstantopoulos S, Fauster E, Schledjewski R (2014) Monitoring the production of FRP composites: a review of in-line sensing methods. Express Polym Lett 8:823–840. https://doi.org/10.3144/expresspolymlett.2014.84
16. Mersmann C (2013) Industrialisierende Machine-Vision-Integration im Faserverbundleichtbau, 1. Aufl. Apprimus Wissenschaftsverlag, S 1
17. Orth A (2008) Entwicklung eines Bildverarbeitungssystems zur automatisierten Herstellung faserverstärkter Kunststoffstrukturen. Zugl.: Aachen, Techn. Hochsch., Diss., 2007. Berichte aus der Produktionstechnik, Bd 2008, 4. Shaker, Aachen
18. Pottmeyer F, Bittner J, Pinter P et al (2017) In-situ CT damage analysis of metal inserts embedded in carbon fiber-reinforced plastics. Exp Mech 57:1411–1422. https://doi.org/10.1007/s11340-017-0312-0
19. Pottmeyer F, Schlegel O, Weidenmann KA et al (2018) Investigation of the damage evolution of metal inserts embedded in carbon fiber reinforced plastic by means of computed tomography and acoustic emission. Materialwiss Werkstofftech 49:1245–1262. https://doi.org/10.1002/mawe.201800002
20. Prussak R, Stefaniak D, Kappel E et al (2019) Smart cure cycles for fiber metal laminates using embedded fiber Bragg grating sensors. Compos Struct 213:252–260. https://doi.org/10.1016/j.compstruct.2019.01.079
21. Reeb A, Walter V, Schulze V et al (2016) Characterization of a hybrid Al 2 O 3 – aluminum matrix composite manufactured via composite extrusion. J Compos Mater 50:1099–1108. https://doi.org/10.1177/0021998315587317
22. Schell JSU, Renggli M, van Lenthe GH et al (2006) Micro-computed tomography determination of glass fibre reinforced polymer meso-structure. Combust Sci Technol 66:2016–2022. https://doi.org/10.1016/j.compscitech.2006.01.003
23. Schmidt C, Denkena B, Groß L et al (2017) Concept for automated production of CFRP-metal hybrid compounds integrated in an Automated Fiber Placement process. Procedia CIRP:56–61
24. Schmidt C, Hocke T, Denkena B (2019) Deep learning-based classification of production defects in automated-fiber-placement processes. Prod Eng:501–509
25. Schwarz M, Schwarz M, Herter S et al (2019) Nondestructive testing of a complex aluminium-CFRP hybrid structure with EMAT and thermography. J Nondestruct Eval 38:35. https://doi.org/10.1007/s10921-019-0578-5
26. Summa J, Becker M, Grossmann F et al (2018) Fracture analysis of a metal to CFRP hybrid with thermoplastic interlayers for interfacial stress relaxation using in situ thermography. Compos Struct 193:19–28. https://doi.org/10.1016/j.compstruct.2018.03.013
27. Tan KT, Watanabe N, Iwahori Y (2011) X-ray radiography and micro-computed tomography examination of damage characteristics in stitched composites subjected to impact loading. Compos Part B 42:874–884. https://doi.org/10.1016/j.compositesb.2011.01.011
28. Töpker JH (2003) Ultraschallmesstechnik zur Online-Erfassung und Analyse des Injektions- und Härtungsablaufs beim Resin Transfer Moulding. Ultrasonic measurement technique for online control and analysis of the impregnation and curing process by resin transfer moulding. Zugl.: Aachen, Techn. Hochsch., Diss., 2002, 1. Aufl. IKV-Berichte aus der Kunststoffverarbeitung, Bd 137. Mainz/Aachen

Zusammenfassung und Ausblick

7

Jürgen Fleischer, Sven Coutandin und Jonas Nieschlag

Im vorliegenden Buch werden die verschiedenen Produktionsverfahren zur Herstellung intrinsischer Hybridverbunde für Leichtbautragstrukturen ausführlich dargestellt. Unter einem intrinsischen Hybrid wird in diesem Zusammenhang ein integrales Bauteil verstanden, bei dem die Verbindung der metallischen und der endlosfaserverstärkten Komponente im Ur- bzw. Umformprozess erfolgt. Somit sind keine nachgeschalteten, extrinsischen Fügeprozesse wie beispielsweise Kleben, Nieten oder Schrauben notwendig. Mit dem Verzicht auf nachgeschaltete Fügeprozesse kann Produktionszeit eingespart werden, wodurch die Wirtschaftlichkeit der intrinsischen Produktionsverfahren im Vergleich zu den extrinsischen steigt.

Im DFG Schwerpunktprogramm 1712 wurden verschiedene Produktionsverfahren entwickelt und untersucht. Für die Herstellung von hybriden Antriebswellen oder Zug-Druck-Bauteilen eignen sich das Schlauchblas- und das Schleuderverfahren. Beim Schlauchblasen wird durch einen mit Druck beaufschlagten Schlauch ein faserverstärkter Thermoplast-Flechtschlauch in ein äußeres, metallisches Lasteinleitungselement gefügt. Das Schleuderverfahren nutzt dagegen die Zentrifugalkraft, indem ein trockener Faserflechtschlauch zusammen mit metallischen Lasteinleitungselementen unter Rotation mit einer duroplastischen Matrix getränkt wird. Zur Verbindung von metallischen Bauteilen mit schalenförmigen Bauteilen aus Faserverbundkunststoffen werden oft sogenannte Inserts eingesetzt. Im Schwerpunktprogramm 1712 wurden deshalb verschiedene Verfahren entwickelt, um Inserts faserschonend und lastpfadgerecht im Resin-Transfer-Moulding oder auch im Automated-Fiber-Placement-Prozess intrinsisch in die Faserverbundkunststoff-Komponente zu integrieren. Darüber hinaus wurde eine Verfahrensform des Thermofor-

J. Fleischer (✉) · S. Coutandin · J. Nieschlag
Karlsruher Institut für Technologie, Karlsruhe, Deutschland
e-mail: Juergen.fleischer@kit.edu; Sven.Coutandin@kit.edu; Jonas.Nieschlag@kit.edu

J. Fleischer (Hrsg.), *Intrinsische Hybridverbunde für Leichtbautragstrukturen*,
https://doi.org/10.1007/978-3-662-62833-1_7

men erarbeitet, bei der formschlüssige Metallelemente in den Faserverbundkunststoff eingebracht werden, um für Crashanwendungen die Energieabsortion im Versagensfall zu erhöhen.

Ein Ergebnis aus allen Verfahrensentwicklungen ist, dass beim Werkzeugdesign besondere Rücksicht auf die Integration der metallischen Funktionselemente genommen werden muss. Mit numerischen Tränkungssimulationen kann hierbei das Integrationsdesign auf Matrixkanäle, die ein ungewünschtes Voreilen einzelner Tränkungsabschnitte begünstigen, überprüft und optimiert werden. Es hat sich zudem gezeigt, dass beim Einlegen der Faserhalbzeuge in die Werkzeugform besonders präzise vorgegangen werden muss, um ein späteres Verrutschen der Fasern bei der Injektion zu vermeiden. Werden Funktionselemente wie beispielsweise Inserts integriert, müssen die Faserhalbzeuge entsprechend vorbereitet werden. Dabei ist es vorteilhaft das Halbzeug faserschonend zu durchstechen, um möglichst keine Fasern zu trennen und damit die strukturmechanischen Eigenschaften zu reduzieren.

Die intrinsische Fügeverbindung zwischen dem Faserverbundkunststoff und der metallischen Komponente basiert auf dem Stoff-, Form- oder Kraftschluss. Auch eine Kombination der genannten Mechanismen ist möglich. Bei intrinsischen Verbindungen mit Stoffschlussanteil basiert der Stoffschluss auf der adhäsiven Wirkung der eingesetzten Matrix („co-cured bonding“). Neben einer gründlichen Oberflächenreinigung und einer geringen Matrixviskosität zur vollständigen Benetzung der Oberfläche, haben sich besonders Oberflächenbehandlungsverfahren als zielführend erwiesen, um die Verbindungsfestigkeit zu erhöhen. Die Ergebnisse aus verschiedenen Untersuchungen zeigen, dass mechanische Oberflächenbehandlung wie Sandstrahlen, Laserstrukturierungen, thermisches Spritzen und chemische Oberflächenbehandlung wie Sol-Gel-Beschichtungen die Haftung zwischen Faserverbundkunststoff und Metall erheblich steigern. Besonders beim Einsatz von duroplastischen Epoxid-Matrix-Systemen wird eine hohe Grenzflächenfestigkeit erzielt. Wird dagegen eine metallische Komponente mit einem faserverstärkten Thermoplast gefügt, eignet sich neben dem Einsatz der Sol-Gel-Beschichtung zusätzlich eine formschlüssige Geometrie. Gute Ergebnisse lassen hierbei mit einem mehrskaligen Formschluss erzielen, bei dem Formschlusselemente auf der Meso-Skala (bspw. eine gerändelte Oberfläche) mit einem Formschluss auf der Makro-Skala kombiniert werden. Die Formschlusselemente auf der Meso-Skala können auch durch Pins oder Rillen abgebildet werden, es sollte aber auf eine entsprechende Abstimmung mit Faserhalbzeug und Faserrichtung geachtet werden.

Der Einsatz einer formschlüssigen Verbindung auf der Meso- oder Makro-Skala zwischen Metall und FVK eignet sich vor allem bei der Herstellung von Crashstrukturen. Aufgrund der formschlüssigen Verbindung kommt es zu der gewünschten Energieabsorption im Versagensprozess, wohingegen stoffschlüssige Hybridverbunde ein sprödes Versagensverhalten aufzeigen.

Metall und FVK besitzen unterschiedliche Materialsteifigkeiten, wodurch es bei Fügen zu Steifigkeitssprüngen und Spannungsspitzen an Materialübergangen kommt. Besonders ausgeprägt sind diese Steifigkeitssprünge an den Enden dieser Grenzflächen. Mit numerischen Strukturmodellen können die kritischen Bereiche identifiziert werden. Durch Geometrieoptimierungen (bspw. Schäftungen und homogen gestaltete Übergänge) gelingt es die Spannungsspitzen zu reduzieren und so die Verbindungsfestigkeiten zu steigern.

Eine große Herausforderung bei der Kombination der unterschiedlichen Materialien ist weiterhin die unterschiedliche thermische Ausdehnung der Materialien und die chemische Schwindung der Matrix. Mit Hilfe von numerische Modelle lassen sich die Höhen der thermischen Spannungen ermitteln. Zur Reduktion oder gezielten Einstellung der thermischen Spannungen bieten sich angepasste Temper- und Autoklavprozesse an. Bei Verwendungen von duroplastischen FVK besteht zudem die Möglichkeit das Metall mit einer dünnen, thermoplastischen Zwischenschicht zu Umspritzen, um Spannungen zu reduzieren.

Wie auch bei extrinsischen Fügeverbindungen zwischen FVK und Metall muss bei der intrinsischen Hybridisierung die mögliche Kontaktkorrosion berücksichtigt werden. Im einfachsten Falle liegt eine defektfreie Grenzschicht vor, in der kein Kontakt zwischen Metall und Kohlenstofffasern besteht. Sollte dies aufgrund gegebener Prozessparameter (Injektionsdruck, Geometrie etc.) nicht gegeben sein, kann eine Sol-Gel-Schicht die Korrosion verhindern. Ein weiterer Vorteil der entwickelten Sol-Gel-Schicht liegt zudem in der Verwendung von Korrosionsinhibitoren, die im Falle einer Schichtbeschädigung eine selbstheilende Wirkung aufweisen. Eine Alternative ist die Verwendung einer korrosionshemmenden Zwischenschicht aus Glasfasern, Klebstoff oder Thermoplast.

Die im Schwerpunktprogramm 1712 entwickelten Produktionsverfahren eröffnen neue Wege für die Herstellung von Hybridverbunden. Ein Einsatz der verschiedenen Insert-Technologien bietet sich dazu an schalenförmige Bauteile wie Dächer und Außenverkleidungen an tragende Strukturkomponenten anzubinden. Dabei ist eine Verwendung in der Automobil-, Bahn-, Flugzeug- oder Schiffindustrie denkbar. Hohlstrukturen aus Schlauchblas- und Schleuderverfahren sind prädestiniert für die Fertigung von sehr leichten Antriebswellen oder Zug-Druck-Komponenten mit intrinsisch gefügten Lasteinleitungselementen. Die ausgelegten Crash-Bauteile sind überall dort einsetzbar, wo im Falle eines Versagens eine hohe Energieabsorption gefordert wird.

Allgemein lässt sich festhalten, dass die intrinsische Hybridisierung klare Vorteile in Bezug auf die Produktionszeit bietet. In einigen Fällen geht dieser Vorteil mit einem komplexeren Werkzeugdesign im Vergleich zu einer extrinsischen Lösung einher. Hier gilt es auf Basis der weiteren Anforderungen den richtigen Lösungsweg auszuwählen. Für Hybridverbunde aus Faserverbundkunststoff und Metall ist meist eine geringe bis mittlere Stückzahl zu erwarten. Deshalb ist es für die Zukunft entscheidend modulare Produktionsanlagen zu entwickelt und einzusetzen, die geringe Rüst- bzw. Umbauzeiten aufweisen und flexibel auf unterschiedliche Bauteilvarianten ausgelegt werden können [2, 3]. Die Forschungserkenntnisse bilden zudem eine wichtige Basis, um den hybriden 3D-Druck aus Kunststoff und Metall weiter zu erforschen und in die Serienanwendung zu überführen. Mit Blick auf die aktuellen Entwicklungen und die Ressourceneffizient ist es darüber hinaus unerlässlich geeignete Remanufacturing-Ansätze und Recyclingkonzepte für intrinsische und auch extrinsische Hybridverbunde zu erforschen [1]. Zudem muss zukünftig verstärkt der Einsatz von Biopolymeren in Kombination mit Naturfasern geprüft werden.

Literatur

1. D'Adamo I, Rosa P (2016) Remanufacturing in industry: advices from the field. Int J Adv Manuf Technol 86:2575–2584
2. Krüger J, Wang L, Verl A et al (2017) Innovative control of assembly systems and lines. CIRP Ann 66:707–730
3. Moll P, Schäfer M, Coutandin S et al (2019) Reconfigurable modular production plant for thermoplastic hybrid composites. Prod Eng Res Devel 13:469–477

MIX
Papier aus verantwortungsvollen Quellen
Paper from responsible sources
FSC® C105338

If you have any concerns about our products,
you can contact us on
ProductSafety@springernature.com

In case Publisher is established outside the EU,
the EU authorized representative is:
Springer Nature Customer Service Center GmbH
Europaplatz 3, 69115 Heidelberg, Germany

Printed by Libri Plureos GmbH
in Hamburg, Germany